国家示范性 高职院校建设规划教材

U0367792

燃料油
生产技术

杨兴锴 李 杰 主编

化学工业出版社

·北京·

内容简介

本书全面介绍了以石油为原料生产各种燃料油的主要工艺及装置。内容涉及各工艺装置的原料及产品的组成、来源和性质；过程原理及工艺流程；主要设备结构及性能；装置生产控制操作策略及方法。可作为高职高专或成人教育炼油技术专业教材使用，也可供炼油行业从事教育、科研、设计、生产及管理的技术及管理人员阅读及参考。

图书在版编目（CIP）数据

燃料油生产技术/杨兴锴，李杰主编 . —北京：化学工业出版社，2010.3（2021.8 重印）
国家示范性高职院校建设规划教材
ISBN 978-7-122-07461-4

Ⅰ. 燃…　Ⅱ.①杨…　②李…　Ⅲ. 燃料油-生产工艺-高等学校：技术学院-教材　Ⅳ.TE626.2

中国版本图书馆 CIP 数据核字（2010）第 011106 号

责任编辑：张双进　　　　　　　　　　装帧设计：张　辉
责任校对：吴　静

出版发行：化学工业出版社（北京市东城区青年湖南街 13 号　邮政编码 100011）
印　　装：涿州市般润文化传播有限公司
787mm×1092mm　1/16　印张 29½　字数 774 千字　　2021 年 8 月北京第 1 版第 6 次印刷

购书咨询：010-64518888　　　　　　售后服务：010-64518899
网　　址：http://www.cip.com.cn
凡购买本书，如有缺损质量问题，本社销售中心负责调换。

定　　价：60.00 元

前　言

　　以石油为原料生产各种燃料油是目前石油的主要用途之一。燃料油在社会能源结构中占据突出位置。目前，我国原油年加工能力超过 3 亿吨，其中汽油和柴油的年生产能力达 1.5 亿吨以上，几乎所有的炼油企业都是以生产燃料油为主。

　　伴随节能、环保及安全等方面要求日益严格；世界范围内原油重质化及劣质趋势逐渐加大，促使对燃料油结构调整及品质升级，原油加工生产工艺、生产方法、生产控制操作进一步优化、科学。

　　《燃料油生产技术》以燃料油生产为主线，对生产燃料油主要装置的生产原理；原料来源、组成、性质；产品结构、组成、性质及用途；工艺流程及影响过程的主要因素；典型、特殊设备结构及操作方法；生产过程控制策略及控制方法等内容进行了阐述。本书大量应用图、表等专业工程语言，力争做到理论和实际相结合，原理和应用相结合，理论上以实用、够用和能用为主，注重实际应用和操作。

　　本书由兰州石化职业技术学院袁科道（第一、二章）、王宇（第四、六章）、杨兴锴（第五章）、张远欣（第七章）、罗资琴（第八章），辽宁石化职业技术学院李杰（第三章）、刘小隽（第九章）编写。由杨兴锴和李杰对全书进行统稿。

　　由于编者能力、水平、时间有限，在编写过程中出现的偏颇，望读者海涵，并敬请提出宝贵意见。

编者

2010 年 1 月

目 录

第一节 原油评价及原油分类

原油是一种极为复杂的混合物，其主要组成是烃类，还含有硫、氮、氧等化合物及少量金属有机化合物。不同油田生产的原油，因组成不同，往往具有不同的性质。即使同一油田，由于采油层位不同，原油性质也可能出现差异。以大庆原油为代表，我国大部分原油属于低硫含蜡原油。但也有些油区的地质构造十分复杂、原油性质有较大差别。如胜利油区各油田的原油，大部分属于中间基，但又有少量属于石蜡基、环烷基，且含硫较多。

对新开采的原油，必须先进行"原油评价"。原油评价就是通过各种实验、分析，取得对原油性质的全面的认识。本节将简要介绍原油评价的内容及方法，并着重介绍大庆原油的评价过程与结果。

一、原油评价

1. 原油评价的意义和目的

不同性质的原油，必须相应采用不同的加工方法，以生产适当的产品，使原油得到合理利用。例如，低硫石蜡基原油的轻馏分油适合生产高质量的煤油、柴油，不需要深度精制；其重油适合生产高黏度指数润滑油。环烷基原油的凝点较低，适合生产低凝点的油品及道路沥青。

所以，原油评价的意义在于通过实验、分析，掌握原油的组成与性质等基础参数，为原油加工方案的制订做准备。根据对所加工原油的性质、市场对产品的需求、加工技术的先进性和可靠性，以及经济效益等诸方面的分析，制订合理的加工方案，提高企业的经济效益。

按原油评价的目的不同，可将原油评价分为四个层次。

① 原油的一般性质分析。适用于勘探开发过程中及时了解单井、集油站和油库中原油的一般性质，并掌握原油性质变化的规律与动态。

② 原油的简单评价。通过一般性质分析初步确定原油性质与特点。适用于原油性质的普查、尤其适用于地质构造复杂、原油性质多变的产油区。

③ 原油的常规评价。除了原油的一般性质外，还包括原油的实沸点蒸馏数据及窄馏分性质。适用于为一般炼油厂设计提供数据。

④ 原油的综合评价。除原油的一般性质、原油的实沸点蒸馏数据及窄馏分性质等两项内容外，还包括直馏产品的产率和性质。根据需要，也可增加某些馏分的化学组成、某些重馏分或渣油的二次加工性能等。

通常，又将①、②两类合并为一个层次。

2. 原油评价的内容和方法

常规的原油评价包括原油性质分析、原油实沸点蒸馏、馏分油及渣油的性质分析。原油的详细评价（综合评价）除上述内容外，还包括馏分油及渣油的烃族组成或 C_6、C_7 以前的单体烃组成、润滑油原料的评价等。根据我国大部分原油含蜡及含烷烃多的特点，原油评价中还包括单体正烷烃含量的测定。按照炼油厂在设计及生产方面所提出的不同要求，原油评价工作的内容及深度有所差别。

原油评价中，原油、馏分油及渣油的性质分析大部分采用与石油产品相同的标准试验方法，也有一部分分析项目尚未标准化。

原油的综合评价的一般流程如图 1-1 所示。

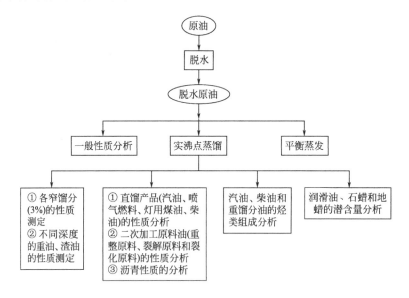

图 1-1　原油综合评价的一般流程

（1）原油性质分析　原油性质分析项目及方法见表 1-1。

表 1-1　原油的性质分析

项　　目	方　　法	项　　目	方　　法
API 度（°API）	GB 1885—83	闪点	GB 267—77
密度	GB 2538—81	灰分	GB 2538—81
运动黏度	GB 2538—81	酸值	GB 7304—87
凝点	GB 2538—81	碳	见参考文献
倾点	GB 3535—83	氢	见参考文献
蜡含量	见参考文献	硫含量	X 光荧光法
沥青质	见参考文献	氮含量	见参考文献
胶质	见参考文献	镍含量	见参考文献
残炭	GB 2538—81	钒含量	见参考文献
水分	GB 2538—81	馏程	GB 2538—81
盐含量	GB 6532—86		

其中密度是原油最重要的性质之一。一般来说，密度小的原油，即密度指数 °API 大的原油含轻馏分多。通常将 °API 小于 20，即 20℃时密度大于 0.930g/cm³ 的原油称为重质原油。当密度相同时，石蜡基原油比中间基或环烷基原油含轻馏分少。原油的硫含量对炼油过程及产品质量有很大影响。国际贸易中有时以密度及硫含量作为原油计价的指标。

我国大部分原油属高含蜡原油，因此，把蜡含量列为原油的常规分析项目之一。蜡含量的测定尚无统一的标准方法，测得的结果随方法不同有较大差别。当测定蜡含量时，首先要除去原油中的沥青质、胶质，然后再在选择性溶剂中冷冻，使蜡析出定量。

沥青质和胶质含量的测定方法也尚未标准化。以下所述的沥青质，系指不溶于正庚烷而溶于苯的物质；胶质系指脱沥青质后的原油在液体色谱分离中，被硅胶或氧化铝所吸附的极性最强的非烃化合物。

（2）原油的实验室蒸馏

① 原油的半精馏试验。本试验适用于少量油样（300mL）的蒸馏，采用汉柏（Hemple）蒸馏瓶，整套装置与美国矿务局原油常规分析所用的相同。但在操作条件上根据中国原油含轻馏分少的特点而有所变动，200℃后的馏分在较低残压下蒸馏。蒸馏在常压、1.33kPa（10mmHg）及小于0.27kPa（2mmHg）三段压力下进行。馏分切割点见表1-2。收集各馏分后，测定其密度、凝点。从半精馏试验可以得到接近于实沸点蒸馏的馏分收率，并按250～275℃及395～425℃两个馏分的°API（由密度换算）确定原油的属性类别。

表1-2　原油半精馏试验切割条件

蒸馏压力/kPa(mmHg)	减压下馏分沸点/℃	相当常压下馏分沸点/℃
常压 101.3(760)	—	初馏～100
		100～150
		150～200
1.33(10)	约 117	200～250
	117～138	250～275
	138～158	275～300
	158～200	300～350
	200～240	350～395
	240～265①	395～425
	265～285	425～500
<0.27(<2)	约 300	450～500

① 相当于美国矿务局方法中 5.33 kPa(40mmHg) 压力下的 275～300℃ 馏分。

② 原油的实沸点蒸馏及高真空蒸馏。原油的实沸点蒸馏是指在一种标准蒸馏设备中进行的蒸馏（ASTM D2892）。这种蒸馏设备的分馏效率相当于15个理论塔板，回流比为5:1。蒸馏在常压及减压条件下进行。为避免裂化，釜底温度不能超过350℃。由于精馏柱所产生的压差，使釜中的残压不可能太低。因此，实沸点蒸馏只能蒸出相当于常压下小于400℃的馏分。更高沸点的馏分是改用不带精馏柱的高真空蒸馏设备蒸出，蒸馏残压需小于0.27kPa（2mmHg）。最终沸点根据残压的大小可蒸至相当于常压下500～550℃。在蒸馏过程中，切割一系列的窄馏分、宽馏分或直馏产品，分别测定这些馏分或产品的收率及性质，得到实沸点曲线、中百分率-性质曲线及其他评价数据。

③ 平衡汽化。在实验室平衡汽化设备中，将油品加热汽化，使气、液两相在恒定的压力和温度下密切接触一段足够长的时间后迅即分离，即可测得油品在该条件下的平衡汽化分率。在恒压下选择几个合适的温度（一般至少要5个）进行试验，就可以得到恒压下平衡汽化率与温度的关系。

以汽化温度对汽化率作图，即可得油品的平衡汽化曲线。根据平衡汽化曲线，可以确定油品在不同汽化率时的温度（如精馏塔进料段温度），泡点温度（精馏塔侧线温度和塔底温度），露点温度（精馏塔顶温度）等。

但由于平衡汽化的实验工作量很大，在实践中，一般通过三种蒸馏曲线的换算来求得平衡汽化数据（参看第二章 原油常减压蒸馏）。

④ 恩氏蒸馏。恩氏蒸馏是一种简单蒸馏，它是以规格化的仪器和在规定的试验条件下进行的，故是一种条件性的试验方法。

将馏出温度（气相温度）对馏出量（体积百分数）作图，就得到恩氏蒸馏曲线。

在原油评价过程中，一般不对原油做恩氏蒸馏。但是对各馏分油来说，由恩氏蒸馏数据可以计算油品的一部分性质参数，因此，它也是油品的最基本的物性数据之一。

恩氏蒸馏的本质是渐次汽化，基本上没有精馏作用，因而不能显示油品中各组分的实际沸点。但它能反映油品在一定条件下的汽化性能，而且简便易行，所以广泛用作反映油品汽化性能的一种规格试验（参看第二章 原油常减压蒸馏）。

（3）馏分油性质测定

① 窄馏分性质测定。原油在实沸点蒸馏中切割成窄馏分，每个馏分占原油的 3%～5%（质量分数）。也可以按每 20～50℃ 切割一个馏分规定各馏分的密度、几个温度下的黏度、凝点、酸度或酸值、硫含量、苯胺点及折光指数。我国高含蜡原油中大于 350℃ 的窄馏分在室温下均呈凝固状态。在测定密度时，必须在 70℃ 的恒温浴中测定液体密度，然后将 70℃ 下的密度换算至 20℃ 时的密度（GB 1884～1885）。按实沸点馏分的收率、性质绘制实沸点曲线（实沸点-总收率曲线）、百分率-性质曲线（见图 1-2）。将窄馏分性质及收率数据进行计算机处理，可以得到各种宽馏分性质，以等值曲线表示（见图 1-2）。

石油馏分的物理性质与烃族组成有关。从一些物理性质的关联，可以得到表明烃族组成的参数。其中在炼油工程中最常用的有特性因数、黏重常数、相关指数。从窄馏分的沸点、密度、黏度，即可计算上述参数，计算公式及意义见表 1-3。

表 1-3　特性参数的计算及意义

特性参数	计算公式	石油馏分的特性参数值		
		石蜡基	中间基	环烷基
特性因数（K）	$K = \dfrac{1.216\sqrt[3]{T}}{d_{15.6}^{15.6}}$	＞12.1	11.5～12.1	＜11.5
相关指数（BMCI）	$BMCI = \dfrac{48640}{T} + 473.7 d_{15.6}^{15.6} - 456.8$	0～12（烷烃）	24～52（环烷烃）	55～100（单环芳烃）
黏重常数（VGC）	$VGC = \dfrac{d_{15.6}^{15.6} - 0.24 - 0.038 \lg v_{100}}{0.755 - 0.011 \lg v_{100}}$	＜0.82	0.82～0.85	＞0.85

② 直馏产品及宽馏分性质测定。直馏产品的切割方案是根据原油特点及产品需求而定在使是同一原油，也可以有多种切割方案。表 1-4 为中国含蜡原油生产各种发动机燃料时的一种切割方案及分析项目。分析项目是根据石油产品标准而决定的。

（4）润滑油原料的评价　润滑油品种繁多，性能要求各异。在原油评价中，不可能对各类润滑油都做出评价，一般只研究从原油中生产汽油机润滑油及柴油机润滑油的可能性及潜含量，考察的性能主要是黏度指数。

评价馏分润滑油原料时，先将馏分油进行溶剂脱蜡，然后将脱蜡油在硅胶-氧化铝双吸附剂上进行色谱分离。采用不同极性的溶剂作冲洗剂，分别得到饱和烃、轻芳烃、中芳烃、重芳烃及胶质。并分别测定饱和烃、饱和烃＋轻芳烃及饱和烃＋轻芳烃＋中芳烃的性质。一般以（饱和烃＋轻芳烃）作为润滑油的理想组分。

评价残渣润滑油原料时，先将脱沥青质后的渣油通过氧化铝吸附柱，以不同溶剂冲洗进行吸附分离，得到饱和烃＋轻芳烃、饱和烃＋轻芳烃＋中芳烃再分别脱蜡。测定脱蜡油组分的黏度指数等主要性质。

表 1-4　直馏产品及宽馏分的切割方案及分析项目①

实沸点范围/℃	初馏点~130	130~230	230~350	350~500	>350或>500	实沸点范围/℃	初馏点~130	130~230	230~350	350~500	>350或>500
产品	直馏汽油或重整原料	喷气燃料	轻柴油	裂化原料	渣油	产品	直馏汽油或重整原料	喷气燃料	轻柴油	裂化原料	渣油
密度	✓	✓	✓	✓	✓	硫醇型硫含量		✓			
馏程	✓	✓	✓			碘值		✓			
闪点		✓	✓		✓	凝点			✓	✓	✓
腐蚀	✓	✓	✓			苯胺点		✓	✓		
硫含量	✓	✓	✓	✓	✓	柴油指数			✓		
酸度		✓	✓			十六烷指数			✓		
辛烷值	✓					软化点					✓
冰点		✓				针入度					✓
运动黏度						延展度					✓
20℃		✓	✓			残炭				✓	✓
-40℃		✓				金属含量(钒、镍)				✓	✓
芳烃含量		✓									

①　✓表示要测定的主要项目。对重整原料和裂化原料，还要测定烃族组成或结构族组成。

　　(5) 烃类组成分析　　原油评价中的烃类分析以三种形式表示。第一种是单体烃分析，对轻汽油馏分，可以用气相色谱法分析出绝大部分的单体烃，对其他馏分，可以用气相色谱法分析出不同碳数的正烷烃。第二种是烃族组成分析，即以烃的类型为单位，分为饱和烃（P）、环烷烃（N）及芳烃（A）。用质谱法还可以分析出不同环数的环烷烃、芳烃。但随着馏分变重，一个分子中往往兼有环烷环、芳烃环及烷链。因此，第三种分析以结构族组成表示。馏分油的结构族组成分析采用 n-d-M 法（ASTM D3238）。该法规定以 20℃ 温度下测得的折光指数、密度以及相对分子质量，按一组公式计算出结果。我国许多原油大于 350℃ 馏分呈凝固态，所以要测定 70℃ 温度下的折光指数、密度，用另一组公式计算。n-d-M 法测得的结果如下。

　　C_P%——烷烃及烷链上的碳原子占总碳原子的百分数；

　　C_N%——环烷环上的碳原子占总碳原子的百分数；

　　C_A%——芳烃环上的碳原子占总碳原子的百分数；

　　R_N——平均分子中的环烷环数；

　　R_A——平均分子中的芳烃环数；

　　R_T——平均分子中的总环数。

　　渣油的组成非常复杂，其中除烃类外，还含有较多的硫、氮、氧等非烃化合物。对渣油的详细组成分析已超出原油评价的范围。在原油评价中，对渣油的族组成分析有四组分法（SARA法），即用溶剂沉淀法及液体色谱法将渣油分为饱和烃（S）、芳烃（A）、胶质（R）、沥青质（A）4 个组分。渣油的结构族组成近年来研究很多，但尚未标准化。常用的有密度法及布朗-拉德纳（Brown-Ladner）的核磁共振法等。核磁共振法以碳、氢、氧元素分析及质子核磁共振（H-NMR）为基础，按下式计算结构参数。

$$f_a = \dfrac{\dfrac{C}{H} - \dfrac{H_a^*}{X} - \dfrac{H_o^*}{Y}}{\dfrac{C}{H}} \qquad (1\text{-}1)$$

$$\sigma = \frac{\dfrac{H_a^*}{X} + \dfrac{O}{H}}{\dfrac{H_a^*}{X} + \dfrac{O}{H} + H_{ar}^*} \tag{1-2}$$

$$\frac{H_{aru}}{C_{ar}} = \frac{\dfrac{H_a^*}{X} + H_a^* + \dfrac{O}{H}}{\dfrac{C}{H} - \dfrac{H_a^*}{X} - \dfrac{H_o^*}{Y}} \tag{1-3}$$

式中　f_a——芳烃碳与总碳之比，即芳烃度（Aromaticity）；

C/H——碳氢原子比；

O/H——氧氢原子比；

H_a^*——芳烃分子中 a 位碳原子上的氢占总氢的分数；

H_o^*——其他非芳烃部分的氢占总氢的分数；

H_{ar}^*——芳环碳原子上的氢占总氢的分数；

σ——芳环外周碳的取代率；

H_{aru}/C_{ar}——芳环部分假设未被取代时的氢碳原子比，表示芳环的缩合度，其值愈小，则缩合度愈大；

X、Y——常数，一般等于 2。

3. 原油评价案例

以大庆原油为例，所做的原油评价数据及结果如下。

（1）大庆原油一般性质测定与分析　原油含水量大于 0.5% 时先脱水。原油经脱水后，进行一般性质分析。原油性质分析项目及方法见表 1-1，得到的结果列于表 1-5（为了便于比较、分析，这里同时列出其他几种国产原油的数据）。

表 1-5　几种国产原油的一般性质

性　　质	大庆	胜利	大港	克拉玛依	辽河
密度（20℃）/(g/cm³)	0.8587	0.9005	0.8826	0.8808	0.8818
50℃运动黏度/(10⁻⁶m²/s)	19.5	83.4	17.3	32.3	21.9
凝点/℃	32	28	28	—57	21
含蜡量（吸附法）/%	25.1	14.6	15.4	2.1	8.7
沥青质/%	0.1	5.1	13.1	0.5	—
硅胶胶质/%	8.9	23.2	9.7	15.0	15.7
酸值/[mg(KOH)/100mL]	—	—	—	0.74	0.98
残炭/%	3.0	6.4	3.2	3.8	4.8
元素分析/%					
C	86.3	86.3	85.7	86.1	—
H	13.5	12.6	13.4	13.3	—
S	0.15	0.88	0.12	0.12	0.18
N	—	0.41	0.23	0.27	0.31
微量金属/(μg/g)					
V	<0.1	1.0	<1	—	0.6
Ni	2	26	18	—	32
<300℃馏出物/%	25.6	18.0	26.0	31.0	

由表 1-5 可见，大庆原油密度低，黏度小，凝点、含蜡量高，氢元素含量、小于 300℃馏分多，沥青质、胶质少，残炭低，重金属镍的含量也很少。是典型的低硫石蜡基原油，适合生产石脑油、汽油、亦能为催化裂化提供高质量原料。

（2）大庆原油实沸点蒸馏及窄馏分性质测定与分析　大庆原油实沸点馏程及窄馏分性质列于表 1-6，将其与其他我国主要油区原油的实沸点蒸馏馏分收率比较（数据从略），可知：

表 1-6 大庆原油实沸点馏程及窄馏分性质数据

馏分号	沸点范围/℃	占原油的质量分数/%		密度(20℃)/(g/cm³)	运动黏度/(10⁻⁶ m²/s)			凝点/℃	苯胺点/℃	酸度/[mg(KOH)/100mL]	闪点(开)/℃	折射率		平均相对分子质量
		每馏分	累计		20℃	50℃	100℃					n_D^{20}	n_D^{70}	
1	初馏~112	2.98	2.98	0.7108	—	—	—	—	54.1	0.98	—	1.3995	—	98
2	112~156	3.15	6.13	0.7461	0.89	0.64	—	—	59.0	1.58	—	1.4172	—	121
3	156~195	3.22	9.35	0.7699	1.27	0.89	—	−65	62.2	2.67	—	1.4350	—	143
4	195~225	3.25	12.00	0.7958	2.03	1.26	—	−41	66.4	3.02	78	1.4445	—	172
5	225~257	3.40	16.00	0.8092	2.81	1.63	—	−24	71.2	2.74	—	1.4502	—	194
6	257~289	3.40	19.46	0.8161	4.14	2.26	—	−9	77.2	3.65	125	1.4560	—	217
7	289~313	3.44	22.90	0.8173	5.93	3.01	—	4	84.8	4.39	—	1.4565	—	246
8	313~335	3.37	26.27	0.8264	8.33	3.84	1.73	13	88.0	7.18	157	1.4612	—	264
9	335~355	3.45	29.72	0.8348	—	4.99	2.07	22	91.6	7.98	—	—	1.4450	292
10	355~375	3.43	33.15	0.8363	—	6.24	2.61	29	—	0.08②	184	—	1.4455	299
11	374~394	3.35	36.50	0.8396	—	7.70	2.86	34	—	0.09	—	—	1.4472	328
12	394~415	3.55	40.05	0.8479	—	9.51	3.33	38	—	0.22	206	—	1.4515	349
13	415~435	3.39	43.44	0.8536	—	13.3	4.22	43	—	0.12	—	—	1.4560	387
14	435~456	3.88	47.32	0.8686	—	21.9	5.86	45	—	0.06	238	—	1.4641	420
15	456~475	4.05	51.37	0.8732	—	—	7.05	48	—	0.05	—	—	1.4675	438
16	475~500	4.52	55.89	0.8786	—	—	8.92	52	—	0.03	282	—	1.4697	—
17	500~525	4.15	60.04	0.8832	—	—	11.5	55	—	0.03	—	—	1.4730	—
渣油	>525	38.5	98.54	0.9375	—	—	—	41①	—	—	—	—	—	—
损失	—	1.46	100.0	—	—	—	—	—	—	—	—	—	—	—

① 为软化点；② 以下为酸值，mg(KOH)/g。

我国主要原油初馏点约200℃的轻馏分含量不高，除中原、新疆原油外，其他均小于15％。200～350℃轻柴油馏分含量为15％～26％。350～500℃馏分含量为23％～35％。大于500℃的渣油占原油30％～52％。汽油馏分含量高的原油，轻柴油馏分含量一般也较高，如中原、新疆原油。

按实沸点蒸馏的收率与馏出温度绘制实沸点曲线（实沸点-总收率曲线）见图1-2中曲线1；同时画出各窄馏分的百分率-性质曲线（中比曲线）见图1-2中其他曲线。

将窄馏分性质及收率数据进行计算机处理，得到各种宽馏分性质，以等值曲线表示（见图1-3～图1-8）。

从窄馏分的性质曲线还可看到，大庆原油（石蜡基）中高沸点窄馏分的黏度比较小，为6.7～7.5mm²/s，而其他油的黏度为9.5～13.2mm²/s。

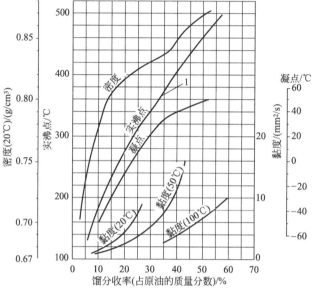

图 1-2　大庆原油实沸点蒸馏曲线及各窄馏分的性质曲线

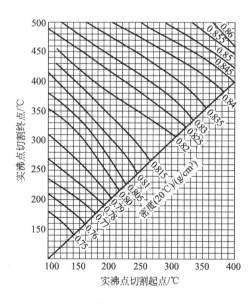

图 1-3　大庆原油中间馏分的密度

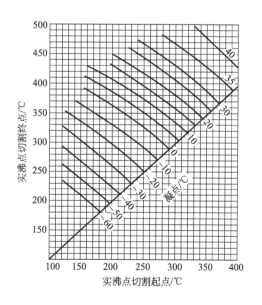

图 1-4　大庆原油中间馏分的凝点

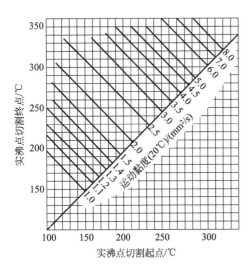

图 1-5　大庆原油中间馏分的黏度（20℃）

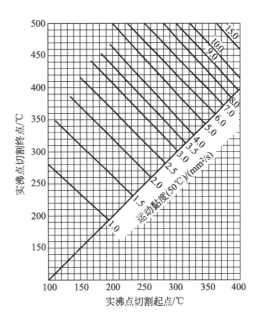

图 1-6　大庆原油中间馏分的黏度（50℃）

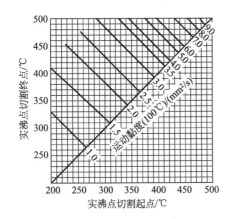

图 1-7　大庆原油中间馏分的黏度（100℃）

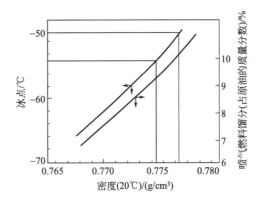

图 1-8　大庆原油喷气燃料馏分的冰点、
密度及收率（切割起点 130℃）

　　（3）大庆原油直馏产品及宽馏分性质测定与分析　　按表 1-7 所列切割方案及分析项目，测定大庆原油直馏产品及宽馏分性质，结果列于表 1-7。

　　由表 1-7 数据可知，大庆直馏汽油馏分的辛烷值很低，仅为 40 左右（马达法），低于其他原油直馏汽油馏分的辛烷值（50～55），不符合石油产品标准的要求。因此，这些馏分除可作为重整原料外，一般只作为调和汽油的组分。

　　喷气燃料的主要指标是密度和冰点，要求密度高，冰点低。而这两者是互相制约的。由于我国大部分原油含正烷烃多，而沸点高的正烷烃冰点高，因此，当生产冰点要求较低的 1 号或 2 号喷气燃料时，只能切割终沸点比较低、馏程也相应比较窄的馏分，故产品收率较低。大庆（萨尔图油田）原油喷气燃料馏分的冰点、密度与收率的关系见图 1-8。由图可见，从该原油不能得到冰点小于 −60℃、密度大于 0.775g/cm³ 的 1 号喷气燃料。一般适合生产冰点小于 −50℃ 的 2 号喷气燃料。

表 1-7　大庆原油直馏产品及宽馏分的切割方案及分析[①]

馏分名称	直馏汽油馏分	喷气燃料馏分	灯用煤油及轻柴油馏分			
实沸点范围/℃	初馏点～200	130～230	180～300	200～320	200～320	230～330
收率(占原油)/%	10.7	6.9	12.0	13.1	17.3	11.5
密度(20℃)/(g/cm³)	0.7432	0.7932	0.8085	0.8131	0.8170	0.8173
辛烷值(MON)	37	—				
馏程/℃						
初馏点	60	141	204	224	225	245
10%	97	160	221	236	243	257
50%	141	183	241	257	273	274
90%	184	212	269	288	310	300
98%	—	224				
干点	205	—	294	310	330	318
硫含量(质量分数)/%	0.02	0.04	0.045	0.050	0.055	0.054
运动黏度/(mm²/s)						
20℃	—	11.39	—	3.78	4.64	4.83
−40℃	—	5.08				
酸度/[mg(KOH)/100mL]	0.82	0.90	—	4.97	6.20	5.26
闪点(闭口)/℃		32	84	99	105	115
冰点	—	−57	—	—	—	—
碘值/(g I/100g)	—	3.11				
芳烃含量(质量分数)/%	—	<13				
硫醇型硫含量	—	0.001				
净热值/(kJ/kg)	—	43811				
无烟火焰高度/mm	—	>25	30			
铜片腐蚀(50℃,3h)	—	—	—	合格	合格	合格
凝点/℃			−22	−15	−5	−6
苯胺点/℃				75.4	79.6	80.3
柴油指数				69.8	71.5	71.9
十六烷值			67.5	67.5	—	69
十六烷指数			53.8	56.2	58.4	58.5

① 表中打"—"的格,表示该项不需要做。

注：20世纪末以来,我国已经规定,禁用含铅汽油。所以实际汽油产品不含四乙基铅。

　　含蜡高、含硫低的原油,适宜生产质量很好的灯用煤油及直馏轻柴油。灯用煤油的无烟火焰高度高。轻柴油的燃烧性能良好。但轻柴油因受凝点的限制,馏分的切割终点不能太高,因而限制了柴油的收率。

　　柴油的燃烧性能以十六烷值表示,十六烷值必须在专门的设备上测定。在不能直接测定时可以用由理化性质指标计算出的柴油指数及十六烷指数（ASTM D976）来相对地评定柴油的燃烧性能。由表1-7可见,大庆原油柴油指数接近于十六烷值。对于含蜡较少的原油,十六烷指数接近于十六烷值。

（4）大庆原油重油性质测定与分析　重油可分为重质馏分油（350～500℃），一般作为催化裂化原料，以得到更多的轻质产品，有些原油的重质馏分油，适合于生产各种润滑油；常压重油（>350℃），可进一步进行减压蒸馏拔出重油馏分，也可直接作为催化裂化原料；减压渣油（>500℃），可作为催化裂化、热裂化及脱沥青装置原料。

① 大庆原油重质馏分油性质测定与分析。测定大庆原油重馏分油的性质，结果见表1-8。

表 1-8　大庆原油重质馏分油的性质

实沸点范围/℃		350～500	折光指数/n_D^{70}	1.4600	特性因数	12.5
收率（质量分数）/%		26～30	平均相对分子质量	398	结构族组成	
密度/(g/cm³)	20℃	0.8564	硫/%	0.045	C_P/%	74.4
	70℃	0.8246	氮/%	0.068	C_N/%	15.0
运动黏度/(mm²/s)	50℃	—	钒/(μg/g)	0.01	C_A/%	10.6
	100℃	4.6	镍/(μg/g)	0.1	R_N	0.83
凝点/℃		42	残炭/%	0.1	R_A	0.48

由表1-8可见，重质馏分油的特性因数在12.3以上，烷烃及烷链上的碳原子百分数（C_P%）大于70%。说明该重馏分油烷烃含量高，芳烃含量低，是很好的催化裂化原料。我国多数原油的种质馏分油具有此特性。

② 大庆原油常压重油及减压渣油性质测定与分析。大庆原油常压重油及减压渣油性质见表1-9。

表 1-9　大庆原油常压重油及减压渣油性质

项　目		常压重油	减压渣油	项　目	常压重油	减压渣油
实沸点范围/℃		>350	>500	氢碳原子比	1.80	1.7
收率（占原油）/%		71.5	42.9	凝点/℃	44	40(软化点)
密度/(g/cm³)	20℃	0.8959	0.922	残炭/%	4.3	7.2
	70℃	0.8636	—	灰分/%	0.0047	—
运动黏度/(mm²/s)	80℃	48.4	—	钒含量/(μg/g)	<0.1	0.1
	100℃	28.9	104.5	镍含量/(μg/g)	4.3	7.2
元素分析/%				针入度(25℃ 100g)/(1/10mm)	—	>250
	C	86.32	86.43	延度(25℃)/cm	—	3.9
	H	13.27	12.27	软化点/℃	—	35
	S	0.15	0.17			
	N	0.2	0.29			

（5）大庆原油润滑油潜含量及性质测定与分析　我国主要原油重馏分油的凝点高，用于生产润滑油都要经过脱蜡。在实验室进行溶剂脱蜡后，再用硅胶或硅胶-氧化铝进行吸附分离。脱蜡油分为饱和烃（P+N）、饱和烃+轻芳烃（P+N+A₁）及饱和烃+轻芳烃+中芳烃（P+N+A₁+A₂）几个组分。分别测定这些组分的理化性质，并计算黏度指数，见表1-10。一般将饱和烃+轻芳烃视为润滑油原料中的理想组分。

表1-10表明，大庆重馏分油作为润滑油原料时，实验室脱蜡油的收率只有56%～62%，但黏度指数甚高，为82～94。吸附分离后饱和烃+轻芳烃的黏度指数大于100。即使将中芳烃混合在内，黏度指数仍接近100。这说明大庆重馏分油经过脱蜡的润滑油原料，不需要深度精制，即可得到黏度指数良好的润滑油基础油。

（6）大庆原油重质馏分油中石蜡含量（质量分数）及性质测定与分析　大庆原油重质馏分油中石蜡含量及性质见表1-11。

表1-10 大庆原油润滑油潜油潜量及性质

油样	收率(质量分数)/% 占馏分	收率(质量分数)/% 占原油	密度(20℃)/(g/cm³)	凝点/℃	折光指数(n_D^{20})	运动黏度/(m²/s) 50℃	运动黏度/(m²/s) 100℃	黏度比/(v_{50}/v_{100})	黏度指数	黏重常数
350~400℃原馏分	100	9.4	0.8038(70℃)	31	1.4480(n_D^{70})	6.91	2.66	—	—	0.779
脱蜡油	56.2	5.3	0.8673	-10	1.4833	8.75	3.01	2.91	94	0.818
P+N	42.2	4.0	0.8390	-2	1.4631	7.81	2.83	2.76	120	0.782
P+N+A₁	49.0	4.6	0.8475	-12	1.4684	7.97	2.84	2.81	112	0.793
P+N+A₁+A₂	52.4	4.9	0.8534	-8	1.4726	8.31	2.85	2.92	99	0.800
400~450℃原馏分	100	11.8	0.8242(70℃)	43	1.4578(n_D^{70})	15.82	4.65	—	—	0.798
脱蜡油	60.1	7.1	0.8835	-4	1.4914	26.08	5.96	4.38	92	0.827
P+N	42.7	5.0	0.8587	-4	1.4722	20.75	5.34	3.89	107	0.797
P+N+A₁	50.8	6.0	0.8666	-4	1.4771	22.14	5.57	3.97	104	0.799
P+N+A₁+A₂	54.0	6.4	0.8708	-6	1.4800	22.48	5.63	3.99	103	0.812
450~500℃原馏分	100	9.1	0.8437(70℃)	51	1.4687(n_D^{70})	—	8.09	—	—	0.813
脱蜡油	61.5	5.6	0.8990	-4	1.5005	63.92	10.92	5.85	82	0.838
P+N	39.4	3.6	0.8725	-5	1.4780	38.81	8.60	4.51	115	0.807
P+N+A₁	48.5	4.4	0.8766	-4	1.4832	46.24	9.49	4.87	106	0.811
P+N+A₁+A₂	52.3	4.8	0.8831	-4	1.4870	48.38	9.67	5.00	101	0.819
>500℃渣油	—	41.4	0.8971(70℃)	—	—	256(80℃)	106	—	—	—
P+N+A₁(脱蜡后)	18.2	7.5	0.8930	—	1.4922	165.2	23.12	7.15	98	0.818
P+N+A₁+A₂(脱蜡后)	21.7	8.9	0.9009	-18	1.4987	221.5	27.44	8.07	93	0.825

注:润滑油馏分脱蜡温度为-15℃,渣油脱蜡温度为-30℃;脱蜡溶剂为丙酮、苯、甲苯(35:45:20体积)。

表 1-11　大庆原油重质馏分油中石蜡含量及性质

实沸点范围/℃	占馏分/%	占原油/%	折光指数 n_D^{70}	标准密度/(g/cm³)	含油量/%	碳含量/%	氢含量/%	熔点/℃
350～375	30.7	1.35	1.4252	0.7624	0.27	85.08	14.92	41.7
375～400	39.3	1.69	1.4280	0.7668	0.07	—	—	47.5
400～425	36.8	1.51	1.4304	0.7712	0.35	85.12	14.88	53.6
425～450	31.8	1.40	1.4331	0.7774	1.45	—	—	58.6
450～475	26.8	1.42	1.4369	0.7849	1.05	85.20	14.69	62.0
475～500	26.7	1.21	1.4395	0.7888	0.65	—	—	64.1
500～525	22.9	0.95	1.4329	0.7966	0.93	85.38	14.40	66.8

由表 1-11 可知，大庆原油重质馏分油中石蜡含量在 22%～40% 之间，且在 375～400℃ 馏分之间达到最大值，其后随馏分变重，蜡含量逐渐降低；蜡的熔点则随馏分变重，逐渐增大。

（7）大庆原油各馏分及渣油组成的测定　大庆原油各馏分及渣油组成分别见表 1-12～表 1-14。

表 1-12　大庆原油重整原料（初馏点～145℃）的烃族组成（质量分数）

碳　数	烷　烃/%	环烷烃/%	芳烃/%	总计/%
C_3	0.38	—	—	0.38
C_4	2.53	—	—	2.53
C_5	6.18	0.87	—	7.05
C_6	10.19	6.53	0.20	16.92
C_7	13.62	12.16	0.67	26.45
C_8	15.79	11.38	1.34	28.51
C_9	9.81	7.20	0.11	17.12
C_{10}	—	1.04	—	1.04
总　计	58.5	39.18	2.32	100.00

表 1-13　大庆原油渣油及其组分的元素分析及硫、氮分布（质量分数）

项目	占渣油/%	碳含量/%	氢含量/%	碳/氢	氢/碳（原子比）	残炭/%	平均相对分子质量
大庆渣油	100	86.6	12.5	6.93	1.72	8.5	895
饱和烃	36.7	85.2	12.3	5.96	2.00	—	779
芳烃	33.4	86.1	13.5	6.89	1.73	3.9	1010
胶质	29.9	87.2	11.0	7.93	1.50	21.9	1500

项目	硫含量/%	氮含量/%	硫/总硫	氮/总氮	平均分子式		
大庆渣油	0.16	0.38	1.00	1.00	$C_{65}H_{111}S_{0.04}N_{0.24}$		
饱和烃	—	—	—	—	$C_{55}H_{111}$		
芳烃	0.29	0.24	0.61	0.21	$C_{72}H_{125}S_{0.09}N_{0.17}$		
胶质	0.22	1.00	0.39	0.79	$C_{109}H_{164}S_{0.1}N_{1.07}$		

表 1-14　大庆原油 200～500℃ 馏分的烃族组成　　　　单位：%（质量分数）

实沸点范围/℃	200～250	250～300	300～350	350～400	400～450	450～500
烷烃	55.7	62.0	64.5	63.1	52.8	44.7
正构烷烃	32.6	40.2	45.1	41.1	23.7	15.7
异构烷烃	23.1	21.8	19.4	22.0	29.1	29.0
环烷烃	36.6	27.6	25.6	24.8	33.2	39.0
一环环烷	25.6	18.2	17.1	11.8	13.6	17.4
二环环烷	9.7	6.9	5.7	6.8	8.4	10.6
三环环烷	1.3	2.5	2.8	2.6	5.3	7.3
四环环烷	0	0	—	2.9	3.3	3.1
五环环烷	0	0	0	0.7	1.8	0.6
六环环烷	0	0	0	0	0.8	—
芳烃	7.7	10.4	9.9	11.8	13.8	15.9
单环芳烃	5.2	6.6	6.8	6.5	7.8	9.0
双环芳烃	2.5	3.6	2.5	3.2	3.3	3.8
三环芳烃	0	0.2	0.6	1.5	1.4	1.6
四环芳烃	0	0	0	0.2	0.8	0.8
五环芳烃	0	0	0	0.1	0.3	0.3
未鉴定	0	0	0	0.1	0.4	0.4
噻吩类	0	0	0	0.3	0.2	0.4

二、原油分类

如前所述,石油的组成十分复杂,对原油的确切分类是十分困难的。但是,不同地区和不同地层所开采的石油,从化学组成和物理性质来看,有一些原油彼此很相似,在加工方案和加工中所遇到的问题也很相似。因此人们研究原油的合理分类方法,以便按一定的指标把原油分类。一旦知道原油的类别后,可以大致推测它的性质和加工方案,判断它适宜于生产哪些产品,产品质量大致如何等。可见科学的分类方法对认识石油和利用石油是十分必要的。

原油可以按工业、地质、化学等的观点来区分,每一大类中又有多种分类法。例如,化学分类法中就有关键馏分特性分类法、特性因数分类法、相关系数分类法、结构族组成分类法等。这里主要介绍工业分类法和化学分类法。

1. 原油的工业分类

原油的工业分类也称商品分类,分类的根据包括:按密度分类、按合硫量分类、按含氮量分类、按含蜡量分类、按含胶质量分类等。但各国的分类标准都按本国原油性质规定,互不相同。原油密度低则轻质油收率较高,硫含量高则加工成本高。国际石油市场对原油按密度和硫含量分类并计算不同原油的价格。按原油的相对密度来分类最简单。

(1) 按原油的相对密度分类

轻质原油-相对密度 $(d_4^{20}) < 0.8661$

中质原油-相对密度 $(d_4^{20}) = 0.8662 \sim 0.9161$

重质原油-相对密度 $(d_4^{20}) = 0.9162 \sim 1.0000$

特稠原油-相对密度 $(d_4^{20}) > 1.0000$

这种分类比较粗略,但也能反映原油的共性。轻质原油一般含汽油、煤油、柴油等轻质馏分较高;或含烷烃较多,含硫及胶质较少。如青海原油和克拉玛依原油。有些原油轻质馏分含量并不多,但由于含烷烃多,所以密度小,如大庆原油。

重质原油一般含轻馏分和蜡都较少,而含硫、氮、氧及胶质沥青质较多。如孤岛原油、阿尔巴尼亚原油。

(2) 按原油的含硫量分类

低硫原油-硫含量 < 0.5%

合硫原油-硫含量为 0.5% ~ 2.0%

高硫原油-硫含量 > 2.0%

大庆原油为低硫原油,胜利原油为含硫原油,孤岛原油、委内瑞拉保斯加原油为高硫原油。低硫原油重金属含量一般都较低,含硫原油重金属含量有高有低。在世界原油总产量中,含硫原油和高硫原油约占 75%,我国含硫原油也在逐渐增长。

(3) 按原油的含氮量、含蜡量、含胶质量分类

① 按原油的含氮量分为:

低氮原油-氮含量 < 0.25%

高氮原油-氮含量 > 0.25%

低硫原油大多数含氮量也低。原油中含氮量比含硫量低。

② 按原油的含蜡量分为:

低蜡原油-含蜡 0.5% ~ 2.5%

含蜡原油-含蜡 2.5% ~ 10%

高蜡原油-含蜡 > 10%

③ 按原油的含胶质量分为：

　　低胶原油-原油中硅胶胶质含量<5%

　　含胶原油-原油中硅胶胶质含量为 5%～15%

　　多胶原油-原油中硅胶胶质含量>15%

　　实际上，在石油交易中，使用多种按质论价的分类方法。例如，有的以某种原油为标准，按所交易原油的密度及硫含量与标准原油的差别来计算价格。近年来，有的在计算原油价格时还考虑到原油的氮含量及金属含量等因素。近十多年来，国际石油交易中还常用"净值反算法"（Netback Calculation）论价。所谓净值反算法，就是以产品的估计收率所得各种产品在某港口的现货价的总价值为依据，来反算原油的价格。

2. 原油的化学分类

　　工业分类方法的优点是直观、简单。但是，对于石油加工企业来说，为了选择合适的加工方案和及时调节生产参数，必须对石油的组成、性质有比较准确的了解。这就需要采用更为准确的分类方法-化学分类法。

　　原油的化学分类以化学组成为基础。因此比较科学，相对比较准确，应用比较广泛。但原油的化学组成分析比较复杂，所以，通常是利用与化学组成有关联的物理性质作为分类依据。包括特性因数分类和关键馏分特性分类法。

　　（1）原油的特性因数分类　　原油及石油馏分的特性因数 K 的定义为（见表 1-3 特性参数的计算及意义）

$$K = \frac{1.216 \sqrt[3]{T}}{d_{15.6}^{15.6}}$$

　　原油的特性因数 K 可以与馏分油类似的方法求得。采用特性因数对原油进行分类如下：

　　石蜡基原油-特性因数　$K>12.1$

　　中间基原油-特性因数　$K=11.5～12.1$

　　环烷基原油-特性因数　$K=10.5～11.5$

　　石蜡基原油烷烃含量一般超过 50%。其特点是密度较小，含蜡量较高，凝点高，含硫、含胶质量低。这类原油生产的汽油辛烷值低，柴油十六烷值较高，生产的润滑油黏温性质好。大庆原油是典型的石蜡基原油。

　　环烷基原油一般密度大、凝点低。生产的汽油环烷烃含量高达 50% 以上，辛烷值较高；喷气燃料密度大、凝点低，质量发热值和体积发热值都较高；柴油十六烷值较低；润滑油的黏温性质差。环烷基原油中的重质原油，含有大量胶质和沥青质，可生产高质量沥青，如我国的孤岛原油。

　　中间基原油的性质介于石蜡基和环烷基原油之间。

　　（2）原油的关键馏分特性分类法　　特性因数分类能够反映原油组成的特性。但由于原油低沸点馏分和高沸点馏分中烃类的分布规律并不相同，特性因数分类不能分别表明各馏分的特点；同时，由于原油的组成极为复杂，原油的平均沸点难以测定，无法用公式求得 K 值。而用黏度、相对密度指数查图求得的特性因数 K 不够准确。所以，以特性因数 K 作为原油的分类依据，有时不完全符合原油组成的实际情况。

　　1935 年，美国矿务局提出了对原油的关键馏分特性分类法。此分类法能较好地反映原油的化学组成特性，在我国也被推荐使用。

　　用原油简易蒸馏装置在常压下蒸馏得 250～275℃ 馏分作为第一关键馏分，残油用没有填料柱的蒸馏瓶在 40mmHg 残压下蒸馏，切取 275～300℃ 馏分（相当于常压 395～425℃）作为第二关键馏分。分别测定上述两个关键馏分的密度，根据表 1-15 中的密度或°API 值进行分类，按照表 1-16 确定该原油属于所列七种类型中的哪一类。表 1-15 中括号内的特性因数 K 值是根据关键馏分的中平均沸点和密度指数求定的，它不作为分类标准，仅作为参考数据。

表 1-15 关键馏分的分类指标

关键馏分	石蜡基	中间基	环烷基
第一关键馏分	$d_4^{20}<0.8210$ $°API>40$ $(K>11.9)$	$d_4^{20}=0.8210\sim0.8562$ $°API=33\sim40$ $(K=11.5\sim11.9)$	$d_4^{20}>0.8562$ $°API<33$ $(K<11.5)$
第二关键馏分	$d_4^{20}<0.8723$ $°API>30$ $(K>12.2)$	$d_4^{20}=0.8723\sim0.9305$ $°API=20\sim30$ $(K=11.5\sim12.2)$	$d_4^{20}>0.9305$ $°API<20$ $(K<11.5)$

上述关键馏分的取得也可以取实沸点蒸馏装置蒸出的 $250\sim275℃$ 和 $395\sim425℃$ 馏分分别作为第一和第二关键馏分。

表 1-16 原油的关键馏分特性分类

序号	第一关键馏分的属性	第二关键馏分的属性	原油类别
1	石蜡基	石蜡基	石蜡基
2	石蜡基	中间基	石蜡-中间基
3	中间基	石蜡基	中间-石蜡基
4	中间基	中间基	中间基
5	中间基	环烷基	中间-环烷基
6	环烷基	中间基	环烷-中间基
7	环烷基	环烷基	环烷基

北京石油化工科学研究院建议把工业（商品）分类法中的硫含量分类作为关键馏分特性分类的补充，即硫含量低于 0.5% 的为低硫原油，而高于 0.5% 的为含硫原油（注意与原油工业分类法中的不同）。表 1-17 列出了我国几种原油根据此建议进行分类的情况。

表 1-17 几种国产原油的分类

原油名称	硫含量 （质量分数）/%	第一关键馏分 d_4^{20}	第二关键馏分 d_4^{20}	原油的关键馏分特性分类	建议原油分类命名
大庆混合	0.11	0.814 $(K=12.0)$	0.850 $(K=12.5)$	石蜡基	低硫石蜡基
克拉玛依	0.04	0.828 $(K=11.9)$	0.895 $(K=11.5)$	中间基	低硫中间基
胜利混合	0.88	0.832 $(K=11.8)$	0.881 $(K=12.0)$	中间基	含硫中间基
大港混合	0.14	0.860 $(K=11.4)$	0.887 $(K=12.0)$	环烷中间基	低硫环烷中间基
孤岛	2.06	0.891 $(K=10.7)$	0.936 $(K=11.4)$	环烷基	含硫环烷基

由表 1-17 看到，大庆原油属于石蜡基，在馏分上表现为特性因数高，相关指数及黏重常数低。胜利原油为中间基，在馏分上表现为特性因数较低，相关指数及黏重常数较高。但由于原油分类方法是以 $250\sim275℃$ 及 $395\sim425℃$ 两个馏分的 $°API$ 为指标的，不能代表更高馏分的类别。

3. 原油分类的应用

属于同一类的原油，具有明显的共性。石蜡基原油一般含烷烃量超过 50%，其特点是密度较小、含蜡量较高、含硫和胶质较少，是属于地质年代古老的原油。这种原油生产的直馏汽油辛烷值低，而柴油的十六烷值较高，航空煤油的密度和结晶点之间的矛盾较大，可以生产黏温性质良好的润滑油，可是脱蜡的负荷很大，重馏分和渣油中含重金属少，是良好的裂化原料，但难以生产质量较好的沥青。大庆原油是典型的石蜡基原油。环烷基原油的特点是含环烷烃和芳香烃较多，凝点低，一般含硫、含胶质和沥青质较多，是地质年代较年轻的原油。它所生产的汽油中含环烷烃多、辛烷值较高，航空煤油的密度大、质量热值和体积热值都较高，可以生产大密度航空煤油，柴油的十六烷值较低、润滑油的黏温性质差。环烷基原油中的重质原油含有大量的胶质和沥青质，又称为沥青基原油，可以用来生产各种高质量的沥青。孤岛原油就属于这一类原油。中间基原油的性质介于这两类之间。

第二节　原油加工生产方案与燃料油生产过程

所谓原油加工生产方案，就是用原油生产什么产品及使用什么样的加工过程来生产这些产品。通常又称之为原油加工方案。

确定原油加工方案的依据，一是原油的性质特点，二是市场需求。另外，经济效益、投资力度也是必须考虑的重要方面。当然，作为一个企业，经济效益的最大化是其主要的目标。原油特性、市场需求是影响加工方案乃至经济效益的主要因素；同时，投资力度对最佳方案的选择会形成制约。虽然理论上可以用任何一种原油生产出各种所需的石油产品，但如果选择的加工方案适应原油的特性，则可以做到用最小的投入获得最大的产出。

基于以上的原因，将原油的综合评价结果作为选择原油加工方案的基本依据。有时还需对某些加工过程作中型试验以取得更详细的数据。对生产航空煤油和某些润滑油，往往还需作产品的台架试验和使用试验。

在各种原油加工方案的原油加工过程中，一般都先经过常压蒸馏或常减压蒸馏，将原油分割成为直馏产品或二次加工原料。常压蒸馏经常是切出重整原料、煤油、柴油，剩余为常压渣油。减压蒸馏切割裂化原料或润滑油原料，剩余为减压渣油。各种原油加工流程的主要不同之处多在于产品精制和重油加工部分。

直馏产品精制与否，决定于原油的硫、氮、氧等杂质含量，而二次加工产品则除杂质含量外还决定于其他不安定的烃类组分。能否生产润滑油主要决定于原油本身所含润滑油组分的性质优劣。

重油加工的方法很多，但每种原油由于其性质不同，都有它比较适宜的主要加工方法。含盐多的原油如果要进行催化加工，首先要进行原油深度脱盐。残炭和重金属含量高的渣油，进行催化裂化前先要进行预处理，如加氢精制或脱沥青、脱金属等。环烷基原油经蒸馏可以直接生产合格的沥青，可是它的减压馏分油却不是很好的催化裂化原料。裂化过程中生焦量高，柴油十六烷值低。焦化是转化率很高的加工过程，对原料的适应范围很广。但液体产品质量差，要精制。渣油加氢裂化灵活性大，可以对付各种渣油，且产品质量好、轻质油收率高，但它的投资很高，而且设备制造比较困难。

一、原油加工生产方案

1. 原油加工生产方案的基本类型

根据目的产品的不同，原油加工方案大体上可以分为四种基本类型。

（1）燃料型　主要产品是用作燃料的石油产品。除了生产部分重油燃料油外，减压馏分油和减压渣油通过各种轻质化过程转化为各种轻质燃料。

（2）燃料-润滑油型　除了生产用作燃料的石油产品外，部分或大部分减压馏分油和减压渣油还被用于生产各种润滑油产品。

（3）燃料-化工型　除了生产燃料产品外，还生产化工原料及化工产品，例如某些烯烃、芳烃、聚合物的单体等。这种加工方案体现了充分合理利用石油资源的要求，也是提高炼厂经济效益的重要途径，是石油加工的发展方向。

（4）综合型　采用综合型的加工方案的企业不再单纯是"炼油"企业，而是一个"石油化工"综合型企业。即首先通过蒸馏最大限度地为乙烯装置及催化重整装置提供原料，以生产尽可能多的"三烯、三苯"等化工基础原料；同时，将常压四线、减压馏分、减压渣油中的"少环长侧链"结构分离出，以生产润滑油基础油；最后，将其他成分通过加氢裂化、催化裂化、焦化、精制等手段加工成轻质燃料油；另外，对上述生产过程中产生的石蜡、沥青、石油焦等副产品进行进一步加工，得到合格的固体副产品。

以上只是大体的分类，实际上，各个石油加工企业的具体加工方案是多种多样的，没有必要作严格的区分，主要目标是提高经济效益和满足市场需要。

2. 原油的性质特点对原油加工生产方案的影响

（1）原油的性质特点　我国产量较大的原油大致可以分为三种类型。

① 石蜡基原油。大庆、吉林、中原、青海等原油属石蜡基原油。它们具有含硫低，镍和钒含量不高，残炭低、无沥青质、含蜡高、凝点高的特点。但中原原油含硫量稍高。此外，还有一些原油如华北原油，在分类上虽属石蜡基，但其某些馏分，尤其重油部分并不都具备石蜡基油的特性。这类原油具有含蜡多、凝点高的石蜡基原油特征，而其残炭、胶质、镍含量比一般石蜡基原油高。

② 中间基与石蜡-中间基原油。这类原油与第一类原油比，蜡含量较低，镍含量一般稍高，如胜利、辽河、大港和新疆等原油。

③ 环烷和环烷-中间基原油。属于此类的有孤岛、单家寺（胜利油区）、羊三木（大港油区）、高升（辽河油区）等原油。这类原油产量较前两类原油小，大多是密度大于 $0.93g/cm^3$ 的重质原油，含蜡不多，凝点低，胶质、残炭、酸值和镍含量都较高。

上述三类原油，虽然它们 350～500℃ 馏分的镍、钒含量和残炭都很低，但结构族组成有明显的区别。第一类重馏分油的 $C_P\%$ 值高，其余两类的 $C_A\%$ 值高。作为催化裂化原料，以第一类最好。由大于 350℃ 重油性质（见表1-9）可见，大庆常压重油较其他油残炭低。氢碳比高，是较好的重油催化裂化原料。胜利与辽河原油的大于 350℃ 重油性质很接近，都是镍含量较高，氢碳比较低，因此在催化加工上较困难。至于孤岛常压重油，它的残炭和重金属含量都高，一般要经过预处理才能进行催化加工。

（2）几种类型原油加工过程的特点　低硫石蜡基原油，以大庆原油为代表，其加工过程的特点如下。

① 由于原油含硫少，氮含量也不高，轻直馏产品不需要精制或只需简单精制。

② 减压馏分油是催化裂化的好原料，同时也是生产润滑油的好原料。

③ 由于含蜡多，是生产石蜡（包括液体石蜡）的好原料。

④ 由于轻馏分油的饱和烃包括正烷烃的含量高，作为裂解原料，乙烯收率高。

⑤ 由于减压渣油的残炭低，含杂质少，一般的重油加工方法都适用，如

● 经过溶剂脱沥青，可以得到优质催化裂化原料油或残渣润滑油原料，还可以得到符合一定规格的道路沥青或建筑沥青；

● 通过延迟焦化，可以得到低硫焦炭；其焦化汽油、柴油精制后，可以作为合格产品或组分；其重馏分油可以作为催化裂化或加氢裂化原料；重馏分油催化裂化原料中，可以掺入一定比例的减压渣油进行催化裂化。

在石蜡基原油中，还有一些原油如华北、中原原油，含有数量不等的硫、氮、氧化合

物，其直馏汽油、煤油、柴油及催化裂化柴油需要适当精制，其减压馏分油作为润滑油原料时，因脱蜡油的黏度指数较低，即使经深度溶剂精制，也不可能有很大程度的提高。这一类原油的减压渣油，溶剂脱沥青得到的沥青，数量大，质量不合格，较难处理；延迟焦化时焦炭收率较高，焦化汽油、柴油需要较深度的加氢精制；国内已在馏分油催化裂化中掺炼数量相当大的减压渣油，但此种催化裂化的柴油安定性差，必须精制，且柴油的十六烷值已不能合格，需要通过调和或加氢来改善。

中间基原油，这类原油如胜利、辽河等原油的加工特点如下。

① 直馏汽油的芳烃潜含量较高，适于作催化重整原料。其直馏产品酸度高，需要精制。

② 减压馏分油中 C_P％值较低，催化裂化过程中生焦量大。其催化裂化柴油的十六烷值低，需要加氢改质或加入添加剂。各馏分含芳烃含量都较高，不适合做裂解原料。

③ 此类原料的渣油大多可以生产合格的沥青。

环烷基及环烷-中间基原油。我国少量的环烷基及环烷-中间基原油如孤岛、单家寺等原油，大多含直馏产品少，酸值高，有的甚至不含汽油馏分。喷气燃料馏分的密度大、冰点低，但安全性不好或芳烃含量过高，需要精制。柴油酸度高、十六烷值低。这类原油的减压馏分中含大量芳烃，不是催化裂化的好原料油。有些环烷基原油的润滑油馏分不需要脱蜡，经适当精制可直接生产变压器油、冷冻机油等润滑油。这类原油是生产沥青的好原料，多数原油只经蒸馏即可得到优质道路沥青。

3. 原油加工生产方案案例

（1）胜利原油的燃料加工方案　胜利原油是含硫中间基原油，硫含量在 1％左右，在加工方案中应充分考虑原油含硫的问题。

直馏汽油的辛烷值为 47，初馏~130℃馏分中芳烃潜含量高，是重整的良好原料。

航空煤油馏分的密度大、结晶点低，可以生产二号航空煤油，但必须脱硫酸，而且由于芳烃含量较高，应注意解决符合无烟火焰高度的规格要求的问题。

直馏柴油的柴油指数较高、凝点不高，可以生产－20 号、－10 号、0 号柴油及舰艇用柴油。由于含硫及酸值较高，产品需适当精制。

减压馏分油的脱蜡油的黏度指数低，而且含硫及酸值较高，不宜生产润滑油，可以用作催化裂化或加氢裂化的原料。

减压渣油的黏温性质不好、而且含硫，也不宜用来生产润滑油，但胶质、沥青质含量较高，可以用于生产沥青产品。胜利减压渣油的残炭值和重金属含量都较高，只能少量掺入减压馏分油中作为催化裂化原料，最好是先经加氢处理后再送去催化裂化。由于加氢处理的投资高，一般多用作延迟焦化的原料。由于含硫，所得的石油焦的品级不高。

根据上述评价结果，胜利原油多采用燃料型加工方案，见图 1-9。

（2）大庆原油的燃料-润滑油加工方案

大庆原油是低硫石蜡基原油，其主要特点是含蜡量高、凝点高、沥青质含量低、重金

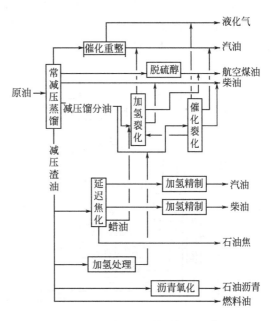

图 1-9　胜利原油的燃料加工方案

属含量低、硫含量低。其主要的直馏产品的主要性质特点如下。

初馏～200℃直馏汽油的辛烷值低，仅有37，应通过催化重整提高其辛烷值。

直馏航空煤油的密度较小、结晶点高，只能符合2号航空煤油的规格指标。

直馏柴油的十六烷值高、有良好的燃烧性能，但其收率受凝点的限制。

煤、柴油馏分含烷烃多，是制取乙烯的良好裂解原料。

350～500℃减压馏分的润滑油潜含量（烷烃＋环烷烃＋轻芳轻）约占原油的15%，而黏度指数可达90～120，是生产润滑油的良好原料。

减压渣油硫含量低，沥青质和重金属含量低、饱和分含量高，可以掺入减压馏分油作为催化裂化原料，也可以经丙烷脱沥青及精制生产残渣润滑油。由于渣油含沥青质和胶质较少而蜡含量较高，难以生产高质量的沥青产品。

根据上述评价结果，大庆原油的燃料-润滑油加工方案如图1-10所示。

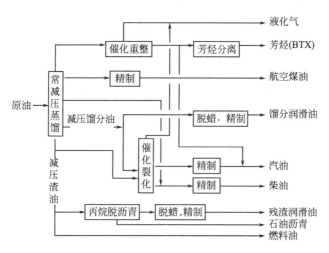

图1-10　大庆原油的燃料-润滑油加工方案

（3）某原油的燃料-化工型加工方案　为了合理利用石油资源和提高经济效益，许多炼油厂的加工方案都考虑同时生产化工产品，只是其程度因原油性质和其他具体条件不同而异。有的是最大量地生产化工产品，有的则只是予以兼顾。关于化工产品的品类，多数炼油厂主要是生产化工原料和聚合物的单体，有的也生产少量的化工产品。图1-11列举了一个燃料-化工型加工方案。

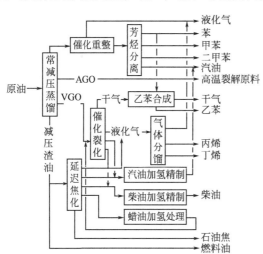

图1-11　燃料-化工型加工方案

（4）稠油的加工方案分析　全世界的稠油储量很大。我国探明的稠油储量也不小，其产量也逐年增加，近年已达千万吨以上。如何合理加工稠油是炼油技术发展中的一个难题。稠油的特点是密度和黏度大、胶质及沥青质含量高、凝点低，多数稠油的硫含量较高，其渣油的残炭值高、重金属含量高。稠油的轻质油含量很低，减压渣油一般占原油的60%以上。稠油的加工方案问题主要是如何合理加工其渣油的问题。

稠油的渣油的蜡含量低、胶质及沥青质含量高，是生产优质沥青的好原料。例如单家寺稠油的减压渣油不需复杂的加工就可以生产出高等级道路沥青。因此，对稠油的加工应优先考虑生产优质沥青。由于受沥青市场的限制，除了生产沥青外，还需考虑渣油始质化问题。

稠油的渣油的残炭值高、重金属含量高，不宜直接用作催化裂化的原料，比较好的办法是先经加氢处理后再送去催化裂化。但是渣油加氢处理的投资和操作费用高。采用溶剂萃取脱沥青过程可以抽出渣油中的较轻部分作为催化裂化的原料，但需解决抽提残渣的加工利用问题。采用延迟焦化过程可以得到部分馏分油，经加氢和催化裂化可得到轻质油品，但同时得到相当多的含硫石油焦。

稠油的凝点低，在制订加工方案时应考虑如何利用这个特点。例如，考虑生产低凝点柴油、对黏温性质要求不高的较低凝点的润滑油产品等。

二、燃料油生产过程

从原油加工生产方案的分析说明可以看出，不论是哪一种方案，其最大宗的产品都是燃料油。所以，在这里介绍一下一般炼油厂的构成，同时分析一下炼油过程的结构进行。

1. 炼油厂的构成

炼油厂主要由两大部分组成，即炼油过程和辅助设施。从原油生产出各种石油产品一般需经过多个物理的及化学的炼油过程。通常，每个炼油过程相对独立地自成为一个炼油生产装置。在某些炼油厂，从有利于减少用地、余热的利用、中间产品的输送、集中控制等考虑，把几个炼油装置组合成一个联合装置。为了保证炼油生产的正常进行，炼油厂还必须有完备的辅助设施，例如供电、供水、废物处理、储运等系统。下面对这两部分分别作简要介绍。

（1）炼油生产装置　各种炼油生产装置大体上可以按生产目的分为以下几类。

① 原油分离装置。原油加工的第一步是把原油分离为多个馏分油和残渣油，因此，每个正规的炼厂都应有原油常压蒸馏装置或原油常减压蒸馏装置。在此装置中，还应设有原油脱盐脱水设施。

② 重质油轻质化装置。为了提高轻质油品收率，需将部分或全部减压馏分油及渣油转化为轻质油，此任务由裂化反应过程来完成，如催化裂化、加氢裂化、焦炭化等。

③ 油品改质及油品精制装置。此类装置的作用是提高油品的质量以达到产品质量指标的要求，如催化重整、加氢精制、电化学精制、溶剂精制、氧化沥青等。加氢处理，减黏裂化也可归入此类。

④ 油品调和装置。为了达到产品质量要求，通常需要进行馏分油之间的调和（有时也包括渣油），并且加入各种提高油品性能的添加剂。油品调和方案的优化对提高现代炼厂的效益也能起重要作用。

⑤ 气体加工装置。如气体分离、气体脱硫、烷基化、C_5/C_6异构化、合成甲基叔丁基醚（MTBE）等。

⑥ 制氢装置。在现代炼厂，由于加氢过程的耗氢量大，催化重整装置的副产氢气不敷使用，有必要建立专门的制氢装置。

⑦ 化工产品生产装置。如芳烃分离、含硫化氢气体制硫、某些聚合物单体的合成等。

⑧ 产品分析中心。为了保证出厂产品的质量，每个炼厂中都设有产品分析中心。

由于生产方案不同，各炼厂包含的炼油过程的种类和多少，或者说复杂程度会有很大的不同。一般来说，规模大的炼厂其复杂程度会高些，但也有一些大规模的炼厂的复杂程度并不高。

（2）辅助设施　辅助设施是维持炼油厂正常生产所必需的，一般将这些设施称为公用系统。主要的辅助设施如下。

① 供电系统。多数炼厂使用外来高压电源，炼厂应有降低电压的变电站及分配用电的配电站。为了保证电源不间断，多数炼厂备有两个电源。为了保证在断电时不发生安全事故，炼厂还自备小型的发电机组。

② 供水系统。新鲜水的供应系统主要由水源、泵站和管网组成，有的还需水的净化设施。大量的冷却用水需循环使用，故应设有循环水系统。

③ 供水蒸气系统。主要由蒸汽锅炉和蒸汽管网组成。供应全厂的工艺用蒸汽、吹扫用蒸汽、动力用蒸汽等。一般都备有 1MPa 和 4MPa 两种压力等级的蒸汽锅炉。

④ 供气系统。如压缩空气站、氧气站（同时供应氮气）等。

⑤ 原油和产品储运系统。如原油及产品的输油管或码头或铁路装卸站、原油储罐区、产品储罐区等。

⑥ "三废"处理系统。如污水处理系统、有害气体处理和含硫化氢、二氧化硫气体及废渣处理（废碱渣、酸渣）等。"三废"的排放应符合环境保护的要求。

多数炼厂还设有机械加工维修、仪表维护、研究机构、消防队等设置。现代化的新型炼油厂则一般将这些工作以外协的性质交由相关企业及机构来承担。

2. 炼油装置工艺流程

一个炼油厂或一个炼油装置的构成和生产程序是用工艺流程图来描述。炼油生产是自动化程度较高的连续生产过程，正确设计的工艺流程不仅对保证正常生产，而且对提高效益有重要的作用。

根据使用目的和描述范围的不同，炼厂的工艺流程大体上可分为以下三类。

（1）全厂生产工艺流程图　此图反映了炼厂的生产方案、各生产装置之间的关系。图中的数字表示物料流量，生产装置的方框中的数字表示该装置的处理能力。

（2）生产装置工艺原理流程图　此图反映了一个炼油生产装置所采用的技术方案、装置内各主要设备之间的关系和物流之间的关系。炼油生产装置的工艺原理流程图可参看本书其他各章相应流程图。

（3）炼油装置工艺管线-自动控制流程图　此图的作用主要是作为绘制工艺管线及仪表安装图的依据。在此图中绘出了装置内的所有管线和仪表。

工艺流程图是炼油厂和炼油装置的最基本的技术文件，无论是想了解一个炼油厂或炼油装置，或是进行设计及技术改造，都必须首先考虑此技术文件。

不论是装置管理人员、技术人员，还是装置操作工，都必须对装置流程有充分的了解。特别是操作工，必须掌握和本岗位有关的所有工艺管线-自动控制流程，以保证优质地操作，从而生产出合格的产品。

3. 炼油过程的结构分析

前面概述了炼油过程的大致分类及各类炼油过程的作用。在这里，主要是通过对一个炼厂或一个国家的炼油过程的结构讨论如何进一步分析某个国家或某个炼厂对原油的加工能力及其特点。这里所说的加工能力除了指原油的年加工量外，更主要的是指从不同性质的原油生产出市场所需的各种产品（包括品种、质量、数量）的适应能力。

表 1-18 列出了世界上炼油能力最大的十个国家的原油年加工量及其各主要炼油过程所占的地位。

表 1-18　十个主要炼油国家的原油加工能力结构分析表（2006 年数据）

国　　家		美国	中国	俄罗斯	日本	韩国	德国	意大利	印度	沙特	法国
加工能力与原油加工处理量的比值/%	原油处理量/(Mt/a)	863.63	312.30	266.95	233.83	128.83	120.87	116.86	112.78	104.75	97.94
	焦化	15.1	2.7	1.7	2.2	0.8	5.0	2.1	8.3	0.0	0.0
	催化裂化	33.2	9.4	6.2	18.5	7.2	14.9	13.3	13.5	4.9	20.3
	加氢裂化	8.8	0.8	1.1	3.7	4.7	8.1	1.5	2.4	6.3	0.8
	加氢处理	73.5	6.6	38.2	87.8	38.9	82.2	47.7	9.6	24.8	61.7
	催化重整	17.6	2.1	11.3	13.1	7.9	14.6	10.6	1.6	7.9	12.4
	润滑油	1.3	0.3	1.6	0.9	0.7	0.9	1.3	0.4	0.0	1.6

表 1-18 中的原油加工能力是指原油常压蒸馏装置的处理能力。在这十个炼油大国中，美国的原油加工量中半数以上是依赖进口，而日本、韩国、德国则几乎全部依赖进口。

下面，再根据表中的数据进一步从几个方面分析适应市场需要的能力。

（1）重质油轻质化的能力　指将减压馏分油和渣油转化为轻质油的能力。通常以催化裂化、加氢裂化及焦化三种过程的处理能力之和与原油加工能力之比来表示此能力。在美国等国家，把此比值称为转化指数 C.I.（Conversion Index）。全世界的 C.I. 平均值约为 28.0%。中国和美国的 C.I. 值分别为 13.0% 和 57.0%。

（2）生产汽油的能力　此能力包括生产汽油的数量和质量水平。除了直馏汽油外，催化裂化是最主要的生产汽油的过程，因此，催化裂化的处理能力在很大程度上反映了在数量上的生产汽油的能力。催化重整、烷基化、异构化、含氧化合物合成（主要是醚类）等过程的主要作用是提高汽油的辛烷值，同时也改善汽油的其他性能，这些过程的生产能力反映了在质量上的生产汽油的能力。从表 1-18 可见，美国的催化裂化处理量对原油处理量的比例较大，达 33.2% 左右。中国的汽油消费量虽不算太大，但中国的原油偏重，需要通过催化裂化来生产较多的汽油和柴油，催化裂化的处理能力为 9.4%，但我国在催化重整等提高汽油质量的炼油过程方面，明显偏低。

（3）加工含硫原油的能力　国际石油市场上中东原油占有很大的比例，原油进口国所进口的原油主要是中东原油，而中东原油多数含硫较高。加工含硫原油的主要问题是设备腐蚀和产品质量，近年来由于环境保护的要求日益严格，对汽油、柴油等的含硫量的限制更苛刻，使加工含硫原油的问题更显突出。加工含硫原油的主要手段是加氢过程，包括加氢裂化、加氢精制、加氢处理等过程。因此，加氢过程处理能力与原油处理能力的比值可以反映加工含硫原油的能力。从表 1-18 可见，日、德、美三国的加氢能力都很强，三种加氢过程的总比值达 80%～90%，这三个国家都是原油进口大国。我国的加氢能力比值只有 7.4%，明显偏低，这一方面是由于国产原油多数含硫量较低，另一方面，更重要的是受到资金和技术的限制。实际上，加氢过程能力的大小除了反映加工含硫原油的能力以外，还反映了对市场需要的适应能力和提高产品质量的能力。

从表 1-18 还可以看到在发达国家的加氢过程能力中，加氢裂化的比例都较小，而加氢处理的比例却很高。其主要原因是加氢裂化过程的投资及操作费用都很高，加氢处理过程的反应较缓和、投资及操作费用相对较低，而加氢处理过程与其他过程的组合能很好地解决含硫原油加工的问题。

（4）润滑油生产能力　润滑油的品种很多，在国民经济中的作用也很重要，但是其产量对原油处理量的比例并不大，世界平均比值只有 1.2%，几个炼油大国的比值比世界平均值稍大些。表 1-18 的数据只是反映了润滑油产量的大小，并不反映其质量水平。

以上的分析方法原则上也适用于对某个炼油厂的分析。

上述的分析只是定性的，在分析时也还需要结合具体的国情或厂情。在 20 世纪 40 年代末，W. L. Nelson 提出了以"复杂程度（complexity）"来定量地表示炼油厂生产各种产品的能力，至今在国外尚有应用。炼厂的"复杂程度"的计算方法如下。

规定原油常压蒸馏装置的复杂程度为 1.0，按以下公式计算各炼油装置的复杂程度。

$$炼油装置的复杂程度 = \frac{本装置投资 \times 本装置处理量占原油处理量的百分数}{原油常压蒸馏装置的投资}$$

各炼油装置的复杂程度值之和再乘以系数 α，即为炼油厂的总复杂程度。系数 α 的值与炼厂的复杂性有关，炼厂越复杂则 α 值越小，α 值在 1.77～3.25 之间。

上述的复杂程度值虽能定量地反映炼厂的生产各种产品的能力，但计算比较复杂，而且其中的装置投资及系数 α 值不易准确确定，因此，其使用受到很大的限制。

第二章 原油常减压蒸馏

第一节 概 述

一、原油蒸馏目的

原油是极其复杂的混合物，不能直接用作内燃机燃料和润滑油产品。通过原油的蒸馏可以按所制定的产品方案将其分割成直馏汽油、煤油、轻柴油或重柴油馏分及重质馏分油（减压馏分油）和渣油等。原油蒸馏是石油加工中第一道不可少的工序，故通常称原油蒸馏为一次加工。

原油常减压蒸馏流程示意，如图 2-1 所示。

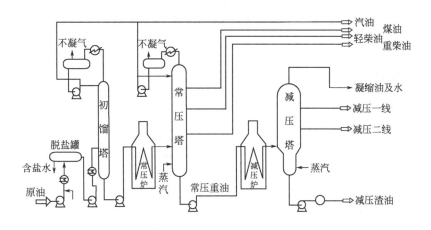

图 2-1 原油常减压蒸馏流程示意

从装置外来的原油先经过脱盐脱水，然后换热到 230～240℃，进入初馏塔，从初馏塔塔顶分出轻汽油或催化重整原料油，初馏塔侧线一般不出产品；初馏塔底油（初底油）经一系列换热后，再经常压炉加热到 360～370℃进入常压塔，塔顶蒸出汽油，常压塔通常开 3～5 根侧线，从上到下分别抽出煤油（喷汽燃料与灯煤）、轻柴油、重柴油和变压器原料油等组分（统称为常压馏分）；常压塔底油又称常压重油（如无减压塔，亦可称常压渣油），用泵抽出送至减压炉，加热至 400℃左右进入减压塔，塔顶出凝缩油和水，减压塔一般设有 4～5 根侧线，分别抽出重质馏分油（减压馏分油），减压塔底油又称减压渣油，经适当冷却后送出装置。

较为详细的原油常减压蒸馏流程图及流程叙述见第三节。

二、原油蒸馏产品

对于燃料型的石油加工企业，在蒸馏过程中得到的直馏汽油、煤油、轻柴油或重柴油等馏分只是半成品，将其分别经过适当的精制和调和便成为合格的产品；在蒸馏过程中得到的重质馏分油（减压馏分油）和渣油可以作为二次加工过程用原料，如催化裂化原料、加氢裂化原料、焦化原料等，以便进一步提高轻质油的产率。另外，为了提高汽油的辛烷值，还必须对汽油馏分进行催化重整加工。

如果是综合型的石油加工企业，则还可由减压馏分油经脱蜡、精制分离出润滑油基础油，同时副产石蜡；由减压渣油经脱沥青、脱蜡、精制分离出润滑油基础油，同时副产沥青和石蜡；亦可将直馏汽油、轻柴油等作为石油烃裂解制乙烯的原料；亦可对直馏汽油经催化重整生产石油芳烃。

由此可见，原油的一次加工即原油常减压蒸馏是原油加工过程的龙头，其目的是将原油这种极其复杂的混合物按其沸点的不同进行分割，然后按制定的产品方案进一步生产相关产品。所以，一次加工能力即原油蒸馏装置的处理能力，常被视为一个国家炼油工业发展水平的标志。据统计 2006 年世界原油加工量为 4259Mt/a，炼油厂总数 674 座。我国炼油厂总数 52 座，加工能力为 312Mt/a。目前我国常减压蒸馏装置单套的加工能力多在 2.5~3.5Mt/a，最大的是 6.0Mt/a，国外最大已达 12.5Mt/a。

1. 直馏汽油

直馏汽油一般由初馏塔和常压塔塔顶拔出。我国主要原油实沸点蒸馏切割的汽油馏分性质见表 2-1。

表 2-1 我国主要原油汽油馏分主要性质

原　　油	大庆	胜利	辽河	华北	新疆	中原
实沸点范围/℃	初馏点~200	初馏点~200	初馏点~200	初馏点~200	初馏点~200	初馏点~200
收率(占原油的质量分数)/%	10.7	7.6	7.8	6.1	15.4	19.4
密度(20℃)/(g/cm³)	0.7432	0.7446	0.7532	0.7472	0.7446	0.7416
辛烷值(MON)	37	55	50	41	52	55
馏程/℃						
初馏点	60	61	66	87	65	56
10%	97	90	98	114	98	80
50%	141	133	132	150	142	128
90%	184	183	166	189	182	178
干点	205	204	187	213	201	205
硫含量(质量分数)/%	0.02	0.015	—	<0.01	0.003	0.024
酸度/[mg(KOH)/100mL]	0.82	—	7.6	1.0	0.82	5.9

由表 2-1 可知，我国中原及新疆原油的直馏汽油馏分含量较高，分别占原油的 19.4% 及 15.4%，其他原油的汽油馏分含量均较低。大庆、华北汽油馏分的辛烷值很低，仅为 40 左右（马达法），其他汽油馏分的辛烷值为 50~55。由于直馏汽油馏分的辛烷值低，而且 10% 馏出温度偏高，不符合石油产品标准的要求。因此，这些馏分除可作为重整原料外，一般只作为调和汽油的组分，也可作为裂解乙烯的原料。另外，辽河、中原汽油馏分的酸度较高。

2. 直馏煤油

直馏煤油一般由常压塔第一侧线抽出。直馏煤油可用作航空煤油和民用灯用煤油，我国主要原油实沸点蒸馏切割的航空煤油（喷气燃料）馏分性质见表 2-2。

表 2-2　我国主要原油航空煤油馏分主要性质

原　　油	大庆	胜利	辽河	华北	新疆	中原
实沸点范围/℃	130~230	130~230	130~230	130~240	130~240	145~230
收率(占原油的质量分数)/%	8.6	6.9	8.1	7.3	13.9	11.1
密度(20℃)/(g/cm³)	0.7782	0.7932	0.8033	0.7798	0.7883	0.7891
馏程/℃						
初馏点	141	134	142	139	157	164
10%	160	157	168	160	169	171
50%	183	181	183	186	192	198
90%	212	214	215	220	227	234
98%(或干点)	224	230	230(干点)	234(干点)	—	261(干点)
运动黏度/(mm²/s)						
20℃	11.39	1.35	1.51	1.49	1.66	1.57
-40℃	5.08	5.27	—	6.26	8.00	7.66
芳烃含量(质量分数)/%	<13.0	17.4	16.0	7.0	<10.0	19.0
硫含量(质量分数)/%	0.04	0.079	—	0.02	0.003	0.05
硫醇性硫含量/%	0.001	0.002	0.0002	0.0003	—	—
酸度/[mg(KOH)/100mL]	0.90	9.27	1.10	1.02	2.76	20.10
碘值/(gI/100g)	3.11	0.21	0.36	0.65	4.81	0.15
闪点/℃	32	31	—	30	43	—
冰点/℃	-57	-63	<-60	-54	-63	-52
无烟火焰高度/mm	>25	—	21	33	35	33
净热值/(kJ/kg)	43811	43208	43124	43777	43459	43610

　　航空煤油的主要指标是密度和冰点(我国1号和2号航空煤油使用结晶点,3号航空煤油使用冰点),要求密度高,冰点低。而这两者是互相制约的。由于我国大部分原油含正烷烃多,而沸点高的正烷烃冰点高,因此,当生产冰点要求较低的1号或2号航空煤油时,只能切割终沸点比较低、馏程也相应比较窄的馏分,故产品收率较低。大庆原油一般适合生产结晶点不高于-50℃的2号航空煤油。胜利、辽河及新疆原油的航空煤油馏分冰点低、密度大,可以生产1号航空煤油。但辽河原油130~230℃馏分的无烟火焰高度不符合产品标准要求。此外,除大庆航空煤油外,其他原油航空煤油馏分的酸度都超过产品标准的要求,需要精制。我国航空煤油产品标准参见附表12。

3. 直馏柴油

　　直馏柴油可分为轻柴油和重柴油,分别从常压塔第二侧线(也可出灯用煤油)和第三侧线抽出。大部分含蜡高、含硫低的原油,都适宜生产质量很好的灯用煤油及直馏轻柴油。我国主要原油实沸点蒸馏切割的柴油馏分性质见表2-3。

表 2-3　我国主要原油柴油馏分主要性质

原　　油	大庆	胜利	辽河	华北	新疆	中原
实沸点范围/℃	200~320	180~350	200~350	180~350	200~350	200~350
收率(占原油的质量分数)/%	13.1	19.0	21.6	21.1	26.0	25.1
密度(20℃)/(g/cm³)	0.8131	0.8270	0.8541	0.8080	0.8265	0.8160
十六烷值	67.5	58.0	—	67	56	—
馏程/℃						
初馏点	224	205	225	206	207	230
10%	236	235	236	236	229	247
50%	257	280	272	283	290	280
90%	288	318	311	317	335	319
干点	310	332	324	328	354	336
运动黏度(20℃)/(mm²/s)	3.78	4.85	5.53	4.87	6.21	5.06
苯胺点/℃	75.4	75.4	65.8	84.0	82.9	81.7
凝点/℃	-15.0	-12	-18	-4	-7	-2
硫含量(质量分数)/%	0.050	0.250	0.050	0.100	0.021	0.15
闪点(闭口)/℃	99	81~85	—	82	99	—
酸度/[mg(KOH)/100mL]	4.97	20.1	41.8	3.3	—	43.5

4. 重质馏分油

重质馏分油是从减压塔侧线抽出，也叫减压馏分油。重质馏分油可作催化裂化原料，有的也可作润滑油加工原料。我国主要原油实沸点蒸馏切割的重质馏分油性质见表2-4。

表 2-4　我国主要原油重质馏分油主要性质

原　油	大庆	胜利	辽河	华北	新疆	中原
实沸点范围/℃	350～500	355～500	350～500	350～500	350～500	350～500
收率(占原油的质量分数)/%	26.0～30.0	27.0	29.7	34.9	23.2	28.9
密度(20℃)/(g/cm³)	0.8564	0.8876	0.9083	0.8690	0.8560	0.8721
运动黏度/(mm²/s)						
50℃	—	25.26	—	17.94	14.18	30.31
100℃	4.60	5.94	6.88	5.30	4.44	6.55
凝点/℃	42	39	34	46	43	30
特性因数	12.5	12.3	11.8	12.4	12.5	12.3
平均相对分子质量	398	382	366	369	400	401
硫含量(质量分数)/%	0.045	0.470	0.150	0.270	0.350	0.055
氮含量(质量分数)/%	0.068	—	0.200	0.090	0.042	0.108
钒含量/(μg/g)	0.01	<0.10	0.06	0.03	0.01	<0.01
镍含量/(μg/g)	<0.10	<0.10	—	0.08	0.20	<0.07
残炭/%	<0.10	<0.10	0.038	<0.10	0.04	<0.10
结构族组成						
C_P%	74.4	62.4	54.5	66.5	74.5	64.0
C_N%	15.0	25.1	27.1	22.3	15.9	29.4
C_A%	10.6	12.5	18.4	11.2	9.6	6.6
R_N	0.83	1.6	1.69	1.24	0.80	1.80
R_A	0.48	0.56	0.83	0.47	0.43	0.32

5. 常压重油

常压重油是常压蒸馏塔塔底产品，有时也叫常压渣油。常压重油可进行减压蒸馏，得到减压馏分油和减压渣油；也可直接进行催化裂化或热裂化。我国主要原油常压重油性质参见第三章表3-3。

6. 减压渣油

减压渣油是减压蒸馏塔塔底产品。减压渣油可作为催化裂化、加氢裂化、热裂化原料；也可作为生产高黏度润滑油原料。我国主要原油减压渣油性质参见第三章表3-4。

三、原油蒸馏方法及特点

1. 复杂体系蒸馏

原油是一个组成非常复杂的混合物，一般只能采用蒸馏的办法对其进行较粗略的分离。常见的石油及其馏分蒸馏方法有平衡汽化、简单蒸馏-渐次汽化、精馏。

（1）平衡汽化　液体混合物加热并部分气化后，气液两相一直密切接触，达到一定程度时，气液两相才一次分离，此分离过程称为平衡汽化，又称一次气化。在一次气化过程中，混合物中各组分都有部分气化，由于轻组分的沸点低，易气化，所以一次气化后的气相中含有较多轻组分，液相中则含有较多的重组分。

工业生产上有一种应用较广泛的蒸馏类型称为闪蒸。所谓闪蒸是指进料以某种方式被加热至部分汽化，经过减压设施，在一个容器的空间（如闪蒸罐、蒸发塔、蒸馏塔的汽化段等）内，在一定的温度和压力下，气、液两相迅即分离，得到相应的气相和液相产物的过程，见图 2-2。

在上述过程中，如果气、液两相有足够的时间密切接触，达到了平衡状态，则这种汽化方式称为平衡汽化。在实际生产过程中，并不存在真正的平衡汽化，因为真正的平衡汽化需要气、液两相有无限长的接触时间。然而在适当的条件下，气、液两相可以接近平衡，因而可以近似地按平衡汽化来处理。

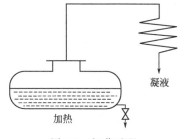

凝液

加热

图 2-2　闪蒸过程

平衡汽化的逆过程称为平衡冷凝。例如催化裂化分馏塔顶气相馏出物，经过冷凝冷却进入接受罐中进行分离，此时汽油馏分冷凝为液相，而裂化气和一部分汽油蒸气则仍为气相（裂化富气）。

平衡汽化和平衡冷凝都可以使混合物得到一定程度的分离，气相产物中含有较多的低沸点轻组分，而液相产物中则含有较多的高沸点重组分。但是在平衡状态下，所有组分都同时存在于气、液两相中，而两相中的每一个组分都处于平衡状态，因此这种分离是比较粗略的。

（2）简单蒸馏　液体混合物在蒸馏釜中被加热，在一定压力下，当温度到达混合物的泡点温度时，液体即开始汽化，生成微量蒸气，又叫渐次汽化。生成的蒸气当即被引出并经冷凝冷却收集起来，同时液体继续加热，继续生成蒸气并被随时引出。这种蒸馏方式称为简单蒸馏或微分蒸馏，见图 2-3。

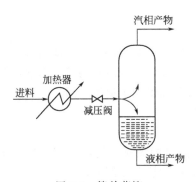

汽相产物

加热器

进料

减压阀

液相产物

图 2-3　简单蒸馏

在简单蒸馏中，每个瞬间形成的蒸气都与残存液相处于平衡状态（实际上是接近平衡状态），由于形成的蒸气不断被引出，因此，在整个蒸馏过程中，所产生的一系列微量蒸气的组成是不断变化的。最初得到的蒸气中轻组分最多，随着加热温度的升高，相继形成的蒸气中轻组分的浓度逐渐降低，而残存液相中重组分的浓度则不断增大。但是对在每一瞬间所产生的微量蒸气来说，其中的轻组分浓度总是要高于与之平衡的残存液体中的轻组分浓度。由此可见，借助于简单蒸馏，可以使原料中的轻、重组分得到一定程度的分离。

从本质上看，上述过程是由无穷多次平衡汽化所组成的，是渐次汽化过程。与平衡汽化相比较，简单蒸馏所剩下的残液是与最后一个轻组分含量不高的微量蒸气相平衡的液相，而平衡汽化时剩下的残液则是与全部气相处于平衡状态，因此简单蒸馏所得的液体中的轻组分含量会低于平衡气化所得的液体中的轻组分含量。换言之，简单蒸馏的分离效果要优于平衡汽化。

简单蒸馏是一种间歇过程，而且分离程度不高，一般只是在实验室中使用。广泛应用于测定油品馏程的恩氏蒸馏，可以看作是简单蒸馏。严格地说，恩氏蒸馏中生成的蒸气并未能在生成的瞬间立即被引出，而且蒸馏瓶颈壁上也有少量蒸气会冷凝而形成回流，因此，只能把它看作是近似的简单蒸馏。

简单蒸馏是实验室或小型装置上常用于浓缩物料或粗略分割油料的一种蒸馏方法。

（3）精馏　精馏是分离液相混合物很有效的手段。精馏有连续式和间歇式两种，现代石油加工装置中大部分采用连续式精馏；而间歇式精馏则由于它是一种不稳定过程，而且处理能力有限，因而只用于小型装置和实验室如实沸点蒸馏等。典型连续式精馏塔见图 2-4。

由图 2-4 可见，连续式精馏塔，有两段：进料段以上是精馏段，进料段以下是提馏段，

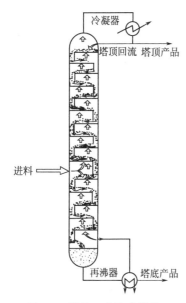

图 2-4　精馏（连续式精馏）

因而是一个完全精馏塔。精馏塔内装有提供气、液两相接触的塔板或填料。塔顶送入轻组分浓度很高的液体，称为塔顶回流。通常是把塔顶馏出物冷凝后，取其一部分作为塔顶回流，而其余部分作为塔顶产品。塔底有再沸器，加热塔底流出的液体以产生一定量的气相回流，塔底气相回流是轻组分含很低而温度较高的蒸气。由于塔顶回流和塔底气相回流的作用，沿着精馏塔高度建立了两个梯度：温度梯度，即自塔底至塔顶温度逐级下降；浓度梯度，即气、液相物流的轻组分浓度自塔底至塔顶逐级增大。由于这两个梯度的存在，在每一个气、液接触级内，由下而上的较高温度和较低轻组分浓度的气相与由上而下的较低温度和较高轻组分浓度的液相互相接触，进行传质和传热，达到平衡而产生新的平衡的气、液两相，使气相中的轻组分和液相中的重组分分别得到提浓。如此经过多次的气、液相逆流接触，最后在塔顶得到较纯的轻组分，而在塔底则得到较纯的重组分。这样，不仅可以得到纯度较高的产品，而且可以得到相当高的产品收率。这样的分离效果显然远优于平衡汽化和简单蒸馏。

由此可见，精馏过程有两个前提：

一是气、液两相间的浓度差，是传质的推动力；

二是合理的温度梯度，是传热的推动力，在塔盘上才能进行不断的汽化与冷凝过程。

精馏过程的实质是不平衡的气液两相，经过热交换，气相多次部分冷凝与液相多次部分汽化相结合的过程，从而使气相中的轻组分和液相中的重组分都得到了提浓，最后达到预期的分离效果。

为了使精馏过程能够进行，必须具备以下两个条件。

① 精馏塔内必须要有塔板或填料，它是提供气液充分接触的场所。气液两相在塔板上达到分离的极限是两相达到平衡，分离精确度越高，所需塔板数越多。例如，分离汽油、煤油、柴油一般仅需 4～8 块塔板，而分离苯、甲苯、二甲苯时，塔板数达几十块以上。

② 精馏塔内提供气、液相回流，是保证精馏过程传热、传质的另一必要条件。气相回流是在塔底加热（如重沸器）或用过热水蒸气汽提，使液相中的轻组分汽化上升到塔的上部进行分离。塔内液相回流的作用是在塔内提供温度低的下降液体，冷凝气相中的重组分，并造成沿塔自下而上温度逐渐降低。为此。必须提供温度较低、组成与回流入口处产品组成接近的外部回流。

利用精馏过程，可以得到一定沸程的馏分，也可以得到纯度很高的产品，例如纯度可达99.99％的产品。

对于石油精馏，一般只要求其产品是有规定沸程的馏分，而不是某个组分纯度很高的产品，或者在一个精馏塔内并不要求同时在塔顶和塔底都出很纯的产品。因此，在炼油厂中，常常有些精馏塔在精馏段抽出一个或几个侧线产品，也有一些精馏塔只有精馏段或提馏段，前者称为复杂塔，而后者称为不完全塔。例如原油常压精馏塔，除了塔顶馏出汽油馏分外，在精馏段还抽出煤油、轻柴油和重柴油馏分（侧线产品）。原油常压精馏塔的进料段以下的塔段，与前述的提馏段不同，在塔底，它只是通入一定量的过热水蒸气，降低塔内油气分压，使一部分带下来的轻馏分蒸发，回到精馏段。由于过热水蒸气提供的热量很有限，轻馏分蒸发时所需的热量主要是依靠物流本身温度降低而得，因此，由进料段以下，塔内温度是逐步下降而不是逐步增高的。

综上所述，原油常压精馏塔是一个复杂塔，同时也是一个不完全塔。

2. 复合塔蒸馏策略

原油通过常压蒸馏要切割成汽油、煤油、轻柴油、重柴油和重油等馏分。按照一般的多元精馏办法，需要有 $N-1$ 个精馏塔才能把原料分割成 N 个产品。如图 2-5 所示。

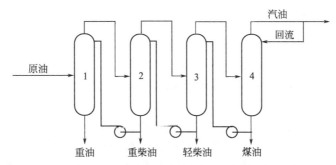

图 2-5　需要有 $N-1$ 个精馏塔才能把原料分割成 N 个产品

当要分成五种产品时就需要四个精馏塔串联方式排列。当要求得到较高纯度的产品时，这种方案无疑是必要的。但是在石油精馏中，各种产品本身依然是一种复杂混合物，它们之间的分离精确度并不要求很高，两种产品之间需要的塔板数并不多，如果按照图 2-5 的方案，则要有多个矮而粗的精馏塔。这种方案投资和能耗高，占地面积大，这些问题还由于生产规模大而显得更突出。因此，可以把这几个塔结合成一个塔如图 2-6 所示。这种塔实际上等于把几个简单精馏塔重叠起来，它的精馏段相当于原来四个简单塔的四个精馏段组合而成，而其下段则相当于塔 1 的提馏段，这样的塔称为复合塔。

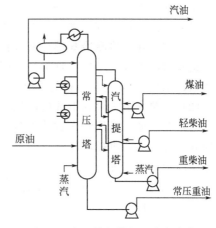

图 2-6　常压精馏塔是一个复合塔

3. 控制进料温度

当将原油加热到 350℃ 以上以后，其中的一些重组分就会发生一些热裂解、缩合等反应。所以工业上一般控制进料温度超过 350℃，或者不能超过 350℃ 太多。而原油中有 30%～70% 的成分其常压沸点是超过 350℃ 的，要想将其用蒸馏的办法分离，必须要采用减压、水蒸气汽提等方法。一般常压炉出口不超过 360～370℃（对于国外原油，由于轻组分含量高，一般取 355～365℃），常压塔进口 350℃。

4. 水蒸气汽提

(1) 汽提塔和汽提段　如前所述，石油蒸馏塔是复合塔。在塔内，汽油、煤油、柴油等产品之间只有精馏段而没有提馏段，侧线产品中必然会含有相当数量的轻馏分，这样不仅影响本侧线产品的质量（如轻柴油的闪点等），而且降低了较轻馏分的产率。为此，在常压塔的外侧，为侧线产品设汽提塔，在汽提塔底部吹入少量过热水蒸气以降低侧线产品的油气分压，使混入产品中的较轻馏分汽化而返回常压塔。这样既可达到分离要求，而且也很简便。显然，这种汽提塔与精馏塔的提馏段在本质上有所不同。侧线汽提用的过热水蒸气量通常为侧线产品的 2%～3%（质量分数）。各侧线产品的汽提塔常常重叠起来，但相互之间是隔开的。

在有些情况下，侧线的汽提塔不采用水蒸气而仍像正规的提馏段那样采用再沸器。这种做法是基于以下几点考虑。

① 侧线油品汽提时，产品中会溶解微量水分，对有些要求低凝点或低冰点的产品如航空煤油可能使冰点升高。采用再沸提馏可避免此弊病。

② 汽提用水蒸气的质量分数虽小，但水的相对分子质量比煤油、柴油低数十倍，因而体积流量相当大，增大了塔内的气相负荷。采用再沸提馏代替水蒸气汽提有利于提高常压塔的处理能力。

③ 水蒸气的冷凝潜热很大，采用再沸提馏有利于降低塔顶冷凝器的负荷。

④ 采用再沸提馏有助于减少装置的含油污水量。

采用再沸提馏代替水蒸气汽提会使流程设备复杂些，因此采用何种方式要具体分析。至于侧线油品用作裂化原料时则可不必汽提。

石油蒸馏塔进料汽化段中未汽化的油料流向塔底，这部分油料中还含有相当多的小于350℃轻馏分。因此，在进料段以下也要有汽提段，在塔底吹入过热水蒸气以使其中的轻馏分汽化后返回精馏段，以达到提高常压塔拔出率和减轻减压塔负荷的目的。塔底吹入的过热水蒸气的质量分数一般为 2%～4%。常压塔底不可能用再沸器代替水蒸气汽提，因为常压塔底温度一般在 350℃左右，如果用再沸器，很难找到合适的热源，而且再沸器也十分庞大。减压塔的情况也是如此。

由上述可见，石油蒸馏塔不是一个完全精馏塔，它不具备真正的提馏段。

另外，由于进入炼厂加工装置的原油总是带有或多或少的水分；塔顶的气相馏出物往往在水蒸气的存在下冷凝冷却等。所以在蒸馏过程中经常会遇到油-水共存体系的气-液平衡问题。这些情况可以归纳成三种类型，即：过热水蒸气存在下油的汽化；饱和水蒸气存在下油的汽化；油气-水蒸气混合物的冷凝。具体讨论如下。

（2）过热水蒸气存在下油的汽化　在这种情况下，水蒸气始终处于过热状态，即没有液相水的存在。减压塔底吹入过热水蒸气以降低塔内油气分压、原油精馏塔侧线汽提、某些溶剂回收过程所用的汽提塔等都可归属于此类。在这些例子中，过热水蒸气的作用在于降低油气分压以降低它的沸点。

① 过热水蒸气存在下降低其他物质沸点的原理。为阐述方便，先以纯物质 A 代替石油馏分来进行分析。

在气相中

$$p = p_A + p_S \tag{2-1}$$

式中　p——体系总压；

p_A——A 蒸气的分压；

p_S——水蒸气的分压。

由于只有 A 一个液相，而且与气相呈平衡，故

$$p_A = p_A^0 \tag{2-2}$$

式中，p_A^0 为纯 A 的饱和蒸气压。

则由式(2-1) 和式(2-2) 得：

$$p = p_A^0 + p_S \tag{2-3}$$

当体系总压一定时，而且没有水蒸气存在，则液体 A 要在 $p_A^0 = p$ 时才能沸腾。可是在水蒸气存在时，由于水蒸气已经分担了 p_S 的分压，所以只要 $p_A^0 = p - p_S$（显然，$p - p_S < p$），A 就能沸腾。或者说，过热水蒸气的存在使 A 的沸点下降了。

这里，体系的组分数 $C=2$，相数 $\Phi=2$，根据相律，体系的自由度 $F=C-\Phi+2=2$，即必须同时规定两个独立变量才能确定体系的状态。例如仅仅规定一个温度条件，只能规定 p_A^0 和 p_A，而 p 或 p_S 是可以在一定范围内自由变动的。这意味着，用过热水蒸气来蒸馏或汽提，p 和 T 都是可以人为地控制的。为了保证体系中的水保持过热蒸气状态，p_S 必须低于水在温度 T 下的饱和蒸气压 p_S^0，否则体系中就会出现液相水。

② 过热水蒸气数量的影响。水蒸气数量越多，p_S 越大，在 p 一定时（一定的总压力下），$p-p_S$ 越小，则 p_A^0 亦越小。即：A 的沸点越小，能在越低的温度下使 A 沸腾汽化。水蒸气用量一般可以用水蒸气与物质 A 的摩尔比 n_S/n_A 表示。

③ 石油馏分的汽化与过热水蒸气量的关系。如果体系中的物料不是纯物质 A 而是石油馏分 O，上述的基本原理仍然适用，但是由于石油馏分不是纯物质而是一种混合物，在具体计算中会带来一些重要的差别。如式（2-3）可以变为下式：

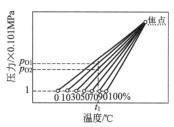

图 2-7 石油馏分蒸气压与汽化率的关系

$$p=p_O^0+p_S \qquad (2\text{-}4)$$

其中，油的饱和蒸气压 p_O^0 在一定温度下不是一个常数，它还与汽化率 e 有关，即 p_O^0 是 T 和 e 的函数。当 T 一定时，p_O^0 随着 e 的增大而降低。换言之，当 T 一定时，n_S/n_O 不是一个常数，而是随着 e 的增大而增大。即随着 e 的增大，汽化 1mol 油所需的水蒸气的物质的量要增加。这需要借助石油馏分的 $p\text{-}T\text{-}e$ 相图才能作定量的计算。图 2-7 是某石油馏分的 $p\text{-}T\text{-}e$ 相图。

由图 2-7 可知，当温度为 t_1、汽化率为 10% 时，油品的饱和蒸气压是 $p_{O,1}^0$，若 $p_{O,1}^0$ 正好等于总压 p，则不需要水蒸气的帮助，该油品在 t_1 下就可以汽 10%。若 $p_{O,1}^0<p$，就需要借助于水蒸气，此时

$$p=p_{O,1}^0+p_{S,1} \qquad (2\text{-}5)$$

每汽化 1mol 油品所需过热水蒸气的物质的量则通过下式计算：

$$\frac{n_{S,1}}{n_{O,1}}=\frac{p_{S,1}}{p_{O,1}}=\frac{p-p_{O,1}^0}{p_{O,1}^0} \qquad (2\text{-}6)$$

如果温度 t_1 不变，要求汽化率为 30%，则

$$\frac{n_{S,2}}{n_{O,2}}=\frac{p_{S,2}}{p_{O,2}}=\frac{p-p_{O,2}^0}{p_{O,2}^0} \qquad (2\text{-}7)$$

式中，$p_{O,2}^0$ 为温度 t_2 下，汽化率为 30% 时油品的饱和蒸气压。显然，$p_{O,2}^0<p_{O,1}^0$，故 $(n_{S,2}/n_{O,1})>(n_{S,1}/n_{O,1})$。即：汽化率越高，需要的水蒸气量越多（总压一定时）。

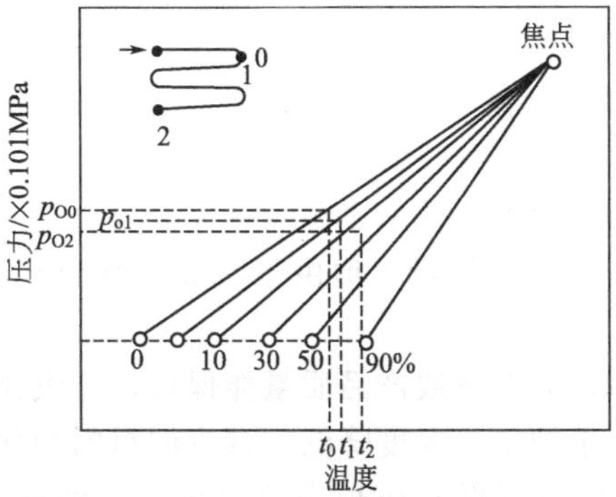

（3）饱和水蒸气存在下油的汽化　对于这种情况，在气相中是水蒸气和油气组成的均匀相，在液相中则有不互溶的两相—水相和油相。

油与水一起汽化的过程是比较复杂的。可以图 2-8 所表示的含水原油在换热器中被加热汽化为例说明。含水原油在换热器内流动时，由于换热而使其温度逐渐升高，原油和水的饱和蒸气压也随之增大。当温度升高至某一温度 t_0 时，原油的泡点压力 $p_{O,0}^0$ 和水的饱和蒸气压 p_S^0 之和等于体

图 2-8　含水原油加热汽化过程

系总压 p 时，油和水就同时开始汽化。汽化了一点以后，油的蒸气压就要下降一点，如果温度仍然是 t_0，则此时 $p_O^0 + p_S^0 < p$，汽化就不能继续下去。若继续加热升温，则油的蒸气压与水的饱和蒸气压之和又能继续保持与体系总压相等，汽化量又可以增加一点。如此进行下去，随着温度的升高，油和水的汽化持续地发生着，油和水的饱和蒸气压也在不断地变化着，但是它们两者之和总是保持着与体系的总压相等。这个过程一直持续到液相中的水全部汽化为止。水全部汽化之后就属于过热水蒸气存在下油的汽化的问题了。

（4）油气-水蒸气混合物的冷凝　油气-水蒸气混合物的冷凝实际上就是前述两种情况的逆过程。只要对前述的汽化过程弄清楚了，就不难理解和处理它的逆过程。

石油加工装置的蒸馏塔顶馏出物常常带有一定数量的水蒸气，它们在冷凝冷却器中所经历的过程就是属于油气-水蒸气混合物冷凝过程。如果油气和水蒸气都处于过热状态，则在混合汽中，$p_O + p_S = p$，在恒压下冷却时，这个关系不会改变，直到冷却到某个温度 t_1。在此 t_1 下，油的露点压力等于 p_O，或是水的饱和蒸气压等于 p_S，这时就开始冷凝而出现第一个液相。通常总是油的露点压力首先到达 p_O 值而使油气先冷凝。为了防止水蒸气在精馏塔顶部凝结成水而加重腐蚀，精馏塔的操作条件总是选择使塔内的水蒸气处于过热状态的条件，而塔顶馏出的油气则总是处于露点状态。因此，在冷却时，油气首先开始冷凝，出现液相的油，而水蒸气则仍处于过热状态。当油气冷凝了一点后，气相中的 p_O 降低而 p_S 增大，若体系温度不继续降低，则油气的冷凝就停止。只有使体系温度继续降低，油的饱和蒸气压继续下降，又使 $p_O = p_O^0$，油气才能继续冷凝。这样的过程一直进行至某个温度 t_2，在 t_2 下水的饱和蒸气压也等于当时的 p_S，则水汽也开始冷凝。以后，随着体系温度不断下降，油气和水汽的冷凝分率不断增大，一直到油气和水汽在同一时间冷凝完毕。再继续降低温度，则只是液态的水和油的冷却问题了。

在实际过程中，油气-水汽混合物是在流动中被冷凝冷却，在流动中会有流动压降，因此，混合物的冷凝过程也不是一个恒压过程。但是，此过程的基本原理仍然是一样的，只是问题变得稍微复杂一些罢了。在系统压降不太大时，为方便起见，常可把它当作恒压过程来对待。

5. 塔进料适当过汽化率

所谓过汽化率是指石油蒸馏塔为保证拔出率，进料在汽化段（塔进口板上部）必须要有足够的汽化分率。或者说：在汽化段温度、压力等条件下，原油中在此处汽化的数量和由塔底汽提而汽化的数量之和（也可忽略第二项）要比塔顶及各侧线产品数量之和多出一些，这多出的汽化量（按占原油的百分数表示）即称之为过汽化率。正常操作必须维持一定的过汽化率。石油精馏塔的过汽化率一般在 2%～5%。

（1）从全塔物料平衡来看　为使最低一个侧线以下的几层塔板有一定量的液相回流，进料段的气化率应该比塔上部各产品的总收率略高一些，高出的部分称过汽化量，过汽化量占进料量的百分数即过汽化率。

一般二元或多元精馏塔，理论上讲进料的汽化率可以在 0～1 之间任意变化而仍能保证产品产率。

（2）从全塔热量平衡来看　由于常压塔塔底不用再沸器，热量来源几乎完全取决于加热炉加热的进料。汽提水蒸气（一般约 450℃）虽也带入一些热量，但由于只放出部分显热，且水蒸气量不大，因而这分热量是不大的。

实际生产中，在生产中一定要控制适当过汽化率，只要侧线产品质量能保证，过汽化度低一些是有利的。这不仅可减轻加热炉负荷，而且由于炉出口温度降低可减少油料的裂化。

以常压塔为例，过汽化率一般控制在 2%～3%可以降低常压炉出口温度，实践证明，过汽化率提高 1%，可使加热炉负荷增加 2%。

可见，一是必须要有过汽化率，二是过汽化率必须适宜，特别是不能过大。

6. 回流的作用和回流方式

（1）回流的作用　塔内回流的作用一是提供塔板上的液相回流，造成气液两相充分接触，达到传热、传质的目的；二是取走塔内多余的热量，维持全塔热平衡，以控制、调节产品的质量。

从塔顶打入的回流量，常用回流比来表示。

$$回流比 = \frac{回流量(m^3/h)}{塔顶产品流量(m^3/h)}$$

回流比增加，塔板的分离效率提高；当产品分离程度一定时，加大回流比，可适当减少塔板数。但是增大回流比是有限度的，塔内回流量的多少是由全塔热平衡决定的。如果回流比过大，必然使下降的液相中轻组分浓度增大，此时，如果不相应地增加进料的热量或塔底的热量，就会使轻组分来不及汽化，而被带到下层塔板甚至塔底，一方面减少了轻组分的收率，另一方面也会造成侧线产品或塔底产品不合格。此外，增加回流比，塔顶冷凝冷却器的负荷也随之增加，提高了操作费用。

根据回流的取热方式不同，回流可分为冷回流、热回流、循环回流等。

（2）冷回流　冷回流是塔顶气相馏出物以过冷液体状态从塔顶打入塔内。塔顶冷回流是控制塔顶温度，保证产品质量的重要手段。冷回流入塔后，吸热升温、汽化、再从塔顶蒸出。其吸热量等于塔顶回流取热，回流热一定时，冷回流温度越低，需要的冷回流量就越少。但冷回流的温度受冷却介质、冷却温度的限制。冷却介质用水时，冷回流的温度一般不低于冷却水的最高出口温度，常用的汽油冷回流温度一般为30～45℃。

（3）热回流　在塔顶装有部分冷凝器，将塔顶蒸气部分冷凝成液体作回流，回流温度与塔顶温度相同（为塔顶馏分的露点），它只吸收汽化潜热，所以，取走同样的热量，热回流量比冷回流量大，热回流也可有效地控制塔顶温度，适用于小型塔。

（4）循环回流　循环回流是从塔内某塔板上抽出液相，将其冷却至某个温度再送回塔中，物流在整个过程中都是处于液相，而且在塔内流动时一般也不发生相变化，它只是在塔内塔外循环流动，借助于换热器取走回流热。

① 塔顶循环回流。它的主要作用是塔顶回流热较大，考虑回收这部分热量以降低装置能耗。塔顶循环回流热的温位（或者称能级）较塔顶冷回流的高，便于回收；塔顶馏出物中含有较多的不凝气（例如催化裂化分馏塔），使塔顶冷凝冷却器的传热系数降低，采用塔顶循环回流可大大减少塔顶冷凝冷却器的负荷，避免使用庞大的塔顶冷凝冷却器群；降低塔顶馏出线及冷凝冷却系统的流动压降，以保证塔顶压力不致过高（如催化裂化分馏塔），或保证塔内有尽可能高的真空度（例如减压精馏塔）。

在某些情况下，也可以同时采用塔顶冷回流和塔顶循环回流两种形式的回流方案。

② 中段循环回流。循环回流如果设在精馏塔的中部，就称为中段循环回流。它的主要作用有两点：使塔内的气、液相负荷沿塔高分布比较均匀；石油精馏塔沿塔高的温度梯度较大，从塔的中部取走的回流热的温位显然要比从塔顶取走的回流热的温位高出许多，因而是价值更高的可利用热源。

大、中型石油精馏塔几乎都采用中段循环回流。当然，采用中段循环回流也会带来一些不利之处：中段循环回流上方塔板上的回流比相应降低，塔板效率有所下降；中段循环回流的出入口之间要增设换热塔板，使塔板数和塔高增大；相应地增设泵和换热器，工艺流程变得复杂些等。对常压塔，中段回流取热量一般以占全塔回流热的40%～60%为宜。中段回流进出口温差国外常采用60～80℃，国内则多用80～120℃。

近年来炼油厂节能的问题日益受到重视，在某些情况下，为了多回收一些能级较高的热量，有的常压塔还考虑了采用第三个中段循环回流。

7. 石油蒸馏塔的气液相负荷

前面已经讲到，石油蒸馏塔具有：

① 是复合塔（一个塔出多个产品—侧线抽出）；

② 是不完全塔（对侧线设汽提塔和进口部位以下是汽提段）；

③ 控制进料温度及塔进料适当过汽化率；

④ 采用水蒸气汽提；

⑤ 多种回流方式等独特的特点。

下面进一步讨论石油蒸馏塔的沿塔气液相负荷问题。

（1）恒分子回流的假定完全不适用　在二元和多元精馏塔的设计计算中，为了简化计算，对性质及沸点相近的组分所组成的体系作出了恒分子回流的近似假设，即在塔内的气、液相的摩尔流量不随塔高而变化。这个近似假设的依据是：塔内各组分分子大小相近，分子性质相似；精馏塔上、下部温差不大。

但是这个近似假设对原油常压精馏塔是完全不能适用的。石油是复杂混合物，各组分间的性质可以有很大的差别，它们的摩尔汽化潜热可以相差很远，沸点之间的差别甚至可达几百摄氏度，例如常压塔顶和塔底之间的温差就可达 250℃ 左右。显然，以精馏塔上、下部温差不大，塔内各组分的摩尔汽化潜热相近为基础所做出的恒分子回流这一假设对常压塔是完全不适用的。

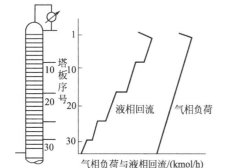

图 2-9　石油蒸馏塔的气、液相负荷分布图

（2）石油蒸馏塔内的沿塔气液相负荷　对石油蒸馏塔做热量衡算和物料衡算（过程略），可画出图 2-9。

原油进入汽化段后，其气相部分进入精馏段。自下而上，由于温度逐板下降引起液相回流量（kmol/h）逐渐增大，因而气相负荷（kmol/h）也不断增大。到塔顶第一、二层塔板之间，气相负荷达到最大值。经过第一板后，气相负荷显著减小。从塔顶送入的冷回流，经第一板后变成了热回流（即处于饱和状态），液相回流量有较大幅度的增加，达到最大值。在这以后自上而下，液相回流量逐板减小。每经过一层侧线抽出板，液相负荷均有突然的下降，其减少的量相当于侧线抽出量。到了汽化段，如果进料没有过汽化量，则从精馏段末一层塔板流向汽化段的液相回流量等于零。通常原油入精馏塔时都有一定的过汽化度，则在汽化段会有少量液相回流，其数量与过汽化量相等。

进料的液相部分向下流入汽提段。如果进料有过汽化度，则相当于过汽化量的液相回流也一起流入汽提段。由塔底吹入水蒸气，自下而上地与下流的液相接触，通过降低油气分压的作用，使液相中所携带的轻质油料汽化。因此，在汽提段，由上而下，液相和气相负荷愈来愈小，其变化大小视流入的液相携带的轻组分的多寡而定。轻质油料汽化所需的潜热主要靠液相本身来提供，因此液体向下流动时温度逐板有所下降。

塔内的气、液相负荷分布是不均匀的，即上大下小，而塔径设计是以最大气、液相负荷来考虑的。对一定直径的塔，处理量受到最大蒸汽负荷的限制，因此，很不经济。同时，全塔的过剩热全靠塔顶冷凝器取走，一方面要庞大的冷凝设备与大量的冷却水，投资、操作费用高；另一方面低温位的热量不易回收和利用。

（3）采用中段循环回流后石油蒸馏塔的气液相负荷　采用中段循环回流后石油蒸馏塔的气、液相负荷分布情况见图 2-10，可见解决了以上的问题。即：使塔内的气、液相负荷沿塔高分布比较均匀；从塔的中部取走温位高的回流热，因而可以更有效地回收可利用热源。

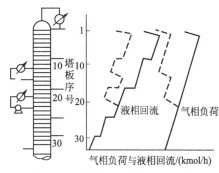

图 2-10　采用中段循环回流后石油蒸馏塔的气、液相负荷分布图

四、原油蒸馏系统构成

原油蒸馏装置主要由原油电脱盐脱水部分、初馏部分、常压蒸馏部分、减压蒸馏部分、换热网络部分及产品精制部分等组成。另外考虑防腐还需要设有注缓蚀剂、注水系统。

1. 电脱盐脱水

电脱盐脱水部分的目的是将进入蒸馏装置的原油中对蒸馏过程有害的水分和无机盐除去，属原油的预处理过程。

2. 蒸馏过程

初馏部分、常压蒸馏部分、减压蒸馏部分是蒸馏过程，是装置主题。其目的是将原油中组成按其沸点（相对挥发度）的不同进行分离，以初步得到相应产品。

3. 产品精制

产品精制主要是将由常压塔得到的汽油、煤油、柴油等半成品进行碱洗脱硫。

4. 换热网络

换热网络是将需要被加热的原油与将要出装置的各馏分，通过一定的科学搭配的换热器网络进行换热，以回收各温位的热量，达到工艺要求及节能目的。

5. 防腐措施

防腐措施是保证准备完好运行，防止腐蚀引起设备堵塞和泄漏，从而保证安全生产的必要措施。

第二节　原油预处理

一、原油预处理原理、方法及主要设备

原油的预处理是指对原油进行脱盐脱水的过程。自地下采出的石油一般都含有水分，这些水中都溶解有 NaCl、$CaCl_2$、$MgCl_2$ 等盐类。一般在油田上都先采取沉降法除去部分水和固体杂质（泥沙、固体盐类等），外输原油含水量控制小于 0.5%，含盐小于 50mg/L。我国主要原油进厂时含盐含水量见表 2-5。

表 2-5　我国主要原油进厂时含盐含水量

原油种类	含盐量/(mg/L)	含水量/%	原油种类	含盐量/(mg/L)	含水量/%
大庆原油	3～13	0.15～1.00	辽河原油	6～26	0.30～1.00
胜利原油	33～45	0.10～0.80	鲁宁管输原油	16～60	0.10～0.50
中原原油	约200	约1.00	新疆原油	33～49	0.30～1.80
华北原油	3～18	0.08～0.20			

由于原油在油田的脱盐、脱水效果很不稳定，含盐量及含水量仍不能满足石油加工过程

对原油含水和盐的要求。必须在原油加工之前进一步脱盐脱水。

1. 原油含盐、含水的危害及脱水要求

（1）原油含盐、含水的危害

① 增加能量消耗。原油在加工中要经历汽化、冷凝的相变化，水的汽化潜热（2255kJ/kg）较烃类（300kJ/kg 左右）大的多，若水与原油一起发生相变时，必然要消耗大量的燃料和冷却水，增加加工过程能耗。如原油含水增加 1%，由于水汽化吸热，可使原油换热温度下降 10℃，相当于加热炉负荷增加 5% 左右。而且原油在通过换热器、加热炉时，因所含水分随温度升高而蒸发，溶解于水中的盐类将析出而在管壁上形成盐垢，不仅降低了传热效率，也会减小管内流通面积而增大流动阻力，水汽化之后体积明显增大也造成系统压力上升，这些都会使原油泵出口压力增大，动力消耗增大。

② 影响蒸馏塔的平稳操作。水的相对分子质量（18）比油（平均相对分子质量为 100～1000）小得多，水汽化后使塔内气相负荷增大，含水量的波动必然会打乱塔内的正常操作，轻则影响产品分高质量，重则因水的"爆沸"而造成冲塔事故。

③ 腐蚀设备。氯化物，尤其是氯化钙和氯化镁，在加热并有水存在时，可发生水解反应放出 HCl，后者在有液相水存在时即成盐酸，造成蒸馏塔顶部低温部位的腐蚀。

$$CaCl_2 + 2H_2O \longrightarrow Ca(OH)_2 + 2HCl$$
$$MgCl_2 + 2H_2O \longrightarrow Mg(OH)_2 + 2HCl$$

当加工含硫原油时，虽然生成的 FeS 能附着在金属表面上起保护作用，可是，当有 HCl 存在时，FeS 对金属的保护作用不但被破坏，而且还加剧了腐蚀。

$$Fe + H_2S \longrightarrow FeS + H_2$$
$$FeS + 2HCl \longrightarrow FeCl_2 + H_2S$$

④ 影响二次加工原料的质量。原油中所含的盐类在蒸馏之后会集中于减压渣油中，对渣油进一步深度加工，无论是催化裂化还是加氢脱硫都要控制原料中钠离子的含量，否则将使催化剂中毒。含盐量高的渣油作为延迟焦化的原料时，加热炉管内因盐垢而结焦，产物石油焦也会因灰分含量高而降低等级。

（2）脱水要求　为了减少原油含盐、含水对加工的危害，目前对设有重油催化裂化装置的炼油厂提出了深度电脱盐的要求：脱后原油含盐量要小于 3mg/L，含水量小于 0.2%；对不设重油催化裂化的炼油厂，仅为满足设备不被腐蚀时可以放宽要求，脱后原油含盐量应小于 5mg/L，含水量小于 0.3%。

2. 原油脱盐、脱水原理及方法

原油脱盐脱水是根据原油中水和盐的存在形式选择相应的方法。

（1）水的存在形态

① 游离水。由于水在原油及油品种溶解度很小，相对密度又较原油大。因此，绝大部分水以游离分层的形态存在于原油底层。这部分水采用静置沉降或机械沉降方法就能容易除去，油田中大部分水采用此方法。

② 溶解水。尽管水在油中溶解度很小，但还是有一定溶解度。因此，有少量水溶解于油中，由于这部分水量很小，且又难除去。工业上一般不考虑除去溶解水。

③ 乳化水。由于原油中含有一些天然乳化剂，使一部分水以乳化形态存在于油中，由于乳化水颗粒较小、表面强度又大，使乳化水不易聚集和沉降，分散于原油层中。这部分水采用加破乳化剂及加载高压电场的方法可除去。

（2）盐的存在形态　原油中盐一般有两种存在形态，及大部分盐溶解于水中；少量未溶解的盐以颗粒形态存在于油中，颗粒盐采用加水使其溶解于水中。这样只要除去水，溶解于水中盐也一并除去。

（3）脱盐脱水方法　在脱盐、脱水之前向原油中注入一定量不含盐的清水，充分混合，使颗粒盐溶于水中，然后在破乳剂和高压电场的作用下，使微小水滴聚集成较大水滴，借重力从油中分离，达到脱盐、脱水的目的，这通常称为电化学脱盐、脱水过程。

3. 原油电脱盐工艺流程

原油的二级脱盐、脱水工艺原理流程示意如图2-11所示。

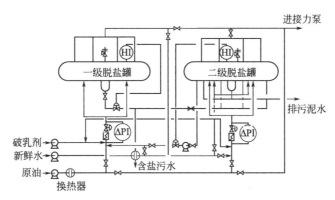

图 2-11　原油二级脱盐脱水工艺原理流程

一级脱盐罐脱盐率在 $90\%\sim95\%$ 之间，在进入二级脱盐罐之前，仍需注入淡水，一级注水是为了溶解悬浮的盐粒；二级注水是为了增大原油中的水量，以增大水滴的偶极聚结力。

原油进装置后，注入 $5\sim40mg/kg$（占原油比例）浓度为 1% 的破乳剂，由原油泵抽出，分成三路换热，换热温度达 $120\sim145℃$，然后注入 $\leqslant10\%$（占原油比例）软化水（净化水）最后经混合阀使原油、水、破乳剂、杂质充分进行混合，进入电脱盐罐，电脱盐罐压力控制在 $0.8\sim1.2MPa$，电脱盐罐内设有金属电极板，在电极板之间形成高压电场，在破乳剂和高压电场作用下，产生破乳和水滴极化，小水滴聚成大水滴，具有一定的质量后，由于油水密度差，水穿过油层落于罐底，由于水是导电的，这样的下层接电极板与水层之间又形成一弱电场，促使油水进一步分离，从而达到脱除水和溶解于水中盐的目的，罐底的水通过自动控制连续地自动排出，脱盐后油从罐顶集合管流出，进入脱盐后原油换热部分。

4. 影响脱盐、脱水的因素

针对不同原油的性质、含盐量多少和盐的种类，合理地选用不同的电脱盐工艺参数。

（1）温度　温度升高可降低原油的黏度和密度以及乳化液的稳定性，水的沉降速度增加。若温度过高（$>140℃$），油与水的密度差反而减小，同样不利于脱水。同时，原油的导电率随温度的升高而增大，所以温度太高不但不会提高脱水、脱盐的效果，反而会因脱盐罐电流过大而跳闸，影响正常送电。因此，原油脱盐温度一般选在 $105\sim140℃$。

（2）压力　脱盐罐需在一定压力下进行，以避免原油中的轻组分汽化，引起油层搅动，影响水的沉降分离。操作压力视原油中轻馏分含量和加热温度而定，一般为 $0.8\sim2MPa$。

（3）注水量及注水的水质　在脱盐过程中，注入一定量的水与原油混合，将增加水滴的密度使之更易聚结，同时注水还可以破坏原油乳化液的稳定性，对脱盐有利。同时，二级注水量对脱后含盐量影响极大，这是因为一级电脱盐罐主要脱除悬浮于原油中及大部分存在于油包水型乳化液中的原油盐，二级电脱盐罐主要脱除存在于乳化液中的原油盐。注水量一般为 $5\%\sim7\%$。

（4）破乳剂和脱金属剂　破乳剂是影响脱盐率的最关键的因素之一。近年来随着新油井开发，原油中杂质变化很大，而石油炼制工业对馏分油质量的要求也越来越高。针对这一情况，许多新型广谱多功能破乳剂问世，一般都是二元以上组分构成的复合型破乳剂。破乳剂的用量一般是 $10 \sim 30 \mu g/g$。

为了将原油电脱盐功能扩大，近年来开发了一种新型脱金属剂，它进入原油后能与某些金属离子发生螯合作用，使其从油相转入水相再加以脱除。这种脱金属剂对原油中的 Ca^{2+}、Mg^{2+} 及 Fe^{2+} 的脱除率可分别达到 85.9%、87.5% 和 74.1%，脱后原油含钙可达到 $3\mu g/g$ 以下，能满足重油加氢裂化对原料油含钙量的要求。由于减少了原油中的导电离子，降低了原油的电导率，也使脱盐的耗电量有所降低。

（5）电场梯度　原油乳化通过高压电场时，在分散相水滴上形成感应电荷，由于感应电荷按极性排列，因而水滴在电场中形成定向键，当两个靠近的水滴，电荷相等，极性相反，产生偶极聚结力，积聚成较大水滴。偶极聚结力可用下式计算：

$$f = 6KE^2 r^2 \left(\frac{r}{l}\right)^4$$

式中　f——偶极聚结力，N；

　　　K——原油介电常数，F/m；

　　　E——电场梯度，V/cm；

　　　r——微滴半径，cm；

　　　l——两微滴间中心距，cm。

从上式可以看出，对偶极聚结力，影响最大的是 r/l。即 r 越大，l 越小。亦即分散相含量越大，f 越大。其次是电场梯度 E，E 越大，f 越大。但提高 E 有一定限度。当 E 大于或等于电场临界分散梯度时，水滴受电分散作用，使已聚集的较大水滴又开始分散，脱水、脱盐效果下降。我国现在各炼油厂采用的实际强电场梯度为 $500 \sim 1000V/cm$，弱电场梯度为 $150 \sim 300V/cm$。

5. 主要设备

（1）电脱盐罐　工业用电脱盐罐及结构见图 2-12。

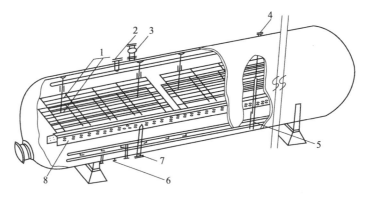

图 2-12　电脱盐罐结构

1—电极板；2—出油口；3—变压器；4—油水界面控制器；5—罐体；

6—排水口；7—原油进口；8—分配器

电脱盐罐主要由罐体、电极板、油进出口、油水界面控制器、排水口、分配器等构成。

脱盐罐的大小尺寸是根据原油在强电场中合适的上升速度确定的。也就是说首先要考虑罐的轴向截面积及油和水的停留时间。我国炼油厂的电脱盐罐，其直径大多为 3200mm，也有直径为 3600mm 的。一般认为轴向截面相同的两个罐在所用材料相近的条件下，直径大的优于直径小的。因为大直径罐界面上油层和界面下水层的容积均大于小直径罐的相应容积。容积大意味着停留时间长，有利于水滴的聚集和沉降分离。另外，采用较大直径的脱盐罐，对干扰的敏感性小，操作较稳定，对脱盐脱水均有利。

① 原油分配器。原油从罐底进入后要求通过分配器均匀地垂直向上流动。常用有两种形式的分配器，一是由带小孔的分配管组成小孔直径不等，距入口处越远，孔径越大，使流经各小孔的流量尽量相等。但这种分配器在原油处理量变化较大时，喷出原油不均匀，并有孔小易堵塞的缺点。另一种形式是低速倒槽型分配器（图 2-12）。倒槽型分配器位于油水界面以下，槽的侧面开两排小孔，乳化原油沿槽长每隔 2～3m 处进入槽内。当原油进入倒槽后，槽内水面下降，出现油水界面，此界面与罐的油水界面有一位差，原油进入槽内后，借助水位差压，促使原油以低速均匀地从小孔进入罐内。倒槽的另一好处是底部敞开，大滴水和部分杂质可直接下沉，不会堵塞。

② 电极板。脱盐罐内的电极板一般为两层或三层。如为两层，则下极板通电，上极板接地；如为三层，则中极板通电，上下极板接地。现在各炼油厂采用两层的较多。电极板可由圆钢（或钢管）和扁钢组合而成。每层极板一般分为三段以便于与三相电源连接。每段电极板又由许多预制单块极板组成。上层接地电极用圆钢悬吊在罐内上方支耳或横梁上，下层通电电极则用聚四氟乙烯棒挂在上层电极板下面。上下层极板之间为强电场，间距一般为 200～300mm，可根据处理的原油导电性质预先作好调整。下层极板与油水界面之间为弱电场，间距约为 600～700mm，视罐的直径不同而异。

③ 界面控制器。脱盐罐内保持油水界面的相对稳定是电脱盐操作好坏的关键因素之一。油水界面稳定，能保持电场强度稳定。其次是，界面稳定能保证脱盐水在罐内所需的停留时间，保证排放水含油达到规定要求。油水界面一般采用防爆内浮筒界面控制器控制。是利用油与水的密度差和界面的变化，通过界面变送器，产生直流电输出信号，再经电/气转换器，产生气动信号，经调节器输出至放水调节阀进行油界面的控制。

④ 沉渣冲洗系统。原油进脱盐罐所带入的少量泥砂等杂质，部分沉积于罐底，运行周期越长，沉积越厚，占去了罐的有效空间，相应地减少了水层的容积，缩短了水在罐内的停留时间，影响出水水质，为此需定期冲洗沉渣。沉渣冲洗系统主要为一根带若干喷嘴的管子。沿罐长安装在罐内水层下部，冲洗时，用泵将水打入管内，通过喷嘴的高速水流，将沉渣吹向各排泥口排出。

（2）防爆高阻抗变压器　变压器是电脱盐设施中最关键的设备。根据电脱盐的特点，应采取限流式供电，即采用电抗器接线或可控硅交流自动调压设备。变压器有单相、三相两种。单相变压器的优点如下：

① 对装置规模的适应性强。

② 一组极板短路，不影响另两组操作。

③ 罐内外接线简单。

缺点是价格稍贵。

（3）混合设施　油、水、破乳剂在进脱盐罐前需借混合设施充分混合，使水和破乳剂在原油中尽量分散。分散得细，脱盐率高。但有一限度，如分散过细，形成稳定乳化液，脱盐率反而下降，故混合强度要适度。新建电脱盐设施多采用可调差压的混合阀，利用它可根据脱盐脱水情况来调节混合强度。有的厂混合设施采用静态混合器。静态混合器混合强度虽好，但不能调节。故如用在电脱盐中最好与可调差压混合阀串联使用。

二、原油预处理过程操作及控制

本节以某常减压装置原油预处理电脱盐装置为例阐述其过程操作及控制。

1. 电脱盐罐进料温度控制

电脱盐罐进料温度的控制参见图 2-13。

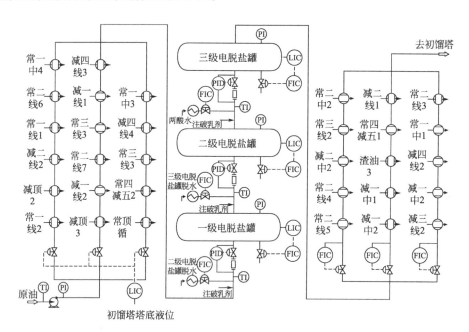

图 2-13　原油换热及电脱盐控制流程

原油温度高低对于脱盐效率高低影响较大，为此应避免原油温度突然大幅度波动，变化温度不应超过 3℃/15min，最佳温度为（130±5）℃。温度过低，脱盐率下降，温度过高，会因原油汽化或导电率增大而引起操作不正常，因原油导电性随温度升高而增大，这样电流的增加就会使电极板上的电压降低，会影响脱盐效果。渣油量及渣油温度变化，各侧线量及侧线温度变化，原油含水，都将影响进料温度和换热终温。

控制范围：120～145℃。

控制目标：±5℃。

相关参数：原油进装置温度；换热后温度；与原油换热相应的侧线流量和温度。

控制方式：人工手动调节或 DCS 自动调节控制。

正常控制及异常现象处理分别见表 2-6 和表 2-7。

表 2-6　电脱盐罐进料温度正常处理方法

影 响 因 素	调 整 方 法
①脱盐前原油换热器副线流量	①一般情况下副线全部关闭，温度过高时，稍开副线
②原油进装置温度、性质变化造成原油进罐温度变化	②联系储运厂(部门)，调整原油伴热温度，原油换罐后，及时调整操作，控制原油进罐温度
③原油加工量、操作条件等变化使脱盐前原油温度变化	③原油提降量速度和热源流量变化要缓慢，避免炉温快速变化，避免操作大幅波动，控制稳原油进罐温度变化速度，温度上升或降温不超过 3℃/15min
④与原油换热的热源温度、流量变化	④用副线调整进入脱盐前所对应侧线的流量。温度高时可减少热料进入换热器，温度低时可增加热料进入换热器

表 2-7　电脱盐罐进料温度异常处理方法

现　象	原　因	处　理　方　法
①电脱盐罐进料温度低于120℃	①原油进装置温度过低；提供热源的脱盐前换热器副线开得过大；原油性质过重	①控制原油来料温度在35~60℃；关小或关闭提供热源的脱盐前换热器副线；联系相关单位原油换罐
②电脱盐罐进料温度高于145℃	②原油进装置温度过高；提供热源的脱盐前换热器副线开的过小；原油性质过轻	②控制原油来料温度在35~60℃；适当开提供热源的脱盐前换热器副线；联系相关单位原油换罐
③原油进电脱盐温度突然上升或下降	③原油进装置温度突升或突降；与脱盐前原油换热的侧线或渣油流体输送泵故障	③联系相关单位进行处理，操作上通过调整与原油换热的各热源流量、降低加工量等方法，避免操作大幅波动；及时切换备用泵

2. 电脱盐罐内压力

电脱盐罐内压力控制参见图 2-13。

罐内控制一定压力是为了控制原油的蒸发，如果产生蒸汽将导致操作不正常，重则引起泄漏、爆炸，为此，罐内压力必须维持到高于操作温度下原油和水的饱和蒸汽压，电脱盐罐安全阀定压2.0MPa（表压）。

控制范围：0.8~1.20MPa

控制目标：(1.0±0.15)MPa

相关参数：原油泵出口压力、脱后原油调节阀开度。

控制方式：人工手动调节或 DCS 自动调节控制。

正常控制及异常现象处理分别见表2-8和表2-9。

表 2-8　电脱盐罐内压力正常处理方法

影　响　因　素	调　整　方　法
①原油泵出口压力	①调整原油泵出口阀门开度，使电脱盐罐压力在0.8~1.20MPa 范围内
②脱盐后原油调节阀开度	②调整脱盐后原油调节阀的开度使电脱盐罐压力在0.8~1.20MPa 范围内
③原油提降量速度过大	③控制原油提降量速度

表 2-9　电脱盐罐内压力异常处理方法

现　象	原　因	处　理　方　法
①电脱盐罐内压力低于0.8MPa	①原油泵出口压力低；脱盐后原油调节阀的开度大	①调整原油泵出口阀门开度；调整脱盐后原油调节阀的开度
②电脱盐罐内压力高于1.20MPa	②脱后三路原油调节阀的开度小；初馏塔底液位失灵，脱盐前三路阀瞬间开大	②调整脱盐后三路原油调节阀开度；脱盐前三路阀打手动，联系仪表工调节初馏塔液位

3. 混合器压降

混合器压降的控制参见图 2-13。

当油、水、破乳剂通过混合阀时，混合压降适中可使三者充分地混合，而不形成过乳化液、压降过低，达不到破乳剂和水在原油中充分扩散的目的，压降过高则产生过乳化，使脱盐率大大下降。电脱盐罐混合压降通过动态混合调节阀压降（PDIC）进行调节控制。

控制范围：25~150kPa

控制目标：±10kPa

相关参数：原油泵出口压力，电脱盐罐压力指示，脱盐前、脱盐后原油流量调节阀的开度。

控制方式：DCS 自动调节控制。

正常控制及异常现象处理分别见表 2-10 和表 2-11。

表 2-10　电脱盐罐混合器压降正常处理方法

影　响　因　素	调　整　方　法
①原油泵出口压力	①调整原油泵出口压力
②脱盐前、脱盐后原油调节阀开度	②调节脱盐前、脱盐后原油调节阀开度
③混合阀 PDIC 压降输出风压	③调整 PDIC 输出风压
④混合差压阀开度	④调节混合调节阀给定值，改变混合阀压差大小

表 2-11　电脱盐罐混合器压降异常处理方法

现　象	原　因	处　理　方　法
①混合阀 PDIC 压降低于 25kPa	①混合阀 PDIC 压降输出风压小；原油泵出口压力高	①调整混合阀 PDIC 压降输出风压；调整原油泵出口开度，提高原油流速
②混合阀 PDIC 压降高于 150kPa	②混合阀 PDIC 压降输出风压大；原油泵出口压力低	②调整混合阀 PDIC 压降输出风压；调整原油泵出口开度，减小原油流速

4. 电脱盐罐注水量

电脱盐罐注水量控制见图 2-13。

电脱盐注水量控制在≤10%（占原油比例），注水目的是为了增加水滴间碰撞机会，有利于水滴聚结和洗涤原油中盐，但注水量不能太高，由于水溶液是导电的，容易形成导电桥，造成事故，注水过小，达不到洗涤和增加水聚结力作用。

控制范围：≤10%（占原油质量分数）

控制目标：4%～7%（占原油质量分数）

相关参数：注水流量（FIC）

控制方式：人工手动调节或 DCS 自动调节控制。

正常控制及异常现象处理分别见表 2-12 和表 2-13。

表 2-12　电脱盐罐注水量正常处理方法

影　响　因　素	调　整　方　法
①注水控制阀的给定值	①调节注水控制阀的给定值
②注水泵出口阀门	②调节注水泵出口阀门
③原油加工量增大，注水量占原油质量分数比下降	③注水量适当调大
④原油加工量降低，注水量占原油质量分数比上升	④注水量适当降低

表 2-13　电脱盐罐注水量异常处理方法

现　象	原　因	处　理　方　法
①电脱盐罐注水低于 4%	①注水量小达不到 4%；机泵出现故障；系统出现泄漏	①开补新鲜水阀门，联系两酸装置提高来水量；切换机泵备用机泵；对泄漏部位处进行处理使注水量达到 4%～7%
②电脱盐罐注水量高于 7%	②注水控制阀失控；注水控制阀副线开	②将控制阀改手阀控制；关闭控制阀副线使其注水量达到 4%～7%
③电脱盐注水中断	③注水泵抽空；注水泵有故障；装置两酸水供应不足；装置两酸水中断	③及时处理上量，切换备用泵；相应调整操作，可以考虑补充新鲜水作脱盐注水；立即关注水一次阀，停注水泵，减少罐底切水，查明原因，再行处理

5. 电脱盐罐的界位控制

电脱盐罐注水量控制见图 2-13。

电脱盐罐的油水界位过高不但减少原油在弱电场中的停留时间，对脱盐不利，而且水位过高而导致短路跳闸。液位过低，将造成脱水带油。

控制范围：40%～80%

控制目标：±5%

相关参数：液位指示（LIC），注水量（FIC）。

控制方式：人工手动调节或DCS自动调节控制。

正常控制及异常现象处理分别见表2-14和表2-15。

表2-14　电脱盐罐界位正常处理方法

影　响　因　素	调　整　方　法
①界位控制阀开度	①界位控制阀开度
②注水量变化	②调节注水量及界位控制阀开度
③脱前原油含水量变化	③调节注水量及界位控制阀开度

表2-15　电脱盐罐界位异常处理方法

现　　象	原　　因	处　理　方　法
①电脱盐罐水的界位低于40%	①电脱盐罐注水量过低；脱水控制阀开度大；界位脱水控制失灵	①调节增大电脱盐罐注水量；关小脱水控制阀开度；现场关小脱水控制阀上游阀，处理失灵的控制阀
②电脱盐罐水的界位高于80%	②电脱盐罐注水量过高，脱水控制阀开度小；界位脱水控制失灵；原油带水严重	②调节减小电脱盐罐注水量；适当开大脱水控制阀开度；现场开启脱水控制阀副线，控低界位，处理失灵的控制阀；手动开大脱水阀，紧急降低界位，切换原油罐或罐区加强脱水，并降低初馏塔顶回流罐界位，防止初馏塔顶回流罐带水，严重时降量生产
③脱水带油	③乳化层太厚；界位控制太低；注入水量不够；原油进罐温度太低；切水量变化太大、太急	③调整操作，增加破乳剂注入量，或进行反冲洗减薄乳化层；适当提高油水界位；适当增加注水量；适当增大与原油换热的热源流量；检查和调节、控制界位平稳

6. 破乳剂注入量

破乳剂选择合适，注入量相当，可提高脱盐效率，但注入量大剂耗高，注水量少，脱盐效率降低，选用破乳剂注入量5～40mg/kg（占原油质量分数）破乳剂注入浓度为1%。

控制范围：注入量5～40mg/kg，破乳剂注入浓度为1%。

控制目标：≤35mg/kg

相关参数：破乳剂性能

控制方式：人工现场手动控制。

正常控制及异常现象处理分别见表2-16和表2-17。

表2-16　电脱盐破乳剂注入量正常处理方法

影　响　因　素	调　整　方　法
①破乳剂浓度；加入量	①调节破乳剂配置浓度；加入量
②脱盐前原油含盐量	②调节破乳剂配置浓度；加入量
③脱盐后原油含盐量	③调节破乳剂配置浓度；加入量

表2-17　电脱盐破乳剂注入量异常处理方法

现　　象	原　　因	处　理　方　法
脱盐效率低	①破乳剂浓度低	①提高破乳剂注入浓度
	②破乳剂注入量不足	②提高破乳剂加注量
	③破乳剂性能不好	③通过化验分析，选择合适的破乳剂

7. 电脱盐罐反冲洗

电脱盐反冲洗是减少电脱盐罐底泥垢沉积，保持电脱盐罐脱盐水效率，提高电脱盐罐利用率的一项清污操作措施，必须间断按期做好此项工作。

（1）电脱盐罐反冲洗条件

① 观察电脱罐脱出的水质颜色是否透明，如水质混浊或颜色发黑证明罐底有泥垢，可及时进行反冲洗；

② 如果电脱罐脱盐脱水效率下降，而注剂、注水、电压、电流正常，原油性质无大的变化，证明应对电脱盐罐进行反冲洗，可及时进行反冲洗；

③ 正常情况下两个星期进行一次反冲洗。

（2）电脱盐罐反冲洗注意事项

① 冲洗前要将电脱盐液位控制在30％上下；

② 要在电脱盐电压电流正常情况下进行；

③ 要在现场观察脱出的水中是否带油，如果含油要减少反冲洗给水量；

④ 常压内操要观察电脱盐电压电流变化情况，如果电流减小电压上升说明了水位增高应降低水液位或减小冲洗水量；

⑤ 反冲洗时要停止二级脱盐水向一级脱盐罐回注；

⑥ 反冲洗时要搞好油器操作，及时将除油罐顶的污油放入地下污油罐，以保持除油器处于良好的工作状态。

（3）电脱盐罐反冲洗操作操作

打开一级高速电脱盐反冲洗阀门，开阀门要由小到大缓慢进行，在电流电压正常时反冲洗水量控制在原油处理量1％～2％，反冲洗时间控制在15min左右。二级电脱盐容积大，反冲洗水量可控制大一点，冲洗时间掌握在30min左右，但冲洗阀门要缓慢打开。

8. 电脱盐系统巡检内容

① 观察电流、电压指示是在指标范围内；

② 打开液位检查阀，检查界面实际位置并同计算机指示相对照是否一致；

③ 检查注水泵注破乳剂泵运行情况及注水量，注破乳剂量，混合阀压降等各参数。

④ 检查电脱盐原油入口温度，罐出口温度和压力是与指标一致；

⑤ 检查内沉筒界面计套筒、法兰、低液位开关法兰及变压器等有无渗漏现象；

⑥ 检查电脱盐脱水是否带油；

⑦ 按时遵照电脱盐操作记录要求，详细、准确做好记录。

第三节　原油蒸馏工艺流程

一、原油蒸馏工艺流程的类型

原油蒸馏工艺流程，就是用于原油蒸馏生产的炉、塔、泵、换热设备、工艺管线及控制仪表等按原料生产的流向和加工技术要求的内在联系而形成的有机组合。将此种内在的联系用简单的示意图表达出来，即成为原油蒸馏的流程图。

国产原油多为重质原油，轻质油品含量较低。为了蒸出更多的馏分油作为二次加工原料和充分回收剩余热量，常压和减压蒸馏过程一般连接在一起而构成常减压蒸馏工艺流程。

我国原油蒸馏装置一般均在常压分馏塔前设置初馏塔或闪蒸塔。初馏塔或闪蒸塔的主要作用，在于将原油在换热升温过程中已经汽化的轻油及时蒸出，使其不进入常压加热炉，以降低炉的热负荷和降低原油换热系统的操作压力，从而节省装置能耗和操作费用；此外，初馏塔或闪蒸塔还具有使常压塔操作稳定的作用，原油中的气体烃和水在其中全部被除去，而使常压分馏塔的操作平稳，有利于保证多种产品特别是煤油、柴油等侧线产品的质量。

初馏塔与闪蒸塔的差别，在于前者出塔顶产品，而后者不出塔顶产品，塔顶蒸气进入常压塔中上部，因而前者有冷凝和回流设施，而后者无。

初馏塔是一个简单的（一般不出侧线）的常压蒸馏塔。原油蒸馏过程是否采用初馏塔，应根据以下因素进行综合分析后决定。

（1）原油的轻馏分含量　含轻馏分较多的原油在经过换热器被加热时，随着温度的升高，轻馏分汽化，从而增大了原油通过换热器和管路的阻力，这就要求提高原油输送泵的扬程和换热器的压力等级，也就是增加了电能消耗和设备投资。

如果将原油经换热过程中已汽化的轻组分及时分离出来，让这部分馏分不必再进入常压炉去加热。这样一则能减少原油管路阻力，降低原油泵出口压力；二则能减少常压炉的热负荷，两者均有利于降低装置能耗。因此，当原油含汽油馏分接近或大于 20％时，可采用初馏塔。

（2）原油脱水效果　当原油因脱水效果波动而引起含水量高时，水能从初馏塔塔顶分出，使得主塔—常压塔操作免受水的影响，保证产品质量合格。

（3）原油的含砷量　对含砷量高的原油如大庆原油（As 含量＞2000μg/g），为了生产重整原料油，必须设置初馏塔。重整催化剂极易被砷中毒而永久失活，重整原料油的砷含量要求小于 200μg/g。如果进入重整装置的原料的含砷量超过 200μg/g，则仅依靠预加氢精制是不能使原料达到要求的。此时，原料应在装置外进行预脱砷，使其含砷量小于 200μg/g 以下后才能送入重整装置。重整原料的含砷量不仅与原油的含砷量有关，而且与原油被加热的温度有关。例如在加工大庆原油时，初馏塔进料温度约 230℃，只经过一系列换热，温度低且受热均匀，不会造成砷化合物的热分解，由初馏塔顶得到的重整原料的含砷量小于 200μg/g。若原油加热到 370℃直接进入常压塔，则从常压塔顶得到的重整原料的含砷量通常高达 1500μg/g。重整原料含砷量过高不仅会缩短预加氢精制催化剂的使用寿命，而且有可能保证不了精制后的含砷量降至 1μg/g 以下。因此，国内加工大庆原油的炼油厂一般都采用初馏塔，并且只取初馏塔顶的产物作为重整原料。

（4）原油的含硫量和含盐量　当加工含硫原油时，在温度超过 160～180℃的条件下，某些含硫化合物会分解而释放出 H_2S，原油中的盐分则可能水解而析出 HCl，造成蒸馏塔顶部、气相馏出管线与冷凝冷却系统等低温部位的严重腐蚀。设置初馏塔可使大部分腐蚀转移到初馏塔系统，从而减轻了主塔—常压塔顶系统的腐蚀，这在经济上是合理的。但是这并不是从根本上解决问题的办法。实践证明，加强脱盐、脱水和防腐蚀措施，可以大大减轻常压塔的腐蚀而不必设初馏塔。

原油蒸馏过程中，在一个塔的进口段要经历一次汽化过程（实际为闪蒸过程，只是一次汽化的近似过程）。原油经过加热汽化的次数，称为汽化段数。实际上，有几个塔，就称之为几段汽化。

汽化段数一般取决于原油性质、产品方案和处理量等。原油蒸馏装置汽化段数可分为以下几种类型。

① 一段汽化式：常压。
② 二段汽化式：初馏（闪蒸）-常压；常压-减压。
③ 三段汽化式：初馏-常压-减压；常压——级减压-二级减压。
④ 四段汽化式：初馏-常压——级减压-二级减压。

一段汽化式和初馏（闪蒸)-常压二段汽化式主要适用于中、小型炼油厂，只生产轻、重燃料或较为单一的化工原料。

　　常压-减压二段汽化式和初馏-常压-减压三段汽化式主要用于大型炼油厂的燃料型、燃料-润滑油型和燃料-化工型。

　　常压—一级减压-二级减压三段汽化式和初馏-常压—一级减压-二级减压四段汽化式用于燃料-润滑油型和较重质的原油，以提高拔出深度或制取高黏度润滑油料。

　　原油蒸馏中，最常见的是初馏-常压-减压三段汽化形式。

　　我国原油蒸馏工艺流程按产品用途不同，可大致分为燃料型，燃料-润滑油型及化工型三类。

1. 燃料型

（1）工艺流程　燃料型原油蒸馏的典型流程见图 2-14。

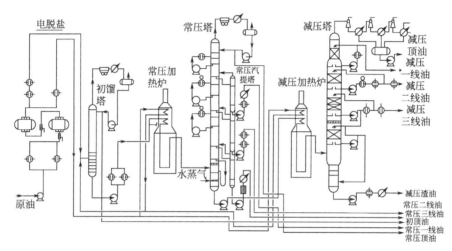

图 2-14　燃料型原油蒸馏的典型流程

（2）流程特点

　　① 初馏塔顶产品轻汽油一般作催化重整装置原料。由于原油中的金属有机化合物特别是砷的有机物质，随着原油温度的升高而分解气化，因而初馏塔顶汽油含砷量较低，而常压塔顶汽油则含砷量很高。例如，大庆原油的初馏塔顶汽油中的含砷量一般小于 $0.2\mu g/g$，而常压塔顶汽油则高达 $1.5\mu g/g$ 以上。砷是重整催化剂的有害物质，因而一般从大庆原油生产重整原料均采用初馏塔。反之，若加工大庆原油不要求生产重整原料，或所加工原油含砷量低，则可采用闪蒸塔，以节省设备和操作费用。如果加工的原油含轻馏分很少，也可不设初馏塔或闪蒸塔。

　　② 常压塔设 3～4 个侧线。常压塔生产汽油、溶剂油、煤油（或喷气燃料)、重柴油等产品或调和组分。为了调整各侧线产品的闪点和馏程范围，各侧线都设汽提塔。

　　③ 减压塔侧线出催化裂化或加氢裂化原料。减压塔产品较简单、分馏精度要求又不高，故只设 2～3 个侧线，且可不设汽提塔。如对最下一个侧线产品的残炭值和重金属含量有较高要求，则需在塔进口与最下一个侧线抽出口之间设 1～2 个洗涤段。

　　④ 尽可能提高拔出率。在"干式"减压蒸馏工艺中，减压塔顶的不凝气体负荷小，可采用三级蒸汽抽空器，建立残压很低的减压系统，以获得较高的拔出率。

　　（3）主要操作指标　以鲁宁管输原油为例，脱盐温度 110～130℃，进初馏塔温度 215～230℃，进常压塔温度 350～365℃，进减压塔温度 380～390℃，减压塔顶残压 1.33～

2.66kPa，换热终温280～300℃。

2. 燃料-润油型

（1）工艺流程　燃料-润油型原油蒸馏的典型流程见图2-15。

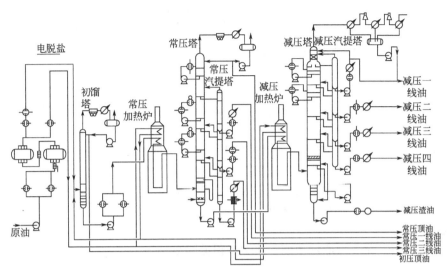

图2-15　燃料-润油型原油蒸馏的典型流程

经过严格脱盐脱水的原油换热到230～240℃，进入初馏塔，从初馏塔塔顶分出轻汽油或催化重整原料油，其中一部分返回塔顶作顶回流。初馏塔侧线不出产品，但可抽出组成与重汽油馏分相似的馏分，经换热后，一部分打入常压塔中段回流入口处（常压塔侧一线、侧二线之间），这样，可以减轻常压炉和常压塔的负荷；另一部分则送回初馏塔作循环回流。初馏塔底油称作拔头原油（初底油）经一系列换热后，再经常压炉加热到360～370℃进入常压塔，它是原油的主分馏塔，在塔顶冷回流和中段循环回流作用下，从汽化段至塔顶温度逐渐降低，组分越来越轻，塔顶蒸出汽油。常压塔通常开3～5根侧线，煤油（喷汽燃料与灯用煤油）、轻柴油、重柴油和变压器原料油等组分则呈液相按轻重依次馏出，这些侧线馏分经汽提塔汽提出轻组分后，经泵抽出，与原油换热，回收一部分热量后经冷却到一定温度才送出装置。

常压塔底重油又称常压渣油，用泵抽出送至减压炉，加热至400℃左右进入减压塔。塔顶分出不凝气和水蒸气，进入冷凝器。经冷凝冷却后，用2～3级蒸气抽空器抽出不凝气，维持塔内残压0.027～0.1MPa，以利于馏分油充分蒸出。减压塔一般设有4～5根侧线和对应的汽提塔。经汽提后与原油换热并冷却到适当温度送出装置。减压塔底油又称减压渣油，经泵升压后送出与原油换热回收热量，再经适当冷却后送出装置。

润滑油型减压塔在塔底吹入过热蒸汽汽提，对侧线馏出油也设置汽提塔，因为塔内有水蒸气而称为湿式操作。对塔底不吹过热蒸汽、侧线油也不设汽提塔的燃料型减压塔，因塔内无水蒸气而称为干式操作。它的优点是降低能耗和减少含油污水量，它的缺点是失去了水蒸气汽提降低油气分压的作用，对减少减压渣油＜500℃馏分含量和提高拔出率不利，对这一点即使采用提高塔顶真空度和以全填料层取代塔盘降低全塔压降也难以完全弥补，所以还要保留一些蒸汽。近年来有些炼油厂对燃料型减压塔采用微湿汽提的操作方式，即在减压加热炉入口注入一些过热蒸汽，以提高油在炉管内的流速，对黏度大、残炭值高的原油可起到提高传热效率、防止炉管结焦、延长操作周期的作用，在塔底也吹入少量过热蒸汽，有助于渣油中轻组分的挥发，将渣油中＜500℃含量降到5％以下。炉管注汽和塔底吹汽两者总和不超过1%，此量大大低于常规的塔底2%～3%的汽提量。

（2）流程特点

① 常压系统在原油和产品要求与燃料型相同时，其流程亦相同。

② 减压系统流程较燃料型复杂。减压塔要出各种润滑油原料组分，故一般设4～5个侧线，而且要有侧线汽提塔以满足对润滑油原料馏分的闪点要求，并改善各馏分的馏程范围。

③ 控制减压炉管内最高油温。控制减压炉管内最高油温不大于395℃，以免油料因局部过热而裂解。

④ 注水蒸气。减压蒸馏系统一般采用在减压炉管和减压塔底注入水蒸气的操作工艺，注水蒸气的目的在于改善炉管内油流的流型，避免油料因局部过热而裂解；降低减压塔内油气分压，以提高减压馏分油的拔出率。

⑤ 设轻、重油洗涤段。减压塔进料段以上、最低侧线抽出口以下，设轻、重油洗涤段（或仅设一个重油洗涤段），以改善重质润滑油料的质量。

（3）主要操作指标 以加工大庆原油为例，脱盐温度90～110℃，减压塔顶残压3.3～4.0kPa。其他条件与燃料油型基本相同。

3. 化工型

（1）工艺流程 化工型原油蒸馏的典型流程见图2-16。

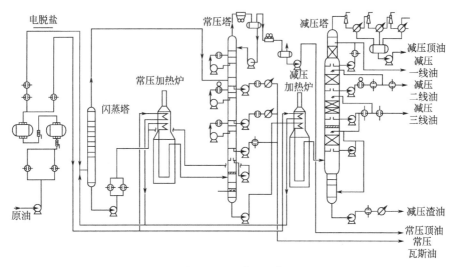

图2-16 化工型原油蒸馏的典型流程

（2）流程特点

① 工艺流程简单。化工型流程是三类流程中最简单的。常压蒸馏系统一般不设初馏塔而设闪蒸塔。闪蒸塔顶气引入常压塔中上部。

② 常压塔。常压塔设2～3个侧线，产品作裂解原料，分离精度要求低，塔板数可减少，不设汽提塔。

③ 减压蒸馏系统与燃料型基本相同。

（3）主要操作指标 主要操作指标与燃料型基本相同。

二、影响原油蒸馏主要操作因素

影响原有蒸馏结果及效益的因素主要有原油的组成性质、处理量；工艺流程选择；操作条件；设备结构等。

1. 常压系统

常压蒸馏系统主要过程是加热、蒸馏和汽提。主要设备有加热炉、常压塔和汽提塔。常压蒸馏操作的目标为高分馏精确度和低能耗。影响这些目标的工艺操作条件主要有温度、压力、回流比、塔内蒸汽线速度、水蒸气吹入量以及塔底液面等。

(1) 温度　常压蒸馏系统主要控制的温度点有：加热炉出口、塔顶、侧线温度。

加热炉出口温度高低，直接影响进塔油料的汽化量和带入热量，相应地塔顶和侧线温度都要变化，产品质量也随之改变。一般控制加热炉出口温度和流量恒定。同样如果炉出口温度不变，回流量、回流温度、各处馏出物数量的改变，也会破坏塔内热平衡状态，引起各处温度条件的变化，其中最灵敏地反映出热平衡的变化的是塔顶温度。加热炉出口温度和流量是通过加热炉系统和原油泵系统控制来实现。

塔顶温度是影响塔顶产品收率和质量的主要因素。塔顶温度高，则塔顶产品收率提高，相应塔顶产品终馏点提高，即产品变重。反之则相反。塔顶温度主要通过塔顶回流量和回流温度控制实现。

侧线温度、侧线产品收率和质量的主要因素，侧线温度高，侧线馏分变重。侧线温度可通过侧线产品抽出量和中段回流进行调节和控制。

(2) 压力　油品馏出所需温度与其油气分压有关。如塔顶温度是指塔顶产品油气（汽油）分压下的露点温度；侧线温度是指侧线产品油气（煤油、柴油等）分压下的泡点温度。油气分压越低，蒸出同样的油品所需的温度则越低。而油气分压是设备内的操作压力与油品分子分数的乘积，当塔内水蒸气吹入量不变时，油气分压随塔内操作压力降低而降低。操作压力降低，同样的汽化率要求进料温度可低些，燃料消耗可以少些。

因此，在塔内负荷允许的情况下，降低塔内操作压力，或适当地多吹入汽提用水蒸气量，有利于进料油气的蒸发。

(3) 回流比　回流提供气、液两相接触的条件，回流比的大小直接影响分馏的好坏，对一般原油分馏塔，回流比大小由全塔热平衡决定。随着塔内温度条件等的改变，适当调节回流量，是维持塔顶温度平衡的手段，以达到调节产品质量的目的。此外，要改善塔内各馏出线间的分馏精确度，也可借助于改变回流量（改变馏出口流量，即可改变内回流量）。但是由于全塔热平衡的限制，回流比的调节范围是有限的。

(4) 气流速度　塔内上升气流由油气和水蒸气两部分组成，在稳定操作时，上升气流量不变，上升蒸气的速度也是一定的。在塔的操作过程中，如果塔内压力降低，进料量或进料温度增高，吹入水蒸气量上升，都会使蒸气上升速度增加，严重时，雾沫夹带现象严重，影响分馏效率。相反，又会因蒸气速度降低，上升蒸气不能均衡地通过塔板，也要降低塔板效率，这对于某些弹性小的塔板（如舌型），就需要维持一定的蒸气线速。在操作中，应该使蒸气线速在不超过允许速度（即不致引起严重雾沫现象的速度）的前提下，尽可能地提高，这样既不影响产品质量，又可以充分提高设备的处理能力。对不同塔板，允许的气流速度也不同，以浮阀塔板为例，常压塔一般为 $0.8 \sim 1.1 \text{m/s}$。减压塔为 $1.0 \sim 3.5 \text{m/s}$。

(5) 水蒸气量　在常压塔底和侧线吹入水蒸气起降低油气分压的作用，而达到使轻组分汽化的目的。吹入量的变化对塔内的平衡操作影响很大，改变吹入蒸汽量，虽然是调节产品质量的手段之一，但是必须全面分析对操作的影响，吹入量多时，增加了塔及冷凝冷却器的负荷。

(6) 塔底液面　塔底液面的变化，反映物料平衡的变化和塔底物料在蒸馏塔的停留时间，取决于温度、流量、压力等因素。

我国典型原油常压蒸馏主要工艺条件见表 2-18。

表 2-18　我国典型原油常压蒸馏主要工艺条件

项　目	大　庆　原　油	胜　利　原　油	鲁宁管输原油
塔顶温度/℃	90～110	100～130	90～110
塔顶压力(表压)/kPa	45～65	50～70	40～60
塔顶回流温度/℃	40	40	40
一线抽出温度/℃	170～190	180～200	180～200
二线抽出温度/℃	230～250	240～270	230～250
三线抽出温度/℃	280～300	310～330	280～310
四线抽出温度/℃	320～340	340～350	330～340
原油进塔温度/℃	355～365	360～365	350～365
进料段以上塔板数/层	38～42	42～44	34～42

2. 减压系统

减压蒸馏操作的主要目标是提高拔出率和降低能耗。因此，影响减压系统操作的因素，除与常压系统大致相同外，还有真空度。在其他条件不变时，提高真空度，即可增加拔出率。

对拔出率直接有影响的压力是减压塔汽化段的压力。如果上升蒸气通过上部塔板的压力降过大，那么要想使汽化段有足够高的真空度是很困难的。影响汽化段的真空度的主要因素如下。

① 塔板压力降。塔板压力降过大，当抽空设备能力一定时，汽化段真空度就越低，不利于进料油汽化，拔出率降低，所以，在设计时，在满足分馏要求的情况下，尽可能减少塔板数，选用阻力较小的塔板以及采用中段回流等，使蒸汽分布尽量均匀。

② 塔顶气体导出管的压力降。为了降低减压塔顶至大气冷凝器间的压力降，一般减压塔顶不出产品，采用减一线油打循环回流控制塔顶温度，这样，塔顶导出管蒸出的只有不凝气和塔内吹入的水蒸气，由于塔顶的蒸汽量大为减少，因而降低了压力降。

③ 抽空设备的效能。采用二级蒸汽喷射抽空器，一般能满足工业上的要求。对处理量大的装置，可考虑用并联二级抽空器，以利抽空。抽空器的严密和加工精度、使用过程中可能产生的堵塞、磨损程度，也都影响抽空效能。

④ 在上述设备条件外，抽空器使用的水蒸气压力、大气冷凝器用水量及水温的变化，以及炉出口温度、塔底液面的变化都影响汽化段的真空度。

我国典型原油减压蒸馏主要工艺条件见表 2-19。

表 2-19　我国典型原油减压蒸馏主要工艺条件

项　目	大　庆　原　油	胜　利　原　油	鲁宁管输原油
减压蒸馏类型	润滑油型	燃料油型	燃料油型
塔内件形式	塔板为主	全填料	全填料
减压蒸馏方式	湿式	干式	干式
塔顶温度/℃	66～68	50～55	60～65
塔顶残压/kPa	3.4～4.0	0.9～1.3	1.0～1.4
塔顶循环回流温度/℃	35～40	40～45	50～55
减压一线抽出温度/℃	130～149	145～155	148～155
减压二线抽出温度/℃	268～278	260～270	222～237
减压三线抽出温度/℃	332～340	310～315	295～310
减压四线抽出温度/℃	359～361	355～365	348～356
闪蒸段温度/℃	380～390	370～375	365～370
闪蒸段残压/kPa	6.5～7.5	2.4～3.0	2.0～3.3
全塔压降/kPa	3.2～3.5	1.5～1.7	1.0～1.9
塔底温度/℃	372	375	360～365

3. 调节策略

以上只是定性地讨论了影响常减压蒸馏装置的操作因素及调节的一般方法，这些因素对操作的影响都不是孤立的，在实际生产中，原料性质及处理量、装置设备状况、操作中使用的水蒸气、水、燃料等都处于不断变化之中，影响正常操作的因素是多方面的。平稳操作只能是相对的，不平稳是绝对的，平稳操作只是许多本来就互相矛盾、不断变化的操作参数，在一定条件下统一起来，维持暂时的、相对的平衡。

（1）原油组成和性质变化　原油组成和性质的变化包括原油含水量的变化和改炼不同品种的原油。原油含水量增大时，通常表现为换热温度下降，原油泵出口压力增高，预汽化塔内压力增高、液面波动，以致造成冲塔或塔底油泵抽空等，此时应针对发生的情况，进行调节。

改炼不同品种原油时，操作条件应按原油的性质重新确定。如新换原油轻组分多，常压系统负荷将增大，此时，应改变操作条件，保证轻组分在常压系统充分蒸出，扩大轻质油收率，并且不致因常压塔底重油中轻组分含量增高，使减压塔负荷增大，因而影响减压系统抽真空。当常压塔将轻组分充分拔出时，减压系统进料量会相应减少，会出现减压塔底液面及馏出量波动等现象，不易维持平稳操作。此时，应全面调整操作指标。相反，原油变重时，常压重油多，减压负荷大，应适当提高常压炉出口温度或加大常压塔吹汽量，以便尽可能加大常压拔出率，同时，因原料重，减压渣油量也相应地增多，需特别注意减压塔液面控制，防止渣油泵抽出不及时，造成侧线出黑油，以致冲塔。

这种依据原油性质不同，调整设备之间负荷分配的方法，应该根据设备负荷的实际情况加以采用。例如常压塔负荷已经很大时，改炼轻组分多的原油，就必须将常压炉出口温度控制得低些，否则，大量轻油汽化，雾沫夹带严重，影响分离精确度，炉子也会因为负荷的增加，炉管表面热强度超高，引起炉管局部过热，甚至烧坏。

（2）产品质量变化　产品质量指标是很全面的，但是由于蒸馏所得的多为半成品，或进一步加工的原料。因此，在蒸馏操作中，主要控制的是与分馏好坏有关的指标，包括馏分组成、闪点、黏度、残炭等。

馏分前部轻，表现为初馏点低，对润滑油馏分表现为闪点低、黏度低，说明前一馏分未充分蒸出，不仅影响这一油品的质量，还会影响上一油品的收率。处理方法是提高上一侧线油品的馏出量，使塔内下降的回流量减少，馏出温度升高或加大本线汽提蒸汽量，均可使轻组分被赶出，解决前部轻、闪点低的问题。

馏分后部重，表现为干点高，凝固点高（冰点、浊点高）润滑油表现为残炭高，说明下一馏分的重组分被携带上来，不仅本线产品不合格，也会影响下一线产品的收率。处理方法是降低本线油的馏出量，使回到下层去的内回流加大，温度降低，或者减少下一线的汽化量，均可减少重组分被携带的可能性，使干点、凝固点、残炭等指标合格。

（3）产品方案变化　原油蒸馏加工方案的改变，大的方面例如有燃料型、化工型和润滑油型不同蒸馏方案。小的方面例如有航空煤油和灯用煤油蒸馏方案。但这些方案的改变，都可以通过改变塔顶和抽出侧线的温度和抽出量实现。

（4）处理量的变化　当原油组成和性质及加工方案没有改变的情况下，处理量的变化，整个装置的负荷都要变化，在维持产品收率和确保质量的前提下，必须改变操作条件，使装置内各设备的物料和热量重新建立平衡。

一般提量时，应先将炉出口温度升起来，开大侧线馏出线，泵流量按比例提高，各塔液面维持在较低位置，做好增加负荷的准备工作。提量过程中，应随时注意各设备和各设备间的物料平衡和热量平衡，要设法控制炉出口温度平稳，以利于调整其他操作。

处理量的变化，塔顶、侧线等处温度条件也应改变，例如当处理量增大时，塔内操作压力必然升高，油气分压也要升高，此时塔顶、侧线温度也要相应提升，否则产品就要变轻。

三、减压蒸馏及抽真空系统

1. 减压蒸馏的目的和减压塔类型

原油中的 350℃ 以上的高沸点馏分是馏分润滑油和催化裂化、加氢裂化的原料。但是由于在高温下会发生分解反应，所以不能通过提高温度（超过 350℃）的办法在常压塔获得这些馏分，而只能在减压和较低的温度下通过减压蒸馏取得。在现代技术水平下，通过减压蒸馏可以从常压重油中蒸馏出沸点约 550℃ 以前的馏分油。

减压蒸馏的核心设备是减压精馏塔和它的抽真空系统。根据生产任务的不同，减压塔可分为燃料型和润滑油型两种。两种类型减压塔的简图如图 2-17 和图 2-18 所示。抽真空系统在后面专门讨论。

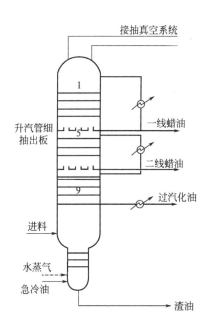

图 2-17 燃料型减压塔

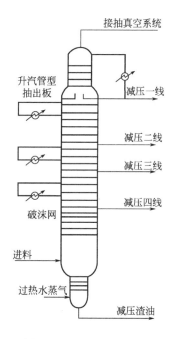

图 2-18 润滑油型减压塔

一般情况下，无论是哪种类型的减压塔，都要求有尽可能高的拔出率。因为馏分油的残炭值较低，重金属含量很少，更适宜于制备润滑油和作裂化原料。减压塔底的渣油可用于作燃料油、焦化原料、渣油加氢原料或经过加工后生产高黏度润滑油和各种沥青。在生产燃料油时，有时为了照顾到燃料油的规格要求（如黏度）也不能拔得太深。但是在一些大型炼厂则多采用尽量深拔以取得较多的直馏馏分油，然后根据需要，再在渣油中掺入一些质量较差的二次加工馏分油的方案，以获得较好的经济效益。

2. 减压精馏塔的一般工艺特征

（1）优化减压塔操作的工艺措施　对减压塔的基本要求是在尽量避免油料发生分解反应的条件下尽可能多地拔出减压馏分油。做到这一点的关键在于提高汽化段的真空度，为了提高汽化段的真空度，除了需要有一套良好的塔顶抽真空系统外，一般还采取以下几种措施。

① 降低从汽化段到塔顶的流动压降。这一点主要依靠减少塔板数和降低气相通过每层塔板的压降。减压塔在很低的压力（几千帕）下操作，各组分间的相对挥发度比在常压条件

下大为提高，比较容易分离；另一方面，减压馏分之间的分馏精确度要求一般比常压蒸馏的要求为低，因此，有可能采用较少的塔板而达到分离的要求。通常在减压塔的两个侧线馏分之间只设3～5块精馏塔板就能满足分离的要求。为了降低每层塔板的压降，减压塔内应采用压降较小的塔板，常用的有舌型塔板、网孔塔板、筛板等。近年来，国内外已有不少减压塔部分地或全部用各种形式的填料以进一步降低压降。例如在减压塔操作时，每层舌形塔板的压降约为0.2kPa，用矩鞍环（英特洛克斯）填料时每米填料层高的压降约0.2kPa，而每米填料高的分离能力约相当于1.5块理论塔板。

② 降低塔顶油气馏出管线的流动压降。现代减压塔塔顶都不出产品，塔顶管线只供抽真空设备抽出不凝气之用，以减少通过塔顶馏出管线的气体量。因为减压塔顶没有产品馏出，故只采用塔顶循环回流而不采用塔顶冷回流。

③ 一般的减压塔塔底汽提蒸汽用量比常压塔大。其主要目的是降低汽化段中的油气分压。当汽化段的真空度比较低时，要求塔底汽提蒸汽量较大。因此，从总的经济效益来看，减压塔的操作压力与汽提蒸汽用量之间有一个最优的配合关系，在设计时必须具体分析。近年来，少用或不用汽提蒸汽的干式减压蒸馏技术有较大的发展，关于这个问题将在后面再讨论。

④ 降低减压塔转油线的压降。减压塔汽化段温度并不是常压重油在减压蒸馏系统中所经受的最高温度，此最高温度的部位是在减压炉出口。为了避免油品分解，对减压炉出口温度要加以限制，在生产润滑油时不得超过395℃，在生产裂化原料时不超过400～420℃，同时在高温炉管内采用较高的油气流速以减少停留时间。如果减压炉到减压塔的转油线的压降过大，则炉出口压力高，使该处的汽化率降低而造成重油在减压塔汽化段中由于热量不足而不能充分汽化，从而降低了减压塔的拔出率。降低转油线压降的办法是降低转油线中的油气流速。在减压炉出口之后，油气先经一段不长的转油线过渡段后进入低速段，在低速段采用的流速约为35～50m/s，国内则多采用较低值。

⑤ 缩短渣油在减压塔内的停留时间。塔底减压渣油是最重的物料，如果在高温下停留时间过长，则其分解、缩合等反应会进行得比较显著。其结果，一方面生成较多的不凝气使减压塔的真空度下降；另一方面会造成塔内结焦。因此，减压塔底部的直径常常缩小以缩短渣油在塔内的停留时间。例如一座直径为6.4m的减压塔，其汽提段的直径只有3.2m。此外，有的减压塔还在塔底打入急冷油以降低塔底温度，减少渣油分解、结焦的倾向。

(2) 减压塔中的油、气的物性特点及减压塔特征　除了上述为满足"避免分解、提高拔出率"这一基本要求而引出的工艺特征外，减压塔还由于其中的油、气的物性特点而反映出另一些特征。

① 减压塔一般采用多个中段循环回流。在减压下，油气、水蒸气、不凝气的比容大，比常压塔中油气的比容要高出十余倍。尽管减压蒸馏时允许采用比常压塔高得多（通常约两倍）的空塔线速，减压塔的直径还是很大。因此，在设计减压塔时需要更多地考虑如何使沿塔高的气相负荷均匀以减小塔径。为此，减压塔一般采用多个中段循环回流，常常是在每两个侧线之间都设中段循环回流。这样做也有利于回收利用回流热。

② 减压塔内的板间距比常压塔大。减压塔处理的油料比较重、黏度比较高，而且还可能含有一些表面活性物质。加之塔内的蒸气速度又相当高，因此蒸气穿过塔板上的液层时形成泡沫的倾向比较严重。为了减少携带泡沫，减压塔内的板间距比常压塔大。加大板间距同时也是为了减少塔板数。此外，在塔的进料段和塔顶都设计了很大的气相破沫空间，并设有破沫网等设施。

由于上述各项工艺特征，从外形来看，减压塔比常压塔显得粗而短。此外，减压塔的底座较高，塔底液面与塔底油抽出泵入口之间的高差在10m左右，这主要是为了给热油泵提供足够的灌注头。

（3）燃料型减压塔特点　燃料型减压塔的主要任务是为催化裂化和加氢裂化提供原料。对裂化原料的质量要求主要是残炭值要尽可能低，亦即胶质、沥青质的含量要少，以免催化剂上结焦过多；同时还要求控制重金属含量，特别是镍和钒的含量以减少对催化剂的污染。至于对馏分组成的要求是不严格的。实际上，尽管燃料型减压塔设有2～3个侧线，但常常是把这些馏分又混合到一起去作裂化原料。其所以要分为少数几个侧线的原因主要是照顾到沿塔高的负荷比较均匀。

一般燃料型减压塔只设两个侧线，一线蜡油的量约占全部拔出油的30%。由上述可见，对燃料型减压塔的基本要求是在控制馏出油中的胶质、沥青质和重金属含量的前提下尽可能提高馏出油的拔出率。为达到这个基本要求，燃料型减压塔具有以下的特点。

① 可以大幅度地减少塔板数以降低从汽化段至塔顶的压降。例如图2-17是一个典型的燃料型减压塔，全塔总共只有13层塔板。由图可以看到，侧线之间的塔板实质上只是换热板。

② 可以大大减少内回流量，在某些塔段，甚至可使内回流量减少到零。可以通过塔顶循环回流和中段循环回流做到这一点。例如在图2-17的顶部和中部两个塔段中，其回流热几乎全部由顶循环回流和中段循环回流取走。因此，在这两塔段中只有产品蒸气以及水蒸气和不凝气通过，而没有内回流蒸气，塔段与塔段之间只有升气管相通而没有内回流相联系。由此可见，这几层塔板实质上是换热塔板，在其上面，低温的循环回流把该段测线产品蒸气冷凝下来而抽出，所发生的是一个平衡冷凝过程，故这种塔段事实上是一个冷凝段。

③ 为了降低馏出油的残炭值和重金属含量，在汽化段上面设有洗涤段。洗涤段中设有塔板和破沫网。所用的回流油可以是最下一个侧线馏出油，也可以设循环回流。循环回流的流程比较复杂，而且目前多倾向于认为：在这里气相内存在的杂质主要并不是被气流夹带上去的雾沫或液滴，而是从闪蒸段汽化上去的馏分，因此，使用上一层的液相回流通过蒸馏作用除去杂质的效果比使用冷循环回流的效果要更好一些。为了保证最低侧线抽出板下有一定的回流量，通常应有1%～2%的过汽化度。对裂化原料要求严格时，过汽化度可高达4%。一般来说，过汽化度不要过高。

由于②和③的特征，燃料型减压塔的气、液相负荷分布与常压塔或润滑油型减压塔有很大的不同。在燃料型减压塔内，除了汽化段上面的几层塔板上有内回流以外，其余塔段里基本上没有内回流。

④ 燃料型减压塔的侧线产品对闪点没有要求，因而可以不设侧线汽提。

⑤ 燃料型减压塔的温度条件的确定方法。因为对油品的分解反应的限制不如对润滑油料那样严格，故进料的加热最高允许温度可提高至410～420℃。

塔底温度比汽化段温度一般低5～10℃。

侧线温度是该处油气分压下侧线产品的泡点温度。由于在洗涤段以上的塔段中没有内回流，因此，侧线抽出板上的油气分压的计算是将所有油料蒸气计算在内，只将水蒸气和不凝气看作是惰性气。也可以根据常压重油进料在该处油气分压下的平衡汽化曲线，取在该处的汽化率时的温度作为侧线抽出板温度。在计算油气分压时，有时也可以根据经验，取抽出板上总压的30%～50%近似地作为该处的油气分压。

⑥ 近年来，对燃料型减压塔倾向于用填料取代塔板并采用干式减压蒸馏技术。

（4）润滑油型减压塔特点　润滑油型减压塔为后续的润滑油加工过程提供原料，它的分馏效果的优劣直接影响到其后的加工过程和润滑油产品的质量。从蒸馏过程本身来说，对润滑油料的质量要求主要是黏度合适、残炭值低、色度好，在一定程度上也要求馏程要窄。因此，对润滑油型减压塔的分馏精确度的要求与原油常压分馏塔差不多，故它的设计计算也与常压塔大致相同。

由于减压下馏分之间的相对挥发度较大，而且减压塔内采用较大的板间距，故两个侧线馏分之间的塔板数比常压塔少，一般3～5块塔板即能满足要求。

有的减压塔的侧线抽出板采用升气管式（或称烟囱形）抽出板。这种抽出板形式对于集油和抽油操作比较好，但是它没有精馏作用，其压降约为0.13～0.26kPa。

中段回流可以采用图2-18的形式，也可以把中段回流抽出与侧线抽出结合在一起，这样可使塔板效率受循环回流的影响小些，减少由于中段回流而加设的塔板的数目，有利于降低精馏段的总压降。

减压塔各点的温度条件的确定方法按理应与常压塔相同，但是在减压塔中，内回流对油气分压的作用比较难确定，因此，对减压塔的温度条件常按如下经验来求定。

① 侧线温度一般取抽出板上总压的30%～50%作为油气分压计算在该分压下侧线油品的泡点。

② 塔顶温度是不凝气和水蒸气离开塔顶的温度，一般比塔顶循环回流进塔温度高出28～40℃。

③ 塔底温度通常比汽化段温度低5～10℃，也有多达摄氏十几度者。

3. 减压蒸馏抽真空系统

减压精馏塔的抽真空设备可以用蒸汽喷射器（也称蒸汽喷射泵或抽空器）或机械真空泵。

蒸汽喷射侧结构简单，没有运转部件，使用可靠而无需动力机械，而且水蒸气在炼厂中也是既安全又容易得到的。因此，炼油厂中的减压塔广泛地采用蒸汽喷射器来产生真空。但是蒸汽喷射器的能量利用效率非常低，仅2%左右，其中末级蒸汽喷射器的效率最低。

机械真空泵的能量利用效率一般比蒸汽喷射器高8～10倍，还能减少污水量。

对于一套加工能力为$250×10^4$t/a的常减压装置，若把减压塔的二级蒸汽喷射器改为液环泵，能量效率可由1.1%提高到25%，可节省3195.8MJ/h，使装置能耗下降10.22MJ/t原油。国外大型蒸馏装置的数据表明，采用蒸汽喷射器-机械真空泵的组合抽真空系统操作良好，具有较好的经济效益。

因此，近年来，随着干式减压蒸馏技术的发展，采用机械真空泵的日渐增多。国内小炼油厂的减压塔采用机械真空泵的比较多。

（1）抽真空系统的流程　抽真空系统的作用是将塔内产生的不凝气（主要是裂解气和漏入的空气）和吹入的水蒸气连续地抽走以保证减压塔的真空度的要求。图2-19是常减压蒸馏装置常用的采用蒸汽喷射器的抽真空系统的流程，图2-20是有增压喷射器的抽真空单位流程。

减压塔顶出来的不凝气、水蒸气和由它们带出的少量油气首先进入一个管壳式冷凝器。水蒸气和油气被冷凝后排入水封池，不凝气则由一级喷射器抽出从而在冷凝器中形成真空。由一级喷射器抽来的不凝气再排入一个中间冷凝器，将一级喷射器排出的水蒸气冷凝。不凝气再由二级喷射器抽走而排入大气。为了消除因排放二级喷射器的蒸汽所产生的噪声以及避免排出的蒸汽的凝结水洒落在装置平台上，常常再设一个后冷器将水蒸气冷凝而排入水封，而不凝气则排入大气。图2-19中的冷凝器是采用间接冷凝的管壳式冷凝器，故通常称为间接冷凝式二级抽真空系统。

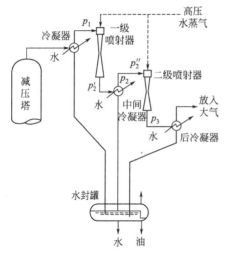

图 2-19 抽真空系统流程

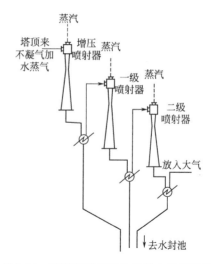

图 2-20 有增压喷射器的抽真空系统流程

在老的炼油厂，也还有用直接混合式冷凝器代替上述流程中的间接冷凝器的。从实际操作情况来看，采用直接混合式冷凝器有时可以得到高一些的真空度，但是采用间接式冷凝器可以避免形成大量的含油污水，从而减小污水处理的负荷，有利于环境保护。如果把有关的污水处理也考虑在内，则直接冷却抽真空系统的投资、占地面积和操作费用都比较高，因此，新建炼厂的设计都采用间接冷凝式抽真空系统。

冷凝器是在真空下操作的。为了使冷凝水顺利地排出，排出管内水柱的高度应足以克服大气压力与冷凝器内残压之间的压差以及管内的流动阻力。通常此排液管的高度至少应在10m以上，在炼厂俗称此排液管为大气腿。

系统中的冷凝器的作用在于使可凝的水蒸气和油气冷凝而排出，从而减轻喷射器的负荷。冷凝器本身并不形成真空，因为系统中还有不凝气存在。

为了减少冷却水用量，进入一级喷射器之前的冷凝器也可以考虑用空冷器来代替。

由抽真空系统排出的放空尾气中，气体烃占80%以上，并含有含硫化合物气体，造成空气污染和可燃气的损失。因此，应考虑回收这部分气体并加以利用（例如用作加热炉燃料等）。

采用机械真空泵的抽真空系统流程与上面介绍的大体相同。

（2）蒸汽喷射器的工作原理　蒸汽喷射器的基本工作原理是利用高压水蒸气在喷管内膨胀，使压力能转化为动能从而达到高速流动，在喷管出口周围造成真空来实现的。

①流体在喷管中流动时压力变化分析。下面从研究气体在喷管内的稳定连续流动入手，讨论气体在喷管中流动时其流速、压力和截面积变化的关系。图 2-21 是两种形式的喷管：收敛型和扩散型。

若对收敛型喷管中的截面 1—1 和截面 2—2 做能量平衡方程式，根据柏努利方程可知：

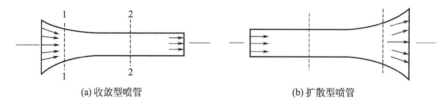

(a) 收敛型喷管　　　　　　　(b) 扩散型喷管

图 2-21　气体在喷管内的稳定连续流动

截面 1—1 和截面 2—2 处。

- 流体总质量相同，中间没有能量输入和能量输出。
- 喷管体积较小，可认为两截面处流体位能基本不变。
- 气体在喷管内的流速很高，假设在流动中来不及与外界发生热量交换；又假设喷管内壁非常光滑，气体流动时的摩擦阻力可以忽略，则气体在喷管内的流动可以看作是理想气体的绝热流动，并且过程是可逆的。

由此可以推导出下式（推导过程从略）

$$\frac{\mathrm{d}A}{\mathrm{d}p}=(a^2-u^2)\times\frac{A}{Ku^2p}$$

式中　A——流体流经截面的面积；

p——流体的压力；

A——当地声速，也是一般的喷管最窄处的流体流速；

u——流体在流经截面处的流速；

K——绝热指数。

由上式可见：当 $u<a$ 时，$(a^2-u^2)>0$，$\mathrm{d}A/\mathrm{d}p>0$，即欲使流动气体的压力下降，则应当使截面积缩小。因此，当气体在收敛型喷管中流动时，随着喷管截面积不断缩小，气体的压力不断降低，气体的流速 u 随之不断增大，直至流速增大至当地声速 a，此时 $\mathrm{d}A/\mathrm{d}p=0$，压力不再继续降低，气体流速也不再继续增大。

在另一种情况，当 $u>a$ 时，$(a^2-u^2)<0$，$\mathrm{d}A/\mathrm{d}p<0$，即当气体在扩散型管中流动时，随着喷管截面积的不断增大，气体压力则不断下降。

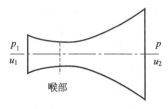

图 2-22　缩扩喷管

如果将两种形式的喷管组合起来，在收敛型喷管之后紧接一个扩散型喷管就形成一个如图 2-22 所示的扩缩喷管，这种形式的喷管也称作拉伐尔喷嘴，扩缩喷管的最小截面处称为喉部，喉部是气体流速从亚音速过渡到超音速的转折点。于是，当压力为 p 的高压水蒸气通过一个这样的喷嘴时，在喷嘴的出口处可以达到超音速和很低的压力，从而抽出需要抽走的不凝气等气体。

② 将低压气体送入大气。如何将抽出的被吸气体从真空条件下排入大气的问题？通过前面的分析，可以设想采用一个与扩缩喷嘴刚好倒过来的管子来解决此问题，这个管子也称作扩压管。由扩缩喷嘴出来的气流处于很低的压力（高真空），其流速大于声速，在进入扩压管后，由于 $(a^2-u^2)<0$，故随着扩压管截面积的减小，气流的压力逐渐升高，流速逐渐降低，到达扩压管的喉部时，气体流速降到当地声速，并在越过此点后其流速低于当地声速。其后，由于 $(a^2-u^2)>0$，$\mathrm{d}A/\mathrm{d}p>0$ 故随着扩压管截面积的增大，气流的压力逐渐升高，流速继续降低，最后气流的压力达到大气压力，就可以送入大气。

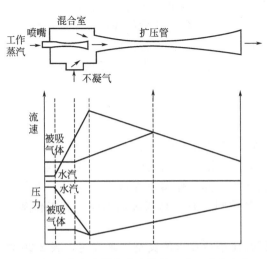

图 2-23　蒸汽喷射器中流体的压力、速度变化

根据上述的原理，蒸汽喷射器由扩缩

喷嘴、扩压管和一个混合室构成。图2-23是蒸汽喷射器的结构示意图以及工作时流体在其中通过时其压力和流速变化的情况。

驱动流体（压力为1.0MPa左右的工作蒸汽）进入蒸汽喷射器时先经过扩缩喷嘴，气流通过喷嘴时流速增大、压力降低，到喷嘴的出口处可以达到很高的流速（1000～1400m/s）和很低的压力（小于8kPa），在喷嘴的周围形成了高度真空。不凝气和少量水蒸气、油气（统称被吸气体）从进口处被抽进来，在混合室内与驱动蒸汽部分混合并被带入扩压管，在扩压管前部，两种气流还进一步混合并进行能量交换。气流在通过扩压管时，其动能又转化为压力能，流速降低而压力升高，最后压力升高到能满足排出压力的要求。

常压重油减压蒸馏塔塔顶的残压一般要求在8kPa以下，通常是由两个蒸汽喷射器串联组成的二级抽真空系统来实现。在二级抽真空系统中，一级蒸汽喷射泵从第一个冷凝器把不凝气抽来，升高压力后排入中间冷凝器。在中间冷凝器，一级喷射器的工作蒸汽被冷凝，不凝气再被二级喷射器抽走，升压后排入大气。

（3）增压喷射泵进一步降低残压

① 真空度的极限。在抽真空系统中，不论是采用直接混合冷凝器、间接式冷凝器还是空冷器，其中都会有水-冷却水和（或）冷凝水存在。水在其本身温度下有一定的饱和蒸气压，故冷凝器内总是会有若干水蒸气。因此，理论上冷凝器中所能达到的残压最低只能达到该处温度下水的饱和蒸气压。

至于减压塔顶所能达到的残压，则显然应在上述的理论极限值上加上不凝气的分压、塔顶馏出管线的压降、冷凝器的压降，故减压塔顶残压还要比冷凝器中水的饱和蒸气压高得多，当水温为20℃时，冷凝器所能达到的最低残压为2.3kPa，此时减压塔顶的残压就可能高于4.0kPa了。

冷凝器中的水温决定于冷却水的温度。在炼厂中，循环水的温度一般高于新鲜水的温度，因此，抽真空系统多采用新鲜水作冷却水。

② 增压喷射泵。在一般情况下，20℃的水温是不容易达到的，因此，二级或三级蒸汽喷射抽真空系统很难使减压塔顶的残压达到4.0kPa以下。如果要求更高的真空度，就必须打破水的饱和蒸气压这个限制。为此，可以在减压塔顶馏出物进入第一个冷凝器以前、再安装一个蒸汽喷射器使馏出气体升压。这个喷射器称为增压喷射器或增压喷射泵。设增压喷射器的抽真空系统见图2-20。

由于增压喷射器的上游没有冷凝器，它是与减压塔顶的馏出线直接连接，所以塔顶真空度就能摆脱水温的限制，减压塔的残压相当于增压喷射器所能造成的残压加上馏出线压降。

增压喷射器所吸入的气体，除减压塔来的不凝气以外、还有减压塔的汽提水蒸气，因此负荷很大。这不仅使增压泵要有很大的尺寸，更重要的是它的工作蒸汽耗量很大，使装置的能耗和操作费用大大增加。

除非特别需要，尽可能不使用增压喷射器。但是对于干式减压蒸馏，由于减压塔内基本上不用汽提水蒸气，对于这种情况又当别论。

在我国南方，为了适应冬夏气温变化的影响，可以考虑采用能灵活启用的增压喷射器。例如某厂减压塔顶抽真空系统按此原则设计了两套并联的三级抽真空流程，其中第一级是可灵活启用的增压喷射器。在夏季开两套三级抽真空，其工作蒸汽耗量为6.6t/h；春秋季开两套二级抽真空，其工作蒸汽耗量为3.6t/h；冬季则只开一套两级抽真空，其工作蒸汽耗量为1.8t/h。开工后证明使用效果良好。

③ 抽真空级数的确定。抽真空的级数根据减压塔所要求的真空度来确定，表2-20列出两者间的关系。

表 2-20　减压塔顶残压与抽真空级数

塔顶残压/kPa	级　数	塔顶残压/kPa	级　数
13.3	1	0.8～0.04	4（有增压喷射器）
12～2.7	2	0.13～0.007	5（有增压喷射器）
3.3～0.5	3（有增压喷射器）		

对于湿式减压，减压塔顶残压一般在 5.5～8.0kPa，因而通常采用两级（喷射）抽真空系统；对于干式减压，减压塔顶残压一般为 1.3kPa 左右，通常要用三级抽真空系统。

四、原油蒸馏过程中防腐措施

随着采油技术的不断进步，我国原油产量稳步增长，尤其是重质原油产量增长较快，使炼厂加工的原油种类日趋复杂、性质变差、含硫量和酸值都有所提高。此外，我国加工进口原油的数量也逐年增加，其中含硫量高的中东原油必须采取相应对策防止设备腐蚀。另外，原油中含有的环烷酸也是引起设备腐蚀的重要原因。

一般可从原油的盐、硫、氮含量和酸值的大小来判断加工过程对设备造成腐蚀的轻重。

通常认为含硫量＞0.5%、酸值＞0.5mgKOH/g、总氮＞0.1%和盐未脱到 5mg/L 以下的原油，在加工过程中会对设备和管线造成严重腐蚀。

腐蚀部位一般在初馏塔和常压塔顶挥发线和塔顶冷凝器以及回流罐。

为此，必须采用一定的防腐措施。

1. 腐蚀的原因

（1）低温部位 HCl-H_2S-H_2O 型腐蚀　脱盐不彻底的原油中残存的氯盐，在 120℃以上发生水解生成 HCl，加工含硫原油时塔内有 H_2S，当 HCl 和 H_2S 为气体状态时只有轻微的腐蚀性，一旦进入有液体水存在的塔顶冷凝区，不仅因 HCl 生成盐酸会引起设备腐蚀，而且形成了 HCl-H_2S-H_2O 的介质体系，由于 HCl 和 H_2S 相互促进构成的循环腐蚀会引起更严重的腐蚀，反应式如下：

$$Fe + 2HCl \longrightarrow FeCl_2 + H_2$$
$$Fe + H_2S \longrightarrow FeS + H_2$$
$$Fe + 2HCl \longrightarrow FeCl_2 + H_2S$$

这种腐蚀多发生在初馏塔、常压塔顶部和塔顶冷凝冷却系统的低温部位。

（2）高温部位硫腐蚀　原油中的硫可按对金属作用的不同分为活性硫化物和非活性硫化物。非活性硫在 160℃开始分解，生成活性硫化物，在达到 300℃以上时分解尤为迅速。高温硫腐蚀从 250℃左右开始，随着温度升高而加剧，最严重腐蚀在 340～430℃。活性硫化物的含量越多，腐蚀就越严重。反应式如下：

$$Fe + S \longrightarrow FeS$$
$$Fe + H_2S \longrightarrow FeS + H_2$$
$$RCH_2SH + Fe \longrightarrow FeS + RCH_3$$

高温硫腐蚀常发生在常压炉出口炉管及转油线、常压塔进料部位上下塔盘、减压炉至减压塔的转油线、进料段塔壁与内部构件等，腐蚀程度不仅与温度、含硫量、均 S 浓度有关，而且与介质的流速和流动状态有关，介质的流速越高，金属表面上由腐蚀产物 FeS 形成的保护膜越容易被冲刷而脱落，因界面不断被更新，金属的腐蚀也就进一步加剧，称为冲蚀。

（3）高温部位环烷酸腐蚀　原油中所含的有机酸主要是环烷酸。我国辽河、新疆、大港原油中的有机酸有 95%以上是环烷酸，胜利原油中的有机酸 40%是环烷酸。环烷酸的相对分子质量为 180～350，它们集中于常压馏分油（相当于柴油）和减压馏分油中，在轻馏分和渣油中的含量很少。

环烷酸的沸点有两个温度区间：230～300℃及330～400℃，在第一个温度区间内，环烷酸与铁作用，使金属被腐蚀：

$$2C_nH_{2n-1}COOH + Fe \longrightarrow Fe(C_nH_{2n-1}COO)_2 + H_2$$

在第二个温度区间，环烷酸与高温硫腐蚀所形成的 FeS 作用，使金属进一步遭到腐蚀，生成的环烷酸铁可溶于油被带走，游离出的 H_2S 又与无保护膜的金属表面再起反应，反应不断进行而加剧设备腐蚀。

$$2C_nH_{2n-1}COOH + Fe \longrightarrow Fe(C_nH_{2n-1}COO)_2 + H_2S$$
$$Fe + H_2S \longrightarrow FeS + H_2$$

环烷酸严重腐蚀部位大都发生在塔的进料段壳体、转油线和加热炉出口炉管等处，尤其是气液流速非常高的减压塔汽化段。因为这些部位受到油气的冲刷最为激烈，使金属表面的腐蚀产物硫化亚铁和环烷酸铁不能形成保护膜，露出的新表面又不断被腐蚀和冲蚀，形成恶性循环。所以在加工既含硫又含酸的原油时，腐蚀尤为剧烈，应该尽量避免含硫原油与含酸原油的混炼。

2. 防腐蚀措施

（1）"一脱四注" "一脱四注"是行之有效的工艺防腐措施，也是国内外炼厂长期普遍采用的办法。

"一脱"是指原油脱盐，原油中少量的盐，水解产生氯化氢气体，形成 $HCl\text{-}H_2S\text{-}H_2O$ 腐蚀介质，造成常压塔顶塔盘、冷凝系统的腐蚀。原油脱盐后，减少原油加工过程中氯化氢的生成量，可以减轻腐蚀。工艺上采用原油预处理，脱盐脱水的办法，祥见本章第二节。

四"注"即注碱（原油注碱性水）、注氨（塔顶馏出线注氨）、注碱性水（塔顶馏出线注碱性水）、注缓蚀剂（塔顶馏出线注缓蚀剂）。

（2）"一脱三注" 目前普遍采取的工艺防腐措施是："一脱三注"。实践证明，这一防腐措施基本消除了氯化氢的产生，抑制了对常减压蒸馏馏出系统的腐蚀。"一脱三注"较之于"一脱四注"是停止向原油中注碱。

① 原油电脱盐脱水。充分脱除原油中氯化物盐类，减少水解后产生的 HCl，是控制三塔塔顶及冷凝冷却系统 Cl^- 腐蚀的关键。

② 塔顶馏出线注氨。原油注碱后，系统腐蚀程度可大大减轻，但是硫化氢和残余氯化氢仍会引起严重腐蚀。因此，可采用注氨中和这些酸性物质，进一步抑制腐蚀。注入位置应在水的露点以前，这样，氨与氯化氢气体充分混合才有理想的效果，生成的氯化铵被水洗后带出冷凝系统。注入量按冷凝水的 pH 值来控制，维持 pH 在 7～9。

③ 塔顶馏出线注缓蚀剂。缓蚀剂是一种表面活性剂，分子内部既有 S、N、O 等强极性基团，又有烃类结构基团，极性基团一端吸附在金属表面上，另一端烃类基团与油介质之间形成一道屏障，将金属和腐蚀性水相隔离开，从而保护了金属表面，使金属不受腐蚀。将缓蚀剂配成溶液，注入到塔顶管线的注氨点之后，保护冷凝冷却系统，也可注入塔顶回流管线内，以防止塔顶部腐蚀。

④ 塔顶馏出线注碱性水。注氨时会生成氯化铵沉积既影响传热效果又会造成垢下腐蚀，因氯化铵在水中的溶解度很大，故可用连续注水的办法洗去。

过去在原油脱盐后，注入纯碱（$NaCO_3$）或烧碱（NaOH）溶液，这样可以起到三方面的作用：

● 能使部分原油中残留的容易水解的氯化镁等变成不易水解的氯化钠；

- 将已水解（部分不可避免的盐类）生成的氯化氢中和；
- 在碱性条件下，也能中和油中环烷酸和部分硫化物，减轻高温重油部位的腐蚀。

但注碱也带来一些不利因素，对后续的二次加工过程有不利影响，如 Na^+ 会造成裂化催化剂中毒，使延迟焦化装置的炉管结焦、焦炭灰分增加、换热器壁结垢等。在加工环烷酸含量高的原油时还发现环烷酸是一种很好的清净剂，在一定条件下它可以破坏碳膜和 FeS 膜，使金属表面失去保护而加剧腐蚀。所以近年来在深度电脱盐的前提下，调整好注氨、注缓蚀剂量，停止向原油中注碱，也能控制塔顶低温部位腐蚀；所以已将"一脱四注"改为"一脱三注"。

原油深度电脱盐、向塔顶馏出线注氨、注缓蚀剂和注碱性水是行之有效的低温轻油部位的防腐措施。对于高温部位的抗硫腐蚀和抗环烷酸腐蚀，则需依靠合理的材质选择和结构设计加以解决。

五、原油蒸馏过程的技术进步

1. 原油蒸馏中轻烃的回收

近年来，随着国内原油市场的变化和国内与国际原油价格的接轨，国内各主要炼油厂加工中东油的比例越来越高。中东原油一般都具有硫含量高、轻油收率和总拔较高的特点，尤其是中东轻质原油，如伊朗轻油和沙特轻油的硫含量一般在 1.5% 以上，350℃ 前馏分含量在 50% 左右，C_5 以下的轻烃含量达 2%～3%。从常压蒸馏中所得到的轻烃组成看，其中 C_1、C_2 占 20% 左右，C_3、C_4 占 60% 左右，而且都以饱和烃为主。国产原油几乎不含 C_5 以下的轻烃，这样就给常减压装置带来一个新的技术问题——轻烃回收问题。

大量轻烃如果不加以回收，只作为低压瓦斯供加热炉作燃料，不仅在经济上不合理，而且大量的低压瓦斯在炼油厂利用起来也比较困难。在加工中东含硫原油时，如果轻烃没有很好的回收设施，会造成常压蒸馏塔压力的波动，影响正常操作。回收轻烃不仅是资源合理利用的需要，也是加工含硫原油实际生产操作的要求。

只有处理好轻烃回收和含硫轻烃回收问题，才能提高炼油厂的综合效益。因此对新建的以加工中东原油为主的炼油厂，应该考虑单独建立轻烃回收系统。对掺炼进口原油的老厂，在没有单独设置回收系统时，常借助于催化裂化的富余能力，可采用以下两种方法。

（1）常减压与催化裂化联合回收轻烃 常减压与催化裂化联合回收轻烃的方法，最大的优点在于常减压装置不再增加新的设备。虽然常压塔顶压力高了一点，但各侧线馏分油质量还能达到要求，操作也比较稳定，所以，这种轻烃回收方法得到应用。

采用与催化裂化联合回收轻烃，如若在常减压装置增加一台轻烃压缩机，把常压部分的低压轻烃经压缩机增压后，再送往催化裂化装置回收轻烃，这就可以把常压塔的操作压力控制得更低，有利于提高常压塔的分馏效果。

（2）提压操作回收轻烃 提压操作回收轻烃，首先是提压操作，然后才是回收轻烃。提压操作对常压分馏来说是不适宜的。要实现提压操作，只有在初馏塔实行。提高初馏塔操作压力，使 C_3、C_4 轻烃，在较高的压力和较低的温度下被汽油馏分充分吸收，把吸收有 C_3、C_4 轻烃的汽油馏分送到脱丁烷塔，轻烃和汽油馏分得到分离。轻烃可以通过催化裂化气压机压缩，在吸收稳定系统得到回收。常压塔顶二级冷凝油中，也存在轻烃，也通过脱了烷塔来回收轻烃。我国在 800 万吨/年常减压装置已成功地采用提压操作的方法回收轻烃。提压操作回收轻烃，选用初馏塔-闪蒸塔-常压塔组成的三塔工艺流程不仅比较合理，而且也完全可行。

不同的轻烃回收方法，各有特点。

2. 低温位热的回收利用

常减压蒸馏装置的能耗占炼油装置的 8%～10%，其燃料消耗约相当中加工原油量的 1%～2%，为全厂消耗自用燃料量最大的生产装置。国内常减压蒸馏装置的热回收率一般为 60%，一些经过最优化设计的蒸馏装置热回收率可达到 80% 左右。目前国内常减压蒸馏装置进一步提高热回收率的关键在于如何解决好低温位热源的利用问题。

常减压蒸馏装置低温位热源来自两个方面，一个来自于高温位热源经过多次换热温度逐渐降低，最终变成了低温位热源；另外一个是低温位热源直接来自轻质油，轻质油从塔内馏出的温度不高，它本来就是低温位热源。低温位热的回收，可以从两个方面入手：首先是选用适宜的工艺流程，采用先进的换热网络技术；其次是更新换热设备，用高效换热器提高传热效果。

（1）原油分多段换热，充分利用低温位热源　含硫原油中轻组分多，在常减压蒸馏过程中会产生比较多的低温位热，回收利用这部分低温位热难度较大。在加工国产原油的时候，因为轻组分油少，初馏塔和闪蒸塔的作用不突出，加工含硫原油初馏塔和闪蒸塔的作用显得尤为重要。初馏塔和闪蒸塔既有单独与常压塔匹配的工艺流程，也有一起与常压塔匹配的工艺，甚至有两个闪蒸塔与常压塔匹配的工艺。不论是何种工况，都是从有利于加工含硫原油出发，既要实现装置原油加工能力的最大化，又要使加热炉负荷，尤其是常压炉负荷不会大幅度增加。利用好低温位热源预热原油，最大限度地使轻组分在较低的原油预热温度下从中分离。含硫原油，无需从加热炉获取热量，而是通过与低温位热源换热。原油换热到 150～250℃，经过初馏塔、闪蒸塔就可以得到分离。分离出轻组分后的拔头原油，可以进一步与中低温位热源进行换热，原油的多段换热就有了实际意义。

含硫原油经过初馏和闪蒸，进常压炉拔头油的量比进装置的原油量少 16% 左右。而加工国产原油时，初馏塔或闪蒸塔的拔出率只有 3%～6%。尽管加工含硫原油时低温位热多，但是由于原油的多段换热，充分发挥初馏塔和闪蒸塔的作用，做到轻组分在低温下充分汽化分离，低温位热得到有效回收利用，原油经换热，进常压炉的温度与加工国产原油时相当，一般也可达到 294℃ 左右。

（2）利用窄点技术，优化换热网络　窄点换热技术的显著特点是与原油换热的热源每经过一次热交换，它的温度降幅比较小，相应地原油温升也比较小。

常减压蒸馏得到的各种馏分从塔内馏出时，具有不同的温位。按照窄点技术，每一热馏分油要分几个温度段与原油等冷介质进行热交换。热源和冷源都被分割成众多的温度段，换热网络的优化就有了数量上的保证。过去传统的换热方式，原油每经过一次换热，温升幅度大，热源经换热温降幅度也大，热交换次数少，换热网络的优化比较困难。

加工中东含硫原油，低温位热量多，高温位热量不足。换热流程采用窄点技术设计，有利于换热网络的优化，提高低温位热的回收利用率。国内某厂加工中东含硫原油，温降幅度小于 50℃ 的占 65%～85%，温降幅度超过 100℃ 的仅为 3%～4%。

3. 减压深拔技术

在减压拔出率上，国内与国外相比，存在一定差距。国内减压渣油实沸点切割温度多数在 520～540℃，而国外已将减压渣油的切割点设在 565℃，有的甚至设在 600℃ 以上。减压深拔主要技术如下。

① 提高常压塔拔出率。

② 采用全填料减压塔。

减压塔能否深拔，从根本意义上来说，取决于减压塔闪蒸段的真空度和温度。

美国的 Koch-Glish 公司的 GemPak 填料已用于十几座润滑油型减压塔，其中塔径最大的达到 12.5m。Sulzer 公司的 Mellapak 填料也已在数十座减压塔中使用，最大润滑油型减压塔塔径 9m。填料技术在不断改进，新的更高效的填料又将问世，Sulzer 公司在改进其 Mellapak 填料的基础上又研制了新一代规整填料 Mellapakplus。与传统规整填料相比，新填料可提高 20%～30%处理量。

③控制减压塔底油温度。

4. 干式减压蒸馏

（1）干式减压蒸馏的概念　传统的减压塔使用塔底水蒸气汽提，并且在加热炉管中注入水蒸气，其目的是在最高允许温度和汽化段能达到的真空度的限制条件下尽可能地提高减压塔的拔出率。通常，当减压塔顶残压约 8kPa 时，水蒸气用量约为 5kg/t 进料，而在塔顶残压约 13.3kPa 时则达约 20kg/t 进料。

减压塔中使用水蒸气虽然起到提高拔出率的作用，但是也带来一些不利的结果如下。

① 消耗蒸汽量大。

② 塔内气相负荷增大。塔内水蒸气在质量上虽只占塔进料的 1%～3%。但对气相负荷（按体积流量计）却影响很大，因为水蒸气的相对分子质量比减压瓦斯油的平均相对分子质量小得多。例如以拔出率为 35%（质量分数）（对进料）、减压瓦斯油相对分子质量为 350 计算，则当水蒸气量为进料量质量分数的 1%时，在气相负荷中，水蒸气的份额约占 1/3。

③ 增大塔顶冷凝器负荷。

④ 含油污水量增大。

如果能够提高减压塔顶的真空度，并且降低塔内的压力降，则有可能在不使用汽提蒸汽的条件下也可以获得提高减压拔出率的同样效果。这种不依赖注入水蒸气以降低油气分压的减压蒸馏方式称为干式减压蒸馏，而传统使用水蒸气的方式则称为湿式减压蒸馏。近年来，干式减压蒸馏技术已有很大发展，在燃料型减压蒸馏方面已有取代湿式减压蒸馏的趋势。

（2）实现干式减压蒸馏的技术措施　实现干式减压蒸馏主要是采取了以下的技术措施。

① 使用三级抽真空以提高减压塔顶的真空度。在前面已提到减压塔所能达到的真空度受到水温的限制。当塔顶冷凝器内的水温为 20℃时，理论上的极限真空度约 2.4kPa，而实际生产中在使用两级抽真空时，减压塔顶的残压一般在 8.0kPa 以上，为了把塔顶残压降至 1.3～2.7kPa，有必要采用增压泵，而干式减压蒸馏不使用汽提蒸汽，给使用增压泵也创造了条件。通常是在减压塔顶使用增压泵，并在中间冷凝器之后再用两级抽真空。这样的抽真空系统有可能将减压塔顶的残压降至 0.7kPa 左右，但从优选条件的计算结果来看，塔顶残压在 1.2～2.7kPa 时的经济效益为最佳。

干式减压蒸馏完全可以用机械真空泵来代替蒸汽喷射器。据报道，国外已有不少大型炼厂的减压蒸馏装置采用了液环式机械泵，与采用蒸汽喷射器相比，具有效率高、能耗低的优点，取得良好经济效益。但蒸汽喷射器具有无机械传动部件、操作可靠和一次投资少的优点，因此在设计时应作综合考虑和比较。目前，国内的机械真空泵如何进一步提高效率、提高操作的可靠性、稳定性等问题还有待于研究。

② 降低从汽化段至塔顶的压降。不用或少用水蒸气汽提本身就有利于减小塔内的压力降，但仅靠此还是不够的，还需选用高效、低压降的塔板。近年来，在干式减压塔内广泛采用新型填料部分地或全部地代替塔板。这些填料不仅具有气-液接触效率高的优点，而且压降小。近年使用较多的填料有阶梯环、英特洛克斯（矩鞍环）、扁环、共轭环等乱堆填料和栅格（格里希）、GEMPAK、MELLAPAK 等规则填料。在一个减压塔里也可以根据需要，在不同的塔段使用不同形式的填料，也可以在部分塔段使用低压降塔板以减少投资。

对于燃料型减压塔，塔的上部实质上是冷凝段，因此，填料层的高度主要是根据传热需要来确定的。可根据有关的具体公式计算。

③ 降低减压炉出口至减压塔入口间的压力降。由于减压炉内不再注入水蒸气，故在炉出口处应维持较高的真空度以保证常压重油在炉出口处有足够的汽化率，否则，即使减压塔汽化段的温度、压力条件具备达到要求的汽化率的可能性，也会由于减压炉供应的热量不足而不能达到要求的汽化率。降低减压炉出口处压力的办法是采用低速转油线以减小从炉出口至减压塔的压力降。关于低速转油线的问题在前面已有论述。

④ 没洗涤和喷淋段。除了在汽化段上方设洗涤段以减少携带的杂质外，在采用填料时，在填料层的上方应设有适当设计的液体分配器，其作用是将回流液体均匀地喷淋到填料层以保证填料表面的有效利用率。

（3）使用干式减压蒸馏的效益　根据一些原油蒸馏装置技术改造的情况，将湿式减压蒸馏改造成干式减压蒸馏时，一般都能获得以下的效益：提高拔出率或提高处理量，降低能耗，降低加热油料的最高温度，使产品质量有所改善而不凝气量有所减小，减少含油污水量等。表 2-21 列出了国内某厂常减压装置进行技术改造后，采用干式减压蒸馏与采用湿式减压蒸馏的结果比较。

表 2-21　干式、湿式减压蒸馏比较

操作方式	干式	干式	湿式	操作方式	干式	干式	湿式
抽真空级数	3	3	2	抽空器蒸汽	2796	—	3652
处理量/(t/d)	6009	7089	6000	减压系统水蒸气单耗/(kg/t)	11.17	—	21.21
塔顶残压/kPa	0.8	2.0	7.3				
汽化段残压/kPa	3.4	5.0	9.3	减压炉入口温度/℃	345	—	345
			（油气分压 6.6）	减压炉出口温度/℃	385	—	395
汽化段温度/℃	365	372	373	减压炉热负荷/(10⁴ kJ/h)	4032	—	4714
塔底温度/℃	362	369	365				
拔出率（对减压塔进料）/%	49.61	49.94	49.13	塔顶冷凝器热负荷/(kJ/h)	7660	—	18080
减压系统水蒸气用量/(kg/h)	2796	—	5552	节约能耗（与湿式比）/(10⁴ kJ/t 原油)	5.36	—	0
其中：汽提蒸汽	0	—	1900				
炉注入蒸汽	0	—	0				

由表 2-21 列出的数据，可以看到以下几点。

① 由于汽化段真空度的提高，即使汽化段的温度比湿式减压蒸馏低 8℃ 仍然可以得到更高一些的拔出率。

② 在同样的汽化段温度下，提高原油处理量至 7089t/d 时，虽然汽化段的残压稍有升高，但仍可保持较高的拔出率。

③ 虽然干式减压蒸馏时采用了增压喷射泵，但因减压塔顶馏出线内基本上不含水蒸气，而且由于加热炉出口温度降低、分解产物-不凝气减少，因此，增压喷射泵的负荷并不大，后面的两级蒸气喷射泵的负荷也有所降低，故抽真空系统消耗的水蒸气反而有所减少。

④ 由于炉出口温度降低，在同样的处理量时，减压炉的热负荷降低，从而节约了燃料。

⑤ 塔顶馏出物基本上不含水蒸气，大大降低了塔顶冷凝器的负荷，可以减少冷却水用量或减少风机（当用空冷时）的耗电量。

⑥ 综合前述三项能耗的减少，采用干式减压蒸馏时节约的能耗约相当于 53.6kJ/t 原油。

⑦ 采用干式减压蒸馏时，塔底温度比汽化段温度只低 3℃ 左右。塔底渣油温位的提高有利于热量的回收利用。

由以上分析可以看到干式减压蒸馏有许多优点，对燃料型减压塔，采用干式减压蒸馏应当是个发展方向。对于润滑油型减压塔，国外一些资料报道认为在采用填料代替塔板后，润滑油馏分的头尾部分有所延伸，对生产润滑油品不利，但国内某厂采用填料、塔板混合型的干式减压蒸馏的实践表明，馏分油的质量有所提高，其残炭值也符合润滑油馏分的要求。

5. DCS 控制过程在原油蒸馏过程中的应用

DCS 在我国炼油厂应用已有近 20 年历史，有多家炼油企业安装使用了不同型号的 DCS，对常减压装置、催化裂化装置、催化重整装置、加氢精制、油品调和等实施过程控制和生产管理。其中有十几套 DCS 用于原油蒸馏，多数是用于常减压装置的单回路控制和前馈、串级、选择、比值等复杂回路控制。有几家炼油厂开发并实施了先进控制策略。下面介绍 DCS 用原油蒸馏生产过程的主要控制回路和先进控制软件的开发和应用情况。

（1）常减压装置主要控制回路 原油蒸馏是连续生产过程，一个年处理原油 250 万吨的常减压装置，一般有 130~150 个控制回路。最典型的控制回路有：减压炉 0.7MPa 蒸汽的分程控制；常压塔、减压塔中段回流热负荷控制；提高加热炉热效率的控制（包括炉膛压力控制和烟道气氧含量控制）；加热炉出口温度控制；常压塔解耦控制等。

下面以为例常压塔解耦控制来说明。

常压塔有四个侧线，任何一个侧线抽出量的变化都会使抽出塔板以下的内回流改变，从而影响该侧线以下各侧线产品质量。一般可以用常压一线初馏点、常压二线干点（90%干点）、常压三线黏度作为操作中的质量指标。为了提高轻质油的收率，保证各侧线产品质量，克服各侧线的相互影响，采用了常压塔侧线解耦控制。以常压二线为例，常压二线抽出量可以由常压二线抽出流量来控制，也可以用解耦的方法来控制，用流程画面变换开关来切换。解耦方法用常压二线干点控制功能块的输出与原油进料量的延时相乘来作为常压二线抽出流量功能块的给定值。其测量值为本侧线流量与常压一线流量延时值、常塔馏出油量延时值之和。组态时使用了延时功能块，延时的时间常数通过试验来确定。这种自上而下的干点解耦控制方法，在改变本侧线流量的同时也调整了下一侧线的流量，从而稳定了各侧线的产品质量。解耦控制同时加入了原油流量的前馈，对平稳操作，克服扰动，保证质量起到重要作用。

（2）原油蒸馏先进控制

① DCS 的控制结构层。DCS 的控制结构层，大致按三个层次分布。

• 基本模块：是基本的单回路控制算法，主要是 PID，用于使被控变量维持在设定点。

• 可编程模块：可编程模块通过一定的计算（如补偿计算等），可以实现一些较为复杂的算法，包括前馈、选择、比值、串级等。这些算法是通过 DCS 中的运算模块的组态获得的。

• 计算机优化层：这是先进控制和高级控制层，这一层次实际上有时包括好几个层次，比如多变量控制器和其上的静态优化器。

② 原油蒸馏的先进控制策略。我国在常减压装置上研究开发先进控制已有多年，各家技术方案有着不同的特点。下面介绍几个先进控制实例。

• 常压塔多变量控制。某厂常压塔原采用解耦控制，在此基础上开发了多变量控制。常压塔有两路进料，产品有塔顶汽油和四个侧线产品，其中常压一线、常压二线产品质量最为重要。主要质量指标是用常压一线初馏点、常压一线干点和常压二线 90% 点温度来衡量，并由在线质量仪表连续分析。以上三种质量控制通常用常压一线温度、常压一线流量和常压二线流量控制。常压一线温度上升会引起常压一线初馏点、常压一线干点及常压二线 90% 点温度升高。常压一线流量或常压二线流量增加会使常压一线干点或常压二线 90% 点温度升高。首先要确立包括三个 PID 调节器、常压塔和三个质量仪表在内的广义的对象数学模型。分馏点计算是根据已知的原油实沸点（TBT）曲线和塔的各侧线产品的实沸点曲线，实时采集塔的各部温度、压力、各进出塔物料的流量，将塔分段，进行各段上的物料平衡计算、热量平衡计算，得到塔内液相流量和气相流量，从而计算出抽出侧线产品的分馏点。

● LQG 自校正控制。用 LQG 自校正控制代替 PID 控制后，塔顶温度控制得到比较理想的效果。塔顶温度和塔顶拔出物的干点存在一定关系，根据工艺人员介绍，塔顶温度每提高 1℃，干点可以提高 3～5℃。当塔顶温度比较平稳时，工艺人员可以适当提高塔顶温度，使干点提高，便可以提高收率。按年平均处理原油 250 万吨计算，如干点提高 2℃，塔顶拔出物可增加上千吨。自适应控制带来了可观的经济效益。

● 中段回流计算。分馏塔的中段回流主要用来取出塔内一部分热量，以减少塔顶负荷，同时回收部分热量。但是，中段回流过大对蒸馏不利，会影响分馏精度，在塔顶负荷允许的情况下，适度减少中段回流量，以保证一侧线和二侧线产品脱空度的要求。

● 自动提降量模型。自动提降量模型用于改变处理量的顺序控制。按生产调度指令，根据操作经验、物料平衡、自动控制方案来调整装置的主要流量。

第四节　原油蒸馏主要设备

通过对原油蒸馏工艺流程的学习中已经知道，原油蒸馏过程中用到的主要设备有：换热器、冷却器、脱盐罐、加热炉、初馏塔、常压塔、减压塔（包括抽真空系统）等。其中脱盐罐已经在第二节（原油预处理）中进行了介绍。本节重点对加热炉、初馏塔、常压塔、减压塔及塔内构件进行介绍。

一、加热炉

管式加热炉是炼油装置应用得很普遍的一种火力加热设备。其主要任务是把原料加热到一定温度，以满足下一工艺过程（如分馏或反应等）的需要。炼油装置的加热炉，一般还负有水蒸气过热的任务。

加热炉在炼厂建设和生产上占有重要的地位，在一般的炼油装置中，约占其建设费用的10%～15%，占设备制造费用的 30% 左右。加热炉消耗的燃料，在加工深度较浅的炼厂，约占加工能力的 3%～6%，较深的为 8%～15%。因此，加热炉设计得是否先进合理，对炼厂的基建费用和操作费用影响很大。生产中往往由于加热炉的操作性能不良或工艺指标超出适宜范围，影响了整个装置生产能力的提高；或者因炉管严重结焦，炉管烧穿等事故，使生产被迫停工。因此，加热炉常常是炼油装置能否高产优质、长期安全运转的关键设备。

1. 加热炉的类型（炉型）与一般结构

加热炉作为石油化工生产装置的关键设备之一，具有高温换热和燃料燃烧火焰传热等特点。目前国内外已广泛采用和推荐的炉型较多，每一种炉型都有各自不同的特点和不同的适用范围。本处仅对石油化学工业广泛使用的加热炉炉型作一介绍。

目前炼油厂常用的管式炉有圆筒炉、立式炉以及斜顶炉、无焰炉等。在这里重点介绍圆筒炉和立式炉。

（1）圆筒炉　圆筒加热炉具有炉体紧凑，结构简单，占地面积小，施工方便和投资省等特点，广泛用于中小型石油化工厂的加热操作单元中，除此还常用于医药、石油、国防、纺织和冶金等行业。

① 圆筒加热炉的一般结构和各部分作用。如图 2-24 所示，圆筒炉主要是由圆筒体的辐射室和长方形的对流室以及烟囱组成。

辐射室（炉膛）外壳是钢板圆筒体，内材有耐火砖，筒体下部有底板，底板上还装有多个向上燃烧的火嘴，辐射管沿炉膛周围，立式排成一圈。敷设在辐射室的炉管称辐射管。辐射室的作用是将燃料燃烧产生的热量以辐射传热的方式传递给辐射炉管内的流体。在辐射室内，有约80％的热量是以辐射传热的方式传递的，另有约20％的热量是通过高温烟气的运动以对流传热的方式传递的。另外，全炉热负荷的约80％的热量是在辐射室内传递的。

对流室在圆筒体上部，对流管为横排，为提高对流管传热效率，对流管外面还可以焊有钉头或翅片。蒸馏装置炉子对流室中间部分，一般为水蒸气过热管排。敷设在对流室的炉管称对流管。对流室的作用是将从燃料燃烧出来的高温烟气所带的热量（显热）以对流传热的方式传递给对流炉管内的流体。在对流室内，有约80％的热量是以对流传热的方式传递的，另有约20％的热量是通过高温烟气的辐射传热方式传递的。另外，全炉热负荷的约20％的热量是在辐射室内传递的。

钢制烟囱在对流室上，并装有烟道挡板，可以调节风量。烟囱的作用一是作为烟气的通道将烟气排到大气，二是产生抽力，维持炉膛负压操作，将燃烧所需空气吸入到炉膛。不过现在多采用强制通风，空气经预热后再进入炉内。箱式炉和斜顶炉内的烟气，在对流室是自上而下流动的，所以需要有烟道和另立烟囱。立式炉、圆筒炉和无焰炉的烟气在对流室自下而上的流动，烟气受阻力小，所以烟囱较小，可设在对流室上部。

② 圆筒加热炉的辐射室（炉膛）。辐射室内设有炉管，燃烧器，风道，管拉钩，吊架，导向管，定位管，看火门，防爆门等。当烧嘴设置在炉底时，在炉底设有支脚支撑炉，形成炉底操作空间，炉底支脚高度为1.8～2.3m，一般由型钢组成，常用类型有两种。一种为每根支脚长2.5m左右，设有防火保护措施，即外包混凝土；另一种为每根支脚长0.5m左右，以下为钢筋混凝土立柱，无需防火保护措施，具体尺寸大小由钢结构计算决定。对于烧嘴设置在侧部或底部的炉子，炉底可紧贴地面或有500～700mm的高度。辐射室外壁是钢板卷制而成的圆筒体，其直径由热负荷及炉管排列方式决定，钢板厚度根据结构计算确定，一般为4～6mm。钢板外设有若干根筒体立柱，数量一般选4个或4个以上偶数，钢板圆筒体内衬耐热混凝土或耐火砖结构（外层为保温砖或其他隔热材料，内层为耐火砖或耐火纤维）。燃烧器装在辐射室炉底，火焰向上喷射，其流向与炉管平行，布置在圆周上的各炉管是等距离。

③ 圆筒加热炉的对流室。小负荷的圆筒炉一般不设对流室。大中型负荷的圆筒炉都设有对流室，以回收烟气热量，提高炉子热效率。对流室一般设于辐射室顶部，小炉子对流室呈圆柱形，大中型炉子对流室呈方形或长方形。炉管排列多为盘管型或蛇管型，热负荷较大时，可采用翅片管或钉头管代替光管（必要时并配置相应的吹灰设施），以扩大对流管的传热面积，降低对流室高度，一般推荐对流室的高度不大于辐射室高度的1/2。国内外钉头管的钉头规格采用直径12mm，高19，25，28，32mm等多种，用碳钢制作。翅片的高度在14～25mm内使用较多，厚度为1mm左右，翅片间距4～10mm。当烟气温度在700℃以上时不宜采用碳钢

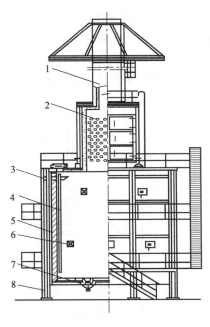

图 2-24　圆筒加热炉结构
1—烟囱；2—对流管；3—吊架；4—辐射管；
5—炉墙；6—看火孔；7—燃烧器；8—支脚

翅片，应根据具体情况选用1Cr13或不锈钢，这时炉管材料也应改变。钉头管或翅片管的热强度比光管高1倍到几倍。在同样长度，同样管径的炉管上，翅片面积比钉头面积多1倍，但钉头管制造容易，积灰较易清除或吹去。在对流室顶部设置烟囱，起排烟和形成抽力的作用，烟囱直径由烟气量和允许速度决定，其高度按烟气流通阻力或大气环境质量标准要求决定。炉底、炉顶、烟囱挡板处一般都设有操作平台和梯子。

④ 圆筒加热炉的炉管。圆筒加热炉所用炉管分为辐射炉管和对流炉管及遮蔽管，辐射炉管设置在辐射室内，根据物料和传热要求可设置单组或多组炉管靠圆筒壁圆周竖排或横排盘管式布置。炉管材料可根据操作温度、压力条件和燃料、物料中含硫情况选择。加热炉常用炉管材料和操作条件见表2-22。

表 2-22　蒸馏装置加热炉常用炉管材料和操作条件

炉子名称	操作条件（温度/压力）	炉管材料
常压炉	350～370℃/1.2MPa	碳钢、12Cr2Mo
减压炉	410～430℃/0.046MPa	15CrMo、Cr5Mo

⑤ 圆筒加热炉的炉管的燃烧器。燃烧器是管式加热炉的重要组成部分，燃料通过燃烧器燃烧放出热量。圆筒加热炉所用燃烧器一般有气体燃烧器、液体燃烧器和油气联合燃烧器三种。燃烧器的结构原理及类型见后面的介绍。

⑥ 圆筒加热炉的炉管的各种形式。圆筒加热炉又可分为以下各种具体形式：盘管式圆筒加热炉，包括全辐射盘管式圆筒加热炉见图2-25，对流辐射盘管式圆筒加热炉见图2-26；蛇管式圆筒加热炉；立管式圆筒加热炉，包括全辐射立管式圆筒加热炉见图2-27，对流辐射立管式圆筒加热炉和大型立管式圆筒加热炉等。

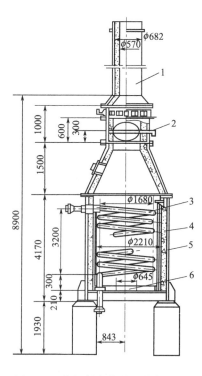

图 2-25　全辐射盘管式圆筒加热炉
1—烟囱；2—挡板；3—辐射炉管；4—炉墙；5—钢板；6—烧嘴

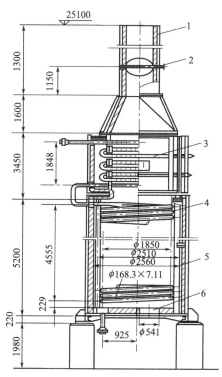

图 2-26　对流辐射盘管式圆筒加热炉
1—烟囱；2—挡板；3—对流管束；4—辐射炉管；5—炉墙；6—烧嘴

（2）立式炉　由于圆筒加热炉一般适用于占地面积小、投资省，对热负荷要求不大和热效率要求不高的场合。要使物料加热到更高的温度，在高温高压、高流速、易结焦等场合下操作，就得选用立式加热炉。立式加热炉可得到热负荷高，炉管表面热强度大，最容易增加炉墙烧嘴、对流传热面积和设置余热回收装置。

立式炉的外形为长方体，与圆筒炉一样可分为上、中、下三部分，下部为辐射室，中部为对流室，上部为烟囱。图 2-28 所示的立式炉膛中间有一道隔墙，把炉膛分成窄长的两部分。辐射管横排在炉膛两侧的墙上，用管架固定。炉底安排有两排火嘴，火焰直喷向隔墙，然后贴墙而上。对流室设置在辐射室上边，排列方向与辐射管相同。

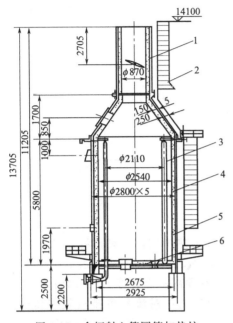

图 2-27　全辐射立管圆筒加热炉

1—烟囱；2—梯子；3—炉管；4—炉墙；5—炉外钢板；6—烧嘴

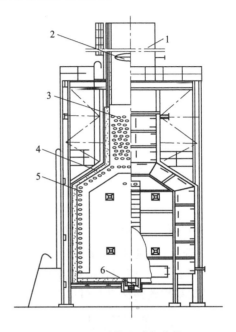

图 2-28　卧管立式加热炉

1—烟囱；2—烟道挡板；3—对流管；4—炉墙；5—辐射管；6—燃烧器

立式加热炉常分为卧管立式炉和立管立式炉两种。炉子高度通常为宽度的 2～4 倍，整个炉体相当长，从外形上看是一个长方体。用型钢立柱支撑，炉墙用耐火砖或耐火混凝土砌筑成。全炉分上、中、下三大部分，上部为烟囱，中部为对流室，下部为辐射室。采用底部油气联合燃烧器为主和侧壁燃烧器为辅的供热方式，对流室设在辐射室上部。对流室炉管用管板固定，呈水平管束排列，炉管可采用光管、翅片管或钉头管。辐射室炉管可采用列管式（卧管式）、立管式、拱门形和蛇管形等。

① 卧管立式加热炉。卧管立式加热炉的特点是每根列管内物料流动状况稳定，辐射室较低，热负荷分布比较均匀；每根管子沿管长受热均匀，辐射炉管的表面热强度也较高，局部过热更换的管子较少；适合于易结焦或易堵的加热介质，机械清焦容易等。但有占地面积较大、需要留出装卸炉管的空地；管架合金材料用量多；管程多时，各程炉管对称布置较难等缺点。

如图 2-28 所示为某炼油厂常减压所选用的卧管立式加热炉，主要由辐射室、对流室和烟囱三大部分组成。辐射室内设有炉管、耐火墙、炉顶、管架、炉底、炉底支角、燃烧器、检查孔、看火门等。对流室内设置水平对流管束，吹灰器、烟囱、烟囱挡板等。辐射炉管沿辐射室两侧水平（卧管）排列。装有底部油气联合燃烧器，火焰向上，高温烟气自下而上地从辐射室穿过顶部的对流室后，由烟囱排出。由于火焰与烟气的流动方向一致，并连成片状火焰燃烧，因此同箱式炉相比，其受热均匀，炉管表面热强度高。对流室炉管呈水平管束排列。另外炉子还设有工艺气废热锅炉装置。

卧管立式加热炉炉墙一般采用耐火砖和保温砖砌筑，炉墙外壁采用5mm厚钢板加内衬陶瓷纤维毡，炉墙各层的厚度应根据炉墙内壁温度、各层材料的允许使用温度及炉墙高度等方面因素决定。炉顶砖结构一般采用吊砖形式，即将砖通过吊砖件吊在炉顶钢结构上，在耐火砖层上铺设隔热材料，组成炉顶砖结构（见图2-29）。随着炉子大型化，在炉膛内的中间设置耐火砖隔墙（见图2-30），增加火焰辐射面积，以改善辐射传热效果。近年来还采用轻质耐热衬里和陶瓷纤维材料取代隔热砖和隔热砖层，以减轻炉体质量。

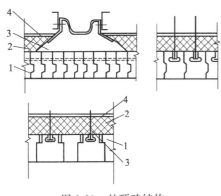

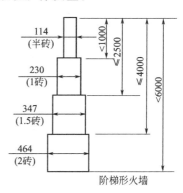

图 2-29　炉顶砖结构
1—耐火砖；2—保温转；3—吊砖架；4—密封层

图 2-30　耐火砖隔墙

② 立管立式加热炉。立管立式加热炉和卧管立式加热炉相比，只是将辐射室卧管改为立管（见图2-31）。管架合金材料用量少，炉子结构紧凑，钢材用量少，占地面积也小；炉管顶部吊架采用碳钢材料并可以放到炉顶外部，炉管在顶部吊起，管子不承受由于自身质量引起的弯曲应力；对流室可排放较多传热管束，热效率高，占地面积小等。但炉管长，每根管子沿管长受热均匀性较差；管内介质两相流动时，下流管有可能出现气相流速减慢现象。各种立管立式加热炉的炉体结构都一样，对流室设置在辐射室的上方，对流管束多为水平布置，只是辐射室炉管的排列布置根据不同的要求有所变化。为了提高炉管热强度和受热均匀性，将辐射室宽度变窄，炉膛体积缩小，或将炉管排列由原来贴壁布置单面辐射改为在炉膛中央布置的双面辐射，将中央布置的双排管改为单排管，以便获得更多的热量，并使炉管受热均匀。由于烟气上升的特性，烟囱的阻力小，烟囱的高度可以降低。对于易结焦的工艺过程，还可用机械等方法清除。

另外，乙烯装置所用的 SRT 型炉也属于立管立式加热炉。

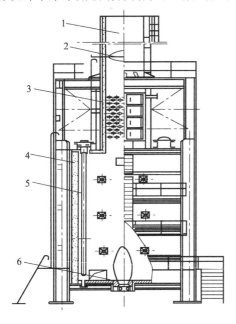

图 2-31　立管立式加热炉
1—烟囱；2—烟囱挡板；3—对流管；
4—炉墙；5—辐射管；6—燃烧器

2. 加热炉的主要结构和零部件

（1）炉体系统　加热炉的炉体由钢架、炉墙和炉顶、炉底所组成。

① 钢架。任何炉型的加热炉均以钢架来保持其炉形和支撑炉的各个系统如炉墙、管子、顶盖、吊架、扶梯、平台等的重量。因此需要有复杂而坚固的钢架结构。构架是根据各种炉型，用不同的型钢焊接而成的。

② 炉墙。炉墙的主要作用是形成保温良好的燃烧空间。对炉墙的基本要求是绝热良好，热损失小，牢固可靠，重量轻而价廉，易于建造和检修。

炉墙由耐火层、保温层、保护层三部分组成。炉墙留有一定间隙做热膨胀缝。炼厂加热炉普遍采用的炉衬是轻质耐火砖层加一层保温层和钢壳的炉墙结构。

在炉墙的适当位置开有各种门孔，如看火孔、人孔、防爆门和炉管检查孔等。

③ 炉底、炉顶。斜顶炉和无焰炉炉底铺在混凝土基座上，上层为耐火砖，下层为保温砖。圆筒炉和立式炉的炉底悬空而承重在钢立柱上，钢立柱用地脚螺丝与钢筋混凝土基础连接起来。

（2）炉管系统

① 炉管。炉管是炉子的主要组成成分，它分为辐射管和对流管，炉管表面积也就是加热炉的传热表面积。对于腐蚀性不严重的原油，炉管用优质无缝碳钢管；对腐蚀性严重，且温度和压力较高，则需要用合金钢管。管子的直径根据装置的处理量不同而适当选用。目前国产炉常用管径为 Φ60mm、Φ80mm、Φ89mm、Φ102mm、Φ114mm、Φ121mm、Φ133mm、Φ159mm、Φ168mm、Φ219mm 等规格几种。

② 回弯头。把炉管与炉管连接成连续蛇管的重要零件叫回弯头，它处于高温的炉膛外部，不与高温烟气直接接触，但由于管内油品在弯头处流向出现了180℃的急弯，弯头经常受到冲击，所以弯头通常采用25号优质碳钢或Cr5Mo合金钢，保证有足够的强度。

回弯头分为箱式（可卸）和U形（不可卸）两种，如图2-32所示。回弯头和炉管的连接有胀接法和焊接法两种。

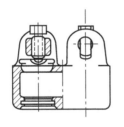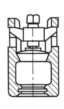

(a) 箱式回弯头(可卸)　　　　　(b) U形急弯弯管(不可卸)

图 2-32　炉管弯头

③ 管架、管板、托架、拉钩。为了防止炉管在炉内受热弯曲变形，炉管都用管架支持。管子两端的支架是管板，管板是一块多孔的铸钢板，孔径比管径大约10mm，可分成若干块连接而成。管板常用耐热钢材，管架则用耐高温合金钢材。支承辐射管的称辐射管板，支承对流管的称对流管板。对立管式加热炉，位于两根炉管顶部弯头上的承重构件称为托架；不承受垂直重量，而仅是限制炉管水平位移，使炉管保持稳定的支承件则称为拉钩。

（3）燃烧器　燃烧器主要由燃料喷嘴、调风器、燃烧道三部分组成。喷嘴喷入燃料并利用蒸汽使其雾化，以利于与空气良好地混合。调风器也称风门，主要是引入并调节燃烧所需的空气，使空气与燃料迅速并良好地混合，形成稳定的并符合要求的火焰形状。燃烧道给火焰的根部提供热源，促使燃料迅速燃烧。燃烧道的形状能约束空气与雾化油气更好地混合并保持理想的流型进行稳定的燃烧。

根据所用燃料种类的不同，燃烧器可分为气体（燃料气）燃烧器、液体（燃料油）燃烧器和油-气联合燃烧器。燃烧器的供风方式有利用烟囱抽力排出烟气，吸入空气的自然通风和利用烟囱排烟、利用通风机送入空气的强制通风两种方式。

① 气体燃烧器。气体燃烧器有空气预混式和非预混式两种。绝大多数的气体燃烧器都是非预混式。

双火道气体燃烧器是非预混式燃烧器。燃料与空气未预先混合，而经燃烧器内不同火道送入炉内，借扩散作用边混合边燃烧，如图2-33所示。采用双火道形式可二次调风。第一个火道是发火区，在该区，燃料气和一次空气混合燃烧。第二火道进入二次空气，与燃烧气体混合物混合，使燃烧完全；为使二次风均匀地与燃烧气混合物混合，第二火道呈束腰形。在总空气量不变的情况下，加大一次风可使火焰缩短，加大二次风可使火焰伸长。

辐射墙式无焰燃烧器是一种半预混式气体燃烧器，其结构如图2-34所示。它设有一个引射器，燃烧气从喷孔高速喷出，经引射器将一次风吸入，在引射器混合段与燃料气预先混合。二次风利用炉膛内的微负压被自然吸入。燃料气与空气形成的混合物由一组槽形孔沿炉墙内壁喷出，炉墙内壁靠火孔周围的耐火砖上有一组梅花瓣形凸起（稳火瓣），气流通过它时产生涡流，使燃烧更完全。当炉壁耐火砖被烧到炽热状态时，焰与炉墙浑为一体，成为无焰燃烧状态，使炉管受热较为均匀。

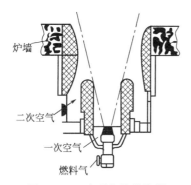

图2-33　双火道气体燃烧器

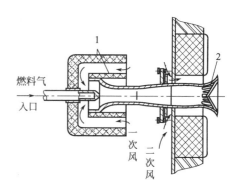

图2-34　辐射墙式无焰燃烧器
1—消声罩；2—稳火瓣

板式无焰燃烧器属预混式气体燃烧器。燃料气与空气按比例预先混合均匀再燃烧。因此燃烧稳定而完全。它的结构见图2-35，主要由混合器和和燃烧室两部分组成、燃料气沿管道进入喷嘴，以200～400m/s的速度从喷嘴喷出的同时吸入空气，燃料气和空气的混合气体通过喷射室进入分配室，然后进入陶瓷燃烧道燃烧。燃烧道表面温度高达700～1000℃，从而保证了燃料气在燃烧道长度范围内达到完全燃烧。

② 液体燃烧器。液体燃料的燃烧首先要通过喷嘴把燃料油雾化成细小微粒，然后在炉膛内热辐射作用下被加热蒸发、分解，转化成气态才能着火燃烧，雾化燃料油的方法有机械雾化和蒸汽雾化两种。炼厂通常用蒸汽雾化法。图2-36是炼厂中常用的蒸汽喷油嘴。它是由三通短管和喷头所组成的。油和蒸汽在喷油嘴内的通道由三通和针型阀控制。正常操作时，针形阀关闭，油和蒸汽分别进入三通内管和外管。停工和火嘴结焦时，在关闭油路后，打开针形阀，蒸汽可进入三通的内管，以清扫油嘴。

短管又称加热管，油走内管，蒸汽走外管并加热燃料油。

喷头分内喷头和外喷头。与短管连接的是内喷头，与油嘴外管连接的是外喷头，内喷头内有螺纹，并沿螺纹的切线方向开有小孔，目的是使油沿螺纹旋转并从小孔喷出。内喷头与外喷头之间有一定的距离，此空间称混合室，外喷头有沿圆周的钻孔。

炼厂常常采用双火道型燃料油燃烧器。燃料油经蒸汽雾化后，与一次空气混合并在第一火道发火燃烧，然后在第二火道与二次风混合，进一步完全燃烧。

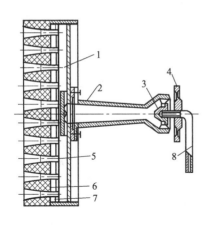

图 2-35　板式无焰燃烧器

1—分配室；2—喷射室；3—气体喷头；4—空气调节器；
5—燃烧道；6—陶瓷层；7—隔热层；8—燃料气入口管

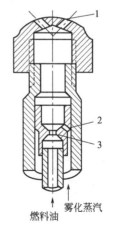

图 2-36　内混式蒸汽雾化油喷嘴的喷头

1—混合室出口孔；2—汽孔；3—油孔

③ 油气联合燃烧器。油-气联合燃烧器主要由风门、火道及燃料油喷嘴和燃料气喷嘴等组成。可单独烧燃料油或燃料气，也可油、气同时混烧，在炼厂管式炉上应用最广。常用的油-气联合燃烧器如图 2-37 所示。蒸汽和燃料油在油喷嘴内混合，由排成一圈的喷头小孔中喷出，形成中空的圆锥形的油雾层，夹角约 40°，这样的分布有利于油雾与空气的混合。燃料气经外混式气喷嘴上排成一圈的多个喷头小孔向内成一角度喷出，夹角约 70°，有利于与空气混合。火道为流线型，有利于燃料燃烧。燃烧器设有一次风门和二次风门，一般只烧油时多用二次风门，只烧气时多用一次风门。

为了适应管式炉环保消除噪声和采用节能措施进行空气预热，将热空气引入炉内的需要，将上述油-气联合燃烧器改造成另一种Ⅵ型油-气联合燃烧器，如图 2-38 所示。

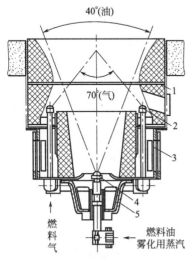

图 2-37　油-气联合燃烧器

1—火道；2—气嘴；3—二次风门；
4—油嘴；5—一次风门

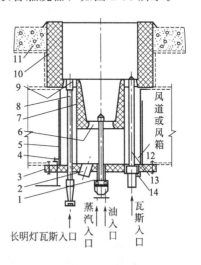

图 2-38　Ⅵ型油-气联合燃烧器

1—油枪；2—观察孔；3—底盘；4—风门调节机构；
5—风门；6—一次风口；7—一次火道砖；8—长明灯；
9—二次风口；10—二次火道砖；11—炉底；
12—接油盆；13—瓦斯枪；14—漏油孔

Ⅵ型燃烧器的特点是与炉子连接安装方便，整个燃烧器由填有超细玻璃棉的底盘与风箱连接，密封性好，可降低噪声和有效防止冷风漏入。为便于点火和保证安全运行，设置了便于拆装的长明灯。为了观察油喷嘴的工作情况和放出漏入风箱内的燃料油。设置了专门带有便开式孔盖的观察孔和放油孔。

圆筒炉的油-气联合燃烧器常装在炉子的底部。安装时应注意喷油嘴应垂直向上不偏斜，喷油嘴下方油、气连接口的位置不能接反。气体燃烧器每个喷头的喷孔中心应对准燃烧器的中心。调风器要转动灵活、密封性好。

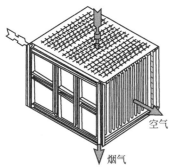

图2-39 管式空气预热器单体

（4）加热炉的空气预热器 在加热炉对流室或烟道内安装空气预热器回收烟气的余热，可有效地提高加热炉的热效率和降低能耗。空气预热器的种类很多，从最初使用的碳钢管式预热器到铸铁管、玻璃管空气预热器，提高了管子防腐防堵的能力。目前我国还可自行设计、制造回转式空气预热器，其特点是体积小、效率高、抗低温耐腐蚀性好。为了更好地回收低温烟气余热，还使用了热管式空气预热器。

① 钢管式空气预热器。钢管式空气预热器是炼厂使用较早的一种空气预热器，根据换热管是水平安置还是垂直安置分为卧式和立式两种类型。卧式和立式空气预热器均由几个单体组成，单体的结构如图2-39所示。卧式和立式空气预热器的组合结构如图2-40所示。一般在立式空气预热器中烟气走管程，空气走壳程；而在卧式空气预热器中烟气走壳程，空气走管程。

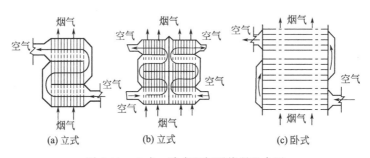

(a)立式　　(b)立式　　(c)卧式

图2-40 立式、卧式空气预热器组合图

钢管式空气预热器的特点是结构简单，主要由管束、管板和壳体所组成，制造容易、价格便宜，无转动部件。缺点是所占地面或空间较大，钢管的低温露点腐蚀和积灰堵塞较严重，使加热炉热效率的进一步提高受到限制。

钢管式空气预热器安装时可根据需要直接放在对流室顶部、称为上置式。这种安装方式的优点是占地面积小、结构较简单，利用烟囱的抽力克服空气预热器及炉子各部位的阻力，不用设置引风机，没有能耗，操作费用低。缺点是空气预热器的重量由炉子本体承受，必要时需对炉架强度进行计算或加固。另外，因预热器装在炉顶，更换和检修较困难。

管式空气预热器也可单独安置在炉侧地面的基础上或钢架上，将出对流室的烟气引下来，通过空气预热器和引风机后，再将烟气送回烟囱排出，这种安装方式称为下置式。其优点是空气预热器更换和检修较方便，操作灵活。缺点是占地面积、钢材消耗及投资较大，使用引风机也要消耗电能。

② 玻璃管式空气预热器。当加热炉排烟温度较低时，若采用钢管式空气预热器，就会产生较严重的低温腐蚀。此时可考虑采用玻璃管空气预热器，它具有较强的抗腐蚀性能，但

不能承受高温，适宜在烟气的露点温度下工作。一般应和其他类型的空气预热器联合使用，安装在余热回收系统的低温部位。

③ 热管式空气预热器。热管是利用封闭在管内的工作物质，反复进行汽化、冷凝等相变过程用以高效传热的一种设备。其特点是传热量大、温度均匀、结构简单、工作可靠、没有运动部件、传热效率高。利用热管式空气预热器回收加热炉低温烟气的余热，效果非常显著。

热管式空气预热器工作时管外冷、热流体为空气和烟气，传热效果差，可采用翅片管来强化管外的热效果差，可采用翅片管来强化管外的传热过程，如图 2-41 所示。

④ 热油式空气预热器。热油式空气预热器是利用装置轻质热油预热空气的设备。热油走管内，空气走管外，一般可将空气预热到 210～260℃。其外形结构如图 2-42 所示。

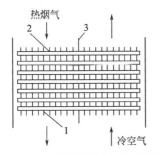

图 2-41　翅片管热管式空气预热器

1—热管；2—翅片；3—隔板

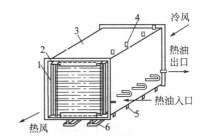

图 2-42　热油式空气预热器

1—填玻璃棉；2—管束；3—密封罩；4—上放空口；5—下放空口；6—支座

⑤ 回转式空气预热器。回转式空气预热器根据转动形式可分为蓄热体转动和烟风道转动两种类型，炼厂管式炉多为蓄热体转动类型。卧式回转式空气预热器见图 2-43；回转式空气预热器工作示意见图 2-44。

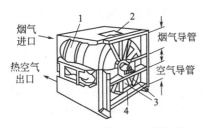

图 2-43　卧式回转式空气预热器

1—转筒；2—冷端元件检修口；3—分隔的加热表面；4—密封

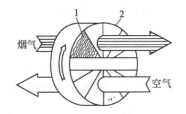

图 2-44　回转式空气预热器工作示意

1—换热元件（蓄热板）；2—转子

回转式空气预热器的特点是积灰少、腐蚀轻、换热元件易于更换、单位体积的换热面积大。缺点是有转动部件、能耗大，漏风较多，制造要求高，价格贵，不适于小型炉使用。

3. 加热炉的主要技术指标

对炼厂的管式加热炉，一般要求在完成既定的传热任务时，燃料消耗量要少；需要传热面积小，金属消耗量低；被加热的油品没有局部过热或死角现象，以防止原料油在炉管内结焦；系统中压力降要小，炉子使用寿命长；结构简单，占地面积小，造价低。

衡量管式加热炉的主要技术指标包括：热负荷 Q、辐射表面热强度 q_R、对流表面热强度 q_C、热效率 η 和火墙温度 T_P、管内流速 G_F 等。

（1）热负荷　每台管式加热炉单位时间内向管内介质传递热量的能力称为热负荷，一般用 kW/h 为单位。也成为全炉有效热负荷，工厂中用这一数据来表示加热炉的大小。

（2）辐射炉管表面热强度　辐射炉管每单位表面积（一般按炉管外径计算表面积）、每单位时间内所传递的热量 q_R 称为炉管的辐射炉管表面热强度，也称为辐射热通量或热流率，单位为 W/m^2。

q_R 表示辐射室炉管传热强度的大小。应注意它一般指全辐射室所有炉管的平均值。由于辐射室内各部位受热不一样，不同的炉管以及同一根炉管上的不同位置，实际上局部热强度很不相同，一台炉子的平均辐射热强度究竟取多少为宜，与许多因素有关，例如管内介质的特性、管内介质的流速、炉型、炉管材质、炉管尺寸、炉管的排列方式等。

（3）对流炉管表面热强度　对流炉管表面热强度 q_C 的含义同辐射热强度一样，单位也是 W/m^2，但它是对对流室炉管而言。

为提高对流传热，对流炉管的管外侧大量使用了钉头或翅片。钉头管或翅片管的对流表面热强度习惯上仍按炉管外径计算表面积，而不计钉头或翅片本身的面积。钉头管或翅片管按此计算出的热强度一般为光管的两倍以上，也就是说，一根钉头或翅片管相当于两根以上光管的传热能力。通常，对流炉管平均表面热强度 q_C 一般为 $5000\sim10000W/m^2$。

（4）热效率　热效率 η 表示向炉子提供的能量被有效利用的程度，其定义可用下式表达：

$$\eta = \frac{\text{全炉有效热负荷}}{\text{燃料燃烧热}}$$

其中的燃料燃烧热可按燃料元素组成及各元素燃烧热来计算。

热效率是衡量燃料消耗、评价炉子设计和操作水平的重要指标。早期加热炉的热效率只有 $60\%\sim70\%$，最近已达到 $85\%\sim90\%$，最新的技术水平已达 92% 左右，如表 2-23 所示。

表 2-23　燃料中基本不含硫时，管式炉热效率指标

负荷范围	管式加热炉设计热负荷/MW						
	<1	1～2	2～3	3～6	6～12	12～24	>24
热效率/%	55	65	75	80	84	88	90

（5）火墙温度　火墙温度 T_p 指烟气离开辐射室进入对流室时的温度，代表炉膛内烟气温度的高低，是炉子操作中重要的控制指标。

火墙温度高，说明辐射室传热强度大，但火墙温度过高，则意味着火焰太猛烈，容易烧坏炉骨、管板等。从保证长周期安全运转考虑，一般炉子把这个温度控制在 850℃ 以下。

（6）管内流速　流体在炉管内的流速越低，则边界层越厚，传热系数越小，管壁温度越高，介质在炉内的停留时间也越长。其结果，介质越容易结焦，炉管越容易损坏。但流速过高又增加管内压力降增加了管路系统的动力消耗。设计炉子时，应在经济合理的范围内力求提高流速。

管内流速一般用管内质量流速 G_F 表示，G_F 推荐值为：常压原油加热炉为 $1000\sim1500kg/(m^2\cdot s)$；常压重油减压加热炉气化前为 $1000\sim1500kg/(m^2\cdot s)$。

4. 提高管式加热炉热效率的主要措施

加热炉是炼油厂消耗燃料的主要设备。炼油厂总能耗约占原油处理量的 10%，其中加热炉能耗约占 $1/2$ 以上。提高加热炉热效率，对降低炼油厂总能耗具有重要的意义。

提高加热炉热效率的手段较多，涉及的因素也较广泛，下面就提高管式加热炉热效率的主要措施作一简要介绍。

（1）控制过剩空气量　加热炉的过剩空气量是衡量设计和操作的主要参数。控制过剩空气量一般是通过调节烟囱挡板和风道蝶阀来实现。

过剩空气系数的大小不仅影响到加热炉的热效率，还影响着其他许多方面。过剩空气系数过小将不能保证燃料完全燃烧，过剩空气系数过大则会带来许多危害。

① 影响加热炉热效率。过剩空气系数过大会使加热炉内烟气含氧量增加，表明进入炉内的过剩空气量多，在排烟中，大量的过剩空气将热量带走，排入大气，因此，加热炉热损失增多，热效率下降。

② 使燃烧温度降低。燃料燃烧温度越高，火焰和高温烟气传给辐射炉管的热量就越多，而且是与火焰和高温烟气的绝对温度成 4 次方关系。

当过剩空气系数由 1.2 升高至 1.6 时，最高燃烧温度约下降 330℃。使得必须增加燃料用量才能保持加热炉的恒定热负荷和管内介质出口温度，因此使加热炉热效率下降。

③ 对露点温度的影响。加热炉尾部受热面的壁温必须保持在烟气的露点温度以上，这是防止腐蚀和堵塞必须考虑的一个主要问题。烟气中的过剩空气量增大后，会使露点温度升高。因为过剩空气量过大会促使烟气中过多地生成 SO_3，SO_3 将与烟气中的水蒸气 H_2O 化合生成硫酸蒸气，当硫酸蒸气凝结到加热炉尾部温度较低的受热面上时，就会发生低温露点腐蚀。

加热炉热效率不能进一步提高，往往是受到低温露点腐蚀的限制。

④ 其他。过剩空气系数过大，除使加热炉的热效率显著降低外，还会加剧炉管氧化，促使氮氧化物 NO_2 增加，从而对环境造成极不利的影响。

由于过剩空气量过大具有以上危害，因此在加热炉设计和操作中应尽可能地减少过剩空气量。但是，过剩空气量也不能无限制地减少，否则会产生燃料的不完全燃烧，从而造成对环境的污染和能源的浪费。因此，合理控制过剩空气量至关重要。

（2）减少散热损失　加热炉炉壁向大气的散热损失包括辐射散热和对流散热两部分。在有较长烟气通道的余热回收系统中，加热炉整个系统的总散热损失可能达到 4%。

加热炉外壁温度随环境温度的降低而下降，虽然外壁温度在夏季和冬季相差较大，但散热损失的差值并不大。因此，要降低炉壁温度，减少散热损失，最好是使用经济的、隔热性能好的材料，而不宜用过多增加炉墙厚度和大量增加投资的办法减少有限的散热损失。

（3）充分回收烟气余热　回收烟气余热的途径是利用低温介质吸收烟气的热量，比如加热工艺介质、发生蒸汽或预热燃用空气。回收烟气余热可以大幅度地提高加热炉的热效率，对节能有显著效果。

① 充分利用对流室加热工艺介质。加热炉对流室出口的排烟温度的高低主要与被加热介质的温度有关。排烟温度除了随介质入口温度的升高而升高外，还随烟气与介质之间的温差而变化。提高加热炉热效率应首先充分利用对流室，从降低被加热介质的温度和缩小烟气与介质之间的温差两方面来进行。

② 预热燃用空气。利用加热炉的烟气余热预热燃用空气是通过空气预热器来完成的。空气预热器有多种形式。

目前使用较普遍的有固定钢管式空气预热器和热管式空气预热器。固定钢管式空气预热器利用管束进行烟气和空气换热。一般空气走管程，烟气走壳程。热管式空气预热器利用热管进行烟气和空气换热。烟气流经热管式空气预热器的热端，将热管内的工质加热汽化，热管内汽化的工质流向冷端，空气流经冷端吸收工质的热量，工质被冷却后再流向热端，在热端工质再次被烟气加热汽化。通过连续不断地循环，烟气被冷却，空气被加热。

③ 采用余热锅炉发生蒸汽。利用加热炉的烟气余热发生蒸汽的方案必须结合全厂或本装置蒸汽的供、需条件来考虑。

采用余热锅炉发生蒸汽适用于加热炉排烟温度高和热负荷大的加热炉。一般在加热炉排烟温度大于 500℃ 时，设置余热锅炉发生蒸汽的效果比较显著。当加热炉热负荷较小时，可以采取多台炉联合的措施，采用余热锅炉集中回收烟气的余热。

可以利用多种方法，通过多种途径提高加热炉热效率。目前，人们已经研究开发了各式各样的烟气余热回收工艺及设备。例如，余热锅炉发生蒸汽、冷进料热油预热空气、热载体预热空气、回转式空气预热器、钢管式空气预热器、热管式空气预热器及板式空气预热器等。为了避免低温露点腐蚀，人们又相继开发了玻璃管式空气预热器以及在空气预热器的低温段采用耐低温露点腐蚀钢管（如 ND 钢）。尽管目前管式加热炉的热效率已经提高到了 85%～90%，但在炼油厂总能耗中，管式加热炉仍是耗能大户。因此，欲想进一步降低炼油厂能耗，必须结合工艺装置特点，通过优化装置换热系统，改进工艺流程，确定经济合理的入炉油温，降低加热炉的热负荷，降低管式加热炉的排烟温度，最终降低炼油厂能耗。

5. 加热炉的新技术应用

加热炉从诞生以来，一直在革新、改进中不断地发展。石油化学工业用加热炉革新改造的重点是改进炉管表面受热和燃料供热的不均匀性，以提高炉管表面平均热强度，保证安全、长周期运转，这在加热易结焦的油品及其他介质时尤显重要。从加热炉的发展来看，采用以下新技术，即可以满足工艺要求又能提高加热炉的技术经济指标。

（1）新型炉管材料 随着炉管表面热强度的提高，国内外研制了耐热性、耐蚀性优良的高温合金炉管，如 Cr28Ni38、Cr25Ni35WNb、Cr35Ni45 等材料。可使炉管的表面热强度达到 $5 \times 10^5 kJ/(m^2 \cdot h)$，炉管表面温度可达到 1150℃左右。加上合理采用双面辐射炉管管排结构，可充分利用炉膛有效空间，提高炉子的有效热负荷。

（2）新型高效燃烧器 为了改善炉管受热的不均匀性，避免局部过热，提高加热炉热效率和达到安全长周期运转，国内外成功地开发了低过剩空气系数、低噪声、大容量高效燃烧器，如美国 John Zink 公司的 HALT 燃烧器，中国的 CBL-Ⅱ型燃烧器，使用证明可降低燃料消耗量 4%～8%。CBL-Ⅲ型低 NO_x 燃烧器，与一般燃烧器相比，可降低 NO_x 化物量 30%～50%，过剩空气率低达 10%左右，因带有双重吸音材料，噪声小于 80dB，可节约燃料耗用量 3%～6%。

（3）新型耐火高温涂料 为提高炉内耐火材料的使用寿命及耐冲刷性，国内外科研单位研制了热工性能优良的新型耐火高温涂料，当炉内耐火材料施工完成后，在其表面喷涂一层（2～3mm）高温涂料，可大大提高耐火材料的使用寿命和保温性能，降低炉墙表面温度，减少热损失。

（4）新型工艺技术 新型工艺技术如下。

① 选择合理的换热流程和换热温差，可以提高传热效率，防止炉管内结焦。

② 在对流室采用翅片管（或钉头管），在辐射室炉管内加扰流子（或钉头管），炉管外加翅片（或钉头管）来强化传热，可提高生产能力 20%～30%。

③ 燃烧空气采用预热空气或燃汽轮机尾气，使燃料与空气的混合处于较高的温度场，加速和强化燃料燃烧的物理化学过程，提高火焰和烟气的温度，使炉内受热显著增加。

④ 减少加热炉热负荷，提高加热炉处理能力。将入炉物料温度提高 10℃左右，加热炉热负荷就可降低 5%，

⑤ 提高入炉空气温度，加速和强化燃料燃烧的物理化学过程，提高火焰和烟气的温度。

⑥ 提高管内介质流速，强化炉管受热。

⑦ 采用新型炉。

⑧ 建立定期的炉子标定制度。以备定期进行标定，发现薄弱环节可及时进行处理。

⑨ 采用先进控制系统。及时调节和控制加热炉的工艺指标，实现汽油比、空燃比控制等。

（5）加热炉大型化 加热炉大型化后，炉子热效率高，操作人员相对减少，仪表费用少，节省投资。目前国内已设计制造 2 亿千焦/时以上的加热炉，国外已有 10 亿千焦/时以上的加热炉。加热炉的大型化是发展必然趋势。

二、分馏塔

原油蒸馏过程分馏塔主要有初馏塔、常压塔和减压塔。

1. 初馏塔

初馏塔本质上是一简化的常压塔，其结构见图2-45。

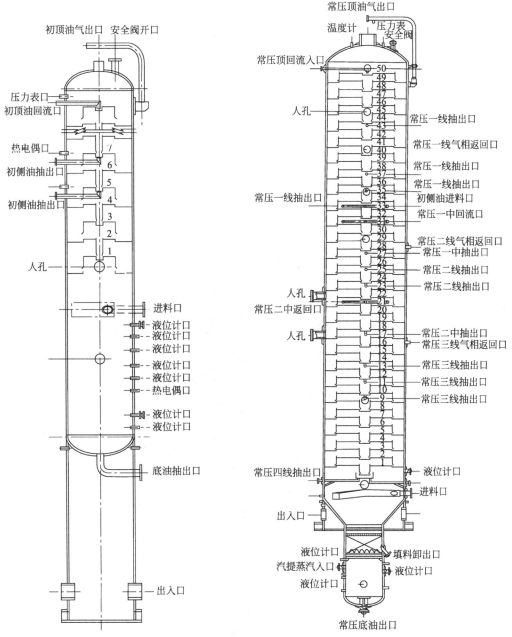

图 2-45　原油蒸馏初馏塔结构图 　　　图 2-46　原油蒸馏常压塔结构图

2. 常压塔

常压塔的内部结构一般分塔顶冷凝换热段、分馏段、中段回流换热段和进料以下的提馏段。常压塔换热段的塔板形式一般与分馏段塔板相同，层数多数为3～4层。提馏段有用圆泡帽塔板的,也有用浮阀塔板的。分馏段是常压塔的主要部分,以浮阀塔板居多。常压塔一般除塔顶出产品外,有3～4个侧线出产品。为了取走剩余热量,设一个塔顶冷回流或循环回流及2～3个中段回流。由于产品多,取热量大,故全塔塔板总数较多,一般有42～48层。各侧线之间的大致塔板数见表2-24。典型原油蒸馏常压塔见图2-46。

表 2-24　原油蒸馏常压塔各产品之间塔板数

馏　分	塔 板 数	馏　分	塔 板 数
汽油-煤油	10～12	重柴油-裂化原料	6～8
煤油-轻柴油	10～11	裂化原料-进料	3～4
轻柴油-重柴油	8～10	进料-塔底	4

3. 减压塔

减压塔结构与装置类型有关。燃料型减压塔的馏分一般是作为催化裂化或加氢裂化的原料,对相邻侧线馏分的分离精度要求不高,因此,侧线、中段回流以及全塔塔板数均比常压塔少。若

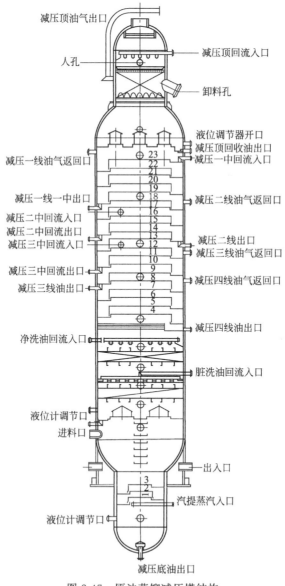

图 2-47　原油蒸馏减压塔结构

采用高效填料代替 V4 型浮阀或网孔塔板，塔高也有所降低。润滑油型减压塔由于对馏分的馏程宽度有较高要求，故其塔板总数多于燃料型减压塔。典型原油蒸馏减压塔见图 2-47。

4. 分馏塔内构件

分馏塔主要由塔体、各种物料进出口、仪表检测接口及塔内各种构件构成。其中，塔内构件主要有塔板（或填料）、液体分配器（或再分配器）气体收集器等。

（1）塔板 塔板是最常用的提供塔内汽-液两相进行接触场所和构件。原油蒸馏塔上采用的塔板有浮阀塔板、文丘里型浮阀塔板、圆形泡帽塔板、伞形泡帽塔板、浮动舌形塔板、网孔塔板以及条形浮阀和船形浮阀塔板等多种形式。这些塔板各有其优缺点，其特点见表 2-25。

表 2-25 常用原油蒸馏塔板类型及特点

类　型	浮阀	V4 型浮阀	条形浮阀	船形浮阀	园泡冒	伞形泡冒	浮动舌形	网　孔
分离效率	良好	良好	良好	良好	良好	良好	一般	较好
操作弹性	良好	良好	良好	良好	良好	良好	较好	一般
低气相负荷	良好	良好	良好	良好	良好	较好	较好	一般
低液相负荷	良好	良好	良好	良好	良好	较好	一般	一般
塔板压降	较大	较小	较大	较大	大	较大	较小	小
设备结构	简单	较简单	简单	简单	复杂	较复杂	较简单	简单
制造费用	较小	较小	较小	小	大	较大	较小	较小
安装维修	一般	一般	较简单	较简单	复杂	较复杂	较简单	简单

浮阀塔板比较多地用在常压蒸馏塔。条形浮阀和船形浮阀塔板是近年来用在常压蒸馏塔的新型改进的浮阀塔板。

条形浮阀呈 T 形排列，见图 2-48。T 形排列的条形浮阀气体和液体在塔板上流动方向不断发生变化，增加了气液接触的机会，有利于传质；另外，相邻浮阀出来的气体不直接碰撞，减少了雾沫夹带。

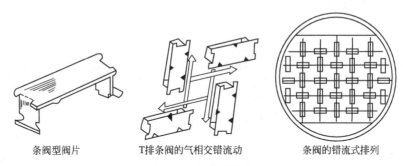

条阀型阀片　　　　T排条阀的气相交错流动　　　　条阀的错流式排列

图 2-48　条形浮阀塔盘

船形浮阀塔板其阀体似船形，两端有腿，卡在塔板的矩形孔中，图 2-49，阀体的排列采取阀的长轴与液流方向平行的方式，可使气液两相增加接触，减少液体的逆向返混，提高了传质效率和分离精度。

减压蒸馏塔的塔板主要有 V4 型浮阀（文丘里型）塔板、网孔塔板、浮动舌形塔板、伞形泡帽形塔板等。V4 型浮阀塔板由于升气口呈文丘里型，浮阀是轻型的，因此压降较常压蒸馏塔用的浮阀塔板小，但是与网孔和浮舌塔板相比压降仍较大，特别是压降随负荷的增加上升较快。

网孔塔板是喷射型塔板，板上有定向斜孔，上方装有挡沫板。塔板分成若干个区段，每一区段内相邻两排孔成 90°排列，气体通过网孔与液体进行喷射混合，同时又有方向变化，强化了气液接触。这种塔板适合于气量大、液体负荷小的场合。气相负荷增加，压降增加很小，是这种塔板一个特点。网孔塔板结构见图 2-50。

浮动舌形塔板也是一种喷射型塔板。与网孔塔板近似，但是压降大于网孔塔板，气体负

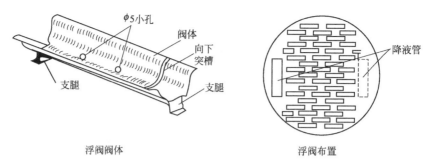

浮阀阀体 浮阀布置

图 2-49 船形浮阀塔盘

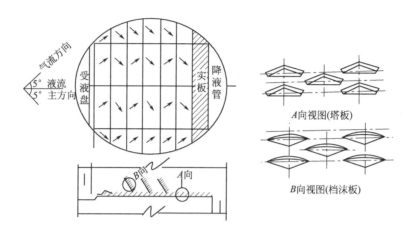

图 2-50 网孔塔板

荷增加时，压降增加较多。浮动舌形塔板结构见图 2-51。

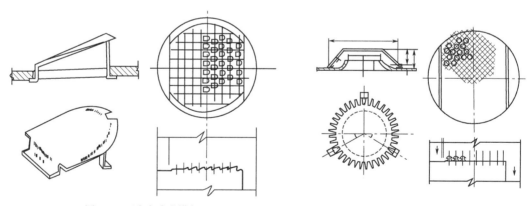

图 2-51 浮动舌形塔板　　　　图 2-52 伞形泡帽塔板

　　伞形泡帽塔板是泡帽塔板的改进型，它的泡帽成伞形。气体通过升气管和泡帽之间的空间大，路程短，升气口是文丘里型，塔板压降小于传统的泡帽塔板。此外，相邻泡帽之间气体相撞的现象也大大减少。这种塔板具有泡帽塔板弹性大、不易泄漏、分馏效率高的优点，但是压降仍较大，只宜在低负荷下应用。伞形泡帽塔板结构见图 2-52。

　　（2）填料　填料作为原油减压蒸馏塔提供塔内汽-液两相进行接触场所和构件，其传热和传质都表现出良好的性能。与板式塔相比，填料的突出优点是压降小、操作弹性接近浮阀塔板。这些优点待别适宜于减压蒸馏塔。原油减压蒸馏塔应用的填料有环矩鞍型、阶梯环型、格栅型等。

环矩鞍型兼有环形和鞍形的优点，接触面积大，气液分布好，可采用较小的液体喷淋密度，性能优于阶梯环。环矩鞍型结构见图2-53。

阶梯环型填料见图2-54。

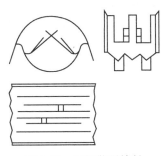

图2-53　环矩鞍型填料

图2-54　阶梯环型填料

格栅型（图2-55）等。格栅填料是高空隙率填料，特别适宜于大负荷、小压降、介质较重，有固体颗粒的场合。格栅型组装结构见图2-55。

由于填料的良好性能，在燃料型减压蒸馏塔上已采用了全填料的塔内件；在润滑油型减压蒸馏塔上采用了填料和塔板的混合塔内件。在塔顶冷凝段，入口气液负荷大，出口气液负荷小，多采用格栅填料和环矩鞍填料组成的复合填料床；分馏段要求有较高的分离效率，多采用环矩鞍填料；洗涤段采用格栅填料，以避免被物料杂质堵塞。

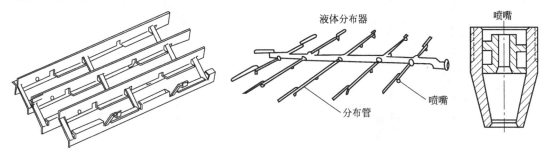

图2-55　格栅型组装结构　　　　图2-56　旋芯式液体分配器结构及喷嘴

（3）液体分配器　用好填料塔的关键，一方面要保证在填料上有必要的液体喷淋密度；另一方面是要保证液体在填料中的均匀分配，因此，在每一段填料床层上面设置液体分配器。采用较多的有旋芯式液体分配器和筛孔盘式液体分配器。

旋芯式液体分配器，液体通过喷嘴均匀喷洒在填料床层上。分配器与填料床层之间要有一定的间距（900mm以上），这种喷嘴易堵塞，不宜用在洗涤段。旋芯式液体分配器结构及喷嘴见图2-56。

筛孔盘式分配器液体是靠位差通过分配器上的筛孔自流分布的，这种分配器将筛孔适当放大，可用于洗涤段。分配器与填料床顶面的距离可缩小，最小可达150～200mm。筛孔盘式分配器结构见图2-57。

三、汽提塔

由于原油蒸馏常压和减压塔侧线产品，在蒸馏过程中，只有精馏段，而无提馏段，因此，造成侧线产品往往含有较多的轻组分，而使其初馏点、闪点等指标不合格。工业中常采用水蒸气汽提的方法，保障侧线产品质量。原油蒸馏常压汽提塔和减压汽提塔结构分别见图2-58和图2-59。

筛孔盘式液体分配器 波形支承盘

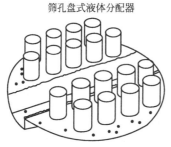 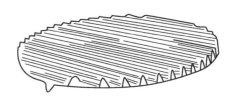

图 2-57 筛孔盘式分配器结构

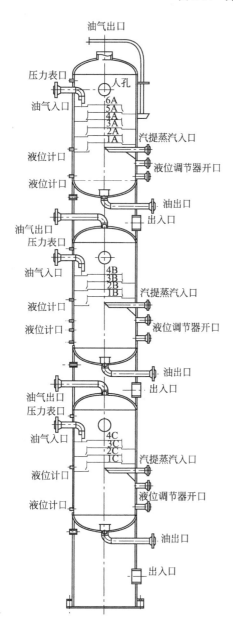

图 2-58 常压汽提塔

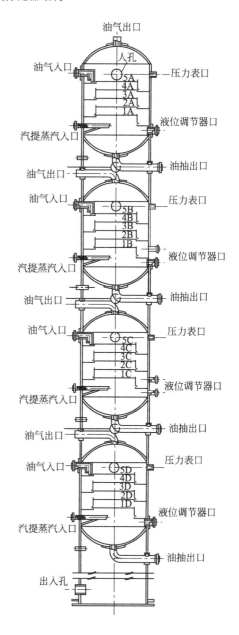

图 2-59 减压汽提塔

第五节　原油蒸馏过程操作技术

一、开工

常减压蒸馏装置建成后或经过一个生产周期，检修完毕后，应尽快地、安全地投入生产。根据多年来装置开工的实践经验，要做到开工一次成功。

1. 开工准备

（1）开工必要条件

① 验收检修或新建项目是否全部完成；

② 制定切实可行的开工方案；

③ 组织开工人员熟悉工艺流程和操作规程；

④ 联系好有关单位，做好原油、水、电、蒸汽、压缩空气、燃料油、药剂、消防器材等的供应工作；

⑤ 通知调度室、化验分析、仪表、罐区等单位，做好配合工作。

（2）设备及生产流程的检查　设备及生产流程的检查工作是对装置所属设备、管道和仪表进行全面检查：包括管线流程是否有误；人孔、法兰、垫片螺帽、丝堵、热电偶套管和温度计套是否上好；放空阀、侧线阀是否关闭；盲板加拆位置是否符合要求；安全阀定压是否合适。要做到专人负责，落实无误。

机泵润滑和冷却水供应是否正常，电机旋转方向是否正确，运转是否良好，有无杂音和震动。

炉子回弯头，火嘴、蒸汽线、燃料油线、瓦斯线、烟道挡板、防爆门、鼓风机等部件是否完好。

（3）蒸汽吹扫　蒸汽吹扫是对装置所有工艺管线和设备进行蒸汽贯通吹扫，排除杂物，以便检查工艺流程是否有错误，管道是否畅通无阻。

蒸汽吹扫时应注意事项如下。

① 贯通前应关闭仪表引线，以免损坏仪表。管线上的孔板、调节阀应拆下，避免被杂质损坏，机泵和抽空器的进口处加过滤网，防杂质进入损坏内部零件。

② 蒸汽引入装置时，先缓慢通入蒸汽暖管，打开排水管，放出冷凝水，以免发生水击和冷缩热胀发生事故，然后逐步开大到工作压力。

③ 蒸汽贯通应分段、分组按流程方向进行，蒸气压保持在 8MPa 左右，蒸汽贯通的管道，其末端应选在放空或油罐处；管道上的孔板和控制阀处应拆除法兰除渣；有存水处，需先放水，再缓慢给汽，以免水击；吹扫冷换设备时，另一程必需放空，以免憋压。

④ 新建炉子，蒸汽贯通前，需进行烘炉。

⑤ 装置内压力表必须预先校验，导管预先贯通。

（4）设备及管道的试压　开工时，要对设备和管道进行单体试压。通过试压过程来检查施工或检修质量，暴露设备的缺陷和隐患，以便在开工进油前加以解决。

试压标准应根据设备承压和工艺要求来决定，对加热炉和换热器一般用水或油试压，对管道、塔和容器一般用水蒸气试压。塔和容器试压时，应缓慢，不能超过安全阀的定压。减压塔应进行抽真空试验。

试压发现问题，应在放压排凝后进行处理，然后再试压至合格为止。

（5）柴油冲洗循环　目的是清除设备内的脏物和存水，校验仪表，缩短冷循环及升温脱水时间，以利安全开工。

进柴油前，改好冲洗流程，与流程无关的阀门全部关死以防窜油、跑油、冲洗流程应与原油冷循环流程相同，按照塔的大小，选择合理的柴油循环量。柴油进入各塔后，需进行沉降放水，然后再启动塔底泵，进行闭路循环，并且严格控制各塔底液面，防止满塔，有关的备用泵及换热器的正、副线，都要冲洗干净。

柴油冲洗完成后，将柴油排出装置，有过滤网处，拆除排渣，然后上好法兰，准备进油。

2. 开工操作

（1）原油冷循环　目的是检查工艺流程是否有误，设备和仪表是否完好，同时赶出管道内的部分积水。冷循环流程按正常操作的流程进行，如图2-60所示。循环正常后，就可以转为热循环。

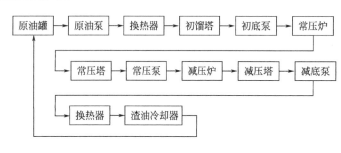

图2-60　原油蒸馏冷循环流程示意

冷循环开始前，应做好燃料油系统的循环和加热炉炉膛吹汽，做好点火准备。冷循环开始后，为保证原油循环温度不降下来，常压炉、减压炉各点一只火嘴进行加热。注意点炉火前，炉膛应用蒸汽吹扫，以保安全。

进油总量应予控制，各塔液面维持在中下部，注意各塔底脱水。

启动空冷试运，大气冷凝器给水，维持一定真空度，以利脱水。

各塔回流系统要进行赶水入塔，以便在各塔进行脱水时脱除，以防止升温后所存水分进入塔内，引起事故。

原油冷循环时间，一般4h即可。

（2）原油热循环　在原油冷循环的基础上，炉子点火升温，过渡到正常操作的过程，称热循环。

热循环有三个内容：升温、脱水和开侧线。整个过程贯穿升温，升温分两个步骤，前阶段主要是升温脱水，这是关键操作，后阶段主要是开侧线。

要严格控制升温速度，速度过快会造成设备热胀损坏，系统中水分或原油轻组分突沸，造成冲塔事故，后果严重，应认真操作。

热循环流程与冷循环时相同。

开始升温至150℃以前，原油和设备内的水分很少汽化，升温速度可快些，以每小时50～60℃为宜。炉出口温度160～200℃，水逐渐汽化，升温速度放慢到每小时30～40℃，炉出口温度200～240℃时，是脱水阶段，为了使水分缓慢汽化，逐步脱除，升温速度要再慢一些，以每小时10～15℃为宜。过快的速度，会造成大量水分突沸，引起冲塔等事故。按此速度继续升温，充分预热设备到250℃，恒温2h，进行全装置检查和必要的热紧。

脱水阶段应随时注意塔底有无声响，塔底由有声响变成无声响时，说明水分基本脱尽。注意回流罐脱水情况，水分放不出时，说明水分基本脱尽。此外，还要注意塔进料和塔底的温度差，温差小或温差恒定时，都说明水分基本脱尽。

脱水完全程度，决定下阶段的正常进油能否实现，脱水过程应将所有机泵，包括塔底备用泵，分别启动，用热油排出泵内积水。各侧线和中段回流等塔侧线阀门，应打开排水。

脱水阶段要严格防止塔底泵抽空，发生抽空时，可采取关闭泵出口阀憋压处理，待上油后再开出口阀，快速升温，闯过脱水期。如原油含水过多，可降温脱水或重新进行热油循环置换，抽空时间过长，也可暂停进料，待泵上油后，再行调整。

脱水阶段还应注意各塔塔顶冷凝冷却器的正常操作，加热炉点火前，即应通入冷却水，防止汽油蒸气排入大气，引起事故。

脱水阶段结束后，可加快升温速度，一般控制在每小时 50℃ 左右，直至 370℃ 左右为止。

改好各塔回流管线流程，准备启动回流泵，当初馏塔和常压塔塔顶温度达 100℃ 时，开始打入回流。回流罐水面要低，严防回流带水入塔，同时开好中段回流。

当常压炉出口温度达 270～280℃ 时，塔底泵会因油品汽化而抽空，所以，在此温度以后，常压塔应自上而下逐个开好侧线，280℃ 时开常压一线、300℃ 开常压二线，320℃ 开常压三线，操作基本正常后，开启初馏塔侧线油进入常压塔上部作中段回流。

开侧线前，应对侧线系统流程进行放水和蒸汽贯通预热，直至汽提塔有液面时，停吹贯通用蒸汽，启动侧线泵，将油品送入废油罐，待油品合格后，再送入成品罐。

随着炉出口温度的升高，过热蒸汽温度也相应升高，达到 350℃ 以后，开始吹入塔内，吹前应放尽冷凝水。

常压开完侧线，常压炉出口温度达 320℃ 以后，开始减压炉点火升温，并开始抽真空。

根据经验，减压系统应采取快升温和快抽真空的操作，升温速度可控制在每小时 30～40℃，直至 410℃，当减压炉出口达 340℃ 时开始抽真空，并自上而下逐个开好侧线，此时应迅速将真空度提到规定指标。侧线油应全部作回流，不出装置。

（3）切换原油　当常压炉出口温度达 320℃，侧线已开正常，各塔液面已维持好，炉子流量平稳，就应停止热循环，切换原油。炉子继续升温，启用主要流量仪表，并进行手动控制。

当减压侧线来油正常，塔顶温度达 110～120℃ 时，开始减压塔顶打回流，侧线向装置外送油。

按产品方案，调整操作，使产品质量尽快达到指标。产品质量合格后进入成品罐，并逐步提高处理量。

在操作过程中，必须掌握好物料平衡。物料平衡的变化具体反映在塔底的液面上，因此，对各塔液面的变化，必须加强观察和调整。在开工前应根据循环量的大小，仪表流量系数大小，估算出原油总流量、分流量、各塔底抽出量和侧线抽出量的大致范围，以便于操作中参考。

热循环和原油切换阶段，要做到勤检查、勤调节、勤联系，严格执行开工方案，作好岗位协作，防止跑、冒、串、漏等事故。

二、正常控制操作

本节以某常减压装置为例介绍原油常减压蒸馏正常控制操作。

1. 原油常减压蒸馏控制指标

原油常减压蒸馏正常生产过程所控制的指标主要有原料和辅助材料质量及消耗指标、产品质量控制指标、工艺操作参数控制指标、公用工程指标、废物排放指标、能量消耗指标等。

（1）原料和辅助材料质量及消耗指标　典型原油常减压蒸馏生产主要原料和辅助材料质

量及消耗指标见表 2-26。

表 2-26 原料和辅助材料质量及消耗指标

名　称	质量指标		消耗指标 /(kg/t 原油)
	项　目	指　标	
原油	脱盐前 密度(20℃)/(kg/m³) 原油含水量(体积分数)/% 含盐/(mg/L) 脱盐后 原油含水量(体积分数)/% 含盐/(mg/L)	实测 实测 实测 ≤4 ≤0.5	
原油破乳剂(NS-9906)	羟值/(mgKOH/g) pH 值(1%水溶液)	≤45 5.0～7.0	≤0.025
柴油乳化抑制剂(HPL-2)	外观 溶解性/% 凝固点/℃ pH 值	浅黄色液体 易溶于水 ≤-25 6.5～8.5	
中和缓蚀剂(NH-1)	中和值/(mgHCl/g) pH 值(1%水溶液) 密度(20℃)/(g/mL) 溶解性能 凝点/℃ 缓蚀率/%	≥280 ≥11 0.95～1.05 与水互溶 ≤-15 ≥90	≤0.045

（2）产品质量控制指标　典型原油常减压蒸馏生产产品包括装置馏出口产品及半成品，其中装置馏出口产品质量控制指标见表 2-27。

表 2-27 典型常减压蒸馏装置馏出口产品质量控制指标

序　号	样品名称	生产方案	控制项目	质量指标
1	初顶油		终馏点/℃ 　铂料 　裂解用石脑油	 ≤180 ≤184
2	常顶油		终馏点/℃ 　铂料 　裂解用石脑油	 ≤180 ≤184
3	直馏汽油		终馏点/℃	≤203
4	碱洗直馏汽油		铜片腐蚀(50℃,3h)/级 水溶性酸或碱	≤1 无
5	常压一线油	航空煤油加氢原料	初馏点/℃ 终馏点/℃ 闪点(闭口)/℃ 冰点/℃ 初馏点/℃	≤170 ≤297 38～46 ≤-49 ≤170
		航空煤油碱洗原料	终馏点 闪点(闭口)/℃ 硫醇硫含量(质量分数)/% 透光/% 冰点/℃ 总酸值/(mgKOH/g) 赛比/号	≤298 40～48 ≤0.0017 96 ≤-48 实测 实测

序 号	样品名称	生产方案	控制项目	质量指标
5	常压一线油	煤油	馏程/℃ 　10% 　终馏点 闪点(闭口)/℃ 赛比/号 运动黏度(40℃)/(mm²/s)	≤203 ≤298 ≥40 ≥+16 1.0~1.9
		裂解用轻柴油	终馏点/℃	≤330
		碱洗航空煤油	水溶性碱/(mg/kg) 总酸值/(mgKOH/g) 银片腐蚀(50℃,4h)/级	≤1.0 0.001~0.013 ≤1
6	常压二线油	柴油	馏程/℃ 　50% 　90% 　95% 酸度/(mgKOH/100mL) 凝点/℃	≤298 ≤353 ≤364 实测 实测
		碱洗直馏柴油	水溶性酸或碱 酸度/(mgKOH/100mL)	无 ≤6
7	常压三线油	航空润滑油原料、 变压器油原料	黏度(50℃)/(mm²/s) 　航空润滑油原料 　变压器油原料 闪点(闭口)/℃	7.4~8.2 ≤7.3 ≥150
8	减压一线油	变压器油原料	黏度(50℃)/(mm²/s) 闪点(闭口)/℃	≤7.3 ≥150
9	减压二线油		黏度(50℃)/(mm²/s) 减压馏程/℃ 闪点(闭口)/℃ 色度/号	11~18 实测 ≥182 ≤2.5
10	减压三线油		黏度(100℃)/(mm²/s) 减压馏程/℃ 闪点(开口)/℃ 色度/号	4.7~7.5 实测 ≥202 ≤3.0
11	减压四线油		黏度(100℃),mm²/s 减压馏程/℃ 闪点(开口)/℃ 色度/号	7.0~14.5 实测 ≥232 ≤5.0
12	减压渣油		闪点(开口)/℃ 密度(20℃)/(kg/m³) 500℃含量/%(m)	≥271 实测 实测

（3）工艺操作参数控制指标　典型原油常减压蒸馏生产工艺操作参数控制指标见表2-28。

表 2-28　典型原油常减压蒸馏生产主要工艺操作参数控制指

项　目	控制指标	项　目	控制指标
进一级电脱盐罐原油温度/℃	110~150	常底吹汽量/(kg/h)	1000~2000
电脱盐罐压力/MPa	≤1.96	常压塔底液位/%	30~80
电脱盐罐总注水量(质量分数)/%	≤10	减压炉总出口温度/℃	370~392
一级电脱盐罐界位/%	50~80	减压炉炉膛温度/℃	≤850
二级电脱盐罐界位/%	30~60	减压炉排烟烟气氧含量(质量分数)/%	1.5~6
三级电脱盐罐界位/%	10~30	减压塔顶压力(绝)/kPa	≤7.00
初馏塔顶压力(表)/MPa	≤0.20	减压塔顶温度/℃	≤95
初馏塔顶温度/℃	90~130	减压一线抽出温度/℃	185~230
初馏塔底液位/%	30~80	减压一线出装置温度/℃	≤100
常压炉总出口温度/℃	353~367	减二线抽出温度/℃	250~395
常压炉炉膛温度/℃	≤850	减压二线出装置温度/℃	≤95
常压炉辐射室出口烟气氧含量(质量分数)/%	1.5~6	减三线抽出温度/℃	280~320
常压塔顶压力(表)/MPa	≤0.15	减三线出装置温度/℃	≤100
常压塔顶温度/℃	100~150	减四线抽出温度/℃	315~355
常压一线抽出温度/℃	170~210	减四线出装置温度/℃	≤95
常压二线抽出温度/℃	250~310	减底吹汽量/(kg/h)	850~1500
常压二线出装置温度/℃	≤60	减压塔底液位/%	30~80
常压三线抽出温度/℃	290~345	减渣出装置温度/℃	≤160

（4）公用工程指标　典型原油常减压蒸馏生产公用工程指标见表 2-29。

表 2-29　典型原油常减压蒸馏生产公用工程指标

项　目	控制指标	项　目	控制指标
蒸汽压力/MPa	≥0.70	工艺空气压力/MPa	≥0.25
循环水上水压力/MPa	≥0.28	仪表空气压力/MPa	≥0.35
循环水上水温度/℃	≤26		

（5）废物排放指标　典型原油常减压蒸馏生产废物排放指标见表 2-30。

表 2-30　典型原油常减压蒸馏生产废物排放指标

污染物类型	特征污染物	排放量	排放去向	监测项目	排放指标
废水	含油污水	5.8t/h	含油污水管网	石油类 pH 值	≤200mg/L 6~9
	含硫污水	23.0t/h			
	生活污水	1.1t/h	生活污水管网		
废气	工业废气	42515.6m³/h	直排大气	二氧化硫 氮氧化物 烟尘	≤1800mg/m³ ≤420mg/m³ ≤350mg/m³
废渣	废液体碱	1.0t/h	环烷酸装置		

（6）能量消耗指标　典型原油常减压蒸馏生产能量消耗指标见表 2-31。

表 2-31　典型原油常减压蒸馏生产能量消耗指标（设计值）

项　目	单耗	能耗折算系数	能耗/(kg 标油/t)
电/(kW·h/t)	8.25	0.2828	2.48
循环水/(t/t)	0.484	0.1	0.048
新鲜水/(t/t)	0.0064	0.18	0.001
软化水/(t/t)	0.08	0.25	0.02
C 级蒸汽/(t/t)	0.00987	76	0.75
B 级蒸汽/(t/t)		88	—
燃料油/(kg/t)	9.83	1.0	9.83
热输出/(kg 标油/t)			−1.50
总能耗/(kg 标油/t)			11.69

2. 原油常压蒸馏正常操作控制方法

（1）常压塔工艺参数正常操作控制方法 常压塔是将经常压炉加热的拔头油分割成一定沸点范围的不同馏分，生产汽、煤、柴油及二次加工原料油。常压塔操作要点如下。

- 严格执行工艺卡片所规定的操作条件。
- 按物料平衡关系调节各侧线产品出装置，在保证产品质量前提下提高轻收和常拔。
- 常压塔底液面、塔顶温度和压力保持平衡，各炉进料量尽量作到少调细调，保证常压炉进料平衡，炉温平稳。
- 常压塔底吹汽和侧线汽提塔吹汽量随进料量和质量要求及时调节合适。

与减压岗位和减压炉岗位配合一致，确保进料温度平稳和进料性质稳定。

典型常压塔操作控制原理见图 2-61。

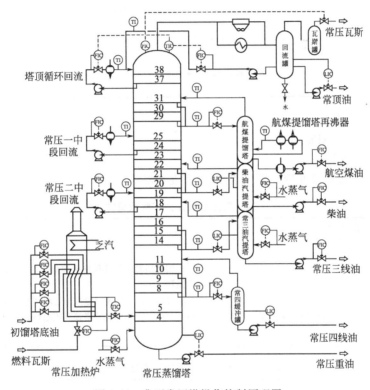

图 2-61　典型常压塔操作控制原理图

① 常压塔顶温度。

控制范围：100～145℃

控制目标：±10℃

正常控制及异常现象处理分别见表 2-32 和表 2-33。

表 2-32　常压塔顶温度正常处理方法

影 响 因 素	调 整 方 法
① 回流量和温度 ② 常压炉出口温度 ③ 塔底吹汽量 ④ 初馏塔拔出量 ⑤ 塔顶循环、一段中段、二段中段量及温度 ⑥ 回流带水	① 手动调节或塔顶温度与塔顶回流自动串级控制 ② 塔顶温度与顶循环回流串级控制

表 2-33　常压塔顶温度异常处理方法

现　象	原　因	处　理　方　法
常压塔顶温度 小于100℃	①回流量大,回流温度低,塔顶温度低 ②加热炉出口温度低,塔顶温度低 ③塔底吹汽小,塔顶温度下降 ④初馏塔拔出量多,常压塔顶温度下降 ⑤顶循环及一段中段、二段中段流量不变,回流温度降低时,塔顶负荷减少,温度降低 ⑥回流带水时,塔顶温度下降	①降低回流量,停喷淋,停空冷提高回流温度 ②提高常压炉温度,控制在指标内 ③调整塔底吹汽调节阀门,提高塔底吹汽量 ④降低初馏塔拔出率 ⑤调整顶循环及一段中段、二段中段的流量提高回流温度 ⑥控制回流罐脱水界位,防止回流带水
常压塔顶温度 大于145℃	①回流量小,塔顶温度升高,回流温度高,塔顶温度高 ②加热炉出口温度高,塔顶温度高 ③塔底吹汽大,塔顶温度上升 ④初馏塔拔出量多,常压塔顶温度上升 ⑤顶环循及一段中段、二段中段流量不变,回流温度降高时,塔顶负荷增加,温度上升	①提高回流量,启动空冷,提高冷却器循环水量,降低回流温度 ②降低常压炉温度,控制在指标内 ③调整塔底吹汽调节阀门,减小塔底吹汽量 ④提高初馏塔拔出率 ⑤调整顶循环及一段中段、二段中段的流量,降低回流温度

② 常压塔顶压力。

控制范围:≤150kPa

控制目标:±20kPa

正常控制及异常现象处理分别见表 2-34 和表 2-35。

表 2-34　常压塔顶压力正常处理方法

影　响　因　素	调　整　方　法
①回流量和温度 ②常压炉出口温度 ③塔底吹汽量 ④进料组成、进料量变化 ⑤塔顶循环、一段中段、二段中段量及温度 ⑥回流带水	①采用塔顶温度与塔顶回流串级控制,给定塔顶温度,进而控制塔顶压力 ②手动调节塔顶回流流量或通过调整塔顶空冷风机开启台数、调整塔顶湿空冷喷淋调节塔顶回流温度,控制塔顶压力

表 2-35　常压塔顶压力异常处理方法

现　象	原　因	处　理　方　法
常压塔顶 压力太低	①塔顶回流温度低,回流量大 ②塔底吹汽量低,塔内汽相负荷小 ③顶循、一段中段和二段中段回流量大 ④常压炉出口温度低	①提高回流温度或降低塔顶回流量 ②提高塔底吹汽量,塔内汽相负荷增大,塔顶压力上升 ③降低顶循、一段中段、二段中段回流量 ④适当增大瓦斯控制阀开度,提高常压炉出口温度
常压塔顶 压力高于 150kPa	①空冷风机停、传动皮带松、喷淋中断 ②回流量过大,塔顶负荷大,压力高 ③塔底吹汽量大,塔内汽相负荷增大 ④顶回流带水 ⑤顶循、一段中段、二段中段回流量太小 ⑥常压炉出口温度高 ⑦液面高,塔顶压力增高	①检查停运风机并现场启动,对有跳闸的风机联系电气人员检查处理,对皮带松的风机联系钳工维修,开启喷淋备用泵恢复喷淋 ②适当降低塔顶回流量,提高塔顶温度 ③降低塔底吹汽 ④现场全开塔顶脱水界位控制阀副线,加大脱水 ⑤适当提高顶循、一段中段、二段中段回流量 ⑥适当降低常压炉出口温度 ⑦平衡三塔底液位,降低常压塔底液位

③ 常压塔底液面。

控制范围：30%～80%

控制目标：(50±10)%

正常控制及异常现象处理分别见表 2-36 和表 2-37。

表 2-36　常压塔底液面正常处理方法

影 响 因 素	调 整 方 法
①常压塔进料温度和流量 ②侧线抽出量 ③塔底吹汽量 ④塔顶温度及压力 ⑤减压炉四路进料流量	①自动串级控制塔底液面与减压炉四路进料 ②通过手动调节常压塔进料量、减压炉四路进料流量调节塔底液面

表 2-37　常压塔底液面异常处理方法

现　象	原　因	处 理 方 法
常压塔底液面超过30%～80%	①进料量和常压炉炉温波动大,进料少,炉温高将导致液面下降;反之,塔底液面上升 ②侧线抽出量波动大,抽出量大,液面降低,反之高 ③塔底吹汽量波动大,量大或蒸汽压力高时,液面低,反之高 ④塔顶温度及压力波动大,塔顶温度高,压力低,则塔底液面低	①调整常压塔进料量,控制平稳常压炉炉温 ②根据物料平衡,调整侧线抽出量 ③调整平稳塔底吹汽量 ④调整塔顶温度及压力

④ 常压顶回流罐界位控制。回流罐界位要经常检查。高界位易造成回流带水，给生产带来波动，界位过低，将造成脱水带油，增大油品损失。

控制范围：10%～45%

控制目标：15%～30%

正常控制及异常现象处理分别见表 2-38 和表 2-39。

表 2-38　常压顶回流罐界位正常处理方法

影 响 因 素	调 整 方 法
①原料含水量 ②塔底吹汽量 ③塔顶注水量	①通过给定常压顶回流罐界位自动调节 ②通过手动调节回流罐脱水阀开度

表 2-39　常顶回流罐界位异常处理方法

现　象	原　因	处 理 方 法
界 位 低于10%	①塔底吹汽量减小 ②塔顶注水量减小 ③脱水控制阀副线阀开启,且开度较大	①关小界位控制阀开度 ②关闭脱水控制阀副线阀,用控制阀调节
界 位 高于45%	①塔底吹汽量增大 ②塔顶注水量增加 ③脱水管线堵塞	①适当开大界位控制阀开度 ②疏通管线

⑤ 常压回流流量控制。包括常压顶循环回流流量控制；常压一段中段回流流量控制；常压二段中段回流流量控制。

控制范围：0～100%（风压输出）

控制目标：20%～80%（风压输出）

正常控制及异常现象处理分别见表 2-40 和表 2-41。

表 2-40　常压回流流量正常处理方法

影　响　因　素	调　整　方　法
①原油性质 ②塔顶温度、压力 ③回流出入口温度	①根据操作参数,给定回流量,自动控制达到工艺要求 ②手动调节阀门开度控制

表 2-41　常压回流流量异常处理方法

现　象	原　因	处　理　方　法
控制阀风压变化而对应流量指示不变	①控制阀故障 ②控制阀未投用,副线开 ③仪表指示失灵	①开副线操作,仪表维修工处理 ②查明原因,投用控制阀或调节副线阀开度 ③手动全开副线阀控制,仪表处理

⑥ 常压侧线流量控制。包括常压一线流量控制;常压二线流量控制;常压三线流量控制;常四线流量控制。

控制范围:0～100%(风压输出)

控制目标:20%～80%(风压输出)

正常控制及异常现象处理分别见表 2-42 和表 2-43。

表 2-42　常压侧线流量正常处理方法

影　响　因　素	调　整　方　法
①馏出口温度低 ②原油性质 ③侧线流出液位及流量	①根据操作参数,给定侧线流量,自动控制达到工艺要求或手动调节阀门开度控制 ②馏出口温度低或原油性质变轻,适当增大抽出量;馏出口温度高或原油性质变重,适当减小抽出量

表 2-43　常压侧线流量异常处理方法

现　象	原　因	处　理　方　法
侧线液位升高或下降,控制阀风压变而对应流量指示不变	①控制阀故障 ②控制阀未投用,副线开 ③机泵故障	①开副线操作,仪表维修工处理 ②查明原因,投用控制阀或调节副线阀开度 ③操作人员现场开备用泵
侧线液位正常,控制阀风压变而对应流量指示不变	①流量指示仪表故障 ②侧线流量控制阀检修停用,现场为副线操作	①开流量副线阀操作,仪表维修工处理 ②侧线流量阀检修完毕,投用控制阀,关闭副线阀

(2) 常压塔产品质量正常操作控制方法

① 常压塔顶油干点控制。

控制范围:≤203℃(直接蒸汽);≤180℃(铂料);≤184℃(裂解用石脑油)

控制目标:≤201℃(直接蒸汽);≤170℃(铂料);≤175℃(裂解用石脑油)

正常控制及异常现象处理分别见表 2-44 和表 2-45。

表 2-44　常压塔顶油干点正常处理方法

影　响　因　素	调　整　方　法
①塔顶温度、塔顶压力 ②原油性质、进料温度 ③初馏塔拔出率 ④常压塔吹汽量 ⑤回流量及温度、侧线流量	①通过塔顶回流量与塔顶温度自动串级控制,给定塔顶温度,稳定塔顶压力 ②通过手动增大或减小塔顶回流量 ③调整塔顶空冷风机开启台数、调整塔顶湿空冷喷淋调节塔顶回流温度,进而改变塔顶压力或温度调节常压塔顶油干点

表 2-45　常压塔顶油干点异常处理方法

现　象	原　　因	处　理　方　法
常压塔顶油干点过高	①塔顶温度高、压力低 ②原油性质变重 ③进料温度高 ④回流油带水 ⑤塔顶回流量过小 ⑥常压一线抽出量过大 ⑦塔底吹汽量过大	①提高回流量,降低顶温;停运部分空冷风机 ②适当降低回流量 ③适当关小常压炉瓦斯控制阀,降低常压炉出口温度 ④现场全开回流罐脱水控制阀副线阀,加大脱水 ⑤适当增大塔顶回流量 ⑥适当降低常压一线抽出量 ⑦适当关小塔底吹汽控制阀

②　常压一线航空煤油初馏点。

控制范围：≤170℃

控制目标：≤168℃

正常控制及异常现象处理分别见表 2-46 和表 2-47。

表 2-46　常压一线航空煤油初馏点正常处理方法

影　响　因　素	调　整　方　法
①塔顶温度、塔顶压力 ②塔顶回流温度 ③常压一线馏出温度 ④顶循流量及温度	①通过调节常顶回流量或常压一线抽出量控制常压一线馏出温度 ②通过调节常压一线控制常压一线返塔温度,进行调节常压一线初馏点 ③常压一线初馏点超出控制目标,降低常压一线馏出温度或降低常压一线再沸器返塔温度

表 2-47　常压一线航煤初馏点异常处理方法

现　象	原　　因	处　理　方　法
航空煤油初馏点高	①常压二线抽出量太大 ②常压一线馏出温度高	①根据常压二线95%点温度判断常压二线抽出量,适当降低常压二线抽出量 ②适当增大常顶回流及常压顶循环回流量,降低常压一线馏出温度

③　航空煤油98%点控制。

控制范围：≤298℃

控制目标：≤296℃

正常控制及异常现象处理分别见表 2-48 和表 2-49。

表 2-48　常压一线航空煤油98%点正常处理方法

影　响　因　素	调　整　方　法
①常压一线馏出温度 ②中段回流或温度 ③常压二、三、四线流量 ④汽提塔吹汽量	①通过调节常压顶回流量及常压一线抽出量控制常压一线馏出温度,馏出温度高,则常压一线98%点高,反之则低 ②各回流流量降低,航空煤油98%点升高,反之则低 ③常压一线98%点超出控制目标,通过调节降低常压一线馏出温度或降低常压二线抽出量进行调节

表 2-49　常压一线航空煤油98%点异常处理方法

现　象	原　　因	处　理　方　法
航空煤油98%点高而常压一线量不大	①常压一线馏出温度高 ②中段回流量小,温度高 ③常压二、三、四线流量大 ④汽提塔吹汽量大	①降低常压一线馏出温度 ②适当增大回流量 ③适当降低常压二、三、四线流量 ④适当降低汽提塔吹汽量

④　碱洗航空煤油冰点控制

控制范围：≤-49℃

控制目标：≤-51℃

正常控制及异常现象处理分别见表 2-50 和表 2-51。

表 2-50　碱洗航空煤油冰点正常处理方法

影 响 因 素	调 整 方 法
①常压一线流量、温度 ②常压一线热虹吸返塔温度 ③塔顶压力 ④常压塔吹汽量、压力 ⑤中段回流取热 ⑥初馏塔拔出率	①冰点超过目标值,通过适当减小常压一线馏出流量、适当增加常压一线中回流量等手段降低常压一线馏出温度 ②在初馏点质量合格前提下也可适当提高常压一线热虹吸返塔温度

表 2-51　碱洗航空煤油冰点异常处理方法

现 象	原 因	处 理 方 法
航空煤油冰点不合格	①常压一线流量太大 ②常压塔顶压力低 ③常压塔底吹汽量大 ④中段回流量小	①适当降低常压一线流量 ②停用部分塔顶空冷风机 ③降低常压塔底吹汽量 ④适当提高中段回流量

⑤ 常压一线闪点控制。

控制范围:≥42℃(煤油);38~47℃(加氢原料)

控制目标:≥42℃(煤油);38~47℃(加氢原料)

正常控制及异常现象处理分别见表 2-52 和表 2-53。

表 2-52　常压一线闪点正常处理方法

影 响 因 素	调 整 方 法
①塔顶温度、压力 ②常压一线热虹吸返塔温度 ③常压一、三线流量、抽出温度 ④常压塔吹汽量、压力 ⑤中段回流取热 ⑥初馏塔拔出率	①调整各回流量控制塔顶温度 ②调整常压三线和常压一线流量控制热虹吸返塔温度 ③调整常压塔底吹汽控制阀,调节塔底吹汽量

表 2-53　常压一线闪点异常处理方法

现 象	原 因	处 理 方 法
常压一线闪点不合格	①塔顶温度低 ②常压一线热虹吸返塔温度低 ③常压一线流量小 ④塔顶压力高	①停用部分塔顶空冷风机 ②关小重沸器副线阀门,提高常压一线热虹吸返塔温度 ③开大常压一线流量控制阀 ④增开塔顶空冷风机开启个数或适当增大塔顶空冷喷淋水量

⑥ 常压二线柴油 95%点控制。

控制范围:≤364℃

控制目标:345~364℃

正常控制及异常现象处理分别见表 2-54 和表 2-55。

表 2-54　常压二线柴油 95%点正常处理方法

影 响 因 素	调 整 方 法
①常压二线抽出量、温度,常压二线抽出量大、抽出温度高,95%点高,反之低 ②常压一线抽出量大,常压二线 95%点高,反之低 ③塔底吹汽大,常压二线 95%点高,反之低 ④塔底液面升高,常压二线 95%点高,反之低 ⑤加热炉炉温升高,常压二线 95%点高,反之低	①调节常压二线抽出流量或调整常一线、常压塔顶温度、塔底吹汽等手段控制常二线抽出温度 ②调整常压一线抽出量 ③适当调整常压塔底吹汽量 ④稳定常压塔底液面在 50%左右,防止塔底液面波动大 ⑤稳定常压炉出口温度平稳

表 2-55　常压二线柴油 95％点异常处理方法

现　象	原　因	处　理　方　法
常压二线 95％点不合格	①常压二线抽出量太大、温度太高 ②常压一线流量太大 ③吹汽过大，携带严重 ④塔底液面过高 ⑤炉温超高 ⑥冲塔	①降低抽出量、降低抽出温度 ②适当降低常压一线馏出量 ③调节吹汽量 ④尽快拉底液面在 45％～55％ ⑤调节炉温在工艺卡范围内 ⑥如果 95％变化太大，应联系调度改次品罐，并根据影响的因素调整操作

⑦ 常压三线生产变料闪点控制。

控制范围：≥150℃

控制目标：≥151℃

正常控制及异常现象处理分别见表 2-56 和表 2-57。

表 2-56　常压三线生产变料闪点正常处理方法

影　响　因　素	调　整　方　法
①常压一、二线抽出量 ②常压二中回流量、回流温度 ③常压三抽出量、温度 ④塔底吹汽量 ⑤加热炉炉温	①调整常压一、二线抽出量 ②调节常压二中回流量、回流温度 ③调节常压三抽出量、温度 ④适当调整常压塔底吹汽量 ⑤稳定常压炉出口温度平稳

表 2-57　常压三线生产变料闪点异常处理方法

现　象	原　因	处　理　方　法
常压三线生产变料初馏点、闪点低	①常压一、二线抽出量小 ②常压二中回流量大 ③塔底吹汽量小	①在保证常压一、二线质量前提下，适当增大常压一、二线流量控制阀开度，提高流量 ②适当关小常压二中流量控制阀开度 ③适当开大塔底吹汽流量控制阀，增大塔底吹汽量

3. 原油减压蒸馏正常操作控制方法

减压岗位的操作要点：调节好减压各侧线质量、提高侧线收率。维护好所属系统的设备，确保设备安全运行。加强与各岗位之间的联系，搞好平稳操作。要与常压岗位配合，平稳减压炉进料。保证塔顶真空度稳定，发生变化时及时查找原因并果断处理。各中段回流取热分配要合适，回流温度要稳定。各段回流量不得太小，以保证各段回流喷嘴的喷淋效果。塔底液面控制平稳。根据产品质量分析和操作变化及时调节各侧线量，掌握物料平衡，努力提高减压拔出率。注意各组过滤器的前后压差，过滤器堵后应及时切换清洗。保证侧线油和减渣冷后温度控制在工艺卡范围之内。减压炉温控制在工艺指标范围内。检查控制仪表的准确性、真实性及灵敏度。

典型减压塔操作控制原理见图 2-62。

（1）减压塔工艺参数正常操作控制方法

① 减压塔顶温度控制。

控制范围：≤95℃

控制目标：≤90℃

正常控制及异常现象处理分别见表 2-58 和表 2-59。

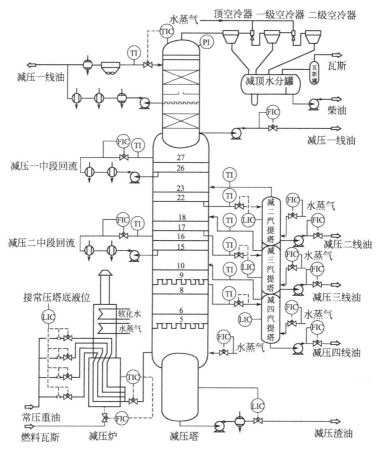

图 2-62 典型减压塔操作控制原理

表 2-58 减压塔顶温度正常处理方法

影 响 因 素	调 整 方 法
①减压塔底和各侧线吹汽量 ②各回流返塔温度 ③塔顶真空度 ④塔进料温度	①调节塔顶抽空器蒸汽量等手段控制塔顶残压 ②调节塔顶回流温度、回流量调整塔顶温度

表 2-59 减压塔顶温度异常处理方法

现 象	原 因	处 理 方 法
减压塔顶温度高	①吹汽量大,真空度下降,塔顶温度上升 ②各部回流量小 ③塔顶真空度的变化,真空度变高时,油气化量增大,塔顶温度上升 ④减压一中、二中回流量小,减顶回流量增大,塔顶负荷增加,顶温度升高 ⑤塔进料温度高,塔顶温度高 ⑥进料变轻或侧线抽出量的变化 ⑦减顶回流返塔温度高 ⑧各部回流泵抽空	①适当调整塔底吹汽量 ②适当开大回流流量控制阀开度,增大回流量 ③适当调整回流量,将塔顶温度控制在指标内 ④适当增大减压一中、减压二中回流量,降低减顶回流量,调整回流取热的分配 ⑤适当关小减压炉瓦斯控制阀,降低炉温 ⑥提高并控制好常压拔,调并稳定抽出量 ⑦增开减顶空冷风机 ⑧适当提高其他回流流量,维持操作,查找回流泵抽空的原因进行处理

② 减压塔顶压力控制。

控制范围:≤7kPa(表压)

控制目标:≤6.5kPa(表压)

正常控制及异常现象处理分别见表 2-60 和表 2-61。

表 2-60　减压塔顶压力正常处理方法

影　响　因　素	调　整　方　法
①塔底和各侧线吹汽量 ②塔顶温度 ③常压拔出率 ④减压炉出口温度 ⑤塔底液面 ⑥减顶瓦斯分液罐液面	①调整 1.0MPa 蒸汽或自产 0.8MPa 蒸汽压力、流量 ②调整真空泵蒸汽流量,使水、汽配比恰当,抽空器不出现串汽和倒汽 ③调整塔底液面;塔底吹汽,减压炉出口温度;塔顶温度等

表 2-61　减压塔顶压力异常处理方法

现　象	原　　因	处　理　方　法
减压塔顶压力上升	①抽真空蒸汽压力低或量小 ②减顶瓦斯分液罐液面高 ③大气腿管线,减顶瓦斯管线堵或冻 ④塔底吹汽量及各侧线吹汽量大,真空泵及冷却负荷增加 ⑤常压拔出率太低,减压进料轻,导致真空度下降 ⑥塔顶温度高 ⑦塔底液面过高 ⑧空冷器泄漏	①改用自产 0.8MPa 蒸汽抽真空 ②分液罐油外送,可开两台同时外送 ③疏通堵或冻凝的管线 ④适当关小塔底及各侧线吹汽控制阀开度 ⑤适当提高常压各侧线流量,提高常压塔拔出率 ⑥适当增加塔顶空冷风机开启台数,开大塔顶空冷喷淋水 ⑦现场检查判断实际液位,增大渣油量 ⑧查找泄漏空冷器,停用,联系检修

③ 减压回流流量控制。包括减顶回流流量控制；减压一中回流流量控制；减压二中回流流量控制。

控制范围：0～100%（风压输出）

控制目标：20%～80%（风压输出）

正常控制及异常现象处理分别见表 2-62 和表 2-63。

表 2-62　减压塔回流流量正常处理方法

影　响　因　素	调　整　方　法
①减压一中回流量大,减顶抽出液位下降,减顶回流量下降 ②减压顶油出装置量太大,减顶回流量下降 ③回流出入口温度 ④减压塔顶温度 ⑤回流流量表流量指示,泵出口压力指示	①给定回流控制阀回流量进行自动调节 ②手动调节回流量控制阀或副线开度

表 2-63　减压塔回流流量异常处理方法

现　象	原　　因	处　理　方　法
控制阀风压变化而对应流量指示不变	①控制阀故障 ②控制阀未投用,副线开 ③仪表指示失灵	①开副线操作,联系仪表维修工处理 ②查明原因,投用控制阀或调节副线阀开度 ③用副线控制,联系仪表工处理
流量快速下降为零或大范围波动	机泵抽空或停运	现场切换备用机泵,联系钳工配合处理

④ 减压侧线流量控制。包括减压一线流量控制；减压二线流量控制；减压三线流量控制；减压四线流量控制。

控制范围：0～100%（风压输出）

控制目标：20%～80%（风压输出）

正常控制及异常现象处理分别见表 2-64 和表 2-65。

表 2-64　减压塔侧线流量正常处理方法

影　响　因　素	调　整　方　法
①各侧线泵出口阀门开度 ②减压一、减压二、减压三、减压四线液位及流量 ③减压一、减压二、减压三、减压四线馏出口温度 ④各侧线泵出口压力指示	①给定各侧线控制阀流量或液位自动控制 ②手动调节各控制阀或副线开度

表 2-65　减压塔侧线流量异常处理方法

现　象	原　因	处　理　方　法
侧线液位升高或下降,控制阀风压变而对应流量指示不变	①控制阀故障 ②控制阀未投用,副线开	①开副线操作,联系仪表维修工处理 ②查明原因,投用控制阀或调节副线阀开度
侧线液位正常,控制阀风压变而对应流量指示不变	仪表指示失灵	副线调节控制,联系仪表工处理

⑤ 减压塔塔底液面控制。

控制范围：$30\% \sim 80\%$

控制目标：$40\% \sim 60\%$

正常控制及异常现象处理分别见表 2-66 和表 2-67。

表 2-66　减压塔塔底液面正常处理方法

影　响　因　素	调　整　方　法
①各侧线抽出量 ②塔顶真空度 ③减压塔物料平衡 ④进料温度 ⑤拔出率 ⑥渣油量	①调节进料量和出料 ②调整真空泵,保证真空度正常 ③调节进料量和出料 ④调节进料温度 ⑤调节各侧线拔出率

表 2-67　减压塔塔底液面异常处理方法

现　象	原　因	处　理　方　法
减底液面高	①减压塔物料不平衡,进料量大,出料少 ②进料温度低 ③各侧线抽出量太小,拔出率低 ④机泵故障 ⑤仪表失灵 ⑥后路阻力大憋压 ⑦塔顶真空度低	①分析物料不平衡原因,如进料量大,应尽可能提高常拔,减少进料量,如侧线流量小,应在保证质量前提下,提高并稳定侧线量 ②适当开大减压炉瓦斯控制阀,提高减压炉出口温度 ③增大各侧线流量控制阀开度,提高拔出率 ④切换备用泵,并联系钳工及时抢修 ⑤用副线控制,及时联系仪表工处理 ⑥检查流程,开大后路各阀门,联系罐区换罐 ⑦查找真空度低的原因,提高塔顶真空度

(2) 常压塔产品质量正常操作控制方法

① 减压塔侧线产品黏度控制。

控制范围　减压一线黏度 ν_{50}：$\leqslant 7.3\,mm^2/s$

　　　　　减压二线黏度 ν_{50}：$11 \sim 18\,mm^2/s$

　　　　　减压三线黏度 ν_{100}：$4.7 \sim 7.5\,mm^2/s$

　　　　　减压四线黏度 ν_{100}：$7 \sim 14.5\,mm^2/s$

控制目标　减压一线变料黏度 ν_{50}：$\leqslant 7.2\,mm^2/s$

　　　　　减压二线黏度 ν_{50}：$12 \sim 17\,mm^2/s$

减压三线黏度 ν_{100}：4.8~7.4mm²/s

减压四线黏度 ν_{100}：7.5~14.0mm²/s

正常控制及异常现象处理分别见表 2-68 和表 2-69。

表 2-68　减压塔侧线产品黏度正常处理方法

影 响 因 素	调 整 方 法
①各侧线抽出量和温度 ②回流流量和温度 ③塔底和侧线汽提塔吹汽量 ④减压炉出口温度	①给定各侧线控制阀流量或液位自动控制 ②手动调节各控制阀或副线开度

表 2-69　减压塔侧线产品黏度异常处理方法

现　象	原　　因	处　理　方　法
各侧线黏度低于质量指标	①各侧线抽出量小、黏度低 ②各侧线馏出温度低,黏度低 ③真空度下降,黏度低 ④中段回流过大,各侧线黏度低 ⑤塔底吹汽量减少,各侧线黏度小 ⑥减压炉出口温度低,减压侧线黏度下降	①根据物料平衡,提高各侧线抽出量 ②适当降低中段回流量,提高各侧线馏出温度 ③查找真空度低的原因,提高真空度 ④适当降低中段回流量 ⑤适当增大塔底吹汽量 ⑥适当开大减压炉瓦斯控制阀开度,串级控制时,将出口温度给定值适当给大,平稳减压炉出口温度,控制在指标内
各侧线黏度高于质量指标	①各侧线抽出量大 ②各侧线馏出温高 ③中段回流量小 ④塔底吹汽量大 ⑤减压炉出口温度高	①根据物料平衡,调整各侧线抽出量 ②调整侧线抽出量,控制各侧线馏出温度 ③适当提高中段回流量 ④适当降低塔底吹汽量 ⑤适当关小减压炉瓦斯控制阀开度,串级控制时,将出口温度给定值适当给小,平稳减压炉出口温度,控制在指标内

② 减压二、三、四线产品色度控制。

控制范围　减压二线色度：≤2.5 号

减压三线色度：≤3.0 号

减压四线色度：≤5.0 号

控制目标　减压二线色度：<2.5 号

减压三线色度：<3.0 号

减压四线色度：<5.0 号

正常控制及异常现象处理分别见表 2-70 和表 2-71。

表 2-70　减压塔减压二、三、四线产品色度正常处理方法

影 响 因 素	调 整 方 法
①进料性质 ②塔内汽相负荷 ③减压一中、减压二中回流量 ④塔底吹汽量 ⑤汽提蒸汽量 ⑥抽出口温度	①调节侧线抽出量、抽出温度 ②稳定塔底吹汽量,平稳塔内汽相负荷 ③控制减压一中、减压二中回流量稳定 ④调节汽提蒸汽量

表 2-71　减压塔减压二、三、四线产品色度异常处理方法

现　象	原　因	处　理　方　法
减压二、三、四比色不合格	①侧线汽提蒸汽量大 ②换热器内漏 ③减压顶、减压一中、减压二中回流量小 ④塔底吹汽量过大	①适当降低侧线汽提蒸汽量 ②换热器改走副线，对换热器进行抢修 ③适当增大中段回流量 ④适当关小塔底吹汽量

③ 减压二、三、四线产品闪点控制。

控制范围　减压二线闪点：≥182℃

　　　　　减压三线闪点：≥202℃

　　　　　减压四线闪点：≥232℃

控制目标　减压二线闪点：≥183℃

　　　　　减压三线闪点：≥203℃

　　　　　减压四线闪点：≥233℃

正常控制及异常现象处理分别见表 2-72 和表 2-73。

表 2-72　减压塔减压二、三、四线产品闪点正常处理方法

影　响　因　素	调　整　方　法
①减压一线流量 ②各侧线汽提塔吹汽量 ③减压二、三、四侧线馏出温度 ④减压塔顶真空度 ⑤常压拔出率 ⑥侧线切割方案	①通过调节调整上一侧线流量 ②调节各侧线汽提塔吹汽量 ③调节各侧线馏出温度 ④提高并稳定真空度 ⑤稳定常压拔出率

表 2-73　减压塔减压二、三、四线产品闪点异常处理方法

现　象	原　因	处　理　方　法
减压二、三、四线闪点不合格	①上一侧线抽出量小，本侧线闪点低 ②侧线汽提塔吹汽量小 ③侧线抽出温度低 ④真空度低 ⑤常压拔出率低 ⑥换热器内漏	①适当增大上一侧线抽出量 ②开大侧线汽提塔吹汽阀门 ③适当提高侧线抽出温度 ④查找原因，提高真空度 ⑤适当提高常压拔出率 ⑥观察油品颜色，甩开换热器检修

三、停工

停工分为正常通过和紧急事故停工

1. 正常停工

在装置运行平稳公用工程正常产品质量合格的情况下，按生产计划进行的停工操作为正常停工，包括停工待料和停工检修等。

停工前装置状态应为：装置运行指标正常、盲板处于盲位、安全设施完好备用。

（1）停工要求及准备

① 停工要求。降量不出次品；不超温；不超压；不水击损坏设备；不冒罐；不串油；不跑油；不着火；设备管线不存油，不存水；不拖延时间，准点停工。

② 做好停工准备工作。

● 物品准备。确认准备足黄土、沙袋、铁圈；确认准备足吹扫胶带、铁丝；确认准备好

阀门扳手；确认准备好空大桶；确认装置照明完好；确认下水系统无污泥畅通。

●制定停工计划（统筹）、方案。

●拆盲板。联系施工单位拆除盲板；按盲板表拆除；确认各拆盲板处恢复连接，阀门关闭。

●引吹扫蒸汽。

●停辅助系统。停"三注"（常压塔顶注缓蚀剂，常压塔顶注水，停注破乳剂）；停其他项目（空气预热系统停掉；炉子改自然通风）。

停工前各项准备工作结束后进一步确认：停工用料准备齐全；各盲板拆除；吹扫蒸汽备用；催料线，退油线蒸汽贯通完毕；确认装置生产正常，质量合格。

（2）降量、降温，系统循环

① 系统降量。

●常压系统降量。

●减压系统降量。

② 降温停常压系统。

③ 减压炉降温、停减压侧线。

（3）退油吹扫

① 退油吹扫流程准备。

② 倒油系统退油吹扫。

③ 常压系统退油吹扫。

④ 减压系统退油吹扫。

⑤ 其他系统吹扫。

●高压瓦斯系统吹扫。

●初压顶、常压顶瓦斯、减压顶瓦斯系统吹扫。

●封油系统吹扫。

（4）容器处理

① 水冲洗、蒸塔。

② 电脱盐退油吹扫。

（5）停工收尾工作

① 装置内各电机停电。

② 按盲板表加盲板。

③ 下水系统及隔油池处理。

④ 相关设备开人孔。

2. 紧急事故停工

装置在发生紧急停电、停水以及燃烧、爆炸等情况下，需要按下述办法来进行紧急停工处理。

（1）事故处理原则　事故处理原则是按照消除、预防、减弱、隔离、警告的顺序进行控制。当发生危险、危害事故时，要坚持先救人后救物，先重点后一般，先控制后消灭的总原则灵活果断处置，防止事故扩大。

（2）紧急停工方法

① 停工原则。本装置发生重大事故，经努力处理而不能解除事故，也不能维持循环，外装置发生重大事故，严重威胁本装置安全生产，应进行紧急停工。

炉管严重烧穿，塔严重漏油着火，或其他冷、机泵设备发生爆炸或火灾事故，应紧急停工。

重要机泵发生事故无法修复，而备用设备又长时间启动不了，可进行紧急停工。

长时间停水、停电、停风、停汽，计算机长时间死机可紧急停工，但应尽量按正常停工步骤进行。

紧急停工操作人员得到调度同意后，加强组织领导，保持镇静，忙而不乱，首先要正确判断，然后进行正确处理。

② 原则性步骤。

电脱盐系统：电脱盐罐停止送电，停止注水，停止注破乳剂，停止脱水，电脱盐罐走副线。

常压、减压岗位：停掉各塔吹汽，蒸汽放空，停止塔顶注缓蚀剂，注水；将瓦斯罐瓦斯排空，同时关闭去炉子阀门，抓紧时间将汽油外送，防止冒罐；由上而下，依次停各侧线泵和中断回流泵，如塔顶温度不上升可停掉回流泵，停掉各侧线冷却水和风机；常压三、减压一、二、三、四、五、减渣线立即进行扫线，注意吹扫时油表走副线；在允许情况下，改循环；减压消真空不能过快，当减压塔顶温度大于200℃时，真空度不小于0.04MPa。

司炉岗位：（非加热炉着火）在室内瓦斯控制阀，然后关闭火嘴阀门，吹扫火嘴；开大炉出口过热蒸汽放空。

泵房岗位：配合操作岗位停泵，关闭泵出口阀，如吹扫应走泵副线。

第六节　原油蒸馏工艺计算

石油蒸馏工艺计算一般包括两种情形：蒸馏塔工艺设计计算和蒸馏塔的工艺核算。

蒸馏塔工艺设计计算是根据油品性质数据以及工艺要求，设计一个合适的蒸馏塔，并确定有关操作参数，为装置建设设计提供依据。

蒸馏塔的工艺核算是对已有装置的蒸馏塔，根据其塔结构、操作参数和油品性质等数据，核算现有设备是否符合生产要求，为蒸馏塔的操作、改造提供依据。

设计计算和核算的原理、方法和设计的基本一致，只是在步骤上略有差异。本文主要以设计计算为例来进行说明。

一、原油分馏塔工艺计算所需的基础数据和设计计算步骤

1. 计算所需基础数据

设计资料是一切设计工作的基础，没有必要的设计资料，设计工作就难于进行。通常一个化工项目的设计或是采用现成的生产实践数据，或是采用科学试验数据，同时还涉及大量的技术资料。因此，设计人员接受设计任务后首先进行的准备工作就是设计基础资料的搜集。设计基础资料搜集得愈全面、愈完整、愈合适，设计就愈能符合生产规律，愈能取得预期的设计效果。

要进行原油分馏塔的计算，必须首先收集整理好以下一些数据。

① 原料油性质，其中主要包括实沸点蒸馏数据、密度、特性因数、相对平均分子质量、含水量、黏度和平衡汽化数据等。

② 原料油处理量，包括最大和最小可能的处理量。

③ 根据正常生产和检修情况确定的年开工天数。

④ 产品方案及产品性质。

⑤ 汽提水蒸气的温度和压力。

上述基本数据通常由设计任务书给定。

此外，应尽可能收集同类型生产装置和生产方案的实际操作数据以资参考。

2. 设计计算步骤

① 根据原料油类型及国家对产品的需要决定产品方案。

② 列出（有的须通过计算求得）有关各油品的性质。根据原料油性质及产品方案确定产品的收率，作出物料平衡。

③ 决定汽提方式，并确定汽提蒸汽用量。

④ 选择塔板的形式，并按经验数据定出各塔段的塔板数。

⑤ 画出精馏塔的草图，其中包括进料及抽出侧线的位置、中段回流位置等。

⑥ 确定塔内各部位的压力和加热炉出口压力。

⑦ 决定进料过汽化度，计算汽化段温度。

⑧ 确定塔底温度。

⑨ 假设塔顶及各侧线抽出温度，作全塔热平衡，算出全塔回流热，选定回流方式及中段回流的数量和位置，并合理分配回流热。

⑩ 校核各侧线及塔顶温度，若与假设值不符合，应重新假设和计算。

⑪ 做出全塔气、液相负荷分布图，并将上述工艺计算结果填在草图上。

⑫ 计算塔径和塔高。

⑬ 作塔板水力学核算。

⑭ 设计结果分析与结论。

具体进行设计计算时，要按照上面给出的步骤，灵活地运用所学的基本知识，完整地完成设计任务。

二、计算参数

参数包括：恩氏体积平均沸点（℃）、立方平均沸点、中平均沸点、密度指数°API、特性因数 K、相对分子平均质量、平衡汽化温度、临界温度、临界压力、焦点压力、焦点温度、实沸点切割范围等，可以根据已获得的基本数据（主要是基础评价数据）逐项算出，并将结果列表。

三、物料平衡计算

蒸馏塔的物料平衡是计算设计蒸馏塔尺寸、操作条件以及决定相关的设备工艺条件的主要依据，是分析生产、找出生产中存在问题的重要手段之一。

原油蒸馏塔的物料平衡，可分为全塔和局部物料平衡。全塔的物料平衡如图 2-63 所示。

蒸馏塔的物料平衡计算首先要画好草图，然后取好要求确定物料平衡部位的隔离系统，如图 2-63 中的虚线为计算全塔物料平衡时的隔离系统。另外，计算前还应确定计算基准，常以每小时的流量作为基准。图中的塔顶回流和汽提塔汽提出的油蒸气属于塔内部循环，其流量大小不计入物料平衡内。最后，可列出物料平衡计算式或列表。

根据物料平衡，总进料量等于总出料，即入方＝出方，故

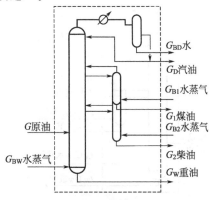

图 2-63 蒸馏塔物料平衡图

$$G + G_{BW} + C_{B1} + G_{B2} = G_D + G_1 + G_2 + G_W + G_{BD}$$

1. 进入隔离系统物料（入方）

式中　G——原油进塔量，kg/h；

　　G_{BW}——塔底汽提水蒸气量，kg/h；

　　G_{B1}——第一侧线汽提水蒸气量。kg/h；

　　G_{B2}——第二侧线汽提水蒸气量，kg/h。

2. 离开隔离系统物料（出方）

式中　G_D——塔顶产品量，kg/h；

　　G_1——第一侧线产品量，kg/h；

　　G_2——第二侧线产品量，kg/h；

　　G_W——塔底产品量，kg/h；

　　G_{BD}——塔顶冷凝水，kg/h。

蒸馏塔的局部物料平衡也可按以上同样方法求定。

计算数据列于表2-74。

表 2-74　物料平衡表

项　目	体积产率/ %	重量产率/ %	年处理量/ (10^4 t/a)	日处理量/ (t/d)	小时处理量/ (kg/h)	分子流率/ (kmol/h)
原料油	100	100	√	√	√	
气体	√	√	√	√	√	√
塔顶产品	√	√	√	√	√	√
侧线产品	√	√	√	√	√	√
塔底产品	√	√	√	√	√	√

四、全塔热平衡计算

热量平衡也是确定设备工艺条件和工艺尺寸所必须进行的计算内容，同时还是分析生产的重要依据。蒸馏塔的热量平衡，分为全塔热平衡和局部平衡。下面以全塔热平衡为例，介绍确定热平衡的方法。原油蒸馏塔全塔热平衡如图2-64所示。

热平衡计算步骤与物料平衡计算步骤基本相同。首先画出草图，其次取好隔离体系，在草图上标出进、出口物料量、温度、压力等已知或未知条件，最后建立热平衡方程式（或列表）。

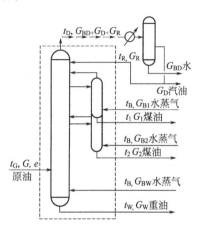

图 2-64　蒸馏塔热平衡隔离系统图

1. 入塔热量

$$Q_入 = Geh_{tG}^V + G(1-e)h_{tG}^L + G_{BW}h_{tB}^V + G_R h_{tR}^L$$

式中　$Q_入$——进入蒸馏塔的总热量，kJ/h；

　　G——原油进塔量，kg/h；

　　G_{BW}——进入蒸馏塔的水蒸气量，kg/h；

　　e——原油在进料处的汽化率；

　　G_R——塔顶回流量，kg/h；

　　t_G——原油进料塔温度，℃；

　　t_B——水蒸气的温度，℃；

　　h_{tG}^V——进塔原油中气相的热焓，kJ/kg；

　　h_{tG}^L——进塔原油中液相的热焓，kJ/kg；

　　h_{tB}^V——水蒸气的热焓，kJ/kg；

h_{tR}^{L}——冷回流的热焓，kJ/kg。

2. 出塔热量

$$Q_{出} = G_D h_{tD}^{V} + G_R h_{tD}^{V} + G_1 h_{t1}^{L} + G_2 h_{t2}^{L} + G_W h_{tW}^{L} + G_{BD} h_{tD}^{L}$$

式中　$Q_{出}$——出蒸馏塔的总热量，kg/h；

G_D——塔顶汽油量，kg/h

G_1——一侧线产品量，kg/h；

G_2——二侧线产品量，kg/h；

G_W——塔底产品量，kg/h；

t_D——汽油馏出温度，℃；

t_1——一侧线的温度，℃；

t_2——二侧线的温度，℃；

t_W——一塔底油温度，℃。

h_{tD}^{V}——塔顶汽油的气相热焓，kJ/kg,；

h_{t1}^{L}——一侧线油的液相热焓，kJ/kg；

h_{t2}^{L}——二测线油的液相热焓，kJ/k；

h_{tW}^{V}——塔底油的液相热焓，kJ/kg；

h_{tD}^{V}——塔顶水蒸气的热焓，kJ/kg。

若不考虑塔的散热损失，则 $Q_{入} = Q_{出}$，整理后得

$$\lceil Geh_{tG}^{V} + G(1-e)h_{tG}^{L} + G_{BW}h_{tB}^{V} \rfloor - (G_D h_{tD}^{V} + G_1 h_{t1}^{L} + G_2 h_{t2}^{L} + G_W h_{tW}^{V} + G_{BD} h_{tD}^{L}) = G_R (h_{tD}^{V} - h_{tR}^{L})$$

式中，$G_R (h_{tD}^{V} - h_{tR}^{L})$ 为全塔剩余的热量，也就是回流应取走总的热量，即全塔回流热。回流热分配大致按以下比例：塔顶回流取热为 $40\% \sim 50\%$（包括顶循环回流），中段循环回流取热为 $50\% \sim 60\%$，各厂根据实际情况决定。

五、原油分馏塔的主要工艺条件的确定

1. 经验塔板数

石油的组成相当复杂，目前还不能用分析法计算塔，一般采用生产中可行的经验数据，表 2-75 是国内外常压塔板数参考值。

表 2-75　国内外常压塔塔板数[①]

初步分离的馏分	国　　内			国　　外
	一	二	三	
汽油-煤油	10	8	10	6~8
煤油-轻柴油	8	9	9	4~6
轻柴油-重柴油	7	7	4	4~6
重柴油-裂化原料	8	8	4	—
最低侧线-进料	3	4	4	3~6[②]
进料-塔底	4	4	6	—

① 表中塔板数均未包括循环回流的换热板数；② 也可用填料代替

2. 汽提水蒸气用量

石油精馏塔的汽提蒸汽一般都是用温度为 $400 \sim 450℃$ 的过热水蒸气（压力约为 0.3MPa），用过热蒸气的主要原因是防止冷凝水带入塔内。侧线产品汽提的目的主要是驱除其中的低沸组分，从而提高产品的闪点和改善分馏精确度；常压塔底汽提主要是为了降低塔

底重油中350℃以前馏分的含量，以提高直馏轻质油品的收率，同时也减轻了减压塔的负荷，减压塔底汽提的目的则主要是降低汽化段的油气分压，从而在所能达到的最高温度和真空度之下尽量提高减压塔的拔出率。

汽提蒸汽的用量与需要提馏出来的轻组分含量有关，在设计计算中可以参考表2-76所列的经验数据选择汽提蒸汽的用量。

表2-76　汽提蒸汽用量

塔	产 品	蒸汽用量(对产品)/%	塔	产 品	蒸汽用量(对产品)/%
初馏塔	塔底油	1.2~1.5	常压塔	轻润滑油	2~4
常压塔	溶剂油	1.5~2		塔底重油	2~4
	煤油	2~3	减压塔	中、重润滑油	2~4
	轻柴油	2~3		残渣燃料油	2~4
	重柴油	2~4		残渣汽缸油	2~5

由于原料不同，操作情况多变，适宜的汽提蒸汽用量还应当通过实际生产情况的考察来调整。近年来，由于对节能问题的重视，在可能的条件下，倾向于减少汽提蒸汽的用量。

3. 过汽化油量

当原料油是以部分汽化状态进入塔内，而气体部分的量仅等于塔顶及各侧线产品的量时，最低一侧线至汽化段间的塔板将产生"干板"现象即塔板上无液相回流，从而使此塔板失去精馏作用。因此，要求进料的汽化量除了包括塔顶和各侧线的产品外，还应有一部分多余的量，这就是过汽化油量。过汽化油量应适当，过小影响分离效果，过大将增加加热炉的负荷，提高汽化段温度，同时也增加了外回流量。表2-77为国内某些炼厂的蒸馏塔过汽化油量。

表2-77　国内某些原油蒸馏塔过汽化油量（质量分数）

单位：%（占进料的）

塔 名 称	一	二	三	四	推 荐 值
初馏塔	5.3	5	2		2~5
常压塔	2.5			2.85	2~4
减压塔	1.2	2	2		3~6

4. 操作压力

原油常压蒸馏塔的最低操作压力最终是受制于塔顶产品接受罐的温度下塔顶产品的泡点压力。常压塔顶产品通常是汽油馏分或重整原料，当用水作为冷却介质时，塔顶产品冷至40℃左右，产品接受罐（在不使用二级冷凝冷却流程时也就是回流罐）在0.1~0.25MPa的压力操作时，塔顶产品能基本上全部冷凝，不凝气很少。为了克服塔顶馏出物流经管线和设备的流动阻力，常压塔顶的压力应稍高于产品接受罐的压力，或者说稍高于常压。

在确定塔顶产品接受罐或回流罐的操作压力后，加上塔顶馏出物流经管线、管件和冷凝冷却设备的压降即可计算得到塔顶的操作压力。根据经验，通过冷凝器或换热器壳程（包括连接管线在内）的压降一般约为0.02MPa，使用空冷器时的压降可能稍低些。国内多数常压塔的塔顶操作压力大约在0.13~0.16MPa之间。

塔顶操作压力确定后，塔的各部位的操作压力也随之可以计算得到。塔的各部位的操作压力与油气流经塔板时所造成的压降有关。油气由下而上流动，故塔内压力由下而上逐渐降低。常压塔采用的各种塔板的压降大致如表2-78所示。

表 2-78　各种塔板的压力降

塔板形式	压力降/kPa	塔板形式	压力降/kPa
泡罩	0.5～0.8	舌形	0.25～0.4
浮阀	0.4～0.65	金属破沫网	0.1～0.25
筛板	0.25～0.5		

由加热炉出口经转油线到精馏塔汽化段的压力降通常为 0.034MPa，由精馏塔汽化段的压力即可推算出炉出口压力。

5. 操作温度

确定了精馏塔各部位的操作压力后，就可以求定各点的操作温度。

从理论上说，在稳定操作的情况下，可以将精馏塔内离开任一块塔板或汽化段的气、液两相都看成处于相平衡状态。因此，气相温度是该处油气分压下的露点温度，而液相温度则是其泡点温度。虽然在实际中由于塔板上的气、液两相常常未能完全达到相平衡状态而使实际的气相温度稍偏高或液相的温度稍偏低，但是在设计计算中都是按上述的理论假设来计算各点的温度。

上述的计算方法中要计算油气分压时必须知道该处的回流量。因此，求定各点的温度时需要综合运用热平衡和相平衡两个工具，用试差计算的方法。计算时，先假设某处温度为 t，作热平衡以求得该处的回流量和油气分压，再利用相平衡关系—平衡汽化曲线，求得相应的温度 t'（泡点、露点或一定汽化率的温度）。t 与 t' 的误差应小于 1%，否则需另设温度 t，重新计算直至达到要求的精度为止。

为了减小猜算的工作量，应尽可能地参照炼油厂同类设备的操作数据来假设各点的温度值。如果缺乏可靠的经验数据，或为作方案比较而只需作粗略的热平衡时，可以根据以下经验来假设温度的初值。

① 在塔内有水蒸气存在的情况下，常压塔顶汽油蒸气的温度可以大致定为该油品的恩氏蒸馏 60% 点温度。

② 当全塔汽提水蒸气用量不超过进料量的 12% 时，侧线抽出板温度大致相当于该油品的恩氏蒸馏 5% 点温度。

下面分别讨论求定各点温度的方法。

（1）汽化段温度　汽化段温度就是进料的绝热闪蒸温度。已知汽化段和炉出口的操作压力，而且产品总收率或常压塔拔出率和过汽化度、汽提蒸气量等也已确定，就可以算出汽化段的油气分压；进而可以作出进料（在常压塔的情况下即为原油）在常压下、在汽化段油气分压下以及炉出口压力下的三条平衡汽化曲线，如图 2-65 所示。根据预定的汽化段中的总汽化率 e_F，由该图查得汽化段温度 t_F，由 e_F 和 t_F 可算出汽化段内进料的焓值。

在汽化段内发生的是绝热闪蒸过程。如果忽略转油线的热损失，则加热炉出口处进料的焓 h_0 应等于汽化段内进料的焓 h_F。加热炉出口温度 t_0 必定高于汽化段温度 t_F，而炉出口处汽化率 e_0 则必然低于 e_F。

前已提及，为了防止进料中不安定组分在高温下发生显著的化学反应，进料被加热的最高温度（即加热炉出口温度）应有所限制。因此，如果由前面求得的 t_F、e_F 推算出的 t_0 超出允许的最高加热温度，则应对所规定的操作条件进行适当的调整。

生产航空煤油（喷气燃料）时，原油的最高加热温度一般为 360～365℃，而在生产一般石油产品时则可放宽至约 370℃。在设计计算时可以根据此要求选择一个合适的炉出口温度 t_0，并在图 2-65 上查得炉出口的汽化率 e_0，从而求出炉出口处油料的焓值 h_0。考虑到转油线上的热损失，此 h_0 值应稍大于由汽化段的 t_F、e_F 推算出的 h_F 值。如果 h_0 值高出 h_F

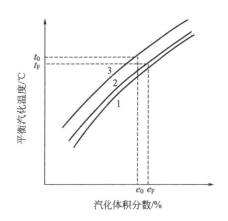

图 2-65　进料的平衡汽化曲线
1—常压下的平衡汽化曲线；2—汽化段油
气分压下的平衡汽化曲线；3—炉出口
压力下的平衡汽化曲线

值甚多。说明进料在塔内的汽化率还可以提高；反之，若 h_0 值低于 h_F 值而炉出口温度又不允许再提高，则可以调整汽提水蒸气量或过汽化度使汽化段的油气分压适当降低以保证所要求的拔出率。

（2）塔底温度　进料在汽化段闪蒸形成的液相部分，汇同精馏段流下的液相回流（相当于过汽化部分），向下流至汽提段。塔底通入过热水蒸气逆流而上与油料接触，不断地将油料中的轻馏分汽提出去。轻馏分汽化需要的热量一部分由过热水蒸气供给，一部分由液相油料本身的显热提供。由于过热水蒸气提供的热量有限，加之又有散热损失。因此油料的温度由上而下逐板下降，塔底温度比汽化段温度低不少。虽然文献资料中有关于计算塔底温度方法的介绍，但计算值与实际情况往往有较大的出入，所以一般均采用经验数据。原油蒸馏装置的初馏塔、常压塔及减压塔的塔底温度一般比汽化段温度低 5～10℃。

（3）侧线温度　严格地说，侧线抽出温度应该是未经汽提的侧线产品在该处的油气分压下的泡点温度。它比汽提后的产品在同样条件下的泡点温度略低一点。然而往往能够得到的是经汽提后的侧线产品的平衡汽化数据。考虑到在同样条件下汽提前后的侧线产品的泡点温度相差不多，为简化起见，通常都是按经汽提后的侧线产品在该处油气分压下的泡点温度来计算。

侧线温度的计算要用猜算法。先假设侧线温度 t_m，作适当的隔离体系及热平衡。求出回流量，算得油气分压，再求得该油气分压下的泡点温度 t'_m。t'_m 应与假设的 t_m 相符，否则重新假设 t_m，直至达到要求的精度为止。这里要说明两点。

① 计算侧线温度时，最好从最低的侧线开始，这样计算比较方便。因为进料段和塔底温度可以先行确定，则自下而上作隔离体和热平衡时，每次只有一个侧线温度是未知数。

② 为了计算油气分压，需分析一下侧线抽出板上气相的组成情况。该气相是由下列物料构成的：通过该层塔板上升的塔顶产品和该侧线上方所有侧线产品的蒸气，还有在该层抽出板上汽化的内回流蒸气以及汽提水蒸气。可以认为内回流的组成与该塔板抽出的侧线产品组成基本相同，因此，所谓的侧线产品的油气分压即是指该处内回流蒸气的分压。国内一般采用以下的方法：一方面把除回流蒸气以外的所有油气都看作和水蒸气一样的起着降低分压的作用，另一方面按汽提后侧线产品的平衡汽化数据来计算泡点温度。

（4）塔顶温度　塔顶温度是塔顶产品在其本身油气分压下的露点温度。塔顶馏出物包括塔顶产品、塔顶回流（其组成与塔顶产品相同）蒸气、不凝气（气体烃）和水蒸气。塔顶回流量需通过假设塔顶温度作全塔热平衡才能求定。算出油气分压后，求出塔顶产品在此油气分压下的露点温度，以此校核所假设的塔顶温度。

原油初馏塔和常压塔的塔顶不凝气量很少，可忽略不计。忽略不凝气以后求得的塔顶温度较实际塔顶温度约高出 3%，可将计算所得的塔顶温度乘以系数 0.97 作为采用的塔顶温度。

在确定塔顶温度时，应同时校核水蒸气在塔顶是否会冷凝。若水蒸气的分压高于塔顶温度下水的饱和蒸气压，则水蒸气就会冷凝。遇到此情况时应考虑减少水蒸气用量或降低塔的操作压力，重新进行全部计算。对于一般的原油常压精馏塔，只要汽提水蒸气用量不是过大，则只有当塔顶温度约低于 90℃时才会出现水蒸气冷凝的可能性。

（5）侧线汽提塔塔底温度　当用水蒸气汽提时，汽提塔塔底温度比侧线抽出温度约低 8～10℃，有的也可能低得更多些。当需要严格计算时，可以根据汽提出的轻组分的量通过热平衡计算求取。

当用再沸提馏时，其温度为该处压力下侧线产品的泡点温度，此温度有时可高出该侧线抽出板温度十几摄氏度。

六、原油常压分馏塔工艺计算案例

以胜利原油为原料，设计一套处理量为 250×10^4 t（年开工日按 330 天计算）的常减压蒸馏装置。该装置的常压蒸馏生产汽油，煤油、轻柴油、重柴油和重油，产品规格如表 2-79。

表 2-79　产品部分规格

产品	密度 /(kg/m³)	恩氏蒸馏数据/℃						
		0%	10%	30%	50%	70%	90%	100%
汽油	702.7	34	60	81	96	109	126	141
煤油	799.4	159	171	179	194	208	225	239
轻柴油	828.6	239	258	267	274	283	296	306
重柴油	848.4	289	316	328	341	350	368	376
重油	941.6	—	344	—	—	—	—	—

原油的实沸点蒸馏数据及平衡汽化数据由实验室提供，见图 2-66。

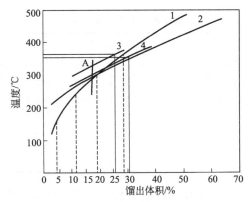

图 2-66　原油的实沸点蒸馏曲线与平衡汽化曲线
1—原油常压下实沸点蒸馏曲线；2—原油常压平衡汽化曲线；3—炉出口压力下原油的平衡汽化曲线；4—汽化段油气分压下原油的平衡汽化曲线

根据上述条件设计原油常压分馏塔。工艺设计计算过程及结果如下。

1. 原油切割方案

根据设计任务书及原油、产品性质数据，确定切割方案，见表 2-80。

表 2-80　胜利原油常压切割方案

产品	实沸点切割点/℃	实沸点馏程/℃	收率/%	
			体积分数	质量分数
汽油	—	约 154.8	4.3	3.51
煤油	145	131.6～339.2	7.2	6.67
轻柴油	239.6	220.8～339.2	7.2	6.91
重柴油	301.6	274.9～409.3	9.8	9.64
重油	360	约 312.5	71.5	73.27

当产品方案已经确定，同时具备产品的馏分组成和原油的实沸点蒸馏曲线时，可以根据各产品的恩氏蒸馏数据换算得到它们的实沸点馏程即 0 点和 100％点，例如在本例中见表 2-79。相邻两个产品是互相重叠的，即实沸点蒸馏（$t_0^H - t_{100}^L$）是负值。实沸点切割温度一般就在这个重叠值的一半之处，即切割点＝（$t_0^H + t_{100}^L$）/2。

按照切割温度，可以从原油的实沸点曲线查出各产品的收率。

2. 物料平衡

由年开工天数及各产品的收率，即可作出常压塔的物料平衡，如表 2-81 所示。表中的物料平衡忽略了损失（气体＋损失），实际生产中常压塔的损失约占原油的 0.5％。

表 2-81　物料平衡（按 330d/a）

油 品		产　率		处　理　量　或　产　量			
		体积分数	质量分数	10^4t/a	t/d	kg/h	kmol/h
原　油		100	100	250	7576	315700	—
产品	汽油	4.3	3.51	8.77	266	11100	117
	煤油	7.2	6.67	16.69	505	21040	139
	轻柴油	7.2	6.91	17.30	524	21800	100
	重柴油	9.8	9.64	24.10	730	30400	105
	重油	71.5	73.27	183.14	5551	232360	—

3. 产品的有关性质参数

以汽油为例列出详细的计算、换算过程，其他产品仅将计算、换算结果见表 2-82。

表 2-82　计算结果汇总

油 品	密度/(kg/m³)	密度指数/°API	特性因数/K	相对分子质量	平均汽化温度/℃		临界参数		焦点参数	
					0%	100%	温度/℃	压力/MPa	温度/℃	压力/MPa
汽油	702.7	68.1	12.27	95	—	108.6	267.5	3.34	328.5	5.91
煤油	799.4	44.5	11.74	152	185.6	—	383.4	2.50	413.4	3.26
轻柴油	828.6	38.8	11.97	218	273.6	—	461.6	1.84	475.2	2.17
重柴油	848.4	34.4	12.10	290	339.6	—	516.5	1.62	529.6	1.89
塔底重油	941.6	18.2	11.90	—	—	—	—	—	—	—
原油	860.4	32	—	—	—	—	—	—	—	—

计算时，所用到的恩氏蒸馏温度未作裂化校正，工程计算允许这样。

（1）体积平均沸点℃

$$t_{体} = \frac{60+81+96+109+126}{5} = 94.5℃$$

（2）恩氏蒸馏 90％～10％斜率

$$90\%～10\% 斜率 = \frac{126-60}{90-10} = 0.825(℃/\%)$$

（3）立方平均沸点

由图查得校正值为 −2.5℃　　$t_{立} = 94.5 - 2.5 = 92℃$

（4）中平均沸点

由图查得校正值为 −5℃　　$t_{中} = 94.5 - 5 = 89.5℃$

（5）密度指数°API

由汽油密度查表　　　　　°API＝68.1

（6）特性因数 K

由图查得 $K = 12.27$

（7）相对分子质量

由图查得 $M = 95$

（8）平衡汽化温度

由图求得汽油平衡汽化 100% 温度为 108.9℃。

恩氏蒸馏（体积分数）/%	10	30	50	70	90	100

恩氏蒸馏（体积分数）/%　　10　30　50　70　90　100

馏出温度/℃　　　　60　81　96　109　126　141

恩氏蒸馏温差/℃　　　21　15　13　17　15

平衡汽化温差/℃　　　　5.6　7.3　4.5

平衡汽化 50% 温度/℃　　96−4.5=91.5℃

平衡汽化温度/℃　　　　91.5　97.1　104.4　108.9

（9）临界温度

由图查得　临界温度−173｜94.5=267.5℃

（10）临界压力

由图查得　临界压力=3.27MPa

（11）焦点压力

由图查得　焦点压力=57.9MPa

（12）焦点温度

由图查得　焦点温度=61+267.5=328.5℃

（13）实沸点切割范围

由图查得：

恩氏蒸馏（体积分数）/%　50　　70　　90　　100

馏出温度/℃　　　　　96　　109　126　141

恩氏蒸馏温差/℃　　　　13　　17　　15

实沸点温差/℃　　　　　9　　22　16.5

实沸点 50% 点温度/℃　　96+0.2=96.2

实沸点温度/℃　　　96.2　115.2　137.2　153.7

塔顶汽油产品，只需查出它的实沸点 100% 点温度；塔底重油只需查出它的实沸点 0 点温度，但塔底重油很重，缺乏常压恩氏蒸馏数据时，可由实验室直接提供该点温度；其他各侧线产品均应求 0 及 100% 点的实沸点温度，即可决定产品切割方案中有关数据，详见表 2-81。

4. 汽提蒸汽用量

侧线产品及塔底重油均采用温度为 420℃、压力为 0.3MPa 的过热水蒸气汽提，参考表 2-77 取汽提蒸汽量见表 2-83。

表 2-83　汽提蒸汽用量

油　品	质量分数（对油）/%	流量/（kg/h）	流量/（kmol/h）
一线煤油	3	631	35.0
二线轻柴油	3	654	36.3
三线重柴油	2.8	851	47.3
塔底重油	2	4627	257
合计	—	6763	375.6

5. 塔板形式和塔板数

选用浮阀塔板。

参照表 2-76 选定塔板数见表 2-84。

表 2-84　选定塔板数

段　　位	塔　板　数	段　　位	塔　板　数
汽油-煤油段	9层(考虑一线生产航煤)	重柴油-汽化段	3层
煤油-轻柴油段	6层	塔底汽提段	4层
轻柴油-重柴油段	6层		

考虑采用两个中段回流，每个中段循环回流用3层换热塔板，共6层。全塔塔板数总计为34层。

6. 操作压力

取塔顶产品罐压力为0.13MPa。塔顶采用两级冷凝冷却流程。取塔顶空冷器压力降0.01MPa，使用一个管壳式后冷器，壳程压力降取0.017MPa。故

塔顶压力=0.13+0.01+0.017=0.157MPa(绝压)

取每层浮阀塔板压力降为0.5kPa（4mmHg），则推算得常压塔各关键部位的压力如下：

塔顶压力 0.157MPa

一线抽出扳（第9层）上压力 0.1615MPa

二线抽出板（第18层）上压力 0.166MPa

三线抽出板（第27层）上压力 0.170MPa

汽化段压力（第30层下）0.172MPa

取转油线压力降为0.035MPa，则

加热炉出口压力=0.172+0.035=0.207MPa

7. 精馏塔计算草图

将塔体、塔板、进料及产品进出口、中段循环回流位置、汽提返塔位置、塔底汽提点等

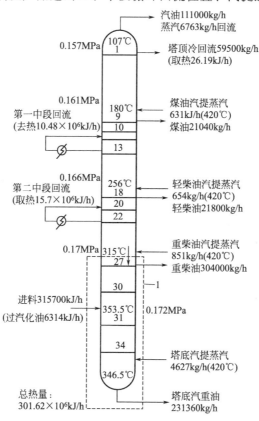

图 2-67　常压塔的计算草图

会成草图，如图 2-67 所示。以后的计算结果如操作条件和物料流量等可以陆续填入图中。这样由计算草图可使设计计算对象一目了然，便于分析计算结果的规律性，避免漏算重算，容易发现错误，因而是很有用的。

8. 汽化段温度

（1）汽化段中进料的汽化率与过汽化度　取过汽化度为进料的 2%（质量分数）或 2.03%（体积分数）。

要求进料在汽化段中的汽化率 e_f 为

$$e_f（体积分数）=（4.3\%+7.2\%+7.2\%+9.8\%+2.03\%）=30.53\%$$

（2）汽化段油气分压。汽化段中各物料的流量见表 2-85。

表 2-85　汽化段中各物料的流量

物　　料	流量/(kmol/h)	物　　料	流量/(kmol/h)
汽油	117	重柴油	105
煤油	139	过汽化油	21
轻柴油	100	油汽量合计	482

其中过汽化油的相对分子质量取 300，水蒸气取 257kmol/h（塔底汽提）。

由此计算得汽化段的油气分压为：$0.172×482/(482+257)=0.112MPa$

（3）汽化段温度的初步求定　汽化段温度应该是在汽化段油气分压 0.112MPa 之下汽化 30.53%（体积分数）的温度，为此需要作出在 0.112MPa 下原油平衡汽化曲线。见图 2-66 中的曲线 4。

在不具备原油的临界参数和焦点参数而无法作出原油 $p\text{-}T\text{-}e$ 相图的情况下，曲线 4 可用以下的简化法求定：由图 2-66 可得到原油在常压下的实沸点曲线与平衡汽化曲线的交点为 291℃。利用第三章中的烃类与石油窄馏分的蒸气压图，将此交点温度 291℃ 换算为 0.112MPa 的温度 299℃。从该交点作垂直于横坐标的直线 A，在 A 线上找得 299℃ 之点，过此点作平行于原油常压平衡汽化曲线 2 的曲线 4，即为原油在 0.112MPa 下的平衡汽化曲线。

由曲线 4 可以查得当 e_f；为 30.53%（体积分数）时的温度为 353.5℃，此即欲求的汽化段温度 t_F。此 t_F 是由相平衡关系求得，还需对它进行校核。

（4）t_F 的校核　核核的主要目的是看由 t_F 要求的加热炉出口温度是否合理。校核的方法是作绝热闪蒸过程的热平衡计算以求得炉出口温度。

当汽化率即 e_F（体积分数）=30.53%，t_F=353.3℃ 时，进料在汽化段中的焓 h_F 计算如表 2-85。表中各物料的焓值求法是用"原油及其馏分的焓图"求得（参考《化工工艺计算图表集》）。

再求出原油在加热炉出口条件下的焓 h_0。则按前述方法作出原油在炉出口压力 0.207MPa 之下的平衡汽化曲线（图 2-66 中的曲线 3）。这里忽略了原油中所含的水分，若原油含水，则应当作炉出口处油气分压下的平衡汽化曲线。因考虑到生产航空煤油，限定炉出口温度不超过 360℃。由曲线 3 可读出在 360℃ 时的汽化率 e_0 为 25.5%（体积分数）。显然 $e_0<e_F$，即在炉出口条件下，过汽化油和部分重柴油处于液相。据此可算出进料在炉出口条件下的焓值 h_0，见表 2-86 和表 2-87。

得　$h_F=301.62×10^6/315700=955.4$（kJ/kg）

得　$h_0=305.21×10^6/315700=966.77$（kJ/kg）

校核结果表明 h_0 略高于 h_F，所以在设计的汽化段温度 353.5℃ 之下，既能保证所需的拔出率（体积分数30.53%），炉出口温度也不至于超过允许限度。

表2-86　进料带入汽化段的热量（$p=0.172MPa$　$t=353.5℃$）

油　品	密度/(kg/m³)	流量/(kg/h)	焓/(kJ/kg)		热量/×10⁶/(kJ/h)
			气相	液相	
汽油	702.7	11100	1176	—	13.05
煤油	799.4	21040	1147	—	22.94
轻柴油	828.6	21800	1130	—	24.63
重柴油	848.4	30400	1122	—	34.11
过汽化油	895.0	6314	1118	—	7.05
塔底重油	941.6	225046	—	888	199.84
合计	—	315700	—	—	301.62

表2-87　进料在炉出口处携带的热量（$p=0.207MPa$，$t=360℃$）

油　品	密度/(kg/m³)	流量/(kg/h)	焓/(kJ/kg)		热量/×10⁶/(kJ/h)
			气相	液相	
汽油	702.7	11100	1201	—	13.33
煤油	799.4	21040	1164	—	24.49
轻柴油	828.6	21800	1151	—	25.09
重柴油（气相）	837.5	21100	1143	—	24.12
重柴油（液相）	895.0	9300	—	971	9.03
塔底重油	941.6	225046	—	904	209.15
合计	—	315700	—	—	305.21

9. 塔底温度

取塔底温度比汽化段温度低7℃，即

$$353.35-7=346.5℃$$

10. 塔顶及侧线温度的假设与回流热分配

(1) 假设塔顶及各侧线温度　参考同类装置的经验数据，假设塔顶及各侧线温度如下。

塔顶温度107℃　　　　轻柴油抽出层温度256℃

煤油抽出层温度180℃　　重柴油抽出层温度315℃

(2) 全塔回流热　按上述假设的温度条件作全塔热平衡，见表2-88。

表2-88　全塔热平衡

物　料		密度/(kg/m³)	流量/(kg/h)	操作条件		焓/(kJ/kg)		热量/×10⁶/(kJ/h)
				温度/℃	压力/MPa	气相	液相	
入方	进料	860.4	315700	353.5	0.172	—	—	301.62
	汽提蒸汽	—	6763	420	0.3	3316	—	22.43
	合计	—	322463	—	—	—	—	324.05
出方	汽油	703.7	11100	107	0.157	611	—	6.78
	煤油	799.4	21040	180	0.161	—	444	9.34
	轻柴油	862.5	21800	256	0.166	—	645	14.04
	重柴油	848.4	30400	315	0.170	—	820	24.93
	塔底重油	941.6	231360	346.5	0.175	—	858	198.5
	水蒸气	—	6763	107	0.157	2700	—	18.26
	合计	—	322463	—	—	—	—	271.84

全塔回流热　$Q=(324.05-271.87)\times10^6=52.38\times10^6$　(kJ/h)

（3）回流方式及回流热分配　塔顶采用二级冷凝冷却流程，塔顶回流温度定为60℃。采用两个中段回流，第一个位于煤油侧线与轻柴油侧线之间（第11～13层），第二个位于轻柴油侧线与重柴油侧线之间（第20～22层）。

回流热分配如下：

塔顶回流取热50%　$Q_0 = 26.19 \times 10^6$（kJ/h）

一段中段回流取热20%　$Q_{C1} = 10.48 \times 10^6$（kJ/h）

二段中段回流取热30%　$Q_{C2} = 15.71 \times 10^6$（kJ/h）

11. 侧线及塔顶温度的校核

校核应自下而上进行。

（1）重柴油抽出板（第27层）温度　按图2-68中的隔离体系Ⅰ作第27层以下塔段的热平衡，见表2-89。

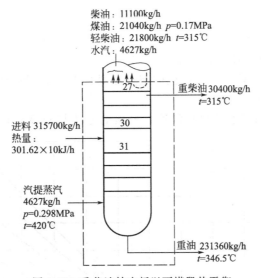

图2-68　重柴油抽出板以下塔段热平衡

表2-89　第27层以下塔段热平衡

物　料		密度 /(kg/m³)	流量 /(kg/h)	操作条件		焓/(kJ/kg)		热量 /×10⁶/(kJ/h)
				温度/℃	压力/MPa	气相	液相	
入方	进料	860.4	315700	353.5	0.172	—	—	301.62
	汽提蒸汽	—	4637	420	0.3	3316	—	15.34
	内回流	846.0	L	308.5	0.17		795	$795L \times 10^{-6}$
	合计	—	$320327 + L$	—	—			$316.96 + 795L \times 10^{-6}$
出方	汽油	703.7	11100	315	0.17	1080		11.99
	煤油	799.4	21040	315	0.17	1055		22.20
	轻柴油	862.5	21800	315	0.17	1034		22.54
	重柴油	848.4	30400	315	0.17	—	820	24.93
	塔底重油	941.6	231360	346.5	0.175	—	858	198.5
	水蒸气	—	4627	315	0.17	3107	—	14.37
	内回流	846.0	L	315	0.17	1026		$1026L \times 10^{-6}$
	合计	—	$320327 + L$	—	—			$2793.68 + 1026L \times 10^{-6}$

由热平衡得：

$$316.96 \times 10^6 + 795L = 293.68 \times 10^6 + 1026L$$

所以，内回流 $L=100780$ （kg/h）

或 100780/282＝357 （kmol/h）

重柴油抽出板上方气相总量为：

$$117＋139＋100＋357＋257＝970 （kmol/h）$$

重柴油蒸气（即内回流）分压为：$0.17×357/970＝0.0626$ （MPa）

由重柴油常压恩氏蒸馏数据换算 0.0626MPa 下平衡汽化 0 点温度。可以用本节的图 2-69 和图 2-70 先换算得常压下平衡汽化数据，再用图 2-71 换算成 0.0626MPa 下的平衡汽化数据。其结果如下：

恩氏蒸馏（体）/％	0	10	30	50
馏出温度/℃	289	316	328	341
恩氏蒸馏温差/℃		27	12	13
平衡汽化温差/℃		9.5	6.4	6.6
平衡汽化温度/℃	336.5	346	352.4	359
0.0133MPa 平衡汽化温度/℃	177.5	187	193.4	200
0.0626MPa 平衡汽化温度/℃	315.5	325	331.4	328

由上求得的在 0.0626MPa 下重柴油的泡点温度为 315.5℃与原假设的 315℃很接近，可认为原假设温度是正确的。

（2）轻柴油抽出板和煤油抽出板温度　校核的方法与校核重柴油抽出板温度的方法相

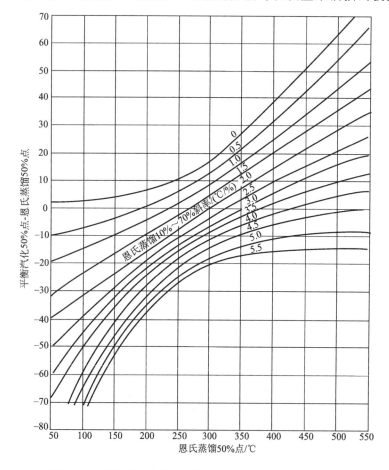

图 2-69　常压恩氏蒸馏 50％点与平衡汽化 50％点换算图

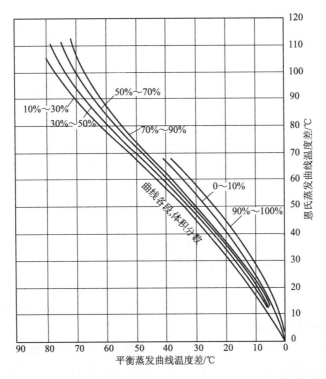

图 2-70　平衡汽化曲线各段温差与恩氏蒸馏曲线各段温差关系图

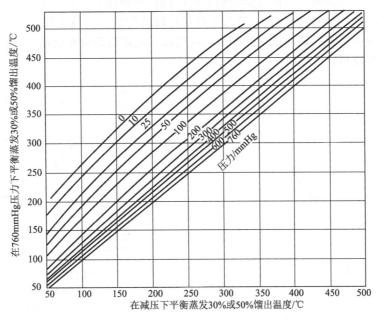

图 2-71　常压与减压平衡汽化 50％点或 30％点温度换算

同，可通过作第 18 层板以下和第 9 层板以下塔段的热平衡来计算。计算过程从略。计算结果如下：

　　轻柴油抽出层温度　　256℃

　　煤油抽出层温度　　　181℃

结果与假设值相符，故认为原假设值是正确的。

（3）塔顶温度 塔顶冷回流温度60℃，其熔值 $h_{L0,t1}^L$ 为163.3kJ/kg。

塔顶温度 $t_0=60$℃，回流（汽油）蒸气的熔 $h_{L0,t1}^L=611$kJ/kg。故塔顶冷回流量为：

$$L_0=Q/(h_{L0}^V-h_{L0,t1}^L)=26.19\times10^6/(611-163.3)=58500\text{kJ/h}$$

塔顶油气量（汽油＋内回流蒸气）（58500＋11100）/95＝733kmol/h

塔顶水蒸气流量 6763/18＝376kmol/h

塔顶油气分压 0.157×733/(733＋376)＝0.1038MPa

塔顶温度应该是汽油在其油气分压下的露点温度。由恩氏蒸馏数据换算得汽油常压露点温度为108.9℃。已知其焦点温度和压力依次为328.5℃和5.9MPa，据此可在平衡汽化坐标纸上作出汽油平衡汽化100％点的 $p\text{-}T$ 线如图2-72所示。由该相图可读得油气分压为0.1038MPa时的露点温度为110℃。考虑到不凝气的存在，该温度乘以系数0.97，则塔顶温度为：110×0.97＝106.8℃

与假设的107℃很接近，故原假设温度正确。

最后验证一下在塔顶条件下，水蒸气是否会冷凝。

塔顶水蒸气分压为：0.157－0.1038＝0.0532（MPa），相应于此压力的饱和水蒸气温度为83℃，远低于塔顶温度107℃，故在塔顶，水蒸气处于过热状态，不会冷凝。

12. 全塔气、液负荷分布图

选择塔内几个有代表性的部位如塔顶、第一层板下方、各侧线抽出板上下方、中段回流进出口处、汽化段及塔底汽提段等，求出这些部位的气、液相负荷，就可以作出全塔气、液相负荷分布。图2-73就是通过计算第1、8、9、10、13、17、18、19、22、26、27、30各层塔板及塔底气提段的气、液负荷绘制而成，此图的横坐标也可以 kmol/h 表示。由图可见，第19层塔板以上塔段内的气、液相负荷是比较均匀的。二段中段回流抽出板处的气相负荷和液相回流量最大。请注意在此图中，精馏段的液相负荷分布曲线只是指内回流，并未包括中段循环回流量。

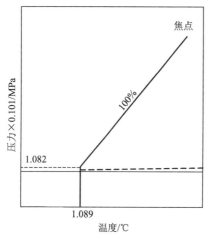

图 2-72 汽油的露点线相图

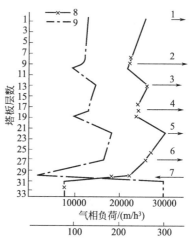

图 2-73 常压塔全塔气、液负荷分布图

1—第一层下；2—煤油抽出板；3—第一中段回流出口；4—轻柴油抽出板；5—第二中段回流出口；6—重柴油抽出板；7—进料；8—气相负荷；9—液相负荷（不包括中段回流）

如果要使各塔段的负荷更均匀些，可以适当增加塔顶和一段中段回流的取热量，减少二

中段回流的取热量。不过二段中段回流的温度较高，对换热更为有利，从能量回收的角度来看，二中段回流的取热比例稍大些是合理的。这里存在着一次投资与长期操作费用之间的关系如何处理以达到最优方案的问题。从图中还可看出，汽提段的液相负荷很大，气相负荷却很小，所以在塔板选型和设计时要注意。几层中段回流换热板上把循环回流量算在内的液相负荷也是很可观的，比其他的精馏塔板上的液相负荷要高出很多。所以石油精馏塔的精馏段、汽提段和中段回流换热板往往选用不同的塔板形式，塔板结构也有相应的特点。

七、工艺计算在装置设计过程中的作用

工艺计算是工艺设计的核心。下面是工艺设计的全部内容，由此可以看出工艺计算在装置设计过程中的作用。

1. 设计准备

① 熟悉设计任务书。

② 了解工艺设计内容。

③ 搜集设计基础资料。

2. 方案设计

方案设计的任务是确定生产方法和生产流程，这是整个工艺设计的基础。

（1）确定生产方案　根据掌握的各种资料和有关的理论知识，对不同的生产方法和生产流程进行技术经济比较，着重评价总投资和成本，从而选择一条技术上先进、经济上合理、安全上可靠、"三废"得到治理的切实可行的工艺路线。

（2）设计生产流程　这一步的工作历程更长，从规划轮廓到完善定型，要经过物料衡算、热量衡算、设备设计和车间布置设计等过程。周期长，涉及面广，需要做细致的分析、计算以及比较工作。其中无论采取手工计算法还是现代化计算方法，都需先做出几种流程方案，然后进行计算与比较，再从中选优。由此可以看出流程设计是十分复杂细致而又富于创造性的工作。

3. 工艺计算

工艺计算是工艺设计的核心。它的主要任务是进行物料衡算、热量衡算及设备选型和计算三项计算，并在此基础之上，绘制物料流程图、主要设备总图和必要部件图，以及带控制点工艺流程图。

4. 车间布置设计

是工艺人员的主要设计任务之一，同时也是决定车间面貌的重要设计项目。

它的主要任务是确定整个工艺流程中的全部设备在平面上和空间中的正确的具体位置，相应地确定厂房或框架的结构形式。

车间布置设计是在完成了化工计算并绘制出工艺流程图之后进行的，最后要绘制车间平面布置图和立面布置图。

5. 管路设计

该项设计是在工艺流程设计与车间布置设计都已完成的基础上进行的，是施工图中最主要的设计内容，工作量非常大，

管路设计的任务是确定装置的全部管线、阀件、管件以及各种管架的位置，以满足工艺生产的要求。

6. 提供设计条件

设计条件是各专业进行具体设计工作的依据。为了正确贯彻执行各项方针政策和已定的设计方案、保证设计质量，工艺专业设计人员，在各项工艺设计的基础上，应认真负责地编

制各专业的设计条件，并确保其完整性和正确性。

提供设计条件的内容包括总图、土建、外管、非定型设备、自控、电气、电信、电加热、采暖通风、给排水等非工艺专业的设计条件。

7. 编制概算书及设计文件

(1) 概算书的编制　概算书是在初步设计阶段的工程投资的大概计算，是国家对基本建设单位拨款的依据。概算主要提供了工程建筑、设备及安装工程费用。

通过编制概算可以帮助判断和促进设计的经济合理性，因为经济是否合理是衡量一项工程设计质量的重要标志。

设计中经常进行分析比较的技术经济指标有产品成本、基建投资、劳动生产率、投资回收率、消耗定额、劳动力需要量和工资总额等。

(2) 设计文件的编制　初步设计阶段与施工图设计阶段的设计工作完成后都要编制设计文件。它是设计成果的汇总，是进行下一步工作的依据。内容包括设计说明书、附图（流程图、布置图、设备图等）和附表（设备一览表、材料汇总表等）。对设计文件和图纸要进行认真的自校和复校。对文字说明部分，要求做到内容正确、严谨，重点突出、概念清楚、条理性强、完整易懂；对设计图纸则要求消灭错误，整洁清楚，图面安排合理，考虑了施工、安装、生产和维修的需要，能满足工艺生产要求。

以上是工艺设计的大致内容，介绍的顺序也就是一般的工作程序。但在实际设计过程中，内容可以简化，顺序可以变动，这些工作往往是交错进行的。

第三章 催化裂化

第一节 概 述

一、催化裂化目的

原油经过常减压蒸馏可以获得到汽油、煤油及柴油等轻质油品，但收率只有 $10\%\sim$ 40%。而且某些轻质油品的质量也不高，例如直馏汽油的马达法辛烷值一般只有 $40\sim60$。随着工业的发展，内燃机不断改进，对轻质油品的数量和质量提出了更高的要求。这种供需矛盾促使炼油工业向原油二次加工方向发展，进一步提高原油的加工深度，获得更多的轻质油品并提高其质量。而催化裂化是炼油工业中最重要的一种二次加工过程，在炼油工业中占有重要的地位。

催化裂化过程是原料在催化剂存在时，在 $470\sim530℃$ 和 $0.1\sim0.3MPa$ 的条件下，发生以裂解反应为主的一系列化学反应，转化成气体、汽油、柴油、重质油（可循环作原料或出澄清油）及焦炭的工艺过程。其主要目的是将重质油品转化成高质量的汽油和柴油等产品。由于产品的收率和质量取决于原料性质和相应采用的工艺条件，因此生产过程中就需要对原料油的物化性质有一个全面的了解。

二、催化裂化原料、产品及特点

1. 原料油来源

催化裂化原料范围很广。有 $350\sim500℃$ 直馏馏分油、常压渣油及减压渣油。也有二次加工馏分如焦化蜡油、润滑油脱蜡的蜡膏、蜡下油、脱沥青油等。

（1）直馏馏分油 一般为常压重馏分和减压馏分。不同原油的直馏馏分的性质不同，但直馏馏分含烷烃高，芳烃较少，易裂化。我国几种原油减压馏分油性质及组成见表 3-1。

根据我国原油的情况，由表 3-1 可知，直馏馏分催化原料油有以下几个特点：

① 原油中轻组分少，大都在 30% 以下，因此催化裂化原料充足；

② 含硫低，含重金属少，大部分催化裂化原料硫含量在 $0.1\%\sim0.5\%$，镍含量一般为 $0.1\sim1.0mg/kg$，只有孤岛原油馏分油硫含量及重金属含量高；

③ 主要原油的催化裂化原料，如大庆、任丘等，含蜡量高，因此特性因数 K 也高，一般为 $12.3\sim12.6$。以上说明，我国催化裂化原料量大、质优，轻质油收率和总转化率也较高。是理想的催化裂化原料。

（2）二次加工馏分油 表 3-2 列出了几种常见二次加工馏分油组成及性质。

表 3-1　国内几种减压馏出油性质及组成

原料种类	大庆油	胜利油	任丘油	中原油	辽河油
收率(质量分数)/%	26～30	27	34.9	23.2	29.7
密度(20℃)/(g/cm³)	0.8564	0.8876	0.869	0.856	0.9083
馏程/℃	350～500	350～500	350～500	350～500	350～500
凝点/℃	42	39	46	43	34
运动黏度(50℃/100℃)/(mm²/s)	—/4.60	25.3/5.9	17.9/5.3	14.2/4.4	—/6.9
相对分子质量	398	382	369	400	366
特性因数 K	12.5	12.3	12.4	12.5	11.8
残炭(质量分数)/%	<0.1	<0.1	<0.1	0.04	0.038
组成/%					
饱和烃	86.6	71.8	80.9	80.2	71.6
芳香烃	13.4	23.3	16.5	16.1	24.42
胶质	0.0	4.9	2.6	2.7	4.0
硫含量(质量分数)/%	0.045	0.47	0.27	0.35	0.15
氮含量(质量分数)/%	0.045	<0.1	0.09	0.042	0.20
重金属含量/(mg/kg)					
铁	0.4	0.02	2.50	0.2	0.06
镍	<0.1	<0.1	0.03	0.01	—
钒	0.01	<0.1	0.08	—	—
铜	0.04	—	0.08	—	—

表 3-2　二次加工馏分油组成及性质

名　称	大　庆			胜利焦化蜡油
	蜡膏	脱沥青油	焦化蜡油	
密度(20℃)/(g/cm³)	0.82	0.86～0.89	0.8619	0.9016
馏程/℃				
初馏点	350	348	318	230
干点	550	500	—	507
凝点/℃	—	—	30	35
残炭(质量分数)/%	<0.1	0.7	0.07	0.490
硫含量(质量分数)/%	<0.1	0.11	0.09	0.98
氮含量(质量分数)/%	<0.1	0.15	—	0.39
重金属/(mg/kg)				
Fe	—	—	—	3.0
Ni	<0.1	0.5	—	0.36
V	—	—	—	—
Cu	—	—	—	—

由表 3-2 可知。

① 酮苯脱蜡的蜡膏和蜡下油是含烷烃较多、易裂化、生焦少的理想的催化裂化原料;

② 焦化蜡油、减黏裂化馏出油是已经裂化过的油料,芳烃含量较多,裂化性能差,焦炭产率较高,一般不能单独作为催化裂化原料;

③ 脱沥青油、抽余油含芳烃较多,易缩合,难以裂化,因而转化率低,生焦量高,只能与直馏馏分油掺合一起作催化裂化原料。

(3) 常压渣油和减压渣油　我国原油大部分为重质原油,减压渣油收率占原油的 40% 左右,常压渣油占 65%～75%,渣油量很大。十几年来,我国重油催化裂化有了长足进步。开发出重油催化裂化工艺,提高了原油加工深度,有效地利用了宝贵的石油资源。

常规催化裂化原料油中的残炭和重金属含量都比较低，而重油催化裂化则是在常规催化原料油中掺入不同比例的减压渣油或直接用全馏分常压渣油。由于原料油的改变，胶质、沥青质、重金属及残炭值的增加，特别是族组成的改变，对催化裂化过程的影响极大。因此，对重油催化裂化来说，首先要解决高残炭值和高重金属含量对催化裂化过程的影响，才能更好地利用有限的石油资源。表 3-3 和表 3-4 列出了我国几种常压渣油和减压渣油的性质。

表 3-3 国内几种原油的常压渣油性质

项　目	大　庆	胜　利	任　丘	中　原	辽　河
馏分范围/℃	＞350	＞400	＞350	＞350	＞350
密度(20℃)/(g/cm³)	0.8959	0.9460	0.9162	0.9062	0.9436
收率(质量分数)/%	71.5	68.0	73.6	55.5	68.9
康氏残炭(质量分数)/%	4.3	9.6	8.9	7.50	8.0
元素分析/%					
C	86.32	86.36		85.37	87.39
H	13.27	11.77		12.02	11.94
N	0.2	0.6	0.49	0.31	0.44
S	0.15	1.2	0.4	0.88	0.23
重金属/(mg/kg)					
V	＜0.1	1.50	1.1	4.5	
Ni	4.30	36	23	6.0	47
组成(质量分数)/%					
饱和烃	61.4	40.0	46.7		49.4
芳香烃	22.1	34.3	22.1		30.7
胶质	16.45	24.9	31.2		19.9
沥青质(C₇ 不溶物)	0.05	0.8	＜0.1		＜0.1

表 3-4 国内几种原油的减压渣油性质

项　目	大庆	胜利	任丘	中原	辽河
馏分范围/℃	＞500	＞500	＞500	＞500	＞500
收率(质量分数)/%	42.9	47.1	38.7	32.3	39.3
密度(20℃)/(g/cm³)	0.9220	0.9698	0.9653	0.9424	0.9717
黏度(100℃)/(mm²/s)	104.5	861.7	958.5	256.6	549.9
康氏残炭(质量分数)/%	7.2	13.9	17.5	13.3	14.0
S 含量(质量分数)/%	0.91	1.95	0.76	1.18	0.37
H/C 原子比	1.73	1.63	1.65	1.63	1.75
平均相对分子质量	1120	1080	1140	1100	992
重金属/(mg/kg)					
V	0.1	2.2	1.2	7.0	1.5
Ni	7.2	46	42	10.3	83

2. 评价原料性能的指标

通常用以下几个指标来评价催化裂化原料的性能。

(1) 馏分组成　馏分组成可以判别原料的轻重和沸点范围的宽窄。原料油的化学组成类型相近时，馏分越重，越容易裂化；馏分越轻，越不易裂化。由于资源的合理利用，近年来纯蜡油型催化裂化越来越少。

(2) 烃类组成　烃类组成通常以烷烃、环烷烃、芳烃的含量来表示。原料的组成随原料来源的不同而不同。石蜡基原料容易裂化，汽油及焦炭产率较低，气体产率较高；环烷基原料最易裂化，汽油产率高，辛烷值高，气体产率较低；芳香基原料难裂化，汽油产率低而生焦多。

重质原料油烃类组成分析较困难，在实际生产中很少测定，仅在装置标定时才作该项分析，平时是通过测定密度、特性因数、苯胺点等物理性质来间接进行判断。

① 密度。密度越大，则原料越重。若馏分组成相同，密度大，环烷烃、芳烃含量多；密度小，烷烃含量较多。

② 特性因数 K。特性因数与密度和馏分组成有关。原料的 K 值高说明含烷烃多，K 值低说明含芳烃多（见表3-1）。原料的 K 值可由恩氏蒸馏数据和密度计算得到。也可由密度和苯胺点查图得到。

③ 苯胺点。苯胺点是表示油品中芳烃含量的指标，苯胺点越低，油品中芳烃含量越高。

（3）残炭　原料油的残炭值是衡量原料性质的主要指标之一。它与原料的组成、馏分宽窄及胶质、沥青质的含量等因素有关。原料残炭值高，则生焦多。常规催化裂化原料中的残炭值较低，一般在6%左右。而重油催化裂化是在原料中掺入部分减压渣油或直接加工全馏分常压渣油，随原料油变重，胶质、沥青质含量增加，残炭值增加。

（4）金属　原料油中重金属以钒、镍、铁、铜对催化剂活性和选择性的影响最大。在催化裂化反应过程中，钒极容易沉积在催化剂上，再生时钒转移到分子筛位置上，与分子筛反应，生成熔点为632℃的低共熔点化合物，破坏催化剂的晶体结构而使其永久性失活。

镍沉积在催化剂上并转移到分子筛位置上，但不破坏分子筛，仅部分中和催化剂的酸性中心，对催化剂活性影响不大。由于镍本身就是一种脱氢催化剂，因此在催化裂化反应的温度、压力条件下即可进行脱氢反应，使氢产率增大，液体减少。

原料中碱金属钠、钙等也影响催化裂化反应。Na 沉积在催化剂上会影响催化剂的热稳定性、活性和选择性。随着重油催化裂化的发展，人们越来越注意 Na 的危害。Na 不仅引起催化剂的酸性中毒，还会与催化剂表面上沉积的钒的氧化物生成低熔点的钒酸钠共熔体，在催化剂再生的高温下形成熔融状态，使分子筛晶格受到破坏，活性下降。这种毒害程度随温度升高而变得严重（见表3-5）。因此对重油催化裂化而言，原料的 Na 含量必须严加控制，一般控制在5mg/kg以下。

表 3-5　代表性钒、钠共熔体的熔点

化合物	熔点/℃	化合物	熔点/℃
V_2O_3	1970	$Na_2O \cdot 7V_2O_5$	668
V_2O_4	1970	$2Na_2O \cdot V_2O_5$	640
V_2O_5	675	$Na_2O \cdot V_2O_5$	630
$3Na_2O \cdot V_2O_5$	850	$Na_2O \cdot V_2O_4 \cdot 5V_2O_5$	625
$Na_2O \cdot 6V_2O_5$	702	$5Na_2O \cdot V_2O_4 \cdot 11V_2O_5$	535

（5）硫、氮含量　原料中的含氮化合物，特别是碱性氮化合物含量多时，会引起催化剂中毒使其活性下降。研究表明，裂化原料中加入0.1%（质量分数）的碱性氮化物，其裂化反应速率约下降50%。除此之外，碱性氮化合物是造成产品油料变色、氧化安定性变坏的重要原因之一。

原料中的含硫化合物对催化剂活性没有显著的影响，试验中用含硫0.35%～1.6%的原料没有发现对催化裂化反应速率产生影响。但硫会增加设备腐蚀，使产品硫含量增高，同时污染环境。因此在催化裂化生产过程中对原料及产品中硫和氮的含量应引起重视，如果含量过高，需要进行预精制处理。

3. 产品与产品特点

催化裂化过程中，当所用原料、催化剂及反应条件不同时，所得产品的产率和性质也不相同。但总的来说催化裂化产品与热裂化相比具有很多特点。

（1）气体产品 在一般工业条件下，气体产率约为 10%～20%，其中所含组分有氢气、硫化氢、C_1～C_4 烃类。氢气含量主要取决于催化剂被重金属污染的程度。H_2S 则与原料的硫含量有关。C_1 即甲烷，C_2 为乙烷、乙烯，以上物质称为干气。

催化裂化气体中大量的是 C_3、C_4（称为液态烃或液化气），其中 C_3 为丙烷、丙烯，C_4 包括 6 种组分（正、异丁烷，正丁烯，异丁烯和顺、反-2-丁烯）。

气体产品的特点如下：

① 气体产品中 C_3、C_4 占绝大部分，约 90%（质量分数），C_2 以下较少，液化气中 C_3 比 C_4 少，液态烃中 C_4 含量约为 C_3 含量的 1.5～2.5 倍；

② 烯烃比烷烃多，C_3 中烯烃约为 70% 左右，C_4 中烯烃约为 55% 左右；

③ C_4 中异丁烷多，正丁烷少，正丁烯多，异丁烯少。

上述特点使催化裂化气体成为石油化工很好的原料，催化裂化的干气可以作燃料也可以作合成氨的原料。由于其中含有部分乙烯，所以经次氯酸化又可以制取环氧乙烷，进而生产乙二醇、乙二胺等化工产品。

液态烃，特别是其中烯烃可以生产各种有机溶剂、合成橡胶、合成纤维、合成树脂等三大合成产品以及各种高辛烷值汽油组分如叠合油、烷基化油及甲基叔丁基醚等。

（2）液体产品

① 催化裂化汽油产率为 40%～60%（质量分数）。由于其中有较多烯烃、异构烷烃和芳烃，所以辛烷值较高，一般为 80 左右（MON）。因其所含烯烃中 α 烯烃较少，且基本不含二烯烃，所以安定性也比较好。含低分子烃较多，它的 10% 点和 50% 点温度较低，使用性能好。

② 柴油产率为 20%～40%（质量分数），因其中含有较多的芳烃约为 40%～50%，所以十六烷值较直馏柴油低得多，只有 35 左右，常常需要与直馏柴油等调和后才能作为柴油发动机燃料使用。

③ 渣油中含有少量催化剂细粉，一般不作产品，可返回提升管反应器进行回炼，若经澄清除去催化剂也可以生产部分（3%～5%）澄清油，因其中含有大量芳烃是生产重芳烃和炭黑的好原料。

（3）焦炭 催化裂化的焦炭沉积在催化剂上，不能作为产品。常规催化裂化的焦炭产率约为 5%～7%，当以渣油为原料时可高达 10% 以上，视原料的质量不同而异。

由上述产品分布和产品质量可见催化裂化有它独特的优点，是一般热破坏加工所不能比拟的。

三、催化裂化方法

1. 固定床

反应和再生过程在同一设备中交替进行，属于间歇式操作。为了使整个装置能连续生产，就要用几个反应器轮流地进行反应和再生。因此，这种装置的设备结构复杂，生产能力小，钢材耗量大，操作麻烦，工业上早已淘汰。

2. 移动床

移动床催化裂化，使用直径约 3mm 的小球催化剂，起初是用机械提升的方法在两器间运送催化剂，后来改为空气提升，生产能力较固定床大为提高，产品质量也得到改善。由于催化剂在反应器和再生器内靠重力向下移动，速度缓慢，所以对设备磨损较小，不过移动床的设备结构仍比较复杂，钢材耗量也比较大。特别是处理量大于 800kt/a 的大型装置，在经济上则远不及流化床优越。因此，近年来得到迅速发展的是流化床催化裂化。

3. 流化床

采用了先进的流化技术，所用的催化剂是直径为 $20\sim100\mu m$ 的微球催化剂，在反应器和再生器内与油气或空气形成流化状态，在两器间的循环像流体一样方便。因此，它具有处理量大（工业上有 6Mt/a 的大型流化催化裂化装置），设备结构简单，操作灵活等优点。但是流化床由于存在床层返混现象，产品质量和产率不如移动床。

4. 提升管反应

催化剂的发展对催化裂化技术的不断提高起着极大的推动作用，20 世纪 60 年代初期分子筛催化剂问世，为了充分发挥分子筛催化剂高活性的特点，迫使流化床工业装置采用提升管反应器，以高温短接触时间的活塞流反应代替原来的床层反应，因而克服了返混的特点，使生产能力大幅度提高，产品质量和收率得到显著改善。

分子筛催化剂的另一个特点是对积炭非常敏感，为了保证它的高活性，就必须大幅度降低再生催化剂的含炭量。无定型硅酸铝催化剂再生后，含炭一般在 $0.5\%\sim0.7\%$。当使用分子筛催化剂时，要求再生催化剂的含炭量降到 $0.05\%\sim0.02\%$。这就需要不断的强化再生过程，诸如采用高温再生、两段再生等方法。20 世纪 70 年代实现了完全再生的高效再生新工艺，并发展了 CO 助燃剂，即将催化剂上的积炭完全燃烧成 CO_2，使再生烟气中 CO 含量降到 0.05% 以下，达到排放标准，也使再生催化剂的含炭量满足要求。

由于催化裂化技术不断取得新的进展，所以在技术经济上的优越性也不断提高。因此，催化裂化在石油的二次加工中一直占据着最重要的地位。

四、催化裂化系统构成

催化裂化装置主要由反应-再生系统、分馏系统、吸收稳定系统、主风及烟气能量回收系统等组成。

1. 反应-再生系统

反应-再生系统是催化裂化装置的核心，其任务是使原料油通过反应器或提升管，与催化剂接触反应变成反应产物。反应产物送至分馏系统处理。反应过程中生成的焦炭沉积在催化剂上，催化剂不断进入再生器，用空气烧去焦炭，使催化剂得到再生。烧焦放出的热量，经再生催化剂转送至反应器或提升管，供反应时耗用。

2. 分馏系统

催化裂化分馏系统主要由分馏塔、柴油汽提塔、原料油缓冲罐、回炼油罐以及塔顶油气冷凝冷却系统、各中段循环回流及产品的热量回收系统组成，其主要任务是将来自反应系统的高温油气脱过热后，根据各组分沸点的不同切割为富气、汽油、柴油、回炼油和油浆等馏分，通过工艺因素控制，保证各馏分质量合格；同时可利用分馏塔各循环回流中高温位热能作为稳定系统各重沸器的热源。部分装置还合理利用了分馏塔顶油气的低温位热源。

富气经压缩后与粗汽油送到吸收稳定系统；柴油经碱洗或化学精制后作为调和组分或作为柴油加氢精制或加氢改质的原料送出装置；回炼油和油浆可返回反应系统进行裂化，也可将全部或部分油浆冷却后送出装置。

3. 吸收稳定系统

吸收稳定系统主要包括吸收塔、解吸塔、稳定塔、再吸收塔和凝缩油罐、汽油碱洗沉降罐以及相应的冷换设备等。

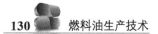

该系统的主要任务是将来自分馏系统的粗汽油和来自气压机的压缩富气分离成干气、合格的稳定汽油和液态烃。一般控制液态烃 C_2 以下组分不大于 2%（体积分数）、C_5 以上组分不大于 1.5%（体积分数）。对于稳定汽油，按照我国现行车用汽油标准 GB 17930—1999，应控制其雷氏蒸气压夏季不大于 74kPa、冬季不大于 88kPa。

4. 主风及烟气能量回收系统

该系统的设备主要包括主风机、增压机、高温取热器（一、二再烟气混合后）、烟气轮机以及余热锅炉等，其主要任务是：

① 为再生器提供烧焦用的空气及催化剂输送提升用的增压风、流化风等；

② 回收再生烟气的能量，降低装置能耗。

五、催化裂化发展概况

1936 年世界上第一套固定床催化裂化工业化装置问世，揭开了催化裂化工艺发展的序幕。20 世纪 40 年代相继出现了移动床催化裂化装置和流化床催化裂化装置。流化催化裂化技术的持续发展是工艺改进和催化剂更新互相促进的结果。60 年代中期，随着分子筛催化剂的研制成功，出现了提升管反应器，以适应分子筛的高活性。70 年代以来，分子筛催化剂进一步向高活性、高耐磨、高抗污染的性能发展，还出现了如一氧化碳助燃剂、重金属钝化剂等助剂，使流化催化裂化从只能加工馏分油到可以加工重油，重油催化裂化装置的投用，迎来了催化裂化技术发展的新高潮。

通过多年的技术攻关和生产实践，我国掌握了原料高效雾化、重金属钝化、直连式提升管快速分离、催化剂多段汽提、催化剂预提升以及催化剂多种形式再生、内外取热、高温取热、富氧再生、新型多功能催化剂制备等一整套重油催化裂化技术，同时积累了丰富的操作经验。1998 年，由石油化工科学研究院和北京设计院开发的大庆减压渣油催化裂化技术（VRFCC）就集成了富氧再生、旋流式快分（VQS）、DVR-1 催化剂等多项新技术。

我国催化裂化还在不断发展，利用催化裂化工艺派生的"家族工艺"有多产低碳烯烃或高辛烷值汽油的 DCC、ARGG、MIO 等工艺以及降低催化裂化汽油烯烃含量的。MIP、MGD 和 FDFCC 等工艺。这些工艺不仅推动了催化裂化技术的进步，也不断满足了炼油厂新的产品结构和产品质量的需求。有的专利技术已出口到国外，如 DCC 工艺技术，受到国外同行的重视。

第二节　催化裂化反应

一、催化裂化反应类型

催化裂化产品的数量和质量，取决于原料中的各类烃在催化剂上所进行的反应，为了更好地控制生产，以达到高产优质的目的，就必须了解催化裂化反应的实质、特点以及影响反应进行的因素。

石油馏分是由各种烷烃、环烷烃、芳烃所组成。在催化剂上，各种单体烃进行着不同的反应，有分解反应、异构化反应、氢转移反应、芳构化反应等，其中，以分解分解反应为主，催化裂化这一名称就是因此而得。各种反应同时进行，并且相互影响。为了更好地了解催化裂化的反应过程，首先应了解单体烃的催化裂化反应。

1. 烷烃

烷烃主要发生分解反应（烃分子中 C—C 键断裂的反应），生成较小分子的烷烃和烯烃，

例如,

$$C_{16}H_{34} \longrightarrow C_8H_{16} + C_8H_{18}$$

生成的烷烃又可以继续分解成更小的分子。因为烷烃分子的 C—C 键能随着其由分子的两端向中间移动而减小,因此,烷烃分解时都从中间的 C—C 键处断裂,而分子越大越容易断裂。碳原子数相同的链状烃中,异构烷烃的分解速率比正构烷烃快。

2. 烯烃

烯烃的主要反应也是分解反应,但还有一些其他反应,主要反应如下。

(1) 分解反应　分解为两个较小分子的烯烃,烯烃的分解速率比烷烃高得多,且大分子烯烃分解反应速率比小分子快,异构烯烃的分解速率比正构烯烃快。例如,

$$C_{16}H_{32} \longrightarrow C_8H_{16} + C_8H_{16}$$

(2) 异构化反应

① 双键移位异构。烯烃的双键向中间位置转移,称为双键移位异构。例如,

$$CH_3-CH_2-CH_2-CH_2-CH=CH_2 \longrightarrow CH_3-CH_2-CH=CH-CH_2-CH_3$$

② 骨架异构。分子中碳链重新排列。例如,

$$CH_3-CH_2-CH=CH_2 \longrightarrow CH_3-C=CH_2$$
$$\qquad\qquad\qquad\qquad\qquad\qquad | \atop CH_3$$

③ 几何异构。烯烃分子空间结构的改变,如顺烯变为反烯,称为几何异构。

(3) 氢转移反应　某烃分子上的氢脱下来立即加到另一烯烃分子上使之饱和的反应称为氢转移反应。如两个烯烃分子之间发生氢转移反应,一个获得氢变成烷烃,另一个失去氢转化为多烯烃乃至芳烃或缩合程度更高的分子,直至最后缩合成焦炭。氢转移反应是烯烃的重要反应,是催化裂化汽油饱和度较高的主要原因,但反应速率较慢,需要较高活性催化剂。

(4) 芳构化反应　所有能生成芳烃的反应都称为芳构化反应,它也是催化裂化的主要反应。如下式烯烃环化再脱氢生成芳烃,这一反应有利于汽油辛烷值的提高。

$$CH_3-CH_2-CH_2-CH_2-CH=CH-CH_3 \longrightarrow [环己烷-CH_3] \longrightarrow [苯-CH_3] + 3H_2$$

(5) 叠合反应　它是烯烃与烯烃合成大分子烯烃的反应。

(6) 烷基化反应　烯烃与芳烃或烷烃的加合反应都称为烷基化反应。

3. 环烷烃

环烷烃的环可断裂生成烯烃,烯烃再继续进行上述各项反应;环烷烃带有长侧链,则侧链本身会发生断裂生成环烷烃和烯烃;环烷烃也可以通过氢转移反应转化为芳烃;带侧链的五元环烷烃可以异构化成六元环烷烃,并进一步脱氢生成芳烃。例如,

$$[环戊烷-CH_2-CH_2-CH_3] \longrightarrow CH_3-CH_2-CH_2-CH_2-CH=CH-CH_2-CH_2-CH_3$$

$$[环戊烷-CH_3] \longrightarrow [环己烷] \longrightarrow [苯] + 3H_2$$

4. 芳香烃

芳香烃核在催化裂化条件下十分稳定,连在苯核上的烷基侧链容易断裂成较小分子烯烃,断裂的位置主要发生在侧链同苯核连接的键上,并且侧链越长,反应速率越快。多环芳烃的裂化反应速率很低,它们的主要反应是缩合成稠环芳烃,进而转化为焦炭,同时放出氢使烯烃饱和。

以上列举的是裂解原料中主要烃类物质所发生的复杂交错的化学反应,从中可以看到:在催化裂化条件下,烃类进行的反应除了有大分子分解为小分子的反应,而且还有小分子缩合成大分子的反应(甚至缩合至焦炭)。与此同时,还进行异构化、氢转移、芳构化等反应。

正是由于这些反应，得到了气体、液态烃以及汽油、柴油乃至焦炭。

二、催化裂化反应特点

1. 烃类催化裂化是一个气-固非均相反应

原料进入反应器首先汽化成气态，然后，在催化剂表面上进行反应。

（1）反应步骤

① 原料分子自主气流中向催化剂扩散；

② 接近催化剂的原料分子向微孔内表面扩散；

③ 靠近催化剂表面的原料分子被催化剂吸附；

④ 被吸附的分子在催化剂的作用下进行化学反应；

⑤ 生成的产品分子从催化剂上脱附下来；

⑥ 脱附下来的产品分子从微孔内向外扩散；

⑦ 产品分子从催化剂外表面再扩散到主气流中，然后离开反应器。

（2）各类烃被吸附的顺序　对于碳原子数相同的各类烃，它们被吸附的顺序为：

稠环芳烃＞稠环环烷烃＞烯烃＞单烷基侧链的单环芳烃＞环烷烃＞烷烃。

同类烃则相对分子质量越大越容易被吸附。

（3）化学反应速率的顺序　烯烃＞大分子单烷基侧链的单环芳烃＞异构烷烃与烷基环烷烃＞小分子单烷基侧链的单环芳烃＞正构烷烃＞稠环芳烃。

综合上述两个排列顺序可知，石油馏分中的芳烃虽然吸附能力强，但反应能力弱，它首先吸附在催化剂表面上占据了相当的表面积，阻碍了其他烃类的吸附和反应，使整个石油馏分的反应速率变慢。对于烷烃，虽然反应速率快，但吸附能力弱，从而对原料反应的总效应不利。从而可得出结论：环烷烃有一定的吸附能力，又具有适宜的反应速率，因此可以认为，富含环烷烃的石油馏分应是催化裂化的理想原料，然而，实际生产中，这类原料并不多见。

2. 石油馏分的催化裂化反应是复杂的平行-顺序反应

平行-顺序反应，即原料在裂化时，同时朝着几个方向进行反应，这种反应叫做平行反应。同时随着反应深度的增加，中间产物又会继续反应，这种反应叫做顺序反应。所以原料油可直接裂化为汽油或气体，汽油又可进一步裂化生成气体，如图 3-1 所示。

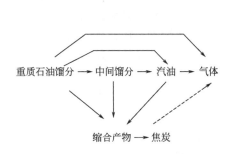

图 3-1　石油馏分的催化裂化反应
（虚线表示不重要的反应）

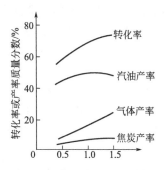

图 3-2　某馏分催化裂化的结果

平行顺序反应的一个重要特点是反应深度对产品产率的分布有着重要影响。如图 3-2 所示，随着反应时间的增长，转化深度的增加，最终产物气体和焦炭的产率会一直增加，而汽油、柴油等中间产物的产率会在开始时增加，经过一个最高阶段而又下降。这是因为达到一定反应深度后，再加深反应，中间产物将会进一步分解成为更轻的馏分，其分解速率高于生成速率。习惯上称初次反应产物再继续进行的反应为二次反应。

催化裂化的二次反应是多种多样的，有些二次反应是有利的，有些则不利。例如，烯烃和环烷烃氢转移生成稳定的烷烃和芳烃是所希望的，中间馏分缩合生成焦炭则是不希望的。因此在催化裂化工业生产中，对二次反应进行有效的控制是必要的。另外，要根据原料的特点选择合适的转化率，这一转化率应选择在汽油产率最高点附近。如果希望有更多的原料转化成产品，则应将反应产物中的沸程与原料油沸程相似的馏分与新鲜原料混合，重新返回反应器进一步反应。这里所说的沸点范围与原料相当的那一部分馏分，工业上称为回炼油或循环油。

第三节　催化裂化催化剂

由于催化剂可以改变化学反应速率，并且有选择性地促进某些反应。因此，它对目的产品的产率和质量起着决定性的作用。

在工业催化裂化的装置中，催化剂不仅影响生产能力和生产成本。还对操作条件、工艺过程、设备型式都有重要的影响。流化催化裂化技术的发展和催化剂技术的发展是分不开的，尤其是分子筛催化剂的发展促进了催化裂化工艺的重大改进。

一、催化裂化催化剂类型、组成及结构

工业上所使用的裂化催化剂虽品种繁多，但归纳起来不外乎三大类：天然白土催化剂、无定型合成催化剂和分子筛催化剂。早期使用的无定形硅酸铝催化剂孔径大小不一、活性低、选择性差早已被淘汰，现在广泛应用的是分子筛催化剂。下面重点讨论分子筛催化剂的种类、组成及结构。

分子筛催化剂是20世纪60年代初发展起来的一种新型催化剂，它对催化裂化技术的发展起了划时代的作用。目前催化裂化所用的分子筛催化剂由分子筛（活性组分）、担体以及黏结剂组成

1. 活性组分-分子筛

（1）结构　分子筛也称泡沸石，它是一种具有一定晶格结构的铝硅酸盐。早期硅酸铝催化剂的微孔结构是无定形的，即其中的空穴和孔径是很不均匀的，而分子筛则是具有规则的晶格结构，它的孔穴直径大小均匀，好像是一定规格的筛子一样，只能让直径比它孔径小的分子进入，而不能让比它孔径更大的分子进入。由于它能像筛子一样将直径大小不等的分子分开，因而得名分子筛。不同晶格结构的分子筛具有大小不同直径的孔穴，相同晶格结构的分子筛，所含金属离子不同时，孔穴的直径也不同。

分子筛按组成及晶格结构的不同可分为A型、X型、Y型及丝光沸石，它们的孔径及化学组成见表3-6。

表3-6　分子筛的孔径和化学组成

类型	孔径/10^{-1}nm	单元晶胞化学组成	硅铝原子比
4A	4	$Na_{12}[(AlO_2)_{12}(SiO_2)_{12}] \cdot 27H_2O$	1:1
5A	5	$Na_{2.6}Ca_{4.7}[(AlO_2)_{12}(SiO_2)_{12}] \cdot 31H_2O$	1:1
13X	9	$Na_{86}[(AlO_2)_{86}(SiO_2)_{106}] \cdot 264H_2O$	(1.5~2.5):1
Y	9	$Na_{56}[(AlO_2)_{56}(SiO_2)_{136}] \cdot 264H_2O$	(2.5~5):1
丝光沸石	平均6.6	$Na_8[(AlO_2)_8(SiO_2)_{40}] \cdot 24H_2O$	5:1

目前催化裂化使用的主要是 Y 型分子筛。沸石晶体的基本结构为晶胞。图 3-4 是 Y 型分子筛的单位晶胞结构，每个单元晶胞由八个削角八面体组成（见图 3-3），削角八面体的每个顶端是 Si 或 Al 原子，其间由氧原子相连接。由于削角八面体的连接方式不同，可形成不同品种的分子筛。晶格常数是沸石结构中重复晶胞之间的距离，也称晶胞尺寸。在典型的新鲜 Y 型沸石晶体中，一个单元晶胞包含 192 个骨架原子位置，55 个铝原子和 137 个硅原子。晶格常数是沸石结构的重要参数。

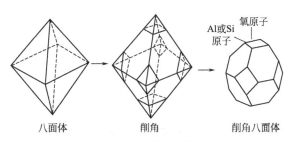

图 3-3　削角八面体

（2）作用　人工合成的分子筛是含钠离子的分子筛，这种分子筛没有催化活性。分子筛中的钠离子可以被氢离子、稀土金属离子（如铈、镧、镨等）等取代，经过离子交换的分子筛的活性比硅酸铝的高出上百倍。近年来，研究发现，当用某些单体烃的裂化速率来比较时，某些分子筛的催化活性比硅酸铝竟高出万倍。这样过高活性不宜直接用作裂化催化剂。作为裂化催化剂时，一般将分子筛均匀分布在基质（也称担体）上。目前工业上所采用的分子筛催化剂一般含 20%～40% 的分子筛，其余是主要起稀释作用的基质。

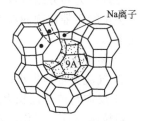

图 3-4　Y 分子筛的晶体结

2. 担体（基质）

基质是指催化剂中沸石之外具有催化活性的组分。催化裂化通常采用无定形硅酸铝、白土等具有裂化活性的物质作为分子筛催化剂的基质。基质除了起稀释作用外，还有以下作用。

① 在离子交换时，分子筛中的钠不可能完全被置换掉，而钠的存在会影响分子筛的稳定性，基质可以容纳分子筛中未除去的钠，从而提高了分子筛的稳定性。

② 在再生和反应时，基质作为一个庞大的热载体，起到热量储存和传递的作用。

③ 可增强催化剂的机械强度。

④ 重油催化裂化进料中的部分大分子难以直接进入分子筛的微孔中，如果基质具有适度的催化活性，则可以使这些大分子先在基质的表面上进行适度的裂化，生成的较小的分子再进入分子筛的微孔中进行进一步的反应。

⑤ 基质还能容纳进料中易生焦的物质如沥青质、重胶质等，对分子筛起到一定的保护作用。这对重油催化裂化尤为重要。

3. 黏结剂

黏结剂作为一种胶将沸石、基质黏结在一起。黏结剂可能具有催化活性，也可能无活性。黏结剂提供催化剂物理性质（密度、抗磨强度、粒度分布等），提供传热介质和流化介质。对于含有大量沸石的催化剂，黏结剂更加重要。

二、催化裂化催化剂评价

一个良好的催化剂，在使用中有较高的活性及选择性以便能获得产率高、质量好的目的产品，而其本身又不易被污染、被磨损、被水热失活，并且还应有很好的流化性能和再生性能。

1. 一般理化性质

（1）密度　对催化裂化催化剂来说，它是微球状多孔性物质，故其密度有几种不同的表示方法。

① 真实密度：又称催化剂的骨架密度，即颗粒的质量与骨架实体所占体积之比，其值一般是 $2\sim2.2g/cm^3$。

② 颗粒密度：把微孔体积计算在内的单个颗粒的密度，一般是 $0.9\sim1.2g/cm^3$。

③ 堆积密度：催化剂堆积时包括微孔体积和颗粒间的孔隙体积的密度，一般是 $0.5\sim0.8g/cm^3$。

对于微球状（粒径为 $20\sim100\mu m$）的分子筛催化剂，堆积密度又可分为松动状态、沉降状态和密实状态三种状态下的堆积密度。

催化剂的堆积密度常用于计算催化剂的体积和重量，催化剂的颗粒密度对催化剂的流化性能有重要的影响。

（2）筛分组成和机械强度　流化床所用的催化剂是大小不同的混合颗粒。大小颗粒所占的百分数称为筛分组成或粒分布。微球催化剂的筛分组成是用气动筛分分析器测定的，流化催化裂化所用催化剂的粒度范围主要是 $20\sim100\mu m$ 之间的颗粒，其对筛分组成的要求有三方面考虑：

① 易于流化；

② 气流夹带损失小；

③ 反应与传热面积大。

颗粒越小越易流化，表面积也越大，但气流夹带损失也会越大。一般称小于 $40\mu m$ 的颗粒为"细粉"，大于 $80\mu m$ 的为"粗粒"，粗粒与细粉含量的比称为"粗度系数"。粗度系数大时流化质量差，通常该值不大于3。设备中平衡催化剂的细粉含量在 $15\%\sim20\%$ 时流化性能较好，在输送管路中的流动性也较好，能增大输送能力，并能改善再生性能，气流夹带损失也不太大，但小于 $20\mu m$ 的颗粒过多时会使损失加大，粗粒多时流化性能变差，对设备的磨损也较大，因此对平衡催化剂希望其基本颗粒组分 $40\sim80\mu m$ 的含量保持在 70% 以上。

新鲜催化剂的筛分组成是由制造时的喷雾干燥条件决定的，一般变化不大，平均颗粒直径在 $60\mu m$ 左右。

平衡催化剂的筛分组成主要取决于补充的新鲜催化剂的量和粒度组成与催化剂的耐磨性能和在设备中的流速等因素。一般工业装置中平衡催化剂的细粉与粗粒含量均较新鲜催化剂为少，这是由于有细粉跑损和有粗粒磨碎的缘故。

催化剂的机械强度用磨损指数表示。磨损指数是将大于 $15\mu m$ 的混合颗粒经高速空气流冲击 $100h$ 后，测经磨损生成小于 $15\mu m$ 颗粒的质量分数，通常要求该值不大于 $3\sim5$。催化剂的机械强度过低，催化剂的耗损大，过高则设备磨损严重，应保持在一定范围内为好。

（3）结构特性　孔体积也就是孔隙度，它是多孔性催化剂颗粒内微孔的总体积，以 mL/g 表示。

比表面积是微孔内外表面积的总和，以 m^2/g 表示。在使用中由于各种因素的作用，孔径会变大，孔体积减小，比表面积降低。新鲜 REY 分子筛催化剂的比表面积在 $400\sim700m^2/g$ 之间，而平衡催化剂降到 $120m^2/g$ 左右。

孔径是微孔的直径。硅酸铝（分子筛催化剂的载体）微孔的大小不一，通常是指平均直径，由孔体积与比表面积计算而得。公式如下：

$$孔径（A）＝4×\frac{孔体积}{比表面积}×104$$

分子筛本身的孔径是一定的，X 型和 Y 型分子筛的孔径即八面沸石笼的窗口，只有 8～9A，比无定型硅酸铝（新鲜的 50～80A，平衡的 100A 以上）小得多。孔径对气体分子的扩散有影响，孔径大分子进出微孔较容易。

分子筛催化剂的结构特性是分子筛与载体性能的综合体现。半合成分子筛催化剂由于在制备技术上有重大改进，致使这种催化剂具有大孔径、低比表面积、小孔体积、大堆积密度、结构稳定等特点，工业装置上使用时，活性、选择性、稳定性和再生性能都比较好，而且损失少并有一定的抗重金属污染能力。

（4）比热容　催化剂的比热容和硅铝比有关。高铝催化剂的比热容较大，低铝催化剂的较小为 1.1kJ/(kg·K) 比热容受温度的影响较小。

分子筛催化剂中因分子筛含量较少，所以其物理性质与无定型硅酸铝有相同的规律，不过由于分子筛是晶体结构且含有金属离子更易产生静电。

2. 催化剂的使用性能

对裂化催化剂的评价，除要求一定的物理性能外，还需有一些与生产情况直接关联的指标，如活性、选择性、筛分组成、机械强度等。

（1）活性　裂化催化剂对催化裂化反应的加速能力称为活性。活性的大小决定于催化剂的化学组成、晶胞结构、制备方法、物理性质等。活性是评价催化剂促进化学反应能力的重要指标。工业上有好几种测定和表示方法，它们都是有条件性的。目前各国测定活性的方注都不统一，但是原则上都是取一种标准原料油，通过装在固定床中的待测定的催化剂，在一定的裂化条件下进行催化裂化反应，得到一定干点的汽油质量产率（包括汽油蒸馏损失的一部分）作为催化剂的活性。

目前普遍采用微活性法测定催化剂的活性。测定的条件如下。

反应温度：460℃；　　催化剂用量：　　　5g；
反应时间：70s；　　　催化剂颗粒直径：20～40 目；
剂油比：　3.2；　　　标准原料油：　　　大港原油 235～337℃馏分；
质量空速：162h^{-1}　　原料油用量：　　　1.56g；

所得产物中的 <204℃汽油＋气体＋焦炭质量占总进料量质量的百分数即为该催化剂创微活性。新鲜催化剂有比较高的活性，但是在使用时由于高温、积炭、水蒸气、重金属污染等影响后，使活性开始下降很快，以后缓慢下降。在生产装置中，为使活性保持在一个稳定的水平上以及补充生产中损失的部分催化剂，需补入一定量的新鲜催化剂，此时的活性称为平衡催化剂活性。

活性是催化剂最主要的使用指标，在一定体积的反应器中，催化剂装入量一定，活性越高，则处理原料油的量越大，若处理量相同，则所需的反应器体积可缩小。

（2）选择性　在催化反应过程中，希望催化剂能有效地促进理想反应，抑制非理想反应，最大限度增加目的产品，所谓选择性是表示催化剂能增加目的产品（轻质油品）和改善产品质量的能力。活性高的催化剂，其选择性不一定好，所以不能单以活性高低来评价催化剂的使用性能。

衡量选择性的指标很多，一般以增产汽油为标准，汽油产率越高，气体和焦炭产率越低，则催化剂的选择性越好。常以汽油产率与转化率之比或汽油产率与焦炭产率之比以及汽油产率与气体产率之比来表示。我国的催化裂化除生产汽油外，还希望多产柴油及气体烯烃，因此，也可以从这个角度来评价催化剂的选择性。

（3）稳定性　催化剂在使用过程中保持其活性的能力称稳定性。在催化裂化过程中，催化剂需反复经历反应和再生两个不同阶段，长期处于高温和水蒸气作用下，这就要求催化剂在苛刻的工作条件下，活性和选择性能长时间地维持在一定水平上。催化剂在高温和水蒸气的作用下，使物理性质发生变化、活性下降的现象称为老化。也就是说，催化剂耐高温和水蒸气老化的能力就是催化剂的稳定性。

在生产过程中，催化剂的活性和选择性都在不断地变化，这种变化分两种：一种是活性逐渐下降而选择性无明显的变化，这主要是由于高温和水蒸气的作用，使催化剂的微孔直径扩大，比表面减少而引起活性下降。对于这种情况，提出热稳定性和蒸汽稳定性两种指标。另一种是活性下降的同时，选择性变差，这主要是由于重金属及含硫、含氮化合物等使催化剂发生中毒之故。

（4）再生性能　经过裂化反应后的催化剂，由于表面积炭覆盖了活性中心，而使裂化活性迅速下降，这种表面积炭可以在高温下用空气烧掉，使活性中心重新暴露而恢复活性，这一过程称为再生。催化剂的再生性能是指其表面积炭是否容易烧掉，这一性能在实际生产中有着重要的意义，因为一个工业催化裂化装置中，决定设备生产能力的关键往往是再生器的负荷。

若再生效果差，再生催化剂含炭量过高时，则会大大降低转化率，使汽油、气体、焦炭产率下降，且汽油的溴值上升，感应期下降，柴油的十六烷值上升而实际胶质下降。

再生速率与催化剂物理性质有密切关系，大孔径、小颗粒的催化剂有利于气体的扩散，使空气易于达到内表面，燃烧产物也易逸出，故有较高的再生速率。

对再生催化剂的含碳量的要求：早期的分子筛催化剂为 $0.2\%\sim0.3\%$（质量分数），对目前使用的超稳型沸石催化剂则要求降低到 $0.05\%\sim0.1\%$，甚至更低。

（5）抗污染性能　原料油中重金属（铁、铜、镍、钒等）、碱土金属（钠、钙、钾等）以及碱性氮化物对催化剂有污染能力。

重金属在催化剂表面上沉积会大大降低催化剂的活性和选择性，使汽油产率降低、气体和焦炭产率增加，尤其是裂化气体中的氢含量增加，C_3 和 C_4 的产率降低。重金属对催化剂的污染程度常用污染指数来表示：

$$污染指数=0.1(Fe+Cu+14Ni+4V)$$

式中，Fe、Cu、Ni、V 分别为催化剂上铁、铜、镍、钒的含量，以 mg/kg 表示。新鲜硅酸铝催化剂的污染指数在 75 以下，平衡催化剂污染指数在 150 以下，均算作清洁催化剂，污染指数达到 750 时为污染催化剂，>900 时为严重污染催化剂。但分子筛催化剂的污染指数达 1000 以上时，对产品的收率和质量尚无明显的影响，说明分子筛催化剂可以适应较宽的原料范围和性质较差的原料。

为防止重金属污染，一方面应控制原料油中重金属含量，另一方面可使用金属钝化剂（例如，三苯锑或二硫化磷酸锑）以抑制污染金属的活性。

第四节　流态化原理及催化剂输送

在流化催化裂化装置中两器的操作状况以及催化剂在两器间循环流动都与流化状态有着密切关系。

一、流态化原理

1. 流态化的概念

固体颗粒是静止不动的，比如一堆沙子，堆放在地上静止不动，但一阵大风吹来，沙子会腾空而起，随风而去，形成"飞沙走石"的现象；放在锅里的米，加水煮沸，米粒随着开水滚动翻腾。这些现象可以说是沙子被流动的空气流化了，米被流动的开水流化起来。

流态化是指细小的固体颗粒被运动着的流体（气体和液体）所携带，使之形成向流体一样能自由流动的状态，称之为固体流态化，简称流态化或流化。

固体颗粒之所以能被流化起来，是因为流体在颗粒中间移动时与颗粒摩擦产生推力所致。

工业上固体流化是在容器内形成的，通常把容器在其中呈流化状态的固体颗粒合在一起，称为流化床。

2. 流化床的形成条件

① 首先要有一个容器，在催化裂化装置中的反应器、再生器都是容器，容器中还要设置使流体分布良好的分布器，以支持床层，并使其良好。

② 容器中要有足够数量的固体颗粒，颗粒大小、密度、耐磨性能等应满足要求。

③ 要有流化的介质，并且流体要有足够的速度，使固体颗粒流化。

3. 散式流化和聚式流化

由于流化介质的不同，流态化分为散式流化和聚式流化两种类型。

（1）散式流化　以液体为流化介质的流化床，床层随流体速度增加平稳膨胀，床层中的固体颗粒彼此散开运动，流化的很均匀，即使流速较大时也没有鼓泡或不均匀的现象。因此，这样的床层称为散式流化床，或称均匀流化床和液体流化床。如图 3-5（a）所示。但密度较大的固体颗粒在液体介质中也出现聚式流化。

根据固体颗粒与流体运动的特征，散式流化又分为 3 类：即经典流态化，广义流态化和加速度的广义流态化。

（2）聚式流化　以气体为流化介质的流化床，床层中的固体颗粒不是单独单独存在的，而是许多颗粒以集团形式团聚在一起。如图 3-5（b）所示，气体是以气泡的形式通过床层，流速较大时，固体颗粒运动猛烈，床层搅动的很厉害，

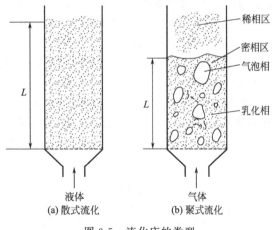

图 3-5　流化床的类型

床层的膨胀比小于散式流化，气体把颗粒带出，形成一个稀相，这种流化床叫不均匀流化床，既聚式流化。石油催化裂化的流化床就是聚式流化。

不论是散式流化还是聚式流化，床层上面都有一个明显的界面存在。

二、催化剂输送

催化剂输送属于气固输送。它是靠气体和固体颗粒在管道内混合呈流化状态后，使固体运动而达到输送目的的。由于气固混合的密度不同，其输送原理也不一样。故气固输送可分为两种类型。即稀相输送和密相输送。这两种输送的分界线并不十分严格，通常约以密度 $100kg/m^3$ 作为大致的分界线。例如催化裂化装置的催化剂大型加料、大型卸料、小型加料、提升管反应器、烧焦罐式再生器的稀相管等处均属于稀相输送。而Ⅳ型催化裂化的 U 形管，密相提升管、立管、斜管、旋分器料腿以及汽提段等处则属于密相输送。

1. 稀相输送

稀相输送也称为气力输送。是大量高速运动的气体把能量传递给固体颗粒，推动固体颗

粒加速运动，而进行输送的。因此气体必须有足够高的线速度。如果气体速度降低到一定程度，颗粒就会从气流中沉降下来，这一速度就是气力输送的最小极限速度，而气力输送的流动特性对在垂直管路和水平管路中是不完全相同的。

① 在垂直管路中随着气速的降低，颗粒上升速度迅速减慢，因而使管路中颗粒的浓度增大，最后造成管路突然堵塞。出现这种现象时的管路空截面气速称为噎噻速度。通常希望气速在不出现噎噻的情况下尽可能低些，这样可以减小磨损。据实验表明，用空气提升微球催化剂时的噎噻速度约为 1.5m/s。

② 在水平管路中，当气速减低到一定程度时，开始有部分固体颗粒沉于底部管壁，不再流动，这时空截面的气体速度称为沉积速度。虽然沉积速度低于颗粒的终端速度，但并不是一达到沉积速度就立刻使管路全部堵塞，而是由于部分颗粒沉于底部管壁使有效流通截面减小，气体在上部剩余空间流动，实际线速度仍超过颗粒的终端速度，使未沉降的颗粒继续流动，只是输送量减小。如果进一步降低气速，颗粒沉积越来越厚，管子有效流通截面越来越小阻力相应地逐渐增大，固体输送量也越来越少，最后才完全堵塞。

③ 倾斜管路的输送状态介于水平和垂直管路之间。当倾斜度在 45°角（管子与水平线的夹角）以下时其流动规律与水平管相似，但颗粒比在水平管路中更易沉积。

实际的气力输送系统常常是既有垂直管段又有水平和倾斜管段，对粒度不等的混合颗粒，沉积速度约为噎噻速度的 3～6 倍，所以操作气速应按大于沉积速度来确定。以免出现沉积或噎噻。但气速也不宜过高，因气速太高会使压降增大，损失能量造成严重磨损。一般操作气速在 8～20m/s 的范围。

催化裂化的提升管反应器及烧焦罐稀相管等处属于稀相输送。

2. 密相输送

密相输送的固气比较大，气体线速较低，操作密度都在几百千克每立方米。气固密相输送有两种流动状态：即黏-滑流动（或叫黏附流动）和充气流动。当颗粒较粗且气体量很小，

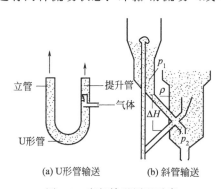

(a) U 形管输送 (b) 斜管输送

图 3-6 密相输送原理示意

以至不能使固体颗粒保持流化状态时，此时固粒之间互相压紧只能向下移动，而且流动不畅，下料不均，称为黏-滑流动，这时的颗粒流动速度一般 < 0.6～0.75m/s。移动床催化裂化装置中催化剂在两器内的移动即属黏-滑流动。对于细颗粒且气体量足以使固粒保持流化中，此时气固混合物具有流体的特性，可以向任意方向流动，这种流动状态称为充气流动。其速度较高，一般固粒运动速度 > 0.6～0.75m/s。流化催化裂化装置中催化剂的密相输送是在充气流动状态下进行的。但个别部位，固粒流速低于 0.6m/s 时也会出现黏-滑流动。

密相输送的原理：密相输送时，固体颗粒不被气体加速，而是在少量气体松动的流化状态下靠静压差的推动来进行集体运动。

Ⅳ型催化裂化装置中催化剂在 U 形管内的输送和高低并列式提升管催化裂化装置中催化剂在斜管内的输送，都是依此原理实现的。

U 形管的输送如图 3-6(a) 所示。在上升端通入气体（油气或空气）使其密度减小，使两端出现静压差，促使催化剂向低压端流动。

斜管输送如图 3-6(b) 所示。催化剂是靠斜管内料柱静压形成的推力克服阻力向另一端流动的。

3. 催化剂输送管路

催化剂在两器间循环输送的管路随装置型式不同而异。Ⅳ型装置采用 U 形管，同轴式装置采用立管，并列式提升管装置采用斜管。无论哪种管路，催化剂在其中都呈充气流动状态进行密相输送，但随气固运动方向的不同，输送特点又有显著差别。

（1）气固同时向下流动 如斜管、立管以及 U 形管的下流段等处。这时的固体线速要高些，一般约为 $1.2\sim2.4m/s$，最小不低于 $0.6m/s$，否则气体会向上倒窜，造成脱流化现象，使气固密度增大，容易出现"架桥"。如果发生这种现象，可在该管段适当增加松动气量以保持流化状态，使输送恢复正常。

（2）固体向下而气体向上的流动 如溢流管、脱气罐、料腿、汽提段等处。这些地方希望脱气好，因而要求催化剂下流速度很低，如汽提段 $<0.1m/s$；溢流管 $<0.24m/s$；料腿 $<0.76m/s$，以利于气体向上流动和高密度的催化剂顺利地向下流动。

（3）固体和气体同时向上流动 如 U 形管的上流段、密相提升管及预提升管等处。这种情况下的气固流速都要高些，气体量也要求较大，气固密度较小，否则催化剂会下沉，堵塞管路而中断输送。若气体流速超过 $2m/s$ 时，则与高固气比的稀相输送很相似。

密相输送的管路直径由允许的质量流速决定。正常操作时的设计质量流速一般约为 $3200t/(m^2 \cdot h)$，最高为 $4830t/(m^2 \cdot h)$，最低为 $1383t/(m^2 \cdot h)$。

为了防止催化剂在管路中沉积，沿输送管设有许多松动点，通过限流孔板吹入松动蒸汽或压缩空气。

输送管上装有切断或调节催化剂循环量的滑阀。在Ⅳ型装置中，正常操作时滑阀是全开的，不起调节作用，只是在必要时（如发生事故）起切断两器的作用，在提升管催化裂化装置中滑阀主要起调节催化剂循环量的作用。

斜管中的催化剂还起料封作用，防止气体倒窜，在压力平衡中是推动力的一部分，滑阀在管路中节流时，滑阀以下即不是满管流动，因此滑阀以下的催化剂起不到料封的作用，所以在安装滑阀时应尽量使其靠近斜管下端。滑阀以上斜管长度应满足料封的需要，并留有余地，以免斜管中催化剂密度波动时出现窜气现象。

为了减少磨损，输送管内装有耐磨衬里，对于两端固定而又无自身热补偿的输送斜管应装设波形膨胀节。

第五节　催化剂再生

烃类在反应过程中由于缩合，氢转移的结果会生成高度缩合的产物——焦炭，沉积在催化剂上使其活性降低，选择性变坏。为了使催化剂能继续使用，在工业装置中采用再生的方法烧去所沉积的焦炭，以便使其活性及选择性得以恢复。

经反应积焦的催化剂，称为待再生催化剂（简称待剂）。含炭量对硅酸铝催化剂一般为 1% 左右，分子筛催化剂为 0.85% 左右。

再生后的催化剂，称为再生催化剂（简称再剂）。其含炭量对硅酸铝催化剂一般为 0.3%～0.5%，分子筛催化剂要求降低到 0.2% 以下或更低，达 0.05%～0.02%。通常称待剂与再剂含炭量之差为炭差，一般不大于 0.8%。

再生是催化裂化装置的重要过程，决定一个装置处理能力的关键常常是再生系统的烧焦能力。

一、催化裂化再生反应

催化剂上所沉积的焦炭其主要成分是碳和氢。氢含量的多少随所用催化剂及操作条件的不同而异。当使用低铝催化剂且操作条件缓和的情况下，氢含量约为 $13\%\sim14\%$，在使用高活性的分子筛催化剂且操作苛刻时氢含量约为 $5\%\sim6\%$。焦中除碳、氢外还有少量的硫和氮，其含量取决于原料中硫、氮化合物的多少。

催化剂再生反应就是用空气中的氧烧去沉积的焦炭。再生反应的产物是 CO_2、CO 和 H_2O。一般情况下，再生烟气中的 CO_2/CO 的比值在 $1.1\sim1.3$。在高温再生或使用 CO 助燃剂时，此比值可以提高，甚至可使烟气中的 CO 几乎全部转化为 CO_2。再生烟气中还含有 SO_x（SO_2、SO_3）和 NO_x（NO、NO_2）。由于焦炭本身是许多种化合物的混合物，主要是由碳和氢组成，故可以写成以下反应式：

$$C + O_2 \longrightarrow CO_2 \qquad \Delta H = -33873kJ/kgC$$
$$C + 1/2O_2 \longrightarrow CO \qquad \Delta H = -10258kJ/kgC$$
$$H_2 + 1/2O_2 \longrightarrow H_2O \qquad \Delta H = -119890kJ/kgH$$

通常氢的燃烧速度比碳快得多，当碳烧掉 10% 时，氢已烧掉一半，当碳烧掉一半时，氢已烧掉 90%。因此，碳的燃烧速度是确定再生能力的决定因素。

上面三个反应的反应热差别很大，因此，1kg 焦炭的燃烧热因焦炭的组成及生成的 CO_2/CO 的比不同而异。在非完全再生的条件下，一般 1kg 焦炭的燃烧热在 32000kJ 左右。再生时需要供给大量的空气（主风），在一般工业条件下，1kg 焦炭需要耗主风大约 $9\sim12m^3$。

从以上反应式计算出焦炭燃烧热并不是全部都可以利用，其中应扣除焦炭的脱附热。脱附热可按下式计算：

$$焦炭的脱附热=焦炭的吸附热=焦炭的燃烧热\times11.5\%$$

因此，烧焦时可利用的有效热量只有燃烧热的 88.5%。

二、催化剂再生技术

1. 催化剂再生方式

我国开发的再生器形式有多种，而且各具特色。

（1）单器再生　单器再生就是使用一个流化床再生器一次完成催化剂的烧焦过程，工艺比较简单，设备也不复杂。

催化剂进出再生器的方式可分为"上进下出"和"下进上出"两类。前者待生催化剂由侧壁进入再生器密相段之一侧，或用船形分布器进入密相段中部。同轴式装置则由待生催化剂套筒进入密相段上部中心，再生催化剂经由设在分布管附近的淹流管排出。后者待生催化剂通过待生催化剂密相提升管（或斜管）由再生器底部进入再生器内，再生催化剂由溢流管排出。生产实践证明，上进下出型的密相段内返混少，气固相接触和固体停留时间分布较好，催化剂循环量调节可不受溢流管高度的限制，所以，近年来投产的装置多采用"上进下出"型。

我国一些采用湍流床单器再生的催化裂化装置，当再生温度为 $650\sim680℃$ 时，再生催化剂炭含量为 $0.1\%\sim0.12\%$。若采用有效措施改进催化剂分布和空气分布，并把再生温度保持在 $700℃$ 左右时，则湍流单器再生的再生催化剂炭含量可降到 0.1% 以下。

（2）双器再生　双器再生是随着渣油催化裂化的发展而发展起来的，又可分为有取热设施与无取热设施两种。

① 无取热设施的双器两段再生。我国 20 世纪 80 年代引进的无取热设施渣油催化裂化的双器两段再生，两段均采用湍流床，一、二段烟气分流，一段是常规再生，二段是高温下完全再生（不用助燃剂）。按照烧焦率和两器热平衡的需要来调节一、二段的烧焦比例，不设取热设施。由于二段温度可达 800℃ 以上，故第二段再生器内无内件（旋风分离器、料腿、翼阀），专门用于渣油催化裂化装置，有并列式和同轴式两种。其特点可归纳如下：

- 再生效果好，再生催化剂炭含量可小于 0.05%；
- 一、二段烟气分别处理，没有二次燃烧的问题；
- 一段用主风量控制烧焦量，两段的烧焦比例可人为地在一定范围内调节；
- 反应再生系统热平衡决定了焦炭产率在 6%～7%，因此限制了原料油的质量要求。

② 有取热设施的双器两段再生。有取热设施的双器两段再生与无取热设施的双器两段再生的主要区别是再生器设有取热设施，因而生焦率可允许在较大范围内变动（6%～11%）。另外，由于第一再生器的烟气与第二再生器烟气合并，因而烟气能量利用较好，适用于高生焦量的大规模催化裂化装置。

（3）逆流两段再生　我国开发的逆流两段再生是将第一再生器设置在第二再生器上部，大约 20% 的焦炭在第二再生器烧掉，第二再生器的烟气进入第一再生器继续烧焦，离开第一再生器的烟气含有 4%～6% 的 CO 和约 1% 的 O_2。由于两个再生器串联，只有一股烟气，有利于烟气的能量回收，同时也降低了空气的用量。再生催化剂炭含量可降至 0.05%。取热设施位于第一再生器下部。反应沉降器位于第一再生器顶部。总高度小于 62m，低于国外的逆流两段再生催化裂化装置。

（4）快速床再生　快速床再生由快速床（又称前置烧焦罐）、稀相管和鼓泡床组成。我国现有的这类再生器由于循环管结构不同又分为两种。一种是早期曾使用的密相床与高速床由带翼阀的内溢流管连通，一种是目前普遍采用的由带滑阀的外循环管连通。其特点如下。

- 由于烧焦罐系快速流化床，在其中保持了高流速、高温度、高氧含量和低催化剂藏量的条件，从而可将烧焦罐烧焦强度提高到 500kg/(h·t)（温度 700℃ 以上时），约有 90% 焦炭在高速床烧掉。但由于两密相床的烧焦强度较低，故总烧焦强度只有 250kg/(h·t) 左右。
- 由于采用了高温、高氧含量和高流速的再生条件，使再生催化剂炭含量降低，在 700℃ 时，可保持 0.1% 左右。
- 在烧焦罐和稀相管中同时进行 CO 的燃烧（一般采用助燃剂），这样就利用了 CO 的燃烧热，提高了烧焦温度。

单器再生之后串联一个快速床，简称后置烧焦罐再生，在我国也建成了几套这样的装置。

（5）烟气串联的高速床两段再生　这种再生工艺采用了烧焦罐（快速床）、湍流床的烟气串联布局。一段再生与二段再生的分界有一个大孔径、低压降的分布板，这样不仅使第一段达到快速床条件，而且使第二段达到高速湍流床条件，两段烧焦都得到了强化，整个再生器的烧焦强度提高。其特点如下。

① 一段再生为快速床、温度 720～730℃，压力（绝压）0.36MPa，线速 1.5～1.6m/s，出口过剩氧 4%～5%。在这种操作条件下，一般出口催化剂炭含量低于通常的烧焦罐，并保持了较高的烧焦强度。

② 二段的催化剂向一段流动时，选用溢流-淹流相结合的平衡管，以溢流区的流化风来控制催化剂的循环量。密度较小的再生催化剂经淹流孔进入溢流区，进入外循环管到一段，这种结构不需滑阀或翼阀，无严重磨损。

③ 一段、二段的主风串联，烧焦主风全部由一段进入。一段内的催化剂在富氧情况下先进行部分烧焦，然后烟气与催化剂一同向上穿过一大孔径低压降分布板后进入二段继续烧焦，此时氧分压尽管很小，但由于气体线速高，催化剂密度小，氧气传递速率高，故烧焦强度仍很大。

④ 由于采取了减小二段体积，提高二段气体线速和降低二段催化剂密度的措施，因此降低了系统的催化剂藏量。

这种再生工艺将反应再生系统的总催化剂藏量降低到 25kg/(d·t)，再生催化剂炭含量在 0.1% 以下。

这种结构的再生器在 700℃ 左右再生温度下操作时，烧焦强度仍大于 120kg/(t·h)，再生催化剂炭含量低于 0.1%，优于单段结构再生器的再生效果。

(6) 管式再生　催化剂再生采用了提升管，管内表观线速为 3~10m/s，顶部线速较高，底部线速较低，保持提升管的催化剂处于活塞流状态。燃烧用的主风分成 3~4 股，在提升管的不同高度注入，以控制烧焦管内的密度和氧浓度，氧的传质阻力和催化剂的返混可达到很低的程度，从而使烧焦强度可达到 1000k/(t·h)。烧焦管的典型长度为 22m，在烧焦管内烧掉的焦炭占总焦炭量的 80% 左右，剩下的焦炭和 CO 在烧焦管顶部的淌流床中烧掉。再生催化剂进入脱气罐，然后分成两路，一路进入提升管反应器，另一路循环回烧焦管，以提高烧焦管的起始烧焦温度。由于催化剂有足够的静压头，反再生系统的压力平衡容易控制，再生滑阀和待生滑阀的压力降可达 0.04~0.06MPa，剂油比可达 8~10，这一再生工艺的再生催化剂炭含量可小于 0.05%，再生催化剂带入反应系统的烟气量很少，有利于催化裂化干气的进一步利用。

2. 再生因素分析

再生过程所追求的目的是：烧焦速度快（它意味着一定尺寸的再生器处理能力高），再生效果好（即再剂含炭量低）。而再生器的烧焦速率是再生温度、氧分压、催化剂藏量、催化剂上的含炭量以及流化床效率等因素的函数。

(1) 再生温度　再生温度是影响烧焦速率的最重要的因素之一。由碳燃烧速率方程可见烧焦速率与再生温度因数成正比。提高温度，可大大提高烧焦速率，在 600℃ 左右时每提高 10℃，烧焦速率可提高约 20%，但是提高再生温度受到催化剂水热温度性和设备结构以及材料的限制。

对于常规再生来说，若使用铝催化剂时再生温度一般低于 600℃，采用热稳性较好的分子筛催化剂后，再生温度提高到 650~700℃，特别是使用高温完全再生技术的装置其再生温度达 720℃ 以上，使再生催化剂含炭量降到 0.05%~0.02%。

(2) 氧分压　烧炭速率与再生床层氧分压成正比。氧分压是操作压力与再生气体中氧分子浓度的乘积。因此提高再生器压力或再生气体中氧的浓度都有利于提高烧炭速率。

氧浓度是进入再生器的空气和出再生器烟气中氧含量的对数平均值。空气含氧量是定值［为 21%（体积分数）］，出口烟气中的过剩氧含量是操作变数，通常控制在 1%~2%，使用分子筛催化剂后，再生温度提高，为防止二次燃烧，一般烟气中氧含量控制得很低约为 0.5% 左右，但当采用完全再生时，烟气中含氧量常在 3% 以上，过高会增加能量损失。

再生器压力是由两器压力平衡确定的。平时不作为调节手段。Ⅳ 型装置压力一般 0kPa（表压）左右，分子筛提升管催化裂化装置多采用 0.14~0.23MPa（表压）。

(3) 催化剂含炭量　催化剂含炭量越高则烧炭速率越高，但是再生的目的是要把炭烧掉，所以此因素不是调节操作的手段。

(4) 再生器的结构形式　主要是考虑如何保证使流化质量良好，空气分布均匀并与催化剂充分接触，尽量减小返混，避免催化剂走短路。例如，采取待生催化剂以切线方向进再生器，催化剂与主风逆流接触等措施都可以改善烧炭效果。

（5）再生时间　即催化剂在再生器内的停留时间。

$$停留时间 = \frac{藏量}{催化剂循环量}$$

催化剂在再生器内的停留时间越长所能烧去的炭越多，再生催化剂的含炭量越低。但延长再生时间，实际就是提高藏量，也就是需要加大再生器体积。同时催化剂在高温下停留时间增长会促使其减低活性。因此采用增加藏量的办法来提高烧炭速率是不可取的，目前的趋势是设法提高烧焦强度。

$$烧焦强度 = \frac{烧焦量}{催化剂循环量}$$

即采用提高再生温度、氧分压和改善气固接触等手段降低藏量。30 年前再生器的设计停留时间为 $20\sim30min$，现在已经降低到 $3\sim5min$，甚至更少。

（6）主风量　再生器的空气量应调整到再生器出口烟道气中氧含量约 1.5%。

3. 炭堆积与二次燃烧

（1）炭堆积　烧焦与生焦、耗氧与供氧是密切相关的两对矛盾。反应生成的焦炭必须在再生过程中完全烧掉，才能保持操作平衡，使再生催化剂含炭量恒定。要使生成的焦炭烧掉，就要供给足够的氧，因此生焦与烧焦的平衡必须在供氧与耗氧平衡的前提下才能实现。

通常供氧量要稍大于耗氧量，使烟气中有一定的过剩氧才能保证焦炭的充分燃烧，但供风过多会浪费主风机功率，而且容易造成"二次燃烧"。如果供风不足，生成的焦炭不能完全烧掉，烟气中氧含量就会下降为零，再生催化剂含炭量升高，使催化剂选择性变坏，因而焦炭产率增加，烧焦更不完全，形成恶性循环。结果催化剂的积炭迅速上升，催化剂活性大大下降，使汽油与气体产率降低，回炼油增多，这种现象称为"炭堆积"，属于操作事故。

当发生"炭堆积"时，应设法降低生焦量如：降低进料量，减少油浆回炼，加大汽提蒸汽，并及时增加主风量以加快烧焦速度。

（2）二次燃烧　通常再生过程是将催化剂上沉积的焦炭在再生器密相床中烧掉。燃烧生成的烟气（CO_2、CO、剩余 O_2 和未反应的 N_2）离开密相床层进入稀相空间经旋风分离后从烟囱排出。当再生器热量大量过剩、稀相温度升高时，烟气中一氧化碳和剩余氧在稀相段和旋风分离器以至集气室等处能引起剧烈的氧化，并放出大量的热，使烟气温度迅速上升。这种不正常的燃烧现象称为"二次燃烧"。

发生二次燃烧时，烟气温度会突然上升到 $750\sim900℃$ 以上，如不及时处理，会将衬里烧裂，旋风分离器和集气室等烧坏。

在操作中可通过稀密相温差分析有无二次燃烧的迹象。根据此温差（一般超过 $5\sim7℃$ 时说明稀相氧含量超高）的变化，随时微调放空控制进入再生器的主风量（即调节过剩氧含量），以达到防止二次燃烧的目的。

一旦发生二次燃烧，就要采取果断措施，用稀相喷水迅速取热降温，加大级间冷却蒸汽，保护旋风分离器。但要注意在处理"二次燃烧"不当时会引起"炭堆积"。

在采用分子筛催化剂以后，由于焦炭产率降低和高温再生促使 CO_2/CO 的比下降，使供热不足。因此催化裂化装置普遍采用一氧化碳助燃剂，使 CO 在再生器密相床中烧掉，实现完全再生。这样不仅可以降低原料预热温度，同时可以进一步提高再生催化剂温度，从而降低剂油比，改善产品分布，而且可以消除"二次燃烧"的隐患。所以对采用烧焦罐式再生器的装置和使用 CO 助燃剂实现完全再生的装置，不会再有二次燃烧的事故发生。

第六节 催化裂化工艺流程

催化裂化自工业化以来，先后出现过多种形式的催化裂化工业装置。固定床和移动床催化裂化是早期的工业装置，随着微球硅铝催化剂和分子筛催化剂的出现，流化床和提升管催化裂化相继问世。1965 年我国建成了第一套同高并列式流化床催化裂化工业装置，1974 年我国建成投产了第一套提升管催化裂化工业装置，2002 年世界上第一套多功能两段提升管反应器已在石油大学（华东）胜华炼厂年加工能力 10 万吨催化裂化工业装置上改造成功。

催化裂化装置一般由反应-再生系统、分馏系统、吸收稳定系统及再生烟气能量回收系统组成。现以提升管催化裂化为例，对各系统分述如下。

一、反应-再生系统

以高低并列式提升管催化裂化装置为例说明反应-再生系统的工艺流程，如图 3-7 所示。

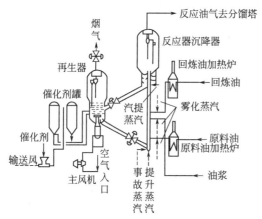

图 3-7 高低并列式催化
裂化反应再生系统

新鲜原料（以馏分油为例）换热后与回炼油分别经两加热炉预热至 300～380℃ 由喷嘴喷入提升管反应器底部（油浆不进加热炉直接进提升管）与高温再生催化剂相遇，立即汽化反应，油气与雾化蒸汽及预提升蒸汽一起以 7～8m/s 的入口线速携带催化剂沿提升管向上流动，在 470～510℃ 的反应温度下停留约 2～4s，以 13～20m/s 的高线速通过提升管出口，经快速分离器进入沉降器，携带少量催化剂的油气与蒸汽的混合气经两级旋风分离器，进入集气室，通过沉降器顶部出口进入分馏系统。

经快速分离器分出的催化剂，自沉降器下部进入汽提段，经旋风分离器回收的催化剂通过料腿也流入汽提段。进入汽提段的待生催化剂用水蒸气吹脱吸附的油气，经待生催化剂斜管、待生催化剂单动滑阀以切线方式进入再生器，在 650～690℃ 的温度下进行再生。再生器维持 0.15～0.25MPa（表压）的顶部压力，床层线速约为 1～1.2m/s。含炭量降到 0.2％ 以下的再生催化剂经淹流管、再生斜管和再生单动滑阀进入提升管反应器，构成催化剂的循环。

烧焦产生的再生烟气，经再生器稀相段进入旋风分离器。经两级旋风分离除去携带的大部分催化剂，烟气通过集气室（或集气管）和双动滑阀排入烟囱（或去能量回收系统）。回收的催化剂经料腿返回床层。

再生烧焦所需空气由主风机供给，通过辅助燃烧室及分布板（或管）进入再生器。

在生产过程中催化剂会有损失，为了维持系统内的催化剂藏量，需要定期地或经常地向系统补充新鲜催化剂。即使是催化剂损失很低的装置，由于催化剂老化减活或受重金属污染，也需要放出一些废催化剂，补充一些新鲜催化剂以维持系统内平衡催化剂的活性。为此装置内应设有两个催化剂贮罐，一个是供加料用的新鲜催化剂贮罐，一个是供卸料用的热平衡俏化剂贮罐。

反应再生系统的主要控制手段如下。

① 直气压机入口压力调节汽轮机转速控制富气流量以维持沉降器顶部压力恒定。

② 以两反应器器压差作为调节信号由双动滑阀控制再生器顶部压力。

③ 由提升管反应器出口温度控制再生滑阀开度来调节催化剂循环量。由待生滑阀开度根据系统压力平衡要求控制汽提段料面高度。

依据再生器稀密相温差调节主风放空量（称为微调放空），以控制烟气中的氧含量，预防发生二次燃烧。

除此之外还有一套比较复杂的自动保护系统以防发生事故。

二、分馏系统

分馏系统工艺流程如图 3-8 所示。

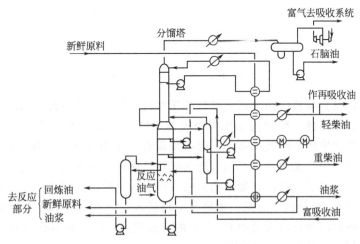

图 3-8　分馏系统的工艺流程

由沉降器顶部出来的反应产物油气进入分馏塔下部，经装有挡板的脱过热段后，油气自下而上通过分馏塔。经分馏后得到富气、粗汽油、轻柴油、重柴油（也可以不出重柴油）、回炼油及油浆。如在塔底设油浆澄清段，可脱除催化剂出澄清油，浓缩的稠油浆再用回炼油稀释送回反应器进行回炼并回收催化剂。如不回炼也可送出装置。轻柴油和重柴油分别经汽提塔汽提后再经换热、冷却然后出装置。轻柴油有一部分经冷却后送至再吸收塔，作为吸收剂，然后返回分馏塔。

分馏系统主要过程在分馏塔内进行，与一般精馏塔相比，催化裂化分馏塔具有如下技术特点。

① 分馏塔进料是过热气体，并带有催化剂细粉，所以进料口在塔的底部，塔下段用油浆循环以冲洗挡板和防止催化剂在塔底沉积，并经过油浆与原料换热取走过剩热量。油浆固体含量可用油浆回炼量或外排量来控制，塔底温度则用循环油浆流量和返塔温度进行控制。

② 塔顶气态产品量大，为减少塔顶冷凝器负荷，塔顶也采用循环回流取热代替冷回流，以减少冷凝冷却器的总面积。

③ 由于全塔过剩热量大，为保证全塔气液负荷相差不过于悬殊，并回收高温位热量，除塔底设置油浆循环外，还设置中段循环回流取热。

三、吸收-稳定系统

吸收稳定系统的目的在于将来自分馏部分的催化富气中 C_2 以下组分（干气）与 C_3、C_4

组分（液化气）分离以便分别利用，同时将混入汽油中的少量气体烃分出，以降低汽油的蒸气压，保证符合商品规格。

吸收-稳定系统典型流程见图 3-9。

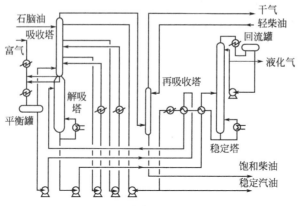

图 3-9　吸收稳定系统的工艺流程

由分馏系统油气分离器出来的富气经气体压缩机升压后，冷却并分出凝缩油，压缩富气进入吸收塔底部，粗汽油和稳定汽油作为吸收剂由塔顶进入，吸收了 C_3、C_4（及部分 C_2）的富吸收油由塔底抽出送至解吸塔顶部。吸收塔设有一个中段回流以维持塔内较低的温度。吸收塔顶出来的贫气中尚夹带少量汽油，经再吸收塔用轻柴油回收其中的汽油组分后成为干气送燃料气管网。吸收了汽油的轻柴油由再吸收塔底抽出返回分馏塔。解吸塔的作用是通过加热将富吸收油中 C_2 组分解吸出来，由塔顶引出进入中间平衡罐，塔底为脱乙烷汽油被送至稳定塔。稳定塔的目的是将汽油中 C_4 以下的轻烃脱除，在塔顶得到液化石油气（简称液化气），塔底得到合格的汽油——稳定汽油。

四、烟气能量回收系统

除以上三大系统外，现代催化裂化装置（尤其是大型装置）大都设有烟气能量回收系统，目的是最大限度地回收能量，降低装置能耗。图 3-10 为催化裂化装置烟气轮机动力回收系统的典型工艺流程。从再生器出来的高温烟气进入三级旋风分离器，除去烟气中绝大部分催化剂微粒后，通过调节蝶阀进入烟气轮机（又叫烟气透平）膨胀做功，使再生烟气的动能转化为机械能，驱动主风机（轴流风机）转动，提供再生所需空气。开工时无高温烟气，主风机由电动机（或汽轮机，又称蒸汽透平）带动。正常操作时如烟气轮机功率带动主风机尚有剩余时，电动机可以作为发电机，向配电系统输出电功率。烟气经过烟气轮机后，温度、压力都有所降低（温度约降低 $100\sim150℃$），但含有大量的显热能（如不是完全再生，

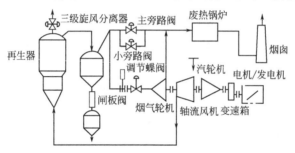

图 3-10　催化裂化能量回收系统流程

还有化学能），故排出的烟气可进入废热锅炉（或 CO 锅炉）回收能量，产生的水蒸气可供汽轮机或装置内外其他部分使用。为了操作灵活，安全，流程中另设有一条辅线，使从三级旋风分离器出来的烟气可根据需要直接从锅炉进入烟囱。

第七节　催化裂化主要设备

一、提升管反应器及沉降器

（1）提升管反应器　提升管反应器是催化裂化反应进行的场所，是催化裂化装置的关键设备之一。常见的提升管反应器形式有两种，即直管式和折叠式。前者多用于高低并列式提升管催化裂化装置，后者多用于同轴式和由床层反应器改为提升管的装置。图 3-11 是直管式提升管反应器及沉降器示意图。

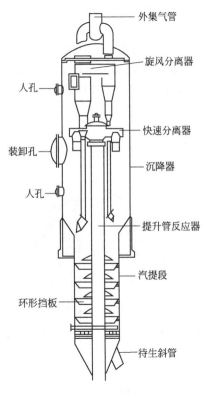

图 3-11　直管式提升管反应器
及沉降器简图

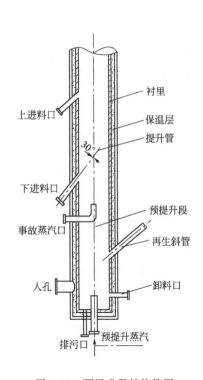

图 3-12　预提升段结构简图

提升管反应器是一根长径比很大的管子，长度一般为 30～36m，直径根据装置处理量决定，通常以油气在提升管内的平均停留时间 1～4s 为限，确定提升管内径。由于提升管内自下而上油气线速不断增大，为了不使提升管上部气速过高，提升管可作成上下异径形式。

在提升管的侧面开有上下两个（组）进料口，其作用是根据生产要求使新鲜原料、回炼油和回炼油浆从不同位置进入提升管，进行选择性裂化。

进料口以下的一段称预提升段（见图 3-12），其作用是：由提升管底部收入水蒸气（称预提升蒸气），使出再生斜管来的再生催化剂加速，以保证催化剂与原料油相遇时均匀接触。这种作用叫预提升。

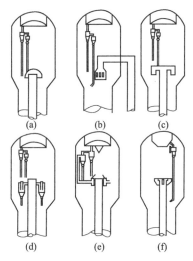

图 3-13 快速分离装置类型

为使油气在离开提升管后立即终止反应，提升管出口均设有快速分离装置，其作用是使油气与大部分催化剂迅速分开。快速分离器的类型很多，常用的有：伞幅形、倒 L 形、T 形、粗旋风分离器、弹射快速分离器和垂直齿缝式快速分离器，分别如图 3-13 中（a）、（b）、（c）、（d）、（e）、（f）所示。

为进行参数测量和取样，沿提升管高度还装有热电偶管、测压管、采样口等。除此之外，提升管反应器的设计还要考虑耐热、耐磨以及热膨胀等问题。

（2）沉降器　沉降器是用碳钢焊制成的圆筒形设备，上段为沉降段，下段是汽提段。沉降段内装有数组旋风分离器，顶部是集气室并开有油气出口。沉降器的作用是使来自提升管的油气和催化剂分离，油气经旋风分离器分出所夹带的催化剂后经集气室去分馏系统；由提升管快速分离器出来的催化剂靠重力在沉降器中向下沉降落入汽提段。汽提段内设有数层人字挡板和蒸汽吹入口，其作用是将催化剂夹带的油气用过热水蒸气吹出（汽提），并返回沉降段，以便减少油气损失和减小再生器的负荷。

二、再生器

再生器是催化裂化装置的重要工艺设备，其作用是为催化剂再生提供场所和条件。它的结构形式和操作状况直接影响烧焦能力和催化剂损耗。再生器是决定整个装置处理能力的关键设备。图 3-14 是常规再生器的结构示意。

再生器筒体是由 A3 碳钢焊接而成的，由于经常处于高温和受催化剂颗粒冲刷，因此筒体内壁敷设一层隔热、耐磨衬里以保护设备材质。筒体上部为稀相段，下部为密相段，中间变径处通常叫过渡段。

1. 密相段密

密相段密相段是待生催化剂进行流化和再生反应的主要场所。在空气（主风）的作用下，待生催化剂在这里形成密相流化床层，密相床层气体线速度一般为 0.6～1.0m/s，采用较低气速叫低速床，采用较高气速称为高速床。密相段直径大小通常由烧焦所能产生的湿烟气量和气体线速度确定。密相段高度一般由催化剂藏量和密相段催化剂密度确定，一般为 6～7m。

2. 稀相段

稀相段实际上是催化剂的沉降段。为使催化剂易于沉降，稀相段气体线速度不能太高，要求不大于 0.6～0.7m/s，因此稀相段直径通常大于密相段直径。稀相段高度应由沉降要求和旋风分离器料腿长度要求确定，适宜的稀相段高度是 9～11m。

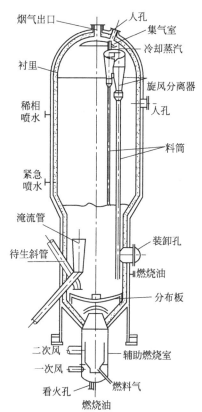

图 3-14　常规再生器简图

三、反再系统特殊设备

1. 旋风分离器

旋风分离器是气固分离并回收催化剂的设备，它的操作状况好坏直接影响催化剂耗量的大小，是催化裂化装置中非常关键的设备。图3-15是旋风分离器示意。旋风分离器由内圆柱筒、外圆柱筒、圆锥筒以及灰斗组成。灰斗下端与料腿相连，料腿出口装有翼阀。

旋风分离器的作用原理都是相同的，携带催化剂颗粒的气流以很高的速度（15～25m/s）从切线方向进入旋风分离器，并沿内外圆柱筒间的环形通道作旋转运动，使固体颗粒产生离心力，造成气固分离的条件，颗粒沿锥体下转进入灰斗，气体从内圆柱筒排出。灰斗、料腿和翼阀都是旋风分离器的组成部分。灰斗的作用是脱气，即防止气体被催化剂带入料腿；料腿的作用回收的催化剂输送回床层，为此，料腿内催化剂应具有一定的料面高度以保证催化剂顺利下流，这也就是要求一定料腿长度的原因；翼阀的作用是密封，即允许催化剂流出而阻止气体倒窜。

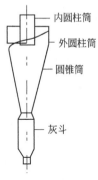

内圆柱筒
外圆柱筒
圆锥筒

灰斗

图3-15 旋风分离器示意

2. 主风分布管和辅助燃烧室

主风分布管是再生器的空气分配器，作用是使进入再生器的空气均匀分布，防止气流趋向中心部位，以形成良好的流化状态，保证气固均匀接触，强化再生反应。

辅助燃烧室是一个特殊形式的加热炉，设在再生器下面（可与再生器连为一体，也可分开设置），其作用是开工时用以加热主风使再生器升温，紧急停工时维持一定的降温速度，正常生产时辅助燃烧室只作为主风的通道。

3. 取热器

随着分子筛催化剂的使用，对再生催化剂的含炭量提出新的要求，为了充分发挥分子催化剂高活性的特点，需要强化再生过程以降低再剂含炭量，近年来各厂多采用CO助燃剂，使CO在床层完全燃烧，这样就会使得再生热量超过两器热平衡的需要，发生热量过剩现象，特别是加工重质原料，掺炼或全炼渣油的装置这个问题更显得突出，因此再生器中过剩热的移出便成为实现渣油催化裂化需要解决的关键之一。

再生器的取热方式有内外两种，各有特点。内取热投资少，操作简便，但维修困难，热管破裂只能切断不能抢修，而且对原料品种变化的适应性差，即可调范围小。外取热具有热量可调，操作灵活，维修方便等特点，对发展渣油催化裂化技术具有很大的实际意义。

（1）内取热器　内取热管的布置有垂直均匀布置和水平沿器壁环形布置两种形式。如兰州炼油厂50×10⁴t/a的同轴催化裂化装置采用水平式内取热器，洛阳及九江炼油厂也采用水平式内取热器（与外取热器联合），石家庄炼油厂采用垂直式内取热器。

① 垂直式内取热盘管。取热管采用厚壁合钢管，分蒸发管和过热管两类，管长根据料面高度而定，一般为7m左右，管束底与空气分布管的距离应不小于1m，以防高速气流冲刷，蒸发管和过热管均匀混合在密相床中，这样可使床层水平方向取热量较均匀。

垂直布管的优点是取热均匀，管束作为流化床内部构件可以起限制和破碎气泡的作用，改善流化质量，管子可以垂直伸缩热补偿简便，但施工安装不方便，排管支撑吊梁跨度大，承受高温易变形，如果取热负荷允许，取热管也可以垂直沿壁布置，这样布置支撑也较方便。

② 水平式内取热管。水平取热盘管在水平方向每层排管分内外两组，各由两环串联组

成，每组排管在圆周方向留有60°圆缺，预防盘管膨胀，各层圆缺依次错开布置，防止局部形成纵向通道。过热盘管集中布置在上部，蒸发盘管布置在下部，便于和进出口集合管联接。盘管与再生器壁应有不小于300mm的间隙防止沿器壁形成死区影响周边流化质量。

水平环形布置的优点是施工方便，盘管靠近器壁支吊容易，但老装置改造时，水平管与一级旋风分离器料腿碰撞必须移动料腿位置，则不如垂直管方便。它的缺点是取热管与烟气及催化剂流动方向互相垂直受催化剂颗粒冲刷严重。为防止汽水分层，管内应保持较高的质量流速，另外管子的热膨胀要仔细处理，安排不当会影响流化质量。

（2）外取热器　外取热器是在再生器外部设置催化剂流化床，取热管浸没在床层中，按催化剂的移动方向外取热器又分为上流式和下流式两种。

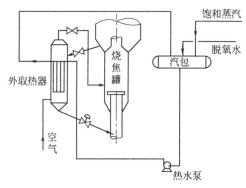

图3-16　下流式外取热系统

①下流式外取热器。国内首先使用的是牡丹江炼油厂的催化裂化装置，效果良好。下流式外取热系统的流程如图3-16所示。

它是将再生器密相床上部或二密（烧焦罐式再生器）700℃左右的高温再生催化剂引出一部分进入取热器，使其在取热器列管间隙中自上而下流动，列管内走水。在取热器内进行热量交换，在取热器底部通入适量空气，维持催化剂很好地流化，通过换热后的催化剂温降一般约为100～150℃，然后通过斜管返回再生器下部（或烧焦罐的预混合管）。催化剂的循环量根据两器热平衡的需要由斜管上的滑阀控制，气体自取热器顶部出来返回再生器密相段（或烧焦罐）。由于下流式外取热器的催化剂颗粒与气体的流动方向相反所以其表观速度均较小，因之对管束的磨损很小，而且床层的温度均匀。试验证明床内各处温度几乎相同，通过对管壁温度的计算和分析认为在正常情况下管外壁温度约为243℃最高也只有278℃左右，因此可以采用碳素钢管（取热器支撑件需用合金钢）。

这种取热器的布置与高效烧焦罐式再生器及常规再生器均能配套，通入少量空气就能维持外取热器床层良好的流化状态，动力消耗小，特别是对老装置改造更为适宜。

②上流式外取热器。这种形式的取热设备国内于1985年分别在九江及洛阳炼油厂催化裂化装置上使用，其流程如图3-17所示。

它是将部分700℃左右的高温再生催化剂自再生器密相床底部引出，再由外取热器下部送入。取热器底部用增压风使其沿列管间隙自下而上流动，应注意催化剂入口管线避免水平布置，并要通入适量松动空气以适应高堆比催化剂输送的要求。气体在管间的流速为1.0～1.6m/s，列管无严重磨损，催化剂与气体一起自外取热器顶部流出返回再生器密相床。催化剂循环量由滑阀调节。

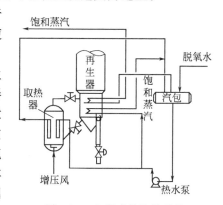

图3-17　上流式外取热系统

水在管内循环受热后部分汽化进入汽包，水汽分离得到饱和蒸汽。取热用水需经软化除去盐分或用回收的冷凝水。

4. 第三级旋风分离器（简称三旋）

催化裂化装置高温再生烟气的能量回收系统是一项重要节能措施，近几年来发展很快。第三级旋风分离器是该系统的重要设备之一。它的性能好坏直接关系到烟机的运行寿命与效率。

目前国内催化裂化装置采用的三旋有多管式、旋流式、布埃尔式，国外还开发出水平多管式，分离效率更高。

多管三旋是由分离器壳体内装有数十根旋风管并联组成的旋风分离器（图 3-18）其主要元件是旋风管，旋风管主要由导向器、升气管排气锥、泄料盘和旋风筒四部分组成。

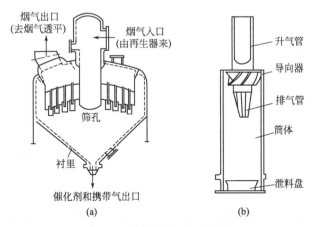

图 3-18　多管式第三级旋风分

5. 三阀

三阀包括单动滑阀、双动滑阀和塞阀。

（1）单动滑阀　单动滑阀用于床层反应器催化裂化和高低并列式提升管催化裂化装置。对提升管催化裂化装置，单动滑阀安装在两根输送催化剂的斜管上，其作用是：正常操作时用来调节催化剂在两器间的循环量，出现重大事故时用以切断再生器与反应沉降器之间的联系，以防造成更大事故。运转中，滑阀的正常开度为 $40\%\sim60\%$。单动滑阀结构见图 3-19。

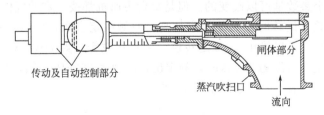

图 3-19　单动滑阀结构示意

（2）双动滑阀　双动滑阀是一种两块阀板双向动作的超灵敏调节阀，安装在再生器出口管线上（烟囱），其作用是调节再生器的压力，使之与反应沉降器保持一定的压差。设计滑阀时，两块阀板都留一缺口，即使滑阀全关时，中心仍有一定大小的通道，这样可避免再生器超压。图 3-20 是双动滑阀结构示意。

（3）塞阀　在同轴式催化裂化装置中塞阀有待生管塞阀和再生管塞阀两种，它们的阀体结构和自动控制部分完全相同，但阀体部分连接部位及尺寸略有不同。结构主要由阀体部分、传动部分、定位及阀位变送部分和补偿弹簧箱组成。

同轴式催化裂化装置利用塞阀调节催化剂的循环量。塞阀比滑阀具有以下优点。

① 磨损均匀而且较少。

② 高温下承受强烈磨损的部件少。

③ 安装位置较低，操作维修方便。

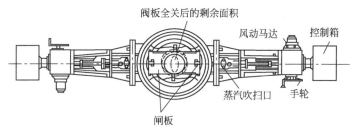

阀板全关后的剩余面积
风动马达
控制箱
蒸汽吹扫口
手轮
闸板

图 3-20　双动滑阀结构示意

四、烟气能量回收设备

烟气能量回收设备主要包括主风机、增压机、高温取热器（一、二再烟气混合后）、烟气轮机以及余热锅炉等，其主要任务是：

① 为再生器提供烧焦用的空气及催化剂输送提升用的增压风、流化风等；

② 回收再生烟气的能量，降低装置能耗。

1. 主风机

主风机是把旋转的机械能转换为空气压力能和动能，并将空气输送出去的机械。

在催化裂化装置中主风机主要有以下几方面作用：催化剂再生烧焦供氧；两器流化供风；烘干再生器和沉降器衬里；为增压机提供风源。

目前我国各炼油厂的催化裂化装置所用的主风机分为离心式和轴流式两种，其压力在 $0.2 \sim 0.4$ MPa 之间，它们都是叶片旋转式机械。现分述如下。

（1）离心式主风机　离心式主风机的工作原理其工作原理同离心泵相同，靠高速旋转的叶轮产生的离心力使气体获得动能，再经过蜗壳和扩压器把动能转化为压力能，从而对气体进行压缩，达到输送气体的目的。其性能参数主要有流量、能量头、转速和功率，随操作要求的变化，上述四个参数是可以改变的。但是每台主风机都按一定的气体介质设计成最适当的参数，在这些参数下运转时机器的效率最高，叫做额定参数，即额定流量、额定能量头（即压缩比：出口绝压/入口绝压）、额定转速、额定功效等。如 D800-33 型风机的额定流量为 800m³/min，额定入口压力为 96kPa，额定出口压力为 333kPa，额定功率为 3500kW。国产离心式主风机型号见表 3-7，其结构见图 3-21。

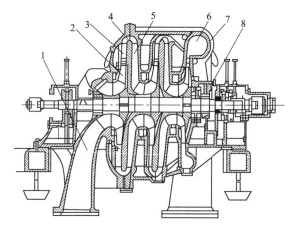

图 3-21　D800-33 型风机剖面

1—入口；2—叶轮；3—扩压器；4—弯道；5—回流器；6—蜗壳；7—机壳体；8—转子

① 主风机的性能。

● 转数，通常主风机由电动机、蒸汽透平或烟气轮机带动。用电动机带动，转速是固定不变的。电动机转数为 2985r/min，所以要经过增速箱、齿轮箱来提高转数，使之与主风机要求的高速相匹配。增速齿轮齿数的比（主动齿轮数/从动齿轮数）叫做增速比 i，D800-33 的增速比 $i=2.109$。

表 3-7　国产主风机

型　　号	进口参数				出口压力/kPa	原动机	
	流量/(m³/min)	密度/(kg/m³)	压力/kPa	温度/℃		种类	功率
D260-31	260	1.16	101.0		250	电机	800
D800-31	800	1.138	99	20	280	电机	2500
D800-33	800			20	340	电机	3400
D1200-21	1200	1.16	101	20	220	电机	3200
MCL1003	1550		99	28.4	340	电机	2500

● 流量和能量头，离心式主风机与离心泵类似，流量和能量头有一定的对应关系，它们是按照一定规律同时变化的，也就是说，如果转速不变，则改变风机的风量，能量头也同时变化。

② 离心式主风机的轴封。主风机轴封都采用迷宫式轴封。相互间隔的内半径半圆环（迷宫齿）镶嵌在机壳上，轴上有相应的凸台，迷宫齿和凸台之间形成曲折的通道，间隙很小一般为 0.2～0.3mm，空气通过许多曲折的迷宫式通道向外泄漏时，因改变了气体的流动方向，阻力很大，因而使泄漏量限制到很少，起到密封的作用。轴封主要有光滑式、迷宫式、阶梯式三种，如图 3-22 所示。

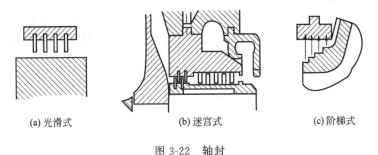

(a) 光滑式　　　　　(b) 迷宫式　　　　　(c) 阶梯式

图 3-22　轴封

（2）轴流式主风机　随着世界石油化工企业技术的不断进步和经济水平的提高，伴随能源紧缺和原油价格的不断上涨，催化裂化装置的大型化已经成为增加经济效益的必然趋势。大流量的轴流式主风机在催化裂化装置已经取代了原有的离心式主风机，成为主要角色。

① 构造与工作原理。轴式主风机是由许多排动、静相间的叶片组成。特点是流量大、效率高。因此，大型装置用一台或两台轴流式主风机，而不用并联多台较小的离心式主风机，这样更经济合理。此外大型轴式主风机体积小，结构紧凑，因而有较大的操作弹性，所以有较大的优越性。

轴流式主风机气体的运动是沿着轴向进行的。由于转子旋转使气体产生很高的速度，而当气体流过依次串联排列着的动叶片和静叶栅时，速度就逐渐减慢而变成气体压力的提高，使气体得到压缩，达到输送气体的目的。

② 轴流式风机的振动。喘振现象及反喘振控制系统。离心式和轴流式风机有一共同的特点，其操作流量小于额定流量的 50%～70% 时会发生喘振现象。喘振时，风机的流量、

压力快速大幅度上下波动，机体有强烈的振动和噪声，轴的窜动加大，容易损坏风机，并严重影响装置的正常操作。有时会发生催化剂倒流，造成堵塞和损坏风机的事故，所以风机出口必须装单向阀。同时设置防喘振设施。

防止风机喘振的方法，主要是防止流量过小或出口压力过高。如果操作所需要流量减小到低于喘振点时，主风机采取出口放空，保持流量大于喘振流量，都是在出口设一放空阀及控制系统。正常操作时防喘振阀关闭。当轴流风机的入口流量降低或出口压力上升，防喘振调节器的测量值低于给定值时，其调节器输出值转为最小，使防喘振阀打开些，使轴流风机的入口流量增加或出口压力降低，实现防喘振控制。总之，风机流量不小于喘振点，就不会发生喘振现象。

③ 轴流式主风机的操作特点。主风机同其他转动机械一样，都是由轴承支持。为保证安全正常运转，必须使用所需要求规格牌号的质量合格的润滑油。在机组运转过程中，油温、油压、油量都要严格按规定控制，机组的各零部件要确保联结可靠，不能松动，防止机组振动而损坏。停机的步骤和要求都必须按操作规程进行。

2. 烟气轮机

（1）构造与工作原理

① 结构。烟气轮机的结构（以双级烟气轮机为例）由导流锥、一级静叶、一级动叶、二级静叶、二级动叶、轴、机壳、蜂窝密封、出口过渡段、梳齿密封等组成。

② 工作原理。烟气轮机实质上是将压力能和热能转化为电能或机械能的机械，以具有一定压力的高温烟气推动烟机旋转，进而带动主风机和发电机做功，实现能量回收。在烟机能量回收机组中，烟机是关键设备，它直接影响着能量回收的经济效益。目前我国催化装置上采用的有单级悬臂式烟机（见图 3-23）、双级悬臂式烟机和多级双支承式烟机。因高温烟气中含有催化剂固体微粒，以高速度冲蚀磨损着烟机的叶片，所以要求烟机选用耐高温、耐冲蚀、耐磨损的高合金材料，采用合理的设计结构，尽可能地延长使用寿命。烟气轮机利用压力能和热能实现能量回收有多种方式：直接发电、带动主风机、带动主风机并发电。

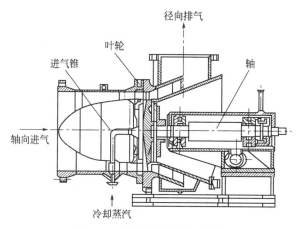

图 3-23 单级悬臂式烟气轮机

（2）烟机的特点　当含有固体微粒的烟气流过叶片时，对叶片的冲蚀程度与烟气中固体微粒的粒度、浓度、通流部分的空气动力性质以及叶片表面的耐磨性能有关。烟气中携带的催化剂微粒以高速和烟机内件相撞击，发生机械作用。叶片是受冲蚀、磨损最严重的部件，烟机的速度越高对叶片的冲蚀速度就越快，烟机的寿命越短。而烟机的使用寿命直接影响到能量回收的经济效益。影响烟机叶片寿命的主要因素是：

① 含催化剂粉尘的烟气速度；

② 催化剂粉尘的含量及粒度；

③ 叶片材料耐冲蚀性能；

④ 烟气温度。

（3）烟机的寿命　不同类型烟机寿命比较见表 3-8。从表 3-8 可以看出，延长烟机的寿命可从两方面进行：

① 设计上采用耐磨材料和防冲蚀措施；

② 操作上控制烟气中催化剂粉尘的含量。

表 3-8　单、双、多级烟机的比较

类　型	单级悬臂	双级悬臂	多级双支撑	类　型	单级悬臂	双级悬臂	多级双支承
结构	简单	较复杂	复杂	允许催化剂含量/(mg/m³)	140	200	250
烟气入口速度	最高	高	低	寿命	短	较长	长
效率	较低	较高	高				

设计上采用耐磨材料和防冲蚀措施。为了减少烟气中微粒的冲蚀作用，流道必须设计成能防止微粒局部集中的。烟机轮机设计成多级，烟气流速大约可能低至单级烟机的 1/2，催化剂微粒的动能约减少到 1/4，即减少了催化剂微粒在叶片内弧上的冲击力；催化剂微粒的冲蚀效应与动能成正比，即与气流速度的平方成正比。因此气流速度的降低可使叶片的使用寿命增加。其次，多级烟机的设计，带来了相对较低的气动级负荷，在静叶和动叶的流道中具有较小的转折角，相应地减少了在叶栅转折过程中作用到催化剂微粒上的离心力，因此减缓了在动叶内弧从进气到出气边的冲蚀效应。

沿叶高的冲蚀效应不是均匀分布的，在具有性质不同的二次流图形的各个面积处更为明显。为了防止在叶根部分局部催化剂微粒的集中，在每一叶排前设置耐冲蚀的转折台阶，当气流中催化剂微粒随气流靠近边壁时，转折台阶使之转折至流道的中部，于是减少了流道边壁处的催化剂集中。这就消除了通过冲蚀叶片根部截面发生折断动叶片的危险。转折台阶表面堆焊硬质合金或爆炸喷漆涂碳化铬，提高其耐冲蚀能力。

增大各排叶片的轴间距离，能使沿叶高催化剂微粒达到均匀分布。烟机静叶和动叶的轴间距离增加到燃气轮机相应距离的 1.5 倍。

经验表明，叶片出气边的冲蚀效应甚为明显，对动叶尤为突出。为了增加叶片的使用寿命，将叶片出气厚度大约增加到燃气轮机叶片的 2 倍。

延长烟机的寿命，除在烟机本身采用耐冲蚀措施外，还需要采用高效率的一、二、三、四级旋风分离器，使进入烟机中烟气含气尘量减少。

操作方面控制减少烟气中催化剂粉尘含量虽然烟机采用了耐冲蚀措施，系统中也采用了高效率的旋风分离器，但是单纯靠烟机和旋风分离器还不够，还必须严格控制平稳操作，减少因操作波动而引起的催化剂大量跑损。因而要保持装置在合理的条件下平稳操作，降低催化剂跑损（单耗），是延期烟机和三旋寿命，提高能量回收系统经济效益的重要因素。

3. 高温取热器

（1）结构　高温取热器用于回收高温烟气中热量产生饱和蒸汽。它由汽包、下降管、导汽管、联箱、炉管、炉膛六部分组成，为中压炉，采用单锅筒并联两个炉膛的结构（如图 3-24 所示）。两个炉膛沿烟气流动方向串联，每个炉膛分为多组管束。炉管为夹套式，中心为下降管，夹套层为蒸发管，每根管子构成一个单独的循环回路，饱和水由汽包经下降管进入入口联箱，然后由联箱分配给各炉管的中心给水管。在给水管底部改变流动方向后进入蒸发管，再次受热形成汽水混合物后经蒸汽导管进入出口联箱，最后经过导汽管进入汽包进行汽水分离。

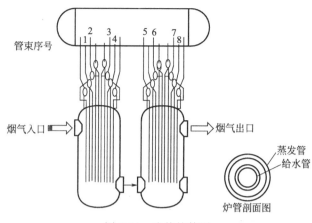

图 3-24　取热炉简图

（2）作用

① 回收高温烟气显热，产生中压蒸汽，降低装置能耗；

② 通过调节高温取热炉的取热量，将烟机入口温度控制在要求范围之内；

③ 由于烟气经过高温取热炉后，降低了对后烟道材质的要求，简化了设备结构，节约了设备投资。

4. 余热锅炉

余热锅炉用于回收烟气中热量产生饱和蒸汽。结构示意如图 3-25 所示，经过烟机后的一、二再烟气，进入余热锅炉的蒸发段，对饱和蒸汽进行加热，产生过热蒸汽。加热饱和蒸汽后的烟气依次经过蒸发段、省煤器然后由烟囱排出。余热锅炉的蒸发段是余热锅炉产生饱和蒸汽的场所。余热锅炉的省煤器是利用烟气的余热加热锅炉给水温度的场所。

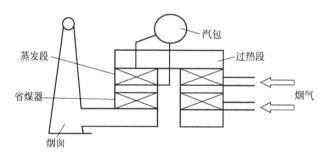

图 3-25　余热锅炉

5. 吸收塔

（1）吸收塔的作用　吸收塔以粗汽油、稳定汽油作吸收剂，将气压机出口的压缩富气中的 C_3、C_4 组分尽可能吸收下来。

（2）吸收塔的构造　催化裂化装置中用汽油吸收富气的过程是在板式吸收塔内进行的。在老装置上，吸收塔塔板多采用槽形和泡帽塔板；在以后的新厂设计与老厂改造中，大都使用浮阀塔板。吸收塔的塔板层数、塔径因各装置处理能力、操作压力、回收率等而不同。

吸收塔结构与普通板式塔基本一样。

6. 解吸塔

（1）解吸塔的作用　解吸塔尽可能将脱乙烷汽油中的 C_2 组分解吸出去。

（2）解吸塔的构造　催化裂化解吸塔大多使用双溢流浮阀塔。塔底设解吸重沸器。解吸塔也叫脱乙烷塔。就其过程特点看，实质上相当于精馏塔的提馏段。

解吸塔底采用卧式热虹吸重沸器，大都使用分馏系统一中循环回流作热源，重沸器中加热形成的气体，返回解吸塔吸塔底作为气相回流。

第八节　催化裂化操作技术

本节以典型提升管反应，二段再生催化裂化装置为例进行催化裂化操作阐述。

一、反再系统操作技术

1. 影响反再系统操作因素

催化裂化反应是一个复杂的平行-顺序反应，影响因素很多，在生产装置中各个操作条件密切联系。操作参数的选择应根据原料和催化剂的性质而定，各操作参数的综合影响应以得到尽可能多的高质量汽油、柴油，气体产品中尽可能多的烯烃和在满足热平衡的条件下尽可能少产焦炭为目的。

（1）原料组成和性质　催化裂化装置加工的原料一般是重质馏分油，但是，当前一些装置所用原料日趋变重，掺炼渣油的比例逐渐增多，有的则直接用常压重油作为催化裂化的原料。

催化裂化原料在族组成相近的情况下，沸点越高越易裂解。但对分子筛催化剂来说，馏分的影响并不重要。原料裂化的难易程度可以用特性因数来说明，芳烃含量高，特性因数小，表示原料难裂化。在相同的转化率下，石蜡基原料的汽油和焦炭产率都较低，气体产率比较高；环烷基原料的汽油产率较高气体产率较低，气体中氢与甲烷较多，气体中主要成分是 C_1、C_2；对于芳香基原料，汽油的产率居中，焦炭产率较高，气体中氢与甲烷更多些。

原料中如果稠环芳烃多，则这些稠环芳烃吸附能力强，生焦多，反应速率慢，影响其他烃类的反应。试验表明，在富含烷烃合成馏分油（200～300℃）中加入 50％的萘或 3％的蒽，催化裂化反应速率下降 50％。所以不希望原料中含较多的稠环芳烃。

原料油的性质是所有操作条件中最重要的条件。选择催化剂，制定生产方案选择操作条件都应首先了解原料油的性质。生产中要求原料要相对的稳定。同时加工几种性质不同的原料时要在原料罐或管道中调和均匀后在送入装置。另外要特别注意罐区脱水，换罐时不要因脱水不净，将水送入反应器，否则会急剧降低反应温度，反应压力会因水的汽化而迅速上升，严重时会造成重大事故。

（2）催化剂种类和性能　目前，国内的催化剂已有几种不同的系列产品可供选用。每个催化装置都应根据本装置的原料油性质、产品方案及装置的类型选择适合本装置的催化剂。选用催化剂时，不仅要选择催化剂的活性、比表面积，更要注意它的选择性、抗污染能力和稳定性。

在生产过程中若因原料性质和产品方案的较大幅度变化而需要更换催化剂时，则需要采取逐步置换的方法。一边卸出催化剂，一边补入新催化剂。置换的速度不能过快，不然会因新鲜催化剂补入太多，平衡活性太高而使操作失去平衡。

催化剂平衡活性越高，转化率越高，产品中烯烃含量越少，而烷烃含量增加。

重金属的污染会使催化剂的活性下降，选择性明显变差，气体和焦炭产率升高，气体中氢气含量明显增加，而汽油收率明显降低。

（3）工艺流程选择　对于各种形式的流化催化裂化装置，它们的分馏系统和吸收-稳定系统都是一样的，只是反应-再生系统有所不同。流化催化裂化的反应-再生系统可分为两大类型：使用无定形硅酸铝催化剂的床层裂化反应和使用分子筛催化剂的提升管反应。采用分子筛催化剂提升管裂化轻质油收率增加，焦炭产率降低，柴油的十六烷值也有所改善。

（4）操作条件

① 反应温度。反应温度是生产中的主要调节参数，也是对产品产率和质量影响最灵敏的参数。一方面，反应温度高则反应速率增大。催化裂化的应的活化能（10000～30000cal/mol，1cal＝4.1868J，下同）比热裂化活化能低（50000～70000cal/mol），而反应速率常数的温度系数热裂化亦比催化裂化高，因此，当反应温度升高时，热裂化反应的速率提高比较快，当温度高于500℃时，热裂化趋于重要，产品中出现热裂化产品的特征（气体中 C_1、C_2 多，产品的不饱和度上升）。但是，即使这样高的温度，催化裂化的反应仍占主导地位。另一方面，反应温度可以通过对各类反应速率大小来影响产品的分布和质量。催化裂化是平行-顺序反应，提高反应温度，汽油→气体的速率加快最多，原料→汽油的反应速率加快较少，原料→焦炭的速度加快更少。因此，在转化率不变时，气体产率增加，汽油产率降低，而焦炭产率变化很少，同时也导致汽油辛烷值上升和柴油的十六烷值降低。由此可见，温度升高汽油的辛烷值上升，但汽油产率下降，气体产率上升，产品的产量和质量对温度的要求产生矛盾，必须适当选取温度。在我国要求多产柴油时，可采用较低的反应温度（460～470℃），在低转化率下进行大回炼操作；当要求多产汽油时，可采用较高的反应温度（500～510℃），在高转化率下进行小回炼操作或单程操作；多产气体时，反应温度则更高。

装置中反应温度以沉降器出口温度为标准，但同时也要参考提升管中下部温度的变化。直接影响反应温度的主要因素是再生温度或再生催化剂进入反应器的温度、催化剂循环量和原料预热温度。在提升管装置中主要是用再生单动滑阀开度来调节催化剂的循环量，从而调节反应温度，其实质是通过改变剂油比调节焦炭产率而达到调节装置热平衡的目的。

② 反应压力。反应压力是指反应器内的油气分压，油气分压提高意味着反应物浓度提高，因而反应速率加快，同时生焦的反应速率也相应提高。虽然压力对反应速率影响较大，但是在操作中压力一般是固定不变的，因而压力不作为调节操作的变量，工业装置中一般采用不太高的压力（约0.1～0.3MPa）。应当指出，催化裂化装置的操作压力主要不是由反应系统决定的，而是由反应器与再生器之间的压力平衡决定的。一般来说，对于给定大小的设备，提高压力是增加装置处理能力的主要手段。

③ 剂油比（C/O）。剂油比是单位时间内进入反应器的催化剂量（即催化剂循环量）与总进料量之比。剂油比反映了单位催化剂上有多少原料进行反应并在其上积炭。因此，提高剂油比，则催化剂上积炭少，催化剂活性下降小，转化率增加。但催化剂循环量过高将降低再生效果。在实际操作中剂油比是一个因变参数，一切引起反应温度变化的因素，都会相应地引起剂油比的改变。改变剂油比最灵敏的方法是调节再生催化剂的温度和调节原料预热温度。

④ 空速和反应时间。在催化裂化过程中，催化剂不断地在反应器和再生器之间循环，但是在任何时间，两器内都各自保持一定的催化剂量，两器内经常保持的催化剂量称藏量。在流化床反应器内，通常是指分布板上的催化剂量。

每小时进入反应器的原料油量与反应器藏量之比称为空速。空速有重量空速和体积空速之分，体积空速是进料流量按20℃时计算的。空速的大小反映了反应时间的长短，其倒数为反应时间。

反应时间在生产中不是可以任意调节的。它是由提升管的容积和进料总量决定的。但生产中反应时间是变化的，进料量的变化，其他条件引起的转化率的变化，都会引起反应时间的变化。反应时间短，转化率低；反应时间长，转化率提高。过长的反应时间会使转化率过高，汽柴油收率反而下降，液态烃中烯烃饱和。

⑤ 再生催化剂含炭量。再生催化剂含炭量是指经再生后的催化剂上残留的焦炭含量。对分子筛催化剂来说，裂化反应生成的焦炭主要沉积在分子筛催化剂的活性中心上，再生催化剂含炭过高，相当于减少了催化剂中分子筛的含量，催化剂的活性和选择性都会下降，因而转化率大大下降，汽油产率下降，溴价上升，诱导期下降。

⑥ 回炼比。工业上为了使产品分布合理（原料催化裂化所得各种产品产率的总和为100％，各产率之间的分配关系即为产品分布。）以获得更高的轻质油收率采用回炼操作。既限制原料转化率不要太高，使一次反应后，生成的与原料沸程相近的中间馏分，再返回中间反应器重新进行裂化，这种操作方式也称为循环裂化。这部分油称为循环油或回炼油。有的将最重的渣油或称油浆也进行回炼，这时称为"全回炼"操作。

循环裂化中反应器的总进料量包括新鲜原料量和回炼油量两部分，回炼油（包括回炼油浆）量与新鲜原料量之比称为回炼比。

回炼比虽不是一个独立的变量，但却是一个重要的操作条件，在操作条件和原料性质大体相同情况下，增加回炼比则转化率上升，汽油、气体和焦炭产率上升，但处理能力下降，在转化率大体相同的情况下，若增加回炼比，则单程转化率下降，轻柴油产率有所增加，反应深度变浅。反之，回炼比太低，虽处理能力较高，但轻质油总产率仍不高。因此，增加回炼比，降低单程转化率是增产柴油的一项措施。但是，增加回炼比后，反应所需的热量大大增加，原料预热炉的负荷、反应器和分馏塔的负荷会随之增加，能耗也会增加。因此，回炼比的选取要根据生产实际综合选定。

（5）设备结构 提升管反应器的结构对催化裂化反应有影响，它影响到油气与催化剂的接触时间和流化情况，会造成二次反应增加和催化剂颗粒与油气的返混，会使轻质油收率下降，焦炭量增加。

2. 反再系统操作控制

以提升管两段再生的反再系统为例，对主要控制点进行分析阐述。

（1）反应温度的控制 反应温度（TIC）与再生滑阀差压（PDIC）组成低值选择控制。正常情况下，由反应温度控制再生滑阀开度。但当再生滑阀差压低于设定值时，由再生滑阀差压调节器的输出信号控制再生滑阀开度，此时，再生滑阀关闭，当差压达到并高于设定值时，恢复反应温度调节器输出信号控制再生滑阀开度。主要影响因素和调节方法见表3-9。

表3-9　反应温度的影响因素及调节方法

影　响　因　素	调　节　方　法
①催化剂循环量的变化,循环量增加,提升管出口温度上升;反之下降 ②提升管总进料量的变化,进料量下降,提升管出口温度上升;反之下降 ③再生温度的变化,再生温度上升,提升管出口温度上升 ④原料带水,提升管出口温度下降 ⑤掺渣量的变化,掺渣比例上升,提升管出口温度上升 ⑥外取热器取热量大,提升管出口温度下降 ⑦调节预热温度 ⑧原料处理量变化	①调节二再单动滑阀的开度,增加或减少催化剂的循环量 ②事故状态下启用提升管喷汽油,控制反应温度(530℃) ③控制好二再温度,优化外取热器操作,使两罐烧焦比例合适 ④再生单动滑阀故障,改手动控制

（2）提升管总进料量的控制 一般情况下提升管进料量由操作员控制，当局部发生故障时，需做应急处理，保证提升管总进料量大于一个限定值，否则需要打开进料事故蒸汽副线。主要影响因素及调节方法见表3-10。

表 3-10　提升管总进料量的影响因素及调节方法

影 响 因 素	调 节 方 法
①原料油泵及回炼油泵故障 ②反应深度变化、回炼油量变化,总进料量变化 ③原料带水 ④油浆回炼量的变化 ⑤原料进装置量减少	①泵发生故障,及时处理,或者切换泵 ②稳定进装置的原料量,如有波动及时和调度联系,控制好液面 ③根据原料性质,控制反应深度,控制回炼油量的相对稳定 ④油浆回炼量不可大幅度调节,应保持一定的回炼量 ⑤根据原料的轻重,适当调节掺渣比例,控制反应温度

（3）反应深度的控制　反应深度的调节,最明显将体现为生焦量及再生温度的变化,同时伴有分馏塔底及回炼油罐液面的变化。主要影响因素及调节方法见表 3-11。

表 3-11　反应深度的影响因素及调节方法

影 响 因 素	调 节 方 法
①反应温度高,深度大 ②原料油预热温度变化 ③剂油比大,反应深度大 ④温度及再生催化剂含炭高低的影响 ⑤原料性质重,掺渣比大,反应深度大 ⑥原料处理量变化	①在催化剂循环量不变的情况下,提高原料预热温度,反应温度提高,深度大 ②在反应温度不变的情况下,提高剂油比,反应深度提高。 ③提高反应温度,反应深度大 ④提高再生温度,催化剂再生效果好、催化剂活性高,反应深度大

（4）催化剂循环量的控制　催化剂循环量是一个受多参数综合影响的重要参数,以下调节方法多指固定其他参数,单独调整某一项参数时的变化情况。实际操作中要区分影响循环量变化的关键因素。主要影响因素及调节方法见表 3-12。

表 3-12　催化剂循环量的影响因素及调节方法

影 响 因 素	调 节 方 法
①再生、半再生和待生滑阀的开度:开度大,循环量大 ②三器压力变化 ③进料雾化蒸汽量,预提升蒸汽量的变化 ④总进料量的变化 ⑤沉降器汽提蒸汽量,蒸汽量下降,循环量上升 ⑥提升风量增加,循环量上升	①调节再生、半再生和待生滑阀的开度 ②保持平稳的三器压力在控制指标内 ③保持进料、雾化蒸汽、预提升蒸汽的相对稳定 ④检查斜管松动蒸汽和锥体松动蒸汽,稳定汽提蒸汽量 ⑤调节稳提升风量

（5）沉降器料位的控制　沉降器料位高低,影响催化剂藏量,稀相分离高度等。主要影响因素及调节方法见表 3-13。

表 3-13　沉降器料位的影响因素及调节方法

影 响 因 素	调 节 方 法
①两再压力和沉降器差压的变化,差压增大,沉降器料位上升 ②反应器压力变化大 ③待生单动滑阀开度的变化 ④二再单动滑阀开度的变化 ⑤汽提蒸汽流量的变化,流量增大,沉降器料位上升 ⑥系统催化剂藏量的变化	①调节待生单动滑阀的开度,控制沉降器料位 ②调节双动滑阀的开度,烟机入口蝶阀;控制好两再压力 ③调节气压机转速,反飞动量及油气入口蝶阀的开度,控制稳沉降器的压力 ④汽提蒸汽量不作为调节手段;一般要恒定汽提蒸汽

（6）沉降器压力的控制　主要影响因素及调节方法见表 3-14。

表 3-14   沉降器压力的影响因素及调节方法

影 响 因 素	调 节 方 法
①提升管进料量增加时,沉降器压力上升 ②汽提蒸汽总量上升,沉降器压力上升 ③气压机调速系统故障或停机;放火炬阀开度的变化;以及气压机反飞动量的变化 ④沉降器使用降温污油,压力上升 ⑤原料油带水,压力上升	①开工时,靠改变分馏塔顶油气湿式空冷器入口蝶阀的开度以及气压机入口放火炬阀开度来控制沉降器压力 ②正常情况下,用气压机入口压力调节气压机的转速,以及反飞动量控制沉降器压力 ③稳定提升管进料量,防止大量的水带入系统 ④稳定汽提蒸汽量,保证催化剂的汽提效果 ⑤气压机停运、反应压力超高等紧急情况下,可使用放火炬阀控制压力 ⑥启用降温污油时,应缓慢进行,防止沉降器压力突然上升

（7）汽提蒸汽量的控制　主要影响因素及调节方法见表 3-15。

表 3-15　汽提蒸汽量的影响因素及调节方法

影 响 因 素	调 节 方 法
①蒸汽压力波动 ②沉降器压力波动 ③催化剂循环量的变化 ④沉降器藏量的变化 ⑤原料掺渣比变化 ⑥原料处理量变化	①正常情况下,汽提蒸汽量为催化剂循环量的 0.2～0.3%(质量分数),随着催化剂循环量的变化,汽提蒸汽也应相应增加 ②反应温度低,催化剂带油时,要增大蒸汽量 ③生焦量增大,适当提高汽提蒸汽量

（8）一再床层温度的控制　主要影响因素及调节方法见表 3-16。

表 3-16　一再床层温度的影响因素及调节方法

影 响 因 素	调 节 方 法
①催化剂循环量及反应深度的变化 ②原料进料量、温度的变化 ③主风量的变化 ④汽提蒸汽量的变化 ⑤原料掺渣比变化	①调节催化剂循环量,选择适当的反应深度,反应深度大,生焦量大,一再温度升高 ②若生焦量过大,而风量不足,可适当增加主风量,但应注意烧焦后易引起超温。生焦过低,热量不足,必要时采取喷燃烧油的方法,提高一再温度 ③调节生风量,风量增加,一再温度升高 ④调节汽提蒸汽量,降低汽提蒸汽量,一再温度提高(一般不作为调节手段)

（9）二再床层温度的控制　主要影响因素及调节方法见表 3-17。

表 3-17　二再床层温度的影响因素及调节方法

影 响 因 素	调 节 方 法
①催化剂循环量的变化 ②外取热器取热量的变化 ③主风量的变化 ④空气提升管增压风量的变化,风量过大,床温低 ⑤二再压力的变化,压力上升,床层温度下降 ⑥原料掺渣比变化 ⑦原料处理量变化	①调节催化剂循环量 ②调节外取热器取热量,外取热量增大,二再温度降低 ③调节生风量,选择适宜的烧焦比例 ④外取热器取热量是控制二再床温的最直接手段,可直接用外取热器下滑阀开度控制二再床温 ⑤稳定二再压力 ⑥控制烟气过剩氧含量

（10）二再差压及二再压力控制　主要影响因素及调节方法见表 3-18。

表 3-18　二再差压及二再压力的影响因素及调节方法

影 响 因 素	调 节 方 法
①三器差压的变化 ②双动滑阀开度变化、烟机入口蝶阀开度变化,开度大,压力下降 ③主风量、提升风量变化,主风量、提升风量大,压力上升 ④燃烧油的启用 ⑤烟道蝶阀故障 ⑥提升风及外取热器提升风量的变化	①根据操作需要,将主风量和提升风量调节正常 ②正常情况下,二再压力及一、二再差压由双动滑阀开度自动调节,当双动滑阀一边失灵或两边失灵,则现场控制其开度,并联系钳工和仪表处理 ③正常时,不使用燃烧油,进燃烧油要缓慢 ④取热盘管破裂时,应及时查找,停用破裂盘管

（11）二再烟气氧含量的控制　主要影响因素及调节方法见表 3-19。

表 3-19　二再烟气氧含量的影响因素及调节方法

影 响 因 素	调 节 方 法
①二再总风量的变化(包括空气提升管增压风),风量大,过剩氧含量上升 ②加工量、原料性质变化,加工量上升,原料性质变重,过剩氧含量下降 ③汽提蒸汽及原料雾化蒸汽压力低,流量低,雾化或汽提效果差,过剩氧含量下降 ④原料预热温度的变化,预热温度升高,氧含量上升 ⑤一、二再烧焦比例变化预热温度升高,氧含量上升 ⑥一、二再烧焦比例变化一再生焦量增加,二再氧含量上升	①正常操作中,在保证一再床温的前提下,控制二再烟气氧含量 ②控制好装置内蒸汽压力,平稳雾化及汽提蒸汽流量 ③控制平稳原料预热温度 ④根据一、二再床温及工艺要求的剂油控制一、二再烧焦比例 ⑤操作中防止大幅度调整藏量分配,应控制各器藏量稳定

（12）再生剂含炭量的控制　主要影响因素及调节方法见表 3-20。

表 3-20　再生剂含炭量的影响因素及调节方法

影 响 因 素	调 节 方 法
①二再床层温度变化,二再床温低,再生剂含炭量上升 ②二再烟气氧含量变化,烟气氧含量下降,再生剂含炭量高 ③一、二再压力变化,压力降低,再生剂含炭量上升 ④催化剂循环量变化,循环量大,烧焦时间短,再生剂含炭量高 ⑤一再床温、藏量变化,一再床温低,烧焦量低,二再起起时间温度低,烧焦负荷大,再生剂含炭量上升,一再藏量低,烧焦时间短,二再负荷大,再生剂含炭量上升 ⑥汽提蒸汽流量、压力变化。汽提蒸汽流量小,压力低,带入再生器的可汽提炭上升,再生剂含炭量上升 ⑦掺炼比、回炼比、加工量、预热温度、催化剂活性等引起焦量变化、再生剂含炭量变化	①调节外取热器取热量,保证二再床温,若二再床温仍低,可通过提高掺炼比、回炼比、预热温度提高床温,必要时,可启用燃烧油 ②在维持一再床温平稳,保证一再烧焦比例的前提下,在主风量允许的范围内,保证二再烟气氧含量 ③平稳再生器压力 ④循环量的不足部分,可通过原料预热温度适当补充 ⑤控制稳一再藏量,藏量低时,开小型加料补剂,调节各路主风分配时,动作要缓慢,保证一主风量不发生大的波动 ⑥控制好汽提蒸汽流量 ⑦藏量低时,及时启用小型加料补剂 ⑧调节二再主风量及一、二再烧焦比例,仍不能使再生剂含炭量下降时,根据引起生焦量上升的原因,进行调节,降低生焦量

（13）外取热器（汽水分离液位）的控制　主要影响因素及调节方法见表 3-21。

表 3-21　外取热器（汽水分离液位）的影响因素及调节方法

影 响 因 素	调 节 方 法
①锅炉给水系统故障、给水泵故障、热水循环泵故障 ②再生器床层料位的变化 ③外取热器催化剂循环量的变化,循环量增加,取热量增加,汽包液位下降 ④蒸汽压力变化,压力下降,汽包液位上升 ⑤汽包排污量变化,排污量大,液位下降	①调节止水控制阀,开度大,汽包液位高 ②严格控制汽包液位在 40%～70%,防止平锅或蒸汽带水事故 ③汽包排污量大,汽包液位下降

（14）汽包压力的控制　主要影响因素及调节方法见表 3-22。

表 3-22　汽包压力的影响因素及调节方法

影　响　因　素	调　节　方　法
①汽包压力控制阀故障，造成汽包压力升高或降低 ②再生温度高，外取热器循环量大，发汽量大，汽包压力升高 ③汽包液位高，汽包压力升高 ④过热蒸汽温度高，蒸汽压力高 ⑤过热蒸汽减温水量的变化，水量大，汽包压力高	①正常时，汽包压力由汽包压力控制阀自动控制 ②平稳再生器操作条件，稳定外取热器发汽量 ③严格控制汽包液位，严禁汽包液位超高造成蒸汽带水 ④汽包压控阀故障时，改副线控制，同时联系处理 ⑤当由于一再温度造成外取热器负荷过大，压控阀全开仍不能使汽包压力控制在规定范围内时，可适当打开压控阀付线阀 ⑥控制好汽提蒸汽流量 ⑦藏量低时，及时启用小型加料补剂 ⑧调节二再主风量及一、二再烧焦比例，仍不能使再生剂含炭量下降时，根据引起生焦量上升的原因，进行调节，降低生焦量

二、分馏系统操作技术

1. 影响分馏系统操作因素

一个生产装置，做到高处理量、高收率、高质量和低消耗，除选择合理的工艺流程和先进的设备外，主要靠操作的好坏，其中包括在生产条件和生产任务不变时，如何保持平稳操作以及在生产条件改变时，如何在新的条件下，建立新的平稳操作。

平稳操作是指在生产中充分发挥设备潜力，生产高收率、高质量产品和降低消耗指标的前提下，做到各设备和全装置的物料平衡和热平衡。它们表现在操作中各工艺条件，包括流量、温度、压力和液面等的相对平稳上面；为此，必须首先讨论影响分馏操作的主要工艺因素，从而找出关键的经常对操作起作用的因素。

分馏塔分离效能的好坏的主要标志是分离精确度。分离精确度的高低，除与分馏塔的结构（塔板形式、板间距、塔板数等）有关外，在操作上的主要影响因素是温度、压力、回流量、塔内蒸汽线速、水蒸气吹入量及塔底液面等。

（1）温度　油气入塔温度，特别是塔顶、侧线温度都应严加控制。要保持分馏塔的平稳操作，最重要的是维持反应温度恒定。处理量一定时，油气入口温度高低直接影响进入塔内的热量，相应地塔顶和侧线温度都要变化，产品质量也随之变化。当油气温度不变时，回流量、回流温度、各馏出物数量的改变也会破坏塔内热平衡状态，引起各处温度的变化，其中最灵敏地反映出热平衡变化的是塔顶温度。

（2）压力　油品馏出所需温度与其油气分压有关，油气分压越低，馏出同样的油品所需的温度越低。油气分压是设备内的操作压力与油品分子分数的乘积；当塔内水蒸气量和惰性气体量（反应带入）不变时，油气分压随塔内操作压力的降低而降低。因此，在塔内负荷允许的情况下，降低塔内操作压力，或适当地增加入塔水蒸气量都可以使油气分压降低。

（3）回流量和回流返塔温度　回流提供气、液两相接触的条件，回流量和回流返塔温度直接影响全塔热平衡，从而影响分馏效果的好坏。对催化分馏塔，回流量大小、回流返塔温度的高低由全塔热平衡决定。随着塔内温度条件的改变，适当调节塔顶回流量和回流温度是维持塔顶温度平衡的手段，借以达到调节产品质量的目的。一般调节时以调节回流返塔温度为主。

（4）塔底液面　塔底液面的变化反映物料平衡的变化，物料平衡又取决于温度、流量和压力的平稳。反应深度对塔底液面影响较大。

2. 分馏系统操作控制

（1）分馏塔底液面控制　分馏塔底液面，正常情况下，由油浆外甩控制阀手动控制。主要影响因素及调节方法见表3-23。

表 3-23　分馏塔底液面的影响因素及调节方法

影　响　因　素	调　节　方　法
①油浆回炼量的变化	①联系反应控制好油浆回炼量
②反应处理量变化	②控制好油浆循环量及返塔温度
③原料变重和催化剂性质的变坏	③随原料性质和催化剂性质变化调节操作
④油浆返塔温度变化	④用三通阀调节温度
⑤回炼油罐满	⑤增大回炼油回炼量，减小二中返塔量
⑥反应深度变化	⑥控制反应深度
⑦分馏塔压力变化	⑦控制好沉降器压力及反应回炼量、反应温度
⑧机泵抽空	⑧调节泵的运转条件，或切换备用泵
⑨三通阀或仪表控制失灵，使液面低	⑨控制阀及仪表失灵，找仪表处理

（2）分馏塔底温度控制　正常调节分馏塔底温度的手段是用调节油浆循环量及返塔温度来控制，辅助手段是用外甩油浆量来调节塔底液面，在特殊情况下，也可用油浆下返塔阀来作为调节手段，但必须要保证上返塔有足够的油量以免冲塔。事故状态下，当塔底温度急剧上升时，可用冷蜡补塔底阀来调节塔底温度。

分馏塔底温度正常控制液相温度＜360℃，塔底气相温度控制＜380℃（塔底温度影响因素同前）。

（3）油浆固体含量的控制　油浆固体含量的与油浆外甩量，油浆回炼量，油浆上下返塔量，加工量，催化剂性质有关。油浆中固体含量高时，会磨损设备，特别是对油浆泵的磨损较为严重，而且也会造成塔底结焦及沉淀，堵塞换热设备和管线，为此正常生产时，控制值为＜6g/L，开工时控制＜10g/L。正常情况下，由油浆外甩量手动控制。

（4）分馏塔顶温度控制　分馏塔顶温度是控制粗汽油干点最重要的参数，温度高，干点高，在不同的塔顶压力，不同的原料性质情况下，汽油干点都将会发生变化，为此要根据不同的压力，不同原料的条件下控制不同的温度，以确保产品合格。正常情况下，由顶循环流量控制阀手动控制。主要影响因素及调节方法见表3-24。

表 3-24　分馏塔顶温度的影响因素及调节方法

影　响　因　素	调　节　方　法
①原料性质变化	①随原料性质，及时调整温度
②反应深度变化	②随反应深度，调整塔顶温度
③处理量变化	③随处理量，调整塔顶温度
④顶循环量及冷回流变化	④调整顶循环回流及冷回流返塔流量及返塔温度
⑤冷回流带水	⑤控制好回流罐界面，防带水
⑥塔顶压力变化	⑥联系反应岗，稳定操作压力
⑦泵故障	⑦切换备用泵或加大冷回流量

三、吸收稳定系统操作技术

影响吸收稳定系统操作的因素如下。

（1）吸收操作影响因素　影响吸收的因素很多，主要有油气比、操作温度、操作压力、吸收塔结构、吸收剂和溶质气体的性质等。对具体装置来讲，吸收塔的结构、吸收剂和气体性质等因素都已确定，吸收效果主要靠适宜的操作条件来保证。

① 油气比。油气比是指吸收油用量（粗汽油与稳定汽油）与进塔的压缩富气量之比。当催化裂化装置的处理量与操作条件一定时，吸收塔的进气量也基本保持不变，油气比大小取决于吸收剂用量的多少。增加吸收油用量，可增加吸收推动力。从而提高吸收速率，即加大油气比，利于吸收完全。但油气比过大，会降低富吸收油中溶质浓度，不利于解吸；会使解吸塔和稳定塔的液体负荷增加，塔底重沸器热负荷加大使循环输送吸收油的动力消耗也要加大；同时，补充吸收油用量越大，被吸收塔顶贫气带出的汽油量也越多，因而再吸收塔吸收柴油用量也要增加，又加大了再吸收塔与分馏塔负荷。从而导致操作费用增加。另一方面，油气比也不可过小，它受到最小油气比限制。当油气比减小时，吸收油用量减小，吸收推动力下降，富吸收油浓度增加。当吸收油用量减小到使富吸油操作浓度等于平衡浓度时，吸收推动力为零，是吸收油用量的极限状况，称为最小吸收油用量，其对应的油气比即为最小油气比，实际操作中采用的油气比应为最小油气比的 1.1～2.0 倍。一般吸收油与压缩富气的重量比大约为 2。

② 操作温度。由于吸收油吸收富气的过程有放热效应，吸收油自塔顶流到塔底，温度有所升高。因此，在塔的中部设有两个中段冷却回流，经冷却器用冷却水将其热量带走，以降低吸收油温度。

降低吸收油温度，对吸收操作是有利的。因为吸收油温度越低，气体溶质溶解度越大，这样，就加快吸收速率，有利于提高吸收率。然而，吸收油温度的降低，要靠降低入塔富气、粗汽油、稳定汽油的冷却温度和增加塔的中段冷却取热量。这要过多地消耗冷剂用量，使费用增大。而且这些都受到冷却器能力和冷却水温度的限制，温度不可能降得太低。

对于再吸收塔，如果温度太低，会使轻柴油黏度增大，反而降低吸收效果。一般以控制40℃左右较为合适。

③ 操作压力。提高吸收塔操作压力，有利于吸收过程的进行。但加压吸收需要使用大压缩机，使塔壁增厚，费用增大。实际操作中，吸收塔压力已由压缩机的能力及吸收塔前各个设备的压降所决定，多数情况下，塔的压力很少是可调的。催化裂化吸收塔压力一般在 0.78～1.37MPa（绝压），在操作时应注意维持塔压，不使降低。

（2）影响再吸收塔操作因素　再吸收塔吸收温度为 50～60℃，压力一般在 0.78～1.08MPa（绝压）。用轻柴油作吸收剂，吸收贫一气中所带出的少量汽油。由于轻柴油很容易溶解汽油，所以，通常给定了适量轻柴油后，不需要经常调节，就能满足干气质量要求。

再吸收塔操作主要是控制好塔底液面，防止液位失控，干气带柴油，造成燃料气管线堵塞憋压，影响干气利用。另一方面要防止液面压空，瓦斯压入分馏塔影响压力波动。

（3）影响解吸的操作因素　解吸塔的操作要求主要是控制脱乙烷汽油中的乙烷含量。要使稳定塔停排不凝气，解吸塔的操作是关键环节之一，需要将脱乙烷汽油中乙烷解吸到0.5% 以下。

与吸收过程相反，高温低压对解吸有利。但在实际操作上，解吸塔压力取决于吸收塔或其气、液平衡罐的压力，不可能降低。对于吸收解吸单塔流程，解吸段压力由吸收段压力来决定；对于吸收解吸双塔流程，解吸气要进入气、液平衡罐，因而解吸塔压力要比吸收塔压力高 50kPa 左右，否则，解吸气排不出去。所以，要使脱乙烷汽油中乙烷解吸率达到规定要求，只有靠提高解吸温度。通常，通过控制解吸重沸器出口温度来控制脱乙烷汽油中的乙烷含量。温度控制要适当，太高会使大量 C_3、C_4 组分被解吸出来，影响液化气收率；太低则不能满足乙烷解吸率要求；必须采取适宜的操作温度，既要把脱乙烷汽油中的 C_2 脱净，又要保证干气中的 C_3、C_4 含量不大于 3%（体积分数），其实际解吸温度因操作压力而不同。

（4）影响稳定过程操作因素　稳定塔的任务是把脱乙烷汽油中的 C_3、C_4 进一步分离出来，塔顶出液化气，塔底出稳定汽油。控制产品质量要保证稳定汽油蒸气压合格；要使稳定汽油中 C_3、C_4 含量不大于 1%，尽量回收液化气；同时，要使液化气中 C_5 含量尽量少，最好分离到液化气中不含 C_5，这样，使稳定汽油收率不减少；使下游气体分馏装置不需要设脱 C_5 塔；还能使民用液化气不留残液，利于节能。

影响稳定塔的操作因素主要有回流比、压力、进料位置和塔底温度。

① 回流比。回流比即回流量与产品量之比。稳定塔回流为液化气，产品量为液化气加不凝气。按适宜的回流比来控制回流量，是稳定塔的操作特点。稳定塔首先要保证塔底汽油蒸气压合格，剩余的轻组分全部从塔顶蒸出。塔底液化气是多元组分，塔顶组成的小变化，从温度上反映不够灵敏。因此，稳定塔不可能通过控制塔顶温度来调节回流量，而是按一定回流比来调节，以保证其精馏效果。一般稳定塔控制回流比为 1.7～2.0。采取深度稳定操作的装置，回流比适当提高至 2.4～2.7，以提高 C_3、C_4 馏分的回收率。回流比过小，精馏效果差，液化气会大量带重组分（C_5、C_6 等）；回流比过大，要使汽油蒸气压合格，相应要增大塔底重沸器热负荷和塔顶冷凝冷却器负荷，降低冷凝效果，甚至使不凝气排放量加大，液化气产量减少。

② 塔顶压力。稳定塔压力应以控制液化气（C_3、C_4）完全冷凝为准，也就是使操作压力高于液化气在冷却后温度下的饱和蒸气压，否则，在液化气的泡点温度下，不易保持全凝，不能解决排放不凝气的问题。

稳定塔操作的好坏受解吸塔乙烷脱除率的影响很大。乙烷脱除率低，则脱乙烷汽油中乙烷含量高，当高到使稳定塔顶—液化气不能在操作压力下全部冷凝时，就要有不凝气排至瓦斯管网。此时，因回流罐是一次平衡气化操作，必然有较多的液化气（C_3、C_4）也被带至瓦斯管网。所以，根据组成控制好解吸塔底重沸器出口温度对保证液化气回收率是十分重要的。

稳定塔排放不凝气问题，还与塔顶冷凝器冷凝效果有关。液化气冷却后温度高，不凝气量也就大。冷却后温度主要受气温、冷却水温、冷却面积等因素影响。适当提高稳定塔操作压力，则液化气的泡点温度也随之提高。这样，在液化气冷后温度下，易于冷凝，利于减少不凝气。提高塔压后，稳定塔重沸器的热负荷要相应增加，以保证稳定汽油蒸气压合格，而增大塔底加热量，往往会受到热源不足的限制。一般稳定塔压力为 0.98～1.37MPa（绝压）。

稳定塔压力控制，有的采用塔顶冷凝器热旁路压力调节的方法，这一方法常用于冷凝器安装位置低于回流油罐的"浸没式冷凝器"场合；有的则采用直接控制塔顶流出阀的方法。用于如塔顶使用空冷器，其安装位置高于回流罐的场合。

③ 进料位置。稳定塔进料设有三个进料口，进料在入稳定塔前，先要与稳定汽油换热、升温，使部分进料汽化。进料的预热温度直接影响稳定塔的精馏操作，进料预热温度高时，气化量大，气相中重组分增多。此时，如果开上进料口，则容易使重组分进入塔顶轻组分中，降低精馏效果。因此，应根据进料温度的不同，使用不同进料口。总的原则是：根据进料气化程度选择进料位置；进料温度高时使用下进料口；进料温度低时，使用上进料口；夏季开下口，冬季开上口。

④ 塔底温度。塔底温度以保证稳定汽油蒸气压合格为准。汽油蒸气压高则应提高塔底温度，反之，则应降低塔底温度，应控制好塔底重沸器加热温度。

如果塔底重沸器热源不足，进料预热温度也不可能再提高，则只得适当降低操作压力或减小回流比，以少许降低稳定塔精馏效果，来保证塔底产品质量合格。

（5）吸收稳定系统操作控制

① 吸收塔压力控制。主要影响因素及调节方法见表3-25。

表 3-25　吸收塔压力的影响因素及调节方法

影 响 因 素	调 节 方 法
①富气量大 ②再吸收塔液控失灵 ③冷却器冷却效果差 ④吸收剂量大,温度低 ⑤塔两中段回流量大 ⑥瓦斯管网压力小 ⑦仪表故障	①调节吸收剂量 ②改手动,联系仪表处理 ③提高冷却器冷却效果 ④控制吸收剂量和温度 ⑤控制两中段返塔量 ⑥联系、处理压力变化 ⑦联系仪表,处理故障

② 稳定塔压力控制。主要影响因素及调节方法见表3-26。

表 3-26　稳定塔压力的影响因素及调节方法

影 响 因 素	调 节 方 法
①稳定塔进料量大,进料组成轻 ②进料温度高 ③塔顶回流量大 ④稳定塔顶回流带水 ⑤液态烃出装置受阻 ⑥泵故障	①调整稳定塔的操作,必要时可调节吸收塔温度 ②降低进料温度 ③根据回流比要求,调整塔顶回流量 ④控制回流罐界面,避免带水 ⑤联系系统处理 ⑥启动备用泵,联系钳工处理

③ 吸收塔液面控制。主要影响因素及调节方法见表3-27。

表 3-27　吸收塔液面的影响因素及调节方法

影 响 因 素	调 节 方 法
①吸收塔压力高 ②吸收剂及补充吸收剂量大、温度低 ③两中段回流量大、温度低 ④压缩富气量小、温度高 ⑤塔底液控系统失灵	①调整塔压使其平稳 ②调整两剂量及温度,使其平稳 ③及时调整两中段回流正常 ④随富气变化调整操作 ⑤走副线,联系仪表

④ 稳定塔顶温的控制。主要影响因素及调节方法见表3-28。

表 3-28　稳定塔顶温的影响因素及调节方法

影 响 因 素	调 节 方 法
①塔底温度改变 ②回流量改变 ③进料温度改变	①按工艺指标,平稳控制塔底温度 ②依据温度变化,调节回流量的大小 ③使进料温度平稳

⑤ 稳定塔底液面控制。主要影响因素及调节方法见表3-29。

表 3-29　稳定塔底液面的影响因素及调节方法

影　响　因　素	调　节　方　法
①稳定进料量改变 ②稳定汽油出装置量改变 ③吸收塔顶补充吸收剂量的变化 ④汽油出装置送不出去	①正常时由再吸收塔塔底液控阀来控制稳定塔的液面 ②调节补充吸收剂的量及稳定塔的压力 ③根据产品质量调节塔底温度和顶回流量 ④及时联系调度,罐区检查或换罐

四、催化裂化过程操作法及步骤

以下以某石化公司催化裂化装置的开工、正常操作及停工方法步骤为例进行阐述。

1. 开工准备

开工准备包括:油品和储罐的准备;生产准备;机动系统准备;安全方面;环保方面;

2. 正常开工

(1) 开工检查　开工检查内容及分工见表 3-30。

表 3-30　开工检查内容及分工

反　应　岗	分　离　岗	热　工　岗
①检查本岗位设备良好 ②检查工艺流程无误 ③所有仪表处于备用状态,调节阀调试好用 ④试验各滑阀、沉降器顶放空阀、放火炬阀好用 ⑤消防、气防器材齐全好用并摆放整齐,消防蒸汽正常,排水畅通 ⑥检查安全阀是否按规定进行铅封、装好 ⑦检查压力表安装情况和量程是否符合工求 ⑧准备好岗位操作记录、交接班日记 ⑨所有机泵和转动设备处于良好备用状态,并加好润滑油 ⑩关闭进料喷嘴器壁第一、二道手阀,加好盲板 ⑪装好一再辅助燃烧室、二再辅助燃烧室火嘴,油、汽、瓦斯管线畅通好用 ⑫清洗一再辅助燃烧室、二再辅助燃烧室阻火器 ⑬一、二次风阀和百叶窗开关灵活并能固定住开度,电打火装好并试验好用 ⑭冷催化剂罐、热催化剂罐、废催化剂罐装好足够新鲜催化剂和平衡催化剂,充压完毕。钝化剂备好 ⑮检查各松动点,各加卸料线畅通 ⑯检查一、二燃烧油喷嘴是否畅通 ⑰检查火炬线畅通无阻 ⑱各自保阀动作准确无误 ⑲检查各处限流孔板是否安装齐全、准确、好用	①技改管线走向无误 ②仪表报警系统测试完毕,并做好记录 ③检查盲板已经抽插完毕,并做好标记 ④所有压力表已经装好,要求导管畅通,量程符合工艺要求 ⑤消防、安全设施,完好无缺 ⑥安全阀定压合格,按要求投用并铅封 ⑦全部仪表联校结束,处于备用状态 ⑧各调节阀调试好用 ⑨所有机泵和转动设备处于良好备用状态,并加好润滑油 ⑩检查各冷却器、换热器、空冷器是否处于备用状态各塔、容器的液面计是否好用 ⑪检查塔顶气动蝶阀是否灵活好用 ⑫关闭所有阀门,用时再打开	①工艺管线连接正确 ②设备、管线所属配件齐全 ③压力表安装合格,量程正确,引压管畅通 ④消防蒸汽正常,消防、气防器材齐全好用并摆放整齐,安全设施完好无缺 ⑤DCS 操作系统,仪表一次、二次表及调节阀调校完毕并备用 ⑥鼓风机入口蝶阀灵活好用,鼓风机出口蝶阀、火嘴配风蝶阀、一再烟气入 CO 炉配风蝶阀开关灵活,开关方向正确 ⑦除盐水、中压蒸汽盲板处于盲位 ⑧干气阀组处 CO 炉用燃料气盲板处于盲位 ⑨看火孔完好 ⑩鼓风机单机试运完好备用 ⑪火嘴安装齐全、完好 ⑫大小锅炉出口烟道挡板、一、二再烟气蝶阀开关灵活,开关方向正确 ⑬点火器完好备用

(2) 反再系统气密试验,分馏稳定系统贯通,吹扫试压　反再系统气密试验,分馏稳定系统贯通,吹扫试压操作及分工见表 3-31。

表 3-31　开工检查内容及分工反再系统气密试验、分馏稳定系统贯通、吹扫试压操作及分工

反应岗	分离岗	热工岗
①打开斜管，立管各松动点放空 ②打开提升管底部排空阀及应油气大管线盲板前放空 ③打开沉降器顶放空阀，大油气管线顶放空阀 ④打开再生筒前阀前放空，外取热器上部放空阀及下部放空阀 ⑤投用一、二再三旋 ⑥打开一、二再三旋松动点 ⑦投用一、二再三旋松动点及提升管底部关气畅通 ⑧联系仪表将反再系统气密点给上反吹风 ⑨联系主风机岗位向再生器送风 ⑩开大塞阀，单、双动滑阀，降器顶放空 ⑪适当打开外取热器底部及提升管底部放空 ⑫打开一再二再辅助燃烧室，辅助燃烧室的一、二次风蝶阀和百叶窗 ①联系机组岗位开增压机，试投增压风量检查控制是否好用，热后启增压机 ②控制一再主风 50000m³/h，待生塞二再主风 22000m³/h，三器压 ③联系风机调量 3000m³/h，反再系统后启增压机 ④控制一、二再系统压力 0.03~0.08MPa，三再系统吹扫 0.5~2.0h ⑤确认各放空阀（包括外取热器各放空阀）畅通	①引蒸汽吹扫吹压，按工艺流程对管线及冷换设备进行吹扫，应严格遵循应油气大管线盲前扫线原则 ②各路吹扫合格后，关闭所有放空和排凝前放空 ③各路吹扫验，压力为蒸汽最大压力（使用 1.3MPa 蒸汽） ④再缓慢打开中侧冷换吹阀，由塔底给气吹扫 30min 后憋压 ⑤对塔，容器及附属管线进行联合试密，试验值为 0.20MPa ⑥用放火炬阀控制压力，进行全面大检查，对漏点及时处理 ⑦吹扫试压完毕后，缓慢撤压，打开设备及管线低点排凝，将水排放干净 ⑧关闭各低点排凝，用时再开 ⑨检查各塔及相关容器试压检查人孔，法兰，焊缝是否泄漏，并登记记录 ⑩吸收稳定吹扫试压 ⑪缓慢打开至塔吹扫，按工艺及工艺管线，控制阀排凝处理放空处理	①引中压蒸汽吹扫吹压 ②确认中压蒸汽线脱水包处盲板拆除 ③检查缓通流程，确保中压过热和蒸汽系统各阀门处于开工前正常位置 ④确认中压蒸汽各仪表控制阀调校正常，仪表投用 ⑤联系调度，三催化装置引入中压蒸汽 ⑥打开中压蒸汽出入装置阀组（两个），出装置控制阀前两个手阀和两个排凝阀，脱净管线内存水后，关闭上述阀门 ⑦打开中压蒸汽入装置阀组第一道手阀后排凝阀，脱尽存水，关闭排凝阀 ⑧打开大小锅炉主汽阀和两道手阀，饱和蒸汽管线第二道排凝阀，脱尽存水 ⑨打开减温减压器两排凝阀、过热蒸汽手阀，关小减温减压阀组排凝阀，期间如出现水击声，则关小脱水包手阀，开大排凝阀反复多次，直至水击声消失，保持排凝稳定少量见汽 ⑩微开中压蒸汽入装置阀组（两个），关小排凝阀，脱尽存水，排凝稳定少量见汽 ⑪微开中压蒸汽入装置阀组第一道手阀后排凝阀，脱尽存水 ⑫微开减温减压器底部两排凝阀，全开过热蒸汽暖管手阀，保持排凝稳定少量见汽 ⑬关小小锅炉主汽阀及蒸汽入装置阀组两排凝阀，排凝稳定少量见汽 ⑭打开中压蒸汽入装置阀组第一道手阀及减温减压器底部两排凝阀，气包入装置阀端暖管线，减温减压器底部两排凝阀 ⑮确认中压蒸汽出入装置阀组两排凝阀，减温减压器两排凝阀，减温减压器底部两排凝阀无水后，全开低压端手阀，关闭两排凝阀 ⑯开大中压蒸汽出手阀，中压蒸汽出北手阀，微开低压蒸汽入装置阀组，关闭低压端排凝阀 ⑰当中压蒸汽压力达到 1.5MPa 时，全开中压蒸汽管线手阀，中压蒸汽出装置阀入大锅炉过热器前疏水线两道引出阀，微开疏水阀组排凝阀，保持排凝稳定少量见汽 ⑱开大中压蒸汽脱水包手阀 ⑲全开中压蒸汽脱水包北手阀，中压蒸汽出装置阀北手阀 ⑳全开饱和蒸汽出小锅炉过热器前两道疏水阀，脱尽饱和蒸汽包放空阀，脱尽饱和蒸汽线存水 ㉑全开外取热器饱和蒸汽放空阀，微开外取汽包排凝阀，脱尽饱和蒸汽线存水，全开外取汽定排两手阀，快开 ㉒打开油浆手阀，二中汽包放空阀，微开外取汽包放空阀，油浆，二中汽包放空阀 ㉓全开外取热器定排排凝阀，凝结水经定排排入地沟 ㉔全开油浆，二中汽包放空阀，三中汽各包下降手阀，三中汽包一路下降

反应岗	分离岗	热工岗
⑩关闭所有放空阀及排凝阀（包括各换热器各放空阀） ⑪用一再双动滑阀和新增双动滑阀和二再双动滑阀顶放空阀控制降温顶所有放空阀，反再系统压力达到0.22MPa ⑫用肥皂水检查反再系统以及三旋系统有无泄漏，并做记录和现场联系时的联系号，及时的联系处理 ⑬打开再生滑阀后，打开各低点排凝，存水，关闭排净后，关闭各排空阀，使用时再开 ⑭打开沉降器顶及塔底吹空放空 塔底吹空完毕微开，保持微空放空 Φ900盲板前微开，保持放空可使用 反应岗试密完毕前正压，防止塔，罐及相连管线法兰、焊缝是焊缝检查人孔，法兰检查点处理 处理完毕后，升温曲线两器继续升温	⑤系统全面大吹扫，各容器排凝点放空，吹扫干净，合格，走净空气 ⑥检查各油泵，二中汽包系统气 ⑦管线畅通 ⑧管线闭所有放空，空塔顶所有放空，反空排凝，塔线、管线、反应设备联合试，密 ⑨试压值为最大压力1.3MPa蒸再系统（使用时再开蒸汽） ⑩试密完毕后，打开各低点排凝，存水，关闭排净后，使用时再开 ⑪塔底吹空及塔连接管顶放空 Φ900盲板检查人孔，法兰检查点及相连管线正压，防止塔，罐试密完毕后，焊缝是法兰、焊缝检查点 处理完毕后，升温曲线是焊缝检查点，并登塔处理升温	⑤油浆、二中汽包及蒸发器试压 ⑥检查各油泵，二中汽包系统流程及相关流程，确保各阀门处于试压前正常位置 ⑦确认油浆或二中汽包与蒸发器相连的蒸发器下降管相连的蒸发器存水后关小 ⑧打开蒸发器减温减压器下降管排凝阀，脱净存水后关小 ⑨逐断关闭汽包饱和蒸汽阀至微开，使汽包顶放空消声器少量见汽。微开油浆或二中汽包主汽阀，以1.5MPa/h汽包升压速度将汽包升压力至2.0MPa。保压30min ⑩逐断关闭蒸发器饱和蒸汽阀至微开，试压结束后处理 ⑪检查蒸发器下降管排凝阀是否见汽，联系设备员先逐断关闭大汽包主汽阀，如需撤压，再打开汽包放空阀，泄压速度以1.5MPa/h进行 ⑫升压过程中，出现漏点，如需撤压，先逐断关闭主汽阀，再打开汽包放空阀 ⑬试压结束后，关小主汽阀微开，全开放空阀放汽包放空，保持消声器少量见汽 ⑭除盐水入除氧器南界排凝阀引盐水入除氧器 ⑮联系调度，系统向三旋催化装置供应除盐水 ⑯检查摆值流程，确保除盐水系统各阀门处于正常位置 ⑰关闭除盐水控制阀后手阀，全开除盐水系统出入口阀、稳定汽油换热器入口凝阀、除氧水控制阀侧排凝阀，关闭副线排凝阀、除盐水控制阀前排凝阀，水质清洁后关闭两点排凝阀 ⑱全开除盐水界水界区侧（管阀）出口凝阀，打开凝水稳定泵，全开余热锅炉界区除盐水阀，除盐水控制阀前排凝阀 ⑲全开除盐水控制阀，全开除氧水控制阀，大除氧器汽上水 ⑳打开除氧器底部排凝阀，逐断打开汽包除盐水控制阀，当排水干净后关闭排凝阀 ㉑除氧器液面现场现场校准达到60%时，关闭汽包除盐水控制阀，大除氧器汽上水阀，投用表工校准仪表外取表除氧器汽上水阀 外取除氧器汽上水手阀 ①检查各外取热器汽水系统，摆好流程，仪表投用 ②各仪表整定，确保各阀处于开于关工前正常位置 ③打开大除氧器汽入除氧器手阀，投用循环线控制阀，大除氧器减温减压器减温水控制阀 ④关闭大除氧减压器壁阀，投用减温减压水控制阀 ⑤投用外取热器减压器汽上水控制阀 ⑥打开外取除氧汽包汽与20组汽水套管的连通阀 ⑦[按需要汽包自动操作法，启动大除氧泵20t/h。1h后提高上水量40t/h] 按需要汽包自动操作法，启动大除氧泵，用循环线控制阀控制泵出口压力≤6.0MPa，用上水控制阀控制上水量，前半小时上水量10t/h ⑧30min后提高至30%后汽包上高上水量20t/h时，联系仪表工。根据现场液面计校准液位指示仪表，控制液位30%~40% ⑨汽包液位达到30%时，全开定除器壁阀，微开定除第二道手阀，事故放水阀，投用事故放水快开放水两手阀、汽包上水阀 ⑩烟气、鼓风机系统各仪表控制阀调校正常，仪表投用 ①确认一、二再烟气直排烟囱蝶阀全开，一再烟气入CO炉蝶阀全关，二再烟气入CO炉水封罐全关 ②确认二再烟气入CO水封罐，将一再烟气入CO炉蝶阀全关，二再烟气入CO水封罐，二再烟气入CO炉水封罐 ③全开大烟囱出口烟道消音板，按鼓风机开机操作法启动鼓风机对进行CO炉，大锅炉吹扫

（3）反应点火升温，蜡油冷油循环，稳定汽油三塔循环　　反应点火升温，蜡油冷油循环，稳定汽油三塔循环操作及分工见表3-32。

表3-32　反应点火升温、蜡油冷油循环、稳定汽油三塔循环操作及分

反 应 岗	分 离 岗	热 工 岗
①用沉降器顶部放空控制反应压力 ②调整一再辅助燃烧室、二再辅助燃烧室一、二次风量按三器升温曲线升温 ③控制一再辅助燃烧室、二再辅助燃烧室炉膛温度≤900℃，炉出口温度≤700℃，一、二再主风分布管下温度≤650 ④每30min活动一次各单、双动滑阀及塞阀（活动范围在30%以内）以防卡死 ⑤适当调整各单、双动滑阀、塞阀，外取热器上、下部放空阀及沉降器顶放空阀开度，保证各器均匀，按曲线升温 ⑥通入二再内取热盘管蒸汽（二再稀相温度达到200℃时），从出口放空阀放空，保护取热管束 ⑦通入一、二再燃烧油雾化蒸汽（一、二再密相温度达到300℃时），保护喷嘴 ⑧当三器温度上升到320～350℃时，联系设备人员对三器人孔装卸孔及各单、双动滑阀及塞阀进行热紧	分馏系统引蜡油、循环 ①分馏塔大量给汽，吹扫 ②联系中间罐区，严格按程序卡要求，引蜡油至原料油罐，控制液面在60% ③并注意脱水赶空气（引油前可用蒸汽贯通暖管，停汽后接着引油）所有冷却器给水 ④引蜡油至泵入口脱水，按程序卡检查原料油开路循环流程 ⑤确认无误后，启动原料油泵，要注意流程的低点排凝必须关闭，用时再开 ⑥开原料油泵进行原料油开路循环 ⑦原料油罐液面控制60%，防止液面过高跑油 ⑧各备用泵及相连通的管线和阀门要有次序地轮流启用赶水 吸收稳定引瓦斯，建立三塔循环 ①稳定系统塔、罐及管线确保赶净空气后，保持微正压 ②关闭各点放空阀和排凝及泄压线 ③详细检查稳定系统各阀门状态正确，做好引瓦斯前的准备 ④所有冷却器给水 ⑤改好稳定系统收瓦斯流程。 ⑥确认瓦斯系统手阀均处于关闭状态（包括各扫线蒸汽、排凝以及采样阀） ⑦按流程引瓦斯 ⑧开瓦斯自装置外来界区阀及瓦斯组处手阀，将瓦斯引至瓦斯组处，开瓦斯出装置控制阀副线手阀，将瓦斯引至干气分液罐，开再吸收塔顶干气至干气分液罐手阀，将瓦斯引至再吸收塔和吸收塔 ⑨开气压机出口油气分离器罐至吸收塔气相进料手阀及空冷出口手阀 ⑩将瓦斯引至气压机出口油气分离器和气压机出口空冷 ⑪开再吸塔顶解析气至气压机出口油气分离器手阀及至空冷入口手阀，将瓦斯引至解吸塔 ⑫开稳定塔进料泵入口手阀 ⑬开稳定塔进料泵组解吸塔底脱乙烷汽油流量计表副线手阀和稳定塔进料换热器壳程出入口手阀 ⑭开稳定塔三路进料手阀，将瓦斯引至稳定塔 ⑮开稳定塔顶空冷前后手阀和稳定塔顶冷凝冷却器出口手阀以及热旁路副线阀，将瓦斯引至稳定塔顶回流罐 ⑯当稳定塔引汽油后，稳定塔压力下降，开瓦斯阀组处出装置手阀 ⑰开稳定塔顶回流罐顶不凝气至出装置手阀及控制阀副线阀，向稳定塔顶回流罐及稳定塔补充压力 ⑱瓦斯系统进行置换，稳定塔顶回流罐、干气分液罐及各泵泄压线放火炬进行置换 ⑲改好稳定系统汽油收油流程稳定收汽油流程：自不合格汽油线来，到稳定汽油罐组至稳定塔底泵入口，开稳定塔底泵稳定汽油泵到补充吸收剂阀组，向吸收塔送油，油收足后，建立三塔循环 ⑳建立三塔循环流程	引除盐水入罐,建立低温热水循环 ①确定罐前除盐水线盲板拆除 ②关闭低温热水回水入罐阀，全开除盐水至低温热水界区阀，除盐水入水罐手阀 ③罐上满水至溢流，联系仪表校对水罐液位表 ④摆通循环热水流程，低温热水泵出口关闭，全开低温热水界区阀、装置内所有低温热水换热器低温热水侧出入口阀，关闭低温热水系统所有排凝阀，投用低温热水-分馏塔顶油气换热器流量控制阀、热水-轻柴油换热器热水流量控制阀 ⑤手动关闭-分馏塔顶油气换热器流量控制阀、热水-轻柴油换热器热水流量控制阀 ⑥确认分离岗，低温热水换热器扫线、憋压结束，停汽泄压至常压 ⑦联系调度，三催化装置建立低温热水循环，管网系统作好准备 ⑧联系调度，管网系统作好准备后，按照低温热水泵启动操作法，启动低温热水泵 ⑨逐渐打开低温热水控制阀-分馏塔顶油气换热器流量控制阀、热水-轻柴油换热器热水流量，提高低温热水流量-分馏塔顶油气换热器流量控制阀至420t/h，热水-轻柴油换热器热水流量至100t/h

（4）拆大盲板，沉降器及油气线赶空气、切换汽封、蜡油油浆升温、分馏塔进油　　沉降器及油气线赶空气、切换汽封、蜡油油浆升温、分馏塔进油操作及分工见表3-33。

表 3-33 沉降器及油气线赶空气、切换汽封、蜡油油浆升温、分馏塔进油操作及分工

反 应 岗	分 离 岗	热 工 岗
沉降器赶空气 ①打开一、二再双动滑阀 ②降三器压力至最小 ③关闭塞阀和再生滑阀，切断三器 ④关闭外取热器放空 ⑤略开提升管底部放空 ⑥打开雾化蒸汽、汽提蒸汽控制阀，进料事故蒸汽控制阀 ⑦打开雾化蒸汽、汽提蒸汽控制阀，进料事故蒸汽控制阀副线 ⑧赶空气结束后，沉降器及提升管反应器蒸汽关至最小，并保持微正压。(以Φ900盲板前DN80排凝少量见汽为标准)同分馏岗配合拆Φ900盲板 切换汽封 ①Φ900盲板拆完后，待Φ900油气管线顶部大量见汽后，沉降器通入下列蒸汽，并继续赶空气半小时 ②通入提升管预提升蒸汽通入提升管提升段流化环管蒸汽 ③通入原料雾化蒸汽 ④通入沉降器汽提蒸汽 ⑤通入沉降器顶防焦蒸汽 ⑥通入油浆回炼雾化蒸汽 ⑦通入终止剂喷嘴雾化蒸汽 ⑧通入提升管防焦蒸汽通入油气管线膨胀节吹扫蒸汽 ⑨通入油气管线放空吹扫蒸汽 ⑩通入待生立管松动蒸汽 ⑪通入沉降器顶及油气 ⑫管线通入雾化蒸汽 ⑬通入沉降器四层防焦蒸汽 ⑭确认沉降器顶放空大量见汽 ⑮检查待生立管松动蒸汽孔板路是否畅通 ⑯检查双动滑阀吹扫风是否畅通 ⑰检查一、二再主风事故蒸汽孔板路是否畅通 ⑱检查塞阀、滑阀吹扫风是否畅通 ⑲检查各膨胀节用汽是否畅通 ⑳检查各斜管松动是否畅通 ㉑沉降器赶空气顶部放空全部为蒸汽15～30min后，关闭沉降器顶及Φ900油气管线上放空阀，使蒸汽由油气大管线进入分馏塔，排入放火炬管线里 ㉒用分馏塔顶蝶阀控制沉降器压力高于一再压力0.01MPa ㉓汽压机入口放火炬蝶阀应保持一定开度 ㉔汽压机入口放火炬蝶阀前后手阀全开，副线阀关死，以排泄不凝气，保证不影响沉降器压力 ㉕联系机岗位缓慢将二台主风机切入主风系统 ㉖逐渐加大一再风量至80000m³/h，二再风量至30000m³/h，待生套筒流化风为4000Nm³/h(27)缓慢将一再压力提至0.1MPa，二再压力提至0.1MPa，沉降器压力提至0.11MPa	分馏系统拆除大盲板、收汽油、分馏塔进蜡油，建立油浆循环 ①关小分馏塔底给汽，打开分馏塔顶放空，保持微正压，联系检修队准备拆除大盲板 ②检查排空情况，确认排空无油，无瓦斯后，与反应岗位配合拆除大盲板 ③盲板拆除后，分馏塔通入下列蒸汽：塔底搅拌蒸汽；轻柴油汽提蒸汽 ④分馏塔顶大量见汽30min后，分馏塔赶气结束。关塔顶放空 ⑤分馏塔顶油气-热水换热器启用，分馏塔顶油气分离器准备接收蒸汽冷凝水 ⑥反应分馏切换汽封后，关分馏塔底给汽，反应蒸汽经冷凝冷却后入分馏塔顶油气分离器排凝 ⑦用分馏塔顶开工蝶阀控制分馏塔顶压力稳定 ⑧分馏塔顶油气分离器脱水正常后，通过不合格线向分馏塔顶油气分离器收汽油，收至液面60% ⑨分馏塔顶油气分离器收油后注意液面和界面，防止跑油 ⑩分馏塔底再次脱水干净后，关闭塔底排凝阀 ⑪投用原料油开工加热器给蜡油加热升温。各冷却水给水备用 ⑫当蜡油温度升至250℃时，将蜡油改入分馏塔，建立油浆循环流程 ⑬关闭回炼油和油浆连通线，保持油浆循环正常，加大油浆外甩量 ⑭循环油浆蒸汽发生器蜡油以走热路为主同时带上冷路，以提高分馏塔底温度 ⑮用开工循环出装置线控制分馏塔液面40%～60% ⑯视塔顶温度，启动粗汽油泵打回流，使顶温≤120℃ ⑰改通顶循环、一中、二中和轻柴油出装置、粗汽油出装置流程 ⑱分馏塔各侧线馏出阀关闭，具备条件时再开，各泵入口脱净水 ⑲保持封油、原料油、回炼油及油浆循环正常油浆冷却器投用，油浆外甩温度控制70～90℃ 吸收稳定三塔循环 三塔继续循环，各泵互相切换，考验仪表保证各液面正常	油浆、二中汽包上水 ①检查油浆、二中汽包系统流程，确保各阀门处于开工前正常位置 ②油浆、二中系统仪表、控制阀调校合格，仪表投用摆通油浆、二中汽包上水流程，全开油浆、二中汽包上水线自总管引出阀，上水器壁阀，投用油浆、二中汽包上水控制阀 ③全开油浆、二中汽包与蒸发器相连的下降管和汽返线手阀 ④确认两汽包顶放空阀全开，消声器少量见汽 ⑤用油浆、二中汽包上水控制阀控制上水量10～15t/h ⑥汽包现场液面计指示达到30%时，用上水控制阀控制汽包液面30%～40%，根据现场液面计，校对液位指示仪表至准确，微开下降管排凝，保持少量见水

（5）装催化剂　装催化剂操作见表 3-34。装催化剂主要是反应岗位操作，此时分离岗位主要进行控制油浆循环量大于 350t/h，并注意固体含量变化情况，三塔继续循环，控制正常操作。

表 3-34　装催化剂操作

反　　应　　岗

向一再装剂：

准备工作

①反再系统各仪表的反吹风给上

②两器部分各仪表均启用并完好

③各限流孔板均装好无误工艺各松动、吹扫点均畅通，并给上松动、吹扫介质；通入一、二再主风事故蒸汽通入一、二再烟气管道喷嘴保护蒸汽

④通入烟气管道膨胀节吹

⑤扫汽及其他管道膨胀节吹汽

⑥通入一、二再双动滑阀吹扫蒸汽以及再生、半再生滑阀、待生塞阀吹扫风

⑦通入汽提段锥体松动蒸汽

⑧投用待生立管各松动点

⑨投用半再生斜管各松动点

⑩投用再生立管及斜管各松动点

⑪投用外取热器进出口管松动点

⑫调节两台辅助燃烧室一二次风和瓦斯气流量压力，控制炉膛温度不大于 900℃，一再辅助燃烧室、二再辅助燃烧室出口温度不大于 700℃，一、二再分布管下温度不大于 650℃

⑬引一再燃烧油至调节阀处

⑭脱水后关死手阀，防止控制阀漏量

⑮引烟气管道喷汽至调节阀组前

⑯冷催化剂罐热催化剂罐、废催化剂罐充压至 0.36～0.4MPa，以保证随时启用加料

⑰贯通一再生器同轴式沉降器装剂线

⑱冷催化剂罐、热催化剂罐、废催化剂罐底第一道阀全开

⑲冷催化剂罐、热催化剂罐、废催化剂罐底第二道阀全关

⑳用第二道阀控制加料量

向一再装剂

①控制一再压力 0.13MPa，二再压力 0.14MPa，沉降器压力 0.14MPa

②控制一再主风量 70000m³/h，二再主风量 30000m³/h，待生套筒流化风流量 4500m³/h

③一再密相部温度 500～600℃，二再 500～550℃，提升管出口≤500℃

④控制一再辅助燃烧室、二再辅助燃烧室炉膛温度≤900℃，一再辅助燃烧室、二再辅助燃烧室出口温度≤700℃

⑤控制提升管预提升蒸汽流量 2t/h；提升管雾化蒸汽流量 2t/h；汽提段汽提蒸汽量 1t/h

⑥投用外取热四路增压风器壁阀后非净化风反吹风

⑦稍开提升管提升风流量控制仪表、流化风流量控制仪表两路反吹风孔板副线，防止外取热死床或催化剂堵塞管线

⑧启用大型加料，向一再装平衡催化剂

⑨在床层温度不低于 200℃，催化剂封住一级旋风料腿（藏量 15t，密度 350kg/m³）前，加快加剂速度，防止催化剂跑损

⑩喷一再燃烧油（一再藏量大于 40t，床层密度约为 400kg/m³、床温大于 400℃）

⑪当确认燃烧油喷着后，一再辅助燃烧室减火

⑫当一再藏量加至 100t 时，停止大型加料

⑬启用小型加料

⑭控制床温 600～650℃

⑮一再辅助燃烧室灭火

（6）转催化剂、三器流化 转催化剂、三器流化见表 3-35。转催化剂、三器流化主要是反应岗位操作，此时分离岗位主要进行向沉降器转剂前，油浆上返塔投用，三塔继续循环，控制正常操作。

表 3-35 转催化剂、三器流化操作

反 应 岗
向二再转剂
①按向二再转剂调整操作条件
②控制一再压力 0.13MPa，二再压力 0.10MPa，沉降器压力 0.14MPa
③控制一再主风量 70000m³/h，二再主风量 300000m³/h，待生套筒流化风流量 4500m³/h
④一再密相部温度 600～650℃，二再 550～650℃，提升管出口≤500℃
⑤控制二再辅助燃烧室炉膛温度≤900℃，二再辅助燃烧室出口温度≤700℃
⑥控制提升管预提升蒸汽流量 5t/h，提升管雾化蒸汽流量 5t/h，汽提段汽提蒸汽量 3t/h
⑦开大半再滑阀向二再转剂
⑧当二再一密相藏量达 8～10t（密度约 100～150kg/m³）时，二再二密相藏量指示约 3t 时（密度约 250kg/m³），适当关小半再生滑阀，降低转剂速度
⑨当二再二密相藏量加至 20t 时，关闭半再生滑阀，停止转剂
⑩再次启用大型加料，向一再（R1102）补充新鲜剂（约补充 30t）
⑪用一再燃烧油，维持一再密相温度 550℃
⑫当一再藏量达 100t 时，停止大型加料
⑬控制一再密相床温度 600～650℃
⑭当一再藏量及密相温度达到要求后，准备向沉降器转剂
向沉降器转剂
①在向一再补充新鲜剂及升温阶段，调整向沉降器转剂操作条件
②控制一再压力 0.13MPa，二再压力 0.11MPa，沉降器压力 0.10MPa
③控制一再主风量 70000m³/h，二再主风量 30000m³/h，待生套筒流化风流量 4500m³/h 一再密相部温度 600～650℃，二再 550～650℃，提升管出口≤500℃
④控制二再辅助燃烧室炉膛温度≤900℃，二再辅助燃烧室出口温度≤700℃
⑤控制提升管预提升蒸汽流量 5t/h，提升管雾化蒸汽流量 10t/h，汽提段汽提蒸汽量 1～3t/h
⑥打开提升管底放空排净存水后关闭
⑦逐渐打开再生滑阀 5%～10%向沉降器转剂，当提升管温度升高调整再生滑阀开度控制转剂速度，控制提升管出口温度≤550℃
⑧当汽提段藏量见料位后，稍开待生塞阀（5%～10%），使催化剂少量循环升温，促进待生立管流化
⑨开大再生滑阀，加快转剂速度
⑩当汽提段藏量达 15t 时，汽提段汽提蒸汽量提至 3t/h
⑪开大待生塞阀开度，建立三器流化（见 C 级规程 3.4.7）
⑫转剂结束后，二再辅助燃烧室灭火

（7）提升管喷油 提升管喷油操作及分工见表 3-36。

通过以上方法步骤完成催化裂化装置的开工过程，进行调整操作达到预定装置运行目标。转入正常生产控制。

3. 正常停工

（1）催化裂化装置正常停工的一般原则

① 安全方面。

● 按规定着装，严格执行岗位操作法和停工方案，不得发生设备超温、超压、着火爆炸事故；改动重要的流程要坚持三级检查确认，不发生跑油、窜油、冒罐事故；防止高空坠物、排油，严禁随地排放油品、瓦斯和溶剂等。

● 反应卸催化剂时卸剂温度≤450℃，反应压力要高于再生压力，防止两器油气互窜。

● 油浆排放温度≤90℃。装置内的油品要尽可能退出装置。

表3-36 提升管喷油操作及分工

反 应 岗	分 离 岗	热 工 岗
喷油前的准备工作 ①根据停工过程中的平衡剂的活性情况,确定补充新鲜催化剂量,在喷油前维持系统藏量200t左右 ②喷油前2h向一再加助燃剂200kg ③拆除新鲜进料、油浆和终止剂喷嘴前盲板,准备喷油,按喷油操作条件调整操作 ④控制一再压力0.15MPa,二再压力0.13MPa,沉降器压力0.10MPa ⑤控制一再主风量72000m³/h,二再主风量30000m³/h,待生套筒流化风流量4500m³/h ⑥一再密相温度600~620℃,二再630~650℃,提升管出口500~510℃ ⑦一再藏量80t左右,二再5t,二密15t,沉降器25t ⑧控制提升管预提升蒸汽量5t/h,提升雾化蒸汽流量12t/h,汽提段汽提蒸汽3t/h ⑨通过原料油开工加热器控制提升管原料油温度控制仪表至200℃ 提升喷油 ①逐渐打开两组油浆喷嘴 ②逐渐关死预热循环线,保证喷嘴前压力为0.6MPa ③当油浆预热线关死后,根据再生温度及分馏操作情况,先对称对另两组进料喷嘴进料喷油路程流量每至路程流量为10t/h ④逐渐对称打开另外四组进料喷嘴至每路流量10t/h ⑤逐渐关小事故蒸汽通刷阀和小循环线手阀	分馏系统建立各中段循环,产品出装置 ①联系好成品油罐区,汽油、柴油准备送至不合格罐 ②控稳塔底液面,塔底温度≥200℃,塔顶温度≤120℃左右 ③顶循、一中、二中在泵入口管线低点再次排凝 ④分馏塔顶气分离器气包控制界面50%,防止冷回流带水 ⑤检查所有流程改通,只保留采样,做好采样站准备 ⑥联系分析站,做好采样准备 ⑦确认反应喷油 ⑧顶循抽出阀,启用建立顶循环回流并根据顶温情况减小冷回流 ⑨开二中抽出阀,建立二中回流,并按规程投用 ⑩开塔一中抽出阀,建立一中回流,并按规程投用 ⑪轻柴油提器见液面后,启用轻柴油泵走吸收油 ⑫轻柴线(再吸收油)返回分馏塔除回流,之后、柴油返送出装置 ⑬开工柴油分析合格后,根据调度要求送柴油回分馏塔 ⑭控制分馏底液相温度≤355℃ ⑮开工循环油装置量关至全关,联系调度和罐区油浆外甩 ⑯原料油开工加热器降温至停用 ⑰调整分馏塔各段回流联系分配,控制好塔顶、塔底和各侧线出口温度,保证产品质量合格 ⑱按工艺卡片要求调整各参数在工艺指标范围内	油浆、二中汽包发汽并入减温减压器 ①提升管喷油时,密切注意油浆、二中汽包液面,压力情况,控制平稳汽包液面30%~40% ②汽包压力达到0.2MPa时,确认汽包事故放水两道手阀,微开定排第二道手阀 全开蒸发器定排阀,汽包事故放水两道手阀,微开定排第二道手阀 ③关闭下降管凝阀 ④汽包压力达到0.9MPa时,全开饱和蒸汽入减温减压器手阀 ⑤用饱和蒸汽入减温减压器控制油浆、二中汽包压力1.5~2.0MPa ①投用涮浆、二中汽包连排 ②投用除氧器除氧蒸汽 外取热器投用,外取器除氧蒸汽 ③微开汽包主汽阀,将饱和蒸汽线存水脱净,出现水击声音见汽 小汽包主汽阀,直至水击声消失,汽包放空消声少量见汽 ④逐渐打开主汽阀,控制汽包升压速度1.5MPa/h,直至主汽阀全开,汽包放空阀微开 ⑤联系反应,热工条件具备,可以投用外取 ⑥反应投用外取器热器过程中,密切注意,外取包液面和发汽量 ①外取汽包液位升高至70%时,打开事故放水阀降低液位至40%后关闭 ②外取汽包上水控制阀控制液面40%~60% ③外取汽包有发汽后,及时调节汽包上水控制阀控制液面 ④外取汽包发汽稳定后,投用连排,关闭定排第二道手阀,汽包放空阀

反 应 岗	分 离 岗	热 工 岗
⑥如此交叉操作直至增加进料量总料量达125t/h	⑲操作正常后,彻底检查一遍,设备是否泄漏,工艺流程是否有误	CO炉、大锅炉投用
⑦调整反再操作条件二再床温控制在690~730℃,再生剂温度要高,便于加速向提升管输油	⑳停用的重油管线是否已用冲洗油或蒸汽处理,有问题及时联系处理	①准备工作
⑧进油后要严格控制提升管出口温度	①吸收稳定引热源,产品出装置	②大锅炉省煤器投用、汽包上水、投用面式减温器减温水
⑨随着进料量增加,逐渐调整预提升蒸汽量	②稳定系统继续三塔循环,准备接收富气和粗汽油	③CO炉点火操作
⑩随着生焦量增加,逐渐关小一再燃烧油	③联系分析站采样分析	④CO炉升温,并入一再烟气,大锅炉升压
⑪随着进料量增加逐渐杀死子再热线	④确认反应喷油	⑤投用面式减温器,大锅炉发汽并入系统
⑫用分馏塔顶蝶阀控制反应压力	④配合机组岗位接富气	⑥一再烟气全部并入CO炉、中压蒸汽内输改外输
⑬分馏塔顶蝶阀全开后改用放火炬控制反应压力	⑤当稳定塔回流罐液面达50%启动稳定塔回流泵向稳定塔打回流,多余部分直接液态烃不合格罐	投用小锅炉
⑭气压机运转正常后,用反飞动或气压机转速控制反应压力改	⑥分馏粗汽油引入吸收塔	①准备工作
压力改	⑦压缩富气干式空冷器前注水,并注意气压机出口油气分离器脱水	②小锅炉上水
⑮视再生温度变化情况逐步加大进料量,尽可能使一再完燃烧送油全关	⑧引轻柴油入再吸收塔,富吸收油送回分馏塔控制好再吸收液面,防止干气带入吸收塔	③引饱和蒸汽,二再烟气入小锅炉系统,二再烟气内输
⑯控制一再温度在660~690℃,二再温度690~730℃,全面调整并稳定操作	⑨稳定汽油送不合格罐,合格后改合格罐	④小锅炉发汽并入系统,二再烟气全部并入小锅炉
⑰视再生温度高及掺渣量提高,当一再过剩氧<2%时,在短时间内,可加大燃烧油量,增加生焦量,使一再完成由富氧向贫氧的转换	⑩联系分析站采样分析,稳定汽油合格后改入中段回流	
⑱调整一再主风量来控制一再和二再烧焦比例	⑪根据吸收塔情况决定是否合用两个中段回流	
	⑫按工艺卡片要求调整各参数在工艺指标范围内	
	⑬操作正常后,彻底检查一遍,设备是否泄漏,工艺流程是否有误	
	⑭停用的重油管线是否已用冲洗油或蒸汽处理,有问题及时联系处理	

●扫线前，进出装置和岗位之间的管线、阀门要有专人检查确认，以防窜油、窜汽。

扫线时，要专人专线，实行签字制度，需要吹扫的设备、管线要先撤压后给汽，扫线要全面彻底，不留死角。

●全面停汽时，要专人专线，实行签字制度。各塔器拆人孔前要检查顶部放空、底部排空是否打开。确认塔内无物料后，先打开塔最上面和最下面的人孔，再打开其他人孔。

●加盲板时，各盲板处和禁动阀门要挂好标志旗。

●动火前，作业区内的所有地井、地沟、地漏要封堵好，上面用石棉布盖严，石棉布上盖好黄土。

② 产品质量方面。

●在反应降量的同时，根据气温适当调整柴油凝固点。

●在反应切断进料前，要控制好主要工艺参数，保证产品质量合格。

●在停工前，要通知质检部门，安排好采样时间。

③ 设备保护方面。

●在外取热器、油浆蒸发器、余热锅炉停用之前，要防止汽包干锅。

●反应卸催化剂时卸剂温度≤450℃。

●运转设备按岗位操作法停运，及时检查处理发现的问题。

●冬季停工要做好防冻凝工作。

④ 环保方面。

●尽可能将装置内油品、溶剂、碱液、含硫含氰污水等退净，不得随地排放油品、瓦斯、溶剂、金属钝化剂、含硫含氰污水等有毒有害物质。

●用水顶汽油和液态烃时，不能把水、碱退到罐区。

●检修期间，下雨时应堵住含油污水地井口，使雨水不能进入含油污水系统。

●按环保要求处理好含油、含硫、含碱污水井。

（2）催化裂化装置正常停工主要步骤

① 停工准备。见表3-37。

表3-37 停工准备工作

项 目	工 作 内 容
反应岗位	①平衡催化剂罐腾空,抽真空 ②试通再生器大型卸料线,给上反吹风 ③试验放火炬阀 ④卸净三旋催化剂 ⑤引再生器喷燃烧油至控制阀前,在低点脱水备用 ⑥切断进料前停注金属钝化剂系统 ⑦逐渐降低掺渣率(联系相应降低氧气进再生器流量,直到完全切断),相应降低主风流量 ⑧切断提升管汽油回炼(和提升管注水)和油浆回炼线,给蒸汽向提升管扫线 ⑨干气提升改为蒸汽提升
分馏岗位	①联系油浆紧急放空线扫线,扫通后停蒸汽 ②渣油冷却器水箱装水,给汽加热到70～80℃。根据油浆固体含量和分馏塔塔底液位适当外甩油浆 ③联系调度,准备好停工用的汽油、柴油和污油罐 ④切断进料前,停注油浆阻垢剂。将储罐内油浆阻垢剂排入空桶 ⑤封油罐保持高液位,联系罐区随时准备送柴油 ⑥所有扫线蒸汽引到各蒸汽用点第一道阀前,排凝脱水
稳定岗位	①联系调度、油品罐区,准备不合格汽油罐 ②停工前4h,各塔、容器(和稳定塔底重沸器)低液位操作 ③在切断进料前,停富气注水系统,排净系统内存水 ④在反应切断进料前,停液态烃脱硫醇系统;联系碱渣,汽油、液态烃脱硫醇系统退碱

项　目	工　作　内　容
安全准备	①检查消防和急救器械是否完好 ②准备停工用的垫片、盲板，封井用的气堵、黄土、石棉布、井圈，扫线用的蒸汽带(冬季还要准备空冷器防冻用的苫布或土暖气)等
设备准备	①准备油气线大盲板垫片以及停工用各种垫片和工具 ②落实检修用阀门和其他设备到货情况 ③准备沉降器清焦和检查用具、软梯等 ④准备机组卸油油桶 100 个 ⑤停工用各种火票、工作票、作业证准备齐全 ⑥检修项目交底、备案
仪表准备	①确保所有仪表指示准确，控制阀好用 ②停工中仪表班加强值班，做好停工配合工作
电气准备	①保证备用电气设备、装置照明和通讯系统完好 ②保证备用机泵能及时供电
系统准备	①准备好污油罐、停工用汽油和柴油罐 ②制硫装置准备大量接收富液 ③碱渣处理准备好碱渣储罐 ④保证系统风压和供水

② 反应切断进料。工艺方面，在反应降量的同时，控制好主要操作条件，保证产品质量合格。回炼油浆线切断，向提升管内扫线。在反应切断进料后，各系统做好如下工作。

反应系统。

● 检查原料自保动作情况，气压机入口放火炬。

● 反再两器流化 0.5h 后将反应器的催化剂转到再生器，再生温度降到 450℃ 时，卸催化剂（包括外取热器）。两器催化剂藏量为零时，反复活动再生、待生滑阀，将系统中的催化剂卸净。

● 再生温度降到 250℃，停再生系统的吹扫、松动蒸汽。

● 热工系统根据情况产汽改装置外放空。根据操作规程酌情停外取热器、余热锅炉等系统。

分馏系统。

● 控制好分馏塔顶温度，在反应未卸完催化剂前维持油浆循环。

● 停止柴油出装置，保证仪表冲洗油和泵用封油。

● 在催化剂卸完后，分馏系统加速退油。具备条件时，设备管线给汽扫线。油浆泵抽空后，停运 0.5h，再开泵退油，直到将塔内残油退净。将粗汽油罐中的粗汽油和封油罐中的柴油退净。适当打开塔底排空排油。

吸收稳定系统。

● 粗汽油改直接碱洗出装置。

● 加速退油。

● 停汽油脱硫醇和干气、液态烃脱硫系统。碱洗系统退碱，将系统中乙醇胺退净。

● 具备条件时用水顶汽油、液态烃出装置。顶水结束，系统排水、撤压，全面给汽吹扫。

设备方面，气压机停机；烟机逐渐降负荷，直到停机。

③ 加大盲板分馏塔内油退净后，手摇关闭再生、待生单动滑阀，切断进入反应器和分

馏塔的所有蒸汽，撤压后，关闭分馏塔顶空冷入口蝶阀，维持系统微正压，分馏塔油气入口加大盲板。

盲板加完，打开沉降器顶放空及大盲板前放空，反应和分馏系统全面给汽吹扫。

④ 沉降器停汽、拆两器人孔沉降器吹扫 24h 后，全面停汽降温。主风机根据情况停机。当两器降到一定温度时，打开两器人孔。

⑤ 后部系统停汽、加盲板、拆塔器人孔分馏、吸收稳定系统给汽吹扫 48h 后，全面停汽撤压。维持系统微正压，加装置内大盲板。加完盲板，打开各塔器人孔。

按要求，处理地井、地沟，然后封盖地井、地沟、地漏。达到装置检修条件。

4. 事故停工（紧急停工）

（1）紧急停工范围

① 主风机（三机组、备用风机）故障、主风中断。

② 水、电、汽、风中断经联系不能迅速恢复。

③ 重要设备故障，不能再维持继续生产。

④ 催化剂流化异常，循环失控（倒流或中断）。

⑤ 两器系统催化剂突然跑损太多，无法维持藏量和生产。

⑥ 装置发生严重火灾和爆炸事故。

⑦ 严重超温、超压，人身和设备安全受到严重威胁。

⑧ 各种自然灾害，无法维持生产的特殊情况。

（2）紧急停工处理

① 反应岗位。

● 将反应进料低流量自保切至"自动"后迅速降量或直接手动切自保，检查自保阀的动作，并立即关闭各喷嘴手阀，切断进料，原料经事故旁通入塔。注意，沉降器压力，稍高于再生器压力，保持催化剂循环，用紧急汽油控制提升管出口温度≤500℃。

● 控制再生器温度，烧焦罐出口温度≤720℃，并注意防止超压，当二密床温度降至400℃时，应启用燃烧油，保持两器温度。

● 炉点长明灯或一个瓦斯火嘴维持原料循环，注意炉膛负压，防止回火。

● 根据烧焦罐出口温度，在保证≤720℃的情况下，逐渐关闭外取热上滑阀，直至关死，待外取热器藏量为 0 时，关下滑阀，维持中压水循环正常，控制容压力，液面不超。

● 按正常停工程序处理。

② 分离岗位。

分馏区。

● 外甩油浆温度控制≤90℃，控制分馏塔液面，不高于 60%，液相温度≤375℃。

● 调节油浆返塔温度，维持塔底温度，防止油浆泵抽空。

● 用塔顶回流或冷回流控制顶温≤120℃。

● 防止各泵抽空，注意调整各个液面，尽快改通原料循环返罐线。

● 按正常停工程序处理。

吸收稳定区。

● 关闭富气入岗位阀，保持各塔及气压机入口油气分离器、气压机出口油器分离器液面。

● 系统保压，并停止富气线注水，关死气压机入口油气分离器、气压机出口油器分离器排水手阀，防止跑油。

● 按正常停工程序停工。

③ 机组及泵岗位。

●主风机配合反应继续供风，但要注意机出口压力，防止飞动而导致催化剂倒流，若停主风机则按停电紧急处理。

●汽压机入口放火炬，并立即关闭出口阀，紧急停机。

●各泵应注意避免抽空，及时切换，并配合岗位停开各泵。

5. 常见问题处理

（1）反应温度大幅度波动 反应温度大幅度波动原因及处理方法见表3-38。

表 3-38 反应温度大幅度波动原因及处理方法

原　　因	处　理　方　法
①提升管总进料量大幅度变化，原料油泵（蜡油或渣油）或回炼油泵抽空、故障，以及焦蜡进料变化 ②急冷油量大幅度波动 ③再生滑阀故障，控制失灵 ④两器压力大幅度波动 ⑤原料的预热温度大幅度变化 ⑥再生器温度大幅度波动。 ⑦催化剂循环量大幅度变化 ⑧原料油带水	①提升管进料量波动，查找原因。若仪表故障可改手动或副线手阀控制。若机泵故障，迅速换泵，以稳定其流量。若滑阀故障，将其改为现场手摇，联系仪表、钳工处理 ②控制油浆循环流量，调整预热温度。若三通阀失灵，改手动，由仪表工处理 ③控制稳两器压力，稳定催化剂循环量。并查找造成压力波动的原因。 ④调整外取热器取热量控制好再生器密相温度 ⑤原料油带水按原料油带水的非正常情况处理 ⑥严禁反应温度>550℃，或者<480℃。以上处理过程中，首先稳定反应器压力，用催化剂循环量控制反应温度不过高，可增大反应终止剂用量。若反应温度过低，必须提高催化剂循环量或降处理量处理 ⑦注意沉降器旋分器线速度，若过低按相应规程处理 ⑧提高原料预热温度

（2）原料带水 原料带水原因及处理方法见表3-39。

表 3-39 原料带水原因及处理方法

原　　因	处　理　方　法
①原料预热温度突然下降，然后迅速增加，并波动不止 ②提升管反应温度下降，后迅速上升，并波动不止 ③沉降器压力上升，后下降，并波动不止 ④换换热器憋压，气阻 ⑤回炼油返塔流量控制仪表先迅速上升，后迅速下降，此时回炼油返塔流量控制仪表反向变化，然后大幅度波动	①根据原料换罐情况确定哪一种原料带水，并与调度联系要求切除 ②关小重质原料预热三通阀或开大焦化蜡油预热三通阀 ③打开事故旁通副线2~5扣，提高进料量，将水排至 ④若带水严重，且来自焦化蜡油或渣油，可降低其处理量甚至切除，提高其余原料量 ⑤在处理过程中，要注意再生器密相温度，并注意主风机、气压机运行工况。防止发生二次燃烧。及时向系统补入助燃剂 ⑥注意沉降器旋分器线速度，若过低按相应规程处理 ⑦处理中要防止沉降器藏量波动，控制好反应压力，严重时可放火炬

（3）进料量大幅度波动 进料量大幅度波动原因及处理方法见表3-40。

表 3-40 进料量大幅度波动原因及处理方法

原　　因	处　理　方　法
①原料带水 ②原料油泵（直蜡或减渣）回炼油泵不上量或发生机械、电气故障 ③原料油、回炼油等流控系统失灵，或喷嘴进料流量控制失灵	①迅速判断原因，采取相应措施 ②原料带水时，按原料带水处理 ③泵抽不上量时，油罐抽空，迅速联系罐区处理，若机泵故障，立即启用备用泵 ④控制阀失灵后，迅速改手动或控制阀副线手阀控制，联系仪表处理 ⑤原料油短时间中断后，可适当提其他回炼油及油浆量，降低压力，保证旋分离器线速度 ⑥若蜡油中轻组分过多或温度过高也会表现出相同特征，但明显体现在机泵上，迅速和调度联系要求换罐

（4）催化剂中断循环 反应-再生系统的催化剂能否正常循环主要取决于压力平衡及催

化剂的流化质量。造成催化剂中断循环的原因很多，处理方法也不尽相同。催化剂中断循环原因及处理方法见表3-41。

表3-41 催化剂中断循环原因及处理方法

原　　因	处　理　方　法
①待生催化剂严重带油堵塞待生斜管（或汽提段隔栅）、待生滑阀阀板脱落、待生线路催化剂架桥、仪表失灵造成待生滑阀自动关闭 ②提升管噎塞：因反应进料量过低、提升管用汽量偏小甚至中断、再生滑阀失灵全开催化剂循环量过大使提升管操作线速度过低易发生提升管噎塞 ③再生滑阀失灵全关也会使催化剂中断循环 ④对于两个再生器串联的装置，空气提升管噎塞或半再生立管噎塞也会造成催化剂中断循环	①处理时应迅速将待生滑阀改手动控制，同时大幅度降低反应进料量，检查调整有关的松动点，并观察两器催化剂料位和操作温度的变化。如仪表失灵要尽快联系处理。若待生线路堵塞，处理无效，应紧急停工 ②应迅速提高提升管预提升介质的流量，适当提高进料雾化蒸汽量和反应进料量 ③立即改手动调整到正常开度 ④若二再催化剂藏量不能维持，应及时切断反应进料，关闭再生滑阀

【案例】 某重油催化裂化装置1997年5月正常开工进行两器流化时，因沉降器内焦块脱落堵塞待生斜管，造成装置停工。抢修时将沉降器内焦块清除干净，并减小了汽提段水平隔栅孔口。1998年3月因沉降器内焦块脱落堵塞汽提段隔栅造成非计划停工。同年装置改造时，取消汽提段水平隔栅（在待生催化剂出口加隔栅），在汽提段底部加滤焦区，至今未发生上述事故。

（5）反应新鲜进料中断 反应新鲜进料中断原因及处理方法见表3-42。

表3-42 反应新鲜进料中断原因及处理方法

原　　因	处　理　方　法
①因原料严重带水 ②原料供应中断 ③原料油泵出现机械或电气故障等造成原料油泵抽空或停运 ④新鲜进料流控阀失灵关闭	①通知罐区加强切水 ②应联系主管部门尽快恢复原料供应（更换原料） ③应切换到备用泵运行，并联系对故障机泵进行检修 ④改副线控制，并联系仪表处理

五、催化裂化反应-再生系统仿真操作

1. 训练目标

① 熟悉反应-再生系统工艺流程及相关流量、压力、温度等控制方法。

② 掌握反应-再生系统开车前的准备工作、冷态开车及正常停车的步骤和常见事故的处理方法。

2. 训练准备

① 要仔细阅读反应-再生系装置概述及工艺流程说明，并熟悉仿真软件中各个流程画面符号的含义及如何操作。

② 熟悉仿真软件中控制组画面、手操器组画面的内容及调节方法。

3. 训练步骤

（1）冷态开车操作方法

① 开车准备

② 吹扫试压

③ 拆盲板建立汽封

④ 开两炉三器升温

⑤ 赶空气切换汽封

⑥ 装入催化剂及三器流化

⑦ 反应进油

⑧ 开气压机

⑨ 调整操作

（2）正常停车操作步骤

① 降温降量

② 切断进料

③ 卸催化剂

④ 装盲板

（3）事故设置及排除

① 二次燃烧

② 炭堆积

③ 待生滑阀阻力增大

④ 气压机停车

⑤ 烟机入口阀故障

对以上几种现象产生的原因进行分析，并能排除事故。

第九节　催化裂化计算

一、计算内容

催化裂化反应-再生系统的工艺设计计算主要包括以下几部分。

① 再生器物料平衡，决定空气流率和烟气流率，即决定主风量，为选择主风机提供原始数据。

② 再生器烧焦计算，决定藏量。

③ 再生器热平衡，决定催化剂循环量，为反应器热平衡计算、原料油预热温度以及原料加热炉热负荷计算提供原始数据。

④ 反应器物料平衡、热平衡，决定原料预热温度。结合再生器热平衡决定燃烧油量或取热设施。

⑤ 再生器设备工艺设计计算，包括壳体、旋风分离器、分布器（板）、淹流管、辅助燃烧室、滑阀、稀相喷水等。

⑥ 反应器设备工艺设计计算，包括汽提段和进料喷嘴的设计计算。

⑦ 两器压力平衡计算，用以计算催化剂输送管路。

⑧ 催化剂储罐及抽空器。

⑨ 其他细节，如松动点的布置、限流孔板的设计等。

其主要内容为物料平衡计算、压力平衡计算和能量平衡计算。下面举例说明这三部分计算内容。

二、计算案例

1. 再生器物料平衡和热平衡计算

某提升管催化裂化装置的再生器（单段再生）主要操作条件如表3-43。

表 3-43 再生器主要操作条件

项　　　目	数　据	项　　　目	数　据
再生器顶部压力/MPa	0.142	烟气组成/%	
再生器温度/℃	650	CO_2/CO 体积比	1.5
主风入再生器温度/℃	140	O_2	0.5
待生剂温度/℃	470	焦炭组成(H/C 质量比)	10/90
大气温度/℃	25	再生剂含碳量(质量分数)/%	0.3
大气压力/MPa	0.1013	烧焦炭量 m_1/(t/h)	11.4
空气相对湿度/%	50		

再生器的物料平衡和热平衡计算如下：

（1）燃烧计算

① 烧碳量及烧氢量。

烧碳量 $=m_1\times C\% = 11.4\times103\times0.9 = 10.26\times103$ (kg/h) $=855$ (kmol/h)

烧氢量 $=m_1\times H\% = 11.4\times103\times0.1 = 1.14\times103$ (kg/h) $=570$ (kmol/h)

又因为烟气中 CO_2/CO（体）$=1.5$

所以生成 CO_2 的 C 为：$855\times1.5/(1.5+1) = 513$ (kmol/h) $=6156$ (kg/h)

生成 CO 的 C 为：$855-513 = 342$ (kmol/h) $=4104$ (kg/h)

② 理论干空气量。

碳烧成 CO_2 需要 O_2 量 $=513\times1 = 513$ (kmol/h)

碳烧成 CO 需要 O_2 量 $=342\times1/2 = 171$ (kmol/h)

氢烧成 H_2O 需要 O_2 量 $=570\times1/2 = 285$ (kmol/h)

则理论需要 O_2 量：$513+171+285 = 969$ (kmol/h) $=31008$ (kg/h)

理论带入 N_2 量 $=969\times79/21 = 3645$ (kmol/h) $=102060$ (kg/h)

所以理论干空气量 $=969+3645 = 4614$ (kmol/h) $=133200$ (kg/h)

③ 实际干空气量。

烟气中过剩氧的体积分数为 0.5%，所以

$$0.5\% = \frac{O_{2(过)}}{CO_2+CO+N_{2(理)}+O_{2(过)}+N_{2(过)}} = \frac{O_{2(过)}}{513+342+O_{2(过)}\times79/21+O_{2(过)}}$$

解此方程，得过剩氧量 O_2（过）$=23.1$ (kmol/h) $=740$ (kg/h)

过剩氮量 $=23.1\times79/21 = 87$ (kmol/h) $=2436$ (kg/h)

所以实际干空气量 $=4619+23.1+87 = 4729.1$ (kmol/h) $=136380$ (kg/h)

④ 需湿空气量（主风量）。

大气温度 25℃，相对湿度 50%，查空气湿焓图，得空气的湿焓量为 0.010kg（水气）/kg（干空气）。所以，空气中的水汽量 $=136380\times0.010 = 1364$ (kg/h) $=75.9$ (kmol/h)

湿空气量 $=4729.1+75.9 = 4805$ (kmol/h) $=107.6\times10^3$ [m³/h] $=1795$ [m³/min]

此即正常操作时的主风量。

⑤ 主风单耗。

$$\frac{湿空气量}{烧焦量} = \frac{107.6\times10^3}{11.4\times10^3} = 9.44 \ [m³/kg(焦)]$$

⑥ 干烟气量、湿烟气量及烟气组成汇总（见表 3-44）。由以上计算已知干烟气中的各组分的量，将其相加，即得总干烟气量。按各组分的相对分子质量计算各组分的质量流率，然后相加即得总干烟气的质量流率。计算结果列表如下：

表 3-44　湿烟气量及烟气组成

组　分	流　量		相对分子质量	组成(摩尔分数)/%	
	kmol/h	kg/h		干烟气	湿烟气
CO_2	513	22572	44	11.1	9.62
CO	342	9576	28	7.4	6.45
O_2	23.1	739.2	32	0.5	0.43
N_2	3737	104636	28	81.0	69.57
总干烟气	4615.1	137523.2	29.8		
生成水气	570	10260	18		
主风带入水汽	75.9	1364	—		13.93
待生剂带入水汽①	72.2	1300	—		
吹扫、松动蒸气②	27.8	500	—		
总湿烟气	5361	150947	—	100	100

① 每吨催化剂带入 1kg 水汽及设催化剂循环量为 1300t/h 计算。

② 初估算值。

⑦ 烟风比。

湿烟气量/主风量（体）=5361/4805=1.12

（2）再生器热平衡

① 烧焦放热。

生成 CO_2 放热=6156×33873=20852×10⁴（kJ/h）

生成 CO 放热=4104×10258=4210×10⁴（kJ/h）

生成 H_2O 放热=1140×119890=13667×10⁴（kJ/h）

合计放热=38729×10⁴（kJ/h）

② 焦炭吸附热。

按目前工业上仍采用的经验方法计算，有

焦炭脱附热=38729×104×11.5%=4454×10⁴（kJ/h）

③ 主风由 140℃ 升温至 650℃ 需热。

干空气升温需热=136380×1.09×（650－140）=7581×10⁴（kJ/h）

式中，1.09 是空气的平均比热容，kJ/(kg·℃)

水汽升温需热=1364×2.07×（650－140）=144×10⁴（kJ/h）

式中，2.07 是水汽的平均比热，kJ/(kg·℃)

④ 焦炭升温需热。

假定焦炭的比热与催化剂的相同，也取 1.097kJ/(kg·℃)，则

焦炭升温需热=11.4×10³×1.097×（650－140）=637.8×10⁴（kJ/h）

⑤ 待生剂带入水汽需热。

1300×2.16×（650－470）=50.5×10⁴（kJ/h）

式中，2.16 是水汽的平均比热容，kJ/(kg·℃)

⑥ 吹扫、松动蒸汽升温需热。

500×（3816－2780）=51.8×10⁴（kJ/h）

式中，括弧内的数值分别是 10kg/cm²（表压）饱和蒸气和 0.142MPa（表压）、650℃ 过热蒸气的热焓。

⑦ 散热损失。

582×烧碳量（以 kg/h 计）=582×10260=597.1×10⁴（kJ/h）

⑧ 给催化剂的净热量。

=焦炭燃烧热-[第(2)项至第(7)项之和]

=38729×10⁴-(4454+7581+144.0+637.8+50.5+51.8+597.1)×10⁴

=25212.8×10⁴（kJ/h）

⑨ 计算催化剂循环量 G。

$25212.8×10^4=G×103×1.097×(650-470)$

所以 $G=1277$（t/h）

⑩ 再生器热平衡与物料平衡汇总（见表3-45及表3-46）。

表 3-45 再生器热平衡

带入/×10⁴(kJ/h)		带出/×10⁴(kJ/h)	
		焦炭脱附热	4454
		主风升温	7725
		焦炭升温	225.1
焦炭燃烧热	38729	带入水气升温	102.3
		散热损失	597.1
		加热循环催化剂	25625.5
合计	38729	合计	38729

表 3-46 再生器物料平衡

带入/(kg/h)			带出/(kg/h)		
干空气		16380	干烟气		137520
水汽	主风带入	1364	水汽	生成水	10260
	待生剂带入	1300		带入水	3164
	松动、吹扫	500		合计	13424
	合计	3164			
焦炭		11400	循环催化剂		1277×10³
循环催化剂		1277×10³			
合计		1427.944×10³	合计		1427.944×10³

2. 两器压力平衡计算

某提升管催化裂化装置，处理量为 $60×10^4$ t/a，其有关工艺计算数据列于表3-47。试作两器压力平衡。

参照有关装置的生产数据确定两器各处密度如表3-48所示。

解 两器布置如图3-26。

表 3-47 有关工艺计算数据

项　　目	数　据	项　　目	数　据
再生器顶部压力/(kgf/cm²)	1.8	提升管下段长度/m	10
沉降器顶部压力/(kgf/cm²)	1.5	提升管出口线速/(m/s)	10.3
提升管上段内径/m	1.0	提升管上段平均线速/(m/s)	8.7
提升管下段内径/m	0.9	提升管下段平均线速/(m/s)	6.2
提升管上段长度/m	22	催化剂循环量/(t/h)	650

注：1kgf/cm²=98.0665kPa，下同。

表 3-48　两器各处密度①　　　　　　　　　　　　　　单位：kg/m³

沉降器与提升管各处平均密度		再生器各处平均密度	
提升管出口 3cm 以上稀相段	5.5	床层料面 8m 以上稀相平均	10
提升管出口至 3cm 以内稀相段	10	床层料面以上 8m 内稀相平均	20
提升管出口至汽提段料面	20	密相段平均	280
汽提段	480	淹流管内	370
提升管出口处	20.7	再生催化剂斜管	200
提升管入口处	69		
提升管全管平均	36		
提升管上段平均	25		
提升管下段平均	48		
待生催化剂斜管	343		
预提升段	350		

① 此数据系参照武汉炼厂第一套提升管催化裂化装置设计，其基本数据根据玉门炼厂生产数据选取。

（1）再生催化剂路线

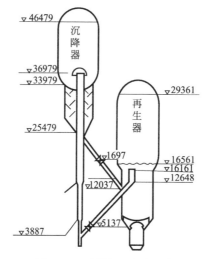

图 3-26　两器竖面组合示意

推动力：
① 再生器顶部压力　　　　　　　　　　　　　　　＝1.8kg/cm²
② 稀相段静压　（4.8×10＋8×20）×10⁻⁴　＝0.0208kg/cm²
③ 淹流管以上密相静压　0.4×280×10⁻⁴　＝0.0112kg/cm²
④ 淹流管静压　　　3.513×370×10⁻⁴　＝0.129kg/cm²
⑤ 再生斜管静压　　7.511×200×10⁻⁴　＝0.15kg/cm²
⑥ 滑阀以下斜管静压　1.250×200×10⁻⁴　＝0.025kg/cm²

合　　计　　　　　　　　　　　　　　2.136kg/cm²（209kPa）

阻力：
① 沉降器顶部压力　　　　　　　　　　　　　＝1.5kg/cm²
② 稀相段静压　（3×10＋6.5×5.5)10⁻⁴　＝0.0066kg/cm²

③ 伞帽式快速分离器压降　　　　　　　$=0.004\text{kg/cm}^2$

④ 提升管压降　　　　　　　　　　　　$=0.1536\text{kg/cm}^2$

⑤ 预提升管压降　　　　　　　　　　　$=0.105\text{kg/cm}^2$

⑥ 再生滑阀压降　　　　　　　　　　　$=0.3668\text{kg/cm}^2$

合　计　　　　　　　　　　　　　2.136kg/cm^2（209kPa）

根据压力平衡：推动力=阻力，得滑阀压降。$2.1360-1.7692=0.3668\text{kg/cm}^2$（36kPa）

（2）待生催化剂线路

推动力：

① 沉降器顶部压力　　　　　　　　　　　　　$=1.5\text{kg/cm}^2$

② 稀相段静压（$3\times10+6.5\times5.5+3\times20$）$\times10^{-4}$　　$=0.0126\text{kg/cm}^2$

③ 汽提段静压　　　$8.5\times480\times10^{-4}$　　　　$=0.408\text{kg/cm}^2$

④ 待生斜管静压　　$8.505\times343\times10^{-4}$　　　$=0.2917\text{kg/cm}^2$

⑤ 滑阀以下斜管静压　$4.937\times200\times10^{-4}$　　$=0.0987\text{kg/cm}^2$

合　计　　　　　　　　　　　　　2.311kg/cm^2（226kPa）

阻力：

① 再生器顶部压力　　　　　　　　　　　$=1.8\text{kg/cm}^2$

② 稀相段静压　　　　　　　　　　　　　$=0.0208\text{kg/cm}^2$

③ 密相段静压 $4.542\times280\times10^{-4}=0.1272\text{kg/cm}^2$

④ 待生滑阀压降　　　　　　　　　　　　$=0.363\text{kg/cm}^2$

合　计　　　　　　　　　　　　　2.311kg/cm^2（226kPa）

根据压力平衡，得待生滑阀压降为：

$$2.311-1.948=0.363\text{kg/cm}^2\text{（36kPa）}$$

（3）提升管压降的计算：

① 提升管料柱静压

$$\Delta p_1=H\rho\times10^{-4}\text{kg/cm}^2=32\times36\times10^{-4}=0.1150\text{kg/cm}^2\text{（11.3kPa）}$$

② 加速催化剂和局部损失压降

$$\Delta p_2=N\frac{u^2\rho}{2g}\times10^{-4}$$

$N=3$（包括加速催化剂 $N=1$；出口 $N=1$；变径 $N=1$）

$$u_{出}=10.3\text{m/s}$$

$$\rho_{出}=20.7\text{kg/m}^3$$

则　　　　　　　$$\Delta p_2=\frac{(10.3)^2\times20.7}{2\times9.8}\times10^{-4}$$

$$=0.0336\text{kg/cm}^2\text{（3.3kPa）}$$

③ 摩擦压强

$$\Delta p_3=7.9\times10^{-8}\frac{L}{D}u^2\rho$$

由于提升管上、下异径，故分两段计算：

$$(\Delta p_3)_{下段}=7.9\times10^{-8}\frac{10}{0.9}\times(6.2)^2 49$$

$$=0.00165\text{kg/cm}^2\text{（162kPa）}$$

$$(\Delta p_3)_{上段}=7.9\times10^{-8}\frac{22}{1}\times(8.7)^2 25.4$$

$$=0.0033kg/cm^2\ (324kPa)$$

则

$$\Delta p_3=(\Delta p_3)_{下段}+(\Delta p_3)_{上段}$$

$$=0.0033+0.00165$$

$$=0.00495kg/cm^2\ (485kPa)$$

$$提升管压降=\Delta p_1+\Delta p_2+\Delta p_3$$

$$=0.115+0.0336+0.00495$$

$$=0.1536kg/cm^2\ (15.1kPa)$$

（4）滑阀直径的计算 根据两器压力平衡，求得滑阀压降后，利用下式可计算滑阀流通面积 A

$$A=8.746\times10^{-4}\frac{G}{\sqrt{\rho\Delta p}}$$

式中 G——催化剂循环量，t/h；

　　　ρ——斜管密度，kg/m^3；

　　　Δp——滑阀压降，kg/m^2。

为了操作平衡又有一定弹性，滑阀开度不应过大或过小，一般开度保持在 $40\%\sim60\%$ 为宜。计算滑阀直径 D：

$$D=\sqrt{\frac{A}{0.785\times 开度\%}}$$

以待生滑阀为例

$$A=8.746\times10^{-4}\frac{650}{\sqrt{400\times0.363}}$$

$$=0.0474m^2$$

取滑阀开度为 60%

则

$$D=\sqrt{\frac{0.0474}{0.785\times0.6}}$$

$$=0.317m$$

根据国内现有滑动滑阀规格，选用 $\phi350$ 型滑阀，则全开面积为 $0.096m^2$。

核算滑阀开度 $=\dfrac{0.0474}{0.096}=49.4\%$，故选用此尺寸是适宜的。

第十节　催化裂化新技术

一、催化裂化工艺新技术

1. 两段提升管催化裂化工艺技术

（1）常规提升管与两段提升管反应器的区别 原料油预热后经喷嘴进入常规提升管反应器，与自再生器来的高温催化剂（LBO—16H 降烯烃催化剂）接触后迅速汽化并反应，油气和催化剂沿提升管上行，反应时间约为 3s。焦炭不断在反应过程中沉积于催化剂表面，使催化剂的活性及选择性急剧下降。研究表明，提升管出口处催化剂的活性只有初始活性的 1/3 左右，反应 1s 后活性下降 50% 左右，因此在提升管反应器的后半段，催化剂的性能很差，存在热反应和二次反应，对产品分布和操作带来不利影响。两段提升管反应器能及时且有选择性地用新再生催化剂更换已结焦的催化剂，使催化剂的平均活性及选择性大幅度提高，热反应得到抑制，产品质量获得改善，转化深度和轻油收率提高。两段提升管反应器的 m（柴油）/m（汽油）比单段提升管反应器大，原因为：首先，更换新催化剂后，活性中心的接触性显著提高，重油大分子可与活性中心充分接触，继续发生裂化反应生成柴油组分；其次，由于第二段所用催化剂的柴油选择性优于已结焦的单段催化剂，柴油组分发生过裂化反应的程度比单段小，所以柴油的二次裂化反应总速率比单段小。由于将裂化反应分为 2 个阶段且在段间更换新催化剂，催化剂的轻油选择性增强，热反应和二次反应减少，所以干气产率下降，轻质油产率增加。段间更换新催化剂还能使氢转移和异构化反应增强，在轻质产品收率提高的前提下，汽油的烯烃含量明显下降，辛烷值也能够维持在较高水平。

（2）提升管系统　将原提升管更换，第一段提升管内设置 4 个 CCK 高效雾化喷嘴，新增第二段提升管，内设 2 层喷嘴，下层为 2 个轻汽油高效雾化喷嘴，上层为 4 个 CCK 高效雾化回炼油和回炼油浆喷嘴。由于反应时间较短，为确保催化剂与原料油能够充分、迅速、均匀混合，第二段提升管底部预提升器采用新型高效预提升器。

石油大学（华东）研究开发成功两段提升管催化裂化新工艺技术，见图 3-27。年加工能力 10 万吨催化装置工业试验显示，该项工艺技术可使装置处理能力提高 30％～40％，轻油收率提高 3％以上，液体产品收率提高 2％～3％，干气和焦炭产率明显降低，汽油烯烃含量降低 20％，催化柴油密度下降，十六烷值提高。据称，这是继分子筛催化剂和提升管催化裂化工艺技术出现以来的又一次催化裂化技术的重大创新。该技术的突出效果是，可改善产品结构，大幅度提高原料的转化深度，显著提高轻质油品收率，提高催化汽油质量，改善柴油质量，提高催化装置的柴汽比。世界上第一套多功能两段提升管已于 2002 年在石油大学（华东）胜华炼厂年加工能力 10 万吨催化裂化工业装置上改造成功。

图 3-27　两段提升管催化裂化试验装置

2. 灵活多效催化裂化工艺技术

灵活多效催化裂化工艺技术采用双提升管反应系统分别对重质石油馏分和劣质汽油进行催化改质，采用稀土超稳 Y 型多产柴油催化裂化装置的劣质重油掺炼比。工艺流程如图 3-28 所示。

由洛阳石化工程公司和清江石化公司共同承担的灵活多效催化裂化工艺工业化试验取得成功。试验表明，采用该项工艺技术与常规催化裂化工艺相比，催化汽油烯烃含量降低 20％～30％（体积分数）、硫含量可降低 15％～25％，研究法和马达法辛烷值可分别

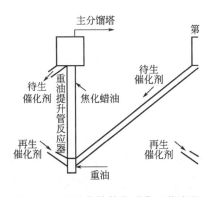

图 3-28　灵活多效催化裂化工艺流程

提高1～2个单位，为国内石化企业清洁汽油生产开辟了一条新途径。洛阳石化工程公司炼制研究所经过实验室小试、中试，成功开发出以降低催化汽油烯烃含量、多产丙烯为目标的灵活多效催化裂化工艺技术。2002年4月在清江石化公司12万吨/年双提升管催化裂化装置上顺利完成第一阶级工业试验目标。不仅是对该项工艺技术性能指标的全面考核，而且也将为该项工艺技术的大型化工业装置工程设计提供可靠依据。

二、催化裂化设备新技术

新型提升管反应器采用提升管底部设扩大段，扩大段内设内输送管的新结构代替传统的直筒式提升管反应器。通过改变催化剂的流动轨迹达到改善气固接触效率的目的。合理设计的内输送管、流化蒸汽与提升蒸汽可使催化剂的循环量增加，轻质油收率提高，系统压力、密度波动及振动减少，系统设备结焦减少，同时可提高装置的操作弹性。该技术已在不同规模的催化裂化装置上得到应用。以锦西炼油化工总厂Ⅱ套0.80Mt/a催化裂化装置为例，应用新型预提升器以后，轻质油收率提高1.1%，直接经济效益 25×10^6 RMB \$/a催化裂化提升管反应器按其内部功能而言，一般由底部预提升段、中部进料接触混合的裂化反应段、上部反应终止段和末端气固快速分离四部分组成。其中反应段内油气和催化剂的流动分布状况、接触效率直接影响着催化裂化反应的产品分布和目的产品收率，而提升管反应器内油、剂之间接触效率往往与预提升段出口处催化剂的预分配状态有很大关系。特别是随着渣油催化裂化的发展，催化剂的预分配状况在相当程度上直接影响着轻质油收率、焦炭及干气产率。

三、催化裂化催化剂新技术

随着催化裂化的发展，催化剂的研究的热点落在如何适应重质原料油裂化、如何提高汽油辛烷值、如何降低烯烃生产清洁燃料等。此外，催化裂化催化剂跨越了炼油行业本身，向石油化工方向发展，以生产丙烯、丁烯、异丁烯等工艺和催化剂的开发为代表的技术已经形成催化裂化低碳烯烃家族技术。这些催化剂都选用多组元（多重分子筛）活性组分。现介绍几种催化剂。

1. 重油催化裂化催化剂

重油（渣油）催化裂化所用的原料分子大，不能直接进入催化剂沸石微孔内，并在其活性中心处发生裂化反应。因此，要求重油（渣油）裂化催化剂的基质具有较好的活性，使渣油大分子预先在基质上裂化成小分子，小分子再进入沸石微孔中转化成目的产品。而且由于重油（渣油）中又含大量的重金属，因此，还要求有较高的抗金属污染能力。另外，还要具备较高的热稳定性和焦炭选择性。

2. 生产高辛烷值汽油的催化剂

使用改性超稳沸石（USY），提高催化剂活性、稳定性，使晶胞常数保持最佳值；改变Z/M（沸石表面积/基质表面积）和晶胞大小以调节汽油中异构烷烃和烯烃之比；改变沸石晶粒大小，提高对汽油的选择性同时改变沸石晶体内表面的可接近性。

最近人们又用含有择形沸石（ZSM-5）作为助剂，提高汽油的辛烷值。

3. 降烯烃生产清洁燃料的催化剂

催化裂化汽油中烯烃含量较高，为满足环保要求必须降低烯烃含量。降低烯烃含量必然会降低汽油的辛烷值，因此必须补充由于降烯烃所造成的辛烷值的损失。反应特点，其一是提高氢转移反应，对烯烃进行饱和；其二将汽油中的烯烃有选择地裂化为液化气；其三是提高饱和烃和异构化程度。在催化剂制造时增加稀土含量和特殊工艺，提高了氢转移反应；添加了 ZSM-5，使得汽油中的烯烃裂化成 $C_3 \sim C_4$ 烯烃；提高沸石硅铝比，加大了异构化反应。因此这类催化剂既能降低汽油烯烃含量，又能提高汽油辛烷值。

4. 以最大量生产丙烯为目标的 DCC（催化裂解）工艺催化剂

DCC 工艺催化剂选用多活性组元（多种沸石）催化剂，活性组分之一是 ZRP。ZRP 是一类晶体内含稀土和磷元素，骨架由硅、铝元素组成，具有 MFI 结构的五元环类高硅沸石。稀土和磷元素在沸石晶格内起到稳定沸石骨架结构的作用，抑制或减缓了沸石在高温水热作用下脱铝失活过程并保持晶体结构的完整性。在反应机理上可使一次反应生成的汽油进行二次反应；使用高活性基质促进重质原料的一次裂化反应；催化剂具有较好的异构化性能，较低的氢转移活性。

5. 以最大限度生产气体烯烃为目标兼顾汽油的 MGG 工艺催化剂

合理地调配几种孔径结构不同、裂化活性和选择性不同的组分于一个颗粒使其具有独特的性能。该催化剂活性高、选择性及水热稳定性好，抗重金属污染能力及重油裂化能力强。

6. 以多产异丁烯和异戊烯兼顾高辛烷值汽油为目标的 MIO 工艺催化剂

MIO 催化剂应具有将渣油催化转化和大量生产烯烃的功能。催化剂使用了活性较为温和的基质，选用 Pentasil 型分子筛，适当控制孔径分布、适宜的酸性中心，降低氢转移活性，使异丁烯和异戊烯收率迅速增加。具有良好的烯烃选择性和抗重金属污染性。

7. 多产液化气和柴油的 MGD 催化剂

采用具有大、中孔结构的基质和具有二次孔分布的超稳 Y 型分子筛，作为提高重油转化能力以及提高柴油和液化气产率的基本材料，通过 Y 型分子筛孔内表面酸性来调节分子筛的酸强度，以控制柴油馏分的再裂化，而有利于汽油馏分的再裂化。

催化裂化催化剂的研究仍在深入，新的材料正在研究之中。一些高硅大孔沸石如 L 沸石、β沸石和 ZSM-12 及种类繁多的各种同晶取代沸石正在开发研制中，纳米材料也渗入到裂化催化剂领域，使催化裂化催化剂的开发及应用前景广阔。

第四章 热破坏加工

一、热破坏加工目的

热破坏加工是利用高温热裂解（裂化）实现提高轻质油收率，或生产焦炭。

将原油重质组分转化为轻质燃料，只有通过化学反应将碳和氢重新分配，其过程为：第一去碳，如催化裂化和热破坏加工；第二加氢，如加氢裂化。热破坏加工是典型的去碳过程，通过缩合反应将碳集中于更重组分，甚至焦炭；通过裂解反应将氢集中于轻组分，达到重组分转化为轻组分的目的。根据目的产物方向，破坏加工目的主要有：

① 提高轻质油收率；
③ 改善重质燃料油及稠油的黏度及倾点，提高其流动输送性能；
③ 生产石油焦。

二、热破坏加工过程、地位及作用

在燃料油生产中，根据原料性质、操作条件及加工目的不同，热破坏加工主要有焦化、减黏裂化及热裂化几个过程。

1. 热裂化

热裂化是以常压重油、减压馏分油、焦化蜡油和减压渣油等重质组分为原料，在高温（450～550℃）和高压（3～5MPa）下裂化生成裂化汽油、裂化气、裂化柴油和燃料油。产品中汽油收率为30%～50%，因含有较多烯烃，其辛烷值较高，但安定性差；柴油收率为30%左右，其十六烷值低和安定性差；裂化气收率约为10%，含有较多的 C_1、C_2 和少量的丙烯和丁烯，可作为燃料和化工原料。由于热裂化产品质量差、收率低，开工周期短，现在基本上已被催化裂化过程取代。

2. 减黏裂化（Visbreaking）

减黏裂化作为一种成熟的不生成焦炭的热加工技术，是在较低的温度（450～490℃）和压力（0.4～0.5MPa）下经浅度裂化，主要目的是改善渣油的倾点和黏度，以达到燃料油的规格要求，或者虽达不到燃料油的规格要求，但可以减少掺合油的用量。据统计世界上有60%的渣油加工能力还是属于热加工范畴，其中减黏裂化约占热加工能力的50%。其特点是投资费用和操作费用比较低，技术比较成熟，不但能生产出所需要的轻质油品，而且还能为不断增长的催化裂化工艺提供原料。日前，减黏裂化装置主要集中在美国和西欧。国内有茂名、金陵、锦西、北京燕山、抚顺、上海高桥和广州等10多套，年处理能力为1000

万吨。

（1）工艺技术类型

① 常规减黏裂化工艺。如 Shell 公司的 SSVB 减黏技术。

② 临氢减黏裂化工艺（Hydro Visbreaking）。临氢减黏裂化工艺是在一定压力、一定温度、氢气存在的条件下进行的缓和热裂化反应。它和常规减黏裂化一样也是热激发的自由基链反应。氢气的存在可以有效地捕获烃自由基而阻滞反应链的增长。使用氢气可以在一定程度上抑制焦炭的生成，而提高裂化反应的苛刻度，增加中间馏分油的收率。一定压力下的氢气对缩合反应的抑制作用比它对裂解反应的抑制作用更加显著。所以在一定氢气压力下进行渣油减黏裂化反应过程中，当达到相同的转化率时，其缩合产物的产率会低于不用氢气时的产率。也就是说，如以不生成焦炭为反应转化率的限度，那么渣油临氢减黏裂化的最大转化率可以比常规减黏裂化的最大转化率有所提高。如日本千代川化工建设公司的 Vis ABC 工艺。

③ 供氢减黏裂化工艺（Hydrogen Donor Visbreaking）。在渣油中加入一定量的具有供氢效果的化合物，也能起到氢气存在时同样的效果，并且还可以避免氢气带来的许多不利因素。这些化合物能在热反应过程中提供活性氢自由基，有效地抑制自由基的缩合，从而提高裂化反应的苛刻度增加中间馏分油的产量。供氢减黏裂化工艺就是在常规减黏裂化工艺基础上加入具有供氢效果的溶剂，使反应过程中液体供氢剂释放出的活性氢与渣油热裂化过程中产生的自由基结合而生成稳定的分子，从而抑制自由基的缩合。可提高裂化反应的深度，防止结焦，增加轻馏分油和中间馏分油的收率。

④ 减黏组合工艺。如洛阳石化四联合装置的溶剂脱沥青-催化裂化-减黏裂化组合工艺；加拿大的 Kasten Eadie Technogy 公司的破乳脱水-减黏组合工艺，可以同时解决脱水和减黏两个问题。

（2）发展及应用

① 传统热减黏裂化工艺的改进。

● 使用进料分布器，解决减黏裂化进料和裂解产物在减黏裂化塔内停留时间不一样导致了部分物料过度裂解而部分物料又裂解不足；

● 使用固体颗粒作为生焦载体，提供结焦场所，提高特重油转换率；

● 采用流化床裂化反应器，提高减黏裂化过程操作苛刻度并增加馏分油产量。

② 开发催化减黏裂化工艺技术。

● 催化加氢减黏裂化；

● 硒催化减黏裂化。

③ 在减黏裂化原料中加入添加剂。

● 加入供氢剂；

● 加入降黏剂；

● 加入防焦剂。

3. 焦炭化

简称焦化，是以减压渣油为原料，在常压液相下进行长时间深度热裂化反应。其目的是生产焦化汽油、柴油、催化裂化原料（焦化蜡油）和工业用石油焦。其中焦化汽油和柴油的安定性较差，需进一步精制加工。焦化过程主要有延迟焦化、釜式焦化、平炉焦化、流化焦化及灵活焦化，其中延迟焦化占绝大多数（2004 年占 94%）。因此，本书主要阐述延迟焦化过程。

延迟焦化自 20 世纪 30 年代开发以来，已成为渣油加工主要工艺。2006 年全世界焦化处理量为 24140.2 万吨/a，占原油处理能力的 5.7%；其中美国焦化处理量为 13046.7 万吨/a，占原油处理能力的 15.1%；我国焦化处理量为 858.5 万吨/a，占原油处理能力的 2.7%，具重油转化能力第一位，其余为催化裂化、溶剂脱沥青、渣油加氢、氧化沥青等。

第二节　热破坏加工化学反应

一、热破坏加工化学反应类型

热裂化、焦炭化、减黏裂化等热加工过程所处理的原料，都是石油的重质馏分或重、残油等。它们的组成复杂，是各类烃和非烃的高度复杂混合物。在受热时，首先反应的是那些对热不稳定的烃类，随着反应的进一步加深，热稳性较高的烃类也会进行反应。烃类在加热条件下的反应基本上可分为两个类型，即裂解与缩合（包括叠合）。裂解产生较小的分子为气体，缩合则朝着分子变大的方向进行，高度缩合的结果便产生胶质、沥青质乃至最后生成碳氢比很高的焦炭。

1. 裂解反应

（1）烷烃　热裂解反应是指烃类分子发生 C—C 键和 C—H 键的断裂，但 C—H 键的断裂要比 C—C 键断裂困难，因此，在热裂解条件下主要发生 C—C 断裂，即大分子裂化为小分子反应。

各类烃中烷烃热稳定性最差，且相对分子质量越大越不稳定。如在 425℃ 温度下裂化 1h，$C_{10}H_{22}$ 的转化率为 27.5%，而 $C_{32}H_{66}$ 的转化率则为 84.5%。异构烷烃在加热条件下也可以发生 C—H 键的断裂反应，结果生成烯烃和氢气。这种 C—H 键断裂的反应在小分子烷烃中容易发生，随着相对分子质量的增大，脱氢的倾向迅速降低。烷烃裂解反应如

$$C_{20}H_{42} \longrightarrow C_{10}H_{22} + C_{10}H_{20}$$
$$C_{20}H_{42} \longrightarrow C_{20}H_{40} + H_2$$

烷烃各种键能数据见表 4-1。

表 4-1　烷烃各种键能数据

键的位置	键能/(kJ/mol)	键的位置	键能/(kJ/mol)
CH_3—H	431	C_2H_5—C_2H_5	335
C_2H_5—H	410	C_3H_7—CH_3	339
C_3H_7—H	398	C_2H_5—C_2H_5	335
nC_4H_9—H	394	nC_3H_7—nC_3H_7	318
iC_4H_9—H	390	nC_4H_9—nC_4H_9	310
tC_4H_9—H	373	iC_4H_9—iC_4H_9	364
CH_3—CH_3	360		

由表 4-1 可知，烷烃热裂解反应规律如下。

① C—C 键的键能大于 C—H 键，因此 C—C 键更易断裂。

② 长链烷烃中，越靠近中间的 C—C 键能越小，易发生中间断裂。

③ 随烷烃分子增大，烷烃中的 C—C 键及 C—H 键的键能都呈减小趋势，即它们的热稳定性逐渐下降。

④ 异构烷烃中的 C—C 键和 C—H 键的键能都小于正构烷烃，即异构烷烃更易断链和脱氢。因此产物中异构烷烃量远少于正构烷烃。

⑤ 烷烃分子中叔碳上的氢最容易脱除，其次是仲碳上的氢。

（2）环烷烃　环烷烃的热稳定性较高，在高温下（575～600℃）五元环烷烃可裂解成为两个烯烃分子。除此之外，五元环的重要反应是脱氢反应，生成环戊烯。六元环烷烃的反应与五元环烷相似，只是脱氢较为困难，需要更高的温度。六元环烷的裂解产物有低分子的烷烃、烯烃、氢气及丁二烯。

带长侧链的环烷烃，在加热条件下，首先是断侧链，然后才是断环。而且侧链越长，越易断裂。断下来的侧链反应与烷烃相似。

多环环烷烃热分解，可生成烷烃、烯烃、环烯烃及环二烯烃，同时也可以逐步脱氢生成芳烃。

（3）芳香烃　芳烃，特别是低分子芳烃，如苯及甲苯对热极为稳定。带侧链的芳烃主要是断侧链反应，即"去烷基化"，但反应温度较高。直侧链较支侧链不易断裂，而叔碳基侧链则较仲碳基侧链更容易脱去。侧链越长越易脱掉，而甲苯是不进行脱烷基反应的。侧链的脱氢反应，也只有在很高的温度下才能发生。

（4）烯烃　直馏原料中几乎没有烯烃存在，但其他烃类在热分解过程中都能生成烯烃，烯烃在加热条件下，可以发生裂解反应，其碳链断裂的位置一般发生在双键的 β 位上，其断裂规律与烷烃相似。

在温度不高时，烯烃裂解成气体的反应远低于缩合成高分子叠合物的反应。由于缩合作用所生成的高分子叠合物也会发生部分裂解，这样，缩合反应和裂解反应就交叉地进行，使烯烃的热反应产物的馏程范围变得很宽，而且在反应产物中存在有饱和烃、环烷烃和芳香烃。

烯烃的分解反应有两种形式

$$大分子烯烃 \longrightarrow 小分子烯烃 + 小分子烯烃$$
$$大分子烯烃 \longrightarrow 小分子烷烃 + 小分子二烯烃$$

其中二烯烃非常不稳定，其叠合反应具有链锁反应的性质，生成相对分子质量更大的叠合物，甚至缩合成焦炭。

当温度超过 600℃时，烯烃缩合成芳香烃、环烷烃和环烯烃的反应变得更为明显。

（5）含硫化合物　原油中含硫化合物主要有硫醇、硫醚、二硫化物和噻吩等，在重油中噻吩类硫含量约占总硫含量的 2/3。

硫醚类化合物中 C—S 键能小于 C—C 键，其热稳定性低于同碳数的烃类，在受热条件下 C—S 键很容易断裂，这是热破坏加工过程能部分脱硫的原因之一。

不同结构硫醚的热稳定性也不同，芳基硫醚比较稳定，环硫醚（硫杂环烷）次之，烷基硫醚最不稳定。烷基硫醚和环硫醚受热转化的产物主要是不饱和烃类和 H_2S，如

$$RCH_2—S—CH_2CH_2R' \longrightarrow RCH{=}CH_2 + R'CH{=}CH_2 + H_2S$$

和芳香环相类似，噻吩环的热稳定性相当高，一般情况下环不易破裂。重质油中含有噻吩衍生物，而且多半是属于苯并噻吩系、二苯并噻吩系和萘并噻吩系，受热条件下它们会产生烷基或环烷取代基的断裂反应，而芳香环和噻吩环并合的稠环系则基本保留。所以重质油热转化过程所生成的渣油中的硫大部分为噻吩硫。延迟焦化所生成的高硫石油焦中硫的前身也应该是噻吩硫。

（6）含氮化合物　渣油中的氮含量也是比较高的，所含的氮化物主要存在于五元的吡咯系或六元的吡啶系的杂环中，它们均具有芳香性，这种热稳定环不易破裂。渣油中的氮杂环一般是与苯环或萘环相并合的。在热转化条件下，它们往往会缩合为更大的芳香环系，从而富集于热反应后的残渣油中。

这些含氮环系分子上大多还带有烷基侧链。在受热时，它们和一般烷基芳香烃一样会发生侧链断裂反应。由于氮的存在，与氮杂环并合的芳香环上的烷基侧链与芳香环之间的C—C键会被活化，从而使侧链更容易断裂，导致重质油热转化反应速率的增大。

（7）含氧化合物　原油中所含的氧主要存在于羧基和酚基中，羧酸主要是环烷酸。此外，还有少量的脂肪酸和芳香酸。羧酸对热不稳定，容易发生脱羧基反应生成烃类和CO_2，如

$$RCOOH \longrightarrow RH + CO_2$$

（8）胶质和沥青质　胶质、沥青质主要是多环、稠环化合物，分子中也多含有杂原子。它们是相对分子质量分布范围很宽、环数及其稠合程度差别很大的复杂混合物。缩合程度不同的分子中也含有不同长度的侧链及环间的链桥。因此，胶质及沥青质在热反应中，除了经缩合反应生成焦炭外，还会发生断侧链、断链桥等反应，生成较小的分子。表4-2列出了胜利管输油减压渣油中的胶质、沥青质在460℃、45min热反应条件下的反应结果。

表4-2　胜利管输油胶质、沥青质热反应数据

组　分	转化率(质量分数)/%	相对产率[①](质量分数)/%		
		馏分油	气体	焦炭
中、轻胶质	59.4	51.5	16.5	31.7
重胶质	92.9	35.1	4.5	60.3
沥青质	98.5	25.7	1.5	72.8

① 相对产率＝产品收率/转化率。

由表4-2中数据可见，轻、中、重胶质及沥青质的热反应行为有明显的差别，随着缩合程度增大，馏分油的相对产率下降而焦炭的相对产率增大，对沥青质而言，在460℃、45min的条件下，已转化的原料中约3/4都转化为焦炭。沥青质分子的稠合程度很高，带有的烷基侧链很少，而且是很短的侧链，因此，反应生成的气体也很少。

2. 缩合反应

石油烃在热的作用下除进行分解反应外，还同时进行着缩合反应，所以使产品中存在相当数量的沸点高于原料油的大分子缩合物，以至焦炭。缩合反应主要是在芳烃及烯烃中进行。

芳烃缩合生成大分子芳烃及稠环芳烃。烯烃之间缩合生成大分子烷烃或烯烃。芳烃和烯烃缩合成大分子芳烃。缩合反应总趋势为

芳烃，烯烃(烷烃→烯烃)→缩合产物→胶质、沥青质→碳青质

二、热破坏加工化学反应机理

关于烃类热反应，目前一般都认为遵循自由基反应机理。根据此机理，可以解释许多烃类热反应的现象。例如，正构烷烃热分解时，裂化气中含C_1、C_2低分子烃类较多；反应很难生成异构烷和异构烯等现象。

1. 自由基定义

自由基（free radical），化学上也称为"游离基"，是含有一个不成对电子的原子团，如$H \cdot$、$CH_3 \cdot$、$C_8H_{17} \cdot$、$C_6H_5 \cdot$等。由于原子形成分子时，化学键中电子必须成对出现，因此自由基就到处夺取其他物质的一个电子，使自己形成稳定的物质。

2. 自由基反应原理

（1）自由基形成　大烃分子中的某个C—C键或C—H键的电子对发生均裂，生成两个都含有一个不成对电子的原子团，即自由基，如

$$C_{16}H_{34} \longrightarrow 2C_8H_{17} \cdot$$

$$C_6H_5 - C_{10}H_{21} \longrightarrow C_6H_5 - C_2H_4 \cdot + C_8H_{17} \cdot$$

$$C_6H_6 \longrightarrow C_6H_5 \cdot + H \cdot$$

（2）自由基转移 形成的自由基不稳定，容易继续进行反应，从而生成新分子和新自由基，如

$$C_8H_{17} \cdot \longrightarrow C_4H_8 + C_4H_9 \cdot$$

$$C_2H_5 \cdot \longrightarrow C_2H_4 + H \cdot$$

$$C_2H_5 \cdot + C_8H_{18} \longrightarrow C_2H_6 + C_8H_{17} \cdot$$

$$H \cdot + C_8H_{18} \longrightarrow H_2 + C_8H_{17} \cdot$$

（3）自由基还原 反应结束后，所有自由基两两结合，生成新分子，最终反应产物中不含自由基，如

$$H \cdot + H \cdot \longrightarrow H_2$$

$$H \cdot + C_2H_5 \cdot \longrightarrow C_2H_6$$

$$C_8H_{17} \cdot + CH_3 \cdot \longrightarrow C_9H_{20}$$

$$2C_6H_5 \cdot \longrightarrow (C_6H_5)_2$$

三、反应热与反应速率

1. 反应热

烃类的热反应包括分解、脱氢等吸热反应以及叠合、缩合等放热反应。由于分解反应占据主导地位，因此，烃类的热反应通常表现为吸热反应。反应热的大小随原料油的性质、反应深度等因素的变化而变化，其范围在 $500\sim2000kJ/[kg(汽油+气体)]$ 之间。

重质原料油比轻质原料油有较大的反应热，而在反应深度增大时则吸热效应降低。

2. 反应速率

研究表明，在反应深度不太大时（例如小于 20%），烃类热反应的反应速率服从一级反应的规律，其反应速率可用以下方程表示：

$$dx/dt = k(a-x)$$

式中 a——单位反应容积内原始反应物的物质的量；

x——在 t s 内反应了的物质的量；

k——反应速率常数，s^{-1}。

当裂化深度增大时，在温度一定的条件下 k 不再保持为常数，一般是 k 值随裂化深度的增大而下降。这种现象的出现可能有两个原因，即未反应的原料与新鲜原料相比有较高的稳定性，其次是反应产物可能对反应有一定的阻滞作用。因此热裂化反应不再服从一级反应的规律。

四、重油热反应特点

重油是由多种烃类和非烃类化合物构成的极为复杂的混合物，反应过程又涉及裂解和缩合等不同的反应类型，其组分的热反应行为自然遵循各类的热反应规律。重油的热反应具有以下特点。

1. 平行-顺序反应

重油热反应比单体烃更明显地表现出平行-顺序反应的特征。图 4-1 和图 4-2 示出了这个特征。

由图 4-1 和图 4-2 可见，随着反应深度的增大，反应产物的分布也在变化；作为中间产

物的汽油和中间馏分油的产率，在反应进行到某个深度时会出现最大值；而作为最终产物的气体和焦炭则在某个反应深度时开始产生，并随着反应深度的增大而单调地增大。

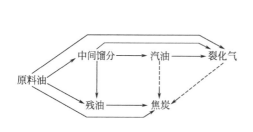

图 4-1　重油热反应平行-顺序反应特征

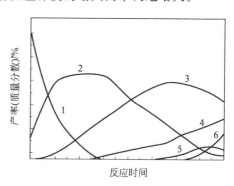

图 4-2　重油热反应产物发布与反应时间变化关系
1—原料；2—中间馏分；3—汽油；
4—裂化气；5—残油；6—焦炭

2. 易缩合生焦

重油，尤其渣油进行热反应时容易生焦，除了由于渣油自身含有较多的胶质和沥青质外，还因为不同族的烃类之间的相互作用促进了生焦反应。芳香烃的热稳定性高，在单独进行反应时，不仅裂解反应速率低，而且生焦速率也低。例如在 450℃ 下进行热反应，欲生成 1% 的焦炭，烷烃（$C_{25}H_{52}$）要 144min，十氢萘要 1650min，而萘则需要 670000min，但是如果将萘与烷烃或烯烃混合后进行热反应，则生焦速率显著提高。

含胶质甚多的原料油，如将它用不含胶质且对热很稳定的油品稀释，可以使生焦量减少。

五、延迟焦化反应原理

1. 延迟焦化反应步骤

延迟焦化过程的反应机理复杂，无法定量地确定其所有的化学反应。可以认为在延迟焦化过程中，重油热转化反应是分两步进行的。

（1）原料加热　原料油在加热炉中很短时间内被加热至 450～510℃，少部分原料油发生轻度的缓和热反应；有部分原料气化和反应产生的油气。

（2）焦化反应　从加热炉出来，已经部分反应和汽化的原料油进入焦炭塔。根据焦炭塔内的工艺条件，塔内物流为气-液相混合物。气液两相分别在塔内的温度、时间条件继续发生裂化、缩合反应，即

① 焦炭塔内油气在塔内主要进行继续裂化反应；

② 焦炭塔内的液相重质烃在塔内持续发生裂化、缩合反应，直至生成烃类蒸气和焦炭为止。

2. 焦炭的生成机理

焦化过程中，重油中的沥青质、胶质和芳烃分别按照以下两种反应机理生成焦炭。

① 沥青质和胶质的胶体悬浮物，发生"歧变"形成交联结构的无定形焦炭。这些化合物还发生一次反应的烷基断裂，这可以从原料的胶质-沥青质化合物与生成的焦炭在氢含量上有很大差别得到证实（胶质-沥青质的炭氢比为 8～10，而焦炭的炭氢比为 20～24）。胶质-沥青质生成的焦炭具有无定形性质和杂质含量高，所以这种焦炭不适合制造高质量的电极焦。

②芳烃叠合和缩合，由芳烃叠合反应和缩合反应所生成的焦炭具有结晶的外观，交联很少，与由胶质-沥青质生成的焦炭不同。使用高芳烃、低杂质的原料，例如热裂化焦油、催化裂化澄清油和含胶质-沥青质较少的直馏渣油所生成的焦炭，再经过焙烧、石墨化后就可得到优质电极焦。

第三节 减黏裂化

减黏裂化是以常压重油或减压渣油为原料进行浅度热裂化反应的一种热加工过程。

主要目的是为了减小高黏度燃料油的黏度和倾点，改善其输送和燃烧性能。在减黏的同时也生产一些其他产品，主要有气体、石脑油、瓦斯油和减黏渣油。现代减黏裂化也有一些其他目的，如生产裂化原料油，把渣油转化为馏分油用作催化裂化装置的原料。

一、原料和产品

1. 原料油

常用的减黏裂化原料油有常压重油、减压渣油和脱沥青油。原料油的组成和性质对减黏裂化过程操作和产品分布与质量都有影响，主要影响指标有原料的沥青质含量、残炭值、特性因数、黏度、硫含量、氮含量及金属含量等。

2. 产品

表 4-3 列出普通减黏裂化过程的产品收率。

表 4-3 普通减黏裂化过程的产品收率

原　料　油		胜利管输减渣	胜利-辽河混合油减渣	大庆减渣
反应温度/℃		380	430	420
反应时间/min		180	27	57
产物收率/%	裂化气	1.0	1.4	1.3
	$C_5 \sim 200℃$		3.5	2.0
	200～350℃		4.1	2.5
	＞350℃	98	91.0	93.6
原料渣油黏度(100℃)/(mm²/s)		103	578	121
减黏渣油黏度(100℃)/(mm²/s)		38.7	70.7	55.4

由表 4-3 数据可见，减黏裂化轻质油转化率低，对于我国减压渣油经普通减黏过程后，其低于 350℃ 生成油及裂化气的产率不到 10%，350℃ 的产率在 90% 以上。但减黏渣油的黏度较原料渣油相比明显降低。

减黏裂化气体产率较低，约为 2% 左右，一般不再分出液化气（LPG），经过脱除 H_2S 后送至燃料气系统。表 4-4 列出胜利减压渣油裂化气体产品组成。

表 4-4 胜利减压渣油裂化气体产品组成

组分	H_2S	H_2	CH_4	C_2H_4	C_2H_6	C_3H_6	C_3H_8	C_4H_8	C_4H_{10}
含量/%	8.46	0.35	18.0	1.07	11.95	5.20	14.32	6.35	10.48

由表 4-4 可见，减黏裂化气体中烯烃含量较高。

减黏石脑油组分的烯烃含量较高，安定性差，辛烷值约为 80，经过脱硫后可直接用作汽油调和组分；重石脑油组分经过加氢处理脱除硫及烯烃后，可作催化重整原料；也可将全部减黏石脑油送至催化裂化装置，经过再加工后可以改善稳定性，然后再脱硫醇。

减黏柴油含有烯烃和双烯烃，故颜色安定性差，需加氢处理才能用作柴油调和组分。

减黏重瓦斯油性质主要与原料油性质有关。介于直馏 VGO 和焦化重瓦斯油的性质之间，其芳烃含量一般比直馏 VGO 高。

减黏渣油可直接作为重燃料油组分，也可通过减压闪蒸拔出重瓦斯油作为催化裂化原料。

二、工艺流程

根据工艺目的和对产品要求的不同，减黏裂化有不同的工艺过程。以生产燃料油为目的的常规减黏裂化工艺原理流程见图 4-3。

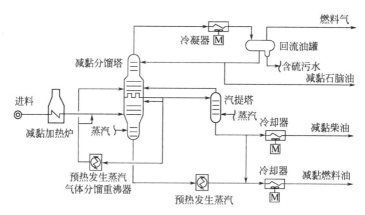

图 4-3　减黏裂化工艺原理流程

减黏原料油为常压重油或减压渣油，在减黏加热炉管中加热至反应温度。然后在反应段炉管中裂化，达到需要的转化深度。为了避免炉管内结焦，向内注入约 1% 的水。加热炉出口温度为 400～450℃。在炉出口处可注入急冷油使温度降低而中止反应，以避免后路结焦。加热炉出料进入减黏分馏塔的闪蒸段，分离出裂化气、汽油和柴油，柴油的一部分可作急冷油用。从塔底抽出减黏渣油。此种过程也称为管式炉减黏。以生产裂化装置的原料为生产目的时，采用带减压闪蒸塔的减黏裂化流程。此流程基本与常规流程相同，只不过在黏减分馏塔后增加一个减压塔，减黏分馏塔底的重油进入减压塔，在减压塔内分离出减黏瓦斯油和减黏燃料油。减黏瓦斯油直接进入其他转化装置作原料。

以生产轻馏分油或需要降低燃料油的倾点为生产目的时，采用减黏裂化-热裂化联合流程。此流程在带减压闪蒸塔的减黏裂化流程基础上，增加一个热裂化加热炉，将减压瓦斯油直接进入热裂化加热炉，使其裂化为轻质产品。热裂化加热炉的出料与减黏裂化产品一起进入分馏塔进行分馏。

在工业上，根据减黏裂化采用设备的不同，还有炉式减黏裂化和塔式减黏裂化之分。炉式减黏裂化是指转化过程在加热炉的反应炉管中进行的。炉式减黏裂化的特点是温度高、停留时间短；塔式减黏裂化是在流程中设有反应塔。虽然在加热炉管内有一定的裂化反应，但大部分裂化反应是在反应塔内进行。反应塔是上流式塔式设备，内设几块筛板。为了减少轴向返混，筛板的开孔率自下而中逐渐增加。与炉式减黏裂化相比，塔式减黏反应温度低、停留时间长。其流程见图 4-4。

三、影响减黏裂化因素

石油重质组分的热破坏反应过程，是一个复杂的平行-顺序反应过程。原料组成、反应

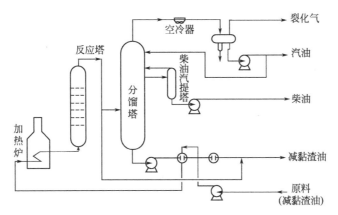

图 4-4　反应塔减黏裂化工艺流程

深度、反应条件对最终产品分布影响较大。影响减黏裂化产品分布与质量的因素主要有原料组成和性质及工艺操作条件，工艺操作条件主要有温度、压力和反应时间。

1. 原料组成和性质

原料沥青质含量、残炭值、黏度、硫含量、氮含量及金属含量越高，越难裂化。蜡含量越高，原料越重，减黏效果越明显。

2. 裂化温度

裂化温度随原料油性质和要求的转化深度而定。反应温度一般是指加热炉出口温度，炉式减黏裂化的炉出口温度为 475～500℃，塔式减黏裂化的反应塔温度为 420～440℃。

3. 裂化压力

操作压力是重要的设计参数，应尽量选用较低压力，这对简化工艺和减少设备结焦有利。常规减黏裂化的操作压力在 1.06～2.82MPa 范围内。

4. 反应时间

在一定反应温度下存在着一个最佳的反应时间，以达到所需要的减黏转化率。反应时间与温度有互补关系。炉式减黏裂化的操作温度高，反应时间只有 1～3min；塔式减黏裂化的操作温度低，需要的反应时间长。提高反应温度和延长反应时间都可以提高减黏转化率。

第四节　焦 炭 化

工业化的焦炭化过程主要有延迟焦化、流化焦化和灵活焦化等工艺。本节主要以延迟焦化过程为例进行焦炭化过程阐述。

一、焦化目的和任务

1. 提高轻质油收率

大多数焦化以减压渣油为原料，生产轻质馏分油为目的。一般减压渣油收率为 35%～45%，如此多的渣油若不进行二次加工生产轻质燃料，只能用作普通重质燃料。将减压渣油经过焦化进行二次加工，可以在减压渣油中得到 45%～50% 的轻质油（汽油＋柴油）。所以，焦化装置不但给过剩的渣油找到出路，而且在提高轻质油收率方面起到很好的作用。

目前，世界各大石油公司对延迟焦化技术的研究和改进的方向主要集中在提高液体收率、减少焦炭和气体的产率、优化操作条件、焦炭塔消泡、提高石油焦质量和延迟焦化组合工艺开发等。由于延迟焦化装置的加工量较大，液体收率提高能给炼油企业带来巨大的经济收益。因此，提高延迟焦化工艺的液体产物收率一直是研究的主要目标。

2. 生产优质石油焦

传统延迟焦化，主要以提高轻质油收率为其目的，生产的石油焦，由于没有更多及更好的用途，只能作为固体燃料进行使用。近几年来，由于石油焦在冶金、原子能、宇宙科学等方面的广泛使用，改变了石油焦作为延迟焦化副产品的地位。同时也对延迟焦化装置提出了新的要求。随着社会主义市场经济的不断扩大，冶金工业电极焦以及其他用途焦的需求量大大增加，就要求石油焦的导电性、机械强度、热膨胀性能都比较高。所以，在延迟焦化装置改变生产方案，即改变原料性质、改变操作条件以生产针状焦或优质石油焦，已经成了延迟焦化的重要目的和任务。

二、原料和产品

1. 焦化原料

（1）焦化原料来源及性能　用作焦化的原料主要有减压渣油、常压重油、减黏裂化渣油、脱沥青油、热裂化焦油、催化裂化澄清油、裂解渣油及煤焦油沥青等。主要以减压渣油为主，主要减压渣油组成和性质参见第六章表6-13和表6-15。

选择焦化原料时主要参考原料的组成和性质，如密度、特性因数、残炭值、硫含量、金属含量等指标，以预测焦化产品的分布和质量。

（2）焦化原料处理　由于焦化原料组成越来越不能满足焦化过程及对焦化产品质量的要求，考虑和进行对焦化原料的预处理，常见预处理有提高电脱盐效果、优化减压塔拔出率及对焦化原料进行预加氢处理。

① 提高电脱盐效果。焦化原料中钠会使炉管结焦加速。为控制结焦，对焦化原料油钠含量极限做了不同的规定；其范围在 $15\sim30\mu g/g$ 之内。为了提高电脱盐效率就需要提高电脱盐的温度。这就需要调整原油预热流程和电脱盐的操作。

② 优化减压蒸馏拔出率。为提高炼油效益，一般采用提高减压蒸馏拔出率。减压蒸馏深拔后，渣油率和 VGO 质量均下降，对下游加氢处理、催化裂化装置操作均有影响。对焦化过程处理量、焦化过程操作及焦化产品质量都有较大影响。因此必须对全厂做出综合经济评价才能得出减压蒸馏的最佳切割温度。

③ 加氢处理。焦化原料的加氢处理有助于提高液体产品收率和焦化产品的质量，加氢工艺和催化剂技术的进步为炼油厂采用联合流程加工渣油提高经济效益创造了条件。用高硫渣油时，焦化原料就需要进行加氢处理。减压渣油加氢裂化-延迟焦化联合过程可提高洁净液体产品的总收率。

2. 焦化产品

（1）焦化产品分布　延迟焦化装置主要产品有气体、汽油、柴油、蜡油和石油焦。而这些产品的分布和性质，都与原料组成和性质、生产方案、操作条件有关。表4-5列出不同原料和操作条件下焦炭化产品收率数据。

表 4-5　焦炭化产品收率数据

原料来源	反应温度[①]/℃	气体收率/%	液体收率/%	焦炭收率/%	焦炭硫含量/%
大庆	500	6.56	76.57	16.37	0.38
胜利	498	7.24	71.94	20.32	1.21
伊朗	497	9.78	61.00	28.73	4.41
阿曼	498	9.06	67.75	22.69	3.21

① 焦化加热炉出口温度。

由表 4-5 数据可知，典型的操作条件下，延迟焦化过程产品收率如下。

焦化气体：7%～10%（液化气＋干气）；

液体收率：60%～77%；

焦化汽油：8%～15%；

焦化柴油：26%～36%；

焦化蜡油：20%～30%；

焦炭产率：16%～28%；

（2）焦化产品性质

① 气体产品。典型延迟焦化气体组成见表 4-6。

表 4-6　典型延迟焦化气体组成

组成/%	富气	液化气	干气	组成/%	富气	液化气	干气
H_2	9.3	—	10.6	C_3H_6	3.9	5.6	3.9
N_2	2.2	—	2.5	nC_4H_{10}	3.8	21.4	1.0
O_2	0.8	—	0.9	iC_4H_{10}	0.9	4.5	0.6
H_2O	0.1	11.1	0.8	nC_4H_8	2.7	16.0	1.0
H_2S	7.6	4.4	8.2	iC_4H_8	0.7	5.1	0.3
CO_2	0.9	—	1.0	tC_4H_8	0.8	5.6	0.1
CO	0.1	—	0.1	cC_4H_8	0.2	1.0	—
CH_4	36.7	0.9	41.6	C_5H_{12}	2.36	2.8	0.2
C_2H_6	15.2	4.7	16.8	C_5H_{10}	1.34	2.7	—
C_2H_4	1.9	0.3	2.1	合计	100.0	100.0	100.0
C_3H_8	8.5	13.9	8.3				

由表 4-6 可知，焦化气体中烃类主要是 C_1 和 C_2 气体，此结果符合自由基链式裂解反应原理；气体中含有相当一部分 H_2 气，说明烃类在热裂解反应中有一部分 C—H 断裂反应发生。

② 液体产品。焦化过程中液体产品有焦化汽油、焦化柴油及焦化蜡油，典型延迟焦化液体产品组成和性质见表 4-7，并参见第六章表 6-20。

表 4-7　典型延迟焦化液体产品组成和性质

项　目	焦化汽油	焦化柴油	焦化蜡油	项　目	焦化汽油	焦化柴油	焦化蜡油
密度(20℃)/(g/cm³)	0.7222	0.8500	0.9151	30%	101	239	399
黏度/(mm²/s)				50%	114	274	419
80℃	0.48	2.30	8.86	70%	124	306	436
100℃	0.43	1.35	5.29	90%	148	344	473
残炭/%	—	0.131	0.347	100%	170	358	495
诱导期/min	485	1.35	—	溴价/(gBr/100g)	75.8	59.8	
流程/℃				总硫/%	0.4131	0.7321	2.32
0%	48	165	285	硫醇/(μg/g)	94	361	—
10%	78	204	350				

其中焦化汽油烯烃、硫、氮和氧含量高，安定性差，辛烷值低。需经脱硫化氢、硫醇等精制过程才能作为调和汽油的组分。

焦化柴油的十六烷值高，凝固点低。但烯烃、硫、氮、氧及金属含量高，安定性差。需经脱硫、氮杂质和烯烃饱和的精制过程，才能作为合格的柴油组分。

焦化蜡油是指 350～500℃ 的焦化馏出油，又叫焦化瓦斯油（CGO）。可以作为催化裂化原料油，也可作为调和燃料油组分。

③ 固体产品。焦炭，又叫石油焦，可用作固体燃料，也可经煅烧及石墨化后，制造炼铝和炼钢的电极。典型延迟焦化焦炭产品性能见表4-8。

表 4-8　典型延迟焦化焦炭产品性能

项　目	数　据	项　目	数　据
灰分/%	0.45	水分/%	0.28
挥发分/%	9.50	硫含量/%	4.91

石油焦是黑色或暗灰色坚硬固体石油产品，带有金属光泽，呈多孔性，是由微小石墨结晶形成粒状、柱状或针状构成的炭体物。石油焦组分是碳氢化合物，含碳 90%～97%，含氢 1.5%～8%，还含有氮、氧、硫及重金属化合物。延迟焦化过程生产的石油焦称为原焦，又称生焦。由于焦化原料油性质不同，生焦在性质和外形上也有差异。生焦经过煅烧除去挥发分和水分后即称为煅烧焦，又称熟焦。生焦硬度小，易粉碎。水分和挥发分含量高。必须经过煅烧才能用做电极和其他特殊用途。生焦按结构和性质的不同具体地可以分为绵状焦（无定形焦）、蜂窝状焦、弹丸焦（球状焦）和针状焦。

海绵状焦——亦即无定形焦，是由高胶质-沥青质含量的原料生成的石油焦。从外观上看，如海绵状，焦块内有很多小孔，孔隙之间的焦壁很薄，孔隙之间几乎没有内部连接。当转化为石墨时，具有较高的热膨胀系数，且由于杂质含量较多和导电率低，这种焦不适于制造电极，主要作为普通固体燃料。一种较大的用途是作为水泥窑的燃料（主要限制是金属含量不能太高），有发展前景的用途是作为气化原料。

蜂窝状焦——是由低或中等胶质-沥青质含量的原料生成的石油焦。焦块内小孔呈椭圆状，焦孔内部互相连接，分布均匀，并且是定向的。当沿着焦块边部切开时，就可以看到蜂窝状的结构。这种石油焦经煅烧和石墨化后，能制造出合格的电极。其最大的用途是作为炼铝工业中的阳极。此时，要求焦炭中的硫和金属含量比较低，而且要求含较少的挥发分和水分。

针状焦——用高芳香烃含量的渣油或催化裂化澄清油作原料生成的石油焦。从外观看，有明显的条纹，焦块内的孔隙是均匀定向的并呈细长椭圆形，焦块断裂时呈针状结晶。针状焦的结晶度高、热膨胀系数低、导电率高同时含硫较低，一般在 0.5% 以下。针状焦是延迟焦化过程的特殊产品，经过煅烧、浸渍和石墨化后可制成碳素制品。碳素制品在工业、国防、医疗、航天和特种民用工业中有着广泛的用途。其中以制造超高功率石墨电极的用量最大，用优质针状焦制成的超高功率电极炼钢，效率比普通功率的电极高 3 倍，能耗降低 30%，电极消耗量降低近 30%。生产针状焦虽然也是用延迟焦化，但与生产普通石油焦的延迟焦化相比，对原料和工艺条件有它的特殊要求，这与针状焦的生成机理有关。

渣油热转化中所形成的焦炭在结构和性质上并不都是一样的，大体上可分为两种类型。一类是在光、热、电等物理性质上各向同性的，它不易石墨化，不能作为电极焦原料；另一类是在光、热、电等物理性质上各向异性的，它易于石墨化，可用作制造电极的原料。至于在焦化反应过程中究竟生成那一类焦炭则取决于原料的化学组成和反应条件。

三、焦化工艺流程

1. 延迟焦化（Delayed Coking）

延迟焦化装置由焦化-分馏、吸收-稳定、放空系统、除焦系统及焦炭处理几个部分组成。

（1）焦化-分馏系统　焦化工艺流程有不同的类型，就生产规模而言，有一炉两塔流程、两炉四塔流程等。图 4-5 为一炉两塔延迟焦化-分馏工艺流程。

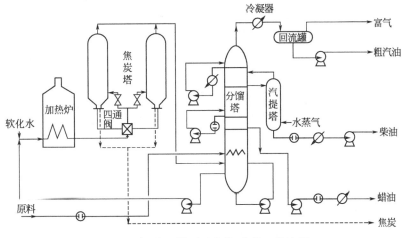

图 4-5　一炉两塔延迟焦化-分馏工艺流程

原料油经换热及加热炉对流管加热到 340～350℃，进入分馏塔底部的缓冲段，与来自焦炭塔顶部的高温油气（430～440℃）换热，一方面把原料油中的轻质油蒸发出来，同时又将原料加热到约 390℃，另一方面淋洗下高温油气中夹带的焦末并将过热油气冷却到饱和油气，便于分馏塔的分馏。原料油和循环油形成混合原料一起从分馏塔底抽出，用热油泵送进加热炉辐射室炉管，快速升温至约 500℃后，分别经过两个四通阀进入焦炭塔底部。油气混合物在塔内发生热裂化和缩合反应，最终转化为轻烃和焦炭。焦炭聚结在焦炭塔内，反应产生的油气自焦炭塔顶引出，进入分馏塔，与原料油换热后，经过分馏得到富气、粗汽油、柴油、蜡油和循环油。

焦炭塔为周期操作，当一个塔内的焦炭聚结到一定高度时，进行切换，通过四通阀将原料切换进另一个焦炭塔。即需要有两组焦炭塔进行轮换操作，一组焦炭塔为生焦过程；另一组为除焦过程。切换周期包括生焦时间和除焦操作所需的时间，大约为 16～24h。

除焦操作包括切换、吹汽、水冷、放水、开盖、切焦、闭盖、试压、预热和切换几道工序。延迟焦化装置采用水力除焦，水力除焦是用压力为 12～28MPa 高压水流，使用不同用途的专用切割器对焦炭层进行钻孔、切割和切碎，将焦炭由塔底排入焦炭池中。

焦炭塔实际上是一个空塔，它为油气反应提供了所需的空间和时间。焦炭塔的适宜气相流速为 0.092m/s；最大不宜超过 0.15m/s。空塔线速过高将导致焦粉带出，易使分馏塔和加热炉提前结焦。焦炭塔里维持一定的液相料面，随着塔内焦炭的聚积，此料面逐渐升高。当液面过高，尤其是发生泡沫现象严重时，塔内的焦末会被油气从塔顶带走，从而引起后部管线和分馏塔的堵塞。因此，一般在料面达 2/3 的高度时就停止进料，从系统中切换出后进行除焦。为了减轻携带现象，有的装置在焦炭塔顶设泡沫小塔以提高分离效果；有的向焦炭塔注入消泡剂。加消泡剂后，泡沫厚度可由 4m 降至 1m 左右，提高了装置处理能力。消泡剂主要有硅酮、聚甲基硅氧烷、过氧化聚甲基硅氧烷溶于煤油或轻柴油中使用。

（2）吸收-稳定系统　延迟焦化油气产物分离方法与催化裂化产物分离非常相似，先通过分馏塔分出富气、粗汽油、柴油和蜡油。吸收-稳定系统将粗汽油和富气进一步分离为干气、液化气和稳定汽油。其原理和流程见图 4-6，并参见催化裂化分馏和吸收-稳定系统。

来自焦化分馏塔顶回流油罐的富气经过用富气压缩机压缩后，送入吸收塔，以石脑油及

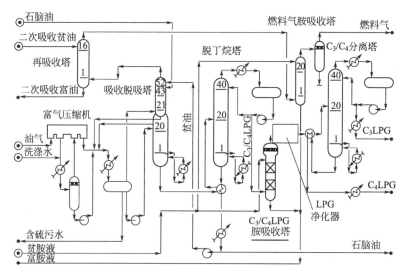

图 4-6　焦化过程吸收-稳定系统

二次贫吸收剂为吸收剂通过两次吸收,将富气中≥C_3组分吸收至富吸收剂中;吸收后贫气再通过胺吸收塔脱硫净化后作为燃料进行使用。第一次吸收后的富吸收剂进入解吸塔,将其中部分≤C_2组分解吸出来,富吸收剂进入脱丁烷塔(稳定塔)分出 C_3 及 C_4 液化气(LPG);LPG 通过胺吸收器脱硫净化后,进入 C_3/C_4 分离塔将 C_3 和 C_4 分离开来。脱丁烷塔底部的焦化石脑油(汽油)经过冷却后直接作为产品送出装置。

(3)放空系统　放空系统用于处理焦炭塔切换过程中从塔内排出的油气和蒸汽。

为控制污染和提高气体收率,延迟焦化装置设有气体放空系统。典型的密闭式放空系统流程图如图 4-7 所示。

焦炭塔生焦完毕后,开始除焦之前,需

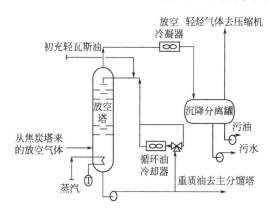

图 4-7　典型的密闭式放空系统流程

泄压并向塔内吹蒸汽,然后再注水冷却。此过程中从焦炭塔汽提出来的油气、蒸汽混合物排入放空系统的放空塔下部,用经过冷却的循环油从混合气体中回收重质烃,经脱水后,可以将之送回焦化主分馏塔或作焦炭塔急冷油。放空塔顶排出的油气和蒸汽混合物经过冷凝、冷却后,在沉降分栅内分离出污油和污水,分别送出装置。沉降分离罐分出的轻烃体经过压缩后送入燃料气系统。

(4)除焦系统　目前广泛使用水力除焦方法。水力除焦自动化程度高、清焦时间短、节省劳动力和钢材、有利于改善焦炭质量、减轻了劳动强度、改善了劳动条件,适合于大规模工业生产装置使用。水力除焦分为有井架、无井架和半井架除焦三种方式。

水力除焦原理是由高压水泵输送的高压水,经过水龙带、钻杆到水力切焦器的喷嘴,从水力切焦器的喷嘴喷出的高压水,形成高压射流,借高压射流的强大冲击力,将石油焦切割下来,钻杆不断地升降和转动,直到把焦炭塔内石油焦全部除净为止。

① 有井架水力除焦。有井架水力除焦系统见图 4-8。

清洁水从进水管 1 进入高位储水罐 2,由高压水泵 3 输送的高压水经出口管 4 到焦炭塔

15 的顶部，用电动阀、水龙带 8 送到水
龙头 10，进入空心的钻杆 13 和切焦器
14，经切焦器上喷嘴喷到焦炭塔里，水
和切割下来的焦炭一同落到焦炭塔底，
经 28°溜槽 18 进入储焦场 19，焦场的水
经过几道栅栏流入吸水井，而落入焦场
的石油焦用桥式吊车抓走分开堆放。在
循环时，高压水就不走水龙带，而开启
电动阀，经回水管 7 进入高位储水罐。

　　水力除焦时，钻杆的上升、下降和
旋转动作可保证除焦过程定位、到位以
清除干净焦炭。这些动作都是靠其他的
设备来带动的。

　　风动马达 11 固定在滑动梁上，滑动
梁在井架的导向轨内上下滑动，但不能
旋转。风动马达带动钻杆旋转。钻杆上
端细丝扣接头，直接与水龙头的活动部
分连接。水龙头的活动部分由一个主支
撑轴承把水龙头的活动接头以及钻杆支
撑起来，固定部分上下都有盘根密封，
水龙带接在固定部分的接头上。水龙头

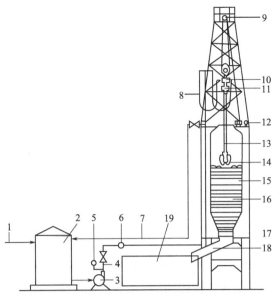

图 4-8　有井架水力除焦系统

1—进水管；2—高位储水罐；3—高压水泵；4—泵出口
管；5—压力表；6—水流量表；7—回水管；8—水龙
带；9—天车；10—水龙头；11—风动马达；12—绞车；
13—钻杆；14—水力切焦器；15—焦炭塔；16—焦炭；
17—保护筒；18—溜槽；19—储焦场

的上端是提升大钩，装有固定滑轮，钢丝绳绕过滑轮，一端固定在天车 9 横梁上，另一端绕
过天车和固定滑轮，固定在下面钻机绞车 12 滚筒上。天车固定在井架的最高处。

　　② 无井架水力除焦。无井架水力除焦方法、原理与有井架水力除焦方法原理是一样的，
同样是高压水经过切焦器的喷嘴形成射流切割焦层，以达到清除焦炭的目的。无井架水力除
焦与有井架水力除焦不同的是，取消了很长的钻杆，取消了很高的井架。无井架除焦系统见
图 4-9。

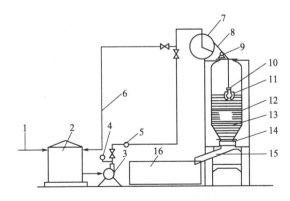

图 4-9　无井架水力除焦流系统

1—进水管；2—高位储水罐；3—高压水泵；4—压力表；5—水流量表；6—回水管；
7—滚筒；8—高压水龙带；9—水龙带导向装置；10—水力涡轮旋转器；11—水力切
焦器；12—焦炭塔；13—保护筒；14—溜槽；15—焦炭；16—储焦场

　　高压水经进水管进入高位储水罐，高压水泵抽储水罐的水，以 13MPa 的压力送到焦炭

塔顶，高压水经过水龙带和水涡轮到切焦器，切焦器喷出的高压水切割焦炭塔里的焦炭，除焦水和切下的焦炭从焦炭塔底落入28°溜槽，进入储焦场地。

无井架水力除焦的水龙带是绕在滚筒上的，一头与水管连接，另一头是水龙带经过导向装置与切焦器上端的水涡轮旋转器连接。水龙带只作上下运动，不旋转。水涡轮和切焦器的上下运动是由绕在滚筒上的水龙带提起或降落的。滚筒的旋转有专门的操纵设备，这与有井架的操纵设备一样。

有井架水力除焦方法，必须有高大的井架，钢材耗量和投资费用较多，并且操作不方便。无井架水力除焦方法，损耗高压水龙带较多，例如某厂是无井架水力除焦，每年要损耗水龙带达216m；另外厂是有井架水力除焦，每年损耗水龙带平均不到9m。

（5）焦炭处理系统　焦炭处理系统主要包括焦炭脱水及焦炭装车。焦炭脱水可采用敞开环境下脱水操作和用脱水罐的封闭式脱水操作。焦炭装车可采用直接装车、焦池装车、储焦坑装车及生焦储仓装车等操作方式。

① 敞开脱水。

储焦坑脱水。从焦炭塔排出的焦炭和除焦水直接落入装运焦炭的铁路货车车厢中，除焦水和焦炭粉末从车底部流入污水池。污水进入澄清池从水中除去焦粉，净化后的水再循环使用。图4-10为直接装车和脱水系统的流程。

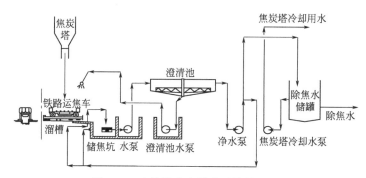

图 4-10　直接装车和脱水系统的流程

储焦池脱水。除焦过程排除的焦炭和水经过溜槽排入混凝土储焦池中，在储焦池一侧设集水坑，流出的水经过一些可拆卸的篮筐（内装焦炭）把水中的焦粉收集下来。另外用循环水冲洗、搅拌集水坑内的焦粉，用泥浆泵把集水坑内的粉浆排出。最后从折流沉降出的洁净水送入除焦水缓冲罐，以便循环使用。储焦池中经过脱水的焦炭用吊车装车外运。其流程见图4-11。

敞开脱水系统，操作条件差，环境污染严重。

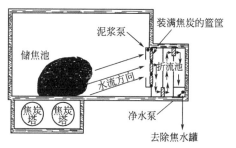

图 4-11　储焦池脱水装车流程

② 脱水罐脱水。焦炭塔排出的焦炭和除焦水首先经过焦炭塔下部的粉碎机形成泥浆然后送入（或直接落入）脱水罐进行沉降脱水。分离出的水经过净化后循环使用。脱水后的焦炭从脱水罐中放出，经过运输机送入运焦车中。根据焦炭塔和脱水罐相对位置的不同分为泥浆式脱水罐脱水和重力脱水罐脱水。

泥浆式脱水罐。焦炭塔和脱水罐为并列式布置。从焦炭塔底部排出的焦炭和水经过粉碎机破碎成焦粉后直接排入位于焦炭塔下部的泥浆池中。用泥浆泵把焦粉和水形成的泥浆送入与焦炭塔并列布置的脱水罐中。焦炭在脱水罐内沉降下来，分离出来的水排入泥浆池。脱水后焦炭从脱水罐底部经输送机运出或直接装车。部分污水在澄清罐内从水中最后分出残余的焦粉。净水再用于除焦。泥浆式脱水系统流程见图 4-12。

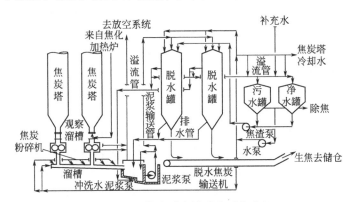

图 4-12　泥浆式脱水罐脱水系统流程

重力式脱水罐。焦炭塔排出的焦炭和除焦水经粉碎后直接靠重力流入位于焦炭塔下部的脱水罐内。焦炭和水混合物在罐内沉降后，水被排出。脱水的焦炭从脱水罐的底部排出，经带式运输机运出装车。排出的水仍含少量焦粉。在澄清罐中进行最后的净化。重力式脱水罐系统流程见图 4-13。

泥浆式脱水罐需使用泥浆泵，用大流量循环水。重力式脱水罐则不需用泥浆泵，不需要大流量的循环水。但是，需要很高的焦炭塔框架构筑物。

2. 流化焦化（Fluid Coking）

原料油经加热炉预热至 400℃ 左右后经喷嘴进入反应器，反应器内是灼热的焦炭粉末（20～80 目）形成的流化床。

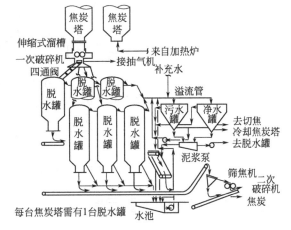

图 4-13　重力式脱水罐脱水系统流程

原料在焦粒表面形成薄层，同时受热进行焦化反应。反应器的温度约 480～550℃，其压力稍高于常压，其中的焦炭粉末借油气和由底部进入的水蒸气进行流化。反应产生的油气经旋风分离器分出携带的焦粒后从顶部出去进入淋洗器和分馏塔。在淋洗器中，用重油淋洗油气中携带的焦末，所得泥浆状液体可作为循环油返回反应器。由于反应形成焦炭，原来在反应器内的焦粒直径增大，部分焦粒经下部汽提段用水蒸气汽提出其中的油气后进入加热器。加热器实质上是个流化床燃烧反应器，由底部送入空气使焦粒进行部分燃烧，从而使床层温度维持在 590～650℃ 高温的焦粒再循环回反应器起到热载体的作用，供给原料油预热和反应所需的热量。系统中

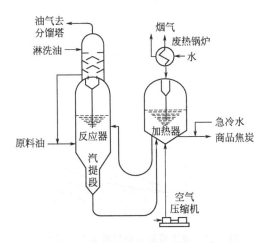

图 4-14　流化焦化工艺原理流程

的颗粒会逐渐长大,为了维持流化所需的适宜粒径,必须除去大颗粒并使之粉碎。焦炭产品则从加热器或反应器取出。

在产品分布方面,流化焦化的汽油产率较低而中间馏分产率较高,焦炭产率较低,约为残炭值的1.15倍,而延迟焦化的焦炭产率则为残炭值的1.5~2.0倍;在产品质量方面,流化焦化的中间馏分的残炭值较高、汽油含芳香烃较多,所产的焦炭是粉末状,在回转炉中煅烧有困难,不能单独制作电极焦,只能作燃料用。

流化焦化是一种连续生产过程,其工艺原理流程见图4-14。

3. 灵活焦化(Flexicoking)

灵活焦化与流化焦化相似,但多设了一个流化床的气化器。在气化器中,空气与焦炭颗粒在高温下(800~950℃)反应产生空气煤气,把在反应器中生成的焦炭的约95%在汽化器中烧掉。灵活焦化过程除生产焦化气体、液体外,还生产空气煤气,但不生产石油焦。灵活焦化过程的技术和操作复杂、投资费用高。灵活焦化工艺原理流程图见图4-15。

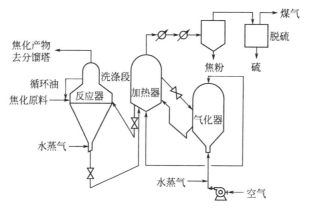

图 4-15　灵活焦化工艺原理流程

四、影响焦化的主要因素

1. 原料性质

焦化过程的产品分布及其性质在很大程度上取决于原料的性质。

原料油的密度对产品分布影响见图4-16。

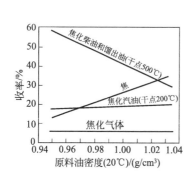

图 4-16　原料油密度对产品分布影响(压力 0.17MPa)

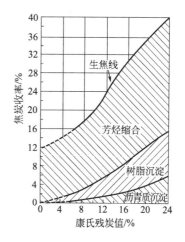

图 4-17　康氏残炭对焦炭收率及构成影响

由图 4-16 可见，随着原料油密度增大，焦炭产率增大，汽油收率增加缓慢，柴油及蜡油产率下降明显，气体收率影响较小。

焦化原料油的康氏残炭值是测定生焦倾向的最主要性质。康氏残炭值与生焦量的相对关系及焦炭构成的影响见图 4-17。实验室测得的残炭值就是渣油在蒸发和裂解过程生成的含炭残渣。这种残渣在化学结构上与焦化过程生成的焦炭相似。

对于同种原油而拔出深度不同的减压渣油，随着减压渣油产率的下降，焦化产物中蜡油产率和焦炭产率增加，而轻质油产率则下降，焦化产物中蜡油产率和焦炭产率增加，而轻质油产率则下降，表 4-9 显示减压渣油收率对焦化产品分布的影响。不同原料油所得产品的性质各不相同。表 4-10 列出了几种减压渣油延迟焦化产品的产率分布及性质。

表 4-9　减压渣油收率对焦化产品分布的影响

减压渣油收率	减压渣油性质		焦化产品收率(质量分数)/%			
(质量分数)/%	密度(20℃)/(g/cm³)	残碳(质量分数)/%	气体及损失	汽油	馏分油	焦炭
46	0.960	9	9.5	7.5	68	15
40	0.965	13	10.0	12.0	56	22
33	0.990	16	11.0	16.0	49	24

表 4-10　不同减压渣油对焦化产品分布及性质的影响

焦 化 原 料		大庆减压渣油	胜利减压渣油	辽河减压渣油
原料性质	密度(20℃)/(g/cm³)	0.9221	0.9698	0.9717
	残碳/%	7.55	13.9	14.0
	硫含量/%	0.17	1.26	0.31
产品收率	气体	8.3	6.8	9.9
	液体收率	77.7	69.3	65.5
	汽油	15.7	14.7	15.0
	柴油	36.3	35.6	25.3
	蜡油	25.7	19.0	25.2
	焦炭	14.0	23.9	24.6
汽油性质	MON	58.5	61.8	60.8
	溴价/(gBr/100g)	41.4	57.0	58.0
	S 含量/(μg/g)	100	—	1100
柴油性质	十六烷值	56	48	49
	溴价/(gBr/100g)	37.8	39.0	35.0
	凝点/℃	−12	−11	−15
	S 含量/(μg/g)	1500	—	1900
蜡油性质	凝点/℃	35	32	27
	残炭/%	0.31	0.74	0.21
	S 含量/%	0.29	1.12	0.26
焦炭性质	挥发分/%	8.9	8.8	9.0
	S 含量/%	0.38	1.66	0.38

原料油性质还与加热炉炉管内结焦的情况有关。研究认为性质不同的原料油具有不同的最容易结焦的温度范围，此温度范围称为临界分解温度范围。原料油的特性因数 K 值越大，则临界分解温度范围的起始温度越低。图 4-18 显出了原料油性质与临界分解温度范围的关系。在加热炉加热时，原料油应以高流速通过处于临界分解温度范围的炉管段，缩短在此温度范围中的停留时间，从而抑制结焦反应。

原油中所含的盐类几乎全部集中到减压渣油中。在焦化炉管里，由于原料油的分解、汽化，使其中的盐类沉积在管壁上。因此，焦化炉管内结的焦实际上是缩合反应产生的焦炭与

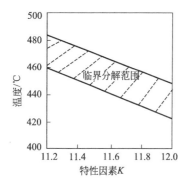

图 4-18　原料油组成对
临界分解温度影响

盐垢的混合物。为了延长开工周期，必须限制原料油的含盐量。

2. 循环比

在生产过程中，反应物料实际上是新鲜原料与循环油的混合物。循环比定义为

循环比＝循环油/新鲜原料油

联合循环比＝(新鲜原料油量＋循环油量)

/新鲜原料油量＝1＋循环比

在实际生产中，循环油并不单独存在，是在分馏塔下部脱过热段，因反应油气温度的降低，重组分油冷凝冷却后进入塔底，这部分油就称循环油。它与原料油在塔底混合后一起送入加热炉的辐射管，而新鲜原料油则进入对流管中预热，因此，在生产实际中，循环油流量可由辐射管进料量与对流管进料流量之差来求得。对于较重的、易结焦的原料，由于单程裂化深度受到限制，就要采用较大的循环比，有时达 1.0 左右；对于一般原料，循环比为 0.1～0.5。循环比增大，可使焦化汽油、柴油收率增加，焦化蜡油收率减少，焦炭和焦化气体的收率增加。

降低循环比也是延迟焦化工艺发展趋向之一，其目的是通过增产焦化蜡油来扩大催化裂化和加氢裂化的原料油量。然后，通过加大裂化装置处理量来提高成品汽、柴油的产量。另外，在加热炉能力确定的情况下，低循环比还可以增加装置的处理能力。降低循环比的办法是减少分馏塔下部重瓦斯油回流量，提高蒸发段和塔底温度。

3. 操作温度

混合原料在焦炭塔中进行反应需要高温，同时需要供给反应所需的反应热，这些热量完全由加热炉供给。为此，加热炉出口温度要求达到 500℃ 左右。混合原料在炉管中被迅速加热并有部分气化和轻度裂化。为了使处于高温的混合原料在炉管内不要发生过多的反应造成炉管内结焦，就要保持一定的流速（通常在 2m/s 以上）、控制停留时间。为此，需向炉管内注水（或水蒸气）以加快炉管内的流速，注水量通常约为处理量的 2% 左右。同时对加热炉要求是炉膛的热分布良好、各部分炉管的表面热强度均匀、而且炉管环向热分布良好，尽可能避免局部过热的现象发生；还要求炉内有较高的传热速率以便在较短的时间内向油品提供足够的热量。通过以上措施严格控制原料油在炉管内的反应深度、尽量减少炉管内的结焦，使反应主要在焦炭塔内进行。延迟焦化这一名称就是因此而得。

焦化温度一般是指焦化加热炉出口温度或焦炭塔温度。它的变化直接影响到炉管内和焦炭塔内的反应深度，从而影响到焦化产物的产率和性质。提高焦炭塔温度将使气体和石脑油收率增加，瓦斯油收率降低。焦炭产率将下降，并将使焦炭中挥发分下降。但是，焦炭塔温度过高，容易造成泡沫夹带并使焦炭硬度增大，造成除焦困难。温度过高还会使加热炉炉管和转油线的结焦倾向增大，影响操作周期。如焦炭塔温度过低，则焦化反应不完全将生成软焦或沥青。

我国的延迟焦化装置加热炉出口温度一般均控制在 495～505℃ 范围之内。

4. 操作压力

操作压力是指焦炭塔顶压力。焦炭塔顶最低压力是为克服焦化分馏塔及后继系统压降所需的压力。操作温度和循环比固定之后，提高操作压力将使塔内焦炭中滞留的重质烃量增多和气体产物在塔内停留时间延长，增加了二次裂化反应的概率，从而使焦炭产率增加和气体产率略有增加，C_5 以上液体产品产率下降；焦炭的挥发分含量也会略有增加。延迟焦化工

艺的发展趋势之一是尽量降低操作压力，以提高液体产品的收率。一般焦炭塔的操作压力在0.1～0.28MPa之间，但在生产针状焦时，为了使富芳烃的油品进行深度反应，采用约0.7MPa的操作压力。

五、延迟焦化主要设备及其操作

延迟焦化主要设备有加热炉、焦炭塔、分馏塔、吸收解吸塔、压缩机、汽轮机等，本节主要探讨加热炉、焦炭塔等特殊设备。

1. 加热炉

由于延迟焦化工艺的特殊要求，对加热炉有其特定的要求：传热速率要快；原料油流速快（原料油在炉管内停留时间短）；炉管压力降小；炉膛热分配合理及表面热强度均匀等。

（1）加热炉形式与构造　延迟焦化加热炉主要有立式管式加热炉和无烟板式加热炉。

加热炉主要有辐射室、对流室、燃烧器、烟道及烟囱、弯头及弯头箱、炉墙及钢架、辅助设备等构成。

加热炉燃料有燃料气（裂解气）和焦化渣油。

（2）加热炉操作

① 烘炉。新建或炉膛经过大修、翻新、改造加热炉都要进行烘炉。以缓慢除去炉膛砌筑过程中积存水分，并使耐火胶泥充分烧结。避免开工时炉温上升太快，水分急剧汽化而造成砖缝膨胀裂纹、耐火胶泥脱落。烘炉操作程序如下。

● 烘炉准备。对炉体应做全面的检查，包括：对施工质量进行验收；检查炉墙砌筑（砖缝、烟道、膨胀缝）情况；检查炉墙及保护层的质量如何；检查炉管、回弯头、堵头、顶丝、花板、吊架、防爆门、看火孔及火嘴安装情况；准备好燃料或瓦斯的供应工作；准备好点火工具及消防安全器材；炉管及管线贯通完毕。

● 点火烘炉。点火按烘炉升温曲线完成烘炉工作。烘炉升温曲线如图4-19所示。

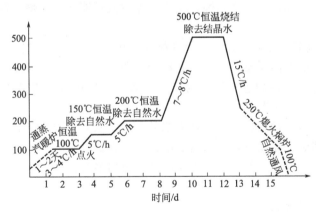

图4-19　加热炉烘炉升温曲线

烘炉过程中要严格执行升温曲线，防止超温超压，要严格控制每阶段的升温和降温速度，在降温过程中要作好焖炉，烘炉结束后要认真检查耐火胶泥有无裂纹、脱落，炉管管架有无变形，基础是否下沉等。

② 点火开工。

● 开工准备。

关好人孔、防爆门、回弯头箱门，根据平时开炉经验和季节气候变化调好烟道挡板，约开一半为宜。

引瓦斯赶空气，采样分析含氧量小于 1%，避免点火时回火，甚至爆炸伤人，损坏设备。

如果用燃料油，可事先加热至 80～90℃，脱干净水分，并启动燃料油泵循环，在寒冷的北方要特别注意燃料油的伴热线保持畅通。

炉管通汽扫净，准备进油。

向炉膛吹蒸汽赶瓦斯，严格检查炉前瓦斯总阀门是否关严，把各火嘴的瓦斯阀门也关死，打开炉膛两边的灭火蒸汽阀门，向炉膛大量吹汽，把炉膛内残留或因阀门不关串进来的瓦斯全部赶走。这样，不易因空气和瓦斯混合物达到爆炸极限而遇火发生爆炸。炉膛吹汽赶瓦斯是否干净，应当采样分析或者以烟囱冒汽为准，吹汽时间长短应根据具体情况而定，一般约 10～15min。

● 点火方法和步骤。

点瓦斯火嘴。点瓦斯火嘴时应稍开二次风门，把用柴油浸透的棉纱缠成点火棒点着，由点火孔送入火嘴前，缓慢开火嘴瓦斯的小阀门，看到着火后，再开大瓦斯阀，取出点火棒，关好点火孔门，然后适当调节瓦斯、风门。

点油火嘴。点油火嘴时应稍开二次风门，放净雾化蒸汽中的凝结水，再慢开油阀、蒸汽阀，使燃料油雾化喷出，迅速把点火棒点着送到火嘴前，从看火孔前看到点着后再适当调节油、汽配比。油火嘴一般比瓦斯火嘴难点，有时几次点不着，或点着冒大火等。其原因可能有：刚开炉时，炉膛温度低，特别是寒冷的北方冬季开炉时更突出；燃料油带水或油温太低黏度大，雾化性好；油和蒸汽的配比不当，给汽过大易灭，给汽太小又容易喷油冒大火。所以，开炉点火时，一般是先点瓦斯嘴（有燃料气），等炉膛温度上升时，再灭瓦斯火点油火。

点火顺序。立式炉和无焰炉的火嘴数量都很多，而且根据加热炉的升温速度也不能一下全部点着。所以，在逐渐升温增加火嘴的时候，要两边一样多，先点两头后中间，对称交错点火为宜，避免因炉管或部件受热不均而影响使用寿命。

● 安全注意事项。无论点什么火嘴，点火操作时人不能面对火嘴，要侧着身子，以免回火伤人。

③ 正常操作及调节。延迟焦化加热炉进料流量和出口温度是延迟焦化的重要工艺指标，直接影响到整个装置的产品质量、产率、处理能力和开工周期。为保证加热炉进料量和出口温度的平稳。必须做到加热炉进料油泵的出口压力和分馏塔底的温度平稳；燃料的正常燃烧；加强检查和及时细心调节。

一般判断燃料是否正常燃烧的标志是火焰的好坏。火焰好坏的判断方法是：燃烧完全，炉膛明亮清晰，炉墙炉管面没有显著明暗阴影；瓦斯火焰呈蓝白色，油火焰呈淡黄色；火焰高度一致，不干扰、不偏斜，不打圈、不扑炉管，做到多嘴、短焰、齐火苗；烟囱冒烟无色或呈淡蓝色。

影响正常燃烧的因素如下。

燃料性质的变化。燃料油馏分的轻重或燃料气的贫富组成的变化，都会影响燃料燃烧速度及发热量，从而影响炉温波动。

燃料压力变化。燃料压力的变化说明进炉的燃料量发生变化，对同一燃料热值而言，发热量就要变化，也引起炉温波动。

燃料中的杂质及是否带水。燃料油带水会使火焰冒火星、喘息，甚至熄火，同时因水发生汽化而吸热，火焰温度降低，燃烧速度下降；燃料气带油，由于油的汽化燃烧也造成火焰不好，同时在相同的喷嘴孔径情况下，油进入炉膛容易使炉内满膛大火，严重时将影响安全生产。

燃料和空气的混合。立式炉无论烧油还是烧瓦斯，均需适量的雾化蒸汽，使瓦斯与空气混合良好。配汽量过小雾化不好，火焰尖端发软发飘无力，呈暗红或黄色，燃烧不完全；配汽量过太，火焰发白，短小有力，容易灭火，浪费燃料和蒸汽。无焰炉烧的是高压瓦斯，故不用配汽，靠瓦斯的高速喷射携带空气达到混合的目的。

入炉空气量的变化。燃料燃烧需要的氧气由空气提供，氧气用量平时是以入炉空气量来衡量的。入炉空气量太小，燃烧不完全，炉膛发暗，火焰发红；入炉空气量过大，炉膛虽呈淡黄色，但火焰上烟气乱窜，炉管氧化脱皮厉害。入炉空气量是通过风门和烟道挡板开度大小来调节的。除此之外，还受外界气温风力大小变化的影响，炉漏风更为明显。

加热炉正常操作调节、控制的项目主要有炉膛温度、炉膛压力、过剩空气、火嘴调节、辐射量、炉出口（膛）温度、燃气罐压力、注水量控制。

● 炉膛温度调节。炉膛温度一般指烟气离开辐射室的温度，也叫火墙温度。

燃料燃烧产生的热量，在炉膛内是通过传导、辐射和对流三种方式传给炉管内油品，其中辐射热量占90%左右，传热量的大小与炉膛温度和管壁温度有关。炉膛温度高，辐射室的辐射和对流传热量就大。炉膛温度变化曲线与炉出口温度变化曲线一致。炉膛温度高低，在进料温度和流量不变的情况下，主要由燃料量和火焰调节好坏决定的。

炉膛温度过高，辐射炉管表面热强度（每平方米炉管表面积每小时所传递的热量）过大，引起管壁温度升高，炉管易结焦，同时进入对流室烟气的温度也过高，对流炉管也容易变形烧坏。另外由于炉管结焦造成传热性能（传热系数）下降，要达到相同加热炉出口温度有必要使炉膛温度更高，这样形成一个恶性循环，对焦化炉长周期运转十分不利。所以，在延迟焦化装置正常生产中如果炉膛温度上升的快，表明炉管结焦严重。

一般焦化立式炉炉膛温度800~850℃，无焰炉在750~780℃。

影响炉膛温度因素及调节方法见表4-11。

表4-11　影响炉膛温度因素及调节方法

影 响 因 素	调 节 方 法
① 进料量、温度的变化，进料量大、进料温度低，炉膛温度高，反之则低	①调节进料量、温度和燃料分压
②火焰燃烧变化，燃烧正常，燃烧完全度高，炉膛温度高，反之则低	②调节火焰燃烧情况
③烟道挡板、风门开度	③根据炉膛负压与烟气氧含量调节烟道挡板开度与风门开度
④注水量，注水量增加，炉膛温度提高	④调节注水量

● 炉膛负压调节。加热炉操作时辐射室内应具有负压，强制通风或自然风加热炉应保持整台加热炉处于负压，要求在辐射室拱型部位负压控制在−10~−30Pa。正常情况下通过调节风门与烟道挡板开度进行调节。影响炉膛负压因素及调节方法见表4-12。

表4-12　影响炉膛负压因素及调节方法

影 响 因 素	调 节 方 法
①烟道挡板，烟道挡板开度大，炉膛负压大；反之则小	①调节烟道挡板或火嘴风门
②火嘴风门，火嘴风门小，炉膛负压大；反之则小	②调节火嘴风门或烟道挡板

● 火嘴调节。正常情况下通过调节燃料压力和风门大小来调节火嘴。火嘴异常现象、原因及处理方法见表4-13。

● 过剩空气调节。过剩空气系数大小直接影响加热炉热效率，过剩空气的调节与炉膛负压调节密切相关，要获得合适的抽力和过剩空气，烟道挡板与燃烧器调风器应联合调节。调节方法见表 4-14。

表 4-13　火嘴异常现象、原因及处理方法

现象	原因	处理方法
火嘴熄灭	①燃烧空气量大 ②燃料气压力过高	①关小该火嘴风门 ②调整燃料气系统压力
火焰过长、无力、无规则飘动	①燃烧用空气量不足 ②燃料气过多	①调整风门,直至火焰稳定 ②降低燃料气流量
火焰脉动,时着时灭	①通风不足 ②燃料气带液	①立刻降低燃料气量,检查风门和烟道挡板,必要时开大烟道挡板和风门,增加风量 ②加强切液
发热量不足	①若燃料气压力过低,导致流量不足 ②燃料气中氢含量较高,致使燃料气热值过低	①增加燃料气流量 ②通知有关单位改善其组分,保证燃料气的热值符合要求
火焰过高	①空气量太多 ②燃料气量少	①关小风门 ②提高燃料气流量

表 4-14　过剩空调节方法

现象	调节方法
①高氧含量及高负压 ②低氧含量及低负压	①关小烟道挡板或关小燃烧器调风器 ②开大烟道挡板或开大燃烧器调风器

● 辐射量控制。辐射量是原料进入辐射室量的大小，正常操作是通过流量大小进行控制，其控制原理见图 4-20。辐射量异常现象、原因及处理方法见表 4-15。

表 4-15　辐射量异常现象、原因及处理方法

现象	原因	处理方法
辐射量偏大	①控制阀开度大 ②仪表显示不正常	①关小控制阀 ②联系仪表进行处理
辐射量偏小	①控制阀开度小 ②仪表显示不正常 ③机泵故障 ④泵出口阀开度小	①开大控制阀 ②联系仪表进行处理 ③换泵或检查处理运行机泵 ④开大泵出口阀

● 炉出口（膛）温度的控制。炉出口（膛）温度的控制原理见图 4-21。

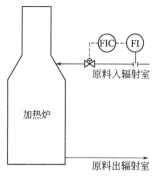

图 4-20　辐射量控制控制

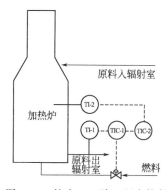

图 4-21　炉出口（膛）温度控制

正常操作时，加热炉辐射出口温度 TIC-1 与炉膛温度 TIC-2 进行串级控制，当 TI-1 低

于设定指时，TIC-1 开大；当 TI-1 高于设定指时，TIC-1 关小，从而实现对炉出口温度的控制。

为了保持炉出口温度平稳，应该随时掌握入炉原料油的温度、流量和压力的变化情况，密切注意炉子各点温度的变化，及时调节。

炉出口（膛）温度异常现象、原因及处理方法见表 4-16。

表 4-16 炉出口（膛）温度异常现象、原因及处理方法

现象	原因	处理方法
炉出口温度高	①瓦斯压力高 ②瓦斯带液 ③仪表失灵	①降低瓦斯压力 ②瓦斯脱液 ③参考其他参数维持正常生产,联系仪表维护人员处理问题
炉出口温度低	①瓦斯压力低 ②仪表失灵 ③处理量大	①提高瓦斯压力 ②参考其他参数维持正常生产,联系仪表维护人员处理问题 ③适当降低处理量

● 燃气罐压力。正常操作是通过燃气入燃气罐压力的量来控制，其控制原理见图 4-22。燃气罐压力异常现象、原因及处理方法见表 4-17。

表 4-17 燃气罐压力压力异常现象、原因及处理方法

现象	原因	处理方法
压力高	①入燃气罐瓦斯量大 ②仪表显示不正常 ③系统压力波动	①降低瓦斯量 ②联系仪表进行处理 ③联系调度室稳定系统压力
压力低	①入燃气罐瓦斯量小 ②仪表显示不正常 ③系统压力波动	①提高瓦斯量 ②联系仪表进行处理 ③联系调度室稳定系统压力

● 注水量的控制。焦化加热炉一般采用注水方法以提高原料油在炉管内流速，缩短停留时间，减少结焦。同时增加加热炉负荷及炉管压力降。因此，注水量要选择合适，一般为处理量的 2% 左右。

正常操作是通过原料入辐射室注水分支量来控制，其控制原理见图 4-23。提降量时注水量与辐射量反向调节。当注水流量发生波动时，应及时调节注水量。

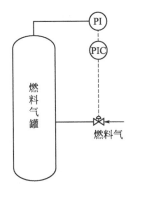

图 4-22 燃气罐压力控制

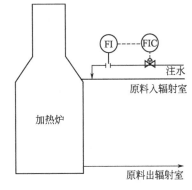

图 4-23 注水量控制

● 日常巡检和注意事项。

检查炉内负荷，判断炉管是否弯曲脱皮、鼓泡、发红、发暗等现象，注意弯头、堵头、法兰等处有无漏油。

检查火焰燃烧情况，炉出口温度、炉膛温度。

检查燃料气是否带油。

注意炉膛内负压情况，经常检查风门、烟道挡板开度，并根据氧含量分析提供数据进行调整。

内外操作员做好联系，掌握炉子进料量变化，做好预先调节。

检查消防设备是否齐全，做到完好备用。

为了保持炉出口温度平稳，应该随时掌握入炉原料油的温度、流量和压力的变化情况，密切注意炉子各点温度的变化，及时调节。为了保证出口温度波动在工艺指标范围内，主要调节的措施如下。

做到四勤：勤看，勤分析，勤检查，勤调节，统一操作方法，提高操作技能；及时、严格、准确地进行"二门一板"的调节，做到炉膛内燃烧状况良好；根据炉子负荷大小、燃烧状况，决定点燃的火嘴数；整个火焰高度不大于炉膛高度的 2/3，炉膛各部受热要均匀；保证燃料气压力平稳在处理量不变，气候不变时，一般情况下调整和固定好炉子火嘴风门和烟道挡板，调节时幅度要小，不要过猛；炉出口（膛）温度在自动控制状态下控制良好时，应尽量减少人为调节过多造成的干扰进料温度变化。

调节整个瓦斯火嘴阀门，使调节阀门后二路压力均衡，并使调节阀门开度适中，有操作弹性。

④ 加热炉炉管烧焦。

● 炉管结焦的判断。炉管结焦的判断方法是凭实际操作经验和检查仪表的记录指示。具体情况如下。

炉管的局部结焦，可以从炉管表面颜色不一样来判断。结焦的地方，由于焦炭、盐垢的传热系数小，而使炉管表面温度高，颜色发暗红色，或者有一些灰暗的斑痕，而其他地方炉管则呈黑色。发现这种局部结焦时，就要注意多观察多检查，把局部结焦的炉管左右火嘴的火焰适当调小。防止继续发展。

多数炉管结焦，在炉辐射进料量和其他指标不变时，炉膛各点温度逐渐升高，使炉管颜色发暗红、阻力降增加，注水压力上升；或者炉膛温度升高，炉辐射出口温度上不去，焦炭塔顶温度下降、焦炭质量不合格。

如果温度反应不灵，证明温度控制热电偶保护套管结焦严重。出现大量严重结焦时，就应该停工烧焦。若还要坚持生产，那就应该降量，增加循环比，根据其他各点的温度（炉管温度，焦炭塔底的温度）、焦炭质量来控制加热炉出口温度。

● 空气-蒸汽烧焦的原理。炉管内的结焦（焦炭和盐垢），在高温下和空气接触燃烧，利用蒸汽控制烧焦的速率并带走多余的热量，防止局部过热、保护炉管。同时，由于空气、蒸汽和燃烧的气体以较高速度在炉管内流动。将崩裂和粉碎的焦粉和盐垢，一同带出炉管。

● 烧焦。

烧焦的准备工作。停加热炉，350℃后熄火，用 1MPa 蒸汽吹扫炉管内存油，放掉压力和冷凝水，拆卸炉管堵头（预测结焦较厚的几根炉管堵头），检查焦厚，做好数据记载和分析，为清焦和烧焦作参考。装上仪表，给上堵头，改好烧焦流程，准备好燃料、工业风、蒸汽。

注水管、对流管、过热蒸汽管及辐射管分别通水、通汽保护。

炉管正式烧焦前，有时采用热水泡焦冲洗。用热水先冲洗，然后再烧焦有很多优点，既加快了烧焦速率，又延长了炉管的寿命。应根据具体情况适当选择水冲洗的条件。

点火升温。准备工作完成后，点火以 50℃/h 升温，到炉膛温度 300℃时，再以 30℃/h

升温到 500℃ 左右。

吹气。在炉膛达到 550℃ 以前可以大量吹汽，把脱落崩裂的焦粒带走，防止在通风的时候堵管。

通风。在炉膛达到 550℃ 时，减少吹汽量，少量开始通风；每半小时左右关闭风阀，大量给汽吹扫一次。

经反复多次通风吹扫，慢速烧焦、焦粉减少，炉管温度可升高到 660℃，适当开汽通风，加大风量。从储焦场见到盐垢焦块直径不大于 7mm 以上时，说明风量较大，烧焦速率太快，容易堵管，应减少风量。

经过中速烧焦，炉管内的结焦大部分烧完，但还可能有些硬焦不好烧。这时应当再提炉膛温度到 630℃ 左右（最高不大于 650℃），加大风量，减少蒸汽，进行快速烧焦，直到烧完为止。空气-蒸汽清焦炉温曲线如图 4-24 所示。

- 烧焦和烧焦干净的判断方法。

烧焦正常的判断。通风后，炉管温度由低到高，自通风方向炉管颜色稍微变红，并逐步前移，这说明炉管内焦炭已经烧着。如果呈暗红色或桃红色，说明通风量太大，应当减少风量加大吹汽量。

烧焦速率以每次烧 1~2 根为宜，不要太快，烧焦速率用风量控制。所以烧焦

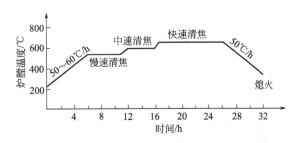

图 4-24　空气-蒸汽清焦炉温曲线

过程中要严格控制风量和蒸汽量配比及通风时间，用风阀、汽阀的开度大小来灵活掌握。

从储焦场看到吹出焦块粒直径小于 7mm，冒出的烟汽发黑并夹带大量的粉末。

- 烧焦的异常现象和判断。

烧焦的异常现象、判断方法及原因见表 4-18。

表 4-18　烧焦的异常现象、判断方法及原因

异常现象	判 断 方 法	原 因
通风后焦烧不着	通风时间长炉管不变色，出口无焦粉、温度不上升	通风量小、通汽量大；炉膛温度低，焦没有达到燃烧温度；炉管结焦坚硬，含盐多；风压不足，风量不够
炉管内焦烧一半就灭了	炉管暗红一半再不前移了；这种现象容易在开始发生	炉膛温度低，达不到燃烧条件；炉管结焦不均匀，中间有断条的地方；反复通风、通汽的配比和时间不当；块焦和粉焦堵住；风压不足，风量不够
堵管及位置	通汽、通风的流量表指示回零；通风通汽后管线没有介质的流动声音；排汽口不见冒汽 根据烧焦过程中炉管的颜色变化明显的交界处来判断哪根炉管堵了；弯头处，先判断堵的范围，在范围内一根根敲打堵头，通汽试找堵处	烧焦速率太快；风量大、时间长，结焦大量崩裂；通汽量小，时间短，崩裂的块焦吹不动、吹不走、吹不干净；结焦质量松软，易脱落崩裂，个别弯头结焦太多，不畅通
转油线焦烧不着	用破布或棉纱往转油线上试一下，看破布棉纱是否能烧着	转油线在炉体外，热损失大，温度低，达不到焦炭燃烧温度；转油线粗，通风量小；转油线结焦很薄不好烧

- 烧焦干净的判断。烧焦彻底不彻底，对检修和开工都有关系。力争每次烧焦彻底干净，给检修清焦创造有利条件。但是，实际上烧焦常常因炉管结盐或烧焦技术不熟练，而影

响烧焦质量。

判断方法是：炉管的颜色经烧焦后，依次由前至后，全部由暗红变黑，证明焦已烧完；排焦口经反复吹扫无黑灰焦粉。

⑤降温熄火。判断烧焦完成后，可以停汽，保持炉膛温度，大量通风 10min，目的是最后检查焦是否已烧净。然后以 50℃/h 降温，当炉膛温度降到 350℃时熄火，然后打扫干净开始检修。

2. 焦炭塔

焦炭塔是延迟焦化装置的主要设备。焦炭塔是焦化反应和得到产品的地方，是延迟焦化装置的重要标志。由于焦化工艺过程的特殊性，在平面布置、设备尺寸、材质、制作安装、操作维护及辅助设备等都对焦炭塔提出了要求。

为了减少加热炉阻力、热损失要求焦炭塔在平面布置上紧靠加热炉。

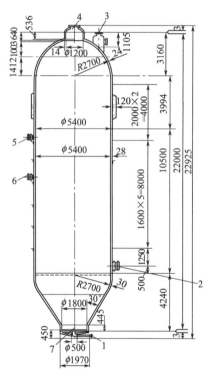

图 4-25　焦炭塔结构
1—进料口短管；2—预热油气入口；3—泡沫
小塔口；4—除焦口；5,6—钴 60 料
面计口；7—排焦口

为了保证焦化反应在塔内有充分的反应时间、温度和压力，根据装置的加工能力大小，在一定的允许线速下，要选择一个合理的直径与高度。

焦炭塔周期性生产，在一个循环周期内要经过试压、预热、切换生焦、冷却、除焦等频繁操作步骤，要求选择热强度高不易腐蚀的优质钢材，国内都采用 20 号锅炉钢；制造、安装、焊缝质量都必须符合设计和规范要求。

有关辅助设备（四通阀、堵焦阀、进料阀、循环阀等）都必须做到切换开关灵活，严密不漏不窜。

（1）焦炭塔的结构　焦炭塔实际上是一个大的反应器，里面没有什么内部构件，整个塔体由锅炉钢板拼凑焊接而成。图 4-25 是某延迟焦化塔结构，根据各段生产条件不同，自上而下分别由 24mm、28mm、30mm 三种厚度钢板组成。在上封头开有除焦口、油出口、放空口及泡沫小塔口；下部 30°斜度的锥体，锥体下端设有为除焦和进料的底盖。底盖用 35CrMn 钢铸造后，经过热处理以满足热应力要求。用 56 个 30CrMoA，M30mm×220mm 的螺栓固定在锥体法兰上，进料口短管在底盖的中心垂直向上。塔侧筒体上在不同高度装有钴 60 放射性料面计及为循环预热用的瓦斯进口。

（2）焦炭塔的正常操作　对一炉四塔装置正常生产时总是有两个焦炭塔处在生产状态，其他两个处在准备除焦或油气预热阶段，每 24h 有两次除焦，两次切换焦炭塔。

焦炭塔生产周期（生焦时间）的长短，是根据焦炭塔的容积、原料性质、处理量、循环比等情况变化而安排的，而工序可根据具体条件安排。在安排生焦和各工序的操作时间时，要尽量全面考虑，在同一时间内不要有两个焦炭塔同时油气预热或冷焦、除焦。以免造成后部分馏系统波动大，无法平稳生产，除焦最好都放在白天进行。

焦炭塔操作生产周期工序如图 4-26 所示。

①新塔准备。

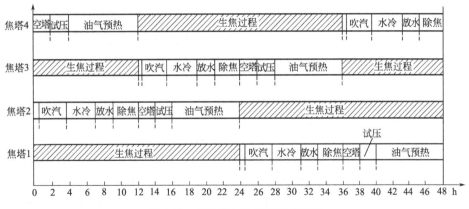

图 4-26　焦炭塔生产周期操作工序

● 赶空气试压脱水。水力除焦完毕，经认真检查塔内无焦，打开堵焦阀、进料阀、用汽吹扫试通，避免在除焦放水中有焦块堵住。当底盖、泡沫网人孔、除焦孔（用阀可关死）、进料短管法兰都上紧后，塔顶改放空塔（或去冷焦水隔油池），在塔底通蒸汽赶走塔内空气，为以后的油气预热打基础。

若空气赶不净放瓦斯预热易爆炸，所以要求赶空气必须彻底。为防止给汽太快造成空气与蒸汽混合不易赶净，开始给汽时一定缓慢进行，时间适当加长，在塔顶排放阀见汽后（或凭自己的经验）关闭放空大（小）阀进行减压。

试压标准根据设计条件和安全阀定压大小决定，试压标准一般在 0.18～0.22MPa，不能大于 0.3MPa，以仪表室的压力记录为主，参照塔顶压力表。试压时一定要指派专人负责，防止超压、串汽。超压是操作不允许的，是违反操作规程的，超压可把安全阀顶开或损坏垫片，超压的原因除了人为的因素外，还与压力表导管堵、冻凝有关。串汽是生产中分馏塔底液面波动的原因之一，串汽可能是阀门结焦、堵焦或损坏关不严，也可能是误操作开错阀门造成的。

试压到指标后少量给汽恒压，检查除焦过程拆装的人孔法兰垫片等有无渗漏的地方，如果有轻微的渗水可再紧一下螺栓，否则要重新换垫片把紧试压。

试压结束应根据具体情况决定是否用蒸汽预热，若不用蒸汽预热时马上停汽脱水准备放瓦斯。

脱水是将赶空气试压过程中的大量冷凝水排出塔外，塔内积水多耽误预热新塔和浪费大量油气。

脱水时打开塔底去隔油池（沉淀池）阀，到塔内还有 0.01～0.05MPa 压力时关闭放水阀。

● 放瓦斯。放瓦斯是油气预热的第一步。所谓放瓦斯是把生产塔（老塔）去分馏塔的 430～435℃ 高温油气自新塔顶引入，达到新塔、老塔压力先平衡油气和预热平衡的目的。

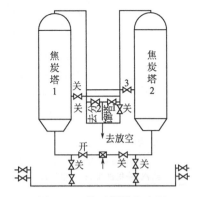

图 4-27　放瓦斯操作流程

放瓦斯时要注意因放瓦斯热量不足造成分馏塔温度下降影响产品质量问题，并且在放瓦斯时要做到慢、稳、密切配合，尽量避免由此而产生的操作上的波动。放瓦斯操作流程如图 4-27 所示，图中以焦炭塔 1 生产，焦炭塔 2 预热为例说明。

焦炭塔 2 的堵焦阀 3 开着，在试压前已用汽封扫一下，保证畅通灵活。开焦炭塔 2 出口阀1，让油气自焦炭塔1顶出后，一部分经阀2、阀1倒入焦炭塔2内，因为焦炭塔2内压力小于焦炭塔1或分馏塔，所以要求慢开、少开、勤开，分多次开完，特别是开前5~6扣更要小心。操作员在开阀1的同时，注意焦炭塔2压力是否有上升趋势，焦塔1压力是否有微小的变化，同时还要注意听一下声音是否有油气通过。当焦炭塔2、焦炭塔1压力基本平衡后，可快开阀1到开完为止，一般约需45min左右。

● 油气预热。新塔焦炭塔2放进瓦斯后，塔内油气不流动，塔体温度仍不能继续上升，这时要开始油气预热（或称瓦斯循环）。

逐渐打开焦炭塔2的瓦斯循环阀3。开完后，因焦炭塔1、2内压力都大于分馏塔的压力，所以，焦炭塔1的高温油气进入焦炭塔2的量较小，这时就要采取逐渐关小焦炭塔1出口阀2的措施，让油气少去分馏塔而通过循环阀3进入焦炭塔2内。

当油气预热新塔进行1.5h左右，新塔底已有大量的凝缩油产生，如不甩出就会影响新塔预热速度，这时准备甩油（或称拿油）。甩油开始又不能太快，防止抽空带瓦斯。甩油操作好坏与新塔预热速度有很大关系，应根据新塔预热出口温度上升情况可渐渐关小阀2，让油气多进焦炭塔2保证新塔到切换时预热完毕准时交出。

这样在操作中就会出现焦炭塔预热和分馏塔热量不足的矛盾，如何处理，协作配合很重要。协作配合得好基本可以做到预热和不预热一个样。

新塔的预热时间一般情况下不能小于8h。特殊情况例外。

塔顶温度在380℃以上（接近分馏塔底温度），各壁温度分布合理，塔底油基本甩净，说明新塔预热良好。

② 切换焦炭塔。切换焦炭塔是通过四通阀实现。切换四通阀的条件为：

● 新塔顶温度已经380℃以上；

● 新塔塔底油甩净，温度已经在320℃以上；

● 整个装置操作平稳；

● 放空塔给好水，联系、切换信号好用，消防设施、工具用具齐全。

切换焦炭塔的操作步骤和联系信号，各厂不完全相同，但大体做法相似，本文以大庆石油化工总厂延迟焦化装置的切换步骤为例进行说明，如表4-19所示。

表4-19　切换焦炭塔的操作步骤

步骤	四通阀平台(简称S平台)	堵焦阀平台(简称T平台)
1	改流程：①开进料阀；②关甩油阀	准备好关阀工具、消防汽带
2	检查通汽检查进料线和进料阀是否畅通无阻	新塔、老塔压力及其他无异常变化
3	发信号：向T平台发信号，表示S平台已准备就绪，并同时询问S平台准备工作情况，待回信号	回信号：向S平台发回信号，说明一切正常，准备工作完成
4	松动四通阀螺桂(顺时针)活动旋塞，灵活好用，看箭头方向快速切换到新塔进料，参看炉出口压力无继续上升时，紧好螺套	做好关老塔出口准备，等待信号
5	切换正常后，给T平台信号，表示已切换完毕，吹扫前给汽，停甩油泵，扫好甩油线	接到信号后，关闭老塔出口阀，注意老塔、新塔压力变化，如老塔压力超高应用放空阀控制

③ 老塔处理。切换完焦炭过后，原来生产的塔叫做老塔。老塔经过24h(或36h)成焦，刚切换过去塔里温度仍然很高，约400~420℃，必须进行冷却才能安全除焦。操作步骤如下。

● 汽提。汽提又叫小量吹汽。切换四通阀后开始用进料线上的吹扫阀给汽。一方面吹汽扫老塔的进料管、阀门以免存油结焦，同时给汽提焦层内的大量高温油气。其流程如

图 4-28 所示。

汽提时油气从老塔顶出来经循环阀去新塔，这样操作一方面将老塔高温油气赶入新塔，减少切换后的热量不足。而且由于老塔油气去新塔造成切后两塔压力稍有上升，这样不容易引起老塔内的重质（特别是泡沫层）组分迅速上涨冲塔和泡沫层的回升，也避免了新塔的热量少而影响分馏塔操作。

汽提时间一般在 30～240min，时间不宜过长，时间太长容易使生产塔汽速提高，产生雾沫夹带。

● 大量吹汽改放空。汽提完毕把新、老塔分开，新塔循环阀关死，堵焦阀关好并给上汽封，老塔出口改到放空塔去，自塔底开始大量吹汽。目的是用大量蒸汽冷却焦层；汽提部分油气，改善焦炭质量。方法是先打开一下放空阀，关小新塔循环阀，老塔稍为憋压时，迅速关新塔循环阀，同时迅速打开老塔去放空塔的放空阀，老塔底大量吹汽，大量吹汽时间一般为 3h。吹汽量及时

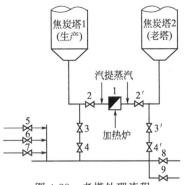

图 4-28 老塔处理流程

1—四通阀；2,2′—焦炭塔进料闸阀；3,4（3′,4′）—焦炭塔给汽、水阀；5—焦炭塔过蒸汽阀；6—焦炭塔给水阀；7—焦炭塔给汽阀；8—焦炭塔甩油阀；9—焦炭塔放水阀

间根据汽供应情况，可长可短，可多可少，也有的厂焦化装置不大量吹汽就直接给水冷焦。

● 给水及放水。给水是冷却焦层一个有效办法，用蒸汽冷却到老塔出口 270～280℃，再就不容易下降了。这时准备给水，先启动水泵建立正常循环，然后关小给汽阀慢开给水阀，水和汽一同进塔，靠汽的高速流动把水携带进去，注意水阀不能开得过大，防止水击，注意老塔给水压力上涨，以后再逐渐关掉汽阀开大水阀，控制住给水时塔的压力不大于 0.2MPa。

水在焦层被汽化同时带走热量。当给水到一定程度后，塔里装满水而溢流出来，焦炭塔顶压力突然上涨 0.05MPa 左右。这时，应将流程改到沉淀池去。当塔顶温度下降到不高于 70℃时，停泵停水。开塔底放水阀放水，开焦炭塔顶呼吸气阀，接通大气，以免焦炭塔内负压，水放不出来，给卸底盖带来困难。

● 除焦。

除焦准备。打开塔顶吸气阀门，水放净以后开动塔底盖装卸机，卸塔底盖和进料短管，升起保护筒，通知司钻准备除焦。司钻检查绞车及钻机其他部件无问题，风压足够，高压水线及水龙头、水龙带、钻杆经工业风吹扫畅通无阻，联系高压水泵和桥式吊车准备除焦。放下钻杆测高，并做好记录。提起钻杆使切焦器离开焦层。

除焦。准备工作完成后，启动高压水泵。高压水到焦炭塔顶后，先切换到回水管线。高压水泵运行正常后，启动风动马达，调好转速 9～12r/min，通知高压水泵司泵工，将回水切换进水龙头、水龙带、钻杆。

启动钻机绞车开始钻孔，钻孔速度有五档，也有三档，根据焦炭质量而定。切焦器的最下喷嘴不准伸出塔的底口，以防伤人。到塔底口后停留约 2min，把锥体下口的焦炭打尽，然后带水提升钻杆，随即扩孔。钻孔过程中严禁风动马达倒转，严防顶钻和卡钻，钻机电流不得超过额定值。

根据泡沫层高度和对焦炭质量要求打好泡沫层，打净泡沫层，桥式吊车应配合把泡沫层焦全部抓到次焦堆去。泡沫层一般打 1～2m。

泡沫层打净，如果吊车抓不完，司钻工要停止打钻，让溜槽口不致涌集，造成跑水或把泡沫层与好焦混合，吊车抓净泡沫层的焦后，司钻继续以三挡的速度下钻，转速调小些

(9r/min)。切距 400～500mm，切距太大时焦炭块太大，切距太小时粉焦多。通常情况是钻具及钻杆下降一定高度后停止下降，由于钻杆旋转把焦层切割下去，继续下降直到塔内无焦。这高度叫钻距。除焦时钻具可以由上向下逐步除焦，也可以由下而上逐步除焦。为避免造成大塌方常采用由上向下逐步除焦，焦炭很硬时就可以由下而上，而且切距还可以小些，最小的时候是 150mm。除焦过程中要注意高压水的压力和流量变化，工业风压力变化，严防落焦卡住切焦器、打弯钻杆、损坏钻具、扭坏风动马达转轴。禁止自由坠钻。

当焦层除净后，要用一挡慢速清理塔壁，直到没有成块的焦炭为止。

提起钻杆到塔的上部，联系高压水泵停泵，并将管线的存水蒸气扫净，用风扫去凝结水，再提出钻杆，停下钻机，上面将吸气阀关闭，下面将塔底盖和进料短管上好。等试压不漏之后开走装卸车。

3. 四通旋塞阀

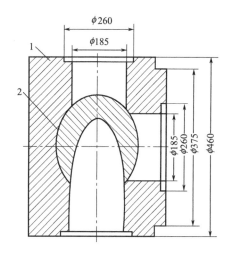

图 4-29　四通阀阀体截面

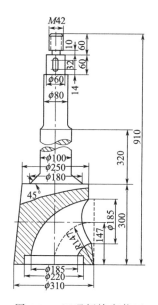

图 4-30　四通阀旋塞截面

（1）四通旋塞阀结构　四通旋塞阀（简称四通阀），是由 Cr、Mo 合金阀体和旋塞配合而成。在旋塞的锥面上开有类似弯头形状的通道；旋塞在阀体中既可固定又可旋转，和阀体四个方向的开口对应与外面管线相接，借用旋塞在阀中所处位置不同而使加热炉来的物料有不同的去向。两个出口分别去两个焦炭塔，一个出口可去放空或侧部进料供开工循环用，还有一个切断位置，即死点，为操作方便在手轮上标有去向的箭头。阀体和旋塞剖面分别见图 4-29 和图 4-30。

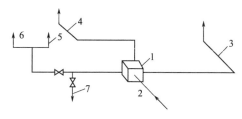

图 4-31　四通阀进出口工艺流程示意

1—四通阀；2—加热炉来油管；3,4—去焦炭塔；
5,6—去阻焦阀（开工线）；7—去放空

在四通阀底部设有两根汽封，防止渣油在旋塞和阀体间结焦。

（2）四通阀操作　四通阀进出口流程见图 4-31。四通阀操作应注意：

① 掌握四通阀螺套松紧程度及方向，避免在切换时卡住；

② 防止四通阀的汽封中断，使四通阀芯和阀体结焦而切换不动；

③ 进料短管给汽试通时检查仔细，避免切换时容易憋压或者发生爆炸着火；

④ 注意甩油线阀开关，防止切换后发生跑油串油；

⑤ 塔底油进行处理，防止切换后造成冲塔；

⑥ 切换四通阀时注意配合，防止用力不均造成切换中途停止；

⑦ 切换后通汽小，堵焦阀忘关，容易造成结焦，给下次准备带来麻烦；

⑧ 四通阀在正常生产时不可切换到死点，只能旋转90°。

4. 阻焦阀

（1）阻焦阀结构　阻焦阀的作用主要是防止循环结焦。气动阻焦阀结构见图4-32。

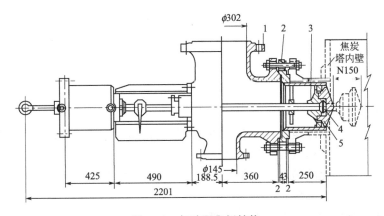

图 4-32　气动阻焦阀结构

1—阀体；2—阀座；3—固定盖；4—阀杆；5—阀芯

（2）阻焦阀操作

① 阻焦阀的吹扫，每塔除焦完毕上底盖之前，必须通汽吹扫，检查阻焦阀的开、关灵活性和畅通情况。

② 开、关阻焦阀给风时注意阀杆指位针所在位置，阀杆行程只有150mm，当指针达到开阀死点时说明阻焦阀已全开，当指针达到关阀死点时说明阀已关闭。

③切换焦炭塔改放空前，新塔阻焦阀关闭，同时给上汽封，防止阀头结焦。

六、延迟焦化装置的操作技术

1. 延迟焦化装置的开工

延迟焦化装置的开工分新建装置开工和检修后装置开工。一般来讲，检修后装置开工比新建装置开工步骤简单、时间短而且操作人员也比较熟练，开工就比较顺利，但在整个开工过程中也要引起特别重视。本文主要讨论新建装置开工。

（1）制定开工方案及开工准备　开工前制定详细开工方案；绘制开工统筹图；准备开工及生产过程所需物料、介质及工具；检查工艺流程、设备、仪表；确认水、电、汽、风正常供应；明确安全、环保措施等。

图 4-33 为某延迟焦化开工统筹图。

（2）开工

① 吹扫、贯通试压。吹扫、贯通试压的目的：

● 用空气或蒸汽吹扫管线设备内污物等；

● 检查管线设备的工艺流程是否畅通无阻；

● 检查设备、管线、阀门、法兰、测量点等处的密封性能及强度。

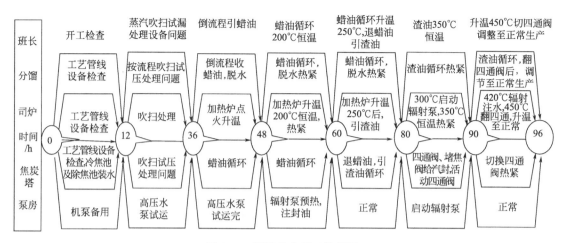

图 4-33　延迟焦化开工统筹图

吹扫、贯通试压的注意事项：

●一般塔类、容器、冷换设备及管线的介质层均用蒸汽先贯通后再试压，加热炉注水炉管、对流炉管、辐射炉管用试压泵打水试压；

●贯通试压时应避免脏物进入设备，改好流程，有副线和控制阀的地方先扫副线，孔板拆除，接短管，蒸汽不准乱窜；

●贯通试压不宜过快，不要一下子全面铺开，要一段段管线、一台台设备的吹扫试压；

●试压标准要严格注意，不要超过指标，一般设备试压为操作压力的 1.5 倍，管线一般试压到蒸汽压力为止，重点要放到高温高压部位。焦炭塔试压 0.3MPa，分馏塔试压 0.2MPa，加热炉注水炉管和辐射炉管试压 6.0MPa，加热炉对流炉管试压 4.5MPa. 高压水管线试压 20.0～25.0MPa，恒压 15～30min 不漏、无形变为合格；

●焦炭塔试压前安全阀下加盲板，分馏塔顶安全阀的手阀关闭，加热炉辐射出口去四通阀前加盲板，分别装好合适量程的压力表，准确指示所试压力。

吹扫、贯通试压的工作程序及流程：

●加热炉

给汽贯通流程：

注水泵出口给汽→注水炉管──┐
原料泵出口给汽→对流炉管→辐射炉管→四通阀→焦炭塔侧→放空塔

给汽贯通后进行试压操作：

停汽后放净压力，在加热炉出口即在四通阀前加盲板，四通阀的公称设计压力为 1.6MPa，严防超压把阀芯打坏；

注水炉管、辐射炉管、对流炉管分别装满试压水；

启动试压泵和注水泵打压到 4.5MPa，恒压检查对流炉管、弯头、堵头、涨口、法兰、焊口、阀门等处，无漏或在允许的范围内甩掉对流炉管；

注水炉管和辐射炉管进一步升压至 6.0MPa，恒压检查。

试压完毕放净存水，冬季还要用汽扫净存水防止冻坏炉管。

新装置投产时，最好再用柴油试压，因为柴油的渗透力强，试压的可靠性好，方法同上述。

●焦炭塔。塔顶挥发线、塔体、开工循环线等均用蒸汽贯通，然后试压。贯通完后，在分馏塔的油气入口处加盲板，关闭放空阀门，在操作平台给汽，憋压到 0.3MPa，进行全面检查，无漏为合格。

●分馏塔及各侧线。分馏塔系统的管线设备通常的贯通方法有两种，一种方法是从塔底给汽，向各馏出口吹扫，在各馏出口的最低点排空；另一种方法是从各馏出口的固定吹打头给汽向塔内吹扫。一般采用第二种方法，因为这种贯通方法速度快，时间短。

吹扫贯通后，关闭塔壁阀门和出装置阀门，管线试压到蒸汽压力检查无漏时为止。分馏塔在塔底给汽，升压到 0.2MPa，检查人孔、接管各处无漏为合格。卸掉压力和冷凝水。

封油线及容器用蒸汽扫完，试压合格放净水后，还要用空气吹扫干净，防止封油带水，造成透平泵抽空。

●稳定吸收和瓦斯系统。先用蒸汽贯通，后试压到蒸汽压力，类似分馏塔及各侧线。

② 单机水试运和联合水试运。也叫做冷负荷试运，是一般炼油装置新开工中不可缺少的步骤。

单机水试运之前，电机应该空运 8h 以上，检查电机运转是不是良好，检查电气、电路、开关的绝缘性能和使用性能。

●单机水试运。单体机动设备（泵和压缩机），同工艺管线一起充水，用泵打循环，进行冷负荷试运，要求单机冷负荷试运在 24h 以上，目的是冲洗管线和设备；检查流程走向；考验机泵性能是不是符合铭牌及生产要求；熟练操作。

●联合水试运。在单机水试运合格的基础上，进行全装置的联合水试运，其目的是为开工进油、点火升温做准备；检查整个装置是否协调；检查各仪表的使用情况，是不是灵活好用；进一步考验机泵性能，检查它们对全装置的联系；熟练操作。

③ 负荷试运。负荷试运常指的是装油循环，分以下步骤进行。

●装油循环点火。可以逐个设备进行装油，但是，最好按循环流程装油，较为省事。其流程是：

开工柴油从装置外引进→原料油泵→双炉对流炉管→分馏塔底

原料缓冲罐←甩油泵←焦炭塔侧←四通阀←辐射炉管

蜡油系统和柴油系统也分别装好油。装油完毕，循环开始，加热炉准备点火升温。

●循环升温脱水。各低点脱水见油后，启动机泵进行循环，保持液面平稳，加热炉点火，开始升温。循环量保持辐射分支流量在适当范围内，升温速度控制在 30～40℃为宜，当加热炉出口在 250～300℃之间时恒温，分别在分馏塔顶、焦炭塔顶脱水。预防在脱水过程中因油轻而泵易抽空，可以引进一定量的蜡油或渣油。新开工装置可以升温后降温，反复几次，以检查设备是否有缺陷。

继续升温至加热炉出口达到 350℃恒温脱水，焦炭塔顶温度随脱水过程的进行不断升高，超过 110～120℃时，改焦炭塔顶去分馏塔底。继续脱水，当分馏塔底温度已达 250℃以上，而且从焦炭塔、分馏塔底听不到有水击的响声，分馏塔上部各处温度已不断上升，油水分离器下脱水渐渐减少，经采样分析，确实证明分馏塔底油无水时开始预热加热炉的进料泵。

●启动加热炉进料泵。启动加热炉进料泵之前引好各冷换设备冷却水；启动注水泵泵水，经注水炉管加热后，在辐射入口处排空；准备好分馏塔顶回流用的汽油；准备好原料罐、产品接收罐；封油收好，并循环正常；加热炉的燃料气（燃料油）能满足需要；各部分操作都很正常，设备没有大的问题。

启动加热炉进料泵必须具备：透平（或电机）部分试车完毕随时都可启动；系统中水已

脱净；油泵部分预热温度已经达到，与分馏塔底温差不大于50℃；辅助系统（包括真空系统、封油系统、润滑油系统、冷却水系统）全部正常；分馏塔底液面平稳，原料泵上量良好；全装置无严重渗漏，各岗位配合很好。

启动透平后应当注意：开加热炉进料泵出口阀的同时，停蒸汽往复泵，关闭泵出口阀门，不可因加热炉进料泵出口压力高而造成往复泵憋压，或将热油窜到其他地方；分馏塔底液面要加强控制，维持平稳；加热炉的提量或降量都必须统一操作，加强与分馏岗位的联系；封油罐要加强脱水，液面要平稳；根据分馏塔底液面的高低可适当提加热炉进料油量。

● 升温切换原料。加热炉进料泵启动正常以后，以40℃/h的速度升温到400～420℃，分馏塔根据条件逐步建立各线回流，控制温度不要超过正常生产指标。

启动原料油泵抽新鲜原料，甩掉抽缓冲罐的循环流程。同时焦炭塔甩油也改出装置，形成一边进新鲜原料一边甩开工用油的开路循环流程。

原料切换完后，加热炉出口已达420℃，注水由放空改进辐射入口。

450℃时恒温检查，活动四通阀，压缩机启动空运，汽油、柴油、蜡油出装置通畅，仪表自动控制好用，机泵切换多次处于良好备用状态，焦炭塔底加快甩油。

● 快速升温到495℃切换四通阀。在快速升温的过程中，调节压缩机的负荷，控制好系统压力，保持在0.05MPa；焦炭塔加速塔底甩油，保持塔内无存油状态，甩油泵要有专人看管，严防温度高漏油着火；控制加热炉温度，加热炉进料流量和分馏塔底液面改自动控制，加热炉出口温度不能有较大的上下波动；做好切换四通阀的准备。

当加热炉出口温度升到495℃并运行正常，加热炉进料泵运行正常，分馏塔系统控制平稳，焦炭塔底甩油畅通，塔内存油极少，压缩机能正常运转，系统压力能够平稳控制，生产产品出装置没有问题等条件都具备后，便可联系好切换四通阀，从焦炭塔的侧部翻到焦炭塔的底部，转入正常生产。图4-34为某延迟焦化装置柴油开工的升温曲线图。

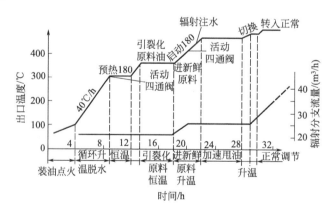

图4-34 柴油开工的升温曲线

切换四通阀后，焦炭塔岗位扫好开工线和甩油线。

● 正常调节。流量调节。加热炉进料以5～8m³/h速度升到工艺指标；分馏岗位根据各部温度调节回流量；加热炉注水量按指标分次提足；根据汽油质量控制分馏塔顶温度，根据柴油质量控制柴油抽出量。

温度调节。根据循环比大小调节分馏塔蒸发段温度到工艺指标；用冷却水量调节出装置产品的冷后温度；根据焦炭质量，控制炉出口温度。

压力调节。压缩机调节负荷控制系统压力在工艺指标范围内；加热炉进料泵出口压力控制在额定压力的 80% 左右；注水压力根据注水量而定。

●稳定吸收的开工。在焦化部分开工正常以后，各部分调节工作全部完成，这时要准备稳定吸收系统的开工。方法仍是扫线贯通、试压、装油循环，引热源升温到正常操作调节为止。

2. 正常操作控制指标

延迟焦化开工正常后，进入稳定控制生产阶段，在正常生产过程中，主要控制各种工艺指标实现生产目标。

（1）原料　原料控制指标主要有进料温度、处理量及循环比等。

（2）公用工程　公用工程控制指标主要涉及水、电、汽、风等消耗及规格指标。表 4-20 典型焦化装置部分公用工程规格指标。

表 4-20　典型焦化装置部分公用工程指标

项　目		指　标	项　目	指　标
新水压力/MPa	≥	0.4	系统燃料气压力/MPa	0.30～0.65
循环水压力/MPa	≥	0.3	低压脱氧水压力/MPa	1.5～3.0
循环水进装置温度/℃	≥	28	高压脱氧水压力/MPa	5.5～6.0
低压蒸汽压力/MPa		0.85～1.15	压缩空气压力/MPa ≥	0.4

（3）产品　产品指标主要有收率及质量控制指标。表 4-21 典型焦化装置部分产品质量指标。

表 4-21　典型焦化装置部分产品质量指标

产　品	项　目		指　标
粗汽油馏分	终馏点/℃	≤	175
柴油馏分	终馏点/℃	≤	365
	闪点(闭口)/℃	≥	40
焦化蜡油	残炭质量分数/%	≤	0.5
	水分质量分数/%	≤	0.5
石油焦	挥发分/%	≤	14
	灰分/%	≤	0.5

（4）工艺操作指标

① 加热炉。典型加热炉工艺操作指标见表 4-22。

表 4-22　典型加热炉工艺操作指标

项　目	指　标	项　目	指　标
加热炉辐射出口温度/℃	496～505	炉辐射进口注水量/(kg/h)	150～360
炉膛温度/℃	≤800	炉辐射管第六根注水量/(kg/h)	150～250
炉管壁温/℃	≤650	3.5MPa 蒸汽流量/(t/h)	5～8
蒸汽进炉温度/℃	≥190	燃料气压力/MPa	0.1～0.2
过热蒸汽出炉温度/℃	220～250	炉膛负压/Pa	−40～−10
加热炉分支进料流量/(t/h)	30～45	加热炉进料压力/MPa	≤2.5
炉对流进口注水量/(kg/h)	120～200		

② 焦炭塔。典型焦炭塔工艺操作指标见表 4-23。

表 4-23　典型焦炭塔工艺操作指标

项　目	指　标	项　目	指　标
焦炭塔顶温度/℃	390～430	小吹汽量/(t/h)	2～5
焦炭塔顶冷焦后温度/℃	≤90	大吹汽量/(t/h)	10～18
焦炭塔底冷焦后温度/℃	≤80	焦炭塔顶压力/MPa	≤0.25
焦炭塔底预热后温度/℃	≤320	小吹汽时间/h	1.5
焦炭塔急冷油量/(t/h)	10～18	大吹汽时间/h	3.0

③ 放空塔。典型放空塔工艺操作指标见表 4-24。

表 4-24　典型放空塔工艺操作指标

项　目	指　标
放空塔塔顶温度/℃	≤200
放空塔底油及甩油冷却器正常生产时出口温度/℃	≤100
放空塔底油及甩油冷却器开停工时出口温度/℃	≤150
放空塔底油及甩油冷却器出口温度/℃	≤45
放空塔塔底液面/%	40～70
放空塔顶气液分离罐油液面/%	20～40
放空塔顶气液分离罐油水界面/%	20～40

④ 分馏塔。典型分馏塔工艺操作指标见表 4-25。

表 4-25　典型分馏塔工艺操作指标

项　目	指　标	项　目	指　标
分馏塔塔顶温度/℃	100～145	分馏塔柴油回流量/(t/h)	46.5～80.5
分馏塔柴油集油箱抽出温度/℃	210～270	中段油回流量/(t/h)	60～85
柴油回流至分馏塔温度/℃	≤60	分馏塔重蜡油回流量/(t/h)	20～32
分馏塔中段回流油抽出温度/℃	300～330	分馏塔底循环油回流量(上)/(t/h)	40～50
蜡油蒸汽发生器出口温度/℃	240～260	分馏塔底循环油回流量(下)/(t/h)	8～12
分馏塔蜡油集油箱抽出温度/℃	335～380	分馏塔气液分离罐压力/MPa	0.07～0.1
轻蜡油蒸汽发生器出口温度/℃	210～230	分馏塔塔顶压力/MPa	0.13～0.17
分馏塔重蜡油集油箱抽出温度/℃	390～410	分馏塔塔柴油集油箱液面/%	30～70
分馏塔蒸发段温度/℃	350～420	分馏塔塔蜡油重集油箱液面/%	30～70
分馏塔油气进口温度/℃	395～420	分馏塔塔底液面/%	40～70
分馏塔塔底温度/℃	310～360	分馏塔气液分离罐油液面/%	15～35
分馏塔顶循环油量/(t/h)	55～70	分馏塔气液分离罐油水界面/%	20～35

⑤ 吸收稳定。典型吸收稳定工艺操作指标见表 4-26。

表 4-26　典型吸收稳定工艺操作指标

项　目	指标	项　目	指标
吸收塔中段回流量/(t/h)	18～30	稳定塔塔底重沸器回流温度/℃	190～210
吸收塔顶吸收柴油流量/(t/h)	18～30	稳定塔塔顶回流量/(t/h)	2～3
吸收塔顶压力/MPa	≤1.2	稳定塔塔顶压力/MPa	≤1.3
吸收塔底液面/%	35～60	稳定塔塔顶回流罐压力/MPa	≤1.2
焦化富气分液罐液面/%	≤20	稳定塔塔底液面/%	40～70
焦化富气分液罐油水界面/%	15～35	稳定塔塔顶回流罐液面/%	20～40
稳定塔塔顶温度/℃	60～80		

⑥ 气压机。典型气压机工艺操作指标见表 4-27。

表 4-27　典型气压机工艺操作指标

项　　目	指　标	项　　目	指　标
气压机一段入口压力/MPa	0.045	冷却器后润滑油温度/℃	40～45
气压机二段出口压力/MPa	1.30	密封器过滤器差压/kPa	<70
气压机一段入口温度/℃	<40	密封气供气压力/MPa	0.5～0.8
气压机二段入口温度/℃	<45	前置密封罐子与主密封气差/MPa	>0.3
气压机二段出口温度/℃	≤125	润滑油过滤器差压/MPa	<0.15
汽轮机蒸汽入口压力/MPa	3.23～3.63	调节油过滤器差压/MPa	<0.15
汽轮机蒸汽出口压力/MPa	0.88～1.08	轴承温度/℃	<95
汽轮机蒸汽入口温度/℃	390～410	机组振动/mm	<0.06
润滑油压力/MPa	0.25	气压机轴位移/mm	<0.5
调节油压力/MPa	>0.65		

3. 延迟焦化装置的停工

装置停工的原因很多，其中有计划检修、装置的改造扩建、键设备发生故障非停工不可等。根据装置停工的原因不同，停工方法步骤也不相同，就其方法不同来看可以分为正常停工、紧急停工、单炉停工（或叫分炉）三种情况。

（1）正常停工　正常停工前一切操作条件仍按工艺指标控制。确定停工时间后，焦炭塔的换塔时间应当安排好，在停工时有两个空焦炭塔作为停工用焦炭塔。图 4-35 为某延迟焦化停工统筹图。正常停工步骤。

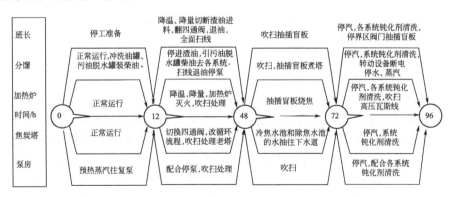

图 4-35　延迟焦化停工统筹图

① 加热炉降量。

● 加热炉以 5～10m³/h 的速度降量，由原来正常生产时的流量降到某设定值，降量过程中加热炉出口仍按工艺指标控制；

● 降量过程中分馏塔岗位仍要控制产品质量，保持好分馏塔底液面及各处温度；

● 焦炭塔岗位将空焦炭塔预热到塔顶约 300℃，扫好开工线、甩油线，准备好甩油泵；

● 在降量过程中稳定吸收可以提前停工，抽净设备存油；

● 加热炉进料泵降量时，可根据具体条件逐渐降低出口压力直到 3.0MPa 左右；

● 降量开始以后就可以切换热原料，改抽冷原料，以利下步降温；

● 压缩机控制好系统压力，适当减少负荷，直到全部卸去负荷，停压缩机。

② 加热炉快速降温及切换四通阀。

● 降量结束后，加热炉以 60℃/h 的速度降低至加热炉出口温度为 460℃；

● 当加热炉出口温度到 460℃ 时，切换四通阀，从老塔底部进料切换到停工塔侧部进料；

● 切换后，焦炭塔岗位老塔少量给蒸汽汽提、停工塔加速甩油；

● 分馏塔产品很少，停止向外送产品，关闭出装置阀门，加大向分馏塔回流量，进行热冲洗塔盘。

③ 降温。

● 继续以加 40～50℃/h 的速度降温；

● 继续降温后，系统压力仍要保持，一方面保证加热炉燃料，另一方面保持加热炉进料泵有一定入口压力；

● 降温到 400℃ 时，辐射进料量应当加大，以利降温，不至于熄火太多造成炉膛降温太快；

● 降温到 350℃ 时停止辐射、对流进料，用蒸汽吹扫；

● 注水一般在 400℃ 时停止，改放空，也可以不停注水，用热水冲洗炉管。

④ 熄火。

● 熄火后，加热炉扫线继续，要逐渐开人孔、防爆孔、烟道挡板，有利降温，要测焦厚的炉管，堵头要加机油。

● 焦炭塔和分馏塔要尽快甩油，保证设备少存油，分馏塔继续将后部的汽油柴油泵回分馏塔内，冲洗塔盘。

● 加热炉进料泵停运后，封油和润滑油继续循环，加强盘车使机体降到室温，然后停封油及润滑油，配合扫线。

⑤ 设备管线处理。停工后对设备管线进行扫线处理，做到：

● 设备管线存油必须抽空；

● 设备管线内存油必须尽可能扫干净；

● 设备管线内残压必须放掉，存水必须放净。

扫线的程序：渣油→蜡油→柴油→汽油→瓦斯系统

（2）紧急停工　紧急停工也有两种情况。一种是突然爆炸或长时间停电、停水、停汽，既不能维持生产，也不能降温循环，可采用加热炉紧急熄火，切换四通阀到新塔或切换到放空塔，停掉加热炉进料泵，全装置立即改放空。另一种就是采用降温循环的办法（如蒸汽透平部分出现故障），这时可采用降温到 350℃ 左右，甩掉加热炉进料泵，用蒸汽往复泵代替，这一方法可以维护系统内有一定压力、温度、流量、液面。可以建立起加热炉、焦炭塔、分馏塔的循环，产品不出装置，冬季为了防冻防凝可以向装置外切断顶线。

（3）单炉停工　单炉停工又叫分炉。在两炉四塔型延迟焦化装置中，经常有分炉和并炉这样的过程。单炉停工的原因，多数情况是一台加热炉结焦严重，而另一台加热炉或全装置不需停工；少数情况是因加热炉或与它成对的焦炭塔出现必须停工才能处理的问题。

① 单炉停工步骤。延迟焦化装置可以根据情况甩掉一炉进行检修，而另一炉进行正常生产，然后又并炉，这就是它的灵活性。其步骤是：

● 以 25m³/h 速度降单炉流量到某设定值；

● 快速降温到 460℃，切换四通阀到焦炭塔侧部进料，底部油甩出装置；

● 降温到 400℃ 时，焦炭塔顶改放空塔，对流辐射分别停止进料；

● 给汽扫线，加热炉降温至 350℃ 就熄火。

② 单炉停工注意事项。

● 停工的加热炉降量时，分馏塔要控制好产品质量，控制好各部温度和液面；

● 压缩机要注意系统压力的维持；

● 加热炉在停止对流进料和停止辐射进料时，分馏塔要保持塔底液面和温度；

- 正常生产的加热炉负荷增加,注意炉膛温度不要超高;
- 加热炉进料泵注意出口压力,不能波动太大;
- 停止进料后扫线时,要注意将隔开阀门关严,防止向生产系统串汽、串水。

七、延迟焦化技术发展及应用

延迟焦化技术发展主要涉及工艺、设备及控制等几个方面。

1. 工艺

(1) 传统工艺改进　例如,上海石化焦化采用将传统工艺改进的技术,新流程与传统流程相比主要是改进了焦化炉的流程,原料直接进对流、辐射加热,主要解决传统流程焦化炉对流、辐射分开加热,对流容易超温的问题。改进流程见图4-36。

(2) 新工艺　例如,洛阳石化工程公司针对国内焦化不能实现小循环比操作而开发的新工艺-可灵活调节循环比流程。采用原料不进分馏塔,在分馏塔底部改为循环油抽出。循环比的调节直接采用循环油与原料在罐里混合。反应油气热量在分馏塔内采用经换热后的冷循环油换热。其流程见图4-37。

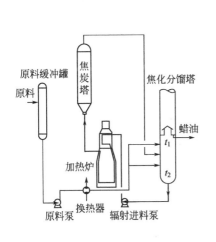

图 4-36　改进延迟焦化流程

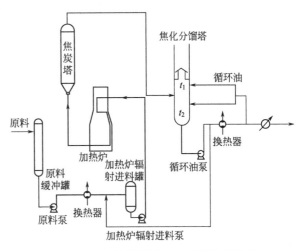

图 4-37　可灵活调节循环比延迟焦化流程

2. 设备

(1) 加热炉　为了解决加热炉炉管结焦问题,在加热炉设计中采用新技术,如
① 使用加热炉设计专用软件,优化加热炉设计;
② 水平管单排管双面辐射传热方式,优化炉管表面热强度;
③ 多点注水(汽)技术;
④ 开发小能量扁平火焰低 NO_x 气体燃烧器;
⑤ 采用在线烧焦技术。

(2) 焦炭塔及除焦设备　如大型焦炭塔、除焦控制阀、自动除焦器、自动顶盖机等。

3. 控制

(1) 焦炭塔压力控制　延迟焦化过程中,加热炉、分馏塔的操作是连续的,而焦炭塔的操作是间断的。焦炭塔的每次操作都会改变加热炉、分馏塔的正常操作。这就产生在焦炭塔预热、切换过程中,分馏系统压力变化,引起操作的波动以及泡沫的夹带,影响装置的正常生产。所以压力的波动是焦炭塔操作中主要问题产生的原因。大型化焦炭塔的压控技术就是针对该问题进行的一项革新,它的主要原理是在焦炭塔预热过程中,通过注入一种引发物料

（焦化石脑油 LGO），在生产焦炭塔内产生足以补偿预热另一个焦炭塔所带来的流量补充，来稳定生产焦炭塔的压力，克服焦炭塔、分馏系统的压力波动。其控制原理见图 4-38。

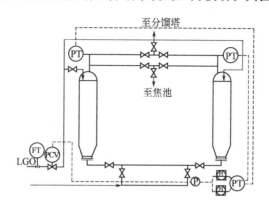

图 4-38　焦炭塔的压力控制原理

（2）水力除焦程序控制系统

水力除焦程序控制系统采用钻具位移模拟数显示及钻机绞车、溜焦槽的电位监控。

第五章 催化重整

第一节 概　　述

一、催化重整目的

催化重整（Catalytic Reforming）是以石脑油为原料，有氢气和催化剂存在，在一定温度、压力等反应条件下，使烃类分子发生重排，将石脑油转化为富含芳烃的重整生成油的工业过程。根据催化重整产品特点，催化重整过程有以下三个方面的目的。

① 生产高辛烷值汽油组分。

② 为化纤、橡胶、塑料和精细化工提供原料（苯、甲苯、二甲苯，简称 BTX 等单体芳烃）。

③ 生产化工过程所需的溶剂、油品加氢所需高纯度廉价氢气（75％～95％）和民用燃料液化气等副产品。

二、催化重整地位和作用

催化重整由于其特殊的产品结构及性能，使其在炼油行业和石油化工行业占有特殊的地位，并在各自的行业发挥特殊的作用。

1. 催化重整在炼油工业中地位和作用

（1）重整汽油是车用汽油的主要调和组分　车用汽油一般的调和组分有：直馏汽油、催化裂化汽油、催化重整汽油、加氢裂化汽油、热加工汽油、烷基化汽油、异构化汽油、叠合汽油、MTBE 及丁烷等组分。表 5-1～表 5-3 分别列出北美和欧洲、我国及美国汽油调和组分的构成。

表 5-1　北美和欧洲汽油调和组分的构成　　　　　　　单位：％

汽油调和组分	世界范围总和	北　　美	欧　　洲
占世界汽油总量	100.0	40.0	38.0
直馏汽油	9.0	4.0	8.0
催化裂化汽油	34.0	37.0	28.0
催化重整汽油	33.0	39.0	41.0
加氢裂化汽油	2.0	3.0	2.0
烷基化汽油	8.0	13.0	4.0
C_5/C_6 异构化汽油	6.0	6.0	9.0
叠合/二聚汽油	0.8	1.0	1.0
MTBE	1.0	1.3	0.8
ETBE	0.1	—	0.1
TAME	0.1	0.1	0.3
丁烷	5.0	5.0	5.0
乙醇	0.9	1.4	0.5
合计	100.0	100.0	100.0

表 5-2 我国汽油调和组分的构成　　　　　单位：%

项　　目	1985 年	1990 年	1995 年	1997 年	2001 年	2002 年	2003 年
直馏汽油	24.05	18.49	16.10	11.08	4.00	10.30	9.80
催化裂化汽油	66.00	70.77	73.96	78.89	81.40	76.50	74.10
催化重整汽油	1.20	4.43	6.55	5.42	12.60	11.40	14.60
加氢裂化汽油	0.38	4.32	0.97	1.04	—	—	—
烷基化汽油	0.61	0.99	0.25	0.20	—	0.4	0.4
焦化、热裂化汽油	6.81	0.58	0.80	0.32	—	—	—
芳烃	0.19	0.32	0.60	0.79	—	—	—
MTBE	1.07	1.41	1.82	2.26	2.00	1.40	1.10

表 5-3　美国汽油调和组分的构成　　　　　单位：%

项　　目	1979 年	1987 年	1988 年	1995 年	2004 年
直馏汽油	12.00	4.50	3.00	—	8.00
催化裂化汽油	35.00	35.50	33.00	34.50	23.00
催化重整汽油	12.00	—	35.20	33.50	31.00
加氢裂化汽油	3.00	2.50	2.00	1.50	13.00
烷基化汽油	10.00	11.00	11.20	12.50	13.00
焦化汽油	2.00	1.00	0.60	—	—
异构化汽油	—	3.50	5.00	10.00	7.00
丁烷	6.00	7.00	7.00	5.50	—
异辛烷/异辛烯	—	—	—	—	5.00
MTBE	—	—	2.50	2.50	—

由表 5-1～表 5-3 可知，世界范围内包括中国，构成汽油及组分基本相近，只是相对含量有所差别，北美及欧洲汽油主要由催化裂化和催化重整构成。而我国催化裂化汽油占主导，最高达到 81.4%。

由于环保和节能要求，世界范围内对汽油总的要求趋势是高辛烷值和清洁，即清洁汽油。2004 年 4 月由美国汽车制造商协会（AAMA）、欧洲汽车制造商协会（ACEA）及日本汽车制造商协会（JAMA）组织的"世界燃料委员会"制定了新版本的"世界燃料规范"，建议世界各国参照此规范实施，规范中涉及汽油的主要指标要求见表 5-4。

表 5-4　世界燃料规范中汽油主要指标要求

项　　目	I	II	III	IV
RON	91、95、98	91、95、98	91、95、98	91、95、98
MON	82、85、88	82、85、88	82、85、88	82、85、88
密度/(kg/m^3)	715～780	715～770	715～770	715～770
氧化安定性/min	≥360	≥480	≥480	≥480
硫含量/(μg/g)	<1000	<200	<30	<5～10
烯烃含量(体积分数)/%	—	<20	<10	<10
芳烃含量(体积分数)/%	<50	<40	<35	<35
苯含量(体积分数)/%	<5.0	<2.5	<1.0	<1.0
氧含量(体积分数)/%	<2.7	<2.7	<2.7	<2.7

由表 5-4 可知，新规范汽油主要限制组分是硫含量、烯烃含量、芳烃含量、氧含量等。我国已在 2000 年实现了汽油无铅化，汽油辛烷值在 90（RON）以上，汽油中有害物质的控制指标为：烯烃含量≤35%，芳烃含量<40%，苯含量<2.5%，硫含量<0.08%。表 5-5 列出各种汽油的调和组分典型性质。

表 5-5　各种汽油的调和组分典型性质

性　　质	直馏石脑油	催化裂化汽油		加氢裂化汽油		异构化组分		催重整汽油	烷基化汽油
		轻质	重质	轻质	中质	iC_5	iC_6		
RON	80.9	93.8	86.9	82	67	92.3	86.8	99	94
MON	78.7	81.5	77.8	82.5	65	90.3	84	89	92
密度/(g/cm³)	0.67	0.73	0.81	0.7	0.72	0.62	0.65	0.82	0.7
硫含量/(μg/g)	54	30	70	4	4	0	1	2	10
烯烃含量(体积分数)/%	0.25	61.2	5.7	6.5	0.05	0	0	0	0.001
芳烃含量(体积分数)/%	0.1	1.7	23.2	1	16	0	0.25	68.9	0
苯含量(体积分数)/%	0.1	0.63	0.7	1	0.8	0	0.25	0.63	0
氧含量(体积分数)/%	0	0	0	0	0	0	0	0	0

　　由表 5-5 及常规催化重整汽油数据可知,催化重整汽油辛烷值高,半再生重整汽油研究法辛烷值在 90 以上,连续重整汽油研究法辛烷值可达 100 以上,另外重整汽油中烯烃及硫含量较低,这些都符合清洁汽油的标准要求。在发达国家的车用汽油组分中,催化重整汽油占 30%~40%。目前我国汽油以催化裂化汽油组分为主,烯烃和硫含量较高。降低烯烃和硫含量并保持较高的辛烷值是我国炼油厂生产清洁汽油所面临的主要问题,在解决这个矛盾中催化重整将发挥重要作用。

　　总之,催化重整汽油作为理想汽油的调和组分,主要表现在以下几个方面。

　　① 提高及调整汽油辛烷值及分布。作为提高辛烷值的有效组分,国外将催化重整、烷基化和醚化生产总能力与原油加工能力之比称为"提高辛烷值能力",而催化重整生产能力是提高辛烷值能力的首要因素。目前我国最低标号的 90 号汽油研究法辛烷值为 90,对于 93 号和 97 号高标号汽油,仅仅靠催化裂化难以满足,因此,必须增加更高辛烷值组分,提高催化重整汽油在高辛烷值汽油比例尤为重要。

　　车用汽油辛烷值分布是指汽油的<100℃馏分(俗称头部馏分)和>100℃馏分油的差异情况,可用各段馏分与全馏分辛烷值差异大小及马达法与研究法辛烷值差别大小来表示,辛烷值分布不均匀会导致汽油使用性能变差,污染排放增加。表 5-6 列出大庆 VGO 催化裂化汽油和大庆宽馏分催化重整汽油辛烷值分布。

表 5-6　大庆 VGO 催化裂化汽油和大庆宽馏分催化重整汽油辛烷值分布

项　　目	大庆 VGO FCC 汽油			大庆宽馏分重整汽油		
	MONC	RONC	RONC-MONC	MONC	RONC	RONC-MONC
A(<100℃馏分)	79.9	91.6	21.7	70.0	72.0	2.0
B(>100℃馏分)	74.7	82.1	7.4	93.5	102.5	9.0
C(全馏分)	78.2	87.1	8.9	86.0	97.0	11.0
Δ_1=A-C	1.7	4.5	—	-16.0	-25.0	—
Δ_2=B-C	-3.5	-5.0	—	7.0	7.0	—

　　由表 5-6 可看出,催化重整汽油头部辛烷值较低,RONC 与 MONC 差值低;后部辛烷值较高,RONC 与 MONC 差值大。这与催化裂化汽油恰好相反。催化裂化汽油与催化重整汽油两者调和,可以改善汽油辛烷值分布。

　　② 降低汽油烯烃含量。催化裂化汽油烯烃含量一般在 30%~50%,不能满足汽油规格要求。而重整汽油烯烃含量很低,一般不高于 2%。因此,催化重整汽油作为车用汽油的调和组分,可以大大降低成品汽油的烯烃含量,这对于我国主要以催化裂化汽油组分为主的车用汽油尤为重要。

　　③ 降低汽油杂质含量。由于环境排放和使用性能要求,降低汽油中杂质含量,尤其是

硫含量是汽油发展的方向，催化重整汽油由于原料较为干净，再加上过程中加氢能力，使其产品杂质含量极低，这样可较大程度的降低成品汽油的杂质含量，满足清洁汽油需求。

（2）炼油企业加氢裂化和加氢精制廉价氢来源　由于全球范围内原油的重质化和劣质化的趋势日趋明显，而对石油产品的质量要求却越来越高，尤其对环境危害物限制要求更加严格，即原料和产品的差异化越来越大，解决这一矛盾，目前公认比较理想的策略是利用加氢裂化和加氢精制的方法，加氢裂化和加氢精制则需要大量廉价的高纯度氢气。一般情况下，催化重整纯氢产率为 2.5%～4.0%，即每吨重整进料可产氢气 250～500m³（因原料性质、催化剂性能及工艺操作条件不同而有差别）；并且，催化重整氢成本要较单独建设生产氢气装置要低得多。因此，大力发展催化重整则是对整个炼油企业装置布局有明显的优势。

2. 催化重整在石油化学工业中地位和作用

石油是不可再生资源，其最佳应用是达到效益最大化和再循环利用。石油化工是目前最重要的发展方向，芳烃是石油化学工业重要的基础原料。在现有已知 800 多万种有机化合物中，芳烃就占 30% 左右，其中 BTX 芳烃（苯、甲苯和二甲苯）是一级基本有机化工原料，而催化重整是生产 BTX 芳烃主要手段。

（1）苯　苯主要来源：催化重整、裂解汽油和煤焦油，分别约占总苯产量的 55%、40% 和 5%，并且约有 19% 苯是通过甲苯转化而来。一般重整生成油中苯含量（体积分数）为 7%～9%。2004 年世界苯生产能力为 45.69Mt/a，产量为 36.70Mt/a；我国生产能力为 3.22Mt/a，产量为 2.56Mt/a，其中，80% 来自石油。

苯主要用途：约 52% 用于乙烯烃化生产乙苯和苯乙烯；20% 应用丙烯烃化生产异丙苯和苯酚；14% 用于生产环己烷、环己醇、己二酸和尼龙 66；4% 用于生产直链烷基苯，即苯主要用于化工原料。

（2）甲苯　甲苯主要来源：催化重整和烃类裂解。一般重整生成油中甲苯含量为 11%～18%，2004 年世界苯生产能力为 24.49Mt/a；我国生产能力为 950kt/a，产量为 904kt/a。

甲苯主要用途：生产苯和其他化工产品原料；高辛烷值汽油调和组分；涂料、油墨、硝酸纤维等溶剂。

（3）C_8 芳烃　C_8 芳烃有 4 种同分异构体，分别是邻二甲苯、间二甲苯、对二甲苯和乙苯。目前需求量最大是对二甲苯。

C_8 芳烃主要来源：催化重整、热裂解汽油、甲苯歧化和煤焦油。不同来源的 C_8 芳烃组成见表 5-7。一般重整生成油中 C_8 芳烃含量为 20% 左右，2004 年世界对二甲苯生产能力为 24.80Mt/a，产量为 21.66Mt/a；我国生产能力为 2.32Mt/a，产量为 1.80Mt/a。

C_8 芳烃主要用途：生产其他化工产品原料；高辛烷值汽油调和组分和溶剂。其中对二甲苯主要用于生产对苯二甲酸（PTA）和对苯二甲酸二甲酯（DMT）。

表 5-7　不同来源的 C_8 芳烃组成　　　　　　　　　　　　单位：%

组　　分	催化重整	裂解汽油	苯歧化	炼焦副产粗苯
邻二甲苯	20	15	24	20
对二甲苯	40	40	50	50
间二甲苯	20	15	26	20
乙苯-苯乙烯	15(乙苯)	30	—	10

3. 催化重整在炼化一体化过程中地位和作用

企业追求效益最大化、成本最小化、把握市场和适应市场的能力是永恒的主题，石油工业中的炼油-化工一体化是实现这一追求的具体模式。由于催化重整特殊的产品结构，决定了其作为石油炼油和石油化工上下游链接的主要纽带。

总之，催化重整是石油炼制和石油化工的重要工艺之一，受到了广泛重视。据统计，2005 年世界主要国家和地区原油总加工能力为 4252.17Mt/a，其中催化重整处理能力 484.67Mt/a，约占原油加工能力的 11.4%。

三、催化重整原料和产品

1. 催化重整原料

根据现有催化重整工艺和技术要求，能够作为催化重整过程原料的主要有：直馏石脑油、加氢裂化石脑油、焦化石脑油、催化裂化石脑油、裂解乙烯石脑油抽余油。

（1）直馏石脑油 直馏石脑油是指将原油常压蒸馏，得到在石脑油馏分范围内的烃类化合物。根据直馏石脑油的馏分范围，可将其分为轻直馏石脑油和重直馏石脑油，其中重直馏石脑油可作为重整原料。直馏石脑油作为重整原料主要有烯烃和杂质含量小的优点，是最理想的重整原料。但目前面临的问题是，原油重质化趋势使其在原油中含量越来越少，再加上与乙烯装置争原料的问题，造成目前直馏石脑油较为紧缺。

直馏石脑油的收率和组成性质取决于原油的产地和性质，不同原油石脑油的含量和性质相差较大。我国主要原油石脑油馏分收率和性质见表 5-8。

表 5-8　我国主要原油石脑油馏分收率和性质

原　　油	大庆	胜利	辽河	华北	北疆	大港	中原	惠州	塔中
实沸点范围/℃	初馏点 ~160	初馏点 ~130	初馏点 ~200	初馏点 ~140	初馏点 ~200	初馏点 ~160	初馏点 ~200	初馏点 ~200	初馏点 ~200
占原油收率/%	4.83	3.46	6.42	4.86	5.71	4.88	16.00	20.18	30.81
密度(20℃)/(g/cm³)	0.7221	0.7355	0.7733	0.7240	0.7579	0.7363	0.7571	0.7332	0.7336
馏程/℃									
初馏点	55	65	76	59	81	62	76	59	48
10%	83	88	110	82	114	92	103	97	83
50%	111	110	147	103	151	226	142	142	128
90%	141	142	182	127	183	144	185	180	172
终馏点	164	167	203	156	200	166	206	195	192
硫含量/(μg/g)	150	89	—	14	77	—	100	734	140
酸度/(mgKOH/100cm³)	0.29	0.82	1.19	0.50	3.95	—	2.23	1.90	0.23

由表 5-8 可见，惠州和塔中原油石脑油含量较高，分别达到 20.18% 和 30.81%，胜利、大庆、华北和大港原油石脑油含量较少，分别只有 3.46%、4.83%、4.86% 和 4.88%，相差较大。石脑油性质可用密度、硫含量、酸度及馏程描述，其差别也较大。

（2）加氢裂化石脑油 为了解决直馏石脑油供需矛盾，扩展重整原料来源，其中利用加氢裂化石脑油作为重整原料是一个较为理想的模式。加氢裂化石脑油同样具有烯烃及杂质含量低的优点，加氢裂化石脑油的质量和收率取决于加氢裂化原料组成、催化剂性能和工艺技术条件等。用于生产石脑油的加氢裂化主要有化工型缓和加氢裂化、高压一段串联全循环加氢裂化和高压两段全循环加氢裂化工艺。不同加氢裂化工艺和产品方案中石脑油收率见表 5-9。

表 5-9　不同加氢裂化工艺和产品方案中石脑油收率

工艺特点	单段一次通过	单段串联一次通过	单段串联全循环	单段一次通过缓和加氢	两段全循环
产品方案	燃料、润滑油	中间馏分油	石脑油	轻质油、馏分油	石脑油
原料	大庆常压三、减压一	大庆减压瓦斯油	大庆、胜利减压瓦斯油	南阳重柴	减压馏分油
裂化温度/℃	391	400	373	372	371
裂化压力/MPa	14.5	17.45	14.8	7.2	16.28
石脑油收率/%	17.98	21.60	66.37	37.71	61.75

（3）催化裂化石脑油　催化裂化石脑油为馏分油和重油催化裂化产品，其特点是烯烃、环烷烃及杂质含量较高，作为重整原料不是很理想，通过预处理后，可以作为催化重整原料。催化裂化石脑油收率较高，其收率和性质取决于原料组成、催化剂性能及工艺条件。重油催化裂化石脑油收率见表5-10，馏分油催化裂化石脑油收率见表5-11。

表 5-10　重油催化裂化石脑油收率

原　料	大庆常渣	混合重油	任丘常渣	任丘重油	新疆长庆	鲁宁管输	
密度(20℃)/(g/cm³)	0.8900	0.8805	0.8880	0.8942	0.8950	0.9050	0.9090
石脑油收率/%	50.1	49.14	43.6	47.68	55.5	49.15	48.17

表 5-11　馏分油催化裂化石脑油收率

原　料	大庆	大港	胜利	鲁宁管输	江汉	新疆	辽河
原料馏分范围/℃	290～536	259～512	268～523	245～536	303～492	160.5～518	273～504
掺炼焦化蜡油/%	20.0	0	0	0	0	25.0～30.0	25.7
石脑油收率/%	50.4	48.73	42.7	50.9	52.0	54.7	43.2

（4）焦化石脑油　焦化石脑油是延迟焦化工艺产品，其特点是烯烃和杂质含量较高，作为重整原料不是很理想。焦化石脑油收率和性质取决于原料组成和工艺条件。表5-12和表5-13分别列出焦化石脑油收率和性质。

表 5-12　延迟焦化产品收率　　　　　　　　　　　单位：%

原　料	大庆减压渣油		鲁宁管输减压渣油	
生产方案	汽柴油	重馏分油	汽柴油	重馏分油
气体	19.5	8.3	10.1	8.3
石脑油	28.7	15.7	17.9	15.9
柴油	38.0	36.3	41.7	32.3
重馏分油	0	25.7	5.0	20.7
焦炭	13.8	14.0	25.3	22.8

表 5-13　延迟焦化石脑油性质

原　料	大庆减压渣油	胜利减压渣油	鲁宁管输渣油	辽河减压渣油	沈北减压渣油
密度(20℃)/(g/cm³)	0.7414	0.7329	0.7413	0.7401	0.7315
溴价/(gBr/100g)	41.4	57.0	53.0	58.0	54.6
硫/(μg/g)	100	—	4200	1100	128
氮/(μg/g)	140	—	200	330	61
辛烷值(MON)	58.5	61.8	62.4	60.8	43.4
馏程/℃					
初馏点	52	54	57	58	64
10%	89	84	91	88	91
50%	127	119	129	128	139
90%	162	159	167	164	185
终馏点	192	184	192	201	210

（5）乙烯裂解石脑油抽余油　乙烯裂解石脑油是馏分油裂解生产乙烯过程中副产品，通过加氢预处理、芳烃抽提后得到抽余油可以作为重整原料。裂解石脑油抽余油烷烃含量较低，环烷烃和芳烃含量较高，其组成和收率取决于原料组成、裂解工艺和裂解条件。裂解原料和深度对石脑油和抽余油收率影响见表5-14。

表 5-14　裂解原料和深度对石脑油和抽余油收率影响

原　料	乙烷	丙烷	正丁烷/异丁烷	常压柴油	减压柴油	全馏分石脑油	
						高深度裂解	中深度裂解
乙烯收率/%	77.00	42.00	42.00	26.00	20.76	32.64	29.40
石脑油收率/%	1.88	7.39	11.36	18.60	18.99	23.45	24.90
抽余油收率/%	0.73	3.74	4.35	7.54	9.70	4.35	12.23

2. 催化重整产品

催化重整生产方案、原料的组成和性质、催化剂组成和性能、工艺流程及操作条件等对催化重整产品分布和产品收率都有较大的影响。

（1）高辛烷值汽油生产方案　以生产高辛烷值汽油为目的生产过程其产品分布及特点如下。

① H_2，收率为 3.5%～4.5%，纯度为 80%～96%，可作为催化加氢及本装置原料预处理和反应循环廉价氢来源。

② 裂解气（C_1～C_2），主要为热裂解的产物，收率较低，含有一定量的氢气，主要用于本装置燃料。

③ 液化气（C_3～C_4），主要为催化裂化产物，饱和度较高。

④ 高辛烷值汽油组分，辛烷值较高，作为高辛烷值汽油主要调和组分。

（2）芳烃生产方案　以生产化工原料芳烃为目的生产过程其产品分布如下。

① H_2。

② 裂解气（C_1～C_2），由于含有少量氢气，一般作为本装置燃料。

③ 液化气（C_3～C_4），可作为民用液化气燃料。

④ 戊烷油，辛烷值较高，可作为汽油调和组分。

⑤ 芳烃，包括苯、甲苯、二甲苯、乙苯及 ≥C_9 重质芳烃。

⑥ 重整芳烃抽余油，通常占重整原料的 25%～50%，其主要成分为烷烃和环烷烃，含有少量的芳烃（<5%），由于辛烷值较低，不宜作汽油调和组分，但因其烯烃和杂质含量低，可以生产各种溶剂。

四、催化重整工艺过程

催化重整过程可生产高辛烷值汽油，也可生产芳烃。全球范围内约有 70%催化重整装置用于生产汽油，提高辛烷值，约有 30%重整装置生产 BTX 等化工原料。由于生产目的不同，装置构成也不同。

1. 生产高辛烷值汽油工艺过程

以生产高辛烷值汽油为目的重整工艺过程主要有原料预处理、重整反应和反应产物分离三部分构成，见图 5-1。

2. 生产芳烃工艺过程

以生产芳烃为目的的重整工艺过程主要有原料预处理、重整反应、重整产物分离、芳烃抽提和芳烃精馏五部分构成。见图 5-2。

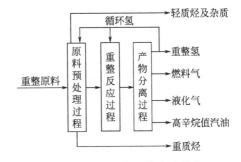

图 5-1　生产高辛烷值汽油催化重整工艺过程示意

由图 5-1 和图 5-2 可以看出两种工艺过程前三部分几乎相同，这是由于不管哪种工艺过程基本的反应过程是相同的，即都是将重整原料中的烷烃和环烷烃通过反应生成芳烃，只是芳烃用途不同，前一种过程是将生成的芳烃用作高辛烷值组分，后一种用作化工原料。因此，芳烃生产工艺过程多了芳烃抽提和芳烃精馏二部分，以便得到高纯度化工原料-各种单体芳烃。

另外，芳烃生产过程得到的芳烃抽余油，可进一步加工得到各种溶剂。表 5-15 列出抽余油生产溶剂品种。

表 5-15　抽余油生产溶剂品种

产品名称	6号抽提溶剂油	70号香花溶剂油	90号溶剂油	120号橡胶溶剂油	190号洗涤溶剂油
馏程/℃	60～90	60～71	80～90	80～120	40～80

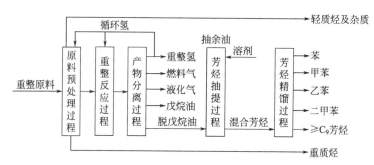

图 5-2　生产芳烃催化重整工艺过程示意

溶剂油加工过程可分为先加氢后抽提和先抽提后加氢二种生产过程，分别见图 5-3 和图5-4。

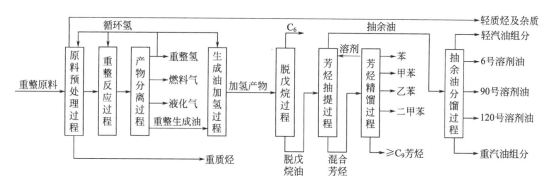

图 5-3　生产溶剂先加氢催化重整工艺过程示意

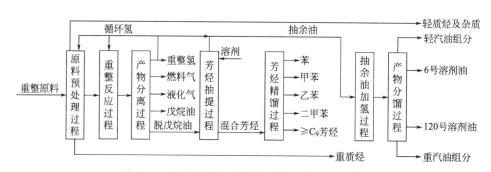

图 5-4　生产溶剂后加氢催化重整工艺过程示意图

由图 5-3 看出，先加氢后抽提是对重整生成油进行先加氢，以除去重整生成油中烯烃，而后进行抽提，抽余油进行分馏，可得到 6 号、90 号及 120 号溶剂油。此流程较为简单，并同时对芳烃和非芳烃进行精制，其缺点是有少量芳烃损失，催化重整系统压力降较大。

由图 5-4 看出，先将脱戊烷油抽提，对抽余油再进行加氢，而后对加氢产物进行分馏，可得到 6 号和 120 号溶剂油。此流程优点是加氢条件缓和，加氢反应器负荷较小，芳烃损失也较小，设备可用碳钢。其缺点是未能对芳烃进行精制。

截止 2005 年 1 月，我国共有催化重整 65 套，加工能力为 21.79Mt/a，约占原油加工能力的 7.98％，其中生产高辛烷值汽油方案装置 30 套，生产能力为 8.20Mt/a；生产芳烃方案装置 23 套，生产能力为 7.70Mt/a；其余 12 套生产芳烃兼顾高辛烷值汽油，生产能力为 5.89Mt/a。

五、催化重整发展历程及趋势

催化重整的发展史主要涉及重整催化剂和重整工艺两方面，并且这两方面协同发展，但以催化剂发展为主，重整工艺一般以适应催化剂发展为基调。

1. 重整催化剂发展简介

重整催化剂发展主要涉及催化剂组成、性能、制造技术、装填及使用技术、催化剂回收技术等方面一系列研究及应用技术的发展。表 5-16 列出典型催化剂发展情况。

表 5-16　典型催化剂发展情况

发展阶段	催化剂	典型工业装置	床型及再生方式	性能及特点
第一阶段 1935～1949（非贵金属催化剂）	MoO_3/Al_2O_3 $CoO_3\text{-}MoO_3/Al_2O_3$ Cr_2O_3/Al_2O_3	Mobil 石油公司固定床临氢重整（Fixed-bed Hydroforming）	固定床循环再生	在 480～530℃、1.0～2.0MPa（氢压）的条件下，以 80～200℃直馏汽油为原料，得到辛烷值为约 80 汽油组分；催化剂的活性不高，汽油收率和辛烷值都不理想
第二阶段 1949～1967（单贵金属催化剂）	Pt/Al_2O_3	UOP 公司铂重整（Platforming）	固定床半再生	催化剂具有双功能，在 450～520℃、1.5～5.0MPa（氢压），汽油辛烷值达 90 以上，液体产品收率 90％左右，催化剂活性、稳定性高
第三阶段 1967～1979［双（多）金属催化剂］	$Pt\text{-}Re/Al_2O_3$	Chevron Research 公司（Rheniforing）	固定床半再生	较 Pt/Al_2O_3 催化剂稳定性、容焦能力、芳构化选择性有显著提高，可使催化重整装置在较低压力下长期运转，液体产品和氢气收率明显增加
	$Pt\text{-}Ir/Al_2O_3$	美国 Exxon 和法国 IFP	—	性质性和稳定性不及 Pt-Re，价格较高
	$Pt\text{-}Sn/Al_2O_3$	UOP 公司连续催化剂再生铂重整（CCR Platforming）	移动床连续再生	催化剂选择性和稳定性显著提高，Sn 组元加入阻碍催化剂在再生烧焦过程中金属的聚集
第四阶段 1979～今［高铼铂比铂铼和铂锡双（多）金属催化剂］	高铼铂比 $Pt\text{-}Re/Al_2O_3$	Engelhard 重整	固定床半再生	铼铂比为 2.0，稳定性较传统铂铼催化剂显著提高，可适应更为苛刻的反应条件
	$Pt\text{-}Sn/Al_2O_3$ 双（多）金属	UOP 连续重整	移动床连续再生	催化剂稳定性高，焦炭产率低，操作压力低，液体收率高，再生性能高；适合连续重整工艺

我国催化重整催化剂的发展从固定床半再生重整使用的单铂及双（多）金属催化剂到移动床连续重整使用的 $Pt\text{-}Sn/Al_2O_3$ 系列催化剂都紧跟国际潮流。例如，20 世纪 80 年代以后，用于固定床半再生重整装置的高铼铂比工业催化剂就有 CB-6、CB-7、CB-8、CB-9、CB-70、CB-11、3932 和 3933 等牌号，这些催化剂稳定性、抗积炭能力、液体收率和芳烃产率等方面都达到或超过国外同类催化剂指标；2002 年研制成功的 PRT-A、PRT-B、PRT-C 和 PRT-D 等固定床半再生催化剂性能更加优异。对于应用于连续重整装置的 Pt-Sn 系列催化剂，从 1986 年自行开发的第一个国产化连续催化重整催化剂（3861）于 1990 年成功工业应用到相继开发选择性、活性及抗磨性能良好的 GCR-10。目前我国已开发了一系列高水热

稳定性和高活性的连续重整催化剂，主要有 3861、3961、3981、GCR-100、RC-011 和 PS-Ⅶ等工业用催化剂。

2. 催化重整工艺发展简史

催化重整工艺发展，一般由催化剂发展来带动，但同时具有其独立性的一面。催化重整工艺根据催化剂与原料的接触及再生方式分为固定床半再生、固定床循环再生、流化床连续再生、移动床连续再生等重整工艺。催化重整典型工艺发展情况见表 5-17。

表 5-17　催化重整典型工艺发展情况

典型重整工艺	年代	特征及性能
热重整（Thermal Reforming）	20世纪30年代	由热裂化发展而来，但较热裂化温度高；操作条件苛刻，温度：525～540℃；压力：1.4～6.9MPa，单程操作；气体产率高，液体收率低，汽油辛烷值低（RON 为 65～80）；目前还有使用
固定床临氢重整（Fixed-bed hydroforming）	1936～1940	使用 $MoO_3(Cr_2O_3)/Al_2O_3$ 催化剂，其活性低，焦炭产率高，处理量小，操作费用高，二战后停止发展
流化床临氢重整（Fluid hydroforming）	1952	使用 $MoO_3(Cr_2O_3)/Al_2O_3$ 催化剂，其活性低；反应温度高（480～540℃）；液时空速低（0.3～1.0h^{-1}）；操作复杂，效率低，未有广泛应用
移动床催化重整（Moving-bed reforming process）	1955	使用 CoO_3-$(MoO_2/MoO_3)/Al_2O_3$ 催化剂，其活性低；反应温度高（425～480℃）；操作复杂，效率低，也未有广泛应用
固定床半再生重整（Semiregenerative catalytic reforming process）	1949	使用单铂或双（多）金属催化剂；反应与再生交替进行；目前使用双（多）金属催化剂，汽油辛烷值达 85～100（RON），催化剂可再生 5～10 次，操作周期一般为 1～3 年；目前仍是催化重整主要工艺
固定床循环再生催化重整（Cyclical catalytic reforming process）	1954	从 40 年的临氢固定床循环再生发展而来；与固定床半再生重整相比，多一个反应器，以便切换使用；适应处理量大，原料差，操作条件苛刻的反应过程；流程复杂，管线阀门较多
移动床连续催化重整（Continuous catalytic reforming process）	1971	使用双（多）金属催化剂；催化剂在反应器和再生器内连续循环操作；允许操作条件苛刻，产品收率高，汽油辛烷值高达 95～106（RON），操作平稳，运转周期长；是目前催化重整主要工艺

我国催化重整工艺经历了 20 世纪 50 年代的实验室起步，60 年代的工业实验装置，70 年代双（多）金属固定床工业催化重整，80 年代引进连续重整工业装置到 90 年代进入催化重整大发展及连续重整迅速扩张几个关键时期的发展。截止 2005 年 1 月，共有固定床半再生催化重整装置 47 套，加工能力为 10.00Mt/a，单套平均加工能力为 212.8kt/a；连续重整装置 18 套，加工能力为 11.79Mt/a，单套平均加工能力为 655kt/a。

3. 催化重整发展趋势

（1）重整催化剂发展趋势　加强重整催化剂系列化研究，研究开发适合生产高辛烷值汽油和芳烃催化剂，适合不同原料催化剂等。

① 在金属组元方面，主要是改变催化剂金属组元配比和第三金属组元的加入，以提高催化剂的选择性和稳定性。如 Axens 公司开发的 RG-682 是将第三金属引入 Pt-Re 催化剂，使其具有良好的抗积炭能力。

② 载体方面研究应用新型载体。如镁铝水滑石作为重整催化剂载体，可以提高催化剂的芳构化性能。

③ 优化金属和酸性活性平衡。通过载体及金属活性的平衡调变，提高 C_5^+ 液体收率，降低催化剂积炭速率。

④ 在催化剂制备技术方面，研究开发纳米级控制金属活性中心和酸性活性中心在载体上均匀分布，使金属组元之间及金属组元与载体之间有良好的相互作用。

⑤ 研究开发重整催化剂新材料。如纳米分子筛、介孔分子筛、过度金属氮化物/碳化

物/磷化物和离子液体等。

（2）重整工艺发展趋势

① 连续重整在液体收率、氢气产率及开工周期方面优于半再生重整装置，使其在今后发展方面具有较大优势。

② 半再生重整通过进行技术改造及选用新型催化剂，使其在未来很长时期内与连续重整工存。

（3）扩大与优化重整原料　发展催化加氢生产石脑油、催化裂化和焦化石脑油加氢，扩展优化重整原料来源。

第二节　催化重整的化学反应

催化重整无论是生产高辛烷值汽油还是芳烃，都是通过化学过程来实现。因此，必须对重整条件下所进行的反应类型和反应特点有足够的了解和研究。

一、重整化学反应类型

在催化重整中发生一系列芳构化、异构化、裂化和生焦等复杂的平行和顺序反应。

1. 芳构化反应

凡是生成芳烃的反应都可以叫芳构化反应。在重整条件下主要芳构化反应如下。

（1）六元环脱氢反应　例如，

$$\text{环己烷} \rightleftharpoons \text{苯} + 3H_2$$

$$\text{甲基环己烷} \rightleftharpoons \text{甲苯} + 3H_2$$

$$\text{二甲基环己烷} \rightleftharpoons \text{间二甲苯} + 3H_2$$

（2）五元环烷烃异构脱氢反应　例如，

$$\text{甲基环戊烷} \rightleftharpoons \text{环己烷} \rightleftharpoons \text{苯} + 3H_2$$

$$\text{二甲基环戊烷} \rightleftharpoons \text{甲基环己烷} \rightleftharpoons \text{甲苯} + 3H_2$$

（3）烷烃环化脱氢反应　例如，

$$n\text{-}C_6H_{14} \xrightarrow{-H_2} \text{环己烷} \rightleftharpoons \text{苯} + 3H_2$$

$$n\text{-}C_7H_{16} \xrightarrow{-H_2} \text{甲基环己烷} \rightleftharpoons \text{甲苯} + 3H_2$$

$$i\text{-}C_8H_{18} \rightleftharpoons
\begin{cases}
\text{邻/间二甲苯} + 4H_2 \\
\text{二甲苯} + 4H_2 \\
\text{对甲基甲苯} + 4H_2
\end{cases}$$

芳构化反应的特点如下。

① 强吸热，其中相同碳原子烷烃环化脱氢吸热量最大，五元环烷烃异构脱氢吸热量最小，因此，实际生产过程中必须不断补充反应过程中所需的热量。

② 体积增大，因为都是脱氢反应，这样重整过程可生产高纯度的富产氢气。

③ 可逆，实际过程中可控制操作条件，提高芳烃产率。

对于芳构化反应，无论生产目的是芳烃还是高辛烷值汽油，这些反应都是有利的。尤其是正构烷烃的环化脱氢反应会使辛烷值大幅度地提高。这三类反应的反应速率是不同的：六元环烷的脱氢反应进行得很快，在工业条件下能达到化学平衡，是生产芳烃的最重要的反应；五元环烷的异构脱氢反应比六元环烷的脱氢反应慢很多，但大部分也能转化为芳烃；烷烃环化脱氢反应的速率较慢，在一般铂重整过程中，烷烃转化为芳烃的转化率很小。铂铼等双金属和多金属催化剂重整的芳烃转化率有很大的提高，主要原因是降低了反应压力和提高了反应速率。

2. 异构化反应

例如，

$$n\text{-}C_7H_{16} \rightleftharpoons i\text{-}C_7H_{16}$$

在催化重整条件下，各种烃类都能发生异构化反应且是轻度的放热反应。异构化反应有利于五元环烷异构脱氢生成芳烃，提高芳烃产率。对于烷烃的异构化反应，虽然不能直接生成芳烃，但却能提高汽油辛烷值，并且由于异构烷烃较正构烷烃容易进行脱氢环化反应。因此，异构化反应对生产汽油和芳烃都有重要意义。

3. 加氢裂化反应

例如，

$$n\text{-}C_7H_{16} + H_2 \longrightarrow n\text{-}C_3H_8 + i\text{-}C_4H_{10}$$

$$\bigcirc\!\!-CH_3 + H_2 \longrightarrow CH_3-CH_2-CH_2-CH-CH_3 \atop \qquad\qquad\qquad\qquad\qquad\quad CH_3$$

$$\bigcirc\!\!-{CH\text{-}CH_3 \atop CH_3} + H_2 \longrightarrow \bigcirc + C_3H_8$$

加氢裂化反应实际上是裂化、加氢、异构化综合进行的反应，也是中等程度的放热反应。由于是按正碳离子反应机理进行反应，因此，产品中 <C₃ 的小分子很少。反应结果生成较小的烃分子，而且在催化重整条件下的加氢裂化还包含有异构化反应，这些都有利于提高汽油辛烷值，但同时由于生成小于 C_5 气体烃，汽油产率下降，并且芳烃收率也下降，因此，加氢裂化反应要适当控制。

4. 缩合生焦反应

在重整条件下，烃类还可以发生叠合和缩合等分子增大的反应，最终缩合成焦炭，覆盖在催化剂表面，使其失活。因此，这类反应必须加以控制，工业上采用循环氢保护，一方面使容易缩合的烯烃饱和，另一方面抑制芳烃深度脱氢。

二、重整反应的热力学和动力学特征

研究某一化学过程，主要是弄清其反应的热力学和动力学特征。热力学主要涉及三个方面：第一，判断反应在某一条件下能否进行，用吉布斯函数（ΔG^0）表示，ΔG^0 值越小反应进行的可能性越大，反之则越小，在实际生产过程，可以不考虑它，因为都已实现工业化了，其反应肯定能进行；第二，判断反应在某一条件下最大进行到什么程度，用反应平衡常数（K_p）表示，K_p 值越大，反应可进行越彻底；第三，反应热效应，即反应热，用 ΔH 表示，一般情况下，对吸热反应，应考虑向系统供热，对放热反应，应考虑从系统取热。对动力学而言，主要涉及反应速率及温度、压力和催化剂对反应速率的影响。同时对反应速率的研究还涉及反应历程和反应的控制步骤等反应机理问题。实际生产过程，主要分析反应是受动力学控制，还是受热力学控制。如果反应受热力学控制，则想法提高反应平衡常数，反之，则提高反应速率。反应平衡常数和速率都与某些反应条件有关，即可以改变反应条件，使反应过程达到最优化，最大限度的提高目的产物的收率。

重整过程一些反应的热力学数据见表 5-18。

表 5-18　700K 下一些烃类反应热力学数据

反　　　应	$\Delta H/(kJ/kg\,产物)$	K_p	$\Delta G^0/(J/mol)$
⬡ ⇌ ⬡ + 3H₂	2822	1.8×10^4	-5.69×10^4
⬡ ⇌ ⬡ + 3H₂	2345	3.3×10^4	-6.07×10^4
⬡ ⇌ ⬡ + 3H₂	2001	1.77×10^5	-7.08×10^4
⬠ ⇌ ⬡ + 3H₂	约 2000	1.98×10^3	-4.4×10^4
$n\text{-}C_6H_{14}\Longrightarrow C-C-C-C-C$ （支链C）	-71	1.38	—
$n\text{-}C_7H_{16}\Longrightarrow C-C-C-C-C-C$ （支链C）	-46.5	3.34	—

1. 六元环脱氢芳构化反应

（1）**热力学分析**　六元环烷烃是指环己烷及衍生物，重整原料中六元环烷烃主要有环己烷、甲基环己烷、二甲基及乙基环己烷等。在重整条件下都能通过脱氢生成相应的芳烃。表 5-19 列出一些六元环己烷脱氢生成芳烃的热力学数据。

表 5-19　一些六元环己烷脱氢生成芳烃的热力学数据

反　　　应	$\Delta H(500℃)/(kJ/mol)$	$K_p(500℃,0.1MPa)$
环己烷 ⇌ 苯 + 3H₂	221	7.1×10^5
甲基环己烷 ⇌ 甲苯 + 3H₂	216	9.6×10^5
乙基环己烷 ⇌ 乙苯 + 3H₂	213	2.5×10^6
1,3-二甲基环己烷 ⇌ 间二甲苯 + 3H₂	224	1.2×10^7

由表 5-18 和表 5-19 数据可知，六元环烷烃脱氢生成芳烃反应表现出的热力学特征如下。

① 在重整条件下，六元环化脱氢芳构化反应能进行。

② 强吸热反应，且热效应随碳原子数增多而减小。

③ 在重整条件下，反应平衡常数都很大，且平衡常数随碳原子数增大而加大。

④ 随反应温度的提高和氢油比的下降，K_p 值增大。

⑤ 反应压力对 K_p 值影响不大，压力的增加会使目的产物芳烃的浓度减小，所以增加压力对最终的结果是不利的。

（2）**动力学分析**　根据化学平衡常数可计算出某一条件下反应产物的平衡浓度，也可通过实验得到相同条件下实际产物浓度，两者浓度差别则反映实际反应速率。表5-20列出六元环烷烃脱氢生成芳烃的浓度数据。

表 5-20 六元环脱氢反应程度

压力/MPa	温度/K	环己烷 $\Longleftrightarrow$ 苯 $+$ $3H_2$		甲基环己烷 $\Longleftrightarrow$ 甲苯 $+$ $3H_2$	
		产物中的苯/m%		产物中的甲苯/m%	
		试验值	计算平衡值	试验值	计算平衡值
2	700	70	72	83	85
2	756	90	89	92	96
2	783	93	95	—	—
4	700	33	31	48	45
4	783	92	94	—	—

从表5-20看出，六元环脱氢反应速率很快，在重整条件下，都能达到平衡，且随六元环烷烃碳原子数目增多反应速率增大。

六元环烷烃脱氢生成芳烃的反应在双功能催化剂上只由金属功能提供，载体上少量的铂（0.2%～0.6%）即可使六元环烷烃脱氢转化为芳烃反应接近或达到热力学平衡。因此，对于此类反应在重整条件下不受动力学方面限制。

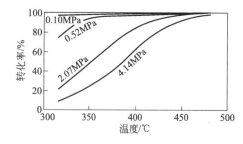

图 5-5 温度和压力对甲基环己烷
脱氢生成甲苯的影响

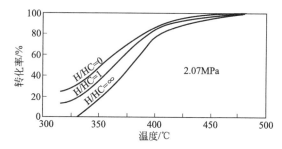

图 5-6 氢油比对甲基环己烷
脱氢生成甲苯的影响

以环己烷为例一般认为六元环烷烃脱氢转化为芳烃反应历程为：环己烷→环己烯→环己二烯→苯。

（3）影响反应因素分析 表5-20还反映出影响六元环烷烃脱氢反应的因素有温度和压力，除此之外还与氢油比、催化剂性能及反应时间有关。图5-5为温度和压力对甲基环己烷脱氢生成甲苯的影响，图5-6为氢油比对甲基环己烷脱氢生成甲苯的影响。

由于六元环烷烃脱氢反应是强吸热反应，从热力学角度分析，温度提高有利于平衡常数增大，这在理论和实际都得到验证。从动力学角度分析，温度提高反应速率增大。因此，提高温度对六元环烷烃脱氢生成芳烃反应有利。

由于六元环烷烃脱氢反应是体积增大反应，因此，压力增大，平衡转化率下降。

生产中为了减少催化剂上的积炭以延长催化剂的寿命，在反应器中保持一定的氢分压，即向反应系统中通入氢气并且维持一定的反应压力。

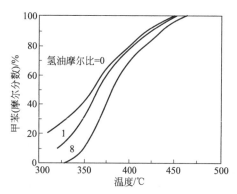

图 5-7 氢油比对甲基环己烷-甲苯-
氢气体系平衡浓度的影响

通入的氢气量，用氢油比（摩尔比或体积比）表示。图 5-7 表示了氢油比对甲苯平衡浓度的影响，随着氢油比的增加，甲苯的平衡浓度下降。

2. 五元环烷烃异构脱氢芳构化反应

五元环烷烃在重整原料中占相当大的比例。例如，大庆直馏（60～130℃）馏分的 C_6 和 C_7 环烷烃中，五元环烷分别占 41% 和 25%，在胜利油中，则此比例更大，达 54% 和 35% 左右。因此，五元环烷的异构脱氢在重整反应中是仅次于六元环烷烃脱氢反应的重要反应。表 5-21 列出几种五元环烷烃异构脱氢反应的热力学数据。

表 5-21　几种五元环烷烃异构脱氢反应的热力学数据

反　　应	ΔH(500℃)/(kJ/mol)	K_p(500℃,0.1MPa)
甲基环戊烷⇌苯 + 3H₂	205	5.6×10^4
乙基环戊烷⇌甲苯 + 3H₂	192	1.4×10^6
正丙基基环戊烷⇌乙苯 + 3H₂	193	1.6×10^6

五元环烷烃异构脱氢与六元脱氢反应的热力学、动力学和影响因素规律相似，只是由于五元环异构脱氢反应分两步进行，第一步先异构成六元环，第二步再脱氢。因此，由于异构化反应存在，其总的反应热效应、平衡常数、反应速率都较相同碳原子数的六元环烷烃脱氢反应小，表 5-19 和表 5-21 对比也可得到此结论。同样，影响五元环烷烃异构脱氢反应的因素有温度、压力、氢油比、催化剂性能及反应时间。图 5-8 显示温度和压力对甲基环戊异构脱氢生成苯反应的影响。

由图 5-8 可看出高温和低压有利于苯生成。

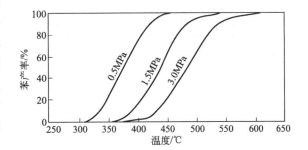

图 5-8　温度和氢分压对甲基环戊异构脱氢生成苯反应的影响

与六元环烷烃相比，五元环烷烃还较易发生加氢裂化反应，这也使芳烃的转化率降低。提高五元环烷烃转化为芳烃的选择性主要靠寻找更合适的催化剂和工艺条件，例如催化剂的异构化活性对五元环烷烃转化为芳烃有重要的影响。

3. 烷烃环化脱氢芳构化反应

从热力学上来看，分子中碳原子数≥6的烷烃都可以转化为芳烃，得到较高的平衡转化率，见表 5-19。但在非贵金属和单铂催化剂时代，由于其反应速率太慢，对重整产物中芳烃贡献率较小。随着催化剂、重整工艺及操作条件改进，烷烃环化脱氢生成芳烃幅度大大提高，这对提高芳烃产率和提高汽油辛烷值意义重大，见表 5-22。

表 5-22　部分烷烃环化脱氢芳构化反应热力学数据（800K，0.1MPa）

反　　应	调和辛烷值增加幅度	ΔH/(kJ/mol)	K_p
正己烷⇌苯 + 4H₂	79(19→98)	266	3.39×10^5
正庚烷⇌甲苯 + 4H₂	124(0→124)	252	7.74×10^6
正辛烷⇌乙苯 + 4H₂	142(−18→124)	254	9.85×10^6
正壬烷⇌正丙苯 + 4H₂	145(−18→127)	252	1.49×10^7

由表 5-22 可知烷烃脱氢环化生成芳烃平衡常数较大，理论上反应能够进行到底；反应为强吸热反应，热效应甚至较同碳六元环脱氢还高，这主要是由于其比六元环要多脱除 1mol H₂；对生产高辛烷值汽油而言，辛烷值增幅最大。

图 5-9 和图 5-10 分别表示了正己烷和正庚烷转化为苯及甲苯两反应的平衡组成。

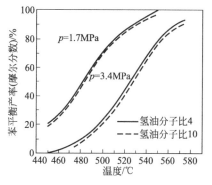

图 5-9 正己烷-苯-氢体系的平衡组成

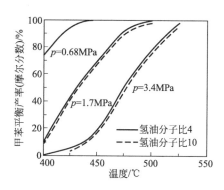

图 5-10 正庚烷甲苯-氢体系的平衡组成

由图可见，提高反应温度、降低反应压力及氢油比，苯或甲苯的平衡产率将随之增加；但氢油比在 4~10 的范围内变化时影响不大，这些规律与环烷烃反应的规律是相似的。另外，在相同的反应条件下，相对分子质量较大的烷烃有较高的平衡转化率。

从热力学理论分析，烷烃在重整条件下环化脱氢的平衡转化率比较高，但是在实际生产中，当使用铂催化剂时，烷烃的实际转化率较平衡低很多。表 5-23 列出正庚烷转化为甲苯实际产率与平衡产率的数据。

表 5-23 正庚烷转化为甲苯实际产率与平衡产率的数据

反应压力/MPa	1.34	2.32	3.33
实得甲苯最大产率(摩尔分数)/%	约 40	约 25	约 17
甲苯理论平衡产率(摩尔分数)/%	>90	约 60	约 30

由表 5-23 可见，实际甲苯产率仅为平衡产率的一半左右，造成这种现象主要有两方面的原因，一方面是由于烷烃在重整条件下反应生成芳烃要经历烷烃脱氢、环化、再脱氢多步反应，才能转化为芳烃，反应历程长，反应速率自然变慢，可通过提高催化剂活性及优化操作条件解决；另一方面由于烷烃在重整条件下有多个反应方向，各个反应方向之间存在竞争。竞争的结果取决于催化剂的选择性和反应条件。

例如正庚烷在铂催化剂上的反应可描述如下：

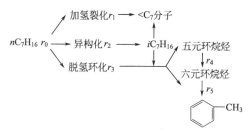

在 Pt/Al_2O_3 催化剂上、770K、1.48MPa 及氢油摩尔比为 5 时测得各反应的起始反应速率（即转化率为零时的反应速率）如表 5-24 所示。

表 5-24 起始反应速率　　　　　　单位：mol/(g 催化剂·h)

r_0	r_1	r_2	r_3	r_4	r_5
6.24	0.05	0.13	0.06	0.95	0.13

由表 5-24 数据可看到，环化脱氢速率 r_3 比芳构化反应速率 r_4 低得多，因此正庚烷转化芳烃的速率取决于环化脱氢的速率。在环化脱氢的同时，正庚烷还进行加氢裂化和异构化反应，加氢裂化反应生成较小的分子，而且其反应速率 r_1 与环化脱氢反应速率相近，因此，甲苯的实际产率总是要低于理论上的平衡产率。

图 5-11 显示了随着反应深度的增加，正庚烷通过各种反应产生不同产物的情况。

由图 5-11 可见，当总转化率接近 100％时，环化脱氢的转化率也只有 40％～50％，而其余的正庚烷主要是通过加氢裂化反应转化成小分子。

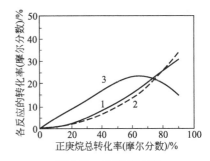

图 5-11　正庚烷反应
1—环化脱氢反应；2—加氢裂化反应；
3—异构化反应
反应条件．温度 769K，
压力 1.52MPa；氢油摩尔比 5

综上所述，对于芳构化反应主要有六元环烷烃脱氢、五元环烷烃异构脱氢和烷烃环化脱氢三种反应类型。通过芳构化反应的热力学和动力学分析得出如下结论。

① 在重整条件下，三种类型的芳构化反应都能进行。

② 在重整条件下，反应平衡常数都很大，相同碳原子的六元环烷烃脱氢的平衡常数最大，五元环烷烃异构脱氢反应的平衡常数最小，烷烃环化脱氢反应平衡常数介于两者之间。

③ 芳构化随反应温度的提高和氢油比的下降，反应平衡常数值增大。

④ 芳构化反应都是体积增大的反应，所以增加反应压力对平衡是不利的。

⑤ 芳构化反应都是吸热反应，相同碳原子的烷烃环化脱氢反应热最大，五元环烷烃异构脱氢反应的反应热最小，六元环脱氢反应热介于两者之间。

⑥ 芳构化反应速率有快有慢，其中六元环烷烃脱氢反应速率最快，烷烃环化脱氢反应速率最慢，五元环异构脱氢反应速率介于两者之间。

综合而言，对芳构化反应主要受动力学控制，对反应有利的因素主要有较高的催化剂活性和选择性、高温、低压、低氢油比及适当的反应时间。

4. 异构化反应

烷烃和环烷烃的异构化反应都是可逆轻度放热反应，热效应大约为 167.5kJ/kg 反应物。反应平衡常数较小，反应速率也较小。提高反应温度，平衡常数下降，但温度提高，异构物的产率却增加。这说明异构化反应受动力学控制，即提高温度，反应速率增加又未达到平衡。但温度过高，加氢裂化反应加剧，异构物的产率又下降。反应压力和氢油比对异构化反应影响不大。

5. 加氢裂化反应

这类反应是中等程度放热反应，可以认为是不可逆反应，因此不考虑化学平衡，只考虑反应速率。高温、高压、长反应时间有利于加氢裂化反应的进行，实际过程中可以认为加氢裂化反应是非理想反应，因此要加以限制。

由以上分析可知，各种重整反应的速率次序为：

六元环烷脱氢＞烷烃、环烷烃异构化＞烷烃加氢裂化＞烷烃环化脱氢

6. 缩合生焦反应

一般来讲，缩合生焦可以看作不可逆反应，其倾向大小与原料的分子大小及结构有关，分子越大、烯烃含量越高的原料越易缩合生焦。另外，还与操作条件和催化剂性能有关，温度提高、压力降低、氢油比降低、反应时间延长都会导致缩合生焦。

一、重整催化剂的组成

工业重整催化剂根据其组成可分为两大类：非贵金属和贵金属催化剂。

非贵金属催化剂，主要有 Cr_2O_3/Al_2O_3、MoO_3/Al_2O_3 等，其主要活性组分多属元素周期表中第 VI 族金属元素的氧化物。这类催化剂的性能较贵金属低得多，已淘汰。

贵金属催化剂，主要有 $Pt\text{-}Re/Al_2O_3$、$Pt\text{-}Sn/Al_2O_3$、$Pt\text{-}Ir/Al_2O_3$ 等系列，其活性组分主要是元素周期表中第 VIII 族的金属元素，如铂、钯、铱、铼等。

贵金属催化剂由活性组分、助催化剂和载体构成。

1. 活性组分

由于重整过程有芳构化和异构化两种不同类型的理想反应。因此，要求重整催化剂具备脱氢和裂化、异构化两种活性功能，即重整催化剂的双功能。一般由一些金属元素提供环烷烃脱氢生成芳烃、烷烃脱氢生成烯烃等脱氢反应功能，也叫金属功能；由卤素提供烯烃环化、五元环异构等异构化反应功能，也叫酸性功能。通常情况下，把提供活性功能的组分又称为主催化剂。

重整催化剂的这两种功能在反应中是有机配合的，它们并不是互不相干的，应保持一定平衡。否则会影响催化剂的整体活性及选择性，研究表明：烷烃的脱氢环化反应可按图 5-12 所示过程进行。

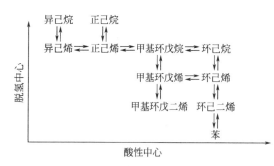

图 5-12　C_6 烃重整反应历程

由以上可以看出，在正己烷转化成苯的过程中，烃分子交替地在脱氢中心和酸性中心上起作用。正己烷转化为苯的总反应速率取决于过程中各个阶段的反应速率，而反应速率最慢的阶段起着决定作用。因此，重整催化剂的两种功能必须适当配合，才能得到满意的结果。如果脱氢活性很强，则只能加速六元环烷烃的脱氢，而对五元环烷烃和烷烃的芳构化及烷烃的异构化促进不大，达不到提高芳烃产率和提高汽油辛烷值的目的。相反，如果酸性功能很强，则促进了异构化反应，加氢裂化也相对增加，而液体产物收率下降，五元环烷烃和烷烃生成芳烃的选择性下降，达不到预期的目的。因此，如何保证这两种功能得到适当的配合是制备重整催化剂和实际生产操作的一个重要问题。

从下面实验数据可进一步观察两种功能的配合，有两组催化剂，

A 组：铂含量保持不变，为 0.3%Pt，氟含量从 0.05% 依次增加到 1.25%；

B 组：氟含量保持不变，为 0.77%，铂含量从 0.0125% 依次增加到 0.3%。

以上金属组分与酸性组分的相互关系见表 5-25。

从表 5-25 中可以看出，A 组催化剂，随氟含量的增加，苯产率也增加，当氟含量大于 1% 时，苯产率增加趋缓，接近平衡转化率。由此可见，含氟小于 1% 时，甲基环戊烷脱氢异构生成苯的反应速率是由酸性功能控制的。对 B 组催化剂，催化剂中铂含量增加，苯产率增加。当铂含量大于 0.07% 时，产率增加不大。可见含铂小于 0.07% 时，反应速率由催化剂的脱氢功能控制。

（1）铂　活性组分中所提供的脱氢活性功能，目前应用最广的是贵金属 Pt。一般来说，

催化剂的活性、稳定性和抗毒物能力随铂含量的增加而增强。但铂是贵金属，其催化剂的成本主要取决于铂含量，研究表明：当铂含量接近于1％时，继续提高铂含量几乎没有裨益。随着载体及催化剂制备技术的改进，使得分布在载体上的金属能够更加均匀地分散，重整催化剂的铂含量趋向于降低，一般为0.1％～0.7％。

表 5-25　金属组分与酸性组分的相互关系

A组：催化剂含铂，0.3％		B组：催化剂含氟，0.77％	
氟含量/％	苯产率/％	铂含量/％	苯产率/％
0.05	25.0	0.012	14.5
0.15	31.5	0.030	45.0
0.30	41.0	0.050	56.0
0.50	59.0	0.075	63.0
1.00	71.0	0.100	63.5
1.25	71.5	0.300	63.0

注：以甲基环戊烷为原料，反应条件在500℃，1.8MPa

（2）卤素　活性组分中的酸性功能一般由卤素提供，随着卤素含量的增加，催化剂对异构化和加氢裂化等酸性反应的催化活性也增加。在卤素的使用上通常有氟氯型和全氯型两种。氟在催化剂上比较稳定，在操作时不易被水带走，因此氟氯型催化剂的酸性功能受重整原料含水量的影响较小。一般氟氯型新鲜催化剂含氟和氯约为1％，但氟的加氢裂化性能较强，使催化剂的选择性变差。氯在催化剂上不稳定，容易被水带走，这也正好通过注氯和注水控制催化剂酸性，从而达到重整催化剂的双功能合适地配合。一般新鲜全氯型催化剂的氯含量为0.6％～1.5％，实际操作中要求氯稳定在0.4％～1.0％。

2. 助催化剂

助催化剂是指本身不具备催化活性或活性很弱，但其与主催化剂共同存在时，能改善主催化剂的活性、稳定性及选择性。近年来重整催化剂的发展主要是引进第二、第三及更多的其他金属作为助催化剂，一方面，减小铂含量以降低催化剂的成本，另一方面，改善铂催化剂的稳定性和选择性，把这种含有多种金属元素的重整催化剂叫双金属或多金属催化剂。目前，双金属和多金属重整催化剂主要有以下三大系列。

①铂铼系列，与铂催化剂相比，初活性没有很大改进，但活性、稳定性大大提高，且容炭能力增强（铂铼催化剂容炭量可达20％，铂催化剂仅为3％～6％），主要用于固定床重整工艺。

②铂铱系列，在铂催化剂中引入铱可以大幅度提高催化剂的脱氢环化能力。铱是活性组分，它的环化能力强，其氢解能力也强，因此在铂铱催化剂中常常加入第三组分作为抑制剂，改善其选择性和稳定性。

③铂锡系列，铂锡催化剂的低压稳定性非常好，环化选择性也好，其较多的应用于连续重整工艺。

3. 载体

载体，也叫担体。一般来说，载体本身并没有催化活性，但是具有较大的比表面积和较好的机械强度，它能使活性组分很好地分散在其表面，从而更有效的发挥其作用，节省活性组分的用量，同时也提高催化剂的稳定性和机械强度。目前，作为重整催化剂的常用载体有$\eta\text{-}Al_2O_3$和$\gamma\text{-}Al_2O_3$。$\eta\text{-}Al_2O_3$的比表面积大，氯保持能力强，但热稳定性和抗水能力较差，因此目前重整催化剂常用$\gamma\text{-}Al_2O_3$作载体。载体应具备适当的孔结构，孔径过小不利于原料和产物的扩散，易于在微孔口结焦，使内表面不能充分利用而使活性迅速降低。采用双金属或多金属催化剂时，操作压力较低，要求催化剂有较大的容焦能力以保证稳定的活性。因此这类催化剂的载体的孔容和孔径要大一些，这一点从催化剂的堆积密度可看出，铂催化剂的堆积密度为 $0.65\sim0.8\text{g/cm}^3$，多金属催化剂则为 $0.45\sim0.68\text{g/cm}^3$。

二、重整催化剂评价

重整催化剂评价主要从化学组成、物理性质及使用性能三个方面进行。

1. 化学组成

重整催化剂的化学组成涉及活性组分的类型和含量，助催化剂的种类及含量，载体的组成和结构。主要指标有：金属含量、卤素含量、载体类型及含量等。

2. 物理性质

重整催化剂的物理性质主要由催化剂化学组成、结构和配制方法所导致的物理特性。主要指标有：堆积密度、比表面积、孔体积、孔半径、颗粒直径等。

3. 使用性能

由催化剂的化学组成和物理性质、原料组成、操作方法和条件共同作用使重整催化剂在使用过程导致结果性的差异。主要指标有：活性、选择性、稳定性、再生性能、机械强度、寿命等。

（1）活性 催化剂的活性评价方法一般因生产目的不同而异。以生产芳烃为目的时，可在一定的反应条件下考察芳烃转化率或芳烃产率。如以加氢精制后的大庆直馏（60～130℃）馏分为原料，在 490℃、总压 2.5MPa、氢油体积比 1200：1、空速 3～6h^{-1} 的条件下进行重整反应，所得芳烃转化率即为催化剂的活性，铂催化剂一般大于 85%，铂铼可达 110% 左右。

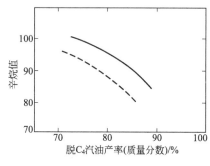

图 5-13 辛烷值-产率曲线

以生产高辛烷值汽油为目的时，可用所生产汽油的辛烷值比较其活性。常用"辛烷值-产率曲线"评价催化剂的活性。如图 5-13 所示，在相同的原料和操作条件下催化剂的活性高，所得汽油辛烷值和收率都较高。图中两条曲线，虚线表示活性差的催化剂的辛烷值-产率关系，实线表示活性高的催化剂的辛烷值-产率关系。显然这种活性评价方法也包含了催化剂选择性的因素。

（2）选择性 催化剂的选择性表示催化剂对不同反应的加速能力。由于重整反应是一个复杂的平行-顺序反应过程，因此催化剂的选择性直接影响目的产物的收率和质量。催化剂的选择性可用目的产物的收率或目的产物收率/非目的产物收率的值进行评价，如芳烃转化率、汽油收率、芳烃收率/液化气收率、汽油收率/液化气收率等表示。

（3）稳定性 催化剂的稳定性是衡量催化剂在使用过程中其活性及选择性下降速度的指标。催化剂的活性和选择性下降主要由原料性质、操作条件、催化剂的性能和使用方法共同作用造成。一般把催化剂活性和选择性下降叫催化剂失活。造成催化剂失活主要原因如下。

① 固体物覆盖。主要是指催化反应过程中产生的一些固体副产物覆盖于催化剂表面，从而隔断活性中心与原料之间的联系，使活性中心不能发挥应有的作用。催化重整过程主要固体覆盖物是焦炭，重整催化剂上焦炭可分为金属中心上的焦炭和载体上焦炭，前一种焦炭量少，焦炭中 H/C 原子比高，运转初期催化剂活性下降较大，主要由于金属中心焦炭引起。后一种焦炭量大，焦炭中 H/C 原子比低，对于后期活性缓慢下降则主要是由酸性载体上焦炭造成的。焦炭对催化剂活性影响可从生焦能力和容焦能力两方面进行考察，如铂锡催化剂

的生焦速度慢，铂铼催化剂的容焦能力强，因此焦炭对这两类催化剂的活性影响相对较弱。催化重整过程中影响生焦的因素主要有原料性质（原料重、烯烃含量高越易生焦）、反应操作条件（温度高、氢分压低、空速低易生焦）、催化剂性能、再生方法和程度等。

② 中毒。主要是指原料中及设备、生产过程中泄漏的某些杂质与催化剂活性中心反应而造成活性组分失去活性能力，这类杂质称为毒物。中毒分为永久性中毒和非永久性中毒。永久性中毒是指催化剂活性不能恢复，如砷、铅、钼、铁、镍、汞、钠等中毒，其中以砷的危害性最大。砷与铂有很强的亲和力，它与铂形成合金（$PtAs_2$）造成催化剂永久性中毒，通常催化剂上的砷含量超过 $200\mu g/g$ 时，催化剂活性完全失去；非永久中毒是指在更换不含毒物的原料后，催化剂上已吸附的毒物可以逐渐排除而恢复活性。这类毒物一般有含氧、含硫、含氮、CO 和 CO_2 等化合物。因此加强重整原料的预处理、设备管线的吹扫等防止毒物进入反应过程。

③ 老化。主要指催化剂活性组分流失、分散度降低、载体的结构等某些催化剂的化学组成和物理性能发生改变而造成催化剂的性能变化。重整催化剂在反应和再生过程中由于温度、压力及其他介质的作用而造成金属聚集、卤素的流失、载体的破碎及烧融等，这些对催化剂的活性及选择性造成不利的影响。

综上所述，重整催化剂在使用过程中由于积炭、中毒、老化等原因造成活性及选择性下降，从而影响重整催化剂长期稳定使用，结果是芳烃转化率或汽油辛烷值降低。保持活性和选择性的能力称催化剂稳定性。稳定性分活性稳定性和选择性稳定性，前者以反应前、后期的催化剂的反应温度变化来表示，后者以新鲜催化剂和反应后期催化剂的选择性变化来表示。

（4）再生性能　重整催化剂由于积炭等原因而造成失活可通过再生来恢复其活性，但催化剂经再生后很难恢复到新鲜催化剂的水平。这是由于有些失活不能恢复（永久性的中毒）；再生过程中由于热等作用造成载体表面积减小和金属分散度下降而使活性降低。因此，每次催化剂再生后其活性只能达到上次再生的 $85\%\sim95\%$，当它的活性不再满足要求就需要更换新鲜催化剂。

（5）机械强度　催化剂在使用过程中，由于装卸或操作条件等原因导致催化剂颗粒粉碎，造成床层压降增大，压缩机能耗增加，同时也对反应不利。因此要求催化剂必须具有一定的机械强度。工业上常以耐压强度（Pa 或 N/粒）表示重整催化剂的机械强度。

（6）寿命　重整催化剂在使用过程中由于活性、选择性、稳定性、再生性能、机械强度等使用性能不能满足实际生产需求，必须更换新催化剂。这样催化剂从开始使用到废弃这一段时间叫寿命。可用小时表示，也可用每公斤催化剂处理原料量，即 t 原料/kg 催化剂或 m^3 原料/kg 催化剂表示。

三、重整催化剂使用方法及操作技术

1. 开工技术

由于催化剂的类型和重整反应工艺不同，采用不同开工技术。对于氧化态铂铼或铂铱催化剂的固定床重整部分开工技术包括催化剂的装填、干燥、还原、硫化和进油等步骤，每个步骤都会影响催化剂的性能和反应过程。

（1）催化剂的装填　正确的催化剂装填是催化重整装置正常运转、充分发挥催化剂性能、获得良好操作性能和重整效果的重要因素之一。

① 催化剂装填的一般原则和要求如下。

● 制定好一个周密的装催化剂方案。

- 为了防止催化剂被杂质污染，装催化剂前必须对装置临氢系统特别是反应器经干燥、净化和严格检查，并要求装催化剂的场地、设备、用具干净，进入反应器内的操作人员穿戴整洁等。

- 要采取各种防止催化剂受潮的有效措施。例如，装催化剂必须在晴天进行；装催化剂时必须往反应器内通入干燥的仪表风等。

- 要力求装催化剂质量达到催化剂床层均匀、密实。催化剂装填密度的均匀性，对反应器内气流分布和催化剂床层的温度分布有直接影响。如果催化剂装填密度不均匀，就将会直接影响转化率、选择性和稳定性。因而不仅影响催化剂开工初期的反应性能，而且会使运转周期缩短。在装催化剂过程中做到催化剂在反应器内的料面均匀上升、各部分的床层厚度一致，是达到装填密度均匀的有效办法。

- 在装催化剂前必须仔细检查反应器及其内构件的完好性、安装质量的可靠性，还要认真核查相关尺寸与设计数据的一致性。对发现的问题要进行彻底处理。另外，对于装催化剂设备的有效性和可靠性也要进行认真的检查。

② 轴向反应器装填技术要求。轴向反应器装填催化剂的技术主要要求如下。

- 催化剂床层上下两面的填料层都必须严格按照要求装填。对于固定床反应器，在催化剂床层下面和上面都要铺设填料。下面的填料层用作支撑催化剂床层。上面的填料层用以防止催化剂床层在物流正向或逆向流动的操作时发生移动或扰动。在催化剂装入量少于设计量时，可以增加填料层厚度（高度），以减少反应器的空间体积和反应气体在进入催化剂床层前的停留时间。

- 填料的性质必须满足如下要求：无催化作用；不含对催化剂有毒物质；热稳定性好；孔隙率小；耐压强度高；耐磨性能好；密度较大。此外，填料还应是价格低廉，来源容易。至于填料颗粒形状，则可以是球形，也可以是其他形状，主要以容易装填均匀、传质效率高、压降小和不易结垢等为要求。目前普遍采用的是球形填料。近年来，已开始应用装填时容易达到有序排列、传质效果优异的异形填料。

通常采用瓷球作为重整催化剂床层的填料。最好采用富铝瓷球或富铝红柱石（其氧化铝和氧化硅含量分别为 66% 和 32%）。填料颗粒的大小和填料层的厚度，以能完全防止催化剂穿过和它所产生的压降尽可能小为原则。一般为 2 层，不超过 3 层，分别采用颗粒大小不同的填料。反应器底部大瓷球层的颗粒必须大于反应器出口收集器的孔缝隙，其装填高度应高于反应器出口收集器顶面 100mm 以上。上部为小瓷球层，其厚度宜为 100～200mm，颗粒大小以能完全避免催化剂穿过和它本身不能流入大颗粒填料层为要求。每一层填料都要力求密实，并且均匀。

- 装剂开始时（当催化剂装填高度在 300mm 以内时），必须特别注意控制好帆布管口离开小瓷球层表面的高度和催化剂的流量，以免催化剂下落的冲击力将小瓷球层冲出凹陷坑。最好在帆布管下端安装一个锥体或采用能够灵活控制催化剂流量的催化剂装填工具。

- 在催化剂装填过程中，必须尽量控制催化剂自由跌落的高度不大于 1m。为了达到催化剂装填密度的均匀。最好在催化剂床层每上升 0.5m 左右时扒平一次。

- 在催化剂床层顶部装填至少一层瓷球。最好是两层：紧靠催化剂的一层为小瓷球，厚度为 100～150mm 即可；在小瓷球层上面的一层为大瓷球层，其厚度应不小于 100mm。催化剂床层顶部瓷球层的作用是固定催化剂床层、进一步改善物流分布和阻挡固体杂质进入催化剂床层。

- 从大瓷球表面至反应器入口分配器底端面的距离，称为"空间高度"。必须确保空间高度。如果空间高度不足，则顶部催化剂将会由于油气流入反应器后沿着圆周产生高速涡流而移动。最小空间高度依反应器内径的不同而异，一般要求在 $300 \sim 460mm$。

● 积垢可能会局部堵塞顶部填料层和催化剂的顶层，造成反应器内气流分布不均，甚至出现沟流。对于一段混氢的重整装置，第一反应器比较容易出现这种情况。对于采用两段混氢的重整装置，引入第二段混氢的反应器也有可能出现这种情况。在第一反应器和引入第二段混氢的反应器的催化剂床层顶部安装防垢篮，对于防止这种情况出现是必要的和有效的。

③ 径向反应器装填技术要求。径向反应器，特别是用于连续重整的径向反应器，装填的技术要求比较高。主要的装填技术要求如下。

● 中心管和扇形筒不允许有能通过催化剂颗粒的孔存在。否则应采用惰性气体保护焊（例如氩弧焊）进行修补。

● 要认真检查核实中心管的安装是否牢固、可靠，是否完全符合设计和安装的技术要求，并用不锈钢丝网或石棉绳沿环向圆周缠绕垫紧，堵住中心管底部与其底座之间的缝隙，以防止催化剂落入缝中。

● 扇形筒的支撑圈必须平整。扇形筒不得弯曲，与反应器壁必须紧贴，不得存在大于催化剂颗粒的缝隙以防止催化剂轻易进到背面去。否则可能会因为此处催化剂积炭量高，使扇形筒变形、移位；对于半再生重整，则可能在催化剂再生烧炭时出现局部高温而被烧坏。

● 扇形筒与底部膨胀圈之间的空隙也要用石棉绳紧密地填满，以防止催化剂由底部进入扇形筒与反应器壁之间的环形空间里。

● 中部膨胀圈的松紧度必须适当，因为如果上得过紧，将会在以后停工过程中妨碍扇形筒因冷却而产生的正常收缩，导致扇形筒底部拉出支撑圈。

● 当催化剂装填量不足时，折流板裙体必须延长。裙体的底边应与中心管第一排开孔持平以保证气体通过反应器时均匀地分配和流动。

● 在催化剂装到折流挡板裙体底部的高度时，就应装入用于防止气体短路的封顶及预留下沉的催化剂。封顶催化剂的高度不小于中心管外壁与挡板边裙之间距离的一半。对于球形催化剂，预留下沉催化剂的高度为床层高度的 2% 即可；对于条形催化剂，预留下沉催化剂的高度以床层高度的 3% 为宜。

● 必须严格按照设计要求安装、检查进料分配器，以确保进入反应器的油气的分布和折流良好。

● 在装填催化剂前必须封闭好所有扇形筒入口，以防止催化剂落入扇形筒内。装剂完毕后。在取下扇形筒入口封闭物时若有催化剂落入扇形筒内，必须清除干净，同时必须将折流板顶上的催化剂清除干净。

④ 催化剂装填方法。重整催化剂装填的常用方法是先将催化剂由桶中转入到漏斗式容器中，然后用起重机吊到反应器顶上。对于移动床反应器的装填，必须经由装有筛网的漏斗将催化剂装入反应器中；对于固定床反应器的装填，通常是直接将催化剂卸入反应器中。用于装催化剂的漏斗式容器的出口安装有闸板阀，阀后管上接有一根可根据需要改变其长度的帆布管。

（2）催化剂的干燥　干燥包括装剂前对系统干燥和装剂后对催化剂干燥，在这里主要阐述装催化剂后对催化剂的干燥。开工前重整临氢系统一定要彻底干燥以防催化剂带水。在催化剂干燥阶段水的来源主要有：

● 残存于反应器、换热器、容器及其管线等重整临氢系统设备死角里的残存水；

● 原料气带水；

● 催化剂吸附水；

- 对于旧装置开工，装置内残存烃类和氢气与原料气中氧气反应生成水。

系统中水主要影响是导致催化剂上的氯流失，因而造成催化剂金属分布情况变差及影响后续催化剂还原效果，使催化剂使用性能降低。

减少系统含水的措施主要有：

- 装催化剂前对系统彻底吹扫及干燥；
- 严格控制干燥气体带水；
- 催化剂厂家做好对催化剂包装的密封及防潮；
- 催化剂用户做好在催化剂装填过程的防潮；
- 重整系统催化剂干燥。

重整系统催化剂干燥是通过循环压缩机用热氮气循环流动来完成，在各低点排去游离水。催化剂干燥过程可以下式描述：

$$催化剂\text{-}H_2O + 干燥气体 \longrightarrow 催化剂 + 气体 + H_2O$$

干燥气体用的氮气中通入空气，以维持一定的氧含量，使催化剂在高温下氧化，清洁表面，有利于还原，同时也可将系统中残存的烃类烧去，氧含量可逐步升到 5% 左右，温度可逐步升到 500℃ 左右，必要时循环氮气可经分子筛脱水，以加快干燥进程。整个反应部分气体回路均在干燥之列。

影响干燥过程因素主要有：

- 干燥介质，经过以空气为介质的干燥阶段后通过氢气还原的催化剂的脱氢活性，显著高于直接通入氢气进行干燥、还原的催化剂；
- 系统含水量，系统含水量越高，失氯率越高；
- 干燥温度，温度越高，失氯率越高；
- 干燥时间，时间越长，失氯率越高；

（3）催化剂的还原　还原过程是在循环氢气的氛围下，将催化剂上氧化态的金属还原成具有更高活性的金属态。还原前用氮气吹扫系统，一次通过，以除去系统中含氧气体。催化剂还原过程可以下式描述：

$$氧化态金属 + H_2 \longrightarrow 还原态金属 + H_2O$$

还原时从低温开始，先用干燥的电解氢或经活性炭吸附过的重整氢一次通过床层，从高压分离器排出，以吹扫系统中的氮气。然后用氢将系统充压到 0.5～0.7MPa 进行循环，并以 30～50℃/h 的速度升温，当温度升到 480～500℃ 时保持 1h，结束还原。在整个还原过程中（包括升温过程），在各部位的低点放空排水。在有分子筛干燥设施的装置上，必要时可投用分子筛干燥设施。

影响催化剂还原过程的因素主要有：

- 还原介质选择，常用的还原介质有重整氢，脱烃脱水重整氢，膜分离提纯重整氢，电解氢等，氢纯度越高，还原效果越显著；
- 还原氢中烃类含量，含烃氢气还原催化剂会导致催化剂表面结构变化，金属功能下降，使催化剂活性、选择性和稳定性都有一定程度的下降，烃类含量越多，烃分子越大，对催化剂影响也越大；
- 还原氢中水含量，还原氢中水含量越高，对催化剂危害越大，水的危害主要表现在水使催化剂上的氯流失，加速铂晶粒凝聚、长大，从而使催化剂活性及稳定性下降；
- 还原氢中氧含量，还原氢中氧在还原阶段与氢反应生成水，因而影响还原效果；
- 还原过程升温程序与温度，对于不同催化剂组成、制造工艺及还原气体的干燥程度应采用不同的升温程序及还原温度操作；

● 还原压力，还原压力越低，还原气中水对催化剂影响越小，还原效果越好；

● 还原操作中气剂比，气剂比越大，越有利于传质、传热及带走催化剂中水分，越有利于催化剂还原；

● 还原时间，还原时间取决于催化剂类型及操作条件。

（4）催化剂预硫化 对铂铼或铂铱双金属催化剂须在进油前进行硫化，以降低过高的初活性，防止进油后发生剧烈的氢解反应。预硫化可以延长催化剂寿命。硫化温度为370℃左右，硫化剂（硫醇或二硫化碳）从各反应器入口注入，以免炉管吸硫造成硫不足，同时也避免硫的腐蚀，硫化剂在1h内注完，新装置注硫量要多些。注硫量不同，进油催化剂床层温度和氢浓度的变化也不一样。一般注硫量第一、二反应器以0.06%～0.15%为适。第三、四反应器还要稍高一些。硫化时如注硫量过多，则在进油后由于催化剂上的硫释放出来，需要较长时间才能将循环气中硫含量降到2μL/L以下，在此期间不能将反应温度提高到所需温度，只能在480℃较低温条件下运转，否则会加速催化剂失活。

影响预硫化效果主要因素如下。

● 硫化剂及硫化量，研究及实际应用表明，不同类型的催化剂对于硫化剂及其用量有不同选择。具体操作参考操作规程及催化剂使用说明书；

● 硫化工艺条件，主要有温度、压力及硫化时间。

如果是还原态或铂锡催化剂，则开工方法稍有不同，因为催化剂为还原态，故不需还原过程。由于催化剂中加入锡，已抑制了催化过程的初活性，不需要预硫化。

（5）重整进油及调整操作 催化剂预硫化后即可进油。如果使用的重整进料油是储存的预加氢精制油，需再经过气提塔除去油中水和氧。根据循环气中含水量逐步提高到所需温度，并进行水氯平衡的调节。

2. 反应系统中水氯平衡的控制

在装置运转中催化剂的水氯平衡控制是非常重要的。固为一个优良的催化剂，其金属功能和酸性功能是相互匹配的。当催化剂氯含量小于适宜值0.1%时，反应器入口温度大约需提高3℃，同时催化剂运转周期缩短20%。在运转过程中，催化剂上氯含量（酸性功能）受反应系统中水等影响，而逐渐损失，所以在操作时要加以调节，以保持催化剂有适宜的氯含量。调节方法在开工初期和正常运转时有所不同。

（1）开工初期 由于催化剂在还原时和进油后初期系统中的水量较多，氯损失较大，或由于氯化更新时未到预期的效果，所以在开工初期必须进行补氯以期对催化剂上氯进行调整。此时，补氯方法有以下两种。

① 集中补氯，可使催化剂的氯损失得到及时补充到适宜的氯含量范围，集中补氯需在进油后4h完成，一般补氯量为催化剂的0.1%～0.2%；

② 根据循环气中水而定注氯量和反应器温度，见表5-26。

表5-26 根据循环气中水而定注氯量和反应器温度的进油初期补氯方法操作参数

循环气中含水量/(μL/L)	进料油中注氯量/(μg/g)	最高反应器入口温度/℃
>200	10～15	460
100～200	5～10	480
50～100	3～5	490
<50	进入正常水氯控制阶段	得到合格产品所需的温度

（2）正常运转 当重整转入正常运转后，反应系统中水和氯的来源是原料油中的水和氯及注入的水和氯。循环气中水宜在15～50μL/L之间，以15～30μL/L为好，适量的水能活化氧化铝，并使氯分布均匀。循环气中氯含最在1～3μL/L之间，过高的氯表明催化剂上氯

过量。催化剂上的氯含量是反应系统中水和氯摩尔比的函数。例如某催化剂在反应温度为500℃时，水氯摩尔比与催化剂上氯含量的关系如图 5-14 所示。

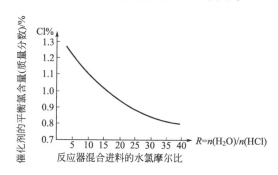

图 5-14　某催化剂平衡氯含量与反应混合进料水氯比的关系
床层平均温度：500℃；压力：1.2～1.6MPa；
液体小时空速：1.5～2.5h^{-1}；氢/油：6～8

关于水氯平衡的调节，在实践中也积累了丰富经验，可简单地按循环气中水的含量来确定一般注氯量。见表 5-27。

表 5-27　重整正常运行时补氯量

循环气中含水量/(μL/L)	进料油中注氯量/(μg/g)
35～50	2～3
25～35	1.5～2
15～25	0.5～1

3. 催化剂的失活控制

在运转过程中，催化剂的活性逐渐下降，选择性变坏，芳烃产率和生成油辛烷值降低。其原因主要由于积炭、中毒和老化。因此，在运转过程中，必须严格操作，尽量防止或减少这些失活因素的产生，以控制催化剂失活速率，延长开工周期。通常用提高反应温度来补偿催化剂的活性损失，当运转后期，反应温度上升到设计的极限，或液体收率大幅度下降时，催化剂必须停工再生。

催化剂的失活控制如下。

（1）抑制积炭生成　催化剂在高温下容易生成积炭，但如能将积炭前身物及时加氢或加氢裂解变成轻烃，则减少积炭。催化剂制备时在金属铂以外加入第二金属如铼、锡、铱等，可大大提高催化剂的稳定性。因为铼的加氢性能强，容炭能力提高；锡可提高加氢性能；铱可把积炭前身物裂解变成无害的轻烃，从而减少积炭。由于催化剂中加入了第二金属和制备技术的改进，催化剂上铂含量从 0.6% 降到 0.3%，甚至更低，而催化剂的稳定性和容炭能力却大为提高。

提高氢油比有利于加氢反应的进行，减少催化剂上积炭前身物的生成。提高反应压力可抑制积炭的生成，但压力加大后，烷烃和环烷烃转化成芳烃的速度减慢。

对铂-铼及铂-铱双金属催化剂在进油前进行预硫化，以抑制催化剂的氢解活性，也可减少积炭。

（2）抑制金属聚集　在优良的新鲜催化剂中，铂金属粒子分散很好，大小在 10nm 左右，而且分布均匀。但在高温下，催化剂载体表面上的金属粒子聚集很快，金属粒子变大，表面积减少，以致催化剂活性减小。所以对提高反应温度必须十分慎重。如催化剂上因氯损失较多，而使活性下降，则必须调整好水-氯平衡，控制好催化剂上氯含量，观察催化剂活性是否上升，在此基础上再决定是否提温。

再生时高温烧炭也加速金属粒子的聚集，一定要很好地控制烧炭温度，并且要防止硫酸盐的污染。烧炭时注入一定量的氯化物会使金属稳定，并有助于金属的分散。

另外，要选用热稳定性好的载体，如 γ-Al_2O_3。在高温下不易发生相变，可减少金属聚集。

（3）防止催化剂污染中毒　在运转过程中，如果原料油中含水量过高，会洗下催化剂上的氯，使催化剂酸性功能减弱而失活，并且使催化剂载体结构发生变化，加速催化剂上铂晶粒的聚集。氧及有机氧化物在重整条件下会很快变为水，所以必须避免原料油中过量水、氧及有机氧化物的存在。

原料油中的有机氮化物在重整条件下会生成氨，进而生成氯化铵，使催化剂的酸性功能减弱而失活。此时虽可注入氯以补偿催化剂上氯的损失，但已生成的氯化铵会沉积在冷却器、循环氢压缩机进口，堵塞管线，使压降增大，所以当发现原料油中氮含量增加，首先要降低反应温度，寻找原因，加以排除，不宜补氯和提温。

在重整反应条件下，原料油中的硫及硫化物会与金属铂作用使铂中毒，使催化剂的脱氢和脱氢环化活性变差。如发现硫中毒，也是先降低反应温度，再找出硫高的原因，加以排除。催化剂硫中毒的另一种情况是再生时硫酸盐中毒而失活。当催化剂烧炭时，存在炉管和热交换器内的硫化铁与氧作用生成二氧化硫和三氧化硫进入催化剂床层，在催化剂上生成亚硫酸盐及硫酸盐强烈吸附在铂及氧化铝上，促使金属晶粒长大，抑制金属的再分散，活性变差，并难于氯化更新。

砷中毒是原料油中微量的有机砷化物与催化剂接触后，强烈地吸附在金属铂上而使金属失去加氢脱氢的金属功能。例如，某重整装置首次使用大庆石脑油为原料油时，砷含量在 1000ng/g 以上，经 40 天运转后，第一反应器温降为 0℃，第二反应器为 2℃，第三反应器为 7℃，铂催化剂已完全丧失活性。后分析催化剂上砷含量，第一反应器为 0.15%（质量分数），第二反应器为 0.082%（质量分数），第三反应器为 0.04%（质量分数），都已超过催化剂所允许的砷含量 0.02%（质量分数）。将失活催化剂进行再生前后的评价，结果表明，再生前后的活性无差别，说明不能用再生方法恢复其活性。砷中毒为不可逆中毒，中毒后必须更换催化剂。所必须严格控制原料油中砷和其他金属如 Pb、Cu 等的含量，以防止催化剂发生永久性中毒。

4. 催化剂的再生

催化剂经长期运转后，如因积炭失去活性，经烧炭、氯化更新、还原及硫化等过程，可完全恢复其活性，但如因金属中毒或高温烧结而严重失活，再生不能使其恢复活性，则必须更换催化剂。例如，某重整装置用铂铼双金属催化剂（Pt 0.3%，Re 0.3%），经运转一周期后，反应器降温，停止进料并用氮气循环置换系统中的氢气，加压烧炭及氯化更新进行再生，效果良好。再生条件的实例见表 5-28，再生前后催化剂分析见表 5-29，再生后催化剂的性能见表 5-30。

表 5-28　催化剂再生条件

程　序	介　质	反应器入口温度/℃	分离器压力/MPa	气剂比体积比	气中氧含量（体积分数）/%	气中水含量/(μL/L)	时间/h
烧炭	氮气＋空气	410（前期）	1.0～1.5	1200～1400	0.3～1.0		
		430（后期）	1.0～1.5	1200～1400	1.0～5.0		
氯化更新	氮气＋空气＋氯	420～500	0.5	800	13	1000～1500	4
		500～510	0.5	800	13	1000～1500	4

表 5-29　催化剂再生前后分析

反应器	再生前成分(质量分数)/%			再生后成分(质量分数)/%		
	C	S	Cl	C	S	Cl
第一反应器上部	1.2	0.005	1.04	0.4	0.005	0.6
第二反应器上部	2.3	0.007	1.30	0.04	—	0.76
第三反应器上部	4.4	0.003	1.30	0.03	0.005	0.98
第四反应器上部	4.6	—	1.38	0.02	—	1.12

表 5-30　催化剂再生后催化剂性能

反应条件及结果	第一周期(初期)	第二周期(初期)
加权平均入口温度/℃	479.8	480.4
平均反应压力/MPa	1.8	1.8
体积空速/h^{-1}	2.06	2.0
气油比/(m³/m³)	1388	1332
稳定汽油收率(质量分数)/%	91.5	92.3
稳定汽油辛烷值		
MONC	78.0	79.7
RONC	—	88.1
循环气中氢浓度(体积分数)/%	94.0	92.0
气体产率/(m³/m³)	221	227

注：原料油为 80~180℃大庆石脑油

催化剂再生包括烧焦、氯化更新等环节。

(1) 烧焦　烧焦在整个再生过程中所占时间最长，且在高温下进行，而高温对催化剂上微孔结构的破坏、金属的聚集和氯的损失都有很大影响，所以要采取措施尽量缩短烧焦时间并很好地控制烧炭温度。烧焦过程可用下式表示：

$$焦炭 + O_2 \longrightarrow CO_2 + H_2O + 热量$$

① 影响烧焦过程的因素。影响重整催化剂烧焦过程主要因素有：焦炭结构、焦炭量、温度、压力、空速及氧含量和氧分压等。

●焦炭结构、焦炭量。焦炭空间物理结构越松散、含氢量越高，烧焦速度越快；待生催化剂上焦炭量越高，烧焦速度越快，因此，必须根据不同的焦炭结构及催化剂上焦炭量的多少，采用合适的烧焦条件。

●烧焦温度。温度提高，烧焦速度加快，床层温度也随之提高，容易超过极限温度，而使催化剂烧毁。因此，必须控制烧焦温度，采取措施是分段烧焦，并在每段烧焦过程中通过系统含氧量来控制烧焦温度。将温度控制在 250~450℃范围内。

对于三段烧焦。表 5-31 为典型铂铼烧焦条件和指标要求。第一阶段主要烧掉金属上积炭和部分载体上积炭。第二阶段主要烧掉载体的 H/C 比较低的积炭。烧焦过程中 N₂ 连续补入系统并在重整产品分离器放空，以降低循环气中 CO、CO₂、SO₂ 浓度。有时为保证烧焦完全，还要进行第三阶段烧焦，将反应器温度提高到 480℃，同时提高系统氧含量（体积分数）大于 5.0%，烧去其余残炭。烧炭前将系统中的油气吹扫干净，以节省无谓的高温燃烧时间。烧炭时若采用高压，则可加快烧炭速度。提高再生气的循环量，除了可加快积炭的燃烧外，并可及时将燃烧时所产生的热量带出。

●烧焦压力。提高烧焦压力可提高烧焦速度。但压力提高，受到设备限制（空气压缩机）不宜实现，因此，常采用低压烧焦方法。压力降低，直接导致气体循环量降低，一方面在氧浓度固定的条件下，供氧量减小，烧焦速度降低；另一方面，由于气速降低，烧焦过程产生的热量不易带走，使床层温升增大。因此，在条件允许的情况下，可采用适当提高再生压力，加速催化剂烧焦过程。一般压力控制在 0.5～3.0MPa。

表 5-31　典型铂铼烧焦条件和指标要求

| 烧焦阶段 | 入口温度/℃ | 升温速度/(℃/h) | 第一反应器入口氧浓度（体积分数）/% | 温升控制/℃ | N_2 置换条件 | | | 结束标准 |
					CO_2（体积分数）/%	SO_2 含量/(μL/L)	CO 含量/(μL/L)	
一	400	40～50	0.5～1.0	≤60	>10	>5	>1000	各反应器温升均<5℃，末反应器出口 O_2 含量>0.8%，CO_2 无明显增加
二	440	20	1.0～5.0	≤20	>10	>5	>1000	床层无温升，系统无氧耗，CO_2 不增加
三	480	20～30	≥5.0	≤20	>10	>5	>1000	床层无温升，系统无氧耗，CO_2 不增加

●空速。空速提高，气体循环量增大，系统压力提高，有利于再生。一般固定床再生介质气体空速控制在 500～1000h^{-1}。

●氧含量和氧分压。烧焦时通常采用氮气和氧气的混合气体作为烧焦介质，提高氧浓度和系统压力都可以提高氧分压表。氧分压过低，烧焦速度慢，烧焦时间长，同时会导致催化剂上的氯流失严重；氧分压过高，烧焦速度加快，会导致催化剂床层温度上升过快，而造成催化剂烧结。因此，适合氧含量（体积分数）在 0.2%～2.0% 范围内。

② 固定床催化剂烧焦过程操作要点

●催化剂再生准备。停工降压，降压过程要缓慢。

吹扫置换，系统降至常压时，启动蒸汽喷射抽真空泵，真空度一般在 67kPa，系统抽空后，再用氮气充压，而后再抽真空，反复多次，直至系统氢气含量（体积分数）小于1% 为止。

●烧焦。烧焦过程中，应根据影响烧焦过程的因素分析，依据催化剂操作手册中规定的操作条件严格控制烧焦过程。尤其是烧焦温度的控制，对于烧焦温度控制，一般掌握以下四条原则：

第一，严格控制供氧量，尤其在开始供风再生时，在再生压力和温度一定时控制燃烧的主要因素是氮气中的氧含量，控制了氧含量就控制了烧焦速度；

第二，开始烧焦时，由于催化剂上焦炭含量高，系统中有可能残存部分可燃氢气及烃类，本身燃烧速度高；另外，金属活性中心上的焦炭先燃烧。因此，必须从低温、低氧含量开始；

第三，坚持提温不提氧，提氧不提温，切忌同时进行；

第四，一旦发生床层超温，立即停止补风，用低含氧的氮气置换系统。

（2）氯化更新　氯化更新是再生中很重要的一个步骤。研究和实践证明：烧焦后催化剂再进行氯化和更新，可使催化剂的活性进一步恢复而达到新鲜催化剂的水平。有时甚至可以超过新鲜催化剂的水平。

重整催化剂在使用过程中，特别是在烧焦时。铂晶粒会逐渐长大，分散度降低。同时，烧焦过程中产生水，会使催化剂上的氯流失。氯化就在烧焦之后，用含氯气体在一定温度下处理催化剂，使铂晶粒重新分散，从而提高催化剂的活性，氯化也同时可以对催化剂补充一部分烧焦过程中流失的氯。更新是在氯化之后，用干空气在高温下处理催化剂。据称更新的作用是使铂的表面再氧化以防止铂晶粒的聚结和重新分散，从而保持催化剂的表面积和活性。对不同的催化剂应采用相应的氯化和更新条件。氯化更新过程可用下式表示：

$$氯化物 + O_2 \longrightarrow HCl + CO_2 + H_2O$$
$$HCl + O_2 \longrightarrow Cl_2 + H_2O$$
$$载体\text{-}OH + HCl \longrightarrow 载体\text{-}Cl + H_2O$$

$$金属 ＋ O_2 \longrightarrow 金属氧化物$$

在含氧气氛下，注入一定量的有机氯化物，如二氯乙烷、三氯乙烷或四氯化碳等，在高温下使金属充分氧化，在聚集的铂金属表面上形成 Pt-O-Cl，而自由移动，使大的铂晶粒再分散，并补充所损失氯组分，以提高催化剂性能。氯化更新的好坏与循环气中氧、氯和水的含量及氯化温度、时间等有关。一般循环气中氧的摩尔浓度为＞8％，水氯摩尔比为 20/1，温度 490～510℃，时间 6～8h。

氯化过程是在空气流中使催化剂升温至 480℃左右，在气流中补入 1％～2％氯，直至反应器出口出现氯为止，再继续补氯 30min 后，停止补氯。氯化过程完成。

更新过程是在完成氯化过程后，将床层升温至 490～510℃，恒温 4～8h。

氯化时需注意床层温度的变化，因在高温时，如注氯过快，或催化剂上残炭太多，会引起燃烧，将损害催化剂，氯化更新时要防止烃类和硫的污染。

另外，在烧焦、氯化更新过程中为防止 HCl 对系统腐蚀，要在换热器出口注入碱（NaOH），保持碱水循环，维持分离器中水的 pH 值在 6～7。

重整催化剂经再生、氯化更新后，可重复以上干燥、还原及进料反应过程。

（3）被硫污染后的再生　催化剂及系统被硫污染后，在烧焦前必须先将临氢系统中的硫及硫化铁除去，以免催化剂在再生时受硫酸盐污染。我国通用的脱除临氢系统中硫及硫化铁的方法有高温热氢循环脱硫及氧化脱硫法。

高温热氢循环脱硫，是在装置停止进油后，压缩机继续循环，并将温度逐渐提到 510℃，循环气中氢在高温下与硫及硫化铁作用生成硫化氢，并通过分子筛吸附除去，当油气分离器出口气中 H_2S 小于 $1\mu L/L$ 时。热氢循环即行结束。

氧化脱硫是将加热炉和热交换器等有硫化铁的管线与重整反应器隔断，在加热炉炉管中通入含氧的氮气，在高温下一次通过，将硫化铁氧化成二氧化硫而排出。气中氧含量为 0.5％～1.0％，压力为 0.5MPa。当温度升到 420℃时，硫化铁的氧化反应开始剧烈，二氧化硫浓度最高可达几千毫升每升，控制最高温度不超过 500℃。当气中二氧化硫低于 $10\mu L/L$ 时，将氧含量提高到 5％，再氧化 2h 即行结束。再生完成后催化剂可以重复使用。

第四节　催化重整原料的选择和预处理

由于催化重整生产方案、选用催化剂不同及重整催化剂本身又比较昂贵和"娇嫩"，易被多种金属及非金属杂质中毒，而失去催化活性。为了提高重整装置运转周期和目的产品收率，则必须选择适当的重整原料并予以精制处理。

一、原料的选择

对重整原料的选择主要有三方面的要求，即馏分组成、族组成和毒物及杂质含量。

1. 馏分组成

重整原料馏分组成的要求根据生产目的来确定。以生产高辛烷值汽油为目的时，一般以直馏汽油为原料，馏分范围选择 90～180℃，这主要基于以下两点考虑。

① ≤C_6 的烷烃本身已有较高的辛烷值，而 C_6 环烷转化为苯后其辛烷值反而下降，而且有部分被裂解成 C_3、C_4 或更低的低分子烃，降低液体汽油产品收率，使装置的经济效益降低。因此，重整原料一般应切取大于 C_6 馏分，即初馏点在 90℃左右；

② 因为烷烃和环烷烃转化为芳烃后其沸点会升高，如果原料的终馏点过高则重整汽油的干点会超过规格要求，通常原料经重整后其终馏点升高 6～14℃。因此，原料的终馏点则

一般取 180℃。而且原料切取太重，则在反应时焦炭和气体产率增加，使液体收率降低，生产周期缩短。

另外，若从全炼油厂综合考虑，为保证航空煤油的生产，重整原料油的终馏点不宜大于 145℃。

当以生产芳烃为目的时，则根据表 5-32 选择适宜的馏分组成。

表 5-32　生产各种芳烃时的适宜馏程

目 的 产 物	适宜馏程/℃	目 的 产 物	适宜馏程/℃
苯	60～85	二甲苯	110～145
甲苯	85～110	苯-甲苯-二甲苯	60～145

不同的目的产物需要不同馏分的原料，这主要取决于重整的化学反应。在重整过程中，最主要的芳构化反应主要是在相同碳原子数的烃类上进行，六碳、七碳、八碳的环烷烃和烷烃，在重整条件下相应地脱氢或异构脱氢和环化脱氢生成苯、甲苯、二甲苯。小于六碳原子的环烷烃及烷烃，则不能进行芳构化反应。C_6 烃类沸点在 60～80℃，C_7 沸点在 90～110℃，C_8 沸点大部分在 120～144℃。

2. 族组成

在重整过程中，芳构化反应速率有差异，其中环烷烃的芳构化反应速率快，对目的产物芳烃收率贡献也大。烷烃的芳构化速率较慢，在重整条件下难以转化为芳烃。因此，环烷烃含量高的原料不仅在重整时可以得到较高的芳烃产率和氢气产率，而且可以采用较大的空速，催化剂积炭少，运转周期较长。一般以芳烃潜含量表示重整原料的族组成。芳烃潜含量越高，重整原料的族组越理想。

芳烃潜含量是指将重整原料中的环烷烃全部转化为芳烃的芳烃量与原料中原有芳烃量之和占原料百分数（％）。其计算方法如下：

$$芳烃潜含量(\%)＝苯潜含量＋甲苯潜含量＋C_8\ 芳烃潜含量$$
$$苯潜含量(\%)＝C_6\ 环烷(\%)×78/84＋苯(\%)$$
$$甲苯潜含量(\%)＝C_7\ 环烷(\%)×92/98＋甲苯(\%)$$
$$C_8\ 芳烃潜含量(\%)＝C_8\ 环烷(\%)×106/112＋C_8\ 芳烃(\%)$$

式中，78、84、92、98、106、112 分别为苯、六碳环烷、甲苯、七碳环烷、八碳芳烃和八碳环烷的分子量。

重整生成油中的实际芳烃含量与原料的芳烃潜含量之比称为"芳烃转化率"或"重整转化率"。

$$重整芳烃转化率(m\%)＝芳烃产率(质量分数/\%)/芳烃潜含量(质量分数/\%)$$

实际上，上式的定义不是很准确。因为在芳烃产率中包含了原料中原有的芳烃和由环烷烃及烷烃转化生成的芳烃。其中原有的芳烃并没有经过芳构化反应。此外，在铂重整中，原料中的烷烃极少转化为芳烃，而且环烷烃也不会全部转化成芳烃，故重整转化率一般都小于100％。但铂铼重整及其他双金属或多金属重整，由于促进了烷烃的环化脱氢反应，使得重整转化率经常大于100％。

重整原料中含有的烯烃会增加催化剂上的积炭，从而缩短生产周期，这是很不希望的。直馏重整原料一般含有的烯烃量极少，虽然我国目前的重整原料主要是直馏轻汽油馏分（生产中也称为石脑油），但其来源有限，而国内原油一般重整原料油收率仅有 4％～5％，不够重整装置处理。为了扩大重整原料的来源，可在直馏汽油中混入焦化汽油、催化裂化汽油、加氢裂化汽油或芳烃抽提的抽余油等。裂化汽油和焦化汽油则含有较多的烯烃和二烯烃，可对其进行加氢处理。焦化汽油和加氢汽油的芳烃潜含量较高，但仍然低于直馏汽油。抽余油则因已经过一次重整反应并抽出芳烃，故其芳烃潜含量较低，因此用抽余油只能在重整原料暂时不足时作为应急措施。

3. 杂质含量

重整原料中含有少量的砷、铅、铜、铁、硫、氮等杂质会使催化剂中毒失活。水和氯的含量控制不当也会造成催化剂活性下降或失活。因此，必须严格控制重整原料中杂质含量。

（1）硫化物　石脑油中硫化物类型较多，主要有硫化氢、硫醇、硫醚、噻吩、苯并噻吩和二硫化物等。不同来源石脑油中硫含量取决于原油的硫含量及石脑油的加工方法。不同石脑油总硫含量别差别较大。一般含量在几微克到几百微克之间。图 5-15 为直馏、加氢裂化、焦化及催化裂化石脑油中硫含量及分布。

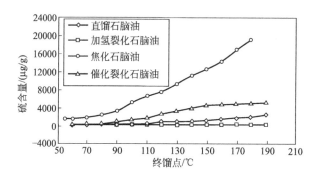

图 5-15　直馏、加氢裂化、焦化及催化裂化石脑油中硫含量及分布

由图 5-15 可知，对硫含量而言，焦化石脑油中硫含量最高，加氢裂化石脑油中硫含量最低，其余介于两者之间；石脑油中硫含量还随终馏点升高而增加。另外，石脑油中硫化物分布也因来源不同差别较大，例如，研究表明直馏石脑油中硫化物主要为硫醇、硫醚和噻吩类化合物，哈萨克斯坦原油的直馏石脑油中硫化物大部分为硫醇类化合物，伊朗轻质原油的直馏石脑油中硫醚则多一些，催化裂化石脑油中硫化物主要是噻吩类和苯并噻吩类化合物。

重整原料中硫化物的危害主要使催化剂中毒，导致其活性和选择性下降。

（2）氮化合物　石脑油中氮化合物主要有碱性氮化合物和非碱性氮化合物两类。碱性氮化合物主要有脂肪族胺类、吡啶类、喹啉类和苯胺类；非碱性氮化合物主要有吡咯类、吲哚类、咔唑类、腈类和酰胺类。石脑油中氮化合物主要是碱性氮化合物。直馏石脑油中氮化合物含量较硫含量低一个数量级，且与硫含量变化趋势一致。

和硫化合物一样，氮化合物也能使催化剂中毒，尤其是碱性氮化合物及重整反应生成的碱性氮化合 NH_3 对双功能催化剂中酸性功能破坏，导致双功能配合失调。另外，生成 NH_3 与 HCl 反应生成固体 NH_4Cl 造成下游设备堵塞。

（3）氯化合物　原油中一般不含氯化合物，但在油田化学处理过程中采用加入氯化合物，造成原油中含有一些氯化合物。石脑油中氯化合物主要有三氯甲烷、1,1-二氯乙烷、1,2-二氯乙烷、三氯乙烯、三氯乙烷、四氯乙烯、四氯乙烷等。

氯化合物对重整过程影响主要涉及反应过程中催化剂的水-氯平衡。

（4）金属化合物　石脑油中金属有机化合物主要有含砷、铜、铅等有机化合物。这些金属化合物能使重整催化剂中毒，且不能再生，而造成永久性失活。

（5）杂质含量要求　鉴于重整原料中杂质对重整过程影响，尤其对催化剂中毒影响，为了保证催化剂在长周期运转中具有较高的活性和选择性，必须严格限制重整原料中杂质含量。我国催化重整对原料中主要杂质含量一般要求见表 5-33。

表 5-33　我国催化重整对原料中主要杂质含量一般要求

催 化 剂	S含量 /(μg/g)	N含量 /(μg/g)	Cl含量 /(μg/g)	H_2O含量 /(μg/g)	As含量 /(ng/g)	Cu含量 /(ng/g)	Pb含量 /(ng/g)
固定床单铂催化剂	<10	<2	<1	<30	<1	<15	<20
固定床双(多)催化剂	<0.5	<0.5	<0.5	<5	<1	<10	<10
移动床双(多)催化剂	0.25～0.5	<0.5	<0.5	<5	<1	<10	<10

　　由表5-33看出双（多）金属催化剂对原料中杂质要求更为严格，为满足这些要求必须对原料进行除去杂质的预处理。

　　综上所述，为满足重整原料对重整过程的要求，可进行两方面的工作，一方面有目的的对重整原料进行选择，表5-34列出一些我国主要重整原料组成，但这些选择往往是被动的；另一方面，也是最主要的是对不合格原料进行预处理，使之达到重整过程的要求。

表 5-34　列出一些我国主要重整原料油的组成

项　　　　目	大庆	大港	胜利	辽河	华北	新疆
密度(20℃)/(g/cm²)	0.167	0.7585	0.7401	0.7534	0.7290	0.7330
溴值/(gBr/100g)	0.78	0.4	0.51	0.15	0.18	0.57
馏程/℃						
初馏点	79	75	80	64	82	81
10%	87	103	97	96	91	94
50%	99	125	119	130	107	117
90%	121	162	150	163	138	134
干点	141	179	182	175	157	162
杂质含量/(μg/g)						
硫	240	17.6	138	67.1	37	37
氮	<1	0.7	<0.5	<1	<1	<0.5
砷	195①	14	90	0.5	14	133
铅	2	4	14.5	0.2	7.9	<10
铜	3	2.5	3.0	6.4	3.2	<10
烃类组成分析(质量分数)/%						
烷烃	58.6	43.3	49.1	46.4	57.7	53.1
其中 C5	0.2	0.2	0.5	6.1	—	0.4
C6	18.5	4.5	13.1	8.0	16.5	8.2
C7	21.3	11.0	14.6	9.9	20.2	13.1
C8	15.8	11.7	11.5	10.7	13.6	16.9
C9	0.8	11.6	804	10.7	6.4	12.2
C10	—	4.3	2.1	1.0	1.0	2.3
环烷烃	38.7	43.4	43.5	41.5	36.7	41.1
其中 C5	—	1.3	—	1.0	0.3	0.1
C6	10.9	4.8	8.1	7.4	8.1	5.6
C7	15.3	8.2	13.4	16.6	15.3	9.9
C8	9.8	9.5	13.2	14.5	9.2	13.6
C9	1.7	10.2	8.6	1.0	1.8	11.5
C10	—	9.4	0.2	—	—	0.4
芳烃	2.7	13.3	7.4	12.1	5.6	5.8
其中 C6	0.4	1.0	0.1	0.8	1.0	1.1
C7	1.0	3.1	2.2	4.1	1.6	1.5
C8	1.1	5.8	3.6	6.2	2.6	2.9
C9	0.2	3.4	1.5	1.0	0.4	0.3
芳烃潜含量(质量分数)/%	39.0	44.1	48.4	49.1	39.8	44.1

　　① 初馏塔顶的分析数据，常压塔顶油砷含量在1000×10^{-9}以上。

二、重整原料的预处理

重整原料的预处理的目的是切取符合重整要求的馏分和脱除对重整催化剂有害的杂质及水分，满足重整原料的馏分、族组成和杂质含量的要求。重整原料的预处理由预脱砷、预分馏、预加氢和脱水等单元组成，其典型流程如图 5-16 所示。

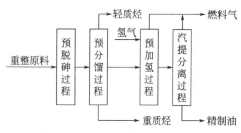

图 5-16 重整原料预处理流程

1. 预脱砷

砷不仅是重整催化剂最严重的毒物，也是各种预加氢精制催化剂的毒物。因此，必须在预加氢前把砷降到较低程度。重整反应原料含砷量要求在 1×10^{-9} 以下。如果原料油的含砷量 $<100 \times 10^{-9}$，可不经过单独脱砷，经过预加氢就可符合要求。

目前，工业上使用的预脱砷方法主要有三种：吸附法、氧化法和加氢法。

（1）吸附法　吸附法是采用吸附剂将原料油中的砷化合物吸附在脱砷剂上而被脱除。常用的脱砷剂是浸渍有 $5\% \sim 10\% CuSO_4$ 的硅酸铝小球，浸泡方法如下：先将硅酸铝小球在 120℃干燥 4h，放入 10% $CuSO_4$ 水溶液中浸泡 10h，最后在 120℃干燥 6h，称为 Si-Al 小球脱砷，其过程是在常温、常压的缓和条件下，借助 Si-Al 小球的吸附作用，将原料中的砷吸附在脱砷剂表面，以减少预加氢催化剂应砷含量高而失活。此种方法优点是操作简单，投资少；缺点是容砷量低，废脱砷剂难处理，一般采用掩埋方法，难以达到环保要求。Si-Al 小球脱砷过程流程见图 5-17。其流程为双塔设计以便并联、串联及切换操作。由常减压装置出来直馏汽油通过脱砷床层吸附作用，除去大部分砷后进入其他预处理过程。

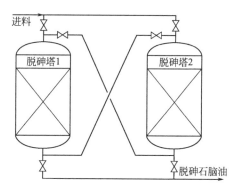

图 5-17　Si-Al 小球脱砷过程流程

（2）氧化法　氧化法是采用氧化剂与原料油混合在反应器中进行氧化反应，砷化合物被氧化后经蒸馏或水洗除去。常用的氧化剂是过氧化氢异丙苯（CHP），也有用高锰酸钾的。CHP 过程是原料油与 CHP 在 80℃反应条件下，反应 30min，可脱除 95% 的砷化合物。此法同样存在氧化产物处理的环保问题，在工业中应用很少。

（3）加氢法　加氢法是采用加氢预脱砷反应器与预加氢精制反应器串联，两个反应器的反应温度、压力及氢油比基本相同。预脱砷所用的催化剂是四钼酸镍加氢精制催化剂。其原理是砷与脱砷剂反应，形成不同价态的金属砷化合物，如 $NiAs$，$NiAs_2$，Ni_5As_2 等被吸附在脱砷剂表面，达到脱砷的目的。

（4）预脱砷系统操作技术　以吸附法为例，进行预脱砷系统操作。吸附法脱砷中脱砷塔进料速度是脱砷操作的唯一变量，即脱砷效率随空速提高而下降。在脱砷塔中装入的 Si-Al 小球脱砷剂量确定后，进料空速尽量在规定的范围内操作，以保证脱砷油稳定合格及 Si-Al 小球脱砷剂的使用寿命。预脱砷系统一般在常温低压下操作。主要控制操作参数如下。

进料量：在设计空速范围内按计划安排；

操作压力：低压，一般 $\leqslant 0.35MPa$；

操作温度：常温，一般 $<50℃$；

脱砷油砷含量：一般≤100μg/kg。

① 预脱砷系统开工。预脱砷系统开工比较简单，基本程序如下。

●装置建成后，按标准和规定对脱砷塔、系统管线及机泵进行全面检查；

●水冲洗和水压试验；

●系统干燥；

●脱砷剂活化和装填；

●气密合格后，启动进料泵，系统进油；

●检测含砷合格后，脱砷油可进入后续系统。

② 脱砷剂失效判断。脱砷塔运转一段时间后，由于脱砷剂已达到饱和吸附量而失效；或由于其他原因导致脱砷剂上的铜离子流失使脱砷剂失活。脱砷剂失效或失活的明显征兆是脱砷塔出口油含砷量增高，脱砷剂的容砷能力大约为脱砷剂质量的0.5%左右，据此，可以通过累计处理原料的量，估算脱砷剂是否到了失效期。如果开工不久发生脱砷油含砷分析结果偏高，有两种可能，一是分析误差，二是新装脱砷剂铜离子突然流失而使活性下降，这两种故障的处理措施是校对分析和采样分析。

③ 脱砷剂采样。脱砷剂采样系统见图5-18。

采样程序：

●如图5-18所示连接采样器；

●用N₂置换空气；

●建立通往集液器的一小股液流，并在60目的筛网上收集脱砷剂；

●切断该液流；

●用N₂使脱砷剂采样器表压升至345kPa；

●使样品冷却到环境温度；

●N₂保持正压，以防止空气的污染，送给化验室供分析。

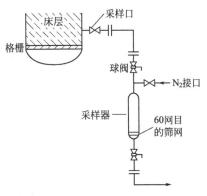

图5-18 脱砷剂采样系统

如果确认脱砷剂已经失效或失活，就必须进行再生或更新。

④ 脱砷剂的再生。脱砷剂的再生方法有两种，即器内再生和器外再生。

器内再生，适用于因积砷量高而失效的脱砷剂再生。是采用一种与所处理的原料油馏分相近、不含砷或砷含硅极低的物料，如重整芳烃抽提系统排出的抽余油（非芳烃）通过失效的脱砷剂床层，将因吸附砷达到砷饱和吸附量后而失效的废脱砷剂中的砷抽出，使失效脱砷剂的性能得以恢复。实际上，在多数Si-Al小球脱砷装置，不实施失效脱砷剂的再生处理，而是予以更新，即将失效的脱砷剂卸出废弃，重新装填自制或购买的新的脱砷吸附剂。

器外再生适于因铜离子流失而失活的脱砷剂的再生，即将废脱砷剂卸出由催化剂生产工厂进行浸铜，使活性得以恢复。

⑤ 废脱砷剂卸出。

●将流程从运转脱砷塔流程切换到备用脱砷塔流程；

●用水将废脱砷剂床层中的油置换出来；

●用蒸汽将废脱砷剂系统油水吹扫干净，废蒸汽最好引入烟囱，或按有害气体排放标准通过排气管排入高空；

●所有低点排空；

●用蒸汽使废脱砷剂床层保持较高温度，对脱砷剂进行干燥，便于倾卸；

●用压缩风使废脱砷塔增压至0.04～0.1MPa；

● 开启卸载阀，调节废脱砷塔压力，以每分钟一桶的流速将废脱砷剂密闭卸入桶中，装满后加盖封闭，直至废脱砷剂流出中断；

● 打开废脱砷剂塔人孔，将真空泵吸管送入废脱砷剂塔内，通过抽真空方法将剩余废剂抽出。

2. 预分馏

（1）重整原料预分馏流程　　重整原料预分馏目的是满足重整过程对原料馏分要求。根据重整反应对原料的要求，预分馏有三种模式操作流程。

① 原料初馏点过低，终馏点合适或由上游控制，此时原料油经过精馏从塔顶蒸馏出轻组分（拔头油）。塔低产品作为馏分范围合格的重整原料。生产芳烃时，一般只切除＜65℃馏分。而生产高辛烷值汽油时，切除＜80℃的馏分。

② 原料初馏点合格，终馏点过高，此时，原料油经过精馏从塔顶蒸馏出合格的重整原料，塔底切除其重组分。这种情况很少见。

③ 原料初馏点和终馏点都不合格，可采用双塔或单塔开侧线，典型双塔预分馏流程见图 5-19。

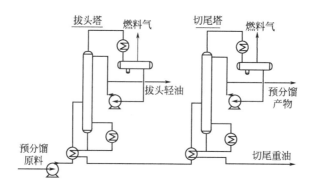

图 5-19　双塔预分馏流程

由图 5-19 可知，双塔预分馏包括两个系统——拔头塔系统和切尾塔系统。

以生产高辛烷值汽油的重整装置为例，拔头塔切除＜80℃的轻石脑油。尾塔切除＞180℃的重石脑油。

原料油经进料泵加压后，与塔底馏出物换热，温度升至要求温度后进入拔头塔。拔头塔顶馏出物为＜80℃的轻石脑油馏分，冷凝冷却后进入回流罐进行气液分离。回流罐设有脱水包，可以脱掉从原料中带来的水分。回流罐中的液相（轻石脑油）一部分回流泵泵入塔顶，调节塔顶温度，多余的轻石脑油经泵升压后送入储罐。通常称它为重整拔头油产品。

回流罐分出的气体经压控调节后去燃料气系统，若回流罐分出气体较少，不足以该罐压力（一般为 0.35MPa）可以从装置管网引入气体进行补压，回流罐压力通常采用补气调节阀和排气调节阀进行分程调节。

拔头塔塔底设有重沸器或重沸炉作为塔底加热的热源。塔底油靠拔头塔的压力，压入切尾塔。

对于生产芳烃产品的重整-芳烃联合装置来说，可以改变拔头塔的操作条件，只切除＜65℃的拔头油。以使环己烷和其他可以反应生成苯的前身物留下进行重整，生产苯产品。

在切尾塔塔顶得到适宜的原料，不需要的重组分在切尾塔塔底切除。

切尾塔的操作流程与拔头塔相似。

（2）预分馏系统操作技术　　重整原料预分馏系统是典型的复杂组分精馏过程，影响精馏过程的因素主要有进料组成、性质；产品要求；可控操作条件（包括塔顶温度、压力，进料温度、流量，冷回流温度、流量，热回流温度、流量，塔底温度、液面等）；设备结构及性能等。本文以先分馏后加氢双塔预分馏流程为例，阐述预分馏操作。

① 预分馏系统操作控制方案。

●分馏塔塔顶压力控制。分馏塔操作压力一般是指塔顶压力，也可以指回流罐压力。塔顶压力对塔顶产品质量和收率及系统投资和运行成本都有影响。在操作过程中，一般遵循组分沸点随压力增大而提高规律进行控制操作。通过控制回流罐压力达到操作控制目的。

影响塔顶压力的因素主要有进料组成变化，原料带水或回流带水，回流温度和流量变化，塔系统温度和气温变化引起冷后温度变化，回流罐瓦斯背压变化、后路堵塞或瓦斯压力变化等。

塔顶压力控制方案有以下三种模式。

第一，利用排入燃料气管网气体量进行塔顶压力控制方案，见图 5-20。此方案优点是控制流程简单。缺点是会造成一部分 C_3、C_4，甚至 C_5 等轻组分随排出气体进入燃料气管网，塔顶压力易受塔顶冷凝温度影响而不易操作。

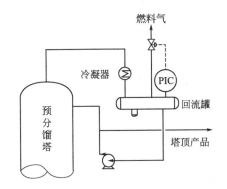

图 5-20　利用排入燃料气管网流量控制塔顶压力

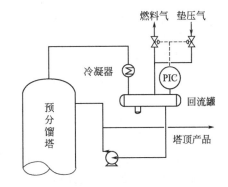

图 5-21　回流罐用分程控制器控制塔顶压力

第二，利用压力较高的气体向回流罐垫压，回流罐用分程控制器进行塔顶压力控制方案，见图 5-21。压力低时通过进气控制阀进气，高压时通过排气控制阀排气，塔压可以维持较高，避免受塔顶产品组成和冷凝温度影响，从而使塔顶拔头产品全部冷凝成拔头油而不会造成损失，同时操作也较平稳。

第三，在预分馏塔压力和输入热量稳定条件下，可采用直接物料控制方案，见图 5-21。此方案优点是控制直接、灵敏，塔的组分控制（通过塔板温度 TIC）变化时，通过控制塔顶产品流量

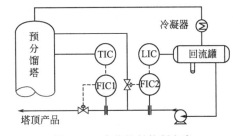

图 5-22　直接物料控制方案

（FIC1），几乎在回流罐液位（LIC）还没有感应到变化时，回流量（FIC2-FIC1）就相应变化，使 TIC 迅速回到预定值，该方案适合回流比在 1～10 范围内的分馏塔控制。

预处理分馏塔顶压力控制回路，参见图 5-21 中的 PIC 控制回路。

控制范围：一般在 0.3～0.5MPa 范围之间

控制目标：±0.05MPa

控制参数：回流罐瓦斯排放流量及垫压气体流量

控制方式：人工手动调节或 DCS 自动调节控制

正常控制及异常处理方法分别见表 5-35 及表 5-36。

表 5-35 预分馏塔顶压力正常处理方法

控 制 参 数	调 整 方 法
瓦斯排放量及垫压气体流量	通过排气调节瓦斯排放量及垫压气体流量来控制压力

表 5-36 预分馏塔顶压力异常处理方法

现象	原 因	处 理 方 法
塔压波动	①进料组成和温度的变化 ②塔底回流量及冷却后温度变化 ③塔底温度发生波动 ④原料带水及回流带水 ⑤回流罐瓦斯背压、后路堵塞或压力变化	①联系调度,调整进料 ②调整回流量平稳,并调节风机翅片角度 ③调节并控制再沸器热油出口温度及流量稳定 ④加强原料缓冲罐及回流罐脱水 ⑤检查调整气路系统

● 分馏塔塔顶温度控制。分馏塔顶温度严格讲应当是塔顶产品油气分压下的露点温度,其决定塔顶产品干点、塔底产品初馏点及两者之间的切割点。当原料组成及塔顶压力稳定,塔顶温度越高,塔顶产品干点越高,塔顶产品收率也越高;与其对应的塔底产品初馏点越高,塔底收率越低。影响塔顶温度主要因素有进料组成和温度、塔顶压力、冷回流温度和流量、热回流温度和流量、塔底温度等。塔顶温度一般通过其他影响因素相对稳定条件下,通过塔顶回流量来控制。

预处理分馏塔顶温度控制回路,见图 5-22 中的 TIC 控制回路。

控制范围:一般在以塔顶产品干点为准

控制目标:±1.5℃

控制参数:回流量

控制方式:人工手动调节或 DCS 自动调节控制

正常控制及异常处理方法分别见表 5-37 及表 5-38。

表 5-37 预分馏塔顶温度正常处理方法

控 制 参 数	调 整 方 法
塔顶冷回流量	通过回流调节塔顶冷回流量来控制塔顶温度

表 5-38 预分馏塔顶温度异常处理方法

现象	原 因	处 理 方 法
顶温波动	①进料组成和温度的变化 ②塔顶回流量及冷却后温度变化 ③塔底温度发生波动 ④原料带水及回流带水 ⑤塔顶压力变化	①联系调度,重新调整顶温参数,控制进料温度 ②调整回流量平稳,并调节风机翅片角度 ③调节并控制再沸器热油出口温度及流量稳定 ④加强原料缓冲罐及回流罐脱水 ⑤调节塔顶压力平稳

● 分馏塔回流控制。分馏塔一般有塔顶冷回流及塔底热回流,回流是维持全塔热平衡及实现全塔温度梯度的必要措施,也是影响分馏效果的主要因素。回流涉及回流量大小及回流温度高低两方面。既可以控制量的大小,也可以控制温度的高低,理论上结果是等效的。

塔顶冷回流大小用回流比表示。塔顶冷回流是从分馏塔取热,并控制塔顶产品主要措施。回流比越大,取热量越大,分馏效果越好;反之,则分馏效果越差。回流比过大,降低原料处理量及塔顶产品收率,并且使塔底热负荷增大,塔内气相负荷也随之增大,引起夹带现象,反而降低分馏效果。因此,必须保持一定的回流比,避免塔顶产品过轻或带出重组分,影响塔顶产品干点。在操作过程中,回流比大小要控制到与原料相适应,回流比相对平稳，避免造成塔内气液平衡被打乱。回流罐必须保持一定液面，并且维持稳定，一般在40％～60％为宜，避免泵抽空。还要注意回流液带水。塔顶回流控制回路见图5-22，通过塔顶温度与回流罐液面两路控制实现回流量（FIC2—FIC1）控制目标。

塔底热回流大小用重沸器循环量表示。塔底热回流是向全塔提供热源，并控制塔底产品的主要措施。一般用较大循环量，较低的温度进行操作。同样，分馏塔底必须保持一定液面，并且维持稳定，避免泵抽空。塔底液面（LIC）和重沸器循环量（FIC1）控制见图5-23。

●分馏塔塔底重沸器控制。分馏塔塔底重沸器由换热器和加热炉两种形式。本书以加热炉为例进行阐述，用作重沸器的加热炉，又叫重沸炉。

以加热炉为塔底热源的分馏塔控制。国内一般采用控制加热炉出口温度的方法。处理馏分范围很宽的物料时，因加热炉出口物料气化率和热负荷的变化会导致炉出口温度有一定的变化，所以这种控制方案是可行的。但对于重整装置的预分馏塔、汽提塔和稳定塔等处理窄馏分物料的分馏塔来说，只有重沸炉出口气化率和热负荷变化很大时。才会引起炉出口温度很小的改变，也就是说，重沸炉出口温度不能灵敏地反映气化率和加热炉供热量的多少。以加工初馏－180℃馏分的150kt/a重整装置为例，预分馏塔重沸炉出口气化率每变化5％（摩尔分数）、热负荷增加或减少139kW，加热炉出口温度变化1℃。

用控制重沸炉出口温度的方法不能准确控制重沸炉供热量，很难保证窄馏分分馏塔平稳操作。尤其是重整装置的汽提塔馏分窄（初～180℃），又是全回流操作，采用温度控制方案是不合理的。在操作中，特别是开工初期调整阶段很难稳定操作。塔顶回流罐液面和塔底油中水含量将会波动很大。

因此，为了维持塔的平稳操作，关键是要使重沸炉供给塔的热量稳定。直接控制重沸炉出口气化率不好实现，最好是控制炉出口物料的气化量。目前采用一种特殊的控制方案-重沸炉温差控制（PDIC），见图5-23。在加热炉出口安装适于气液两相的偏心孔板。根据孔板差压调节加热炉燃料量，以控制加热炉出口气化率及热负荷，可实现塔的平稳操作。因加热炉出口气化率的变化可导致孔板差压的改变，采用差压控制供给窄馏分分馏塔热量的重沸炉更合理有效。通过简略的流量方程式计算可求出孔板差压并确定仪表量程。

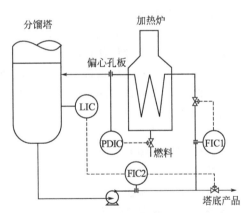

图5-23 分馏塔重沸炉控制

对于窄馏分物料来说，因安装在加热炉出口的孔板差压比炉出口温度更能准确、灵敏地反映出口气化率的大小，所以差压控制比温度控制方案更合理可靠。一些引进的带有重沸炉的分馏塔，已采用差压控制方案。

② 预分馏双塔系统控制指标参数。拔头塔控制指标参数如下。

进料量：在设计负荷范围内按厂计划安排。

塔顶压力：设计值±0.05MPa；

塔顶温度：以控制拔头油干点合格为准；

塔底温度：控制预加氢进料初馏点合格（75～80℃）为准，约为160～170℃（生产汽油）；

回流罐温度：≤50℃；

塔顶回流比：1.0～1.5；

塔底循环比：1.7～2.0（对进料）。

切尾塔控制指标参数如下。

操作压力：常压；

塔顶温度：按预加氢进料干点175～180℃而定，生产汽油时为120～130℃，生产芳烃时＞160℃为宜；

塔底温度：以塔底产物初馏点合格为准；

塔顶回流比：0.18～0.25；

塔顶产品（预加氢原料）干点：175～180℃（生产汽油）；

塔底油初馏点：＞170℃。

③预分馏系统开工操作程序。开工过程，首先需要在拔头塔内建立一个液位，然后启动塔底重沸炉（器）向分馏塔供热，当塔顶回流罐内建立液位时，可以开始回流。当塔稳定地进行全回流时，可以慢慢地增加进料量，建立起塔顶液净抽出量，并开始将塔底液送至切尾塔。当切尾塔底有一定液位时，重沸器便可启动，建立全回流直到塔稳定为止。可慢慢增大进料量并开始抽出塔顶净液和塔底液。调节操作条件，以获得经分析达到要求的产品。

对于新装置开工，基本开工操作程序如下。

● 检查。开工前的检查，是装置顺利开工的重要环节，主要检查内容各装置都有具体规程，下列几点值得特别注意：

盲板装、拆是否妥当；

安全阀是否校验、安装；

仪表及其他系统工程是否好用；

加热炉是否处于随时点火状态；

新安装机泵是否带负荷运转4h以上无异常。

● 气密。开工前进行良好地气密，是确保系统严密，消除跑、冒、滴、漏的重要措施。预分馏系统气密通常在预加氢和（或）重整系统气密完成后，用其残余气体压入分馏系统进行气密。气密步骤如下：

关闭有关阀门；

打开所有安全阀的前、后切断阀；

安装盲板，具体部位是各塔塔底排污、吹扫线；各部回流罐换热器的排污线。

气密的注意事项如下：

系统所有设备和管线均应气密找漏；

根据气密流程与范围，打开中间阀，关闭边界阀，按系统分段用肥皂水检查；

气密压力指标通常是3h压降（Δp）≤0.01MPa，要定人、定点分区检查气密点，不要漏一个气密点，不放过一个微小的气泡。

● 升压。

关闭拔头塔至切尾塔进料线阀门；

打开回流罐放空阀，将系统 N_2 压力放至0.02MPa；

引 N_2 预分馏塔系统升压（以回流罐为准）。

● 油循环。

拔头塔进油垫塔与油循环，通知调度联系油品送油，打开原料油（或预精制油）装置边界阀门（或盲板）。

启动原料泵向拔头塔进油，根据塔底液面变化情况补充原料油，液面达70%～80%，可开启塔底泵循环回原料罐。塔内压力上升时，气体先排至火炬。此时便已形成开工循环，具体流程见图5-24。

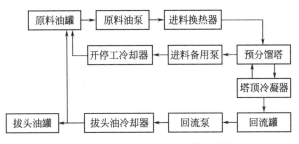

图 5-24　拔头油塔开工油循环流程

塔底液面达 80％时，暂停进料，调整各部液位。

拔头塔循环正常后，同时或等待与切尾塔联运。

切尾塔进油垫塔与油循环，打开拔头塔至切尾塔副线阀送油。

切尾塔塔底液面达 80％时，停止进料。

开重沸炉泵，启动自控，进行塔底循环。

调节各路手阀，使流量均匀。

●升温。拔头塔升温程序如下：

启动塔顶空冷器风机；

拔头塔底重沸炉炉膛置换合格后点火升温，升温速度为 25～30℃/h（以炉出口温度为准）；

点火以后，注意观察回流罐液面，当液面达 20％～40％时，脱水包脱水后，开回流泵打回流，进行全回流操作，调节塔顶温度，控制拔头油干点；

逐渐提高塔底温度，控制塔底油初馏点；

塔底液面低时，可补油，回流罐液面高时，将多余油送去拔头油贮罐。

切尾塔升温程序如下：

拔头塔塔底油合格后，切尾塔可点火升温；

打开切尾塔回流罐调压阀；

启动切尾塔顶空冷器风机；

切尾塔底重沸炉炉膛置换合格后点火升温，升温速度 25～30℃/h（以炉出口温度为准）；

注意观察切尾塔顶回流罐液面，当液面达 20％～40％时，打回流，进行全回流操作，调节塔顶温度，控制塔顶产物干点。

逐渐提高塔底温度，检查塔底产物初馏点；

塔顶产物合格后，启动预加氢进料泵向预加氢进料缓冲罐进料；

当缓冲罐液面达 60％～80％时，停止进料，准备预加氢进料；

启动缓冲罐分程控制；

切尾塔液面低时，可从拔头塔补充；液面过高时，在保证塔顶产品干点合格条件下，尽可能提高塔底温度，或将其进出装置。

●操作调整。

当预加氢反应器升温至要求温度后，需要切换正常原料时，预分馏系统进行如下操作调整：

提高切尾塔底温度，适当减少回流量，回流罐油向预加氢缓冲罐进料，使缓冲罐液面保持平稳；

拔头塔、切尾塔连续进料，保持阿塔和缓冲罐液面稳定；

调整两塔塔底、塔顶温度和回流量，使预加氢进料初馏点和干点合格；

拔头塔连续进料，回流罐多余的轻石脑油送出装置或泵到重整系统的稳定塔；

切尾塔底流出物冷却器给冷却水，塔底油出装置入重石脑油贮罐。

3. 预加氢

预加氢的作用是脱除原料油中对催化剂有害的杂质，使杂质含量达到限制要求。同时也使烯烃饱和以减少催化剂的积炭，从而延长运转周期。

我国主要原油的直馏重整原料在未精制以前，氮、铅、铜的含量都能符合要求，因此加氢精制的目的主要是脱硫，同时通过汽提塔脱水。对于大庆油和新疆油，脱砷也是预处理的重要任务。烯烃饱和和脱氮主要针对二次加工原料。

(1) 预加氢的作用原理　预加氢是在催化剂和氢压的条件下，将原料中的杂质脱除，并将原料中烯烃饱和。其原理方法详见加氢精制章节，重整原料预加氢主要进行如下反应过程。

① 含硫、氮、氧等化合物在预加氢条件下发生氢解反应，生成硫化氢、氨和水等，经预加氢汽提塔或脱水塔分离出去。

② 烯烃通过加氢生成饱和烃。烯烃饱和程度用溴价或碘价表示，一般要求重整原料的溴价或碘价＜1g/100g 油。

③ 砷、铅、铜等金属化合物先在预加氢条件下分解成单质金属，然后吸附在催化剂表面。

(2) 预加氢催化剂　重整原料预加氢催化剂基本组成和性能与加氢精制催化剂相同，但也有一定区别，对于重整原料预加氢催化剂主要有以下要求。

① 能够脱除重整原料中对重整反应过程有影响的杂质。

② 能够对原料中烯烃饱和而对芳烃加氢饱和反应能力很小。

③ 对金属如砷、铅等有抗毒能力。

在铂重整中常用钼酸钴或钼酸镍。在双金属或多金属重整中，开发了适应低压预加氢钼钴镍催化剂。这三种金属中，钼为主活性金属，钴和镍为助催化剂，载体为活性氧化铝。一般主活性金属含量为 10%～15%，助催化剂金属含量为 2%～5%。

常用的预加氢催化剂国内有 3641、3665、3761、CH-3、481、481-3、RN-1、RS-1、RS-20、RS-30、FDS-4A 等；国外主要有标准催化剂公司的 424、DC-185；ExxonMobil 公司的 RT-3；UOP 公司的 S-12、S-120、S-15、S-16；IFP 公司的 HR304、HR306 等。

(3) 预加氢流程　重整原料预加氢按照氢气是否循环分为氢气循环和重整氢一次通过两种流程。

① 氢气循环流程。通过一台压缩机将加氢产物油气分离器分离出的氢气压缩循环使用，由于有耗氢反应，应向装置不断补充重整氢。其流程见图 5-25。这种流程的优点是重整氢不必全部通过预加氢系统，氢油比较小；由于采用循环压缩机，操作较灵活，尤其开、停工过程。缺点是流程相对复杂。

② 重整氢一次通过流程。其流程见图 5-26。这种流程预加氢部分不设专门循环氢压缩机，部分或全部重整氢直接进入预加氢系统，重整产氢通过油气分离器分离后送出装置。优点是流程简单；重整产氢经过预加氢系统气液平衡后氢纯度（体积分数）可提高 2%～4%，并且经过预加氢增压机增压后氢气出装置压力增加，对下游用氢装置有利。缺点是重整产氢通过预加氢系统后 H_2S、NH_3、HCl 等杂质含量增加；由于没有循环压缩机，预加氢系统不能单独循环，其在催化剂干燥、再生等操作较为困难；这种流程一般应用于原料中杂质较少，预加氢原料先进行预分馏，对氢压要求不高的情况。

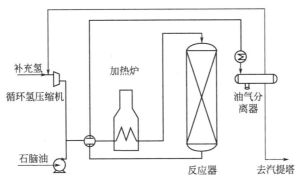

图 5-25　氢气循环预加氢流程

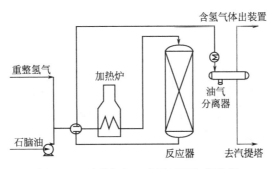

图 5-26　重整氢气一次通过预加氢流程

（4）预加氢操作技术　影响预加氢过程的因素主要有原料的组成和性质、催化剂组成和性能、设备的结构和性能、操作条件。由于原料来源、组成及重整反应催化剂的要求不同，预加氢工艺操作条件应有变化。典型预加氢操作条件见表 5-39。预加氢操作技术参考第六章催化加氢，这里就不重复。

表 5-39　预加氢工艺操作条件

操 作 条 件	直馏原料	二次加工原料	操 作 条 件	直馏原料	二次加工原料
压力/MPa	2.0	2.5	氢油比/(m³/m³)	100	500
温度/℃	280~340	<400	空速/h⁻¹	4	2

4. 预加氢产物汽提

预加氢反应装置产物经冷凝冷却后由油气分离器进行气液分离，由于相平衡原因，反应生成的 H_2S、NH_3、HCl 及水等杂质，在液体中仍有存在，为保护重整催化剂，这部分杂质必须除去。通常采用蒸馏汽提的方法除去杂质及水分。从油气分离器来的生成油经过换热进入汽提塔，加氢生成油中溶解的杂质随塔顶酸性水和轻油共沸物从塔顶蒸出，经冷凝冷却后，在塔顶回流罐分成气相、油相和水相，油全部回流，水排除，气体进入燃气管网。汽提塔底得到几乎不含水的精制油。汽提系统流程见图 5-27。

5. 预处理流程组合

重整原料预处理的预分馏、预加氢和汽提过程组合中有不同的组合方式；其中预分馏和预加氢有两种组合方式

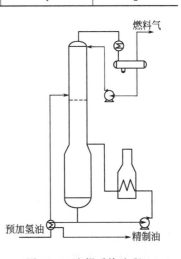

图 5-27　汽提系统流程

选择，即先分馏再加氢和先加氢再分馏。

（1）先分馏再加氢　先分馏再加氢是较传统流程。原料进入蒸馏系统，切除不合格原料，将馏分合格原料送入预加氢反应系统。此种流程可以降低预加氢系统负荷，汽提塔顶采用全回流，其目的只是除去 H_2S、NH_3、HCl 及水等杂质。

（2）先加氢再分馏　先分馏再加氢流程中，未对蒸馏过程中拔头油进行加氢除去杂质，因此，拔头油不适合环保要求更高的清洁汽油的调和组分，其应用受到限制。为此，采用先加氢再蒸馏，以解决此问题。对于先加氢再分馏流程又根据分馏与汽提组合方式分为三种类型。

① 先汽提后分馏流程。其流程见图5-28。

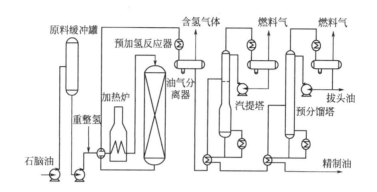

图 5-28　先汽提后分馏工艺流程

由图 5-28 可知，重整原料石脑油经催还加氢反应将原料中的含氧、硫、氮、金属等有机化合物分别转化为 H_2S、H_2O、NH_3 等物质，通过汽提的方法除去。再经过蒸馏切取合适的重整馏分。

② 先分馏后汽提。其流程见图5-29。

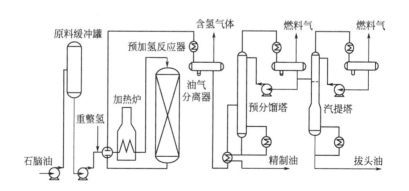

图 5-29　先分馏后汽提工艺流程

由图 5-29 可知，重整原料石脑油加氢后进入预分馏塔，拔出轻组分。而后将轻组分进行汽提，以除去拔头油中 H_2S、H_2O、NH_3、HCl 等杂质，以保证拔头油质量。

③ 分馏和汽提双塔合一。流程见图5-30。双塔合一工艺流程特点是省去一个塔，减少投资和占地；但拔头油在汽提塔回流罐中与 H_2S 等浓度较高气体处于汽液平衡状态，因此杂质含量高，还需进一步处理。

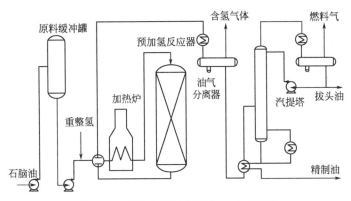

图 5-30　分馏和汽提双塔合一工艺流程

第五节　催化重整反应-再生系统工艺过程

一、工艺流程

工业重整装置根据反应器类型可分为固定床和移动床反应工艺过程。根据催化剂再生方式分为半再生、循环再生和连续再生工艺过程。

1. 固定床半再生式重整工艺流程

采用轴向或径向固定床反应器，使用挤条形或球形催化剂，重整反应在反应器内催化剂上进行。随着反应时间的增加，反应器内催化剂上的积炭逐渐增多，活性逐渐下到一定程度，由于活性下降而不能继续使用时，就要将装置停下来，对催化剂进行烧焦、氯化更新、干燥和还原等再生和处理过程。再生后重新开工运转，因此称为半再生式重整过程。催化剂也可以进行器外再生，即将催化剂从反应器卸出，送往催化剂厂进行再生。催化剂经过多次再生后，性能下降过多，不能满足生产要求，则需要更换新催化剂。

为了延长操作周期，减低催化剂的积炭速度，反应苛刻度受到一定限制，反应压力和氢油比较高，产品辛烷值也不太高。由于铂铼双（多）金属催化剂比其他催化剂具有更高的稳定性，目前已广泛地应用于半再生重整装置中。

（1）典型的铂铼重整工艺流程　以用铂铼双金属催化剂半再生式生产高辛烷值汽油重整反应工艺原理流程如图 5-31 所示。铂铼重整简称铼重整（Rheniforming）。

经预处理的原料油与循环氢混合，再经换热、加热后进入重整反应器。典型的铂铼重整反应主要由 3～4 个绝热反应器串联，每个反应器之前都有加热炉，提供反应所需热量。反应器的入口温度一般为 480～520℃，其他操作条件为：空速 1.5～2h^{-1}；氢油比（体积）约 1200∶1；压力 1.5～2MPa；生产周期为半年至一年。

自最后一个反应器出来的重整产物温度很高（490℃左右），为了回收热量而进入一大型立式换热器与重整进料换热，再经冷却后进入油气分离器，分出含氢 85%～95%（体积分数）的气体（富氢气体）。经循环氢压缩机升压后，一部分送回反应系统作循环氢使用；另一部作为副产氢去预加氢部分，多余氢气出装置。为了回收副产氢气中轻烃和提高氢气纯度，一般将压缩后的含氢气体与通过泵加压后的液体产物在较高压力下混合冷却，经过气液再接触，使气体中轻烃在高压下达到新平衡，部分轻烃溶解到液体中，然后再分离。

分离罐底部液体经泵加压抽出，直接或经过再接触后进入稳定塔（或脱戊烷塔），塔顶分出裂化气和液态烃，塔底产品为满足蒸气压要求的稳定汽油。如果是以生产芳烃为目的的

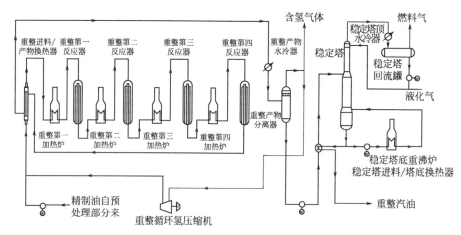

图 5-31　铂铼双金属催化剂固定床半再生重整反应工艺流程

工艺过程，分离出的重整生成油进入脱戊烷塔，塔顶蒸出≤C$_5$的组分，塔底是含有芳烃的脱戊烷油，作为芳烃抽提部分的进料油。

表 5-40 列出铂铼重整操作条件及产品收率。

表 5-40　铂铼重整操作条件及产品收率

项　　目	数　据	项　　目	数　据
第一反应器入口温度/温度降/℃	500/50.3	稳定汽油收率(质量分数)/%	85.5
第二反应器入口温度/温度降/℃	500/44.2	芳烃产率(质量分数)/%	54.9
第三反应器入口温度/温度降/℃	500/19.9	其中	
第四反应器入口温度/温度降/℃	500/7.1	苯	6.8
加权平均床层温度/℃	490	甲苯	21.9
反应压力/MPa	1.78	二甲苯	19.8
油气分离器压力/MPa	1.49	重芳烃	6.4
催化剂型号	Pt-Re/Al$_2$O$_3$	芳烃转化率/%	120.1
质量空速/h^{-1}	2.04	纯氢产率/%	2.43
氢油摩尔比	7.3	循环氢纯度/%	85

（2）麦格纳重整工艺流程　麦格纳重整（Magnaforming）是由 Engelhard 公司开发，也属于固定床反应器半再生式过程，其反应系统工艺流程如图 5-32 所示。麦格纳重整是由 3～4 个反应器串联。

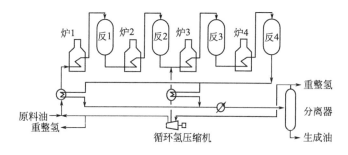

图 5-32　麦格纳重整系统工艺流程

麦格纳重整工艺的主要理念是根据每个反应器所进行反应的特点，对主要操作条件进行优化。例如，将循环氢分为两路，一路从第一反应器进入，另一路则从第三反应器进入。在第一、二反应器采用高空速、较低反应温度及较低氢油比，这样可有利于环烷烃的脱氢反应，同时抑制加氢裂化反应。后面的 1 个或 2 个反应器则采用低空速、高反应温度及高氢油比，这样有利于烷烃脱氢环化反应。这种工艺的主要特点是可以得到较高的液体收率、装置能耗也有所降低。国内的固定床半再生式重整装置多采用此种工艺流程，也称作分段混氢流程。

固定床半再生式重整过程的工艺优点：工艺反应系统简单，运转、操作与维护比较方便，建筑费用较低，应用最广泛。缺点：由于催化剂活性变化，要求不断变更运转条件（主要是反应温度），到了运转末期，反应温度相当高，导致重整油收率下降，氢纯度降低，气体产率增加，而且停工再生影响全厂生产，装置开工率较低。随着双（多）金属催化剂的活性、选择性和稳定性得到改进，使其能在苛刻条件下长期运转，发挥了它的优势。

常见的半再生重整工艺还有铂重整（platforming）、胡德利重整（houdriforming）、超重整（ultraforming）、强化重整（powerforming）和 IFP 重整。

2. 循环再生重整工艺流程

反应器也是采用固定床结构，但多设一台反应器，在操作过程中，可以轮流有一反应器切换出来，用阀与反应系统隔断，原位进行再生。由于催化剂可以在装置不停工条件下轮流进行再生，能维持较长的操作周期，反应苛刻度可以较高。循环再生重整工艺可在低压（小于 1.5MPa）和低氢烃比（摩尔比小于 5.0）条件下操作，C_5^+ 油收率和氢产率比较高，并可用于宽馏分重整，生产辛烷值（RON）高达 $100\sim104$ 的重整汽油油。操作周期随原料性质和产品要求而变，以保持系统中的催化剂具有较好的活性和选择性，每台反应器使用的间隔时间从不到一周到一个月不等。切换反应器内的催化剂就地连接单独的再生系统进行烧焦再生。循环再生重整工艺流程见图 5-33。

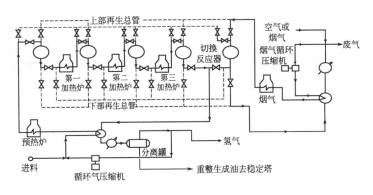

图 5-33 循环再生重整反应系统工艺流程

循环再生重整工艺的缺点是所有反应器都要频繁地在正常操作时的氢烃环境和催化剂再生时的含氧环境之间变换，这就要有很严格的安全措施，同时为了便于切换，每台反应器大小都一样，催化剂装量也相同，而各反应器在反应过程中的操作温度不同，催化剂的利用不充分。这一工艺每一台反应器都要能单独切出系统进行再生，所以比较复杂。合金钢管线和阀门比较多，设备费用较大。在新建的重整装置中已很少再采用循环再生工艺。

常见的循环再生重整工艺有 Amoco 公司的超重整（ultraforming）和 Exxon 公司的强化重整（powerforming）。

3. 连续再生式重整工艺流程

半再生式重整会因催化剂的积炭而被迫停工进行再生。为了能经常保持催化剂的高活性，在有利于芳构化反应条件下进行操作，并且随炼油厂加氢工艺的日益增多，需要连续地供应氢气。自20世纪70年代分别由美国环球油公司（UOP）和法国石油研究院（IFP）研究和发展了移动床反应器连续再生式重整（简称连续重整）。主要特征是设有专门的再生器，催化剂在反应器和再生器内进行移动，并且在两器之间不断地进行循环反应和再生，一般每3～7天催化剂全部再生一遍。

连续重整工艺发展较快，我国连续重整加工能力占重整总能的一半以上。目前新建装置主要是连续重整。重整工艺发展方向也主要集中在连续重整。

目前世界上连续重整有重叠式（美国UOP）和并列式（法国IFP/Axens）两种工艺，这两种工艺都采用绝热式径向反应器多段反应，并设有单独的催化剂连续再生系统，催化剂在反应器与再生器之间连续流动，在具体工艺流程、设备结构和控制方法上各有特点，最主要的差别如下。

● UOP反应器采取重迭式布置，占地比较小，反应器间催化剂靠重力流动，不用气体提升，但设备和框架比较高；IFP反应器采取并列式布置，催化剂在反应器之间的输送用气体提升，设备高度较低，维修比较方便，但占地比较大，催化剂要多次用气体提升。

● UOP再生气采用热循环，流程比较简单，但设备和管线的材质要求比较高，再生气中水含量高；IFP再生气采用冷循环加干燥流程，设备比较多，但采用的都是普通材质，供应比较方便，且再生气中水含量低，有利于保持催化剂的比表面积。

● UOP的闭锁料斗设在再生器底部，再生压力比反应压力低；IFP的闭锁斗设在再生器上部，再生压力比反应压力高，有利于催化剂的烧焦。

（1）连续重整基本工艺过程及技术要点

① 重整反应。反应部分的基本工艺流程与固定床半再生重整基本相同，只是反应压力比较低，早期0.88MPa，目前已降到0.35MPa，并且氢烃比较小。连续重整一般均采用铂锡催化剂。由于降低了反应压力、采用铂锡催化剂及提高了反应苛刻度，连续重整装置的液体收率大约可以比半再生重整装置提高5％～8％，产品辛烷值（RON）可高达105。由于催化剂连续再生，正常操作期间催化剂活性一直维持在比较高的水平，重整生成油的芳烃含量比较高，氢产率和氢纯度也比较高，反应状况稳定。

连续重整反应器一般采用径向结构，催化剂在反应器内依靠重力自上而下流动，反应物料从催化剂外侧环形分气空间（扇形筒）横向穿过催化剂床层，进入中心收集管内。作为移动床反应器，不仅要求反应器上下物流分配均匀，还要求避免发生催化剂不流动的"贴壁"现象。

积炭后的待生催化剂从最后一个反应器出来，进入再生系统进行烧焦、氧氯化、干燥和还原等过程，然后再返回反应系统。

连续重整催化剂不需要像半再生重整那样在开工初期注硫以钝化催化剂活性，但进料中含硫量过少时，随着反应苛刻度的提高，反应器内存在着积炭的危险性，反应器器壁的铁离子会与碳结合，碳链长大生成针状焦，严重时大量焦炭结在反应器内堵塞通道，阻碍催化剂的流动，甚至将反应器内构件顶坏，这种现象曾经在有些连续重整装置上发生过。实践证明，硫对反应器器壁的结焦也是很好的钝化剂。因此，现代连续重整一般都设有注硫设施，要求经常往经过加氢处理的进料中注硫，以保证重整进料中的硫含量不会过低（一般要求不低于 $0.2\mu g/g$）。

② 催化剂再生。为了适应较高苛刻度重整反应的需要，在连续重整装置中设置催化剂连续再生系统，使重整催化剂能够在反应部分不停工的条件下连续除掉反应过程中生成的积炭，及时恢复其性能，从而能够长期在接近新鲜催化剂的活性条件下操作。改进催化剂连续

再生的技术，是发展连续重整的关键。

重整催化剂连续再生包括四个基本过程：烧焦、氧氯化、干燥和还原。反应后的待生催化剂首先经过烧焦，除去积炭；然后在过氧的条件下注氯，调节催化剂上的氯含量，并氧化和分散催化剂上的铂金属；在离开再生器前进行干燥（焙烧），脱除催化剂上的水分；最后在氢气条件下进行还原，将催化剂上的金属由氧化态变成还原态，完成催化剂的全部再生过程。

催化剂的连续再生系统一般是前三个过程在再生器内进行，最后一个过程在反应器前的还原罐内进行。

催化剂连续再生的操作取决于催化剂的循环量和催化剂上的积炭量。每套催化剂连续再生设备的循环量和烧焦能力在设计中已经作了规定，实际操作要受这些条件的限制。如果积炭量超过设计的烧炭能力，就应当调整重整反应的苛刻度，或者降低重整进料的流率。

●烧焦。烧焦是催化剂再生的第一个过程。催化剂上的焦炭与氧气化合生成二氧化碳和水并放出热量。由于产生的热量会使催化剂的温度升高，可能会损坏催化剂。所以必须控制烧焦速度。方法是控制燃烧过程的氧含量。高氧会提高燃烧的温度，低氧则会使燃烧速度减慢。

燃烧区有四个重要的操作参数：催化剂循环速率、燃烧区的氧含量、待生催化剂的炭含量和燃烧区的气体速率。这些操作参数是互相关联的，一个参数的采用受到其他参数的限制，所有操作参数都要围绕同一个目的，就是要保证催化剂上的积炭能在烧焦区内烧干净，否则一旦让焦炭进入氧化氯化区，与过量氧气接触，将会引发高温，烧坏催化剂和设备，这是不允许的。操作人员应当根据待生催化剂的炭含量和烧焦区的气体流率，控制好催化剂循环速率和烧焦区的氧含量，保证再生后催化剂的含炭量不超过0.1%，颗粒中心无炭，并且基本没有整个黑球颗粒。

待生催化剂的炭含量由反应过程决定，它与原料组成和性质、产品辛烷值、处理量、反应压力、温度和氢烃比等有关。对催化剂连续再生而言，待生催化剂含炭量一般应为3%～7%，在这个范围内再生，催化剂的性能和寿命比较好。

为了控制住待生催化剂的炭含量，要注意维持生焦和烧焦速率的平衡，也就是说，重整反应条件改变，增加或者降低生焦速率，应相应改变催化剂再生条件，增加或降低烧焦速率。但这种改变不是需要立即进行的，因为改变反应条件对待生催化剂上炭含量的影响，往往要几天的时间才能反映出来。

烧焦区氧的摩尔分数一般为0.5%～1.0%。高氧含量会提高烧焦的温度，易发生老化现象而损失催化剂的表面积。低氧会使烧焦减慢，从而可能使焦炭在烧焦区内不能完全烧干净。为了减少高温烧焦对催化剂性能造成的负面效应，烧焦区的氧含量在保证焦炭在烧焦区内完全燃烧的条件下，应当尽量减少。进入烧焦区的氧量，通过在线分析仪自动进行控制。在两段烧焦条件下，一段和二段入口氧的摩尔分数均为0.6%～0.8%，二段出口氧的摩尔分数应不低于0.2%，表明催化剂上的焦炭通过烧焦区后已烧干净。

烧焦区设有多点床层温度，它能很好的显示烧焦的情况。高峰温度一般是在烧焦区，顶部以下40%的地方，该处烧焦速率最大。烧焦区最后几点温度应当保持不变，说明烧焦过程已在烧焦区内完成。烧焦区的床层温度与入口氧含量、催化剂循环速率、待生催化剂含炭量和再生气体流率有关。床层温度不论何时何处发现升高，说明烧炭速率增加。床层高峰温度最高不应超过593℃，过高温度会损坏催化剂和设备。为了降低催化剂表面积衰减的速度，在保证积炭在烧焦区内完全烧干净的条件下。床层温度应当尽量降低。

烧焦区床层高峰温度的增加是以下因素引起的：

- 烧焦区氧含量增加；
- 催化剂循环量增加；
- 待生催化剂含炭量增加。

床层高峰温度位置下降，或床层底部温度增加是以下操作条件改变的结果：
- 催化剂循环量增加；
- 烧焦区氧含量减少；
- 待生催化剂含炭量增加；
- 烧焦区气体流率降低。

再生器的压力是通过与反应部分设备的压差来自动进行控制的，设计过程中确定了反应部分设备的压力从而再生器的压力也被确定。一般提高再生压力，将增加氧的分压，对烧焦是有利的。不同连续重整的再生器压力是不一样的，目前重叠式连续重整再生器的压力与重整反应的产物分离罐关联，约为 0.25MPa，并列式连续重整再生器的压力与第一反应器关联，约为 1.0MPa。

- 氧氯化。催化剂在烧炭过程中有氯流失，并造成金属铂的聚结，因此第二个过程进行氯化、氧化及重新分散催化剂上的铂金属。这些反应既需要氧气又需要氯化物。氧含量高比较有利，但由于这部分氧全部进入再生气的循环系统，因此必须与烧炭所消耗的氧平衡。在氯化更新区中，含氧和氯化物的气体在高温下与烧完焦炭的催化剂接触，完成氯化氧化。

- 干燥。干燥过程是从催化剂上脱除水分，这些水分是在催化剂烧焦过程中产生的，通过干燥气体流过催化剂时将水分带出。进入干燥（焙烧）区的气体（一般为空气或含氧 8%～12% 的混合气）必须经过干燥并保持流量恒定。干燥后用于再生空气的含水量一般为 $5\mu g/g$。高温、足够的干燥时间和适当的干燥气体流量，并确保气体分布均匀是干燥的必要条件。

- 还原。还原过程是将催化剂上的金属由氧化态变成还原态，以恢复催化剂的活性。催化剂在氢的存在下进行还原过程。还原反应越完全越好。对这一反应有利的条件是高氧纯度、适当的还原气体流量和足够的还原温度。

催化剂连续再生系统有两种开工方法，即"黑烧"和"白烧"。有时（特别是第一次）开工时往往会面临再生器内烧焦区下面存在有含炭催化剂的现象，这样就要采取"黑烧"方法，干燥（焙烧）区和氧化氯化区只通氮气，不通空气，含氧气体只进入烧焦区，在烧焦区内将催化剂上的积炭烧掉，同时移动催化剂，一直到氧化氯化区和干燥（焙烧）区催化剂上不含炭时，才转入"白烧"，按正常操作条件往干燥（焙烧）区通入空气。

③ 催化剂的输送。催化剂为了连续再生，必须从反应器输送到再生器，然后再返回反应器。实现催化剂循环过程。催化剂的输送采用气体提升方式，设有一些催化剂输送设备，使催化剂能在半连续的基础上输送，其中包括催化剂收集罐、闭锁料斗、催化剂提升器及提升管、缓冲料斗以及特殊阀组等。催化剂输送难点是从低位向高位，从低压向高压。因此，必须采取相应的技术措施。催化剂输送用过程控制系统根据压差和催化剂料位自动控制。

催化剂由低点输送到高点是用气体通过提升器实现的，典型催化剂提升器采用双气流发送罐型式，例如 IFP 反应系统催化剂提升器工作原理见图 5-34。

提升气分成两股，一股为一次气，从提升器下部进入，用于补充提升气量；另一股为二次气，从提升器旁边进入，将需要提升的催化剂送入提升气流中。在任何情况下一次气和二次气的总量保持不变，以保证催化剂提升管内有一定的气体流速（一般为 3m/s），过低不能满足提升催化剂的需要，过高会增加催化剂的磨损。由于二次气量要根据催化剂输送量的变化要求而变化，因此一次气量应根据二次气量的变化通过自动控制阀进行相应的调节。催化

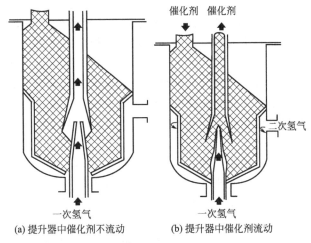

(a) 提升器中催化剂不流动　　(b) 提升器中催化剂流动

图 5-34　IFP 反应系统催化剂提升器工作原理

剂输送管压差的高低直接反映催化剂提升量的多少。控制原理见图 5-35。

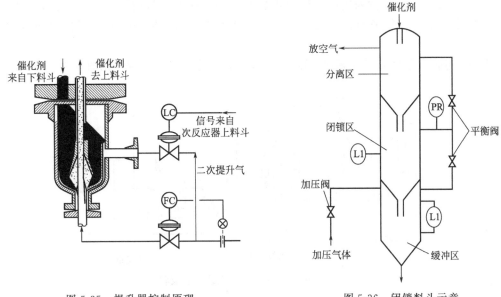

图 5-35　提升器控制原理　　　　　　图 5-36　闭锁料斗示意

　　催化剂由低压向高压的输送需要通过闭锁料斗进行升压。一般闭锁料斗就是一个空罐，装料前先放空泄压，与上游低压催化剂输送管的压力平衡，再打开阀门使催化剂靠重力自动落入闭锁料斗中进行装料，以后再将闭锁料斗与低压催化剂输送管隔断，用气体充压，使其与下游的高压催化剂输送管压力平衡，再打开下部阀门使催化剂依靠重力自动从闭锁料斗落入下游催化剂输送管中进行卸料。以后再放空泄压重复装料工作，如此循环，使催化剂一批批地从低压系统输送到高压系统。目前有的工艺为了省去催化剂管线上的阀门，将闭锁料斗从上到下分成分离、闭锁、缓冲三个区，如图 5-36 所示，其基本原理是一样的，即先开上部平衡阀，使分离区与闭锁区压力平衡，催化剂由分离区自动落入闭锁区，然后再关上部平衡阀、开下部平衡阀，使闭锁区与缓冲区压力平衡，催化剂由闭锁区自动落入缓冲区。缓冲区通过加压气体维持压力，下料管装有孔板保持剂封，放空气由分离罐上排出。闭锁料斗有专门的操作程序，实际操作时程序自动控制准备、加压、卸料、泄压、加料等步骤。通过改变平衡压力将催化剂从低压区输送到高压区。

④ 催化剂淘析。连续重整催化剂在反应和再生系统循环由于磨损及挤压碰撞，产生少量的粉尘和碎粒。粉尘和碎粒进入再生器会堵塞筛网，粉尘还会使提升发生问题。因此，必须将其从反再系统除去。

一般是在淘析器中用淘析气将其带入催化剂粉尘收集器。淘析气用于从循环催化剂中分出碎粒和粉尘，一般应当按设计流率保持恒定。流速太低，达不到除去效果；流速太高会使很多完整的催化剂颗粒与碎粒和粉尘一起带出。为了提高除尘效率，有必要在操作中进一步摸索经验，找寻最佳气体流率。

（2）重叠式连续重整工艺流程　重叠式连续重整由美国 UOP 公司开发，第一套装置于 1971 年 3 月在美国建成投产，开始时采用"常压再生工艺"，反应压力 0.88MPa，再生压力为常压。1988 年 11 月第一套称为"加压再生工艺"的连续重整装置投产，反应压力降至 0.35MPa，再生压力增加到 0.25MPa，大大提高了连续重整的效率。1996 年 3 月最新的连续重整工艺开始问世，取名为"CycleMax"，反应和再生压力与加压再生相同，并对再生工艺流程和控制作了很多改进，如再生器内筛网改为锥形，改进催化剂输送系统结构，采用两段还原等。

UOP 连续重整一开始就采用适于连续再生的铂锡催化剂，与铂铼催化剂相比，稳定性较差但选择性较好。30 年来随着催化剂活性的提高和铂金属含量的降低，催化剂牌号不断更新。

① UOP 连续重整反应系统流程。UOP 连续重整反应系统工艺流程见图 5-37。

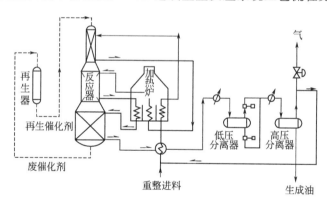

图 5-37　UOP 连续重整反应系统工艺流程

UOP 连续重整第一、二、三、四反应器自上而下叠置排列，催化剂在再生器中进行再生，反应器和再生器靠输送催化剂管线连接。重整原料油经泵与循环氢混合后进入重整原料换热器—立式换热器，与反应产物换热至 430～450℃进入重整原料预热炉加热到 500～545℃，由上部进入到反应器一与催化剂接触、反应。反应产物和未反应原料由于转化吸热而降温至 430℃左右离开反应器一，再进入中间加热炉加热至 500～540℃。进入下一个反应器与上部反应器移动下来的催化剂接触，并进行新的重整反应。以此类推，由最后一个反应器出来的反应产物经过换热、空冷和水冷进入气-液分离罐。待生催化剂则进入再生系统进行再生，回复催化剂活性。

分离器顶部出来的富氢气体经压缩机增压，进入高压分离器，可进一步通过再接触罐和吸收塔进行氢气和烃类分离。分离器底部液体和吸收剂混合进入稳定塔。

② UOP 连续重整常压再生系统工艺流程。第三（四）反应器底部用过的催化剂被输送到再生部分，进入再生器的催化剂自上而下借重力移动，在再生器中进行烧焦、氯化更新、

干燥，使催化剂再生，再生后的催化剂用氢气还原，还原后的催化剂进入第一至第三或四反应器后这就完成了催化剂的循环移动。UOP 连续重整再生工艺经历了常压、增压及 CycleMax 三个发展过程。

UOP 在 20 世纪 70 年代初首先推出的连续重整工艺，反应压力 0.88MPa，采用的是常压再生流程。我国金山石化、扬子石化和广州石化连续重整采用的就是这一工艺。再生系统由分离料斗、再生器、流量控制料斗、缓冲罐、还原区及有关管线、特殊阀组和设备组成，并由专用程序逻辑控制系统进行监测和控制。UOP 连续重整常压再生工艺流程见图 5-38。

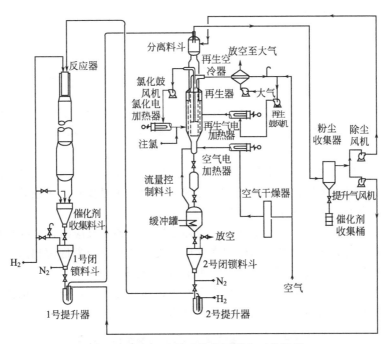

图 5-38 UOP 连续重整常压再生工艺流程

为了保证催化剂在反应器与再生器之间安全输送，待生和再生催化剂各有一个闭锁料斗，规定了一系列程序步骤，包括准备、吹扫、卸料、加压、装料等。催化剂输送用程序逻辑控制系统通过仪表、定时器和阀门自动控制。

催化剂输送操作用两个程序逻辑控制器控制，一个控制待生催化剂，一个控制再生催化剂。整个系统催化剂的流动速率是由流量控制料斗设定的，它定时、连续、小批量的将再生器的催化剂输送到缓冲料斗，所有其他催化剂的输送都是用两个闭锁料斗根据料位要求来控制的。

重整反应后已积炭的待生催化剂从最后一个反应器底部出来，经催化剂收集罐进入 1 号闭锁料斗，降压并用氮气冲洗掉催化剂上的烃类气体以后，进入 1 号提升器，再用提升鼓风机压送的氮气将催化剂提升到再生器顶部的分离料斗中。催化剂在分离料斗内落下时，其中夹带的催化剂粉末被自下而上的循环氮气吹出，带到集尘器中进行回收。集尘器顶部气体经提升气鼓风机加压后循环回到 1 号提升器去提升催化剂。

脱除粉末后的待生催化剂，靠重力流经分离料斗下部的连接管道，分布到再生器内外环形筛网之间并向下移动，依次通过烧焦区、氯化区和干燥区。

待生催化剂进入再生器后，先在烧焦区内以高温低氧的条件烧掉催化剂上的积炭。燃烧气体由再生鼓风机经过电加热器送入燃烧区内，燃烧产生的废气和循环燃烧气体从燃烧区顶部排出，经过再生气冷却后，部分气体放空，其余部分经再生鼓风机返回再生器。

正常操作时开冷却器取走多余的热量，将再生器入口温度控制在 477℃；电加热器只在开工时才用。燃烧所需要的部分氧气从氯化区进入，并在再生鼓风机的入口通入少量仪表风，用以控制再生气的氧含量。循环再生气中含氧 0.8%～1.3%。

烧炭后的催化剂流入氯化区进行氯化。氯化循环气通过氯化鼓风机密闭循环，经电加热器加热到 510℃，并加入氯化物后，送入再生器氯化区。催化剂在氯化区内补充烧焦过程中损失的氯化物，同时在高温和含氧 15%～18% 的富氧条件下，使金属充分氧化，并使大的铂晶粒再分散。

氯化后的催化剂进入干燥区，用经过干燥并用电加热器加热到 538℃ 的仪表风干燥，脱除烧炭时所产生的水分。干燥后的气体向上依次通过氯化区、烧焦区，然后从再生气中排放。

经过烧焦、氯化和干燥的催化剂由再生器底部进入催化剂流量控制料斗，通过交替开关上下两个控制阀的开关频率，控制催化剂的再生循环量。

催化剂通过流量控制料斗到缓冲罐，然后进入 2 号闭锁料斗，用氮气吹扫除净氧气后，进入 2 号提升器。催化剂在 2 号提升器内用脱除凝液的重整氢提升到反应器顶部的还原区内。

在还原区内，用氢气将再生催化剂从氧化态还原为还原态。还原区是管壳式结构，利用反应物料的热量，将再生催化剂加热升温，完成催化剂的还原步骤。还原后的催化剂与还原气体一起进入反应器，完成催化剂的再生。

催化剂依靠重力自上而下，从第一个反应器依次通过各个反应器，直到从最后一个反应器底部再次出来，完成循环回路。催化剂在反应器之间和从反应器底部出来，都是通过 8～14 根对称布置的输送管下落以保证催化剂床层的均匀流动。

催化剂循环一周约一星期。催化剂在再生器内边移动边再生，烧焦氯化各有自己的气体循环回路，用热风机鼓风循环，其典型操作条件见表 5-41。

表 5-41　UOP 连续重整常压再生典型操作数据

项　目	数　据	项　目	数　据
再生前催化剂含炭量/%	5.07	再生后催化剂含氯量/%	1.05
再生后催化剂含炭量/%	<0.02	烧焦区入口(479℃,340Pa)氧含量/%	1.03
再生前催化剂含氯量/%	0.99	氧氯化区入口(511℃,331Pa)氧含量/%	17.4

③ UOP 连续重整加压再生系统工艺流程。1988 年 UOP 公司号称第二代连续重整技术（加压再生工艺）开始工业化，对原有反应条件和再生工艺都作了很大改进。主要表现在：

● 反应压力降至 0.35MPa，提高反应苛刻度，增加产品收率，同时反应器内物料由上进下出改为上进上出结构，以改善气流分布和减少死区；

● 改进再生器结构，将再生器的操作压力由常压提高到 0.25MPa，提高催化剂再生能力，缩短催化剂循环周期；

● 闭锁料斗改为分区变压控制，催化剂管线上无阀操作，减少催化剂磨损和阀门的检修维护工作；

● 还原罐布置在闭锁料斗上面，用高纯度氢气作还原气，还原后气体排入产氢管网，不进入反应器，避免水分带入反应系统；

● 设置放空气洗涤塔，放空气经过碱洗后再排入大气，以改善环保条件。

我国 20 世纪 90 年代中期建设的辽阳、吉林、镇海、燕山连续重整装置采用的就是这项工艺，工艺流程见图 5-39。

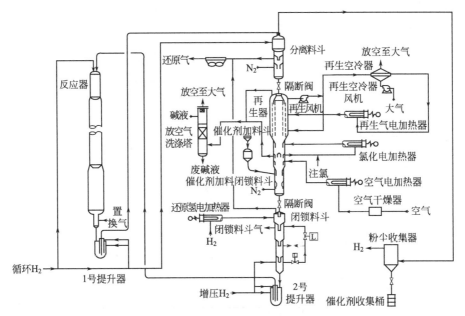

图 5-39　UOP 连续重整加压再生系统工艺流程

待生催化剂从反应器最下部出来，靠重力通过收集器到提升器，然后用氢气提升至再生器顶部的分离料斗中。催化剂在分离料斗内用氢气吹出其中粉尘，含粉尘的氢气经粉尘收集器和除尘风机返回分离料斗。

再生器从上到下分成烧焦、氯化和干燥三个区域。待生催化剂从分离料斗落入再生器后先在两个圆柱形筛网的环形空间进行烧焦。烧焦用再生气含氧 0.5%～0.8%，再生器入口温度 477℃。再生气用再生风机抽出，经过空冷器和电加热器后返回再生器。烧焦后的催化剂依次进入挡板结构的氯化区和干燥区。用于氯化过程的气体为来自干燥区的空气，注入氯化物后通过氯化区催化剂床层，进入再生器温度为 510℃。干燥区设在再生器最下部。干燥介质为经过干燥并经电加热器加热到 565℃ 的热空气。

氧化态再生催化剂在再生器底部用氮气置换后，送至闭锁料斗上部的催化剂还原段进行还原。还原用高纯度的氢气，用电加热器加热到 538℃。

还原后的再生催化剂落入闭锁料斗中，用专用控制系统按照自动程序操作，最后通过提升器将再生催化剂送入第一个反应器。催化剂在重叠式反应器中，靠重力从第一反应器落回到第四反应器，同时进行重整反应，从而构成一个催化剂循环回路。

④ CycleMax 再生系统工艺流程。1996 年 UOP 公司最新的催化剂再生工艺 CycleMaX 开始问世，反应和再生操作条件与加压再生工艺相同，但在催化剂再生流程和设备上作了不少改进，使催化剂连续再生技术又有了新的提高，其主要特点是：

• 再生器内采用锥形筛网，防止部分催化剂在高温高水分条件下停留时间过长，以增加催化剂的寿命；

• 改进催化剂提升系统，用"L 阀"代替提升器，使用无冲击弯头，减少催化剂的磨损；

• 催化剂在反应器顶部的还原罐内分两段在不同温度下还原，改善还原条件，从而有利于保持催化剂性能并可直接使用不用提纯的重整氢作还原气；

• 增加一个加料斗，可以在不停工的条件下更换催化剂；

• 待生催化剂用氮气输送，取消一个氮包，减少 35 个仪表回路，简化粉尘收集系统。

我国近期建设的高桥、兰州、天津、大连、锦西和镇海石化的连续重整采用的就是这项工艺，工艺流程见图5-40。

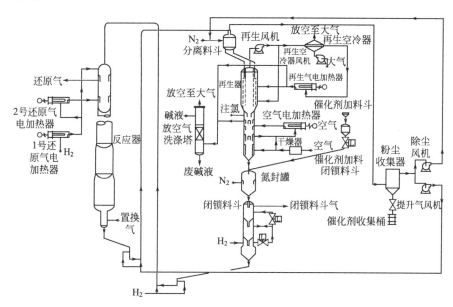

图 5-40　CycleMax 再生系统工艺流程

CycleMax 工艺的再生器分成烧焦、再加热、氯化、干燥、冷却五个区。催化剂进入再生器后，先在上部两层筛网之间进行烧焦，烧焦所用氧气由来自氯化区的气体供给，烧焦气氧含量 0.5%～0.8%。烧焦后气体用再生风机抽出，经空冷器冷却（正常操作）或电加热器加热（开工期间）维持一定温度（477℃）后返回再生器。

烧焦后的催化剂向下进入再加热区，与来自再生风机的一部分热烧焦气接触，其目的是提高进入氯化区催化剂的温度，同时保证使催化剂上所有的焦炭都烧尽。

催化剂从烧焦和再加热区向下进入同心挡板结构的氯化区进行氧化和分散金属，同时通入氯化物。然后再进入干燥区用热干燥气体进行干燥。热干燥气体来自再生器最下部的冷却区气体和经过干燥的仪表风，进入干燥区前先用电加热器加热到565℃。从干燥区出来的干燥空气，根据烧焦需要一部分进入氯化区，多余部分引出再生器。

催化剂从干燥区进入冷却区，用来自干燥器的空气进行冷却，其目的是降低下游输送设备的材质要求和有利于催化剂在接近等温条件下提升，同时可以预热一部分进入干燥区的空气。

干燥和冷却后的催化剂经过闭锁料斗提升到反应器上方的还原罐内进行还原。闭锁料斗分成分离、闭锁、缓冲三个区，按准备、加压、卸料、泄压、加料等五个步骤自动进行操作，缓冲区进气温度150℃。还原罐上下分别通入经过电加热器加热到不同温度的重整氢气，上部还原区377℃，下部还原区550℃。还原气体由还原罐中段引出。还原后的催化剂进入第一反应器。

CycleMax 重整工艺典型操作数据见表5-42。

（3）并列式连续重整工艺流程　并列式连续重整由法国石油研究院 IFP（现为 Axens 公司）开发，用于生产高辛烷值汽油组分的称为辛烷值化（Octanizing），用于生产芳烃的称为芳构化（Aromizing）。IFP 连续重整 1973 年在意大利开始工业化，反应器并列布置。反应压力 0.88MPa 左右，催化剂在再生器内分批进行再生，再生压力约 0.96MPa。20 世纪

90 年代初 IFP 新一代的连续重整工艺问世，反应压力降至 0.35MPa，催化剂由分批再生改为连续再生，称为 Regen B 工艺，再生压力 0.57MPa（略高于第一反应器的压力）。1995 年以后推出的 Regen C 和 Regen C2 工艺，进一步改善了催化剂的再生技术，并采用性能较好的 CR401 催化剂。

表 5-42　CycleMax 重整工艺典型反再系统主要操作数据

工序	项　　目	指标	工序	项　　目	指标
重整反应系统	1 号加热炉出口温度/℃	480～545	重整再生系统	分离料斗料位/%	20～80
	2 号加热炉出口温度/℃	480～545		催化剂循环流量/(kg/h)	68～680
	3 号加热炉出口温度/℃	480～545		燃烧区入口温度/℃	450～480
	4 号加热炉出口温度/℃	480～545		燃烧区出口温度/℃	≤565
	四合一加热炉炉膛温度/℃	≤960		燃烧区床层温度/℃	≤596
	反应氢油体积比	≥350		燃烧区入口氧含量/%	≤1.0
	液体体积空速/h^{-1}	0.55～1.95		干燥区入口温度/℃	555～580
	循环氢纯度(体积分数)/%	≥65		冷却区压力/MPa	0.23～0.27
	低压分离器压力/MPa	0.23～0.26		还原区料位/%	20～80
	低压分离器压力液面/%	20～50		1 号还原气电加热器出口温度/℃	360～380
	第一再接触器压力/MPa	0.55～0.85		2 号还原气电加热器出口温度/℃	450～490
	第一再接触器液面/%	20～50			
	第二再接触器压力/MPa	1.35～1.85			
	第二再接触器液面/%	20～50			

① 并列式连续重整反应系统工艺流程。与 UOP 重叠反应器流程不同，IFP 并列式连续重整反应器是彼此并列，与半再生式重整反应器排列相似，但它的催化剂处于连续移动状态与专门的催化剂再生系统链接。并列式连续重整反应系统工艺流程见图 5-41。

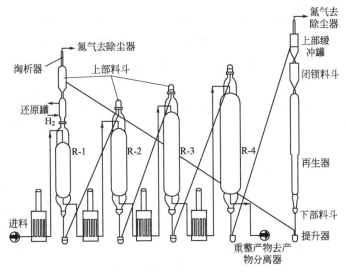

图 5-41　IFP 连续催化重整反应系统工艺流程

重整原料与循环氢混合后进入重整换热器管程与重整反应生成物换热，经重整第一加热炉加热至反应温度后入重整第一反应器与催化剂接触进行反应，由于反应吸热使物流温度降低，经重整第二加热炉加至反应温度后，进入重整第二反应器继续进行反应，再经重整第三加热炉加热后进入重整第三反应器完成重整各种化学反应，各反应器入口温度采用各加热炉燃料气流量控制。

物料在三个（或四个）绝热反应器依次发生反应。中间加热炉是使后面反应器入口获得规定的温度。末反应器流出物进入重整产物分离系统。

待生催化剂通过反应器下部料斗进入催化剂提升器，用提升气提升至再生器上部的缓冲罐，经过闭锁料斗进入再生器，完成再生。

② Regen B 再生系统工艺流程。Regen B 于 1990 年开设工业化，是在原来分批再生工艺基础上改进而来。我国金陵石化和齐鲁石化连续重整是采用这一技术。其再生系统工艺流程见图 5-42。

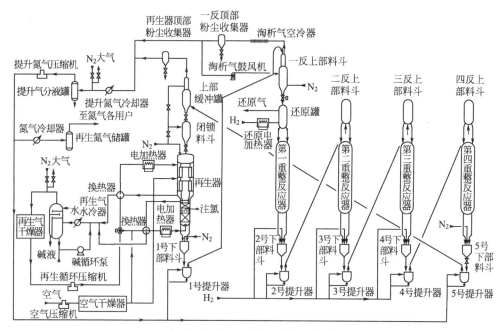

图 5-42 Regen B 再生工艺流程

待生催化剂从最后一个反应器出来，用来自提升氮气压缩机的氮气提升到再生器上的上部缓冲料斗内，然后经过闭锁料斗进入再生器。催化剂在第一区即一段烧焦区内将大部分焦炭烧掉，然后进入二段烧焦区，在更高的温度下将剩余的焦炭烧净，然后再依次通过氧化氯化区和焙烧区。再生器压力 0.545MPa，一段烧焦区的气体入口温度为 420～440℃，二段烧焦、氧化氯化区和焙烧区的出口温度分别为 480～510℃，480～515℃ 和 500～520℃。一段烧焦区和焙烧区的气体入口含氧量分别为 0.5%～0.7% 和 4%～6%，二段烧焦区控制出口含氧量为 0.25% 左右。

再生气从再生气压缩机出来分成两部分：主要的一部分经换热器和电加热器加热后为两段烧焦用；另一部分与空气混合，经换热器、电加热器加热后作焙烧气体，然后进入氧化氯化区并注入氯化物。从再生器出来的上下两股气体混合后进入洗涤塔，进行碱洗和水洗。再生气通过压缩机循环。再生系统压力用洗涤塔顶放空气控制。

焙烧后的催化剂从再生器出来，在氮气环境下用压缩机送来的氮气提升到第一反应器上面的上部料斗，催化剂淘析粉尘用鼓风机和粉尘收集器分离回收。淘析粉尘后的催化剂进入还原罐，在 0.495MPa 压力下用 480℃ 热氢气还原。还原后的再生催化剂依次通过四个反应器进行反应。催化剂由前一个反应器到后一个反应器用氢气提升。

③ Regen C 再生系统工艺流程。Regen C 连续再生系统工艺是 IFP 在 Regen B 的基础上改进和开发。将焙烧气由再生循环气改为空气，氧氯化气单独放空，并改变了再生器烧焦控

制条件与方式。催化剂循环和再生都是自动操作，催化剂连续进入再生器后，按一定程序依次进行两段烧焦，氧化氯化和焙烧，工艺流程见图5-43所示。

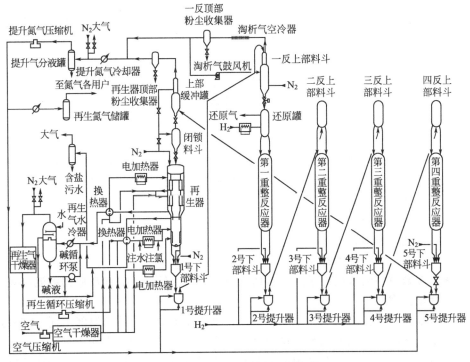

图 5-43　Regen C 再生工艺流程

Regen C 再生器改进原有的催化剂再生技术，其特点是：

- 通过降低烧焦区的温度、湿度和时间的苛刻度延长催化剂的寿命；
- 改进氧气和空气调节系统，增加烧焦操作的可靠性；
- 通过优化氧氯化操作参数，使催化剂的性能更稳定；
- 由于将烧焦和氧氯化气体回路分开，改进了再生器操作的灵活性。

我国已投产的乌鲁木齐石化总厂连续重整装置采用的就是这项技术。

经过一个阶段的实践，IFP 对 Regen C 流程又作了改进，称为 Regen C2，修改了再生部分的气体流程，氧化氯化气与焙烧气仍分开，但为了节省能耗，取消了单独的氧化氯化气放空罐，焙烧气体由空气改为空气与再生气的混合物，维持氧含量为 10% 左右，一段烧焦的氧气由再生气带入，用再生气氧分析仪和焙烧气氧分析仪串级控制。

二、重整反应的主要影响因素及操作参数

影响重整反应的主要因素主要有原料组成和性质、催化剂的性能、工艺技术、操作条件和设备结构等。而实际生产过程中具备可调性主要是操作条件，重整反应的主要操作条件有反应温度、压力、氢油比和空速等。

1. 反应温度

提高反应温度不仅能使化学反应速率加快，而且对强吸热的脱氢反应的化学平衡也很有利，但提高反应温度会使加氢裂化反应加剧、液体产物收率下降，催化剂积炭加快及受到设备材质和催化剂耐热性能的限制，因此，在选择反应温度时应综合考虑各方面的因素。由于重整反应是强吸热反应，反应时温度下降，因此为得到较高的重整平衡转化率和保持较快的

反应速率，就必须维持合适的反应温度，这就需要在反应过程中不断地补充热量。为此，重整反应器一般由 3～4 个反应器串联，反应器之间有加热炉加热到所需的反应温度。这样，由进出反应器的物料温差提供反应过程所用的热量，这一温差称反应器温降。正常生产过程中，反应器温降依次减小。反应器的入口温度一般为 480～520℃，使用新鲜催化剂时，反应器入口温度较低，随着生产周期的延长，催化剂的活性逐渐下降，采用逐渐提高各反应器入口温度，弥补由于催化剂活性下降而造成芳烃转化率或汽油辛烷值的下降。但是，这种提升是有限度的。当温度提高后仍然不能满足实际生产要求时，对固定床反应过程必须停工，对催化剂进行再生。对连续重整进行补充或更换新鲜催化剂。

催化重整采用多个串联的反应器，这就提出了一个反应器入口温度分布问题。实际上各个反应器内的反应情况是不一样的。例如，反应速率较快的环烷脱氢反应主要是在前面的反应器内进行。而反应速率较低的加氢裂化反应和环化脱氢反应则延续到后面的反应器。因此，应当按各个反应器的反应情况分别采用不同的反应条件。在反应器入口温度的分布上曾经有过几种不同方法：

- 由前往后逐个递减；
- 由前往后逐个递增；
- 几个反应器的入口温度都相同。

近年来，多数重整装置趋向于采用前面反应器的温度较低、后面反应器的温度较高的由前往后逐个递增方案。

各个反应器进行反应的类型和程度不一样，也造成每个反应器的温降不同，结果是反应温降依次降低；同时也造成催化剂在每个反应器装入量或停留时间不同，一般是催化剂在第一个反应器装入量最小或停留时间最短，最后一个反应器与其相反。表 5-43 列出某固定床重整过程反应器温降和催化剂装入比例。

表 5-43 某固定床重整过程反应器温降和催化剂装入比例

	第一反应器	第二反应器	第三反应器	第四反应器	总　　计
催化剂装入比例	1	1.5	3.0	4.5	10
温降/℃	76	41	18	8	143

由于催化剂床层温度是变化的，即不同反应器及同一反应器内各点的操作温度是不同的。很难用一点温度来表示反应温度。因此应用加权平均温度表示反应温度。所谓加权平均温度（或称权重平均温度），就是考虑到不同温度下的催化剂数量而计算到的平均温度，其定义如下：

$$加权平均进口温度（WAIT）= \sum_{i=1}^{3-4} x_i T_{i入} , (i_{max} = 3 \text{ 或 } 4)$$

$$加权平均床层温度 =（WABT）= \sum_{i=1}^{3-4} x_i \frac{T_{i入} + T_{i出}}{2} , (i_{max} = 3 \text{ 或 } 4)$$

式中　x_i——各反应器装入催化剂量占全部催化剂量的分率；

　　　$T_{i入}$——各反应器的入口温度；

　　　$T_{i出}$——各反应器的出口温度；

反应温度是控制产品质量的主要操作参数，一般情况下反应温度 WAIT 提高 2～4℃，研究法辛烷值提高一个单位。提高空速或原料变贫、变轻，也需要提高反应温度来维持产品辛烷值不变。

表 5-44 列出采用相同原料（原料组成 P/N/A＝66.7/23.81/9.92%），使用国产 PS-Ⅵ

催化剂，在空速为 1.2^{-1}、氢油摩尔比为 2.5、反应压力为 0.35MPa 反应条件下，重整反应温度对反应结果的影响。

表 5-44 　重整反应温度对主要反应结果影响

反应温度	WAIT/℃	521	526	531	536
	WABT/℃	488	493	498	504
C_5^+ 产品研究法辛烷值		102	103	104	105
C_5^+ 产品液体产品收率/%		87.43	86.59	85.59	84.22
芳烃产率/%		69.48	70.38	71.18	71.90
纯氢产率/%		3.85	3.89	3.95	4.03
催化剂积炭速率/(kg/h)		38.0	45.2	54.9	68.7

由表 5-44 可知，提高反应温度，汽油辛烷值升高，芳烃和氢气产率增加；同时，产品液体产品收率降低，催化剂生焦速率增加。因此，必须综合多方面因素，选择合适的操作温度。

反应温度与原料的组成和性质、处理量、催化剂活性及产品要求有关，在以下情况下需要进行调整：

- 原料的组成和性质发生了变化；
- 要改变装置的处理量；
- 催化剂失活；
- 要改变汽油辛烷值。

重整反应温度控制是通过控制加热炉出口温度达到控制目的，其控制原理见图 5-44。

通过控制燃料气的压力，实现温度控制。另外，为了保证加热炉正常、安全工作，还设了燃料气压的安全值 HIC 与 TIC 输出值进行高选择控制，正常情况下，HIC 低于 TIC 输出，该控制实现 TIC 与 PIC 串级控制；异常情况下 TIC 由安全值 HIC 代替执行控制回路。一般反应温度控制精度在±0.5℃范围。

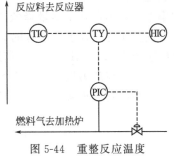

图 5-44 　重整反应温度控制原理图

2. 反应压力

提高反应压力对生成芳烃的环烷脱氢、烷烃环化脱氢反应都不利，但对加氢裂化反应却有利。因此，从增加芳烃产率的角度来看，希望采用较低的反应压力。在较低的压力下可以得到较高的汽油产率和芳烃产率，氢气的产率和纯度也较高。但是在低压下催化剂受氢气保护的程度下降，积炭速度较快，从而使操作周期缩短。解决这个矛盾，如何选择适宜的反应压力应从如下三方面考虑。

第一，工艺技术。有两种方法：一种是采用较低压力，经常再生催化剂，例如采用连续重整或循环再生强化重整工艺；另一种是采用较高的压力，虽然转化率不太高，但可延长操作周期，例如采用固定床半再生式重整工艺。

第二，原料性质。易生焦的原料要采用较高的反应压力，例如高烷烃原料比高环烷烃原料容易生焦，重馏分也容易生焦，对这类易生焦的原料通常要采用较高的反应压力。

第三，催化剂性能。催化剂的容焦能力大、稳定性好，则可以采用较低的反应压力。例如铂铼等双金属及多金属催化剂有较高的稳定性和容焦能力，可以采用较低的反应压力，既能提高芳烃转化率，又能维持较长的操作周期。

综上所述，半再生式铂重整采用 2～3MPa，铂铼重整一般采用 1.8MPa 左右的反应压力。连续再生式重整装置的压力可低至约 0.8MPa，新一代的连续再生式重整装置的压力已降低到 0.35MPa。重整技术的发展就是围绕着反应压力从高到低的变化过程，反应压力已成为能反映重整技术水平高低的重要指标。

催化重整装置一般有 3～4 个反应器，各个反应器压力是不同的，过程中用平均压力表示反应压力。在现代重整装置中，根据催化剂装量，最后一个反应器的催化剂通常占催化剂量的 50%。所以，选用最后一个反应器入口压力作为反应压力也是合适的。

反应压力对产品收率、需要的反应温度及催化剂稳定性等有影响。表 5-45 列出采用相同原料（原料组成 P/N/A=66.7%/23.81%/9.92%），使用国产 PS-Ⅵ催化剂，在空速为 1.2^{-1}、氢油摩尔比为 2.5、反应温度为 535℃反应条件下，重整反应压力对反应结果的影响见表 5-45。

表 5-45　重整反应压力对主要反应结果影响

平均反应压力/MPa(g)	0.30	0.35	0.40
C_5^+ 产品研究法辛烷值	105.2	105.1	105
C_5^+ 产品液体产品收率/%	85.08	84.22	83.35
芳烃产率/%	72.70	71.90	71.06
纯氢产率/%	4.08	4.03	3.87
催化剂积炭速率/(kg/h)	70.6	68.7	66.9

由表 5-45 可知，提高反应压力，汽油辛烷值降低，产品液体产品收率降低，芳烃及氢气产率降低；同时，催化剂生焦速率也降低。因此，降低反应压力对反应过程有利，但对催化剂长期稳定运转不利。降低反应压力不仅取决催化剂性能和再生技术，还需要在过程技术上创造条件，例如，压力降低后，气体体积增大，气速增加，系统压降增大，循环氢压缩机功率增大，为此除了尽量降低氢烃比外，还原采用低压降设备及管路。

反应压力是在装置设计时确定，操作过程是通过重整产物气液分离罐的压力来控制，当反应压力为 0.35MPa 时，分离罐压力一般为 0.24MPa，在实际操作中，由于受设备设计条件限制，反应压力调节余地不大。

重整产物分离罐与两次再接触罐压力通常采用分程一超池控制。其控制原理见图 5-45。

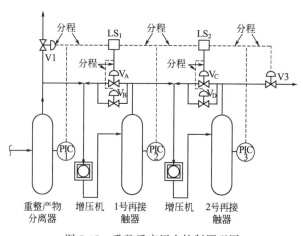

图 5-45　重整反应压力控制原理图

这是一个互相关联的复杂控制回路，PIC1、PIC2、PIC3 都要求保持一定的压力，在工艺动态条件下：

当 P_1 高时，打开 V1 阀，当 P_1 低时，送出信号至 LS_1；

当 P_2 高时，送出信号至 LS_1，当 P_2 低时，送出信号至 LS_2；

当 P_3 高时，进出低信号至 LS_2，当 P_3 低时，关闭 V3 阀；

LS_1 选择二个输入信号中的低信号，控制 V_A 和 V_B，先打开小阀 V_A，后打开大阀 V_B；

LS_2 选择二个输入信号中的低信号，控制 V_C 和 V_D，先打开小阀 V_C，后打开大阀 V_D。

整个系统的压力调节，首先是在系统内部互相调节和补偿以维持系统压力的平衡。其次，当整个系统压力高时，V1 打开，部分氢气放空，而当整个系统压力低时，关小或关闭 V3 少产或不产氢气。

控制方案既保证了重整反应系统的压力，又保证了增压机吸入口和再接触罐的压力。大小阀的应用增大了阀的调节范围。

实践证明，这种方案既能满足重整反应对压力的要求，又能使氢气损失减少，烃回收率增加，是一个合理、先进的控制方案。

3. 空速

在石油化工工业中，对有催化剂参与的化学过程，一般情况下，固定床用空速，流化床用剂油比表示原料与催化剂的接触时间，又以接触时间间接的反映反应时间。连续重整是一种移动床，介于两者之间，情况比较复杂，在此不予多述。

重整反应空速以催化剂的总用量为准，定义如下：

$$质量空速(WHSV) = \frac{原料油流量(t/h)}{催化剂总用量(t)}$$

$$体积空速(LHSV) = \frac{原料油流量(m^3/h, 20℃)}{催化剂总用量(m^3)}$$

降低空速可以使反应物与催化剂的接触时间延长。催化重整中各类反应的反应速率不同，空速的影响也不同。环烷烃脱氢反应的速率很快，在重整条件下很容易达到化学平衡，空速的大小对这类反应影响不大；而烷烃环化脱氢反应和加氢裂化反应速率慢，空速对这类反应有较大的影响。所以，在加氢裂化反应影响不大的情况下，适当采用较低的空速对提高芳烃产率和汽油辛烷值有好处。

空速对产品收率、需要的反应温度及催化剂稳定性等有影响。表 5-46 列出采用相同原料（原料组成 P/N/A＝49.55%/36.07%/14.38%），使用国产 PS-Ⅵ催化剂，氢油摩尔比为 2.65 和反应压力为 0.35MPa 反应条件下，重整反应空速变化对反应结果的影响见表 5-46。

表 5-46　重整反应空速对主要反应结果影响

空速(LHSV)/h^{-1}	1.64	1.97	空速(LHSV)/h^{-1}	1.64	1.97
处理量/(kg/h)	125000	150000	芳烃产率/%	72.29	72.41
WAIT/℃	523	529	纯氢产率/%	3.58	3.61
C_5^+ 产品研究法辛烷值	102	102	催化剂积炭速率/(kg/h)	26.4	30.98
C_5^+ 产品液体产品收率/%	90.47	90.71			

由表 5-46 可见，对于某一重整装置，反应器尺寸已确定，提高处理量，空速增加，相应反应时间缩短，为了保持辛烷值不变，通过提高温度对反应速率进行补偿。如空速从 1.64h^{-1} 提高到 1.97h^{-1}，处理量扩大了 1.2 倍，在辛烷值保持 102 不变的情况下，反应温度提高了 6℃，同时焦炭速度增加幅度较大，空速对液体收率、芳烃和氢气产率影响不大。

通常在生产芳烃时，采用较高的空速；生产高辛烷值汽油时，采用较低的空速，以增加反应深度，使汽油辛烷值提高。但空速较低增加了加氢裂化反应程度，汽油收率降低，导致氢消耗量和催化剂结焦增加。

选择空速时还应考虑到原料的性质和装置的处理量。对环烷基原料，可以采用较高的空速；而对烷基原料则采用较低的空速。

目前一般工业装置采用的液体空速（LHSV）为 $1.0\sim2.0h^{-1}$。在正常生产时，反应器大小已确定，催化剂量也不能随便改变，空速的高低取决处理量，为了维持系统操作平稳，处理量也基本保持不变，因此，空速一般不作为调节手段。

4. 氢油比

在重整反应中，除反应生成的氢气外，还要在原料油进入反应器之前混合一部分氢，这部分氢不参与重整反应，工业上称为循环氢。通入循环氢起如下作用。

① 为了抑制生焦反应，减少催化剂上积炭，起到保护催化剂的作用。

② 起到热载体的作用，减小反应床层的温降，使反应温度不致降得太低。

③ 稀释原料，使原料更均匀地分布于催化剂床层。

氢油比（H_2/HC）是指循环氢量与重整进料量的比值，常用以下两种表示方法，即

$$氢油摩尔比 = \frac{循环氢流量（kmol/h）}{原料油流量（kmol/h）}$$

$$氢油体积比 = \frac{循环氢流量（m^3/h）}{原料油流量（m^3/h，20℃）}$$

在总压不变时提高氢油比，意味着提高氢分压，有利于抑制生焦反应。但提高氢油比使循环氢量增加，压缩机动力消耗增加。在氢油比过大时，会由于减少了反应时间而降低了转化率。表 5-47 列出氢油比对反应结果的影响。

表 5-47　氢油比对主要反应结果影响

氢油摩尔比	2.00	2.50	3.00	氢油摩尔比	2.00	2.50	3.00
WAIT/℃	539	536	533	芳烃产率/%	72.18	71.90	71.65
WABT/℃	505	504	504	纯氢产率/%	4.06	4.03	3.99
C_5^+ 产品研究法辛烷值	105	105	105	催化剂积炭速率/(kg/h)	80.8	68.7	59.7
C_5^+ 产品液体产品收率/%	84.54	84.22	83.90				

注：催化剂为国产 PS-Ⅵ，原料 P/N/A＝66.27%/23.81%/9.92%

由表 5-47 可知，在达到相同辛烷值时，提高氢油比，液体收率、氢气和芳烃产率略有下降，但变化不大；但催化剂积炭大幅减小，因此，可以减小再生器负荷。

对于稳定性高的催化剂和生焦倾向小的原料，可以采用较小的氢油比；反之则需用较高的氢油比。铂重整装置采用的氢油摩尔比一般为 5～8，使用铂铼催化剂时一般＜5，新的连续再生式重整进步下降到 1～3。

氢烃比是决定催化剂稳定性的重要因素，但对生成油性质影响不大。在一般操作范围内，氢烃比对产品质量和收率影响很小，不是需要经常调节的参数。根据辛烷值和原料组成的变化，催化剂积炭速率会有不同，将氢烃比维持在相应要求的最低水平，在经济上是合理的，是设计时必须考虑的问题，但在实际操作中由于受压缩机排量的限制，并为了尽量避免操作的波动，一般很少进行调节。

三、重整反应工艺计算

炼油工艺装置的计算主要包括物料平衡、能量平衡及压力平衡等计算，本文主要就催化重整反应过程的简单物料及能量平衡进行有关方面的计算。

1. 物料平衡

（1）总物料平衡　重整反应过程总物料平衡示意见图 5-46，图中虚线部分即为选择的

物料衡算对象体系。入方为重整反应原料，出方包括以下四个部分：

● 氢气，即出重整系统的富余氢气气体；

● 裂化气，即脱戊烷塔顶气体产物。有的装置在脱戊烷塔之前还有一个脱丁烷塔，此时，裂化气应包括脱丁烷塔顶和脱戊烷塔顶两项气体；

● 戊烷油，或称液态烃，即脱戊烷塔顶产物再经过 C_4、C_5 分馏塔塔底产物；

● 脱戊烷油，即脱戊烷塔底产物。

在计算物料平衡时既可将整个反应系统作为对象体系，也可将单个反应器作为对象体系，进行物料衡算。总物料一定是平衡的，即入方等于出方。

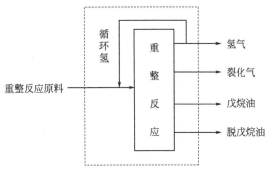

图 5-46　重整反应过程物料平衡示意图

（2）芳烃产率和转化率　目的产物芳烃都包含在脱戊烷油中。因此，只要知道脱戊烷油的收率和脱戊烷油中芳烃的含量，便知芳烃产率，即

$$芳烃产率＝脱戊烷油收率×脱戊烷油中芳烃含量（％）$$

而芳烃转化率与芳烃潜含量和芳烃产率有关，可以计算而得。

在计算过程中既可计算总芳烃产率和转化率，也可计算单个芳烃产率和转化率。

【例 5-1】　某重整装置进料 18.6t/h，进料含 C_6 环烷烃 9.98％，C_7 环烷烃 18.38％，C_8 环烷烃 12.59％，苯 1.41％，甲苯 4.07％，乙苯 0.41％，间、对二甲苯 2.49％，邻二甲苯 0.64％（均为质量分数）。经重整后得脱戊烷油 16.63t/h，戊烷油 0.54t/h，脱戊烷塔顶气体 0.09t/h，脱丁烷塔顶气体 0.64t/h，重整氢 0.63t/h，脱戊烷油中含苯 6.96％，甲苯 20.02％，乙苯 2.33％，间、对二甲苯 9.24％，邻二甲苯 3.29％，重芳烃 2.52％（均为质量分数）。试作总物料平衡计算并计算芳烃产率和转化率。

解　按小时进料为基准进行计算。

① 总物料平衡，见表 5-48。

表 5-48　重整物料平衡

入方	流量/(t/h)	比例/%	出方	流量/(t/h)	比例/%
进料	18.6	100.00	脱戊烷油	16.63	89.4
			戊烷油	0.54	2.9
			裂化气	0.73	3.9
			损失	0.07	0.4
合计	18.6	100.00		18.6	100.00

② 芳烃产率

由芳烃产率＝脱戊烷油收率×脱戊烷油中芳烃含量（％）知

$$苯产率＝89.4×6.96％＝6.23％$$
$$甲苯产率＝89.4×20.02％＝17.9％$$
$$C_8 芳烃产率＝89.4×（2.33＋9.24＋3.29）％＝13.3％$$
$$总芳烃产率＝6.23％＋17.9％＋13.3％＝37.43％（不包括重芳烃）$$

③ 芳烃潜含量

$$苯潜含量＝9.98％×78/84＋1.41％＝10.68％$$
$$甲苯潜含量＝18.38％×92/98＋4.07％＝21.32％$$

C_8 芳烃潜含量＝12.59％×106/112＋0.41％＋2.49％＋0.64％＝15.44％

总芳烃潜含量＝10.68％＋21.32％＋15.44％＝47.44％

④ 芳烃转化率

苯转化率＝苯产率/苯潜含量＝6.23/10.68％＝58.40％

甲苯转化率＝甲苯产率/甲苯潜含量＝17.90/21.32％＝84.00％

C_8 芳烃转化率＝C_8 芳烃产率/C_8 芳烃潜含量＝13.30/15.44％＝86.30％

总芳烃转化率＝总芳烃产率/总芳烃潜含量＝37.43/47.44％＝79.00％

由以上计算结果可知，相对分子质量越大的环烷烃越容易转化成芳烃，这点与前面讨论规律是一致的。

（3）**氢平衡**　在重整过程中脱氢反应放氢，而加氢裂解反应则耗氢，实际得到的氢是两者之差，因此可以利用实得氢量和脱氢反应放出的氢量来计算加氢裂化消耗的氢量。

【例 5-2】　某铂重整装置进料为 13.1t/h，原料中含苯 0.4％、甲苯 1.4％、芳烃 0.4％、C_8 芳烃 0。脱戊烷油收率 84.6％，脱戊烷油中苯含量 11.8％、甲苯 18.4％、C_8 芳烃 9.8％、C_9 芳烃 1.8％，重整氢含量 90％（体积分数），计 2530m^3/h，裂化气 397m^3/h，其中含氢 21.6％（体积分数）。试计算加氢裂化耗氢量。

解　①计算脱氢反应放出氢。

对铂重整，可认为全部放出的氢都是由环烷烃脱氢而得，但对双、多金属催化剂重整过程则必须考虑烷烃环化脱氢反应，本例为铂重整，因此只考虑环烷烃脱氢反应。

脱戊烷油中的苯＝13100×84.6×11.8％＝1310（kg/h）

原料油中的苯＝13100×0.4％＝52.4（kg/h）

生成的苯＝1310－52.4＝1257.6（kg/h）

生成苯放出的氢＝1257.6×6/78＝96.8（kg/h）

同理可计算得：

生成甲苯放出氢＝121（kg/h）

生成 C_8 芳烃放出氢＝58.5（kg/h）

生成 C_9 芳烃放出氢＝9.97（kg/h）

因此：

环烷烃脱氢反应总放氢＝96.8＋121＋58.7＋9.97＝286.27（kg/h）

② 计算实得氢。

重整氢中纯氢量＝2530×90％×2/22.4＝204（kg/h）

裂化气中纯氢量＝397×21.6％×2/22.4＝7.65（kg/h）

因此：

实得纯氢量＝204＋7.65＝211.65（kg/h）

加氢裂解反应耗氢量＝286.27－211.65＝74.62（kg/h）

2. 重整反应器理论温降计算

催化重整是吸热反应，在反应器中，反应所需的热量完全靠加热后的高温油氢混合气自身提供，因此在反应过程中，油气温度会逐渐降低。油气出入反应器的温度差称为温度降，反应器温降的大小不仅可以衡量反应深度，而且对加热炉的工艺设计也是重要的基础数据，反应温度除生产中直接测得以外，还可通过理论计算获得。

反应器的理论温降可按下式计算：

$$理论温降＝\frac{反应热（吸热）＋损失}{物料量×物料平均比热}$$

严格的讲，在计算反应吸热量时应考虑重整过程中发生的全部反应。但是，一方面由于有些反应无法准确计量；另一方面实际过程也不需要非常准确的计算。可以近似按以下方法处理：

- 芳构化反应的反应热按表5-49数据，当温度差别不大时可将反应热按常数处理；
- 芳构化反应量按新生成芳烃量计算芳构化反应耗热量；
- 加氢裂化放热可取921kJ/kg裂化产物；
- 裂化产物量可按'裂化产物量＝重整原料量－脱戊烷油量－实得纯氢量'进行计算；
- 异构化反应热很小，可以忽略。

表 5-49　芳构化反应反应热

项　目	烷烃环化脱氢反应热/(kJ/kg)产物	环烷烃脱氢反应热/(kJ/kg)产物
苯	3375	2822
甲苯	2742	2345
二甲苯	2282	2001
三甲苯	约1926	约1675

注：烷烃环化脱氢反应均按正构烷烃反应；反应温度为700K。

【例 5-3】　某铂重整装置进料量为18600kg/h，得脱戊烷油16630kg/h，裂化气及重整氢中纯氢为274kg/h，反应中新生成 C_6、C_7、C_8 及重芳烃分别为895kg/h、2574kg/h、1808kg/h、281kg/h。循环氢量为5850kg/h，其组成见表5-50。

表 5-50　循环氢组成

组成	H_2	CH_4	C_2H_6	C_3H_8	iC_4H_{10}	nC_4H_{10}	C_5H_{12}
组分/%	90.11	6.16	1.6	1.27	0.34	0.24	0.28

装置有三个反应器，表面积共有70m²，平均器壁温度90℃，大气温度20℃，散热系数取62.8kJ/(m²·℃·h)。油料在反应温度下的平均比热取3.4kJ/(kg·℃)。试计算理论总温降。

解　因采用单铂催化剂，可不考虑烷烃环化脱氢反应反应热。

环烷烃脱氢反应热(吸热)＝895×2822＋2574×2345＋1808×2001＋281×1675

$\qquad\qquad =1265×10^4$　(kJ/h)

加氢裂化量＝18600－16630－274＝1696　(kg/h)

加氢裂化反应热（放热）＝1696×921＝156.2×104　(kJ/h)

所以，净反应热＝1265×104－156.2×104＝1108.8×104　(kJ/h)

散热损失＝62.8×(90－20)×70＝30.8×104　(kJ/h)

循环气的平均相对分子质量和比热计算可根据其组成分别得 4.36 和 35.3324 kJ/(kmol·℃)，计算略。

油气和循环氢混合物平均比热

$$=3.4×\frac{18600}{18600+5850}+\frac{35.3324}{4.36}×\frac{5850}{18600+5850}$$

$$=4.525kJ/(kg·℃)$$

理论总温降$=\dfrac{1108×10^4+30.8×10^4}{4.525×(18600+5850)}=103$（℃）

四、重整产物分离过程

从重整最后一个反应器出来的反应产物，一般叫重整产物（呈气相），其组成为 H_2、干气（$C_1 \sim C_2$）、液化气（LPC，$C_3 \sim C_4$）及重整生成油（$\geqslant C_5$）。因此，必须对重整产物进行分离，在重整产物分离过程中，首先，将 H_2 分离出来，一部分作为循环氢在反应过程循环使用，另一部分为重整产氢出装置或进入本装置的加氢系统。而后根据不同的生产目的在进行其他物料的分离。以生产高辛烷值汽油为目的时，将重整产物分离为燃料气（$C_1 \sim C_2$ 及少量 H_2，又叫裂化气）、液化气及高辛烷值汽油（$\geqslant C_5$）；以生产芳烃为目的时，则将重整产物分离为燃料气、液化气、戊烷油（C_5）及脱戊烷油（$> C_5$）。因此，可将重整产物分离分为氢气分离及提纯过程、液化气（LPG）回收及重整油稳定及后处理三部分。

1. 氢气分离及提纯工艺

在典型的固定床半再生式重整装置，由于系统压力较高，反应产物在气液分离器中，可以分离出纯度较高的氢气，并且能够保证重整装置液体产品收率。

但在连续重整过程中，尤其是第三代连续重整，重整反应压力为 0.35MPa 左右，而气液分离器压力一般为 $0.33 \sim 0.34$MPa，在此压力下，由于受平衡制约，使气液分离气分离出的氢气含有相当数量的烃类，纯度较低，并且使重整装置液体产品收率下降。因此，必须采取措施提高氢气纯度和液体产品收率，常用加压和降温使气液两相再接触，重新建立物料平衡，将氢气中轻烃溶解到油中，而后再进行气液分离，以得到纯度较高的氢气。常用以下三种模式进行操作。

（1）单级加压再接触　单级加压再接触氢气提纯方案较为简单，将重整产物气液分离罐气相进行增压，而后与液相进行混合降温进入再接触气进行分离。其流程见图 5-47。此种工艺由于再接触的操作压力较低和温度较高，受平衡制约，得到的氢气纯度较低，但流程简单，操作费用低。

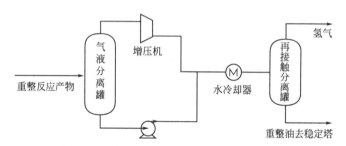

图 5-47　单级加压再接触氢气提纯工艺流程

（2）单级加压低温再接触　为了给加氢裂化装置提供纯度高于 90% 氢气，仅仅依靠单级加压对氢气提纯不能满足要求。为此，在单级加压氢气提纯流程的基础上又加了一个氨冷却设备，使油气在 2.5MPa、0℃条件下进行气液平衡，可得到较高纯度的氢气。其流程见图 5-48。

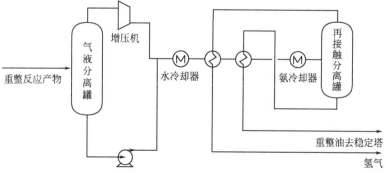

图 5-48　单级加压降温再接触氢气提纯工艺流程

（3）两级加压再接触　两级加压再接触是典型的再接触工艺过程。流程见图 5-49。

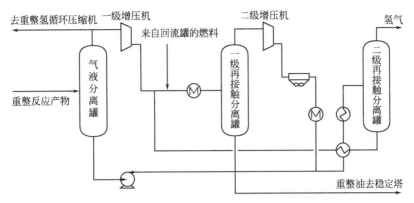

图 5-49　两级加压再接触氢气提纯工艺流程

重整产物气液分离罐顶部出来的含烃氢气分两路：一路经压缩机循环回到反应系统上游，与进料混合进反应器；另一路经一级氢增压机增压后，与二段再接触罐底部分出的含轻烃的重整液以及由脱戊烷塔（或稳定塔）回流罐来的燃料气汇合，一同经冷却后进入一级再接触罐进行再接触分离，吸收大量轻烃后的重整液由一级再接触罐底部出来作为脱戊烷塔（或稳定塔）进料。

由一级再接触分离罐顶部分出一级吸收氢气经二级增压机加压、冷却后，与重整产物气液分离罐分出的重整液体混合再接触，进入二级再接触分离罐分离后得到高纯度氢气。一级再接触罐是以二级再接触分离罐底部的液体作为吸收剂。

2. 液化气回收工艺

由于受平衡制约，相当一部分重整液化气被氢气及燃料气带走，一方面造成氢气程度下降，另一方面浪费大量有价值的液化气资源。因此，应采取措施回收这一部分液化气，液化气回收常见的有三种流程。

（1）稳定塔前设 LPG 回收罐工艺流程　稳定塔前设 LPG 回收罐工艺流程是以再接触分离罐底部的重整油作为吸收剂，吸收稳定塔顶部回流罐出来的不凝气，工艺流程见图 5-50。

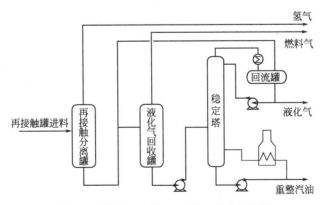

图 5-50　稳定塔前设 LPG 回收罐工艺流程

（2）稳定塔进料吸收回收 LPG 工艺流程　稳定塔进料吸收回收 LPG 工艺流程是以进入稳定塔的重整油作为吸收剂，先吸收稳定塔回流罐顶部出来的不凝气中的 LPG，而后再进行稳定操作。其流程见图 5-51。

（3）汽提塔进料吸收回收 LPG 工艺流程　汽提塔进料吸收回收 LPG 工艺流程是以重整

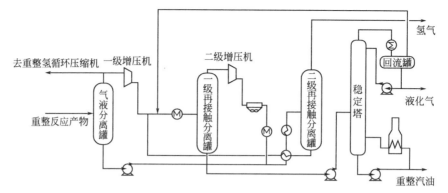

图 5-51　稳定塔进料吸收回收 LPG 工艺流程

预加氢反应油，即汽提塔进料为吸收剂，联合吸收稳定塔及汽提塔顶回流罐出来的不凝气，同时回收预加氢反应及重整反应 LPG 产物。其流程见图 5-52。

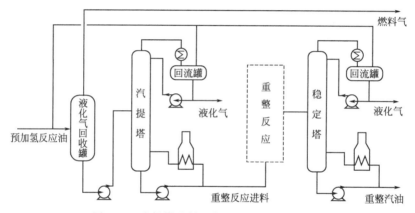

图 5-52　汽提塔进料吸收回收 LPG 工艺流程

3. 重整油后处理工艺

由于重整生产方案及对产品质量要求不同，应对重整反应生成油采取不同处理工艺。

（1）生产高辛烷值汽油后处理工艺　对于以生产高辛烷值汽油的重整过程而言，一般是将重整油进行精馏稳定过程，将 $\leqslant C_4$ 从稳定塔顶拔出，保证汽油初馏点合格，其流程见图 5-53。但是由于环保要求，对清洁汽油要限制芳烃，尤其是苯的含量。为了得到苯含量 $\leqslant 1\%$ 的高辛烷值的清洁汽油，可对重整原料及重整汽油进行处理，目前研究及工业中常采用的方式有：

① 脱除原料中苯的前身物，即提高重整原料的初馏点；

② 对重整轻汽油部分进行液相加氢饱和；

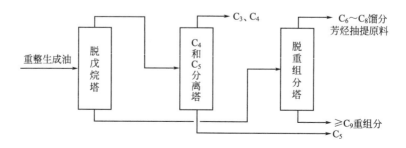

图 5-53　生产芳烃方案重整油后处理流程

③ 重整油进行萃取精馏，即生产高辛烷值汽油，又得到苯。

（2）生产芳烃重整油后处理工艺 由前面可知。重整过程生产的芳烃主要是指 C_6、C_7、C_8 的轻质芳烃，而轻质芳烃主要存在于 C_6、C_7、C_8 的重整产物中，因此，生产芳烃为目的的重整油后处理是切割得到 C_6、C_7、C_8 的混合烃，即将稳定塔改变操作条件从塔顶切除 $\leqslant C_5$ 组分；在脱重组分塔中切除 $\geqslant C_9$ 的重组分。其方框流程见图 5-53。

第六节 芳烃抽提和精馏

当以生产芳烃为生产目的时，还需将脱戊烷重整油中大量的低分子芳烃分离出来，它们是芳香系石油化工的基础。现在世界各国由重整油中分出的芳烃（称为重整芳烃）已成为低分子芳烃的一个重要来源。目前国内广泛采用的是溶剂液-液抽提和芳烃精馏的方法从脱戊烷油中分离得到 C_6，C_7 和 C_8 芳烃及重质芳烃。

一、重整芳烃的抽提过程

1. 芳烃抽提的基本原理

溶剂液-液抽提原理是根据某种溶剂对脱戊烷油中芳烃和非芳烃的溶解度不同，从而使芳烃与非芳烃得到分离，得到混合芳烃。在芳烃抽提过程中，溶剂与脱戊烷油混合后分为两相（在容器中分为两层），一相由溶剂和能溶于溶剂中的芳烃组成，称为提取相（又称富溶剂、抽提液、抽出层或提取液）；另一相为不溶于溶剂的非芳烃，称为提余相（又称提余液、非芳烃），两相液层分离后。再将溶剂和芳烃分开，溶剂循环使用，混合芳烃作为芳烃精馏原料。

影响抽提过程的因素主要有：原料的组成、溶剂的性能、抽提方式、操作条件等。衡量芳烃抽提过程的主要指标有芳烃回收率、芳烃纯度和过程能耗。其中，芳烃回收率定义为

$$芳烃回收率 = \frac{抽出产品芳烃量}{脱戊烷油中芳烃量} \times 100\%$$

（1）溶剂的选择 溶剂使用性能的优劣，对芳烃抽提装置的投资、效率和操作费用起着决定性的作用。为了抽提过程得以进行，溶剂必须具备这样的特性：在原料中加入一定的溶剂后能产生组成不同的两相，芳烃得以提纯。同时这两相应有适当密度差而分层，以便分离。因此，在选择溶剂时必须考虑如下三个基本条件。

① 对芳烃有较高的溶解能力。溶剂对芳烃溶解度越大，则芳烃回收率高，溶剂用量小，设备利用率高，操作费用也较小。

工业用芳烃抽提溶剂对芳烃溶解能力由高至低顺序为

N-甲基吡咯烷酮＞N-甲酰基吗啉＞四甘醇＞环丁砜＞二甲基亚砜＞三甘醇＞二甘醇

温度对溶解度也有影响，温度提高溶解度增大。同种烃类，分子大小不同的烃类其在溶剂中的溶解度也有差别，例如，芳烃在二甘醇中溶解度的顺序为

苯＞甲苯＞二甲苯＞重芳烃

② 对芳烃有较高的选择性。溶剂的溶解选择性越高，分离效果越好，芳烃产品的纯度越高。

在常用芳烃抽提溶剂中，各种烃类在溶剂中的溶解度不同，其顺序为

芳烃＞环二烯烃＞环烯烃＞环烷烃＞烷烃

例如，烃类在二甘醇中溶解度的比值大致为：

芳烃：环烷烃：烷烃=20：2：1

不同溶剂，对同一种烃类的溶解度是有差异的。通常用甲苯的溶解度与正庚烷溶解度之比值作为评价溶剂的选择性指标。

工业用芳烃抽提溶剂对芳烃溶解选择能力由高至低顺序为

环丁砜＞二甲基亚砜＞N-甲酰基吗啉＞四甘醇＞三甘醇＞N-甲基吡咯烷酮

③ 溶剂与原料油的密度差要大。溶剂与原料的密度差越大，提取相与提余相越易分层。

除此之外，还应考虑溶剂与油相界面张力要大，不易乳化，不易发泡，容易使液滴聚集而分层；溶剂化学稳定性好，不与抽提原料及其他介质反应，自身在抽提条件下不进行反应，不腐蚀设备；溶剂沸点要高于原料的干点，不生成共沸物，且便于用分馏的方法回收溶剂；溶剂价格低廉，来源充足。

目前，工业上采用的主要溶剂有二甘醇（DEG）、三甘醇（TEG）、四甘醇（TTEG）、二甲基亚砜（DMSO）、环丁砜（Sulfolane）、N-甲基吡咯烷酮（NMP）及 N-甲基酰基吗啉（NFM）等。

（2）抽提方式　抽提方式对抽提效果也有较大影响。工业上多采用多段逆流抽提方法，其抽提过程在抽提塔中进行，为提高芳烃纯度，可采用打回流方式，即以一部分芳烃为回流打入抽提塔，称芳烃回流。工业上广泛用于重整芳烃抽提的抽提塔是筛板塔。见图 5-54。

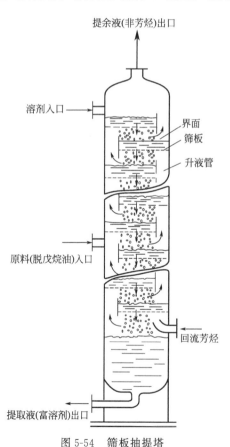

图 5-54　筛板抽提塔

（3）影响抽提因素　影响抽提的操作因素较多，主要有抽提原料的组成和性质，溶剂的组成、性质及溶剂比，抽提方式，操作条件，设备结构等。本文主要阐述操作条件对抽提过程的影响。

① 操作温度。温度对溶剂的溶解度和选择性影响很大。温度升高，溶解度增大，有利于芳烃回收率的增加，但是，随着芳烃溶解度的增加，非芳烃在溶剂中的溶解度也会增大，而且比芳烃增加的更多，而使溶剂的选择性变差，使产品芳烃纯度下降。例如，对于二甘醇来说，温度低于140℃时，芳烃的溶解度随着温度升高而显著增加；高于150℃时，随着温度的提高，芳烃溶解度增加不多，选择性下降却很快。而温度低于100℃时，溶剂用量太大，而且黏度增大使抽提效果下降，因此抽提塔的操作温度一般为 125～140℃。而对于环丁砜来说，操作温度在 90～95℃范围内比较适宜。

② 溶剂比。溶剂比是进入抽提塔的溶剂量与进料量之比。溶剂比增大，芳烃回收率增加，但提取相中的非芳烃量也增加，使芳烃产品纯度下降。同时溶剂比增大，设备投资和操作费用也增加。所以在保证一定的芳烃回收率的前提下应尽量降低溶剂比。溶剂比的选定应当结合操作温度的选择来综合考虑。提高溶剂比或升高温度都能提高芳烃回收率。实践经验表明：温度升高10℃相当于溶剂比提高 0.780。对于不同原料和溶剂应选择适宜的温度和溶剂比，一般选用溶剂比在15～20。

③ 回流比。回流比是指回流芳烃量与进料量之比。回流比是调节产品芳烃纯度的主要

手段。回流比大则产品芳烃纯度高，但芳烃回收率有所下降。另外，在抽提塔进料口之下引入的回流芳烃，显然要耗费额外的热量，并且抽提塔的物料平衡关系变得复杂。回流比的大小，应与原料中芳烃含量多少相适应，原料中芳烃含量越高，回流比可越小。回流比和溶剂比也是相互影响的。降低溶剂比时，产品芳烃纯度提高，起到提高回流比的作用。反之，增加溶剂比具有降低回流比的作用。因而，在实际操作中，在提高溶剂比之前，应适当加大回流芳烃的流量，以确保芳烃产品纯度。一般选用回流比 1.1～1.4，此时，产品芳烃的纯度可达 99.9% 以上。

④ 溶剂含水量。溶剂含有一定水量，可提高溶剂的选择性。含水愈高，溶剂的选择性愈好，因而，溶剂中含水量是用来调节溶剂选择性的一种手段。但是，溶剂含水量的增加，将使溶剂的溶解能力降低。因此，每种溶剂都有一个最适宜的含水量范围。对于二甘醇来说，温度在 140～150℃ 时，溶剂含水量选用 6.5%～8.5%。

⑤ 压力。抽提塔的操作压力对溶剂的溶解度性能影响很小，因而对芳烃纯度和芳烃回收率影响不大。抽提压力的高低，主要是在抽提温度确定后，保证原料处于泡点下液相状态，使抽提在液相下操作。并且抽提压力与界面控制有密切关系，因此，操作压力也是芳烃抽提系统的重要操作参数之一。

当以 60～130℃ 馏分作重整原料时，抽提温度在 150℃ 左右，抽提压力应维持在 0.8～0.9MPa。

2. 芳烃抽提的工艺流程

芳烃抽提的工艺流程一般包括抽提、溶剂回收和溶剂再生三个系统。典型的二甘醇抽提装置的工艺流程见图 5-55。

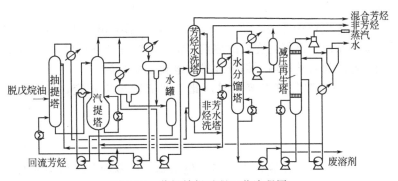

图 5-55　芳烃抽提过程工艺流程图

（1）抽提部分　原料（脱戊烷油）从抽提塔（萃取塔）的中部进入。抽提塔是一个筛板塔，溶剂（主溶剂）从塔的顶部进入与原料进行逆流接触抽提。从塔底出来的是提取液，其主要是溶剂和芳烃，提取液送入溶剂回收部分的汽提塔以分离溶剂和芳烃。为了提高芳烃的纯度，抽提塔底进打入经加热的回流芳烃。

（2）溶剂回收部分　溶剂回收部分的任务是：从提取液、提余液和水中回收溶剂并使之循环使用。溶剂回收部分的主要设备有汽提塔、水洗塔和水分馏塔。

① 汽提塔。汽提塔主要任务是回收提取液中的溶剂。其结构是顶部带有闪蒸段的浮阀塔，全塔分为三段：顶部闪蒸段、上部抽提蒸馏段和下部汽提段。汽提塔在常压下操作。由抽提塔底来的提取液经换热后进入汽提塔顶部。在闪蒸段，提取液中的轻质非芳烃、部分芳烃和水因减压闪蒸出去，余下的液体流入抽提蒸馏段。抽提蒸馏段顶部引出的芳烃也还含有少量非芳烃（主要是 C_6），这部分芳烃与闪蒸产物混合经冷凝并分去水分后作为回流芳烃返回抽提塔下部。产品芳烃由抽提蒸馏段上部以气相引出，冷凝后分出的水即可作为汽提塔的

中段回流，也可换热作为汽提蒸汽。汽提塔底部有重沸器供热。为了避免溶剂分解（二甘醇在164℃开始分解），在汽提段引入水蒸气以降低芳烃蒸气分压使芳烃能在较低的温度（一般约150℃）下全部蒸出。溶剂的含水量对抽提操作有重要影响，为了保证汽提塔底抽出的溶剂有适宜的含水量，汽提段的压力和塔底温度必须严格控制。为了减少溶剂损失，汽提所用蒸汽是循环使用的，一般用量是汽提塔进料量的3%左右。

② 水洗塔。水洗塔有两个：芳烃水洗塔和非芳烃水洗塔，这是两个筛板塔。在水洗塔中，是用水洗去（溶解掉）芳烃或非芳烃中的二甘醇，从而减少溶剂的损失。在水洗塔中，水是连续相而芳烃或非芳烃是分散相。从两个水洗塔塔顶分别引出混合芳烃产品和非芳烃产品。

芳烃水洗塔的用水量一般约为芳烃量的30%。这部分水是循环使用的，其循环路线为：水分馏塔—芳烃水洗塔—非芳烃水洗塔—水分馏塔。

③ 水分馏塔。水分馏塔的任务是回收水溶剂并取得干净的循环水。对送去再生的溶剂，先通过水分馏塔分出水，以减轻溶剂再生塔的负荷。水分馏塔在常压下操作，塔顶采用全回流，以便使夹带的轻油排出。大部分不含油的水从塔顶部侧线抽出。国内的水分馏塔多采用圆形泡罩塔板。

（3）溶剂再生部分　二甘醇在使用过程中由高温及氧化会生成大分子的叠合物和有机酸，导致堵塞和腐蚀设备，并降低溶剂的使用性能。为保证溶剂的质量，一方面要注意经常加入单乙醇胺以中和生成的有机酸，使溶剂的pH值经常维持在7.5～8.0；另一方面要经常从汽提塔底抽出的贫溶剂中引出一部分溶剂去再生。再生是采用蒸馏的方法将溶剂和大分子叠合物分离。因二甘醇的常压沸点是245℃，已超出其分解温度164℃，必须用减压（约0.0025MPa）蒸馏。

减压蒸馏在减压再生塔中进行。塔顶抽真空，塔中部抽出再生溶剂，一部分作塔顶回流，余下的送回抽提系统，已氧化变质的溶剂因沸点较高而留在塔底，用泵抽出后与进料一起返回塔内，经一定时间后从塔内可部分地排出老化变质溶剂。

若溶剂改用三甘醇或四甘醇等溶剂时，此工艺流程可以不变，但是操作条件须适当改变。

二、芳烃精馏

由溶剂抽提出的芳烃是一种混合物，其中包括苯、甲苯和各种结构的C_8和C_9、C_{10}等重质芳烃，为了获得各种单体芳烃，应了解各种单体芳烃的一些物理特性，表5-51为各种单体苯类芳烃的物理特性。

表 5-51　各种单体苯类芳烃的物理特性

组分	d_4^{20}	折射率	沸点/℃	熔点/℃	组分	d_4^{20}	折射率	沸点/℃	熔点/℃
苯	0.88	1.5011	80.1	5.5	间二甲苯	0.864	1.4972	139.1	−47.9
甲苯	0.867	1.4969	110.6	−95	对二甲苯	0.861	1.4958	138.35	13.3
邻二甲苯	0.880	1.5055	144.4	−25.2	乙苯	0.867	1.4983	136.2	−94.9

由表5-51中可看出，除了间、对二甲苯的沸点差过低难于用精馏法分离外，其他各单体芳烃都能用精馏法加以分离，获得高纯度的硝化级苯类产品。

芳烃精馏要求产品纯度高，应在99.9%以上，同时要求馏分很窄，如苯馏分的沸程是79.6～80.5℃。由于产品纯度要求高，所以用一般油品蒸馏塔产品质量控制方法不能满足工艺要求。以苯为例，若生产合格的纯苯产品，常压下，其沸点只允许波动0.0194℃，这采用常规的改变回流量控制顶温是难以做到的，需采用温差控制法。

1. 温差控制的基本原理和操作特点

实现精馏的条件是精馏塔内的浓度梯度和温度梯度。温度梯度越大，浓度梯度也就越大。但是，塔内浓度变化不是在塔内自上而下均匀变化的，在塔内某一块塔盘上将出现显著变化，这块显著变化的塔盘，通常被称为灵敏塔盘，灵敏塔盘上的浓度变化对产品的质量影响最大。在实际生产操作中，只要控制好灵敏塔盘，就能取得芳烃精馏的平稳操作。因此，温差控制就以灵敏塔盘为控制点，选择塔顶或某层塔板做参考点，通过这两点温差的变化就能很好地反映出塔内的浓度变化情况。图 5-56 为苯塔的温差调节系统控制图。

苯塔的灵敏塔盘通常在第 8～12 层之间。苯塔的温差控制就是控制灵敏塔盘（8～12 层）与参考点（1～4 层）之间的温差。灵敏点与参考点的温度信号分别接入温差控制器，温差控制器处理后发出调节信号，改变塔顶回流，以保证塔顶温度的稳定。这种控制方法能起到提前发现、提前调节，只要保持塔顶温度的稳定，塔顶产品质量就有了保证。

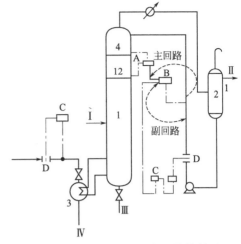

图 5-56　苯塔的温差调节系统控制图
Ⅰ—原料；Ⅱ—芳烃产品；Ⅲ—重芳烃；Ⅳ—热载体
1—精馏塔；2—回流罐；3—重沸器
A—温差变送器；B—温差调节器；
C—流量变送器；D—孔板

温差与灵敏区的变化、进料组成、塔底温度和回流罐含水等因素有关。合理的温差值及其上、下限可通过理论计算求出，比较容易的是用实验法求取。所谓温度上限是塔顶产品接近带有重组分时灵敏板上的温度，下限则是塔底物料接近带有轻组分时灵敏板上的温度。对苯塔来说，上、下限之间的温度范围是 0.1～0.8℃，在温差的上限或下限操作都是不好的，因为接近上限的时候，轻产品将夹带重组分而不合格；接近下限时，塔底将夹带轻组分。只有在远离上、下限时温差才是合理的温差，只有在合理的温差下操作，才能保证塔顶温度稳定，才能起到提前发现、提前调节，保证产品质量的作用。

2. 芳烃精馏工艺流程

芳烃精馏的工艺流程有两种类型，一种是三塔流程，用来生产苯、甲苯、混合二甲苯和重芳烃，另一种是五塔流程，用来生产苯、甲苯、邻二甲苯、乙基苯和重芳烃。三塔流程见图 5-57。

混合芳烃先换热再加热后进入白土塔，通过白土吸附以除去其中的不饱和烃，从白土塔出来的混合物温度大约在 90℃ 左右，而后进入苯塔中部，塔底物料在重沸器内用热载体加热到 130～135℃，塔顶产物经冷凝冷却器冷却至 40℃ 左右进入回流罐。经沉降脱水后，泵至苯塔顶作回流，苯产品是从塔侧线抽出，经换热冷却后进入成品罐。

苯塔底芳烃用泵抽出泵至甲苯塔中部，塔底物料由重沸器用热载体加热至 155℃ 左右，甲苯塔顶馏出的甲苯经冷凝冷却后进入甲苯回流罐。一部分作甲苯塔顶回流，另一部分去甲苯成品罐。

甲苯塔底芳烃用泵抽出后，泵至二甲苯塔中部，塔底芳烃由重沸器热载体加热，控制塔的第八层温度为 160℃ 左右，塔顶馏出的二甲苯经冷凝冷却后，进入二甲苯回流罐，一部分作二甲苯塔顶回流，另一部分去二甲苯成品罐。塔底重芳烃经冷却后入混合汽油线。操作条

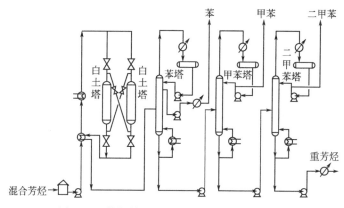

图 5-57 芳烃精馏典型工艺流程（三塔流程）

件见表 5-52。

表 5-52 芳烃精馏操作条件

项 目	苯 塔	甲苯塔	二甲苯塔	项 目	苯 塔	甲苯塔	二甲苯塔
塔顶压力/MPa	0.02	0.02	0.02	塔板数/块	44	50	40
塔顶温度/℃	79	114	135	回流比	7	3.2	1.7
塔底温度/℃	135	149	173				

五塔流程见图 5-58。五塔流程除苯塔、甲苯塔和二甲苯塔外，还设有邻二甲苯塔和乙苯塔。二甲苯顶蒸出的乙苯和间、对二甲苯混合物进入乙苯塔，将乙苯与间、对二甲苯分开。二甲苯塔底出来的邻二甲苯和重芳烃混合物进入邻二甲苯塔，塔顶蒸出邻二甲苯产品，塔底出重芳烃。

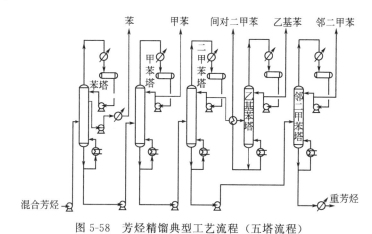

图 5-58 芳烃精馏典型工艺流程（五塔流程）

第七节 催化重整主要设备

催化重整过程涉及的设备类型和种类较多。可将其分为静设备及动设备两大类，静设备主要包括反应器、塔器、加热炉、换热器、各种储罐等，表 5-53 列出典型半再生重整预处理和反应过程主要静设备，表 5-54 列出典型连续再生重整预处理和反应过程主要静设备。静设备尺寸和结构满足工艺要求而进行设计，材质的则根据所处理介质的腐蚀性、设备的操作温度和压力等操作条件进行选择。动设备主要包括各种流体的输送设备。

表 5-53 典型半再生重整预处理和反应过程主要静设备

序号	设备名称	操作条件		主体材质
		温度/℃	压力/MPa	
1	预加氢反应器	340	2.50	15CrMoR＋0Cr18Ni10Ti(00Cr17Ni14Mo2)
2	预分馏塔	170	0.34	碳钢
3	预加氢进料/反应产物换热器	管 340 壳 300	2.30 2.70	管箱 15CrMoR＋0Cr18Ni10Ti(00Cr17Ni14Mo2) 管子 0Cr18Ni10Ti(00Cr17Ni14Mo2)壳 15CrMoR
		管 240 壳 200	2.20 2.80	碳钢
4	重整第一反应器	488	1.60	1.25Cr-0.5Mo-Si 或 2.25Cr-1Mo
	重整第二反应器	493	1.50	
	重整第三反应器	498	1.40	
	重整第四反应器	503	1.30	
5	重整进料/反应产物换热器	管 410 壳 478	1.70 1.25	1.25Cr-0.5Mo-Si 或 2.25Cr-1Mo
6	预加氢进料/反应产物换热器	管 411 壳 478	1.70 1.25	1.25Cr-0.5Mo-Si 或 2.25Cr-1Mo
7	稳定塔	顶 72 底 213	1.45 1.50	碳钢

表 5-54 典型连续再生重整预处理和反应过程主要静设备

序号	设备名称	操作条件		主体材质
		温度/℃	压力/MPa	
1	预加氢反应器	340	2.50	15CrMOR＋0Cr18Ni10Ti(00Cr17Ni14Mo2)
2	预分馏塔	170	0.34	碳钢
3	预加氢进料/反应产物换热器	管 340 壳 300	2.30 2.70	管箱 15CrMOR＋0Cr18Ni10Ti(00Cr17Ni14Mo2) 管子 0Cr18Ni10Ti(00Cr17Ni14Mo2)壳 15CrMOR
		管 240 壳 200	2.20 2.80	碳钢
4	还原段	530	1.20	1.25Cr-0.5MO-Si 或 2.25Cr-1MO
	重整第一反应器	530	0.49	
	重整第二反应器	530	0.44	
	重整第三反应器	530	0.39	
	重整第四反应器	530	0.35	
5	重整进料/反应产物换热器	管 461 壳 509	0.56 0.32	1.25Cr-0.5MO-Si 或 2.25Cr-1MO
6	置换气换热器	管 509 壳 316	0.32 0.37	1.25Cr-0.5MO-Si 或 2.25Cr-1MO
7	再生器	565	0.25	0Cr17Ni12MO2(0Cr18Ni10Ti)
8	放空气洗涤塔	42	0.03	碳钢
9	还原气换热器	管 206 壳 255	1.23 0.59	15CrMOR
10	再生空冷器	管 517 壳 400	0.25 0.0018	0Cr17Ni12MO2
11	催化剂加料斗	常温	常压	不锈钢
12	催化剂闭锁料斗	常温	0.60	不锈钢
13	分离料斗	88	0.26	碳钢
14	闭锁料斗	149	0.50	碳钢
15	粉尘收集器	62	0.33	碳钢
16	稳定塔	顶 89/底 231	1.03/1.15	碳钢

一、反应器类

催化重整过程反应器主要有预加氢反应器、重整反应器、再生器及后加氢反应器等。反应器的结构形式对反应过程、原料与催化剂的接触模式、处理量、系统压降、操作控制、设备投资等有较大的影响。

典型连续重整装置反应器汇总见表 5-55。

表 5-55　典型连续重整装置反应器类设备汇总

序号	编号	设备名称	规格/mm	容积/m³	结构	操作条件		介　质
						温度/℃	压力/MPa	
1	R101	预加氢反应器	$\phi 2600 \times 11071 \times (36+3)$	43.7	立式	390	2.75	油气、氢气
2	R201	重整一反	$\phi 2100 \times 11000 \times 26$	195.2	立式	549	0.73	油气、氢气
3	R202	重整二反	$\phi 2150 \times 10900 \times 26$	195.2	立式	549	0.73	油气、氢气
4	R203	重整三反	$\phi 2200 \times 11750 \times 30$	195.2	立式	549	0.73	油气、氢气
5	R204	重整四反	$\phi 2600 \times 15200 \times 36$	195.2	立式	549	0.73	油气、氢气
6	R205	还原段	$\phi 1300 \times 4877 \times 30$	195.2	立式		1.42	氢气
7	R210	再生器	$\phi 1820 \times 440$ $\phi 1220 \times 13760$	26.1	立式	580	0.42	氧气、氢气、催化剂
8	R501	抽余油加氢反应器	$\phi 1600 \times 7440$	10.72	立式	240	2	氢气、非芳烃

注：设备按一段原料预处理、二段重整反应、三段芳烃抽提、四段芳烃精馏、五段非芳烃后加工进行编号，以后相同。

1. 重整反应器

重整反应器按催化剂在反应器内是否流动分为，固定床反应器和移动床反应器；按油气在反应器内流动方向分为轴向和径向反应器；按反应器内壁有无隔热层分为冷壁和热壁反应器。

（1）固定床反应器

① 冷壁反应器。冷壁式反应器是在反应器内壁上衬隔热衬里，在正常操作和衬里完好情况下，反应器器壁温度一般低于 200℃。器壁设计温度按 300℃设计，壳体材料选碳钢，并在器壁外层涂高温变色漆，当器壁温度低于 300℃，呈蓝色；当温度高于 300℃时则变为白色，说明衬里已损毁，应及时进行修理。否则，碳钢壳体长期在高温下会造成氢腐蚀，最终导致器壁破裂。目前由于材料及制造技术的提高，工业上已很少用冷壁式反应器。

② 热壁反应器。热壁式反应器广泛应用于重整固定床和移动床反应器。有轴向和径向反应器之分，它们之间的主要差别在于气体流动方式不同和床层压降不同。由于重整反应过程的高温、高压及氢气存在，一般选用 1.25Cr-0.5Mo-Si 或 2.25Cr-1Mo 低合金钢材质。热壁式反应器结构见图 5-59。

● 轴向反应器。轴向反应器内部结构如图 5-59 所示，入口设置进料分配器，其作用是把进料均匀分配到整个床层，并避免进料直接冲刷催化剂床层，由于重整进料为气相，在进料分配器设计时，应考虑如何防止气流冲刷催化剂而造成床层中间高四周低或四周高而中间低现象。催化剂床层的上部和下部均装有惰性瓷球以防止操作波动时催化剂层跳动而引起催化剂破碎，同时也有利于气流的均匀分布。在出口安装收集器，是为了支撑瓷球、承受催化剂净重产生的压头和床层压降，防止催化剂流失。油气从入口进入，经进料分配器入床层形成轴向流动，和催化剂接触进行反应，反应产物通过出口收集器流出。

● 径向反应器。径向反应器内部结构如图 5-60 所示，径向反应器有固定床和移动床两种类型，固定床反应器内件有进料分配器、中心管、活动帽罩和扇形筒等。催化剂装填在中心管和扇形筒之间的环形空间，床层上面装填瓷球或废催化剂，床层下面装填瓷球，油气从上部入口、经进料分配器进入，通过四周扇形筒径向流经催化剂床层，与催化剂接触发生反应后进入中心管，最后从中心管下部流出。

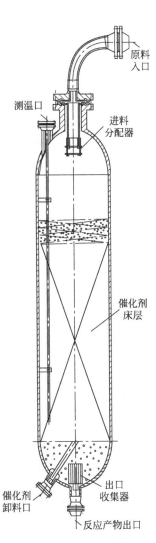

图 5-59　热壁轴向反应器

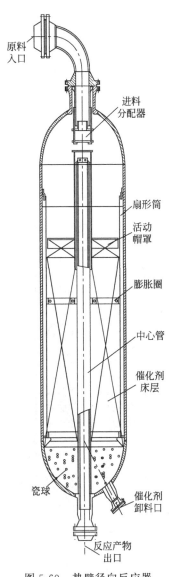

图 5-60　热壁径向反应器

与轴向式反应器比较，径向式反应器的主要特点是气流以较低的流速径向通过催化剂床层，床层压降较低，表 5-56 显示两种反应器的压力降情况。另外，与轴向式反应器比较，径向式反应器结构复杂，制造、安装、检修都较困难，投资也较高。

表 5-56　两种反应器的压力降　　　　　　　　　　　　单位：MPa

项　目	第一反应器	第二反应器	第三反应器	第四反应器
径向反应器	0.1350	0.1604	0.1866	0.1989
轴向反应器	0.1782	0.2876	0.2642	0.4056

注：采用相同的反应条件，装置处理量 $15 \times 10^4 t/a$，压力 1.8MPa，反应温度 520℃，氢油体积比 1200：1，催化剂装量比例 1：1.5：3.0：4.5。

（2）移动床反应器　目前连续重整反应器有并列式和重叠式两种形式。两种反应器布局和内部结构相差较大。连续重整反应器均采用径向反应器。

① 并列式移动床反应器。IFP 连续重整反应器属于并列式移动床反应器。其结构如图5-61 所示，反应器设有催化剂入口、中心管、扇形筒（或外筛网和套筒）、催化剂出口等。油气从上部（或侧面）入口进入，通过四周扇形筒（或外筛网，应用较多的是扇形筒）径向流经催化剂床层，与催化剂发生反应后进入中心管，最后从中心管下部或上部流出。催化剂从上部催化剂入口进入，通过催化剂床层，由下部催化剂出口流出。

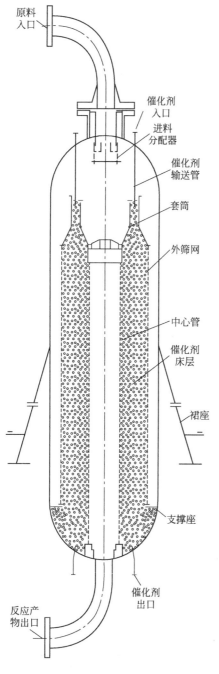

图 5-61　连续重整径向反应器

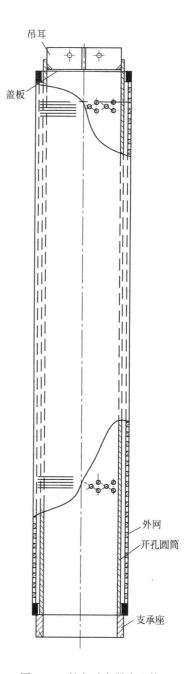

图 5-62　径向反应器中心管

所有径向反应器都有一根中心管，它由开孔圆筒、外网（外包金属丝网或焊接条缝筛网，目前应用较多的是焊接条缝筛网）和上下连接件（吊耳、盖板、支撑座等）组成，见图5-62。内部开孔圆筒通常用6mm厚的不锈钢板卷焊而成，承受催化剂床层压差和催化剂的堆积质量产生的静压头。内部圆筒根据工艺要求开设一定面积的小孔，气流通过小孔时产生一定的压降，孔的大小、数量和布置是实现油气在催化剂床层中流动是否均匀、反应效果好坏的关键。

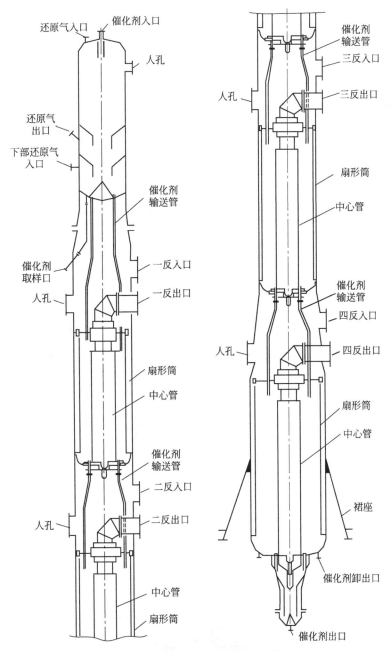

图 5-63　重叠式连续重整反应器

　　径向反应器的周边有均匀布置若干扇形筒或安装一个大直径外筛网两种形式。扇形筒可从反应器顶部人孔放入或取出，便于维修和更换。扇形筒有两种结构形式，一种是用

1.2mm（或1.5mm）厚的钢板冲制而成，另一种是用焊接条缝筛网制成。

②重叠式移动床反应器。重叠式反应器的每一台反应器内件均由一根中心管、8～15根催化剂输送管、布置在器壁的若干扇形筒和连接中心管与扇形筒的盖板组成（见图5-63）。催化剂和油气在反应器内的流向见图5-64。催化剂从还原段通过催化剂输送管进入第一反应器的中心管和扇形筒之间的催化剂床层，靠势能缓慢地向下流动，直至反应器底部，然后经底座上的引导口，通过催化剂输送管进入第二反应器。照此，直至催化剂进入末反应

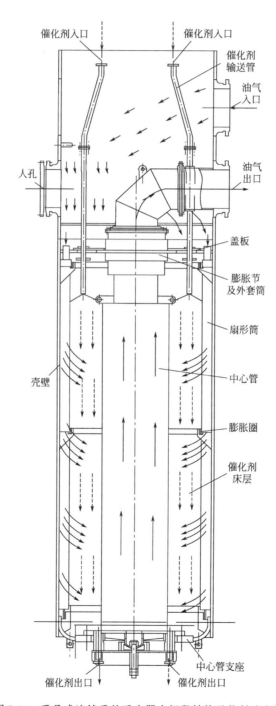

图 5-64　重叠式连续重整反应器中间段结构及物料流向图

器下部的催化剂收集器，最后从催化剂出口流出。

油气从反应器入口进入，通过布置在器壁的扇形筒顶部 D 字形升气管均匀地流入扇形筒中，然后径向流过催化剂床层，进入中心管，从反应器上部出口流出。此外，在中心管上部膨胀节外面还设有一夹套，在夹套上部周围方向开设若干通气孔，夹套下部（位于盖板之下）是用焊接条缝筛网制作的圆筒，一小部分油气进入夹套上的通气孔，再从盖板下部的焊接条缝筛网进入催化剂床层，防止催化剂向中心管聚集，形成死区。早期的重叠式重整反应器，油气出口设在中心管的底部，即所谓上进下出，近期的反应器油气出口设在中心管的上部，即所谓上进上出，这样的改进更有利于油气在床层中的均匀分配。

重叠式反应器的顶部有过多种形式。主要区别是设不设催化剂还原段和何种形式的还原段。把催化剂还原段放在反应器的顶部，便于反应再生系统的布置，但增加了反应器的总高，对制造、运输不利。过去的还原段采用列管式加热器的形式，见图 5-65。现在直接用高温还原气加热催化剂，省去了列管式加热器，见图 5-63。还原段与反应器分别布置时，使用重叠式反应器的最末一级反应器，在底部设有催化剂收集器和引出口，见图 5-66。在中心管底部支座上设置有用 8 个或 10 个隔板分成的环形催化剂出口，下面的锥形段也用导向叶片分割成同样数量的小区，相互对应，引导催化剂从下部流出。

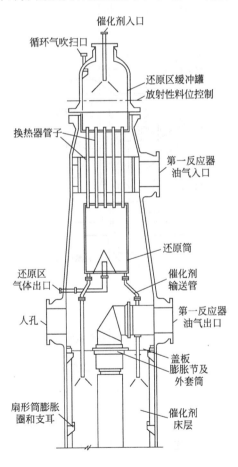

图 5-65　重叠式连续重整反应器上段结构

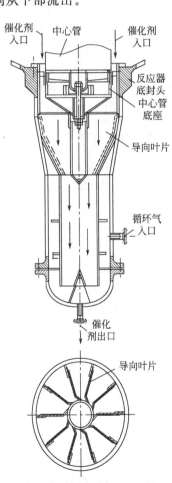

图 5-66　重叠式连续重整反应器下段结构

2. 重整再生器

（1）固定床再生器　半再生式重整催化剂采用就地再生，即催化剂不必从反应器内卸出，就在反应器内再生，反应器也就是再生过程的再生器。

（2）移动床再生器　连续重整移动床再生器有两种再生方式，一段再生和两段再生。

①一段烧焦再生器。一段烧焦再生器的结构形式见图5-67，催化剂从顶部催化剂入口进入外筛网和内筛网之间的环形空间，在这里进行烧焦，烧焦后的催化剂下流到氯化区进行补氯。然后继续下流到干燥区，干燥后进入冷却区进行冷却，最后从下部催化剂出口流出。经闭锁料斗到提升器，催化剂再从提升器提升到反应器顶部的还原段。

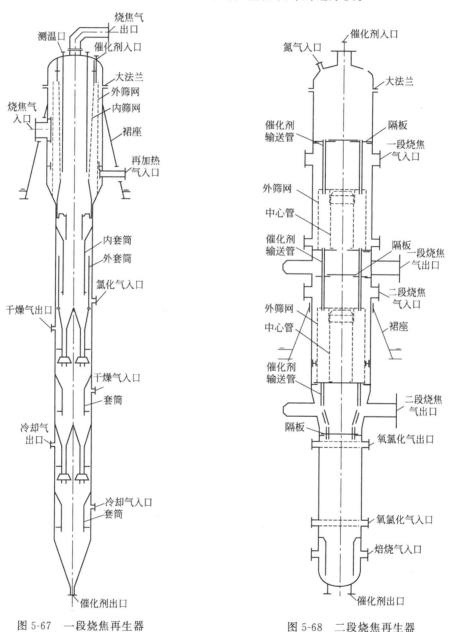

图 5-67　一段烧焦再生器　　　　图 5-68　二段烧焦再生器

催化剂在再生器内的烧焦、氯化、干燥和冷却是由从外部通入的各种介质在器内完成的。在上段的烧焦区，从烧焦区入口通入含有一定量空气的高温氮气，绕过设置在入口处的弧形挡板，从四周均匀地径向进入催化剂床层，烧去催化剂上的积炭，燃烧之后的气体进入内网并向上流动，从顶部烧焦气出口流出。下部再加热气入口也是引入含有一定量空气的高温氯气，进一步烧去从上部来的催化剂上的积炭。含氯化物气体从氯化气入口进入外套筒与器壁之间的环形空间，往上流动，然后翻转向下进入内外套筒之间的环形空间，再翻转向上与催化剂逆流接触，完成催化剂的氯化。干燥气体从干燥气入口进入套筒与器壁之间的环形空间，先向下流，然后翻转向上与催化剂逆流接触，完成催化剂干燥。冷却气体从冷却气入口进入套筒与器壁之间的环形空间，也是先向下流，然后翻转向上与催化剂逆流接触，完成催化剂冷却。

烧焦区内件主要由内外两层圆筒形焊接条缝筛网构成，筛网缝隙（开孔）均匀、表面光滑，催化剂流动畅通，烧焦均匀。氯化、干燥和冷却各区的内件主要是以锥形圆筒构成，气流在向上流动与催化剂逆流接触过程中实现氯化、干燥和冷却的目的。

② 两段烧焦再生器。两段烧焦再生器的结构见图 5-68，催化剂从顶部催化剂入口进入缓冲区，然后经催化剂输送管进入第一个中心管和外筛网之间的环形空间，再经催化剂输送管下流到第二个中心管和外筛网之间的环形空间，之后再从催化剂输送管先后下流到氧氯化轴向床层和干燥轴向床层，最后催化剂从催化剂出口管进入下部料斗。

催化剂在再生器内完成烧焦、氧氯化和干燥。在主烧焦区的一段烧焦气入口通入含有一定量空气的高温再生气，进入两隔板之间的空间，下流到外筛网与器壁之间，径向进入催化剂床层，烧去催化剂上的积炭，燃烧之后的再生气进入中心管向下流动，从一段烧焦气出口排出。在第二段烧焦区，二段烧焦气从二段烧焦气入口进入下一个外筛网与器壁之间的空间，再径向进入催化剂床层，完成最终烧焦，之后再生气体下流到下部两隔板之间的空间，从二段烧焦气出口流出。含氯化物气体从氧氯化段的氧氯化气入口进入，经由焊接条缝筛网制成的升气管向上流动，与催化剂逆流接触，完成催化剂的氯化。干燥气体从下部焙烧气入口进入，之后翻转向上流动，也与催化剂逆流接触，完成催化剂干燥。干燥气与氧氯化气混合一道从氧氯气出口排出。

烧焦区内件有两段，每段均是由外筛网、中心管、盖板和底板构成的径向流动床层，完成催化剂的烧焦。氧氯化和干燥分别是氧氯化气和焙烧气在与催化剂逆向流动的两个轴向床层中，完成氯化和干燥。

二、加热炉

催化重整装置加热炉根据用途分为四类：预加氢物料加热炉、重整反应物料加热炉、各种塔底重沸炉及热载体加热炉。典型连续催化重整过程加热炉汇总见表 5-57。

表 5-57　典型连续重整装置加热炉汇总

序号	编号	设备名称	规格型号/mm	结构形式	高度/mm	操作条件				热负荷/(kcal/h)	热效率/%	加热介质	燃料
						温度/℃		压力/MPa					
						入口	出口	入口	出口				
1	F101	预分馏塔底重沸炉	φ5196×12000	圆筒	12000	158	170	0.8	0.5	18497	86	汽油	瓦斯
2	F102	预加氢进料加热炉	φ4342×12000	圆筒	12000	245	290	1.8	1.56	13368.5	86	汽油、氢气	瓦斯
3	F103	汽提塔底重沸炉	φ5416×14000	圆筒	14000	208	216	1.25	1.05	19380	86	汽油	瓦斯
4	F-201	重整进料加热炉	φ6200×12000	方箱	12000	422	505	0.35	0.32	57167.8	86	汽油、氢气	瓦斯
5	F202	重整进料加热炉	φ9800×12000	方箱	12000	443	505	0.32	0.28	74709.4	86	汽油、氢气	瓦斯
6	F203	重整进料加热炉	φ6200×12000	方箱	12000	420	505	0.28	0.26	26089.1	86	汽油、氢气	瓦斯
7	F204	重整进料加热炉	φ6200×12000	方箱	12000	453	505	0.26	0.25	15730.8	86	汽油、氢气	瓦斯
8	F205	脱戊烷塔底重沸炉	φ5128×12000	圆筒	12000	183	192	1.2	0.9	17673	86	汽油	瓦斯
9	F301	脱重组分塔底重沸炉	φ7766×17500	圆筒	17500	180	183	0.26	0.2	85539	86	汽油	瓦斯
10	F401	二甲苯塔底重沸炉	φ6052×14000	圆筒	14000	220	225	0.42	0.25	17125	86	芳烃	瓦斯
11	F601	热载体加热炉	φ9994×19000	圆筒	19000	216	255	0.4	0.3	101279	86	减渣脱蜡油	瓦斯

1. 重整反应物料加热炉

重整反应部分加热炉与重整反应器是一一对应，即有几台反应器就有几台加热炉，一般是3～4台。对于处理规模较小的重整装置，反应加热炉一般采用结构较为简单的圆筒炉；对于大型重整装置则采用炉管压降较小、辐射室联合在一起的结构紧凑的箱式加热炉，即三合一或四合一加热炉。

箱式加热炉辐射室用火墙隔出三间或四间辐射室，以避免温度相互干扰。每间炉管为多路并联，一般有20～45路支管，其排列形式有Y形、U形、竖琴形等。各支管的出入口与炉外的大型集合管连接。辐射室的高温烟气引入公用对流室。典型重整反应四合一加热炉结构见图5-69。

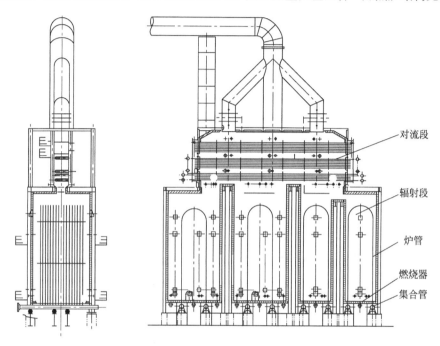

图 5-69　典型重整反应四合一加热炉结构

重整反应加热炉由辐射室进入对流室烟气温度达770℃左右。为了回收高温烟气的能量，在对流室设余热锅炉，产生中压蒸汽。余热锅炉一般设预热段、蒸发段和过热段，其布

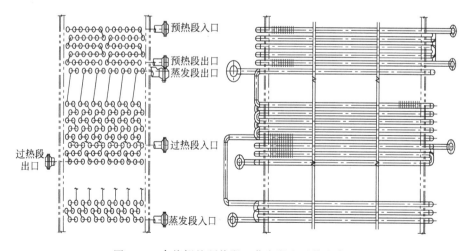

图 5-70　余热锅炉预热段、蒸发段和过热段布置

置见图 5-70。

加热炉燃烧器根据炉管的排列特征进行布置，有的在炉底，有的则在侧墙。燃烧器应与燃料特点及炉型相匹配；满足加热炉的工艺、节能及环保的要求。典型燃烧器见图 5-71 及图 5-72。

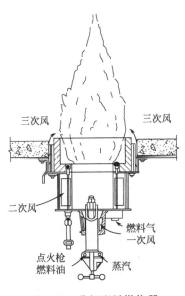

图 5-71 分级配风燃烧器

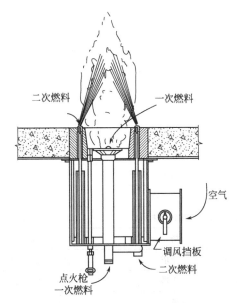

图 5-72 分级燃料燃烧器

2. 预加氢进料加热炉及塔底重沸炉

催化重整装置预加氢进料加热炉、塔底重沸炉及热载体加热炉一般采用炼油厂常规的对流-辐射圆筒炉。对流室炉管为水平排列，靠近辐射室的三排炉管为光滑管，其他采用传热效率较高的翅片或钉头管。辐射室炉管靠墙垂直排列，直接接受火焰和炉墙的高温辐射。

预加氢进料加热炉管采用抗 H_2 及 H_2S 腐蚀的 Cr5Mo 或 1Cr18Ni9Ti 合金材料，2～4 排列，管内流速为 300～500kg/(m^2/s)。

塔底重沸炉及热载体加热炉炉管采用 10 号钢或 20 号钢石油裂化管，2～4 排列，管内流速为 730～980kg/(m^2/s)。

三、塔器

催化重整过程涉及到的塔器类型主要有精馏塔、吸收塔、抽提塔及吸附塔等。典型连续重整过程塔器汇总见表 5-58。

表 5-58 典型连续重整装置塔器汇总

序号	编号	设备名称	规格	塔板形式	层数	操作条件		介质
						温度/℃	压力/MPa	
1	T101	预分馏塔	ϕ2000×11952×12 ϕ2800×14150×14 ϕ4200×8170×20	单流浮阀 双流浮阀	40	83/174	0.35	汽油
2	T102	汽提塔	ϕ1800×7306×16 ϕ2800×17400×24 ϕ4200×8136×36	单流浮阀 双流浮阀	30	135/236	1.23	汽油

序号	编号	设备名称	规格	塔板形式	层数	操作条件		介质
						温度/℃	压力/MPa	
3	T201	脱戊烷塔	$\phi1600\times14452\times12$ $\phi2400\times14200\times16$ $\phi3400\times7574\times22$	单流浮阀 双流浮阀	40	96/225	1.05	汽油
4	T202	C_4/C_5分离塔	$\phi1000\times11754\times14$ $\phi1200\times16556\times16$	单流浮阀 单流浮阀	40	68/140	1.35	汽油
5	T301	脱重组分塔	$\phi3800\times43840\times14$	双流浮阀	50	127/194	0.03	汽油
6	T302	抽提塔	$\phi3000\times37950\times20$	筛孔塔	93	90/81	0.52	C_6混芳、环丁砜
7	T303	汽提塔	$\phi2800\times37890\times12$	筛孔双侧	36	124/177	0.02	
8	T304	回收塔	$\phi3600\times38690\times16$	单流浮阀 双流浮阀	34	82/177	-0.06	混芳烃、环丁砜、水蒸气
9	T305	抽余油水洗塔	$\phi1600\times21340\times12$	筛孔	7	40/40	0.34	水、非芳烃
10	T306	水汽提塔	$\phi800\times4500\times10$	单流浮阀	5	110/117	0.041	水
11	T307	溶剂再生塔	$\phi1800\times9840\times12$			177/177	-0.03	环丁砜
12	T402	苯塔	$\phi2400\times43790\times12$	条阀	60	88/146	0.03	C_6、芳烃
13	T401A	白土塔	$\phi2800\times12424$			200	1.7	芳烃
14	T401B	白土塔	$\phi2800\times12424$			200	1.7	芳烃
15	T402	苯塔	$\phi2800\times12424$	条阀	60	220	2.3	芳烃
16	T403	甲苯塔	$\phi2600\times46640\times12$	条阀	65	119/163	0.03	芳烃
17	T404	二甲苯塔	$\phi2800\times46690\times14$	条阀	65	184/206	0.03	芳烃
18	T501	溶剂油分离塔	$\phi2400\times49690$	浮阀	60	71/144	0.05	汽油
19	T502	6号溶剂汽提塔	$\phi800\times25975$	浮阀	5	83	0.06	汽油
20	T503	120号溶剂汽提塔	$\phi800\times25975$	浮阀	5	105/107	0.08	汽油

四、换热器

重整装置中使用换热器类型主要有浮头式换热器、浮头式冷凝器、U形管式换热器及一些比较特殊的单管程纯逆流列管式换热器和板式换热器。典型连续重整过程换热器汇总见表5-59。

表5-59 典型连续重整装置塔换热器汇总

序号	编号	设 备 名 称	操作条件				管程介质	壳程介质
			温度/℃		压力/MPa			
			管程	壳程	管程	壳程		
1	E101	预分馏塔进料/塔底换热器	68	81	0.65	0.4	汽油	汽油
2	E102A	预分馏塔进料/塔底换热器	174	143	0.45	0.6	汽油	汽油
3	E102B	预分馏塔进料/塔底换热器	174	143	0.45	0.6	汽油	汽油
4	E102C	预分馏塔进料/塔底换热器	174	335	0.45	0.6	汽油	汽油
5	E104A	预加氢进料换热器	370	335	2.7	2.9	汽油、氢	汽油、氢
6	E104B	预加氢进料换热器	370	250	2.7	2.9	汽油、氢	汽油、氢

序号	编号	设 备 名 称	操作条件				管程介质	壳程介质
			温度/℃		压力/MPa			
			管程	壳程	管程	壳程		
7	E104C	预加氢进料换热器	300	250	2.63	2.9	汽油、氢	汽油、氢
8	E104D	预加氢进料换热器	300	175.6	2.63	2.93	汽油、氢	汽油、氢
9	E104E	预加氢进料换热器	220	180	2.57	2.9	汽油、氢	汽油、氢
10	E104F	预加氢进料换热器	300	175.6	2.63	2.93	汽油、氢	汽油、氢
11	E105	预加氢产物后冷器	37	55	0.4	2.45	汽油、氢	汽油、氢
12	E106A	汽提塔进料/塔底换热器	236	176	1.25	1.35	汽油	汽油
13	E106B	汽提塔进料/塔底换热器	236	176	1.25	1.35	汽油	汽油
14	E107	汽提塔顶后冷器	38	155	0.4	1.28	汽油	汽油
15	E108	预加氢开停工冷却器	30	236	0.4	2.6	循环水	汽油
16	E201A	重整进料换热器	474	514	0.5	0.32	汽油、氢	汽、氢
17	E201B	重整进料换热器	474	514	0.5	0.32	汽油、氢	汽油、氢
18	E202	反应器置换器换热器	514	326	0.32	0.36	汽油	汽油
19	E203A	再接触冷却器	38	50	0.2	0.76	循环水	汽油、氢
20	E203B	再接触冷却器	38	50	0.2	0.76	循环水	汽油、氢
21	E204A	再接触预冷器	41	50	1.94	2.08	汽油	汽油、氢
22	E204B	再接触预冷器	41	50	1.94	2.08	汽油	汽油、氢
23	E205	再接触冷冻器	28	−5	2.05	0.3	汽油、氢	氨
24	E206A-D	脱戊烷塔进料换器	225	175.6	1.05	1.2	汽油	汽油
25	E208A	C_4/C_5 分离塔进料换热器	140	85	1.4	1.5	液态烃	液态烃
26	E208B	脱戊烷塔进料换器	225	175.6	1.05	1.5	汽油	汽油
27	E209	C_4/C_5 分离塔冷凝冷却器	38	68	0.3	1.35	循环水	轻组分
28	E210	C_4/C_5 分离塔底重沸器	179	140	1.2	1.4	蒸气	汽油
29	E211	C_4/C_5 分离塔水冷器	38	64.9	0.3	1.35	循环水	汽油
30	E213	脱戊烷塔底水冷器	38	92	2.57	1	循环水	汽油
31	E231	缓冲气冷却器	20	45	0.6	0.4	循环水	氢
32	E241	氨冷凝器	20	150	0.4	2	循环水	NH_3
33	E251A	还原气换热器	180	238	1.25		氢、烃	氢、烃
34	E251B	还原气换热器	180	238	1.25	0.6	氢、烃	氢、烃
35	E251C	还原气换热器	180	238	1.25		氢、烃	氢、烃
36	E252	增加气加热器	177	230	1.95	1	氢气	蒸气
37	E253	碱液冷却器	40	42	0.4	0.67	循环水	碱液
38	E301	脱重组分塔底/进料换热器	194	102	0.1	0.5	汽油	汽油
39	E302	脱重组分进料换热器	185	150	0.4	0.45	汽油	二甲苯
40	E304A	重汽油组分冷却器	38	112	0.3	0.05	循环水	汽油
41	E304B	重汽油组分冷却器	38	112	0.3	0.05	循环水	汽油
42	E305A	贫/富溶剂油换热器	133	115	1.2	0.37	溶剂	富溶剂
43	E305B	贫/富溶剂油换热器	133	115	1.2	0.37	溶剂	富溶剂
44	E305C	贫/富溶剂油换热器	133	115	1.2	0.37	溶剂	富溶剂

序号	编号	设 备 名 称	操作条件				管程介质	壳程介质
			温度/℃		压力/MPa			
			管程	壳程	管程	壳程		
45	E305D	贫/富溶剂油换热器	133	115	1.2	0.37	溶剂	富溶剂
46	E306	抽余油冷却器	133	115	0.3	0.55	循环水	汽油
47	E307	汽提塔重沸器	38	67	0.4	0.2	芳烃、环丁砜	C_8^+ 芳烃
48	E308A	回收塔顶后冷器	250	177	0.3	−0.1	循环水	芳烃
49	E308B	回收塔顶后冷器	250	55	0.03	−0.1	循环水	芳烃
50	E309	回收塔重沸器	38	55	0.4		热载体	芳烃
51	E310	水汽提塔重沸器	250		2	0.05	环丁砜	水
52	E311	溶剂再生塔重沸器	177	117	0.35	−0	热载体	溶剂
53	E312	回收塔顶抽空冷却器	250	177	0.3	1	循环水	芳烃
54	E313	溶剂油冷却器	38	179	0.3	0.5	循环水	溶剂
55	E314	抽提原料冷却器	38	90	0.3	0.6	循环水	脱戊烷油
56	E401	白土塔进料换热器	38	55	1.6	1.8	芳烃	芳烃
57	E402	白土塔进料换热器	200	125	0.4		热载体	芳烃
58	E403	苯塔重沸器	280	200	0.4	1.75	C_7 芳烃	C_8 芳烃
59	E404	苯产品冷却器	185	146	0.3	0.08	循环水	苯
60	E405	甲苯塔重沸器	38	90	0.4	0.04	热载体	C_8^+ 芳烃
61	E406	甲苯产品冷却器	280	163	0.5	0.08	循环水	二甲苯
62	E408	二甲苯产品冷却器	38	50	0.5	0.6	循环水	甲苯
63	E410A	二甲苯塔进料/塔底换热器	223	164	0.25	0.65	二甲苯	重芳烃
64	E410B	二甲苯塔进料/塔底换热器	223	164	0.25	0.65	二甲苯	重芳烃
65	E411	甲苯塔底物冷却器	161		0.76		循环水	二甲苯
66	E501A	抽余油加氢进料换热器	220	139	1.7	1.88	非芳	非芳
67	E501B	抽余油加氢进料换热器	220	139	1.3	1.88	非芳	非芳
68	E502	抽余油进料换热器	280	220	0.4	1.8	热载体	非芳
69	E503A	抽余油加氢产物水冷器	38	90	0.3	1.6	循环水	非芳
70	E503B	抽余油加氢产物水冷器	38	90	0.3	1.6	循环水	非芳
71	E504	抽余油分离塔进料加热器	179	130	0.4	1.8	热载体	非芳
72	E505A	溶剂油分离塔顶顶冷却器	38	55	0.3		循环水	非芳
73	E505B	溶剂油分离塔顶冷却器	38	55	0.3	0.02	循环水	非芳
74	E506	6 号溶剂油产品冷却器	38	84	0.3	0.06	循环水	6 号油
75	E507	120 号溶剂油产品冷却器	38	107	0.3	0.08	循环水	120 号油
76	E508	溶剂油分离塔底冷却器	38	147	0.3	0.12	循环水	非芳
77	E509	溶剂油分离塔底重沸器	250	149	0.4	0.12	热载体	非芳
78	E510	抽余油加氢气液分离罐顶冷凝器	15	40	1.8	1.5	含氢气体	含氢气体
79	E601	热载体冷却器	40	230	0.3	0.4	循环水	热载体
80	E701	燃料气加热器	200	200	2.45	2.45	蒸汽	燃料气

重整过程有些换热器是在高温临氢条件下操作,需要用抗氢腐蚀的 Cr-Mo 合金钢及不

朽钢材质制造，如预加氢进料/反应产物换热器、重整精料/反应产物换热器、置换气换热器及还原气换热器等。

为了降低换热器压力降及提高换热效率，大中型重整装置的重整进料/反应产物换热器一般采用单台（或双台并联）大型列管立式换热器（见图 5-73）或板式换热器（见图 5-74）。

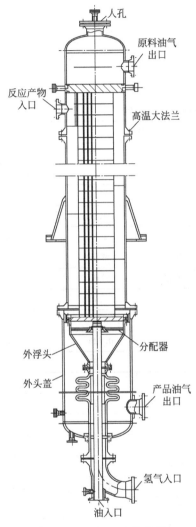

图 5-73　列管立式换热器

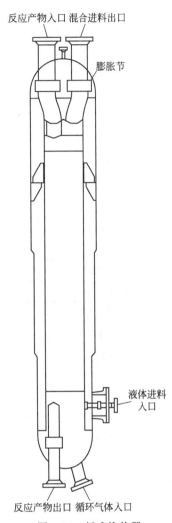

图 5-74　板式换热器

列管立式换热器在我国应用较广，其有制造成本低、结构牢固靠及维修方便等特点。换热面积达 $320\sim3952m^2$，可满足 $0.1\sim0.8Mt/a$ 重整装置的要求。列管立式换热器主要由上部管箱、上端固定管板、带有高温大法兰的壳体、管束、外头盖及带有膨胀节和分配器的外浮头构成。从重整最后一个反应器出来的高温反应油气由壳程上部进入换热器，向下经过折流板与换热管换热后，流入外头盖，最后从产品油气出口流出。反应原料油和循环氢气分别从油入口及氢气入口进入换热器，油通过进料管上部的分配头喷出，氢气则通过盘式分配器与油在浮动管板前端混合后进入管箱，从原料油气出口进入第一重整加热炉。

板式换热器，它由外壳和板束两大部件组成。板束由若干板片焊制而成，每块板片用约 0.8mm 厚不锈钢板冲压或爆炸成形并带有合适的流道。板片两侧各通一股流体（相当于壳程或管程），两股流体在板束的上下端汇集成进出两个通道并与进出口相连。壳体是用耐热抗氢钢制成的受压圆筒，在受压圆筒与板束间充满循环气体，以平衡板束压力，减低板束压差。重整最末一台反应器的油气从上部进入板束的一程，经换热后从下部流出，原料油和氢气两股物流分别从液体进口和循环气体进口进入，在下部均匀混合之后进入板束的另一程，与高温油气换热之后从上部流出。

五、容器

催化重整过程涉及的容器主要有各种原料、产品、溶剂及试剂罐，回流罐，分离罐等。其形式有卧式和立式之分，规格为 $\phi xxxx$（直径）$\times yyyy$（长或高）$\times zz$（壁厚）。典型连续重整过程容器类汇总见表 5-60。

表 5-60　典型连续重整装置容器（罐）汇总

序号	编号	设备名称	材质	操作条件		介质
				温度/℃	压力/MPa	
1	D100	进料缓冲罐	Q235C	40	0.35	石脑油，氢气
2	D101	预分馏塔回流罐	Q235B	40	0.35	汽油
3	D102	预加氢产物分离罐	20R	40	1.9	汽油，氢气
4	D103	汽提塔回流罐	Q235C	40	1.3	汽油
5	D104	缓蚀剂罐	0Cr18Ni10Ti	常温	常压	缓蚀剂
6	D105	预加氢注水罐	0Cr18Ni10Ti	常温	常压	水
7	D106	压缩机入口分液罐	20R	19	1.7	氢气
8	D201	重整产品分离罐	20R	30	0.25	汽油
9	D-202	1 号再接触罐	Q235B	常温	0.625	汽油，氢气
10	D203	2 号再接触罐	20R	4	1.9	汽油，氢气
11	D204A	氢气脱氯罐	16MnR	4	1.9	氢气
12	D204B	氢气脱氯罐	16MnR	4	1.9	氢气
13	D205	脱戊烷塔回流罐	Q235B	40	1	汽油
14	D209	重整注水罐	0Cr18Ni9Ti	常温	常压	水
15	D211	重整注硫罐	Q235C	常温	常压	硫化物
16	D212	C_4/C_5 分离塔回流罐	Q235C	40	1.33	汽油
17	D213	重整放空罐	Q235B	200	0.5	汽油，氢气
18	D251	1 号催化剂加料料斗	0Cr18Ni9Ti	常温	0.6	催化剂，氮气
19	D252	1 号催化剂加料闭锁料斗	0Cr18Ni9Ti	常温	常压	催化剂，氮气
20	D253	分离料斗	Q235C	88	0.8	催化剂，氮气
21	D254	粉尘收集料斗	Q235C	常温	0.8	催化剂，氮气
22	D255	2 号催化剂加料料斗	0Cr18Ni9Ti	常温	常压	催化剂
23	D256	2 号催化剂加料闭锁料斗	0Cr18Ni9Ti	常温	0.8	催化剂，氮气
24	D257	氮封罐	Q235C	149	0.6	催化剂，氮气
25	D258	闭锁料斗	16MnR	149	0.6	催化剂，氢气
26	D259	放空气洗涤塔	20R	380	0.03	氮气碱液
27	D260	注碱罐	Q235A	常温	常压	30%碱液

序号	编号	设备名称	材 质	操作条件		介 质
				温度/℃	压力/MPa	
28	D261	再生注水罐	Q235A	常温	常压	水
29	D262	再生注氯罐	0Cr18Ni10Ti	常温	常压	氯化物
30	D301	脱重组分塔回流罐	Q235B	常温	常压	汽油
31	D302	汽提塔顶罐	20R	常温	常压	轻质烃,水
32	D303	回收塔回流罐	Q235C	常温	全真空	芳烃
33	D304	抽空器冷凝水罐	Q235B	常温	真空	水,芳烃
34	D305	消泡剂罐	Q235A	常温	常压	甲苯,硅油
35	D306	化学药剂罐	20R	常温	常压	单乙醇胺
36	D307	地下溶剂罐	Q235B	常温	常压	汽油,环丁砜
37	D308	蒸汽分水器	10号	280	1	蒸汽
38	D401	苯塔回流罐	Q235B	常温	常压	苯
39	D402	甲苯塔回流罐	Q235B	常温	常压	甲苯
40	D403	二甲苯塔回流罐	Q235B	166	0.1	二甲苯
41	D501	抽余油加氢气液分离罐	20R	40	1.55	氢气,非芳烃
42	D502	溶剂油塔回流罐	Q235A	常温	常压	轻汽油
43	D601	热载体罐	Q235B	280	0.4	减压脱蜡油
44	D602	抽提放空罐	Q235A	常温	常压	汽油
45	D603	抽提地下污油罐	Q235B	常温	常压	汽油
46	D604	热载体地下罐	Q235B	常温	常压	减压脱蜡油
47	D701	燃料气分液罐	Q235B	60	0.4	燃料气
48	D702	低压蒸气分水器	Q235C	250	1.1	水蒸气,水
49	D703	中压蒸气分水器	15CrMoR	425	0.24	水蒸气,水
50	D704A	高压净化风罐	Q235B	常温	0.5	空气
51	D704B	低压净化风罐	Q235B	常温	0.5	空气
52	D705	火炬线缓冲罐	Q235B	常温	0.5	轻烃,液化气
53	D706	轻组分汽化器	20R	87	0.45	轻烃,液化气
54	D707	再生用氮气缓冲罐	20R	40	0.81	氮气
55	D801	中压汽包	20R	常温	常压	蒸汽和水
56	D802	连续排污扩容器	Q235A	172	0.7	水蒸气,水
57	D901	系统放空罐	Q335A	260	1.6	水蒸气,水

六、转动设备

催化重整过程中转动设备主要包括压缩机、风机和泵。部分连续催化重整典型转动设备见表5-61。

表 5-61　连续催化重整部分转动设备

序号	编号	名　　称	型　　号	操作条件		介　质
				压力/MPa	流量/(m³/h)	
1	P101A/B	预分馏塔进料泵	CZ80-315	0.996	155.5	汽油
2	P102A/B	预分馏塔回流泵	ZA80-2250	0.87	67.9	轻汽油
3	P104A/B	预分馏塔重沸泵	200AYⅡ	1.12	270	汽油
4	P105A/B	预加氢进料泵	150AYⅡ-67×6	3	150	汽油
5	P201A/B	重整产物分离罐泵	MC80-5	2.65	97.7	汽油
6	P202A/B	1号在接触罐泵	ZA80-2315C	1.67	117	汽油
7	P203A/B	脱戊烷塔底重沸泵	200AYSⅡ-150B	1.85	243	汽油
8	P204A/B	脱戊烷塔回流泵	80AYⅡ100×2C	1.59	40	C_5
9	P302A/B	脱重组分塔回流泵	DZA150-100-250B	0.62	159.7	汽油
10	P303A/B/C	脱重组分塔底泵	65AYⅠ-100	0.93	25	重汽油
11	P304A/B	抽提塔进料泵	100AYⅡ120×20B	1.45	86	汽油
12	P308A/B	回流芳烃泵	DMC40AⅠ×5	1.3	27.3	芳烃
13	P309A/B	汽提塔顶罐水泵	MPHⅡ1.5-50	0.49	1.5	水、环丁砜
14	P310A/B	贫溶剂泵	200AYⅡ-150A	1.55	270	环丁砜
15	P311A/B	回收塔回流泵	DZA100-80-250B	0.66	71.8	芳烃
16	P312A/B	回收塔回流罐水泵	DZA40-25-250A	0.81	6.3	水
17	P313A/B	水汽提塔底泵	MPHⅡ1.5-50A	0.43	1.21	水、环丁砜
18	P314	溶剂泵	8YTC80/65C	1.54	40	环丁砜
19	P315A	湿溶剂泵	FR40-65B	1.36	6.3	环丁砜
20	P315B	湿溶剂泵	BYTC65/50-55×2	1.36	25	环丁砜
21	P316	废溶剂泵	BY50-160	0.4	25	环丁砜
22	P318A/B	脱重组分塔重沸炉泵	250AYSⅡ-150B	0.88	444	重汽油
23	P319A/B	抽空器冷凝水泵	IPFLL-4.0-100M3P	0.6	2.732	含芳烃水
24	P401A/B	白土塔进料泵	80AYⅡ100×2	1.74	5	混合芳烃
25	P412A/B	二甲苯塔重沸炉泵	DZE150-150-315C	0.97	204.8	C_9芳烃
26	P501A/B	抽余油加氢进料泵	65AYⅡ-50×6	2.02	25	混芳
27	P601A/B/C	热载体泵	200AYSⅡ-150	1.12	500	脱蜡油
28	P603	热载体出装置泵	BY40-200	0.43	25	脱蜡油
29	P701	火炬线污油泵	ZE40-250B	0.57		液态烃
30	K801	重整鼓风机	G4-73-11N011D	1671Pa	36777	空气
31	K802	重整引风机	K4-73-11N011D	1681Pa	79944	空气
32	K803	抽提引风机	Y4-73-11N018D	3653Pa	108270	空气
33	K804	抽提鼓风机	G4-73-11N016D	2790Pa	169910	空气
34	K101A/B	预加氢压缩机	DW-20.5(18-27)-X	2.7	123	H_2
35	K201	重整循环压缩机	BCL607	0.7	59880	H_2
36	K202A/B/C	重整增压机	4M50-186/2.4-8.2-8 2/7.2-20-BX	0.92/2.1	11160	H_2
37	K241A/B/C	氨压机	JZKA-20C	1.46	939.6	NH_3

第八节 催化重整系统操作技术

催化重整系统操作技术涉及系统开工、正常生产过程控制、系统停工及事故处理等方面的操作程序、方法。以下主要针对 60 万吨/年 UOP 连续重整装置系统操作技术进行探讨。

一、重整系统开工

重整系统的开工包括开工方式及方案的制订,开工操作人员调度及培训,开工准备及开工操作等方面。

1. 开工方式选择

开工方式一般有顺向开工和逆向开工两种模式。选择开工方式的原则是:在质量符合重整开工要求的氢气来容易时,采用用顺向开工方式;在有足够的合格氢气和精制油的条件下,采用逆向开工方式;在无重整开工用氢气和精制油的情况下,采用直馏石脑油制取重整开工用精制油和氢气的重整装置开工工艺专利技术时,也采用逆向开工方式。

(1) 顺向开工方式 预加氢的进料从一开始就使用石脑油,中间不存在切换原料油的操作变化问题,因而预加氢开工过程步骤比较简单,并可避免在预加氢与重整联合运转后,因预加氢原料油切换和操作条件改变的不适当而造成重整进料质量的波动;可使汽提塔底油中水含量比较快地降到重整进料所要求的水平,从而使重整进油后能较快地进入正常运转阶段;预加氢有足够的调整操作时间,能够确保在重整进料的各项杂质含量指标完全合格后才开始重整进油。

(2) 逆向开工方式 采用逆向开工方式开工能在缺少外供氢气的条件下开工,高纯度氢气的消耗量较少,约为顺向开工方式的 40%~50%;重整开工的精制油用量较大,预加氢调整操作的时间受精制油储备量的限制;预加氢原料油存在要由精制油切换为石脑油的操作变化问题,并存在因此而造成重整进料质量波动的可能性。

2. 开工方案的统筹规划

根据开工方式设计开工方案及规划开工统筹图,典型连续重整开工统筹图见图 5-75 及图 5-76。

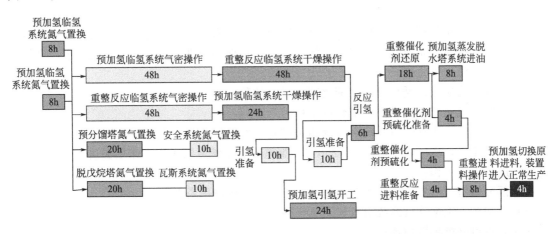

图 5-75 连续重整预处理及反应系统开工统筹图

3. 开工准备

准备开工过程所需的准备物料及材料,如精制油;氢气;抽提溶剂;白土;硫化物、氯

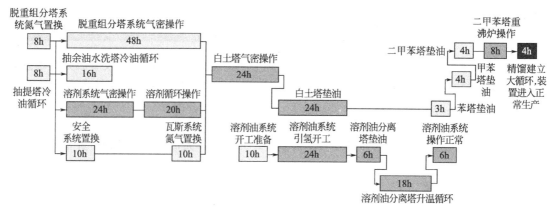

图 5-76 连续重整抽提、精馏及溶剂系统开工统筹图

化物、乙醇、分子筛、活性炭等化工试剂；准备开工过程所需各种工具等；

4. 检查确认系统达到开工要求
- 检查开工所需物料及材料准备齐全；
- 检查开工所需的各种工具准备齐全；
- 检查所属工艺管线、流程符合工艺要求；
- 检查所属各塔、容器、加热炉、冷换设备、所属压缩机符合开工要求；
- 检查各机泵达到正常运转条件；
- 检查公用工程系统具备条件；
- 检查仪表电气系统具备条件；
- 检查安全环保设施齐全好用。

5. 开工操作

（1）反应系统氮气置换、气密
- 预加氢临氢系统氮气置换、气密操作；
- 重整临氢系统氮气置换、气密操作；
- 溶剂油系统临氢系统氮气置换，气密操作；
- 瓦斯系统氮气置换。

（2）临氢系统循环升温、催化剂干燥　临氢系统气密完毕，保持氮气正压。塔系统氮气置换完毕，保持氮气正压。瓦斯线并系统，具备引瓦斯的条件。安全线并系统投用。进行临氢系统循环升温、催化剂干燥。
- 预加氢临氢系统循环升温、催化剂干燥、活化；
- 重整临氢系统循环升温、催化剂干燥；

（3）预加氢、重整临氢系统引氢及相关准备工作　催化剂的干燥、活化完成。预加氢临氢系统氮气正压，床层温度小 200~250℃。重整临氢系统氮气正压，床层温度控制在 370℃左右。进行以下工作：
- 预分馏塔、汽提塔、脱戊烷塔垫油，各塔升温热油单塔循环；
- 预加氢、重整临氢系统引氢建立氢气循环；
- 脱重组分塔单塔循环；
- 建立抽提塔和抽余油水洗塔冷油循环；
- 建立溶剂冷循环；
- 白土塔垫油；

- 苯、甲苯、二甲苯塔垫油升温单塔循环；
- 溶剂油分离塔垫油升温单塔循环；

（4）芳烃系统　重整催化剂还原完毕。预加氢临氢系统氢气循环，压力1.5MPa，温度200～250℃。重整临氢系统氢气循环，压力0.24MPa，温度控制在370℃左右。各塔热油单塔循环。可进行以下操作：

- 建立溶剂热循环和水循环；
- 溶剂再生塔开工；
- 二甲苯塔、苯塔、甲苯塔开工；
- 精馏建立大循环。

（5）重整进料　重整催化剂硫化结束。重整临氢系统氢气循环，压力0.24MPa，温度370℃。可进行以下操作：

- 重整进料操作；
- 预加氢切换原料进料，装置进入正常生产。

切换原料，调整操作，系统转入正常生产，完成开工操作。

二、正常生产控制操作技术

1. 原料预处理系统

（1）预加氢反应操作控制

① 预加氢反应温度操作控制。反应温度是调节预加氢生成油质量的主要手段，提高温度虽然对除去杂质及烯烃饱和有利，但过高的温度对除去杂质无明显影响，反而促进裂解反应加剧，使催化剂积炭而降低活性及使用寿命。

控制范围：280～350℃

控制目标：±2℃

相关参数：预加氢反应加热炉瓦斯压力、入口温度、出口温度、反应器床层各点及出口温度。

控制方式：人工手动调节或DCS自动调节控制

正常控制及异常处理方法分别见表5-62及表5-63。

表5-62　预加氢反应温度正常处理方法

影 响 因 素	调 整 方 法
①反应进料量变化 ②燃料气流量和压力变化 ③仪表故障	①根据炉出口温度调节反应进料量：进料量增加，提高炉出口温度；进料量下降，降低炉出口温度 ②调节燃料气流量和压力，控制炉出口温度变化 ③联系仪表，消除故障

表5-63　预加氢反应温度异常处理方法

现 象	原 因	处 理 方 法
加热炉出口温度波动	①加热炉燃料组成或压力变化 ②进料量不稳 ③混氢流量不稳	①根据燃料气组成变化调节燃料气流量和压力 ②查找原因，尽快稳定进料量 ③检查预加氢压缩机是否发生故障

一旦控制失效，当加热炉出口温度不论何种原因高于受控温度高值（如350℃）无法控制时，预处理系统按照紧急停工事故处理预案处理。

② 预加氢反应压力操作控制。提高反应压力将促进加氢反应，增加精制深度，有利于杂质的脱除，并可以保持催化剂活性，延长催化剂的使用寿命，过高的反应压力，会增加投

资和运转费用，能耗大。

控制范围：1.3～1.8MPa

控制目标：±0.05MPa

相关参数：预加氢产物分离罐瓦斯排放流量、预加氢压缩机出口压力、预加氢反应器压降。

控制方式：人工手动调节或 DCS 自动调节控制。

正常控制及异常处理方法分别见表 5-64 及表 5-65。

表 5-64　预加氢反应压力正常处理方法

影　响　因　素	调　整　方　法
①预加氢产物分离罐压力变化 ②预加氢压缩机出口压力变化	①调节分离罐瓦斯排放阀及调节引氢气增压,保持压力稳定 ②调节控制压缩机出口压力

表 5-65　预加氢反应压力异常处理方法

现　象	原　因	处　理　方　法
预加氢系统压力波动	①预加氢压缩机故障,引起排量不稳 ②预加氢进料量波动 ③加热炉出口温度波动 ④预加氢产物分离罐压控仪表出现故障	①启动备用机,切换运行 ②调整并控制进料平稳 ③调节燃料气压力和流量 ④联系仪表维修
预加氢产物分离罐压力低,预加氢系统压降高	预加氢系统管线铵盐堵塞	采取注水措施,洗掉铵盐

一旦控制失效，当预加氢产物分离罐压力无法控制时，预加氢系统按照紧急停工事故处理预案处理。

③ 预加氢反应氢油比（体积比）操作控制。提高氢油比可以防止因催化剂的积炭而降低活性，并提高了系统的氢分压，有利于加氢精制反应，此外，氢气还起到热载体的作用，将反应热带出反应器，避免催化剂超温。

控制范围：≥100

控制目标：不低于 100

相关参数：预加氢进料量及氢气循环量

控制方式：人工手动调节或 DCS 自动调节控制

正常控制及异常处理方法分别见表 5-66 及表 5-67。

表 5-66　预加氢反应氢油比正常处理方法

影　响　因　素	调　整　方　法
预加氢进料量,氢气循环量	调节原料进料量,控制预加氢压缩机出口氢气循环量

表 5-67　预加氢反应氢油比异常处理方法

现　象	原　因	处　理　方　法
氢油比偏低	①压缩机有问题氢气循环量低 ②原料进料量偏大	①处理压缩机问题,启动备用机,切换运行提高氢气循环量 ②根据氢气循环量降低原料进料量

一旦压缩机故障停机，氢油比控制失效时，重整装置改抽精制油，预处理系统按照紧急停工事故处理预案处理。

（2）预分馏塔操作控制　参见第四节预分馏操作技术内容。

（3）汽提塔压力操作控制　低压操作有利于 H_2S 和水的脱除，但压力降低后，塔内的气相符合增加，导致塔盘上的不正常雾沫夹带，对塔的正常操作不利。

控制范围：0.8～1.2MPa

控制目标：±0.05MPa

相关参数：汽提塔回流罐瓦斯排放流量

控制方式：人工手动调节或DCS自动调节控制

正常控制及异常处理方法分别见表5-68及表5-69。

表5-68 汽提塔压力正常处理方法

影 响 因 素	调 整 方 法
汽提塔回流罐瓦斯排放量	通过调节汽提塔回流罐瓦斯排放量来控制压力

表5-69 汽提塔压力异常处理方法

现 象	原 因	处 理 方 法
塔压波动	①进料组成和温度的变化 ②塔顶回流量及冷却后温度变化 ③塔底温发生波动 ④原料带水	①联系调度,调整进料 ②调整回流量平稳,并调节风机翅片角度 ③调节并控制汽提塔重沸炉出口温度稳定 ④加强原料缓冲罐脱水

2. 重整反应系统系统

（1）重整反应温度操作控制　重整催化剂层温度是控制产品质量的首要参数。提高反应温度可以促进生成芳烃的反应,但加氢裂化反应同时也增加。因此,反应温度应当控制在能得到相当完全的芳构化和恰好的加氢裂化,以期望得到希望的产品和收率。

由于连续重整催化剂再生是连续的,因此催化剂能保持良好的性能,各反应器入口温度均应控制在设计值。根据经验,一般操作时低设计值。

控制范围：第一反应加热炉出口温度　480～545℃

第二反应加热炉出口温度　480～545℃

第三反应加热炉出口温度　480～545℃

第四反应加热炉出口温度　480～545℃

控制目标：±2℃

相关参数：各反应加热炉入口温度、各反应器入口温度、各反应器出口温度、重整循环压缩机出口流量、各加热炉瓦斯压力。

控制方式：人工手动调节或DCS自动调节控制

正常控制及异常处理方法分别见表5-70及表5-71。

表5-70 重整反应温度正常处理方法

影 响 因 素	调 整 方 法
反应进料量	根据出口温度调节反应进料量
燃料气流量和压力	调节燃料气流量和压力

表5-71 重整反应温度异常处理方法

现 象	原 因	处 理 方 法
反应温度波动	①加热炉发生波动 ②压缩机故障引起循环氢流量波动 ③进料量波动或中断	①调节燃料气流量和稳定燃料气压力,使加热炉出口温度平稳 ②排出故障,稳定循环氢流量 ③调节加热炉负荷,确保反应器入口温度不超温,同时,尽快恢复进料

一旦重整反应温度控制失效,超过550℃时,重整系统按照紧急停工处理。

（2）重整反应压力操作控制　对重整反应来说,重整增加压力,加氢裂化增加而芳构化减少。降低压力有利于芳构化反应,但催化剂积炭加快,要求的再生速率增加。

对于连续重整，反应压力已由设计确定，同时催化剂连续再生，活性得到保证。因此，在实际操作中反应压力不作为调节手段

控制范围：0.23～0.26MPa

控制目标：±0.05MPa

相关参数：循环氢压力、反应器压降、反应产物气液分离罐压力

控制方式：人工手动调节或 DCS 自动调节控制

正常控制及异常处理方法分别见表 5-72 及表 5-73。

表 5-72　重整反应压力正常处理方法

影 响 因 素	调 整 方 法
重整反应产物气液分离罐压力	调节产物气液分离罐压力控制阀

表 5-73　重整反应压力异常处理方法

现 象	原 因	处 理 方 法
重整反应产物气液分离罐压力波动	①反应温度变化后，重整转化率变化，产品组成发生变化，从而影响系统压力	①注意分离器的压力变化，控制压力平稳，并调整反应器入口温度
	②空速降低或进料中断，分离器压力将下降	②及时恢复进料，保持压力平稳
	③重整氢压缩机故障，分离器压力将上升	③排除故障
	④产品分离器压控阀失灵	④联系仪表工

一旦重整反应压力控制失效，重整系统按照紧急停工处理。

（3）重整反应空速操作控制　空速的大小将直接影响产品的质量，空速大，反应时间短，产品的质量就低，提高反应温度可以弥补大空速的影响，但又会引起热反应而降低催化剂的选择性，低空速会使加氢裂化反应加剧而使重整液体产品收率降低。

在正常操作中，如需要同时增加空速和反应温度，应先增加空速再提高反应温度。如需降低空速和反应温度时，先降低反应温度再降空速，否则，将发生严重的加氢裂化反应，催化剂很快结焦，并大量消耗氢气。

控制范围：0.55～1.95h^{-1}

控制目标：±0.05h^{-1}

相关参数：重整循环压缩机出口流量、重整进料换热器入口流量

控制方式：人工手动调节或 DCS 自动调节控制。

正常控制及异常处理方法分别见表 5-74 及表 5-75。

表 5-74　重整反应空速正常处理方法

影 响 因 素	调 整 方 法
原料进料量	调节原料进料量
氢气循环量	调节氢气循环量

表 5-75　重整反应空速异常处理方法

现 象	原 因	处 理 方 法
反应空速偏低	装置进料量偏低	提高装置处理量

（4）重整反应氢油比操作控制　为保持催化剂的稳定性，保持一定的氢油比是十分必要的，H_2/HC 的增加使原料油以更快的速率通过反应器，为吸热反应提供更多的热载体，有利于催化剂的稳定性。

控制范围：≥350

控制目标：设定值

相关参数：重整循环压缩机出口流量、重整进料换热器入口流量

控制方式：人工手动调节或 DCS 自动调节控制

正常控制及异常处理方法分别见表 5-76 及表 5-77。

表 5-76　重整反应氢油比正常处理方法

影　响　因　素	调　整　方　法
原料进料量	调节原料进料量
氢气循环量	调节氢气循环量

表 5-77　重整反应氢油比异常处理方法

现　象	原　　因	处　理　方　法
重整氢油比变化	①反应温度过高,裂化反应加剧,氢纯度下降	①适当降低反应温度,并根据产品质量情况,调整进料空速和催化剂的氯含量减缓裂解反应
	②产品分离器冷后温度高,氢纯度下降	②检查空冷器运转情况,及时增开风机;并进一步调整风机叶片角度和空冷器的百叶窗,提高冷却效果,降低冷后温度
	③系统压力上升,由此造成压缩机排量减少或压缩机压缩效率降低,使排气量减少	③检查造成压降增加的原因,并作妥善处理,调整循环机转速,增加排气量
	④进料量或原料组成变化,而循环氢量未变	④根据原料量和组成,适当调整氢油比和其他操作条件

　　一旦压缩机故障停机,氢油比控制失效时,重整装置按照紧急停工处理。

　　(5) 再接触罐压力操作控制　由于连续重整装置采用了超低压重整工艺,反应压力为 0.35MPa。高分罐压力为 0.25MPa。在此条件下,无法回收轻烃,而轻烃进入氢气,也无法保证氢气有较高的纯度,所以设置了再接触工序。1 号再接触罐压力 0.55~0.85MPa,回收氢气中的轻烃。

　　控制范围：0.55~0.85MPa

　　控制目标：±0.05MPa

　　相关参数：重整反应产物油气分离罐压力、2 号再接触罐压力

　　控制方式：人工手动调节或 DCS 自动调节控制。

　　正常控制及异常处理方法分别见表 5-78 及表 5-79。

表 5-78　再接触罐压力正常处理方法

影　响　因　素	调　整　方　法
再接触罐压力控制阀位开度	调整再接触罐压力控制阀位

表 5-79　再接触罐压力异常处理方法

现　象	原　因	处　理　方　法
再接触罐压力超标	①增压机有问题	①处理增压机问题
	②氢气抽不及	②加大氢气外抽量

3. 重整催化剂再生系统

　　(1) 催化剂循环量操作控制　催化剂循环量受待生催化剂含炭量、再生循环气氧含量和再生循环气率的影响,催化剂循环量必须始终与这些独立参数处于平稳状态,以确保循环催化剂上的炭被完全烧掉,即烧焦后催化剂含炭<0.2%,如果一旦上述平衡被打破,则未烧透的催化剂将进入氯化区,在氯化区高氧环境下发生剧烈燃烧,引起超温而损害再生设备和

催化剂。

控制范围：68～680kg/h

控制目标：设定值

相关参数：还原段和闭锁料斗料位

控制方式：人工手动调节或DCS自动调节控制。

正常控制及异常处理方法分别见表5-80及表5-81。

表5-80　催化剂循环量正常处理方法

影 响 因 素	调 整 方 法
还原段和闭锁料斗料位	通过设定催化剂循环速率来调整循环量

表5-81　催化剂循环量异常处理方法

现　象	原　因	处 理 方 法
催化剂提升不畅	①再生或待生催化剂提升线堵塞 ②再生控制系统处于热停、冷停 ③氮气污染污染状态 ④再生控制系统差压报警	①处理再生或待生催化剂提升线 ②处理再生控制系统故障 ③解决氮气污染问题 ④调整再生控制系统差压

（2）催化剂再生燃烧区床层温度操作控制　　再生部分的操作条件影响燃烧段的床层温度，床层温度很好的体现了再生烧焦的状态。

控制范围：≤593℃

控制目标：±2℃

相关参数：再生器烟气温度、再生床层各点温度

控制方式：人工手动调节或DCS自动调节控制

正常控制及异常处理方法分别见表5-82及表5-83。

表5-82　催化剂再生燃烧区床层温度正常处理方法

影 响 因 素	调 整 方 法
温度峰值偏低	提高燃烧段氧含量;提高待生催化剂积炭量;提高催化剂循环流速
温度峰值偏高	提高催化剂循环流速;增加待生催化剂积炭量;降低燃烧段气体流速
床层底部温度偏低	提高催化剂循环流速;增加待生催化剂积炭量;降低燃烧段气体流速

表5-83　催化剂再生燃烧区床层温度异常处理方法

现　象	原　因	处 理 方 法
床层峰温过高	①烧焦区氧含量高 ②待生催化剂焦含量高 ③催化剂循环量大	①降低空气量 ②降低反应温度 ③降低催化剂循环速率

（3）催化剂再生燃烧区入口氧含量操作控制　　烧焦区氧含量的最佳控制范围为0.5～0.8mol，氧含量越高导致再生温度越高，易损害烧焦区的催化剂和设备，氧含量过低，则导致烧焦速度过慢而烧焦不彻底，含炭催化剂进入氧化区，而产生过高的氯化区温度。

控制范围（体积分数）：≤1.0%

控制目标（体积分数）：±0.05%

相关参数：再生器烟气温度、再生床层各点温度

控制方式：人工手动调节或DCS自动调节控制。

正常控制及异常处理方法分别见表5-84及表5-85。

表 5-84　催化剂再生燃烧区入口氧含量正常处理方法

影 响 因 素	调 整 方 法
进入再生器空气量大小	白烧状态时设定氧含量表的操作值,控制剩余空气量外排,调整燃烧区入口氧含量燃烧段氧含量;调整待生催化剂积炭量;调整催化剂循环流速
	白烧状态时设定氧含量表的操作值,控制剩余空气量外排

表 5-85　催化剂再生燃烧区入口氧含量异常处理方法

现 象	原 因	处 理 方 法
氧含量超标	①外排空气量较少,造成燃烧区入口氧含量高 ②催化剂炭含量低,氧含量高,烧焦不正常 ③催化剂炭含量高,空气量较大,造成氧含量高	①调整外排空气量 ②调整反应温度,提高催化剂炭含量 ③调整反应温度,降低催化剂炭含量

三、重整系统停工

1. 停工方案的统筹规划

根据开工方式设计开工方案及规划开工统筹图,典型连续重整停工统筹图见图 5-77。

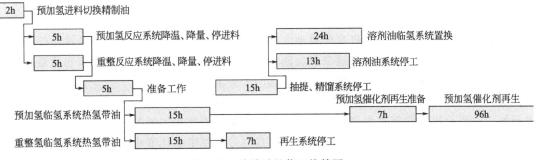

图 5-77　连续重整停工统筹图

2. 停工

初始状态:装置处于正常生产状态。

（1）降温、降量、停进料

① 预加氢进料切换精制油;

② 重整反应系统降温,降量,停进料;

③ 预加氢反应系统降温、降量、停进料。

降温,降量,停进料完毕。预加氢闭路循环,床层温度 200℃,压力 1.7MPa 左右。重整闭路循环,床层温度 450℃,压力 0.25MPa 左右。

（2）预处理、重整、再生、抽提、精馏、溶剂油系统停工退油

① 准备工作;

② 预处理和重整反应系统停工;

③ 重整再生系统停工;

④ 抽提系统停工;

⑤ 精馏系统停工;

⑥ 溶剂油系统停工。

分馏、抽提、精馏、溶剂油系统退油。

（3）预加氢催化剂再生方案

① 预加氢催化剂再生准备工作;

② 预加氢催化剂再生。

预加氢催化剂再生更新完毕。

第六章 催化加氢

第一节 概　　述

一、催化加氢目的

石油炼制工业发展目标是提高轻质油收率和产品质量，但世界范围内原油重质化和劣质化趋势及对高品质石油产品要求越来越加剧；而一般的石油加工过程产品收率和质量往往是矛盾的，而催化加氢过程却能几乎同时满足这两个要求。

炼油工业催化加氢广义上是指在催化剂、氢气存在下对石油馏分油或重油（包括渣油）进行加工过程，根据加氢过程原料的裂解程度分为加氢裂化和加氢处理两大类。

加氢裂化是指原料通过加氢反应，使其≥10％分子发生裂化变小的加氢过程。加氢裂化一般是在较高压力下，烃分子与氢气在催化剂表面主要进行裂解和加氢反应生成较小分子的转化过程；另外还对非烃类分子进行加氢除去 O、N、S、金属及其他杂质元素。

加氢裂化按加工原料的不同，可分为馏分油加氢裂化和渣油加氢裂化。馏分油加氢裂化原料主要有直馏汽油、直馏柴油、减压馏蜡油、焦化蜡油、裂化循环油及脱沥青油等，其目的是生产高质量的轻质产品，如液化气、汽油、喷气式燃料、柴油、航空煤油等清洁燃料和轻石脑油、重石脑油、尾油等优质化工原料。渣油加氢裂化以常压重油和减压渣油为原料生产轻质燃料油和化工原料。

加氢精制主要用于对油品的精制及下游加工原料的处理，主要是除掉油品及原料中的 O、N、S、金属及杂质，同时还使烯烃、二烯烃、芳烃和稠环芳烃选择加氢饱和，改善油品的使用性能和原料生产性能；另外还对加氢精制原料进行缓和加氢裂化。如汽油加氢、煤油加氢、润滑油加氢精制，催化重整原料预加氢处理等。一般对产品进行加氢改质过程称加氢精制，对原料进行加氢改质过程称加氢处理。

二、催化加氢在炼油工业中的地位和作用

近年来，世界范围内原油明显变重，原油中硫、氮、氧和重金属等杂质逐年上升；成品油市场中轻质燃料需求增加速度远高于重质燃料油，芳烃和乙烯原料的需求增长仅仅依靠原油加工量的增长已不能满足需要；环保意识日益增强，环保法规日趋严格，对生产过程清洁化及产品清洁性的要求越来越迫切。由于催化加氢过程可以加工各种重质及劣质原料，生产各种优质燃料油及化工原料。在充分利用石油资源，提高原油加工深度，增加轻质油品收率，生产清洁燃料及生产过程清洁化，提高炼油、化工、炼化一体化效益等方面具有其独特的优越性。随着催化加氢技术不断发展和成熟，生产成本、经济效益和社会效益日益改善。

加氢裂化将大分子裂化为小分子以提高轻质油收率，同时还除去一些杂质。其特点是轻质油收率高，产品饱和度高，杂质含量少。

加氢精制具有原料油的范围宽，产品灵活性大，液体产品收率高，产品质量高，对环境友好，劳动强度小等优点，因此广泛用于原料预处理和产品精制。

因此，催化加氢工艺在世界范围内作为石油加工主要方向和方法之一。

表 6-1 列出世界重要二次加工装置加工能力比例。

表 6-1　世界重要二次加工装置加工能力比例（体积分数）　　单位：%

时　间	热加工[①]	催化裂化	催化重整	加氢裂化	加氢处理	加氢合计
1980	5.7	13.6	13.6	2.3	36.1	38.4
1985	8.7	16.9	15.2	3.8	44.1	47.9
1990	9.6	18.0	15.6	4.7	45.4	50.1
1995	9.5	17.1	14.6	4.6	44.7	49.3
2000	9.3/4.7[②]	16.9	13.6	5.2	45.0	50.2
2003	9.7/5.1[②]	17.5	13.7	5.6	49.2	54.8
2006	4.4/5.1[②]	16.7	13.3	5.5	50.8	56.3

① 热加工包括热裂化、减黏裂化、流化焦化和延迟焦化；

② 为延迟焦化

由表 6-1 可看出，催化加氢过程在原油二次加工过程中比例呈现较快发展趋势。2006年达到 56.3%。

表 6-2 列出 2006 年世界炼油大国主要二次加工装置加工能力比例。

由表 6-2 可看出，催化加氢过程中加氢处理要比加氢裂化大的多。

表 6-2　2006 年世界各地区主要加工装置加工能力　　单位：万吨/年

主要地区	原油加工	减压	热加工	催化裂化	催化重整	加氢裂化	加氢处理
亚太	111551.5	22150.0	27063.8	13949.8	8531.7	4205.4	45968.0
西欧	74448.9	31353.8	9668.2	11746.7	9268.7	5475.0	52212.4
东欧	51363.0	19925.7	5301.6	5830.5	6433.0	1687.3	22615.7
中东	35190.6	10471.3	3299.9	1878.0	2803.2	3119.7	10893.4
非洲	16060.6	2703.8	570.0	1066.4	1987.3	329.7	4699.2
北美	104268.9	58185.5	14924.5	34435.4	18135.8	9323.7	82952.8
南美	33013.5	15082.7	4610.5	6808.6	1725.7	701.7	10067.1
世界总计	425896.9	149872.8	43797.5	74715.4	48885.3	24842.4	229408.6

1. 提高产品质量

消费者对燃料油的使用要求及生产者生产燃料油为满足使用要求而控制的质量指标可归纳为以下五个方面。

① 良好的供油性能。供油性能是指燃料油从油箱到燃烧室供油过程中不要发生中断，对于由于油品本身原因造成供油中断原因有两点，一是蒸气压高容易汽化，在输送管线形成气阻，尤其是汽油和航空煤油；二是结晶点和凝固点高容易凝固堵塞过滤器和管道，特别是柴油和航空煤油。重油通过加氢裂化可生产结晶点及凝固点低的航空煤油和柴油；对于柴油和航空煤油结晶点及凝固点高问题可通过加氢降凝处理进行解决。

② 良好的燃烧性能。燃烧性能主要是指燃料油热值要高，在燃烧环境和条件下燃烧速度适中、燃烧完全度高，燃烧产物积炭及酸性物质对发动机危害性小。通过加氢可提高燃料氢/碳比而提高热值；降低芳烃、烯烃及 O、N、S 杂质而提高燃烧完全度，降低积炭能力及酸性物质对发动机危害性。

③ 良好的储存及使用安定性能。影响燃料油储存及使用安定性能主要是油品中烯烃及杂质元素，通过加氢降低烯烃及杂质元素含量而提高油品储存及使用安定性能。

④ 良好的环境友好性能。燃料油对环境危害主要是燃料油本身及燃烧后排放产物对环境的影响。通过加氢降低芳烃及杂质元素含量，提高燃烧完全度，降低燃料及燃烧产物对环境的危害。

⑤ 对使用设备的友好性能。燃料油对使用设备的危害主要包括燃料油及燃烧后排放产物对系统设备的腐蚀。通过加氢降低燃料油中杂质元素含量，提高燃烧完全度，降低燃料及燃烧产物中酸性及碱性物含量。

综上所述，对燃料油的质量要求是综合性的，催化加氢能够综合性的解决大部分主要问题。即改变油品烃类组成和结构，除去杂质，从根本上生产和改善产品质量。

对于近年来，由于环保要求提出的清洁燃料和清洁生产的概念，相应的制定的燃料油产品标准，主要针对杂质、烯烃及芳烃受到严格控制。如作为全球油品质量要求最高的地区之一欧洲，以于 2005 年汽油硫含量降至 $50\mu g/g$ 以下，欧Ⅳ排放标准对柴油的硫含量规定不高于 $50\mu g/g$。见表 6-3 和见表 6-4。

表 6-3　欧盟汽油规格标准（EN 228）的主要指标

项　目		EN 228—1993 （欧Ⅰ）	EN 228—1998 （欧Ⅱ）	EN 228—1999 （欧Ⅲ）	EN 228—2004 （欧Ⅳ）
辛烷值（RON）	⩾	95	95	95	95
辛烷值（MON）	⩾	85	85	85	85
密度/(kg/m³)		725～780	725～780	720～780	720～780
铅含量/(mg/L)		13	13	5	5
硫含量/(μg/g)	⩽	1000	500	150	50/10[①]
烃类组成（体积分数）					
烯烃/%	⩽	—	—	18	18
芳烃/%	⩽	—	—	42	35
苯含量/%	⩽	5.0	5.0	1.0	1.0
氧含量/%	⩽	—	—	2.7	2.7

①该标准于 2005 年 1 月 1 日起执行，从 2009 年 1 月 1 日起，硫含量限制为 ⩽$10\mu g/g$。

表 6-4　欧盟柴油规格标准（EN 590）的主要指标

项　目		EN 590—1993 （欧Ⅰ）	EN 590—1998 （欧Ⅱ）	EN 590—1999 （欧Ⅲ）	EN 590—2004 （欧Ⅳ）
十六烷值	⩾	49	49	51	51
十六烷指数	⩾	46	46	46	46
密度/(kg/m³)		820～860	820～860	820～845	820～845
硫含量/(μg/g)	⩽	2000	500	350	50/10
多环芳烃（体积分数）/%	⩽	—	—	11	11
T_{95}/℃	⩽	370	370	360	360
润滑性（HFRR），60℃，磨痕直径	⩽	—	460	460	460
脂肪酸甲酯（体积分数）/%	⩽	—	—	—	5

同样，我国将于 2009 年 12 月 31 日起执行国Ⅲ标准，要求汽油硫含量不大于 $150\mu g/g$、烯烃含量不大于 30%、芳烃不大于 40%、苯含量不大于 1%。目前北京执行的京标 B 相当于欧Ⅲ排放标准柴油质量指标。

根据预测，2010 年全球硫含量小于 $50\mu g/g$ 的清洁汽油将占汽油总量 80%；硫含量小于 $50\mu g/g$ 的清洁柴油将占汽油总量 45%。

我国燃料油二次加工主要以催化裂化为主，其加工的汽油硫、烯烃含量高；柴油硫、烯烃、芳烃含量高，十六烷值低。都不能满足清洁汽油和清洁柴油的质量要求。因此，科学的选用加氢裂化和加氢精制处理技术，以及这些技术组合工艺，是满足清洁燃料生产地有效途径。

2. 提高轻质油收率

世界经济的发展促使石油产品的需求结构逐步向轻质油品转变。1970～2000年世界油品市场需求结构的变化表明，重燃料油的需求大幅度下降，从1970年的30%下降到2000年的13%；轻质油品的需求持续增长，特别是中间馏分油（喷气燃料和柴油）的需求增长较多，从1970年的27%增加到2000年的35%。未来几十年内，石油和天然气仍将是世界经济发展不可替代的重要战略能源，石油产品的需求将继续向着重燃料油需求减少、中间馏分油需求增加的方向发展。预计到2010年，柴油和喷气燃料需求量占油品总需求量的比例将从目前的38%增加到45%，汽油和液化石油气需求量的比例将从目前的36%增加到40%，重燃料油则从26%减少到15%。到2020年前，世界各类油品需求变化趋势为：汽油和柴油的年平均增长率分别为1.2%和2.8%；重质燃料油平均增长率则为−0.5%。

由于我国经济和社会的快速发展，预计未来10年，我国各类石油产品消费呈现3%～5%年增长的趋势。尤其是市场消费要求柴汽比高，由于受我国二次加工主要手段是催化裂化制约，生产柴汽比不能满足市场消费需求，必须调整炼油装置结构，提高催化加氢处理能力。

石油加工过程实际上就是碳和氢的重新分配及除去杂质元素的过程，提高轻质油收率方法，一是通过脱碳过程提高产品氢含量，如催化裂化、焦化过程；二是通过加氢提高产品氢含量，即提高轻质油收率。理论上加氢是最有效的提高轻质油收率方法。

3. 改善原料来源结构和性能

石油除了生产大量的燃料油之外，还是生产化工、润滑油等产品的基本原料。随着原油重质化及劣质化趋势、清洁生产过程要求及产品品质不断提高，传统的原油深加工技术方法在原料的来源及对原料品质要求上面临巨大的挑战。现实的解决之道是通过加氢方法，既能改善深加工原料来源结构布局，又能改善原料的品质。

汽车工业的发展对清洁汽油中烯烃、硫杂质的限制及对高辛烷值追求，石油化工行业发展对芳烃及低分子烯烃（尤其是乙烯）需求量的提高，加速催化重整和乙烯工业的快速发展。出现了以石脑油为原料的催化重整和乙烯装置争夺石脑油资源的局面。加氢裂化采取全循环操作，可最大量生产富含芳潜的重石脑油作为催化重整的进料，生产高辛烷值汽油组分或提供BTX芳烃作化工原料；加氢裂化采取一次通过操作可最大量生产低BMC尾油，是蒸汽裂解制乙烯的优质原料。

对于只有用石蜡基原油才能生产HVI I类润滑油基础油，不能满足II类、III类高级润滑油基础油30%～50%增长需求。通过加氢裂化可以生产符合II类、III类润滑油基础油。

另外，对催化重整、催化裂化等二次加工原料加氢处理能大幅度的改变其原料的品质，提高其生产性能。

综述所述，在现代石油工业中，随着世界范围内原油变重、品质变差，原油中硫、氮、氧、钒、镍、铁等杂质含量呈上升趋势，炼厂加工含硫原油和重质原油的比例逐年增大，采用加氢技术是改善原油深加工原料性质、提高产品品质，实现这类原油加工最有效的方法之一；世界经济的快速发展，对轻质油品的需求持续增长，特别是中间馏分油如喷气燃料和柴油，因此需对原油进行深度加工，加氢技术是炼油厂深度加工的有效手段；环境保护的要求，对生产者要求在生产过程中要尽量做到物质资源的回收利用，减少排放，并对其产品在使用过程中能对环境造成危害的物质含量严格限制，目前催化加氢是能够做到这两点的石油炼制工艺过程之一，如生产各种清洁燃料，高品质润滑油都离不开催化加氢。

因此，催化加氢工艺是 21 世纪石油工业发展的重点技术。

三、催化加氢原料和产品

由于氢和催化剂的同时存在，精制和裂化反应同时进行，在炼油工艺中，催化加氢过程可以加工的原料和生产的目的产品具有相当宽的范围，生产灵活性强，产品质量好，所加工的原料可以是最轻的石脑油直至渣油或煤；其产品则由液态烃直至润滑油。

1. 加氢处理原料和产品

加氢处理原料广泛，其过程有两个目标，一是对油品精制，改善使用性能和环保性能，如汽油、煤油、柴油及润滑油精制；二是对下游原料进行处理，改善下游装置的操作性能，如重整原料预加氢、催化裂化及焦化过程原料加氢处理。

（1）加氢处理原料

① 石脑油。石脑油主要用于催化重整、裂解乙烯原料及汽油的调和组分。石脑油来源主要有直馏石脑油，催化裂化石脑油以及焦化石脑油。直馏石脑油作重整及裂解乙烯原料时必须进行加氢精制；焦化石脑油不饱和烃、硫、氮及重金属杂质含量高，稳定性差，作重整、裂解乙烯原料及调和汽油时都必须加氢精制；催化裂化石脑油硫、氮含量高，同样作为下游装置原料、清洁汽油调和组分时必须进行加氢精制。典型石脑油组成和性质见表 6-5。

表 6-5　典型石脑油组成

组　成	直馏石脑油	催化裂化石脑油	延迟焦化石脑油	组　成	直馏石脑油	催化裂化石脑油	延迟焦化石脑油
硫/($\mu g/g$)	270	730	2500	烷烃体积比	43.0	26.0	24.0
氮/($\mu g/g$)	2.1	38.0	100.0	环烷烃体积比	39.0	11.0	23.0
硅/($\mu g/g$)	0.0	0.0	10.0	芳烃体积比	18.0	40.0	8.0
二烯烃体积比	0.0	0.5	2.0	潜在胶质/(mg/100mL)	<1	—	300
烯烃体积比	0.0	22.5	43.0				

② 煤油。煤油主要用于喷气式燃料，另外还用于表面活性剂、增塑剂及液体石蜡等产品。直馏煤油硫含量高，冰点高，腐蚀性强。通过加氢精制可得到清洁、低冰点、低腐蚀的航空煤油。

③ 柴油。柴油主要用于柴油机燃料，来源有直馏、催化裂化、延迟焦化及减黏裂化柴油，对于二次加工的柴油硫、氮、不饱和烃含量高，安定性及颜色差，不能满足清洁柴油的质量要求。通过加氢可得到低硫、低凝点、高十六烷值的清洁柴油组分。典型柴油馏分组成和性质见表 6-6。

表 6-6　典型柴油馏分组成和性质

组成和性质	直馏柴油馏分		催化裂化柴油馏分		焦化柴油馏分	
	大庆	科威特	大庆	中东重催	大庆	科威特
密度(20℃)/(g/cm^3)	0.8198	0.8162	0.8647	0.9195	0.8222	0.8491
馏程/℃	240～325	170～313	167～337	194～365	199～329	176～363
凝点/℃	1	—	0	−9	−12	—
硫含量/%	0.023	0.69	0.08	0.39	0.15	1.16
氮含量/($\mu g/g$)	—	8.1	747.0	711.0	1100.0	3012.0
芳烃/%	—	27.2	—	71.2	—	39.4
溴价/(gBr/100g)	—	—	—	18.82	37.8	—
十六烷值	59.8	55.0	37.6	<24.0	56.0	—

由表 6-6 看出，中东原油柴油产品硫含量比大庆原油柴油产品硫含量要高得多；同一原油焦化柴油中硫含量较直馏和催化裂化柴油都要高。

④ 石蜡类及特种油。包括石蜡、微晶蜡、凡士林、特种溶剂及白油等加氢精制。

⑤ 重质馏分油。催化裂化、加氢裂化原料通过加氢处理可提高其生产性能及产品质量；润滑油通过补充加氢精制提高其产品质量。如催化裂化原料加氢预处理实现脱硫、脱氮、脱残碳、脱金属及芳烃变化，大幅度改善催化裂化原料的品质及其产品的质量。

(2) 加氢处理产品　加氢处理过程产品主要为精制后产品和处理过的原料，还有少量的裂解产物。加氢处理产品主要表现为 S、N 及金属含量少，产品饱和度高，目的产品收率较高等。

2. 加氢裂化原料和产品

(1) 加氢裂化原料来源及性质组成　作为加氢裂化原料主要有：常压馏分油（AGO）、减压馏分油（VGO）、焦化蜡油（CGO）、催化裂化轻循环油（LCO）及重循环油（HLCO）、脱沥青油（DAO）、常压重油（AR）、减压渣油（VR）等。

① 焦化蜡油（CGO）。焦化蜡油是减压渣油通过焦化过程得到的重馏分油。与减压馏分油相比，其硫含量及氮含量（尤其是碱性氮）较高，进行加氢裂化较为困难。主要原油 CGO 主要性质和组成见表 6-7。

表 6-7　主要原油焦化蜡油主要性质和组成

项　目	大庆 CGO	胜利 CGO	孤岛 CGO	辽河 CGO	伊朗 CGO
密度(20℃)/(g/cm³)	0.8593	0.9053	0.9311	0.9057	0.9318
馏程/(ASTM D1160)℃	241~543	241~535	246~500	252~535	241~515
硫含量/%	0.13	0.82	1.03	0.31	2.31
氮含量/%	0.2240	0.6460	0.5657	0.4900	0.39
重金属(Ni+V)/(μg/g)	0.06	0.51	<0.01	0.31	<0.03
四组分/%					
链烷烃	37.9	19.8	21.3	56.9①	19.0
环烷烃	34.9	15.0	27.5		26.5
芳香烃	23.6	55.7	44.3	36.1	49.1
胶质	3.6	8.3	6.9	7.0	5.4
残炭/%	0.07	0.13	0.11	0.2	0.1

① 链烷烃＋环烷烃

② 减压馏分油（VGO）。减压馏分油是原油常减压蒸馏过程中减压塔侧线产品总称，俗称蜡油。典型进口原油减压馏分油主要性质和组成见表 6-8。我国主要原油减压馏分油主要性质和组成见表 6-9。

表 6-8　典型进口原油减压馏分油主要性质和组成

项　目	沙特轻 VGO	伊朗 VGO	科威特 VGO	俄罗斯 VGO
密度(20℃)/(g/cm³)	0.9133	0.9053	0.9163	0.9075
馏程/(ASTM D1160)℃	317~513	299~553	334~511	350~530
氢碳原子比	1.68	1.74	—	—
元素分析/%				
碳	85.73	85.83	—	—
氢	12.42	12.42	—	—
硫	2.20	1.60	2.79	0.98
氮	0.079	0.15	0.10	0.12
四组分/%				
链烷烃	19.9	21.2	17.6	16.0
环烷烃	27.1	32.8	28.4	32.6
芳香烃	51.0	42.7	52.6	44.5
胶质	2.0	3.3	1.4	6.9
残炭/%	0.08	0.14		

表 6-9　我国主要原油减压馏分油主要性质和组成

项　目	大庆 VGO	胜利 VGO	孤岛 VGO	辽河 VGO
密度(20℃)/(g/cm³)	0.8509	0.9066	0.9357	0.9249
馏程/(ASTM D1160)℃	271~533	346~526	372~552	249~508
氢碳原子比	1.84	1.78	1.68	1.67
元素分析/%				
碳	86.32	86.56	86.62	87.07
氢	13.27	12.87	12.13	12.11
硫	0.072	0.590	1.01	0.20
氮	0.054	0.140	0.239	0.220
重金属(Ni+V)/(μg/g)	0.06	0.06	0.22	0.88
四组分/%				
链烷烃	52.0	18.3	11.7	7.5
环烷烃	34.6	43.1	42.4	48.0
芳香烃	13.2	34.8	42.5	34.6
胶质	0.2	3.8	3.4	9.9
残炭/%	0.04	0.05	0.22	0.20

　　③ 催化裂化轻循环油（LCO）和重循环油（HLCO）。催化裂化轻循环油即催化裂化柴油，既可进行加氢精制生产车用柴油，也可进行加氢裂化生产石脑油；催化裂化重循环油即催化裂化回炼油，既可在本装置上进行回炼操作，也可进行催化裂化生产轻质油品。催化裂化循环油富含芳烃，比较适合加氢裂化原料，典型原油催化裂化轻、重循环油主要性质和组成见表 6-10。

表 6-10　典型原油催化裂化循环油主要性质和组成

项　目	大庆 LCO	胜利 LCO	辽河 LCO	镇海 HLCO	安庆 HLCO
密度(20℃)/(g/cm³)	0.8614	0.8664	0.9158	1.0598	0.9480
馏程/(ASTM D1160)℃	195~351	167~321	181~347	291~499	244~482
凝点/℃	−1	−22	−8	3	37
十六烷值	37.1	—	12.5	—	—
氢碳原子比	1.846	—	1.451	1.142	1.470
元素分析/%					
碳	82.76	—	88.92	90.15	88.76
氢	12.73	—	10.75	8.58	10.87
硫	0.1167	0.5540	0.2050	1.0600	0.2600
氮	0.0897	0.1262	0.1264	0.1380	0.1183
残炭/%	—	—	—	0.65	0.09
BMCI	41.7	—	66.79	116.9	64.2

　　④ 脱沥青油（BAO）。脱沥青油是减压渣油通过溶剂脱沥青后得到的抽出油。原油BAO 主要性质和组成见表 6-11。

表 6-11　原油 BAO 主要性质和组成

项　目	沙特轻油 BAO	伊朗油 BAO
密度(20℃)/(g/cm³)	0.9509	0.9638
馏程/(ASTM D1160)℃		
IBP/10%/30%/50%/60%/70%	430/511/562/601/617/642(63%)	336/528/587/629/624(48%)/—
凝点/℃	13	28
硫含量/%	2.89	4.07
氮含量/%	0.1820	0.1885
镍含量/(μg/g)	0.8	4.0
钒含量/(μg/g)	2.6	10.0
残炭/%	6.0	7.1

⑤ 原油渣油。原油渣油包括常压重油和减压渣油。其组成和性质取决于原油的组成和性质及常减压装置的分离效果和拔出率。渣油中含有大量硫、氮和金属杂质及胶质、沥青质等非理想组分；渣油密度大、黏度高、平均相对分子质量大及易结焦组分多，这些对其加氢不利。

表 6-12 和表 6-13 分别列出世界主要原油常压重油及减压渣油主要性质和组成。

表 6-14 和表 6-15 分别列出世界主要原油常压重油及减压渣油主要性质和组成。

表 6-12　世界主要原油常压重油（>365℃）主要性质和组成

原　　油	米纳斯	阿曼	哈萨克斯坦[①]	卡塔尔	科威特[①]	阿拉伯轻	阿拉伯中	阿拉伯重[②]
收率/%	57.7	51.8	34.9	52.5	53.9	46.7	50.1	55.3
密度(20℃)/(g/cm³)	0.9079	0.8968	0.9185	0.9567	0.9653	0.9656	0.9788	0.9950
黏度(100℃)/(mm²/s)	18.62	62.07	17.97	37.74	53.51	40.39	90.20	233.00
凝点/℃	48	12	23	13	10	4	15	21
相对分子质量	505	605	515	581	—	479	549	—
氢碳原子比	1.78	1.69	1.68	1.58	—	1.64	1.42	1.55
元素分析/%								
碳	86.85	85.99	86.68	85.45	—	85.01	85.60	85.80
氢	12.82	12.10	12.11	11.22	—	11.61	10.16	11.09
硫	0.13	1.74	1.03	3.18	3.98	3.18	4.02	4.36
氮	0.15	0.17	0.18	0.15	0.21	0.20	0.22	0.17
金属含量/(μg/g)								
铁	3.47	8.10	11.37	4.56	3.09	1.47	1.69	17.00
镍	15.81	11.35	5.20	13.80	18.20	10.48	23.62	32.00
钒	0.38	13.00	13.74	41.30	57.00	37.62	77.26	105.00
钠	7.27	2.28	12.56	72.78	—	1.19	1.99	—
铜	0.04	0.05	0.07	0.23	0.03	0.09	0.08	—
铅	0.22	0.06	13.74	0.25	0.26	0.17	0.12	—
残炭/%	4.88	6.89	3.45	8.90	10.97	9.86	11.88	14.20

① >350℃；② >370℃。

表 6-13　世界主要原油减压渣油（>560℃）主要性质和组成

原　　油	米纳斯	阿曼	哈萨克斯坦	卡塔尔	科威特[①]	阿拉伯轻	阿拉伯中	阿拉伯重[①]
收率/%	23.5	24.5	9.7	19.4	31.1	19.3	23.8	33.81
密度(20℃)/(g/cm³)	0.9577	0.9259	0.9700	1.0279	1.0083	1.0245	1.0370	1.1033
黏度(100℃)/(mm²/s)	167.3	689.1	412	1974	1464	2202	10357	7060
凝点/℃	52	23	36	42	43	38	>60	—
相对分子质量	872	886	815	876	693	843	1040	—
氢碳原子比	1.67	1.59	1.59	1.44	1.48	1.53	1.35	1.46
元素分析/%								
碳	87.38	85.98	86.66	84.94	84.21	84.71	84.91	84.08
氢	12.14	11.42	11.49	10.23	10.38	10.79	9.54	10.26
硫	0.18	2.33	1.56	4.57	5.08	4.15	5.19	5.30
氮	0.30	0.27	0.29	0.26	0.32	0.35	0.36	0.31
金属含量/(μg/g)								
铁	8.21	14.95	34.72	18.90	3.74	2.41	4.89	75.00
镍	41.46	22.98	18.31	38.10	34.00	25.77	52.31	68.00
钒	0.98	26.36	50.97	118.00	106.00	93.22	165.00	140.00
钠	17.90	3.92	47.70	185.80	—	2.43	4.67	—
铜	0.10	0.08	0.06	0.69	0.05	0.20	0.19	—
铅	0.30	0.12	0.22	0.74	0.30	0.46	0.28	—
残炭/%	12.18	14.16	12.71	21.46	20.36	23.49	24.87	23.64

① >500℃。

表 6-14　我国主要原油常压重油（＞350℃）主要性质和组成

原　　油	大庆	任丘石楼	中原	胜利[①]	孤岛	辽河欢喜岭	大港	新疆混合
收率/%	71.50	63.30	56.11	68.10	78.2	62.70	61.10	53.24
密度(20℃)/(g/cm³)	0.8929	0.9057	0.9120	0.9250	0.9786	0.9829	0.9160	0.9210
黏度(100℃)/(mm²/s)	28.90	27.26	51.65	38.94	171.90	31.65	24.90	22.60
凝点/℃	44	—	—	47	20	16	37	33
闪点(开口)/℃	240	—	—	—	—	—	—	298
相对分子质量	579	—	636	660	651	502	498	561
氢碳原子比	1.84	—	1.73	1.69	1.65	1.51	1.75	1.70
元素分析/%								
碳	86.22		85.62	86.42	84.99	86.91	86.00	86.78
氢	13.27		12.35	12.19	11.69	10.96	12.56	12.35
硫	0.15	0.30	1.02	0.81	2.38	0.31	0.19	0.53
氮	0.20	—	0.29	—	0.70	0.51	0.32	0.14
金属含量/(μg/g)								
镍	3.60	41.60	8.80	15.25	26.40	52.70	19.30	8.40
钒	0.02	1.00	4.20	2.25	0.20	0.90	0.28	24.10
四组分/%								
饱和烃	55.50	58.22	39.30	49.00	—	32.84	52.90	60.16
芳香烃	27.20	21.72	31.90	27.20	—	31.27	25.20	21.48
胶质	17.30	39.55	28.80	22.40	—	35.89	21.90	16.80
沥青质	—	—	0.00	1.40	—	0.00	0.00	1.20
残炭/%	4.30	7.55	8.86	6.41	10.00	9.63	4.70	4.70
灰分/%	0.0047	0.016	—	0.063	—	—	—	—

① ＞375℃。

表 6-15　我国主要原油减压渣油（＞500℃）主要性质和组成

原　　油	大庆	任丘	中原	胜利	孤岛	辽河	大港	江汉
收率/%	41.1	38.7	32.3	47.1	51.0	39.3	32.3	44.3
密度(20℃)/(g/cm³)	0.9221	0.9653	0.9424	0.9698	1.002	0.9717	0.9470	0.9492
黏度(100℃)/(mm²/s)	106	959	257	862	1124	550	144	168
凝点/℃	—	—	—	＞50	—	4	39	47
闪点(开口)/℃	335	—	—	—	—	—	—	—
相对分子质量	895	932	896	941	1020	992	873	—
氢碳原子比	1.77	1.65	1.64	1.63	1.58	1.58	1.64	1.69
元素分析/%								
碳	86.77	85.90	85.62	85.50	84.83	87.54	86.26	84.70
氢	12.81	11.80	11.78	11.60	11.16	11.55	11.76	11.90
硫	0.16	0.47	1.13	1.35	2.93	0.31	0.29	2.35
氮	0.38	0.59	0.53	0.85	0.77	0.60	0.57	0.96
金属含量/(μg/g)								
镍	10.0	42.0	12.6	46.0	42.2	83.0	25.8	0.0
钒	0.15	1.20	5.70	2.20	4.40	1.50	0.53	1.00
四组分/%								
饱和烃	36.7	22.6	34.5	21.4	12.7	29.2	32.7	—
芳香烃	33.4	24.3	38.9	31.3	30.7	36.4	29.7	—
胶质	2.9	53.1	26.6	47.1	52.5	34.4	37.6	—
沥青质	0.0	0.0	0.0	0.2	4.1	0.0	0.0	—
残炭/%	8.8	17.5	13.3	13.9	16.2	14.0	9.2	—
灰分/%	0.010	0.034	—	0.100	—	—	—	0.025

（2）加氢裂化原料要求和评价

① 加氢裂化原料要求。加氢裂化对原料适应性强，在生产不同目的产品时对原料组分或馏分的要求局限性不大，一般通过催化剂选择、调整工艺条件或流程可以大幅度改变产品的产率和性质，最大限度地获取目的产品，加氢裂化反应的特点是基本不发生环化反应同时异构化能力很强，因此不能制取环数较多和正构烃较多的产品，但是利用异构性能强的特性可制取性能优异的石脑油、煤油、柴油及润滑油等产品，即便以正构蜡为原料也可获得冰点或凝点很低、具有大量异构烷烃的煤油、柴油，若用断环选择性强的催化剂，可生产环状烃比例较大的轻质产品。如催化重整原料，煤油、柴油等。为了生产某种产品，在选择原料时还以采用接近目的产品要求组成为宜。

另外，对于特定工艺过程、过程操作条件和催化剂，原料的组成和性质对装置运行周期及操作成本有较大影响。世界各国加氢裂化装置所采用的原料的各项性质的指标范围大致如表 6-16 所示。

表 6-16　加氢裂化装置对原料的各项性质的指标

项　目	要　求	项　目	要　求
干点/℃	<573	硫含量/%	0.3～3.0
残炭/%	<0.3	氮含量/%	0.1～0.2
沥青质/%	0.02	金属含量/(μg/g)	<2

② 加氢裂化原料评价。同其他炼油装置对原料的评价方法一样，采用原料的组成和性质，只是具体参数和要求有所不同。

● 元素组成。碳、氢含量，也可用氢碳原子比表示，烃分子越小、饱和度越高则氢碳原子比越大。通常石蜡基原油的渣油及馏分氢碳原子比较环烷基原油的高。国外原油减压渣油氢碳原子比一般在 1.4～1.5 之间，我国原油减压渣油在 1.6 左右；国外原油常压重油氢碳原子比一般在 1.5～1.7 之间，我国原油常压重油在 1.7 左右。

硫、氮、氧含量，是石油加工过程中要除去的元素，催化加氢的重点是将原料中的硫、氮、氧以原子的形式除去。国内原油减压渣油中除孤岛渣油（2.86%）和胜利渣油（1.95%）较高外，其余大都小于 1%；国外原油渣油硫含量一般大于 1%，中东地区含硫原油的硫含硫更高，减压渣油的硫含量高于常压重油。对于硫分布，一般是 90% 左右硫集中在常压重油中。氮含量与化学组成对催化剂选择、操作条件制定影响较大。

金属含量，尤其是重金属含量对催化加氢过程催化剂影响突出，国内原油重质油镍含量高、钒含量低；国外原油重油镍、钒含量普遍较高。

● 化合物组成。由于原油组成较为复杂，一般用族组成表示其化合物构成，对于不同馏分采用族组成分离方法有所区别，常用有四组分、六组分及八组分分类法，如馏分油分为链烷烃、环烷烃、芳香烃及沥青质四组分；渣油分为饱和烃、芳香烃、胶质及沥青质四组分；渣油分为组分 1（饱和烃、单环芳烃、双环芳烃及少量多环芳烃）、组分 2（基本为多环芳烃）、轻胶质、中胶质、重胶质及沥青质六组分；渣油分为饱和分、氢芳烃、中芳烃、重芳烃、轻胶质、中胶质、重胶质及沥青质八组分。八组分是将六组分中的组分 1 和组分 2 用含水 1% 氧化铝色谱分离为饱和分、氢芳烃、中芳烃、重芳烃四个组分。我国减压渣油六组分和八组分组成分别见表 6-17 及表 6-18。

③ 物理性质。加氢裂化原料原料评价主要涉及的物理性质有密度、黏度、凝点、闪点、平均分子量及馏程等。

④ 其他。主要有残炭、灰分、固体物及水等含量。

（3）加氢裂化产品　加氢裂化过程中采用原料、选用催化剂、工艺换热操作条件及生产的目的产品差别较大，总结果是轻质油收率高，产品质量高。表 6-19 列出不同原料对应生产方案。

表 6-17　我国减压渣油六组分组成

渣油来源	组分 1	组分 2	轻胶质	中胶质	重胶质	戊烷沥青质
大庆	63.8	9.8	11.1	6.1	8.8	0.4
胜利	40.4	12.1	14.2	7.7	11.9	13.7
孤岛	37.8	13.0	16.0	8.2	13.7	11.3
单家寺	29.8	13.9	16.9	9.5	12.4	17.0
临盘	40.4	12.9	15.8	7.7	9.3	13.8
任丘	34.1	9.0	14.1	8.9	17.7	10.1
中原	40.0	10.0	12.1	7.4	15.0	15.5

表 6-18　我国减压渣油八组分组成

渣油来源	饱和分	轻芳烃	中芳烃	重芳烃	轻胶质	中胶质	重胶质	戊烷沥青质
大庆	40.8	8.9	6.5	17.4	11.1	6.1	8.8	0.4
胜利	19.5	7.8	6.9	18.3	14.2	7.7	11.9	13.7
孤岛	15.7	6.2	6.1	22.8	16.0	8.2	13.7	11.3
单家寺	17.1	6.3	4.9	15.9	16.9	9.5	12.4	17.0
临盘	21.2	6.5	5.3	20.4	15.8	7.7	9.3	13.8
任丘	19.5	5.4	5.3	18.9	14.1	8.9	17.7	10.1
中原	23.6	6.1	6.0	14.3	12.1	7.4	15.0	15.5

表 6-19　加氢裂化装置对原料的各项性质的指标

原　料	主要产品	原　料	主要产品
常压重油及减压渣油	催化裂化及焦化原料	脱沥青油	灯用煤油、取暖用油
减压馏分油	汽油、重石脑油	焦化馏分油	催化裂化、乙烯原料
直馏柴油、煤油	轻石脑油	催化裂化轻循环油	喷气燃料
石脑油	液化气	催化裂化重循环油	轻柴油、导热油

表 6-20 列出石油炼制过程二次加工工艺中，加氢裂化与催化裂化、延迟焦化的典型产品分布和产品性质比较。

表 6-20　加氢裂化、催化裂化及延迟焦化的典型产品分布和产品性质

产品分布及性能	加氢裂化	催化裂化	延迟焦化
原料	胜利 VGO	胜利 VGO	胜利 VR
产品收率/%			
干气+H_2S+NH_3	3.5	4.8	9.9[①]
液化气	4.5	9.2	
石脑油	10.0(<132℃)		
汽油(<200℃)		45.8	12.7
喷气燃料	33.4(132~282℃)		
轻柴油(200~350℃)	13.3(282~350℃)	34.8	28.6
蜡油(>350℃)			25.6
尾油	37.3(>350℃)		
焦炭		5.4	23.2
合计	102	100.0	100.0
汽油			
RON	<75	88~90	60~70
溴价/(gBr/100g)	<1.0	80~85	60~70
S/N 含量/(μg/g)	<1.0	1000/45	4000/200

产品分布及性能	加 氢 裂 化	催 化 裂 化	延 迟 焦 化
轻石脑油			
RON	80～85		
异构烷/%	＞60		
重石脑油			
芳烃/%	50～60		
S/N 含量/(μg/g)	＜1.0		
喷气燃料			
烟点/mm	26～32		
芳烃/%	＜5～10		
冰点/℃	＜-50		
柴油			
十六烷值	＞60	39	53
溴价/(gBr/100g)	＜1.0	—	35
胶质/(mg/100mL)	＜10	60	130
S/N 含量/(μg/g)	＜3～5	4500/95	7000/1700
尾油			
BMCI	5～10		
VI	90～110(脱蜡后)		

① 干气＋液化气＋H_2S。

由表 6-20 可知：

● 加氢裂化的液体产率高，C_5 以上液体产率可达 94%～95% 以上，体积产率则超过 100%，而催化裂化液体产率只有 75%～80%，延迟焦化只有 65%～70%；

● 加氢裂化的气体产率很低，通常 C_1～C_4 只有 4%～6%，C_1～C_2 更少，仅 1%～2%。而催化裂化 C_1～C_4 通常达 15% 以上，C_1～C_2 达 3%～5%，延迟焦化的产气量较催化裂化略低一些，C_1～C_4 约 6%～10%；

● 加氢裂化产品的饱和度高，烯烃极少，非烃含量也很低，故产品的安定性好。柴油的十六烷值高，胶质低；

● 原料中多环芳烃在进行加氢裂化反应时经选择断环后，主要集中在石脑油馏分和中间馏分中，使石脑油馏分的芳烃潜含量较高，中间馏分中的环烷烃也保持较好的燃烧性能和较高的热值。而尾油则因环状烃的减少，BMCI 值降低，适合作为裂解制乙烯的原料；

● 加氢裂化过程异构能力很强，无论加工何种原料，产品中的异构烃都较多，从而保持产品有优异的性能，例如气体中 C_4 的异构烃与正构烃的比例通常在 2～3 以上，轻石脑油具有较好的抗爆性，喷气燃料冰点低，柴油有较低的凝点，尾油中由于异构烷烃含量较高，特别适合生产高黏度指数和低挥发性的润滑油；

● 通过催化剂和工艺的改变可大幅度调整加氢裂化产品的产率分布，汽油或石脑油馏分可由 20%～65%，喷气燃料可由 20%～60%，柴油可由 30%～80% 之间进行调控，而催化裂化与延迟焦化产品产率可调变的范围很小，一般＜10%。

典型加氢裂化产品如下。

① 气体产品。

● C_1、C_2 裂解气，产量极少，主要用作燃料；

● C_3、C_4 液化气，饱和度高，其中 C_4 异构程度大于正构；

● H_2S 脱硫产物；

● NH_3 脱氮产物。

② 轻质产品。

● 轻石脑油，一般指 $C_5 \sim 65℃$ 或 $C_5 \sim 82℃$ 馏分，产率在 1‰～24％，主要用作高辛烷值的调和组分及裂解乙烯原料；

● 重石脑油，一般指 65～177℃ 或 82～132℃ 馏分，硫含量低，芳烃潜含量高，是优质催化重整原料；

③ 中间馏分油。

● 喷气燃料，加氢裂化 132～232℃ 或 177～280℃ 馏分，可作为优质喷气燃料或组分；

● 柴油，加氢裂化 232～350℃、260～350℃ 或 282～350℃ 馏分，硫、氮及芳烃含量低，十六烷值高，是清洁柴油的理想组分。

④ 尾油。加氢裂化在采用单程一次通过或部分循环时会产生一些相对较重馏分，由于其硫、氮及芳烃含量低，富含链烷烃，可以作为优质裂解乙烯原料。

四、催化加氢工艺过程

1. 加氢处理

加氢精制主要目的是除去原料中杂质，改变原料中烃类结构以达到改善产品及下游原料的质量，同时有一少部分的裂化反应进行。如石脑油加氢精制、煤油加氢精制、柴油加氢精制，重整原料预处理等过程。典型加氢精制工艺过程见图 6-1。

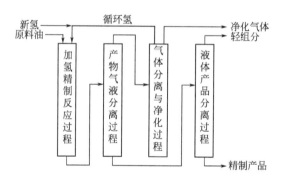

图 6-1 典型加氢精制工艺过程

2. 加氢裂化

根据原料来源，可将加氢裂化分为渣油加氢裂化和馏分油加氢裂化。

（1）馏分油加氢裂化 馏分油加氢裂化是将重质馏分油裂化为轻质馏分油的过程。如粗汽油加氢裂化生产液化气，减压蜡油、脱沥青油加氢裂化生产航煤和柴油。馏分油加氢裂化工艺有一段加氢和两段加氢工艺流程。典型馏分油加氢裂化工艺过程见图 6-2。

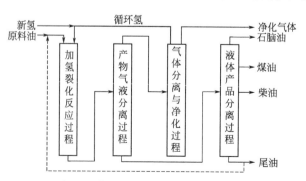

图 6-2 典型馏分油加氢裂化工艺过程

（2）渣油加氢裂化　渣油加氢裂化原料有常压重油和减压渣油。其工艺原理是在高温、高压和催化剂存在的条件下，渣油和氢气进行催化反应，渣油中的硫、氮化合物分别与氢气发生反应，生成硫化氢、氨和烃类化合物；金属有机化合物与氢、硫化氢发生反应，生成金属硫化物和烃类化合物，为下游装置（催化裂化、焦化）提供原料。同时，渣油中部分较大的分子裂解并加氢，转化为分子较小的优质理想组分（石脑油和柴油）。反应生成的重金属硫化物沉积在催化剂上，反应生成的硫化氢和氨最终可以回收利用。渣油加氢裂化也可称为渣油加氢处理，通称渣油加氢。

另外，还有重油加氢裂化概念，是指使重油在高温、高压和氢气、催化剂存在的条件发生裂化反应，转化为气体、汽油、煤油、柴油等的过程。可加氢裂化的原料主要有减压馏分油、常压重油、减压渣油、脱沥青油等。

① 渣油加氢工艺反应器主要有固定床、沸腾床、移动床和悬浮床四种类型：

● 固定床加氢裂化是指反应器内装有固定不动的催化剂，原料从反应器上部送入，反应后的产品从反应器的下部流出，反应物料自上而下通过床层，固定床加氢裂化技术有很多种，以联合油品公司、UOP公司、雪弗隆公司的技术应用较多；

● 移动床加氢裂化是指反应器中催化剂自反应器上部连续加入，并自上而下移动，反应物与催化剂常呈逆流流动，移动床加氢裂化技术主要是壳牌公司的Hycon工艺；

● 沸腾床加氢裂化是指反应器中催化剂与重油形成流体流动的特征，重油从反应器下部送入，自下向上流动，催化剂处于运动状态，好像沸腾液体，沸腾床加氢裂化技术主要有氢-油法（H-oil）加氢裂化过程、LC-Fining法加氢裂化过程以及抚顺石油化工研究院的技术等；

● 悬浮床加氢裂化是指待裂化的渣油与细粉状添加物或催化剂形成悬浮液，在高温、高压和高空速下进行的重油加氢裂化技术，典型的悬浮床加氢裂化有VCC、Canmet、HDH、SOC、Aurabon、MRH及Microcat等过程。

② 我国渣油加氢装置主要如下。

● 中国石油化工股份有限公司齐鲁分公司（简称齐鲁）胜利炼油厂的0.84Mt/a减压渣油加氢脱硫（VRDS）装置。它是在20世纪80年代中期引进的Chevron公司的VRDS技术，用于加工孤岛减压渣油（下称减渣），装置于1992年6月投产，1999年底扩能改造成1.50Mt/aUFR（上流式反应器）/VRDS装置；

● 大连西太平洋石油化工有限公司（简称西太）于20世纪90年代引进的、采用美国联合油公司技术、加工中东常压渣油的重油加氢装置（ARDS），它于1997年8月开工；

● 中国石油化工股份有限公司茂名分公司（简称茂名）2.00Mt/a渣油加氢脱硫装置，它由洛阳石油化工工程公司设计，于1999年12月31日顺利投产，属国产化渣油加氢成套技术（S-RHT），主要用于加工沙特减渣、伊朗减渣和伊朗减压蜡油的混合油；

● 海南实华炼油化工有限公司（简称海南）3.10Mt/a催化原料预处理装置，它由中国石化工程建设公司（SEI）设计，采用中国石化集团抚顺石油化工研究院（FRIPP）和石油科学研究院（RIPP）开发的催化剂，加工阿曼和文昌原油的常渣，装置已于2006年9月投产；

● 中国石油天然气股份有限公司大连石化分公司（下简称大连）的3.00Mt/a渣油加氢脱硫装置，它采用CLG（Chevron-Lummus）公司专利技术，由洛阳石油化工工程公司设计，主要加工中东和俄罗斯原油的减渣和常渣。

典型渣油加氢裂化工艺过程见图6-3。

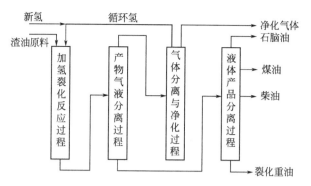

图 6-3 典型渣油加氢裂化工艺过程

五、催化加氢发展历程及趋势

1. 催化加氢发展历程

现代炼油工业催化加氢起源于二战时期德国的"煤和煤焦油的高压加氢液化技术"。将加氢技术应用到石油石油炼制过程最早始于美国，1949 年美国开发的"催化重整技术"提供廉价氢源及需要对重整原料进行深度精制，为催化加氢技术的发展提供机遇和挑战。催化加氢发展主要涉及到催化剂、工艺技术、设备制造及过程控制等方面。

（1）加氢处理发展历程　见表 6-21。

表 6-21　加氢处理发展背景及主要技术及特点

年　代	背　景	主　要　技　术	技　术　特　点
20 世纪 50 年代	催化重整技术发展，提供廉价氢气、重整原料需深度精制	Hydrofining（Esso）；Autofining（BP）；Unifining(UOP)；HDC(Kellog)	采用钼钴氧化铝催化剂，在中低压条件下进行重整原料油的加氢预处理，直馏和二次加工石脑油、煤油、炉用油、柴油的脱硫和提高安定性，石蜡和润滑油基础油的加氢处理
20 世纪 60～80 年代	深度加工技术的工业应用加大，大量的二次加工原料及油品需要处理剂精制；含硫原油和高硫原油的加工量大增，不仅大量的直馏汽煤柴油需要脱硫，而且减压瓦斯油也需要脱硫，催化裂化原料油需要脱硫、脱氮和芳烃饱和	减压瓦斯油加氢脱硫，如 Gofining（Esso）、Isomax（Chevron）、Isomax（UOP）、HDS（IFP）；煤油、溶剂油芳烃加氢如 Arosat（Lummus）、Arofining(Labofina)；催化裂化原料加氢处理如 Unionfining（UOP）完善优化；润滑油加氢补充精制 Ferrofining(BP)	对加氢裂化原料油进行加氢预处理；采用中低压固定床加氢；钼镍氧化铝、钨镍氧化铝、钼钴氧化硅-氧化铝、钼镍氧化硅-氧化铝、用特殊载体的贵金属催化剂等应用；添加助剂（P,Ti,Zr,B 等）；催化剂的形状采用圆柱形小条、三叶形小条等并减小粒径，有利于原料油分子的扩散，并提高压碎强度、耐磨性，降低床层压力降；改变催化剂制备方法，在改善金属分布、生成更多活性相的同时，使比表面积、孔径特别是孔分布更好地适应原料油分子大小和扩散的需要
20 世纪 80 年代至今	原油重质化、劣质化趋势明显加剧；环保要求日益严格；技术水平日趋成熟	催化汽油选择性加氢脱硫、催化蒸馏加氢脱硫、噻吩硫烯烃烷基化加氢脱硫、加氢脱硫异构降烯烃技术；直馏/二次加工柴油组分的深度加氢脱硫/脱芳烃技术；加氢裂化原料油、催化择形异构脱蜡原料油的加氢预处理技术；高活性/超高活性加氢处理催化剂	采用常规的低压固定床加氢工艺和新配方催化剂，在烯烃饱和很少的情况下进行选择性加氢脱硫；在催化蒸馏塔中装填加氢脱硫催化剂，在塔的上部和下部控制不同的反应温度进行选择性加氢脱硫，同时进行反应产物分离，催化汽油中的噻吩与烯烃进行烷基化反应，同时硫醇也转化为硫化物，烯烃进行异构化和低聚反应；采用常规的低压固定床加氢工艺，反应器上部装加氢脱硫催化剂，催化汽油在缓和条件下进行脱硫、脱氮、烯烃饱和、裂化、异构化反应；选用高活性改性催化剂及优化工艺操作条件；应用的催化择形异构脱蜡贵金属分子筛催化剂；增加活性中心的数量、提高活性中心固有的活性、提高催化剂装填密度、提高催化剂的金属分散度、控制催化剂的酸性、优化催化剂的孔结构

（2）加氢裂化发展历程　见表6-22。

表 6-22　加氢裂化发展背景及主要技术及特点

年代	背　景	主　要　技　术	技　术　特　点
20 世纪 50～60 年代末	世界范围对汽油需求量增长，对燃料油的需求量逐年下降；对汽油质量要求（尤其是辛烷值）不断提高	ISO-cracking(Chevron)；Lomax(UOP)；Unicracking(Union)	将 CGO、LCO、AGO 转化为汽油；采用两段加氢工艺；开始使用分子筛载体加氢裂化催化剂
20 世纪 70～80 年代末	国际市场对中间馏分，特别是柴油需求最大幅度增加	缓和加氢裂化技术（Mild hydrocracking）；中压加氢裂化 Moderate Pressure Hydrocracking(Mobil)；中馏分油催化脱蜡（临氢降凝）技术 MDDW(Mbbil)	利用原有 VGO 加氢脱硫装置，进行简单改造，更换催化剂，在操作压力不变的情况下，进行低转化率加氢裂化，以增产柴油；以含硫 VGO 为原料，转化率 50%～60%，生产轻馏分油，未转化尾油通过异构脱蜡生产低凝点柴油；中孔沸石 ZSM-5 的催化剂对正构烷烃的择形裂化作用
20 世纪 90 年代至今	原油重质化、劣质化趋势明显加剧；轻质油品特别是中馏分油需求旺盛；清洁汽油、清洁柴油和第 II/III 类润滑油基础油料环保要求日益严格；市场需求变化快；生产成本控制要求高；技术水平日趋成熟	优化压力的两段部分转化新工艺(Chevron)；加氢裂化—灵活加氢处理组合新工艺(FRIPP)；分别进行加氢处理和加氢裂化的双反应器部分转化新工艺(UOP)；最大量生产喷气燃料和/或柴油的贵金属分子筛加氢裂化催化剂(Chevron)；最大量生产喷气燃料和/或柴油的非贵金属无定形加氢裂化催化剂(Akzo)	二反的原料油是一反通过脱硫脱氮未转化的尾油，氢气用新氢；在常规单段串联加氢裂化工艺流程的基础上增加一个加氢处理反应系统，灵活调整产品结构，装置处理能力大。生产中间馏分油具有很低的硫、氮含量，低的芳烃和高的十六烷值，可以达到最苛刻的清洁燃料的规格要求；采用双反应器，加氢处理与加氢裂化分别在不同的反应器中进行，有三种方案可供选择；专用于第二段生产最大量中馏分油，其活性、选择性和稳定性都优；催化剂上金属分散情况改善，载金属量合理，酸性中心分布得到优化

2. 催化加氢发展趋势

现在油品对其化合物组成要求越来越高。这样分子去留的选择性便显得尤为重要。催化加氢实际上就是为实现这一目标而设置的，即选择性的加氢，实现选择性加氢的关键是催化剂。因此，催化加氢发展的根本是催化剂发展。加氢催化剂要既能生产符合环保要求的清洁/超清洁燃料、改善油品的使用性能，同时还要降低生产成本。除此之外，加氢设备、工艺流程、控制过程等都有完善和改进的必要。预计，在今后一段时期内各类加氢技术的发展趋势是如下。

（1）加氢处理技术　开发直馏馏分油和重原料油深度加氢处理催化剂的新金属组分配方，量身定制催化剂载体；重原料油加氢脱金属催化剂；废催化剂金属回收技术；多床层加氢反应器，以提高加氢脱硫、脱氮、脱金属等不同需求活性和选择性，使催化剂的表面积和孔分布更好地适应不同原料油的需要，延长催化剂的运转周期和使用寿命，降低生产催化剂所用金属组分的成本，优化工艺进程。

（2）芳烃深度加氢技术　开发新金属组分配方特别是非贵金属、新催化剂载体和新工艺，目的是提高较低操作压力下芳烃的饱和活性，降低催化剂成本，提高柴油的收率和十六烷值，控制动力学和热力学。

（3）加氢裂化技术　开发新的双功能金属一酸性组分的配方，以提高中馏分油的收率、提高柴油的十六烷值、提高抗结焦失活的能力、降低操作压力和氢气消耗。

第二节　催化加氢反应

催化加氢反应主要涉及两个类型反应过程，一是除去氧、硫、氮及金属等少量杂质的加氢处理过程反应，二是涉及烃类加氢反应。这两类反应在加氢处理和加氢裂化过程中都存在，只是侧重点不同。

一、加氢处理反应

1. 加氢脱硫反应（HDS）

硫是普遍存在于各种石油中的一种重要杂质元素，原油中的硫含量因产地而异，可低至 0.1%，高达 2%～5%。石油馏分中的硫化物主要有硫醇、硫醚、二硫化合物及杂环硫化物［噻吩、苯并噻吩（BT）、二苯并噻吩（DBT）、萘苯噻吩及其烷基衍生物等］。不同原油及同一原油不同馏分硫含量、结构及发布有差异。石油直馏馏分中，硫的浓度一般随馏分沸点的升高而增加。但硫醇含量较高的石油中，硫醇主要分布在低沸点馏分中。硫在加氢条件下发生氢解反应，生成烃和 H_2S，主要反应如

$$RSH + H_2 \longrightarrow RH + H_2S$$
$$R-S-R + 2H_2 \longrightarrow 2RH + H_2S$$
$$(RS)_2 + 3H_2 \longrightarrow 2RH + 2H_2S$$

对于大多数含硫化合物，在相当大的温度和压力范围内，其脱硫反应的平衡常数都比较大。并且各类硫化物的氢解反应都是放热反应。

石油馏分中硫化物的 C—S 键的键能比 C—C 和 C—N 键的键能小。因此，在加氢过程中，硫化物的 C—S 键先断裂生成相应的烃类和 H_2S。表 6-23 列出各种键的键能。

表 6-23　各种键的键能

键	C—H	C—C	C=C	C—N	C=N	C—S	N—H	S—H
键能/(kJ/mol)	413	348	614	305	615	272	391	367

各种有机含硫化合物在加氢脱硫反应中的反应活性与分子大小和分子结构有关，当分子大小相同时，一般按如下顺序递减：

硫醇＞二硫化物＞硫醚＞噻吩类

而同类硫化物中，相对分子质量较大，分子结构较复杂的，噻吩及其衍生物的 HDS 则按以下顺序递减：

噻吩＞苯并噻吩＞二苯并噻吩

烷基侧链的存在影响噻吩类的脱硫活性。烷基的位置对脱硫活性影响较大。一般说，与硫原子相邻位置的取代基由于空间位阻而抑制 HDS 活性，而远离硫原子的取代基反而有助于 HDS。

2. 加氢脱氮反应（HDN）

石油馏分中的氮化物主要是杂环氮化物和少量的脂肪胺或芳香胺。通常原油的°API 越

小其氮含量越高，类似地原油的残炭越高其氮含量也越高。与硫在石油馏分中的分布类似，馏分越重氮含量占原油中氮的比例越高。在加氢条件下，反应生成烃和 NH_3 主要反应如下。

$$R-CH_2-NH_2 + H_2 \longrightarrow R-CH_3 + NH_3$$

$$\text{(吡啶)} + 5H_2 \longrightarrow C_5H_{12} + NH_3$$

$$\text{(喹啉)} + 7H_2 \longrightarrow \text{(环己基丙基)} C_3H_7 + NH_3$$

$$\text{(吡咯)} + 4H_2 \longrightarrow C_4H_{10} + NH_3$$

加氢脱氮反应包括两种不同类型的反应，即 C≡N 的加氢和 C—N 键断裂反应，因此，加氢脱氮反应较脱硫困难。加氢脱氮反应中存在受热力学平衡影响的情况。

单环含氮杂环化合物加氢活性顺序为

$$\text{吡啶}>\text{吡咯}\approx\text{苯胺}$$

多环含氮杂环化合物加氢活性顺序为

$$\text{三环}>\text{双环}>\text{单环}$$

单环饱和杂环氮化物 C—N 键氢解活性顺序：

$$\text{五元环}>\text{六元环}>\text{七元环}$$

馏分越重，加氢脱氮越困难。主要因为馏分越重，氮含量越高；另外重馏分氮化物结构也越复杂，空间位阻效应增强，且氮化物中芳香杂环氮化物最多。

3. 加氢脱氧反应（HDO）

石油馏分中的含氧化合物主要是环烷酸及少量的酚、脂肪酸、醛、醚及酮。天然原油中的氧含量一般不超过 2%，平均值在 0.5% 左右，但是从煤、油页岩和油砂得到的合成原油中的氧含量一般较高。在同一种原油中各馏分的氧含量随馏程的增加而增加，在渣油中氧含量有可能超过 8%。含氧化合物在加氢条件下通过氢解生成烃和 H_2O。

主要反应有

$$\text{(苯酚)} OH + H_2 \longrightarrow \text{(苯)} + H_2O$$

$$\text{(环己基)} COOH + 3H_2 \longrightarrow \text{(甲基环己烷)} CH_3 + 2H_2O$$

含氧化合物反应活性顺序为

$$\text{呋喃环类}>\text{酚类}>\text{酮类}>\text{醛类}>\text{烷基醚类}$$

含氧化合物在加氢反应条件下分解很快，对杂环氧化物，当有较多的取代基时，反应活性较低。

4. 加氢脱金属（HDM）

石油馏分中的金属主要有镍、钒、铁、钙等，主要存在于重质馏分，尤其是渣油中。这些金属对石油炼制过程，尤其对各种催化剂参与的反应影响较大，必须除去。渣油中的金属可分为卟啉化合物（如镍和钒的络合物）和非卟啉化合物（如环烷酸铁、钙、镍）。以非卟啉化合物存在的金属反应活性高，很容易在 H_2/H_2S 存在条件下，转化为金属硫化物沉积在催化剂表面上。而以卟啉型存在的金属化合物先可逆地生成中间产物，然后中间产物进一步氢解，生成的硫化态镍以固体形式沉积在催化剂上。加氢脱金属反应如

$$R-M-R' \xrightarrow{H_2, H_2S} MS + RH + R'H$$

由上可知，加氢处理脱除氧、氮、硫及金属杂质进行不同类型的反应，这些反应一般是在同一催化剂床层进行，此时要考虑各反应之间的相互影响。如含氮化合物的吸附会使催化剂表面中毒，氮化物的存在会导致活化氢从催化剂表面活性中心脱除，而使 HDO 反应速率下降。也可以在不同的反应器中采用不同的催化剂分别进行反应，以减小反应之间的相互影响和优化反应过程。

二、烃类加氢反应

烃类加氢反应主要涉及两类反应，一是有氢气直接参与的化学反应，如加氢裂化和不饱和键的加氢饱和反应，此过程表现为耗氢；二是在临氢条件下的化学反应，如异构化反应，此过程表现为，虽然有氢气存在，但过程不消耗氢气，实际过程中的临氢降凝是其应用之一。

1. 烷烃加氢反应

烷烃在加氢条件下进行的反应主要有加氢裂化和异构化反应。其中加氢裂化反应包括 C—C 的断裂反应和生成的不饱和分子碎片的加氢饱和反应。异构化反应则包括原料中烷烃分子的异构化和加氢裂化反应生成的烷烃的异构化反应。而加氢和异构化属于两类不同反应，需要两种不同的催化剂活性中心提供加速各自反应进行的功能。即要求催化剂具备双活性，并且两种活性要有效的配合（参见重整催化剂双功能）。烷烃进行反应描述如下。

$$R_1 - R_2 + H_2 \longrightarrow R_1 H + R_2 H$$
$$nC_n H_{2n+2} \longrightarrow iC_n H_{2n+2}$$

烷烃在催化加氢条件下进行的反应遵循正碳离子反应机理，生成的正碳离子在 β 位上发生断键，因此，气体产品中富含 C_3 和 C_4。由于既有裂化又有异构化，加氢过程可起到降凝作用。

2. 环烷烃加氢反应

环烷烃在加氢裂化催化剂上的反应主要是脱烷基、异构和开环反应。环烷正碳离子与烷烃正碳离子最大的不同在于前者裂化困难，只有在苛刻的条件下，环烷正碳离子才发 β 位断裂。带长侧链的单环环烷烃主要是发生断链反应。六元环相对比较稳定，一般是先通过异构化反应转化为五元环烷烃后再断环成为相应的烷烃。双六元环烷烃在加氢裂化条件下往往是其中的一个六元环先异构化为五元环后再断环，然后才是第二个六元环的异构化和断环。这两个环中，第一个环的断环是比较容易的，而第二个环则较难断开。此反应途径描述如下。

环烷烃异构化反应包括环的异构化和侧链烷基异构化。环烷烃加氢反应产物中异构烷烃与正构烷烃之比和五元环烷烃与六元环烷烃之比都比较大。

3. 芳香烃加氢反应

苯在加氢条件下反应首先生成六元环烷，然后发生前述相同反应。

烷基苯加氢裂化反应主要有脱烷基、烷基转移、异构化、环化等反应，使得产品具有多样性。$C_1 \sim C_4$ 侧链烷基苯的加氢裂化，主要以脱烷基反应为主，异构和烷基转移为次，分别生成苯、侧链为异构程度不同的烷基苯、二烷基苯。烷基苯侧链的裂化既可以是脱烷基生成苯和烷烃；也可以是侧链中的 C—C 键断裂生成烷烃和较小的烷基苯。对正烷基苯，后者比前者容易发生，对脱烷基反应，则 α—C 上的支链越多，越容易进行，以正丁苯为例，脱烷基速率有以下顺序：

$$叔丁苯 > 仲丁苯 > 异丁苯 > 正丁苯$$

短烷基侧链比较稳定，甲基、乙基难以从苯环上脱除。C_4 或 C_4 以上侧链从环上脱除很快。对于侧链较长的烷基苯，除脱烷基、断侧链等反应外，还可能发生侧链环化反应生成双环化合物。苯环上烷基侧链的存在会使芳烃加氢变得困难，烷基侧链的数目对加氢的影响比侧链长度的影响大。

对于芳烃的加氢饱和及裂化反应，无论是降低产品的芳烃含量（生产清洁燃料），还是降低催化裂化和加氢裂化原料的生焦量都有重要意义。在加氢裂化条件下，多环芳烃的反应非常复杂，它只有在芳香环加氢饱和反应之后才能开环，并进一步发生随后的裂化反应。稠环芳烃每个环的加氢和脱氢都处于平衡状态，其加氢过程是逐环进行，并且加氢难度逐环增加。

4. 烯烃加氢反应

烯烃在加氢条件下主要发生加氢饱和及异构化反应。烯烃饱和是将烯烃通过加氢转化为相应的烷烃；烯烃异构化包括双键位置的变动和烯烃链的空间形态发生变动。这两类反应都有利于提高产品的质量。其反应描述如下。

$$R-CH=\!\!=CH_2 + H_2 \longrightarrow R-CH_2-CH_3$$
$$R-CH=\!\!=CH-CH=\!\!=CH_2 + 2H_2 \longrightarrow R-CH_2-CH_2-CH_2-CH_3$$
$$nC_nH_{2n} \longrightarrow iC_nH_{2n}$$
$$iC_nH_{2n} + H_2 \longrightarrow iC_nH_{2n+2}$$

焦化汽油、焦化柴油和催化裂化柴油在加氢精制的操作条件下，其中的烯烃加氢反应是完全的。因此，在油品加氢精制过程中，烯烃加氢反应不是关键的反应。

值得注意的是，烯烃加氢饱和反应是放热效应，且热效应较大。因此对不饱和烃含量高油品加氢时，要注意控制反应温度，避免反应床层超温。

5. 烃类加氢反应的热力学和动力学特点

（1）热力学特征 烃类裂解和烯烃加氢饱和等反应化学平衡常数值较大，不受热力学平衡常数的限制。芳烃加氢反应，随着反应温度升高和芳烃环数增加，芳烃加氢平衡常数值下降。在加氢裂化过程中，形成的正碳离子异构化的平衡转化率随碳数的增加而增加，因此，产物中异构烷烃与正构烷烃的比值较高。

加氢裂化反应中加氢反应是强放热反应，而裂解反应则是吸热反应。但裂解反应的吸热效应远低于加氢反应的放热效应，总的结果表现为放热效应。单体烃的加氢反应的反应热与分子结构有关，芳烃加氢的反应热低于烯烃和二烯烃的反应热，而含硫化合物的氢解反应热与芳烃加氢反应热大致相等。整个过程的反应热与断开的一个键（并进行碎片加氢和异构化）的反应热和断键的数目成正比。表 6-24 列出了加氢裂化过程中一些反应的平均反应热。

表 6-24 加氢裂化过程中平均反应热

反应类型	烯烃加氢饱和	芳烃加氢饱和	环烷烃加氢开环	烷烃加氢裂化[①]	加氢脱硫	加氢脱氮
反应热/(J/kmol)	-1.047×10^8	-3.256×10^7	-9.307×10^6	-1.477×10^6	-6.978×10^7	-9.304×10^7

① 单位为：J/mol，分子增加。

（2）动力学特征 烃类加氢裂化是一个复杂的反应体系，在进行加氢裂化的同时，还进行加氢脱硫、脱氮、脱氧及脱金属等反应，它们之间相互影响，使得动力学问题变得相当复杂，下面以催化裂化循环油在 10.3MPa 下的加氢裂化反应为例，见图 6-4。简单地说明一下各种烃类反应之间的相对反应速率。

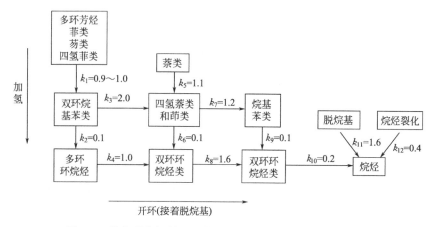

图 6-4 催化裂化轻循环油等温加氢裂化相对反应速率常数

多环芳烃很快加氢生成多环环烷芳烃,其中的环烷环较易开环,继而发生异构化、断侧链（或脱烷基）等反应。分子中含有两个芳环以上的多环芳烃,其加氢饱和及开环断侧链的反应都较容易进行（相对速率常数为1～2）；含单芳环的多环化合物,苯环加氢较慢（相对速率只有0.1）,但其饱和环的开环和断侧链的反应仍然较快（相对速率大于1）；但单环环烷较难开环（相对速率为0.2）。因此,多环芳烃加氢裂化,其最终产物可能主要是苯类和较小分子烷烃的混合物。

第三节 催化加氢工艺流程

一、催化加氢工艺组成

1. 选择工艺流程要点

催化加氢是一个集催化反应技术、炼油技术、高压技术于一体的工艺装置,其工艺流程受催化剂性能、原料油性质、产品品种、产品质量、装置规模、建设地点、设备供应条件以及对装置灵活性的要求等众多因素影响。本小节以相对较为复杂、要求较高的加氢裂化为例进行影响工艺流程主要因素分析,阐述工艺流程构成。

（1）催化剂 催化剂性能主要指基本性能中的活性、选择性、稳定性,但工业使用性能中的再生性能、机械强度、耐热程度等也对工艺流程产生一定的影响。

活性高低涉及催化剂的操作温度,影响流程中加热设备的能力和形式的选择；活性高低决定催化剂使用数量,影响反应器体积及数量的选择；活性高低反映到原料转化率高低上,便产生如何从反应产物中分离产品及未反应物,未反应物是否需要进一步转化的工艺流程。

选择性的高低决定产品发布,目的产品收率高,副产品少,可减小原料消耗量,且副产品易于分离,工艺流程相对简单。反之,原料油消耗量大,分离流程复杂。

催化剂在使用过程中,由于原料油某些烯烃、芳烃的聚合、环化等反应产生的积炭和金属有机化合物氢解产生的金属覆盖在催化剂表面上；反应过程中,催化剂活性组分金属晶体分子的长大,甚至某些组分的挥发损失；原料油中毒物对催化剂活性组分或载体的毒化。使催化剂的活性、选择性和稳定性降低。因此必须采用相应的工艺过程应对。如采用贵金属无定形硅-铝载体催化剂或非贵金属晶型硅-铝载体催化剂,由于催化剂对硫化氢、氨和碱性有机氮化物抵抗毒化能力的不同,采用两段工艺流程。

（2）原料来源和产品要求　　加工不同原料油和生产不同的产品，可以选用不同的催化剂，或对同一类型的催化剂，采用变更其金属组分和载体（无定形或晶型硅-铝）比例的办法加以适应；也可对工艺流程采取一些措施加以解决。例如，在反应过程中，原料油中的有机硫化物氢解后生成的硫化氢，大部分积存在循环氮气中，降低了循环氢气的氢纯度、导致催化剂活性降低、加剧设备的腐蚀。因此，可选择除去 H_2S，一般在循环氢压缩机入口前设置循环氢气胺液洗涤塔。反之，如果原料油硫含量过低，循环氢气中硫化氢含量下降，会导致催化剂金属硫化物被还原，也能降低催化剂的加氢活性。因此需要对原料油进行加硫。

原料油中有机氮化物氢解生成的氨，也积存在循环氢气中。一般为了降低循环氢气中的氨浓度，采用在反应器流出物中注入冷凝水，使之溶于水中。

原料油含水，由于水能使载体硅-铝失去酸性活性，引起裂化活性下降。为此，在工艺流程中设置原料油脱水，使之进反应器时，水含量降低到 $<100\mu g/g$。而且失活催化剂再生时，不能采用蒸汽作为稀释剂。

原料油的供应能力、加氢裂化产品和未转化油的需求程度，对是否采用一次通过或未转化油循环的工艺流程起决定性的作用。

根据目的产品品种和用途。设置由汽提塔或稳定塔、常压分馏塔、甚至减压分馏塔组成的分馏部分。

2. 工艺流程组成

加氢裂化的工艺流程，一般划分为反应系统和分馏系统。其中反应部分可以包括两个反应段，也可以只有一个反应段，因此，根据需要及实际情况。有些装置还包括酸性水处理部分，气体及液化气脱硫部分。

（1）反应系统　　反应系统一般由一个或两个独立的或两个共用一些设备（高压分离器、循环氢压缩机）的反应段组成。典型的较复杂的反应系统工艺流程见图6-5。

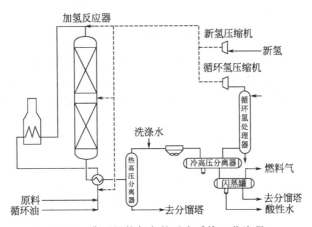

图 6-5　典型的较复杂的反应系统工艺流程

反应系统可划分为：原料处理及增压、升降温及反应、气液分离和气体净化处理三个部分。

① 原料处理及增压。参与催化加氢反应的原料包括原料油（新鲜原料油＋循环油）及氢气（新氢＋循环氢），由于反应过程在较高压力下操作，原料油和氢气在进入反应器前，均需增压到规定操作压力。

原料油在进入高压油泵前，先后经过增压泵、过滤器、水凝聚器除去固体杂质和水后，先进入原料缓冲罐。再到高压油泵。其流程见图6-6。

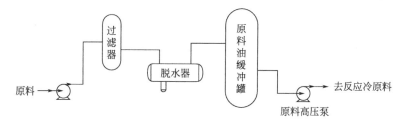

图 6-6　加氢原料处理及增压流程

在反应过程中消耗的氢气，包括化学反应消耗的和溶解在油中的以及泄漏损失的氢气，采用新鲜氢气压缩机不断补充新鲜氢气加以解决。

反应过程中未反应的氢气，从反应器出来，经过降温并与油分离后，用循环氢气压缩机升压，大部分在换热器、加热炉中升温后，再循环到反应器中去，以保证加氢裂化反应在高氢压力或过量氢气存在下顺利进行。

足够高的氢分压可抑制催化剂失活，获取满意的产品质量和保证长周期的运转。氢分压的高低由反应器操作压力、进入反应器总反应气体的量、化学耗氢量和原料油分子量等因素决定。

氢气进入多段往复式压缩机前，一般先进入分离罐除去气中液滴。以三段往复式压缩机为例，每段压缩后的氢气，均须冷却降温。对于尚需进一步压缩的气体，应在本压缩段出口冷却降温后，进入下一段压缩前，进行气液分离。其流程见图 6-7。

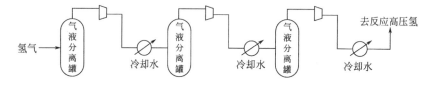

图 6-7　氢气多段压缩增压流程

② 升降温及反应。升压后的原料油和氢气，在进入反应器前，需要升温。升温一般在多台换热器中和 1～2 台加热炉中进行，升温时，可以是氢气和原料油分别与反应器高温流出物换热，只有换热后的原料油进加热炉加热；也可氢气、油混合在一起后，先与反应器流出物在换热器中换热，然后进加热炉加热；也可以氢气与反应流出物在换热器中换热，适当升温后，再与原料油混合，进一步换热、加热升温。

③ 气液分离及净化处理。反应器流出物，在换热器中降温后。在最后一个换热器或（和）冷却器之前，注入凝结水以除去存留在氢气中和油中的氨及硫化氢注入凝结水后的流出物经空气冷却器或（和）水冷却器后，进入高压分离器，分离出富氢气体、油和水。

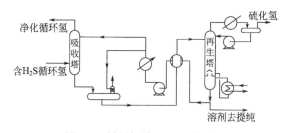

图 6-8　循环氢脱 H_2S 工艺流程

在处理含硫、氮含量较低的馏分油时，一般在高压分离器前注水，即可将循环氢中的硫化氢和氨除。处理高含硫原料，循环氢中硫化氢含量达到 1％以上时，常用硫化氢回收系统，一般用乙醇胺吸收除去硫化氢，富液再生循环使用，流程见图 6-8。解吸出来的硫化氢则送去制硫装置。

从高压分离器顶部出来的富氢气体—循环氢气，可直接与新氢混合，在循环氢气压缩机中升压后去反应器。必要时也可先经胺液洗涤塔除去气体中的 H₂S 后，再与新氢混合去循环氢压缩机升压，再去反应器。

离心式循环氢气压缩机多采用汽轮机驱动，也可采用同步电动机驱动。

反应液体产物和酸性水可均由高压分离器底部分别流出，液体产物可用液力涡轮泵回收能量后去低压分离器，也可直接减压后去低压分离器。在低压分离器中，溶在液体产物中的气体及轻烃释出，释出气体后的液体产物送去分馏部分。

酸性水可在低压分离器，也可在高压分离器底部排出。高压分离器底部排出的酸性水，送去酸性水处理装置。

典型的独立的反应系统，一般包括以下几种设备：

● 反应设备包括一个或多个反应器。反应器是反应部分的核心设备，具有精制原料油或转化原料油为目的的产品的功能；

● 升温、降温设备一般包括若干个换热器一个或两个加热炉、空气冷却器、水冷却器等；

● 气液分离设备有热高压分离器、冷高压分离器、低压分离器；

● 转动设备包括新氢压缩机、循环氢压缩机，高压原料油泵、循环油泵，胺液泵，注水、注硫、注氨泵，高压生成油能量回收液力涡轮泵及高压富胺液能量回收液力涡轮泵。

● 洗涤设备循环氢气脱 H₂S 胺液洗涤塔及其附属配套设备。

（2）分馏系统　低压分离器可放在反应部分，也可放在分馏系统。

进入低压分离器的油品，由于压力降低，溶于油中的气体及一些轻质烃挥发出来。这些气体及轻烃直接送去或脱除 H₂S 后送去轻烃回收车间或燃料气管网。

低压分离器底部脱水后的液体，先后换热、加热升温后，进入一系列由汽提塔或稳定塔（脱丁烷塔）、常压分馏塔组成的塔组，以分出需要的各种目的产品。

生产石脑油、煤油或石脑油、煤油和柴油的分馏部分典型工艺流程见图 6-9 和图 6-10。

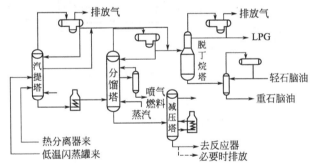

图 6-9　分馏部分典型工艺流程（一）

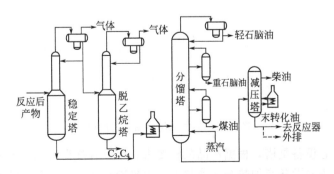

图 6-10　分馏部分典型工艺流程（二）

对图 6-9 所示工艺流程，汽提塔顶为反应生成气体：H_2S、NH_3、$\leqslant C_4$ 轻烃及轻石脑油，塔底油品在加热炉升温后去分馏塔。分馏塔顶为重石脑油，侧线为煤油。重石脑油和气提塔蒸出液体一起去稳定塔，稳定塔主要分离出液化气，塔底油去分割塔（Splitter），分别从塔顶、塔底得到轻、重石脑油。

当需要柴油产品时，分馏塔底油去减压分馏塔进一步分馏。减压塔侧线出柴油，塔底油在催化裂化、蒸汽裂解或润滑油需要供应原料油时，可全部或部分排出装置。塔底油部分排出装置时，剩余部分可循环到反应器进一步转化，也可全部循环回反应器完全转化。

对图 6-10 所示工艺流程，经反应后的原料油先进稳定塔，然后稳定塔顶液体再去脱乙烷塔，蒸出乙烷后的 C_3、C_4 由脱乙烷塔底排出。稳定塔底油经加热后去分馏塔，分别在分馏塔顶分离出轻石脑油，侧线出重石脑油和煤油。当需要柴油产品时，分馏塔底油再去减压分馏塔，在减压塔蒸出柴油后，塔底油可根据需要或循环，或排出装置供下游装置作原料。

分馏系统也可划分为常压分馏塔、减压分馏塔的工艺流程。常压分馏塔仅生产石脑油时可出一个侧线；既生产石脑油，又生产煤油时，可出两个侧线，见图 6-11。为了降低常压分馏塔塔底温度，当生产柴油时，一般再设减压分馏塔，见图 6-12。

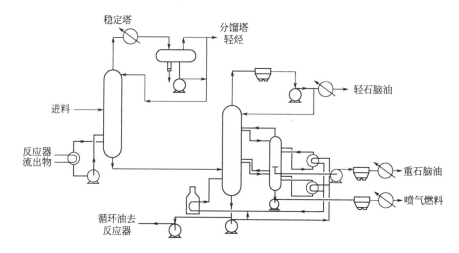

图 6-11　典型常压分馏工艺流程

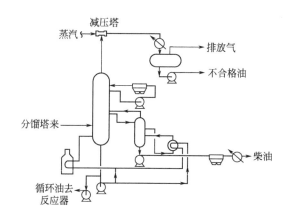

图 6-12　典型减压分馏工艺流程

分馏系统的核心设备是塔，根据产品品种要求，可以有汽提塔或稳定塔、常压分馏塔和减压分馏塔。其他主要设备有加热炉、换热器、冷凝冷却器、冷油泵、热油泵。

二、加氢处理工艺流程

加氢处理根据处理的原料可划分为两个主要工艺，一是馏分油产品的加氢处理，包括传统的石油产品加氢精制和原料的预处理；二是渣油的加氢处理。

1. 馏分油加氢处理

馏分油加氢处理，主要有二次加工汽油、柴油的精制和含硫、芳烃高的直馏煤油馏分精制。另外还有润滑油加氢补充精制和重整原料预加氢处理（参见第五章）。

在工艺流程上，除个别原料油，如我国孤岛原油直馏煤油馏分，需要采用两段加氢外，一般馏分油加氢处理工艺流程如图 6-13 所示。

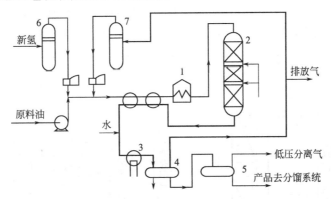

图 6-13　馏分油加氢处理典型工艺流程

1—加热炉；2—反应器；3—冷却器；4—高压分离器；5—低压分离器；6—新氢储罐；7—循环氢储罐

原料油和新氢、循环氢混合后，与反应产物换热，再经加热炉加热到一定温度进入反应器，完成硫、氮等非烃化合物的氢解和烯烃加氢反应。反应产物从反应器底部导出经换热冷却进入高压分离器分出不凝气和氢气循环使用，油则进入低压分离器进一步分离轻烃组分，产品则去分馏系统分馏成合格产品。由于加氢精制过程为放热反应，放热量一般在 290～420kJ/kg，循环氢本身即可带走反应热。对于芳烃含量较高的原料，而又需深度芳烃饱和加氢时，由于反应热大，单靠循环氢不足以带走反应热，因此需在反应器床层间加入冷氢，以控制床层温度。

（1）石脑油加氢

① 直馏石脑油加氢。直馏石脑油辛烷值一般小于 50，很少作为车用汽油的调和组分，主要用作下游装置原料，尤其作为催化重整及制氢装置的原料时必须通过预加氢处理以除去杂质。直馏石脑油加氢处理参见第五章相关内容。

② 催化裂化石脑油加氢。催化裂化石脑油主要特点是烯烃及硫含量高，不能满足清洁汽油调和组分及催化重整、裂解乙烯原料要求。典型高硫原油催化裂化石脑油性质和组成见表 6-25。

表 6-25　典型高硫原油催化裂化石脑油性质和组成

项　目	数据	项　目	数据
密度(20℃)/(g/cm³)	0.7246	初馏点/5%	32/40
二烯值/(gI/100g)	<0.1	10%/30%	48/69
实际胶质/(mg/100mL)	10	50%/70%	95/126
S/(μg/g)	1471	90%/95%	160/171
N/(μ/g)	55.2	终馏点	188/215
Br 价/(gBr/100mL)	69.4	P/O/N/A[①]组分质量分数/%	33.98/30.02/11.04/24.72
馏程/℃		RON/MON	91/79

① P/O/N/A=烷烃/烯烃/环烷烃/芳烃。

催化裂化石脑油中硫、烯烃、芳烃的分布特点是：烯烃主要集中在轻馏分中，芳烃主要集中在重馏分中，硫主要集中在重馏分中，并以噻吩类硫化物为主，硫醇性硫主要集中在轻馏分中。

催化裂化石脑油是车用汽油的主要调和组分，尤其是我国车用汽油。因此，催化裂化石脑油中硫、烯烃及芳烃含量对清洁汽油影响重大。加氢脱硫是降低汽油硫含量的主要方法，但常规的加氢脱硫又会导致汽油辛烷值降低。为此，开发了各种既降低产物中硫含量，又减少或恢复汽油辛烷值的损失。主要工艺如下。

● 选择性加氢脱硫工艺。石油化工科学研究院 RSDS 技术于 2003 年进行工业化试验，其技术要点是根据产品目标和原料性质将催化裂化汽油馏分切割为轻馏分（LCN）和重馏分（HCN），LCN 采用碱抽提法脱除硫醇，HCN 则进行选择性加氢脱硫。抚顺石油化工研究院 OCT-M 技术采用同样原理，只是选择不同的催化剂和工艺条件。其流程见图 6-14。

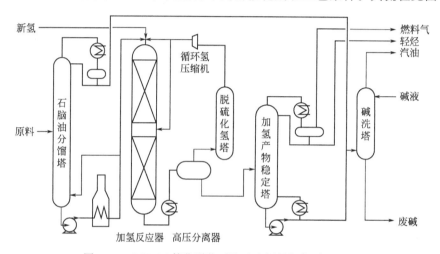

图 6-14　OCT-M 催化裂化石脑油选择性加氢脱硫流程

抚顺石油化工研究院 OCT-M 技术，其技术要点是采用专有的催化剂（反应器上下两段分别装填 FGH-20 和 FGH-11 催化剂），在反应温度 240～300℃、压力 1.6～3.2MPa、空速 3.0～5.0h^{-1}、氢油体积比 300：1～500：1 的条件下，可以使 FCC 汽油的总脱硫率达到 85%～90%，烯烃饱和率为 15%～25%，RON 损失小于 2 个单位，抗爆指数损失小于 1.5 个单位，液体产品收率大于 98%。该术于 2003 年在中国石化广州分公司 40 万吨/a 加氢装置上应用。

除以上两种工艺外，还有 IFP 开发的 Prime G＋及 FRIPP 开发的 MIP-DS 和 FRS 等催化裂化石脑油选择性加氢脱硫工艺。

● 加氢脱硫-辛烷值恢复工艺。由 UOP 公司和委内瑞拉石油研究所技术支持中心联合开发的 ISAL 加氢脱硫-辛烷值恢复工艺，采用传统的低压加氢脱硫工艺和新型的分子筛催化剂，其工艺流程见图 6-15。

ISAL 工艺流程与传统石脑油固定床加氢工艺大致相同，也分为原料部分、反应部分和产品分离与稳定三部分。

根据原料的性质，ISAL 反应部分可以是一台反应器或两台反应器。在第一反应器中装填加氢处理催化剂，第二反应器装填 ISAL 催化剂，如为一台反应器，这两种催化剂则分层装填。

在第一反应器或第一床层主要进行加氢脱硫和脱氮，根据反应的苛刻度不同，烯烃和多环芳烃的饱和程度不相同，辛烷值损失程度也不相同。从加氢处理催化剂床层出来的反应产

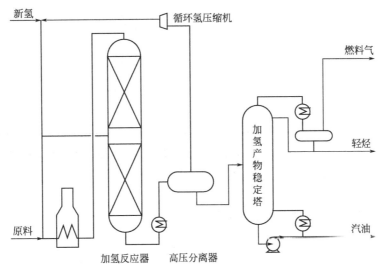

图 6-15　ISAL 催化裂化石脑油加氢脱硫-辛烷值恢复流程

物进入 ISAL 催化剂床层。ISAL 催化剂为非贵金属催化剂,在 ISAL 催化剂上进行加氢异构化反应,同时也伴随有加氢裂化反应,使产品的平均相对分子质量低于原料,90％点的温度也比反应进料低,以弥补加氢产物的辛烷值损失,同时,也相应损失部分液体产品收率。

ISAL 工艺的原料可以是全馏分催化裂化石脑油,也可以是催化裂化石脑油的重组分。通常将催化裂化石脑油分割成轻、重组分时效果较好。ISAL 工艺目标也可以多样化,可以按收率最大操作,可以按辛烷值或辛烷值-桶最大来操作。

除 ISAL 工艺外,加氢脱硫-辛烷值恢复主要工艺有 RIPP 开发的 RIDOS 加氢脱硫异构降烯烃、Mobil 开发的 OCTGAIN、Phiips 开发的 S-Zorb、Exxon 开发的 SCANFining 及 CDTECH 催化蒸馏等工艺。

③ 焦化石脑油加氢。焦化与热裂化石脑油中硫、氮及烯烃含量较高,安定性差,辛烷值低,需要通过加氢处理,才能作为汽油调和组分、重整原料,或乙烯裂解原料。我国主要减压渣油馏分油收率和性质见第五章表 5-13。

大庆焦化汽油采用 Co-Ni-Mo/Al$_2$O$_3$ 催化剂加氢处理的结果见表 6-26。

表 6-26　大庆焦化汽油加氢处理

催 化 剂	Co-Ni-Mo/Al$_2$O$_3$		
反应条件			
总压力/MPa		3.0	3.9
反应温度/℃		320	320
液时空速/h^{-1}		1.5	2.0
氢油体积比		500	500
精制油收率(质量分数)/%		99.5	99.5
氢耗(质量分数)/%		0.4	0.45
原料油与产品性质	原料油	产品(1)	产品(2)
密度(20℃)/(g/cm^3)	0.7379	0.7328	0.7316
馏分范围/℃	45～221	62～218	57～210
总氮/(μg/g)	170	1	1
碱氮/(μg/g)	137	0.4	0.1
硫/(μg/g)	467	52	33
溴值/(gBr/100g)	72	0.1	0.2

催化剂	Co-Ni-Mo/Al₂O₃		
烷烃体积分数/%	50	94.6	94.8
烯烃体积分数/%	50	0.9	1.0
芳烃体积分数/%	50	4.5	4.2
砷/(μg/kg)	320	0.49	1
铅/(μg/kg)	64	1	1
颜色/赛波特	<−16	>+30	>+30

由表 6-26 可知，由于汽油馏分的硫、氮化物含量较低，所以在压力 3MPa，空速 1.5h⁻¹时，加氢脱硫率达 90%，脱氮率 99%，烯烃饱和率 98%，砷、铅等金属几乎可以完全脱除。且产品收率达 99.5%。

典型焦化汽油加氢精制典型工艺流程见图 6-16。

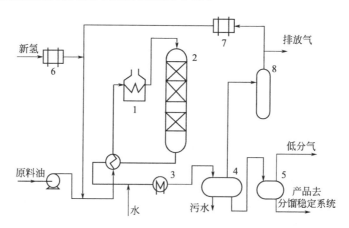

图 6-16　典型焦化汽油加氢精制典型工艺流程

1—加热炉；2—反应器；3—冷却器；4—高压分离器；5—低压分离器；
6—新氢压缩机；7—循环氢压缩机；8—沉降罐

（2）煤油馏分加氢　直馏煤油加氢处理，主要是对含硫、氮和芳烃高的煤油馏分进行加氢脱硫、脱氮及部分芳烃饱和，以改善其燃烧性能，生产合格的喷气燃料或灯用煤油。

由 RIPP 开发的 RHSS 技术典型的工艺流程见图 6-17 和图 6-18，在实际应用中可以根

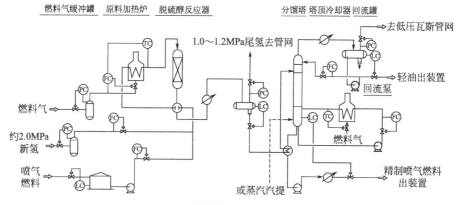

图 6-17　喷气燃料临氢脱硫醇工艺原则流程（一次通过）

据具体情况采用不同的工艺流程。

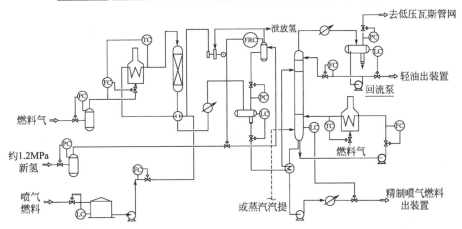

泄放氢

去低压瓦斯管网

轻油出装置

回流泵

燃料气

约1.2MPa
新氢

喷气
燃料

或蒸汽汽提

精制喷气燃料
出装置

图 6-18　喷气燃料临氢脱硫醇工艺原则流程（冷高分循环）

该工艺属浅度加氢处理，主要用于直馏喷气燃料馏分的脱硫醇、脱酸、少量的脱硫和改善产品的颜色，使得产品保持直馏馏分的主要性质特点。采用低温活性高的脱硫醇催化剂，使得整个加氢过程可在比常规加氢处理工艺缓和得多的条件下进行。工业装置投资及操作费用低，原料的适应性强，可长周期运转。既能加工高硫中东直馏喷气燃料馏分，也能加工国内很多直馏喷气燃料馏分。在温度 $240\sim300℃$、压力 $0.7\sim1.3MPa$、空速 $3\sim4h^{-1}$、体积氢油比 $30\sim50$ 的工艺条件下，可将直馏喷气燃料馏分中高达 $622\mu g/g$ 的硫醇降低至小于 $10\mu g/g$，同时油品的酸值和颜色也得到改善。

对于一次通过的流程，氢气来自 $2.0\sim3.0MPa$ 的氢气管网，经流量控制器后与原料油混合，换热、加热到反应所需要的温度，进入加氢反应器，反应后的产物换热后进入气液分离器，氢气由分离器的顶部排出。由于反应过程中氢耗低，氢纯度变化小，反应后的尾氢可以排至 $1.0\sim1.2MPa$ 的氢气管网继续使用，也可以排入具有相近入口压力压缩机的入口，重复使用。液体产物自压至分馏塔系统，分馏塔底部的热源可由重沸炉或重沸器提供。

为了保证分馏效果，分馏塔一般在 $0.05\sim0.15MPa$ 压力下操作，控制塔顶温度 $110\sim130℃$，塔底温度 $210\sim230℃$。为了确保银片腐蚀合格，特别是对于加工高硫油的工厂，可在回流罐的顶部接入一新氢管线，补充一定量的新氢，降低回流罐硫化氢的浓度。

在氢气循环流程中，氢气来自 $1.0\sim1.2MPa$ 的氢气管网或其他加氢装置的外排氢气，氢气经缓冲罐进入循环压缩机的入口，经压缩后与原料油混合，换热、加热到反应所需要的温度，进入加氢反应器，反应产物换热后进入气液分离器，氢气由分离器的顶部排出，进入氢气缓冲罐经循环压缩机循环使用，由于反应过程中氢耗低，氢纯度变化小，当氢气纯度质量分率低于 85% 时，可以从高分外排部分氢气。

表 6-27 是以 $Ni-W/Al_2O_3$ 为催化剂对胜利煤油馏分进行加氢处理结果。

表 6-27 可见，在使用表中催化剂和反应条件下，通过加氢处理，胜利煤油馏分中硫、氮几乎完全脱除，芳烃含量由 16.6% 降至 12.05%，色度从 >5 号降到 <1 号，无烟火焰高度由 $22mm$ 提高到 $26mm$，精制油收率也在 99% 以上。

表 6-27　胜利煤油馏分加氢处理结果

催　化　剂	Ni-W/Al$_2$O$_3$		催化剂	Ni-W/Al$_2$O$_3$	
主要反应条件			原料与产品性质		
总压力/MPa		4.0	硫/(μg/g)	1000	0.3
床层平均温度/℃		325	硫醇硫/(μg/g)	12.1	<1
液时空速/h^{-1}		1.65	氮/(μg/g)	15.4	<0.5
氢/油		473~516	碱氮/(μg/g)	8.6	—
循环氢纯度/%		81~86	酸度/(mg KOH/100mL)	4.21	0.0
精制油收率/%		>99	溴值/(g Br/100g)	—	0.21
氢耗/%		~0.5	芳烃/%	16.6	12.05
原料与产品性质	原料油	产品	燃烧性能	不合格	合格
密度(20℃)/(g/cm^3)	0.8082	0.8037	无烟火焰高度/mm	22	26
馏分范围/℃	174~242	177~246	色度/号	>5	<1

（3）柴油馏分加氢　从技术的发展变化、反应深度和化学反应特征上看，柴油馏分的催化加氢技术主要有以下四种类型：

① 常规加氢处理。该技术主要用于 20 世纪 90 年代以前的直馏柴油馏分加氢脱硫装置，那时对柴油中硫含量要求不大于 0.2%～0.3%。对柴油进行浅度脱硫、脱除极性物，降低酸值，改善油品颜色和气味。在相对缓和的加氢工艺条件就能达到要求，在这样的脱硫深度下，主要脱除的是原料油中那些反应性能强的硫化物、加氢脱除这些硫化物的反应历程特征是硫化物直接氢解。

② 深度加氢脱硫（DHDS—Deep Hydrodesulphurisation）。随着柴油消费量不断增长，柴油机工作时的 SO$_x$ 及颗粒物排放逐渐显现，对柴油中硫含量要求越来越严格。推动深度加氢脱硫技术的开发和应用。该技术的目标使产品柴油的硫含量小于 350～500μg/g。在这样的脱硫深度下，不但要脱除易反应的硫化物，也要脱除绝大部分反应性能属中等的硫化物，甚至可能还要脱除少量难反应的硫化物，加氢脱硫的反应历程特征是，绝大部分硫化物经过直接氢解反应而被脱除，少数难反应硫化物必须先经过加氢或烷基转移，排除硫化物分子中硫原子受到的空间障碍后，才能进行氢解脱硫反应。

③ 超深度加氢脱硫（UDHDS—Ultra Deep Hydodesulphurisation）。目前，一些国家和地区将要实施硫含量为 10μg/g 的超低硫柴油规格。因此自 20 世纪末以来，开发柴油的超深度加氢脱硫技术成了炼油工业技术发展的一个热点。该技术开发的目标是，使产品柴油的硫含量不高于 10～15μg/g。在这样的脱硫深度下，除了要全部脱除易反应以及反应性能属中等的硫化物外，还要几乎全部脱除最难反应的硫化物。因此技术难度更大。

④ 加氢脱芳烃和（或）提高十六烷值。虽然目前对柴油质量日趋严格的要求主要集中在硫含量限值上，但是已有一些国家和地区正在执行或建议采用对芳烃含量（包括含双环芳烃以上的多环芳烃含量）、十六烷值、密度、95%馏出温度（T$_{95}$）等有更高要求的规格指标。以美国、欧洲、日本汽车制造商协会为成员的世界燃料规范委员会提出的柴油质量的建议规格中，对 ULSD 的多项指标都有了具体的要求。在这些指标中，对加氢深度及反应特征影响最大的是芳烃含量和十六烷值。为了满足芳烃体积含量低于 5%～15% 的苛刻要求，必须使芳烃进行深度的加氢饱和反应。为了显著地提高十六烷值，还必须进一步使环烷环断裂。

柴油加氢精制主要是焦化柴油与催化裂化柴油的加氢精制。例如，通过对胜利等原油催化裂化柴油含氮化物组成研究发现，喹啉、咔唑、吲哚类环状氮化物占总氮的 65% 以上，是油品储存不安定与变色的主要组分。因此，加氢脱氮是柴油加氢处理改质的首要目的。

① 直馏柴油加氢。典型直馏柴油加氢处理工艺流程见图 6-19。

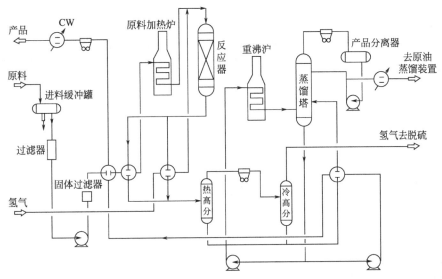

图 6-19 直馏柴油加氢处理流程

原料通过过滤、加压、换热、加热后与氢气混合进入加氢反应器；反应产物通过热高分与冷高压分离器，分离出氢气通过脱硫净化循环使用，反应产物进入蒸馏塔分离出产品。

② 催化裂化柴油加氢。典型催化裂化柴油加氢处理工艺流程见图 6-20。

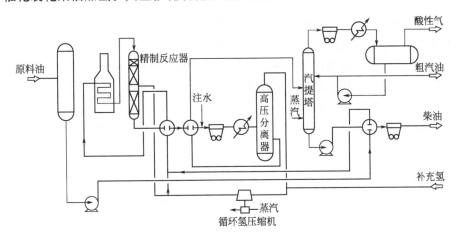

图 6-20 催化裂化柴油加氢处理流程

原料进入装置原料缓冲罐，通过原料泵升压后与产品柴油换热，与氢气混合后再与反应产物进行换热，进入反应加热炉加热至反应温度，进入反应器进行精制反应；反应产物通过换热、注水、空冷及水冷进入高压分离器，分出循环氢与新氢混合进入氢气压缩机，反应产物通过汽提塔分离出气体、粗汽油及精制柴油。

表 6-28 是以 Ni-W/Al$_2$O$_3$ 为催化剂对胜利催化裂化柴油馏分进行加氢处理结果。

由表 6-28 可见，胜利催化裂化柴油在使用 Ni-W/Al$_2$O$_3$ 催化剂，反应压力为 4.2MPa，床层温度 286.5℃，空速 2.0h^{-1} 时，通过加氢处理，脱氮率为 21.7%，脱硫率为 78%。根据 100℃、16h 快速氧化安定性测定，沉渣和透光率有明显改进。在压力 4.0MPa，床层温度 330℃，空速降到 1.5h^{-1} 的条件下，脱硫率可以提到 94.3%，脱氮率达 76%，烯烃饱和率可达 93%。虽然氧化沉渣也有明显改善，然而实际胶质、色度、氧化安定性，均不如浅度精制，可能由于提高加氢深度，虽然可以增加脱硫、脱氮率，但有部分萘系芳烃加氢生成四氢萘，反而使油品不安定。

表 6-28 胜利催化裂化柴油加氢处理结果

催 化 剂		Ni-W/Al$_2$O$_3$	
主要反应条件			
总压力/MPa		4.2	4.0
床层平均反应温度/℃		286.5	330
液时空速/h^{-1}		2.0	1.5
氢油体积比		690	690
氢纯度/%		70	71
精制油收率(质量分数)/%		99.4	99.4
氢耗(对原料)(质量分数)/%		0.68	
原料与产品性质	原料油	产品	产品
密度(20℃)/(g/cm^3)	0.8931	0.8854	0.8789
馏分范围/℃	190~335	208~334	195~332
硫/(μg/g)	4700	1207	266
氮/(μg/g)	660	517	157
碱氮/(μg/g)	75.5	65.8	5.0
实际胶质/(mg/100mL)	97.6	22.8	34.6
酸度/(mg KOH/100mL)	14.62	0.78	—
溴值/(gBr/100g)	0.2	2.54	0.7
色度(ASTM-1500)/号	2.5	<0.5	<1.0
氧化沉渣/(mg/100mL)	1.07	0.13	0.31

③ 焦化柴油加氢。焦化汽油、柴油加氢处理工艺流程图见图 6-21。本流程处理焦化汽油和柴油产品，也可单独处理汽油和柴油。原料经升压、换热后与氢气混合进入反应加热炉升温至反应温度，进入反应器进行精制反应；反应产物通过换热、注水、空冷、水冷后通过高压分离器和低压分离器，分离出循环氢和酸性气体，液体产物通过脱丁烷塔分离出液化气和少量酸性气体，脱丁烷塔塔底液体进入分馏塔分离出粗汽油和柴油。

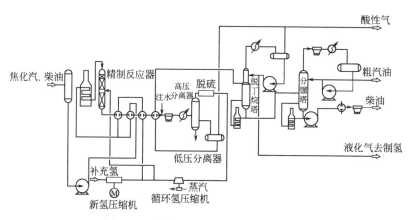

图 6-21 焦化汽油、柴油加氢处理流程

2. 渣油加氢处理

随着原油的重质化和劣质化及硫、氮、金属等杂质含量在渣油中又较为集中，渣油加氢处理主要脱除渣油中硫、氮和金属杂质，降低残炭值、脱除沥青质等，为下游 RFCC 或焦

化提供优质原料；也可以进行渣油加氢裂化生产轻质燃料油。如孤岛减压渣油经加氢处理后，脱除沥青质达 70%，金属达 85% 以上，可直接作为催化裂化原料。实际生产过程往往是将两者结合，既进行改质，又进行裂化。

渣油加氢过程中，发生的主要反应有加氢脱硫、脱氮、脱氧、脱金属等反应，以及残炭前身物转化和加氢裂化反应。这些反应进行的程度和相对的比例不同，渣油的转化程度也不同。根据渣油加氢转化深度的差别，习惯上曾将其分为渣油加氢处理（RHT）和渣油加氢裂化（RHC）。典型渣油加氢处理反应系统工艺流程见图 6-22。

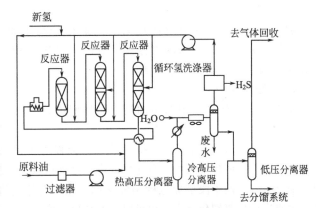

图 6-22　渣油加氢处理反应系统流程

经过滤的原料在换热器内与由反应器来的热产物进行换热，然后与循环氢混合进入加热炉，加热到反应温度。由炉出来的原料进入串联的反应器。反应器内装有固定床催化剂。大多数情况是采用液流下行式通过催化剂床层。催化剂床层可以是一个或数个，床层间设有分配器，通过这些分配器将部分循环氢或液态原料送入床层，以降低因放热反应而引起的温升。控制冷却剂流量，使各床层催化剂处于等温下运转。催化剂床层的数目取决于产生的热量、反应速率和温升限制。

在串联反应器中可根据需要装入不同类型的催化剂，如脱金属催化剂、脱氮催化剂和裂化催化剂，以实现不同的加氢目的。

渣油加氢处理工艺流程与有一般馏分油加氢处理流程有以下几点不同：

① 原料油首先经过微孔过滤器，以除去夹带的固体微粒，防止反应器床层压降过快；

② 加氢生成油经过热高压分离器与冷高压分离器，提高气液分离效果，防止重油带出；

③ 由于一般渣油含硫量较高，故循环氢需要脱除 H_2S，防止或减轻高压反应系统腐蚀。

某炼厂固定床加氢处理原料和产品性质见表 6-29，反应系统主要操作条件见表 6-30。

表 6-29　固定床渣油加氢反应系统设计原料和主要产品性质

项　目	原料油	石脑油		柴油		加氢渣油	
		SOR	EOR	SOR	EOR	SOR	EOR
密度(20℃)/(g/cm³)	0.9875	0.7582	0.7541	0.8675	0.8656	0.9275	0.9349
S 含量/ %	3.10	0.0015	0.0018	0.015	0.0245	0.52	0.61
N/(μg/g)	2800	15	17	305	320	1500	2000
残炭/ %	12.88	—	—	—	—	6.48	8.00
凝点/ ℃	18	—	—	−15	−15	—	—
Ni/(μg/g)	26.8	—	—	—	—	9.0	11.6
V/(μg/g)	83.8	—	—	—	—	8.7	11.4
Fe/(μg/g)	<10	—	—	—	—	1.1	1.2
Na/(μg/g)	<3	—	—	—	—	2.1	2.4
Ca/(μg/g)	<5	—	—	—	—	0.3	0.5

表 6-30　固定床渣油加氢反应系统设计主要工艺条件

项　目	运转初期 (SOR)	运转末期 (EOR)	项　目	运转初期 (SOR)	运转末期 (EOR)
反应温度/℃	385	404	反应器入口气油体积比	650	650
反应平均氢分压/MPa	14.7	14.7	体积空速/h^{-1}	0.2	0.2

三、加氢裂化工艺流程

加氢裂化装置，根据反应压力的高低可分高压加氢裂化（≥10MPa）和中压加氢裂化（<10MPa）；根据原料来源可分为馏分油加氢裂化和渣油加氢裂化；根据操作方式的不同，可分为一段加氢和两段加氢裂化。

1. 一段加氢裂化

根据加氢裂化产物中的尾油是否循环回炼，采用三种操作方式：一段一次通过、一段串联全循环操作及部分循环操作。

（1）一段一次通过流程　一段一次通过流程的加氢裂化装置主要是以直馏减压馏分油为原料生产喷气燃料、低凝柴为主，裂化尾油作高黏度指数、低凝点润滑油料。一段一次通过流程若采用一个反应器。前半段装加氢精制催化剂，主要对原料进行加氢处理，后半段装加氢裂化催化剂，主要进行加氢裂化反应；也可以设两个反应器，前一个反应器进行加氢处理，后一个反应器进行加氢裂化。例如，高压一段一次通过生产燃料和润滑油料加氢裂化流程见图 6-23。

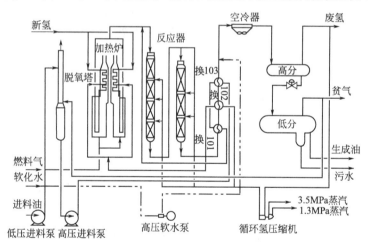

图 6-23　高压一段一次通过生产燃料和润滑油料加氢裂化流程

该流程采用两个反应器串联，氢气、原料与生成油分别换热，氢气通过加热炉，炉后混油的换热、加热流程。以大庆 300～545℃减压馏分油为原料，该流程有两种方案，即—35号柴油和 3 号喷气燃料方案。

主要操作条件：处理反应器入口压力：17.6MPa；反应温度：390～405℃；氢油比：1800：1；空速：1.0～2.8h^{-1}；循环氢纯度：91%。产品及收率见表 6-31。

表 6-31　产品收率　　　　　　　　　　　　　　单位:%

产品方案	喷气燃料	柴油	产品方案	喷气燃料	柴油
石脑油	27.22	27.33	尾油	23.81	16.19
染料溶剂油	—	3.25	液化石油气	1.80	1.71
—35 号柴油	3 号喷气燃料 22.13	20.14	燃料气	2.70	2.66
0 号柴油	N7[①]组分油 11.62	13.41	损失	1.21	1.06
冷榨脱蜡料	12.32	17.06			

① N7 为高速机油调和组分。

主要产品性质：

—35 号柴油，硫含量为 0.0002%，凝点为 −37℃；

3 号喷气燃料，硫含量为 0.0002%，结晶点为 −53℃；

加氢裂化尾油，凝点为 19℃，通过临氢处理可获得润滑油基础油。

（2）一段串联循环流程　一段串联循环流程是将尾油全部返回裂解段裂解成产品。根据目的产品不同，可分为中馏分油型（喷气燃料—柴油）和轻油型（重石脑油）。

例如，以胜利原油的减压馏分油与胜利渣油的焦化馏分油混合物为原料生产中间馏分油加氢裂化反应部分流程见图 6-24。采用处理-裂化-处理模式。

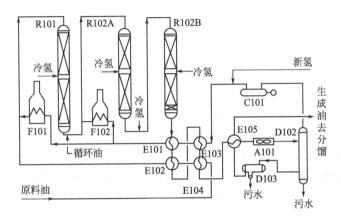

图 6-24　一段串联全循环加氢裂化反应系统流程图

R101—处理反应器；R102A、R102B—裂化反应器；F101、F102—循环氢加热炉；C101—循环氢压缩机；
E101、E103—反应物循环氢换热器；E102、E104—反应物原料油换热器；E105—反应物分馏进料换热器；
A101—高压空冷器；D102—高压分离器；D103—低压分离器

主要操作条件如下。

进料量/(t/h)：原料油为 100，循环油为 60；

体积空速/h^{-1}：处理段为 0.941，裂化段为 1.14，后处理段为 15.0；

补充新氢纯度/%：95.0；

氢油比/(m^3/m^3)：处理段入口为 842.3，裂化段入口为 985；

裂化反应器入口压力/MPa：17.5；

反应温度/℃：R101 处理反应器和 R102 裂化反应器运转初期的入口、出口及平均温度分别为 355.3℃、392.8℃、380.9℃ 和 385.9℃、390.1℃、386.6℃。

原料油性质见表 6-32，减压馏分油与焦化馏分油按 9：1 混合。主要产品性质及收率见表 6-33。

表 6-32　原料油性质

项　　目	减压馏分油	焦化馏分油	项　　目	减压馏分油	焦化馏分油
密度(15℃)/(g/cm³)	0.9018	0.9086	金属含量/(μg/g)		
总硫(质量分数)/%	0.57	0.86	Ni	0.25	0.55
总氮(质量分数)/%	0.159	0.6189	Cu	<0.1	<0.1
康氏残炭(质量分数)/%	0.18	0.56	V	<0.1	<0.1
馏程(5%～100%)/℃	345～531	306～502	Na	0.18	0.16
金属含量/(μg/g)			Pb	<0.1	<0.1
Fe	0.37	0.46	As	<0.5	<0.5

表 6-33 主要产品性质及收率

产品	轻石脑油	重石脑油	3号喷气燃料	轻柴油
密度(15℃)/(g/cm³)	0.6742	0.7418	0.7842	0.8064
馏程/℃	44~100	102~143	159~273①	249~327
辛烷值(RON)	76.2	—	—	—
十六烷值(计算)	—	—	—	73
倾点/℃	—	—	—	—6
结晶点/℃	—	—	—54.7	—
烟点/mm	—	—	36	—
芳烃体积分数/%	1	41.7	2.25	—
总硫/(μg/g)	<1	<1	<1	<1
总氮/(μg/g)	<1	<1	—	<1
产率②占进料/m%	16.4	13.1	43.1	21.6

① 10%~干点；②运转初期。

2. 二段加氢裂化

在二段加氢裂化的工艺流程中设置两个（组）反应器，但在单个或一组反应器之间，反应产物要经过气-液分离或分馏装置将气体及轻质产品进行分离，重质的反应产物和未转化反应物再进入第二个或第二组反应器，这是二段过程的重要特征。它适合处理高硫、高氮减压蜡油，催化裂化循环油，焦化蜡油，或这些油的混合油，亦即适合处理单段加氢裂化难处理或不能处理的原料。二段工艺简化流程见图 6-25。

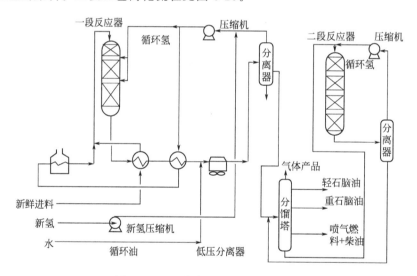

图 6-25 二段加氢裂化工艺原理流程

该流程设置两个反应器，一反为加氢处理反应器，二反为加氢裂化反应器。新鲜进料及循环氢分别与一反出口的生成油换热，加热炉加热，混合后进入一反，在此进行加氢处理反应。一反出料经过换热及冷却后进入分离器，分离器下部的物流与二反流出物分离器的底部物流混合，一起进入共用的分馏系统，分别将酸性气以及液化石油气、石脑油、喷气燃料等产品进行分离后送出装置，由分馏塔底导出的尾油再与循环氢混合加热后进入二反。此时进入二反物流中 H_2S 及 NH_3 均已脱除干净，油中硫、氮化合物含量也很低，消除了这些杂质对裂化催化剂的影响，因而二反的温度可大幅度降低。此外，在两段工艺流程中，二反的氢气循环回路与一反的相互分离，可以保证二反循环氢中较少的 H_2S 及 NH_3 含量。

与一段工艺相比，二段工艺具有气体产率低、干气少、目的产品收率高、液体总收率高；产品质量好，特别是产品中芳烃含量非常低；氢耗较低；产品方案灵活大；原料适应性强，可加工更重质、更劣质原料等优点。但二段工艺流程复杂，装置投资和操作费用高。

反应系统的换热流程既有原料油、氢气混合与生成油换热方式。也有原料油、氢气分别与生成油换热的方式，后者的优点是：充分利用其低温位热，以利于最大限度降低生成油出换热器的温度；降低原料油和氢气在加热过程中的压力降，有利于降低系统压力降。

氢气与原料油有两种混合方式：即"炉前混油"与"炉后混油"。前者是原料油与氢气混合后一同进加热炉。而后者是原料油只经换热，加热炉单独加热氢气，随后再与原料油混合。"炉后混油"的好处是，加热炉只加热氢气，炉管中不存在气液两相，流体易于均匀分配，炉管压力降小，而且炉管不易结焦。

以上探讨均为高压加氢裂化工艺。除此之外，还有从轻质直馏减压馏分油生产喷气燃料、低凝柴油为主的中压加氢裂化；以及用直馏减压馏分油控制单程转化率的中压缓和加氢裂化，生产一定数量的燃料油品，尾油作为生产乙烯裂解原料。

四、影响加氢的因素

实际生产过程中影响催化加氢结果的因素主要有原料的组成和性质、催化剂的性能、工艺方案和技术、操作条件及设备结构等。

1. 原料的组成、性质

参与加氢过程的反应原料有原料油及氢气（新氢和循环氢混合物）。

（1）原料油的组成、性质　无论加氢处理，还是加氢裂化，其主要目的都是除去杂质和改质，加氢处理主要除去氧、氮、硫及金属，另外还将不饱和烃改质为饱和烃。而加氢裂化则是在除去氧、氮、硫及金属的基础上，更侧重于将大分子改质为小分子及稠环化合物改质为少环或链状化合物。

原料油的组成和性质决定要除去杂质组分和改质组分的含量及结构。原油来源不同，其组分含量有差异。馏分油来源、切割位置和范围不同，其组分含量也不同。原油越重、馏分油切割终馏点越高，则馏分中杂质元素含量和重质芳烃含量越高，且其构成的化合物结构也越复杂，也就是越不容易加氢除去杂质和改质。对于二次加工馏分油，由于加工方法不同，其组成也不同。如，焦化柴油的烯烃含量较催化裂化柴油高。评价加氢原料组成和性质的指标有馏分、特性因数、杂质元素的含量、实际胶质、溴值、酸度、色值等。对于不同原料只有采取选择相应的催化剂、工艺流程和操作条件等措施，以达到预期的加氢目的。原料油组成、性质对催化加氢影响分析见表6-34。

表6-34　原料组成、性质对催化加氢影响分析

影响因子	影响分析	指标要求
S	加氢脱硫反应速率快、放热量大，易引起床层升温，反应深度增加，催化剂失活加快	<几微克每克
N	原料中氮含量提高，脱氮率下降；对催化剂活性产生抑制或中毒；由于有杂环饱和反应，耗氢量大	加氢裂化原料氮含量<$10\mu g/g$
烯烃	烯烃易聚合生焦，使催化剂失或及床层压降增大；烯烃饱和是强放热反应，易引起床层升温及增大耗氢量	
芳烃	芳烃对硫化物的 HDS 有抑制作用，易聚合生焦；芳烃加氢饱和是强放热反应，并受热力学平衡限制	
沥青质	沥青质是加氢过程主要结焦前驱物，易生焦；影响加氢产品优势	<$100\mu g/g$
铁、镁、钙、钠	铁、镁、钙、钠离子易形成硫化物污垢，使床层压降增大	铁含量<$2\mu g/g$

影响因子	影响分析	指标要求
镍、钒、铜、铅	镍、钒、铜、铅等重金属易使催化剂中毒	$<1\mu g/g$
砷、硅	砷、硅使催化剂中毒	砷$<100\mu g/g$ 硅$<2\mu g/g$
馏程	原料油馏程变重,芳烃、沥青质、金属含量增加,残炭值增大,催化剂的结焦趋势加快,运转周期缩短	限制初馏点和干点
残碳	残碳值高,催化剂易结焦	一般小于0.2%

(2) 原料油的处置　原料油是否经过适当的处置,将直接影响到装置的正常开工及生产。对于原料油的处置,主要体现在惰性气体保护、脱水以及过滤三个方面。

① 原料油的保护。从罐区送来的原料,不论是直馏的或是二次加工的,在储罐中均要进行保护。

保护的作用主要是防止接触空气中的氧。研究表明,在储存时原料油中的芳香硫醇氧化产生的磺酸可与吡咯发生缩合反应而产生沉渣、烯烃与氧可以发生反应形成氧化产物,氧化产物又可以与含硫、氧、氮的活性杂原子化合物发生聚合反应而形成沉渣。沉渣是结焦的前驱物,它们容易在下游设备中的较高温部位,如生成油/原料油换热器及反应器顶部,进一步缩合结焦,造成反应器和系统压降升高、换热效果下降等。因此防止原料油与氧气接触,是避免和减少换热器和催化剂床层顶部结焦的十分必要的措施。

原料油的保护方法主要有惰性气体保护和内浮顶储罐保护。惰性气体保护是用不含氧气的气体充满油面以上空间,使原料油与氧气隔绝。一般用氮气作保护气,也可用炼厂的瓦斯气作为保护气。装置运转期间应对原料油保护气进行定期采样,分析氧含量。为达到良好的保护效果,惰性气体中的氧含量应低于$5\mu L/L$。

② 原料油的脱水。加氢原料在进装置前要脱除掉明水。原料油中含水有多方面的危害,一是引起加热炉操作波动,炉出口温度不稳,反应温度随之波动,燃料耗量增加,产品质量受到影响;二是原料中大量水汽化后引起装置压力变化,恶化各控制回路的运行;三是对催化剂造成危害,高温操作的催化剂如果长时间接触水分,容易引起催化剂表面活性金属组分的老化聚结,活性下降,强度下降,催化剂颗粒发生粉化现象,堵塞反应器。

原料油脱水主要应在原料罐区进行,可分为原料油中水的沉降和脱除两个过程。为了解决原料带水,原料油罐一般安排三个,第一个用于接收油,第二个进行水、淤渣的沉降并脱除,第三个用于出料,原料从此罐进入装置。三个罐切换操作。原料油罐中的原料油量应能维持装置正常操作10h以上,以使罐中的水和淤渣等有足够的时间沉降并脱除。严禁使用一个罐进行边收料、边出料的方式操作,这种操作方式将严重影响水、淤渣等的沉降和分离,而且易导致罐底的沉渣被搅动并进入下游设备。

另外,通常在装置内原料油进加热炉前设置卧式脱水罐,操作人员应定期进行脱水。加氢催化剂的设计一般要求原料油中含水低于$300\mu g/g$。

③ 原料油的过滤。原料油中常带有一些固体颗粒(如焦化装置馏出油中含有一定量的炭粒),特别是当原料油酸值高时因设备腐蚀还生成一些腐蚀产物。这些杂质将沉积在催化剂床层中,导致反应器压降升高而使装置无法操作。因此,原料油在进入反应器前应先经过过滤装置,脱除其中的固体颗粒物。

目前,加氢装置,特别是加氢裂化装置和渣油加氢装置多采用自动切换的多列原料过滤器。固体颗粒沉积在过滤元件上,当压降升高到预先设定的差压值时,差压开关启动过滤器的反冲洗程序,并将原料油自动切换到另一列过滤器。反冲洗下来的油必须经沉降后才能再进入加氢装置。

过滤器的滤芯孔一般小于 $20\sim25\mu m$。

（3）反应进料氢气组成　催化加氢是耗氢过程，必须不断补充新氢。在实际生产中未消耗的氢气采用循环操作，实际进入反应器的反应进料氢气包括量部分，即新氢和循环氢，因此参与反应的氢气组成取决于新氢及循环氢比例及各自组成。

① 新氢组成。新氢含有氢气、轻烃、惰性气体及杂质，其组成主要取决于氢气生产方法，新氢纯度对系统氢分压、循环氢纯度及装置氢耗影响较大。表 6-35 列出不同来源新氢组成。

表 6-35　主要新氢组成

来　源	$H_2/\%$	轻烃/%					惰性气/%		杂质/($\mu L/L$)			
		C_1	C_2	C_3	C_4	C_5^+	Ar	N_2	$CO+CO_2$	H_2O	H_2S[①]	HCl[①]
连续重整	92	3.3	2.3	1.3	0.9	0.2	—	—	20	—	—	<1
半再生重整	86.6	6.1	2.6	1.6	0.8	0.3	—	<2[②]	—	30	5	
乙烯	95.0	5.0	—	—	—	—	—	—	20	—	—	
制氢	99.90	0.05	—	—	—	—	—	0.05	50	—	0.5	1
合成氨	74.64	0.34	—	—	—	—	0.4	24~25	—	—	—	

① mg/m^3；② $\mu L/L$。

② 循环氢组成。循环氢组成取决于新氢纯度、新氢补充量、循环氢放空量及高压分离器分离条件。

③ 反应进料氢气影响。由于惰性气体（如氮气、氢气等）在油中的溶解度很低，气体平衡常数小，这些组分会在高分气相中累积。只有当这些组分在气相中的浓度足够高时，才会使高分生成油中溶解的量与带入的量达成平衡，随着高分生成油而排出高压系统。因此新氢中带有惰性气体组分时将显著降低循环氢的氢纯度，系统氢分压下降。新氢中的轻烃，尤其是甲烷，其溶解度接近惰性气体，这些烃类随着新氢进入装置并在循环气中累积，使得循环氢纯度下降，为了维持循环氢的氢浓度及系统的氢分压，在实际操作中不得不排放一定的循环氢并补充新氢，从而增加氢气耗量。

氢气中杂质主要对加氢催化剂及生产过程有影响。如 CO 和 CO_2 的影响主要表现为：

● CO_2 加氢转化为 CO，该反应为吸热反应，在加氢反应条件下有利于平衡正向进行，从而造成循环氢中 CO 浓度比 CO_2 浓度高；

● 在含镍或钴催化剂作用下，CO 和 CO_2 分别与氢气在 $200\sim350℃$ 条件下反应生成甲烷，同时放出大量的热，甲烷化反应产生的热使反应器内催化剂床层温升过高，温度分布不均，影响装置正常操作；

● CO 与 CO_2 和氢气在催化剂活性中心会发生竞争吸附，影响加氢活性中心的利用；

● CO 可能与催化剂上的金属组分形成有毒的易挥发羰基化合物而造成催化剂腐蚀，降低催化剂活性。

加氢工艺和催化剂性质不同对新氢纯度的要求也不同。一般加氢处理可直接使用重整氢作新氢补充。非贵金属加氢处理催化剂允许使用纯度较低的新氢。有的加氢过程，如加氢裂化对氢纯度要求较高，特别是对 CO 和 CO_2 总量有较严格的要求。贵金属催化剂和渣油加氢过程也要求使用较高纯度的新氢。

（4）反应氢油比　氢油比是单位时间里进入反应器的氢气流量与原料油量的比值，工业装置上通用的是体积氢油比，它是以每小时单位体积的进料所需要通过的循环氢气的标准体积量表示。

氢油比的变化其实质是影响反应过程的氢分压。增加氢油比，有利于加氢反应进行；提高催化剂寿命；但过高的氢油比将增加装置的操作费用及设备投资。

2. 催化剂性能

催化加氢催化剂的性能取决与其组成和结构，根据加氢反应侧重点不同，加氢催化剂可分为加氢处理和加氢裂化两大类。

加氢催化剂主要由三部分组成，主催化剂提供反应的活性和选择性；助催化剂主要改善主催化剂的活性、稳定性和选择性；载体主要提供合适的比表面积和机械强度，有时也提供某些反应活性，如加氢裂化中的裂化及异构化所需的酸性活性。

（1）加氢处理催化剂　加氢处理催化剂根据其主要催化功能可分为加氢饱和（烯烃、炔烃和芳烃中不饱和键加氢）、加氢脱硫、加氢脱氮、加氢脱金属催化剂；也可根据处理原料类型分为轻质馏分、重质馏分油、石蜡和特种油及渣油加氢处理催化剂。

加氢处理催化剂中常用的加氢活性组分有铂、钯、镍等金属和钨、钼、镍、钴的混合硫化物，它们对各类反应的活性顺序为

加氢饱和　　　$Pt, Pb > Ni > W\text{-}Ni > Mo\text{-}Ni > Mo\text{-}Co > W\text{-}Co$

加氢脱硫　　　$Mo\text{-}Co > Mo\text{-}Ni > W\text{-}Ni > W\text{-}Co$

加氢脱氮　　　$W\text{-}Ni > Mo\text{-}Ni > Mo\text{-}Co > W\text{-}Co$

为了保证金属组分以硫化物的形式存在，在反应气氛中需要一个最低的 H_2S 和 H_2 分压之比值，低于这个比值，催化剂活性会降低和逐渐丧失。

加氢活性主要取决于金属的种类、含量、化合物状态及在载体表面的分散度等。

活性氧化铝是加氢处理催化剂常用的载体，这主要是因为活性氧化铝是一种多孔性物料，它具有很高的表面积和理想的孔结构（孔体积和孔径分布），可以提高金属组分和助剂的分散度。制成一定形状颗粒的氧化铝还具有优良的机械强度和物理化学稳定性，适宜于工业过程的应用。

载体性能主要取决于载体的比表面积、孔体积、孔径分布、表面特性、机械强度及杂质含量等。

（2）加氢裂化催化剂　加氢裂化催化剂属于双功能催化剂，即催化剂由具有加（脱）氢功能的金属组分和具有裂化功能的酸性载体两部分组成。根据不同的原料和产品要求，对这两种组分的功能进行适当的选择和匹配。

加氢裂化催化剂根据加氢活性金属分为非贵金属和贵金属催化剂。

非贵金属催化剂主要用ⅥB族的 Mo 和 W 及Ⅷ族的 Co 和 Ni 等金属元素，可以是单组分、双组分或多组分，多采用 W-Ni、Mo-Ni 和 Mo-Co 等组合。非贵金属催化剂在使用前必须进行预硫化，并且在使用过程中维持一定的 H_2S 分压，避免活性组分被还原。非贵金属催化剂主要用于单段、一段串联及两段加氢工艺过程。

贵金属催化剂主要用 Pt 和 Pd 等贵金属元素。贵金属加氢催化剂仅用于有独立循环氢系统的两段加氢工艺的第二段。

在加氢裂化催化剂中加氢组分的作用是使原料油中的芳烃，尤其是多环芳烃加氢饱和；使烯烃，主要是反应生成的烯烃迅速加氢饱和，防止不饱和分子吸附在催化剂表面上，生成焦状缩合物而降低催化活性。因此，加氢裂化催化剂可以维持长期运转，不像催化裂化催化剂那样需要经常烧焦再生。

常用的加氢组分按其加氢活性强弱次序为

$$Pt, Pd > W\text{-}Ni > Mo\text{-}Ni > Mo\text{-}Co > W\text{-}Co$$

铂和钯虽然具有最高的加氢活性，但由于对硫的敏感性很强，仅能在两段加氢裂化过程

中，无硫、无氨气氛的第二段反应器中使用。在这种条件下，酸功能也得到最大限度的发挥，因此产品都是以汽油为主。

在以中间馏分油为主要产品的一段法加氢裂化催化剂中，普遍采用 Mo-Ni 或 Mo-Co 组合。在以润滑油为主要产品时，则都采用 W-Ni 组合，有利于脱除润滑油中最不希望存在的多环芳烃组分。

加氢裂化催化剂中裂化组分的作用是促进 C—C 链的断裂和异构化反应。常用的裂化组分是无定形硅酸铝和沸石，通称为固体酸载体。其结构和作用机理与催化裂化催化剂相同。

加氢裂化催化剂根据载体的酸性组成分为无定形和结晶型。

无定形载体主要有无定形硅铝、无定形硅镁及改性氧化铝。无定形硅铝载体酸性弱、酸中心数少、平均孔径大，不宜发生过度裂解和二次裂解少，有利于生产中间馏分油，尤其柴油。

结晶型载体催化剂酸性是由经过改性分子筛，再配以无定形硅铝、无定形硅镁及改性氧化铝组分。其特点是酸性强、酸中心数多、平均孔径小，具有较高的裂解活性、较大的生产灵活性及较强的原料适应性。

不论是进料中存在的氮化合物，以及反应生成的氨，对加氢裂化催化剂都具有毒性。因为氮化合物，尤其是碱性氮化合物和氨会强烈地吸附在催化剂表面上，使酸性中心被中和，导致催化剂活性损失。因此，加工氮含量高的原料油时，对无定形硅铝载体的加氢裂化催化剂需要将原料预加氢脱氮，并分离出 NH_3 以后再进行加氢裂化反应。但对于含沸石的加氢裂化催化剂，则允许预先加氢脱氮过的原料带着未分离的氨直接与之接触。这是因为沸石虽然对氨也是敏感的，但由于它具有较多的酸性中心，即使有氨存在下仍能保持较高的活性。

考察选择加氢裂化催化剂性能时要综合考虑催化剂的加氢活性，裂化活性，对目的产品的选择性，对硫化物、氮化物及水蒸气的敏感性，运转稳定性和再生性能等因素。

（3）催化剂装填　反应器的催化剂装填工作可以分为新反应器（或者空置的反应器）的装填、催化剂器内再生后卸出催化剂并重新装填、反应器撇头后补充催化剂装填三种形式。具体装填要求及方法参见第五章重整催化剂装填相关内容。

（4）催化剂氮气干燥　加氢反应器催化剂装填结束后，即可开始装置的氮气气密工作，在氮气气密结束后，如果催化剂供应商要求对催化剂进行氮气干燥，则可以在气密结束后进行。

绝大多数加氢催化剂都以氧化铝或含硅氧化铝作为载体，属多孔物质，吸水性很强，一般吸水量可达 1%～3%，最高可达 5% 以上。催化剂含水主要有以下危害。

① 当潮湿的催化剂与热的油气接触升温时，其中所含水分迅速汽化，导致催化剂孔道内水汽压力急剧上升，容易引起催化剂骨架结构被挤压崩塌。

② 反应器底部催化剂床层温度较低时，下行的水蒸气被催化剂冷凝吸收要放出大量的热，又极易导致下部床层催化剂机械强度受损，严重时发生催化剂颗粒粉化现象，从而导致床层压降增大。

因此，有的催化剂供应商或者技术专利商推荐在催化剂进行预硫化前要进行氮气干燥脱水。

对催化剂进行氮气干燥步骤时，一般要求氮气纯度（体积分数）>99.5%、氧含量（体积分数）<0.3%、（氢＋烃）含量（体积分数）<0.3%、水含量<300μL/L。并在氢气进装置、高分气体去瓦斯管网、原料油进高压系统管线、低分气体去瓦斯管网、低分油去分馏系统等管线上加装隔离盲板。

（5）催化剂的预硫化　加氢催化剂的钨、钼、镍、钴等金属组分，使用前都是以氧化物的状态分散在载体表面。而起加氢活性却是硫化态，在加氢运转过程中，虽由于原料油中含有硫化物，可通过反应而转变成硫化态，但往往由于在反应条件下，原料油含硫量过低，硫化不完全而导致一部分金属还原，使催化剂活性达不到正常水平。故目前这类加氢催化剂，多采用预硫化方法，将金属氧化物在进油反应前转化为硫化态。

加氢催化剂的预硫化，有气相预硫化与液相预硫化两种方法：气相预硫化（亦称干法预硫化），即在循环氢气存在下，注入硫化剂进行硫化；液相预硫化（亦称湿法预硫化），即在循环氢气存在下，以低氮煤油或轻柴油为硫化油，携带硫化剂注入反应系统进行硫化。

影响预硫化效果的主要因素为预硫化温度和硫化氢浓度。

注硫温度主要取决于硫化剂的分解温度。例如，采用 CS_2 为硫化剂，CS_2 与氢开始反应生成 H_2S 的温度为 175℃，因此，注入 CS_2 的温度应在 175℃ 以下，使 CS_2 先在催化剂表面吸附，然后在升温过程中分解。

当反应器催化剂床层被 H_2S 穿透前，应严格控制床层温度不能超过 230℃，否则一部分氧化态金属组分会被氢气还原成低价金属氧化物或金属元素，致使硫化不完全。再则还原反应与硫化反应将使催化剂颗粒产生内应力，导致催化剂的机械强度降低。

同时，还原金属对油具有强烈的吸附作用，在正常生产期间会加速裂解反应，造成催化剂大量积炭，活性迅速下降。

因此，必须严格控制整个预硫化过程各个阶段的温度和升温速度。硫化最终温度一般为 360～370℃。

循环氢中硫化氢浓度增高，硫化反应速率加快，当硫化氢浓度增加到一定程度之后，硫化反应速率就不再增加。但是在实际硫化过程中，受反应系统材质抗硫化氢腐蚀性能的限制，不可能采用过高的硫化氢浓度。一般预硫化期间，循环氢中硫化氢体积分数限制在＜1.0％。

预硫化过程一般分为催化剂干燥、硫化剂吸附和硫化三个主要步骤。

（6）催化剂再生　加氢催化剂在使用过程中由于结焦和中毒，使催化剂的活性及选择性下降，不能达到预期的加氢目的，必须停工再生或更换新催化剂。

国内加氢装置一般采用催化剂器内再生方式，有蒸汽-空气烧焦法和氮气-空气烧焦法两种。对于 γ-Al_2O_3 为载体的 Mo、W 系加氢催化剂，其烧焦介质可以为蒸汽或氮气，但对于以沸石为载体的催化剂，如再生时水蒸气分压过高，可能破坏沸石晶体结构，而失去部分活性，因此必须用氮气-空气烧焦法再生。目前，工业上使用的催化剂再生方法有两种，一种为器内再生，即催化剂在加氢装置的反应器中不卸出，直接采用含氧气体介质再生，这是早期使用的一种催化剂再生方法；另一种为近期越来越普遍使用的器外再生方法，它是将待再生的失活催化剂从反应器中卸出，运送到专门的催化剂再生工厂进行再生。本节主要对催化剂器内再生进行阐述。

① 再生前的预处理及准备。在反应器烧焦之前，需先进行催化剂脱油与加热炉清焦。催化剂脱油主要根据加工原料的性质，采取"退油＋热氢气提催化剂床层"或"轻油洗涤退油＋热氢气提催化剂床层"的措施处理后，用氮气将可燃气体置换合格。这一步骤虽然耗用一定的时间，但是为烧焦提供了安全保证，并能大幅度缩短第一阶段的烧焦时间。对于采用加热炉加热原料油的装置，在再生前，加热炉管必须清焦，以免影响再生操作和增加空气耗量。炉管清焦一般用水蒸气-空气烧焦法，烧焦时应将加热炉出、入口从反应部分切出，蒸汽压力为 0.2～0.5MPa，炉管温度约为 550～620℃。可以通过固定蒸汽流量变动空气注入量，或固定空气注入量变动蒸汽流量的办法来调节炉管温度。

对前置反应器撇顶处理（颗粒杂质经常堵塞分配器，上部床层形成硬盖）也是解决烧焦时流体分布均匀、防止局部过热超温，防止烧焦过程中杂质下移的重要措施。注氨、注碱和注软化水系统要吹扫干净，各类设备处于完好待用状态。

准备好 NaOH 溶液（用软化水配制成 4％～5％的 NaOH 水溶液）、无水液氨、缓蚀剂，缓蚀剂用软化水调稀加入到碱液中。

建立再生流程，按再生流程用盲板对系统进行隔离。加氢裂化装置催化剂器内再生流程见图 6-26。

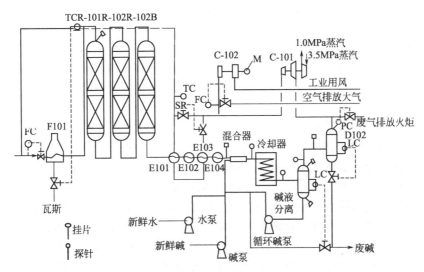

图 6-26　加氢裂化催化剂器内再生工艺流程

在反应器的入口及出口安装好氧含量在线分析仪，仪器调校准确，保证及时提供数据，做到数据可靠。

联系化验，做好表 6-36 所列项目分析的准备。

表 6-36　催化剂再生分析项目及频次

项　目	采用部位	分析频率/(次/h)	项　目	采用部位	分析频率/(次/h)
O_2	反应器入口、出口	0.5	NH_4^+	循环碱液	4
CO_2	反应器入口、出口	2	SO_4^{2-}	废碱液	8
SO_2、SO_3	反应器出口、循环气	1	Fe^{2+}	循环碱液	4
NH_3	循环气	1	pH 值	循环碱液	0.5

② 烧焦再生操作步骤。

●氮气循环升温阶段。

用氮气以 2～3MPa/h 的速度将系统升压至要求值，循环压缩机全量循环。

氮气循环稳定后，启动中和系统，开启注碱泵，开始注入 5％NaOH 溶液，高分液面建立并达到要求后启动循环碱液泵，建立装置内部碱液循环，循环碱泵全量循环。

加热炉点火，以 20℃/h 的速度将反应器入口温度提高至 300～330℃的再生烧焦的起始温度，并保持恒温。此时反应器各床层温度达到 260℃以上。

调节循环碱液量使混合器出口温度低于要求值（如 110℃）、调节冷却水量使烟气温度低于要求值（如 50℃）、启动并调好在线 O_2 和 CO_2 含量分析仪表。

●引风烧焦。引风烧焦分 3～4 段进行，每段烧焦通过严格控制反应器入口温度与入口最大氧浓度。

③ 再生注意事项。

● 系统洗涤、吹扫干净。再生前，必须用精制油把催化剂上的残油洗涤除去。同时要将系统管道、冷换设备、容器内残留的油气排掉。要求把系统内的氢气和油气吹扫干净（确保 $HC+H_2$ 含量 $<0.6\%$）。

● 控制烧焦速度。烧焦速度过快（温升过高），会损害催化剂。另外在短时间内会产生大量的 SO_2、CO_2 它们与 $NaOH$ 反应，生成大量的盐类，会结晶析出堵塞设备。

● 控制反应器入口温度。反应器入口温度是再生过程应控制的一个关键参数。整个再生过程中都必须严格按规定指标执行。床层各点温度绝对不允许超过 $480℃$。

● 控制反应器入口氧含量。反应器入口的氧浓度是用来控制再生温度的最重要的参数。床层最高温度发生在燃烧段，并且燃烧段通过反应器床层向下移。为使再生后催化剂有最大活性，再生温度不应超过限值，一旦发现温度超高应及时降低空气量，甚至切断空气。再生过程中，不允许同时提高反应器进口的温度和氧浓度，因为这易导致催化剂床层烧焦温度超过允许值。

● 控制空冷器入口注入稀碱液的浓度。再生过程中生成的盐主要有 NH_4HCO_3、$NaHCO_3$、Na_2CO_3、$NaHSO_3$ 和 Na_2SO_3 等。注入稀碱溶液既可中和 SO_2 和 CO_2 以防腐蚀，又可降低这些盐在水溶液中的浓度，以防结晶析出。用 5% 稀碱液注入空冷器入口，即使有部分水汽化，但其浓度仍可保证不会发生 $NaOH$ 碱脆。

● 控制压缩机入口的 NH_3 含量。过量的 NH_3 是造成 NH_4HCO_3 结晶的一个原因，因而要控制系统中的氨含量。保证稳定的再生速率和稳定的注氨量，一般可以维持系统中的氨含量在 $10mg/m^3$ 左右。但在再生后期，由于 SO_2、CO_2 气体生成量减少，循环碱液的 pH 值升高，循环气中的氨含量会上升。此时应注意及时调整循环碱液的 pH 值，不能采用降低或停止注氨的办法，否则会引起设备的腐蚀。

● 控制循环气中的 CO_2 含量。循环气中的 CO_2 含量也是造成 NH_4HCO_3 结晶的另一个原因。用氮气置换的方法降低 CO_2 含量是不经济的，也是难于奏效的。最好的办法是控制循环碱液的 pH 值。

● 控制循环碱液的 pH 值。为了保持理想的 CO_2 和 NH_3 含量，必须控制好循环碱液的 pH 值。为控制 CO_2 在循环气中的含量，pH 值应控制在 8.0 以上。为维持合适的 NH_3 含量，pH 值应控制在 10 以下。

● 备足合格的各种化学品。为防止再生产物对设备腐蚀，应备足合格的化学试剂，并按规定进行中和操作。再生结束后，停注无水液氨和碱液，但应继续注入脱氧水或新鲜水，直到系统洗涤干净。

● 控制注碱点温度。为防止碱脆，稀碱液注入点的温度应低于 $200℃$，最好为 $140\sim150℃$。

● 考察腐蚀速度。为考察中和操作对设备腐蚀的抑制情况，可在三个注碱处后挂片（注碱口前、注碱口后、空冷器出口）。再生结束后取下挂片，进行腐蚀分析。如有可能，可采用腐蚀探针随时测定再生过程中设备的腐蚀程度。

3. 工艺条件

影响加氢过程主要工艺条件有反应温度、压力、空速及氢油比。

（1）反应温度　温度对反应过程的影响主要体现在温度对反应平衡常数和反应速率常数的影响。

对于加氢处理反应而言，由于主要反应为放热反应，因此提高温度，反应平衡常数减小，这对受平衡制约的反应过程尤为不利，如脱氮反应和芳烃加氢饱和反应。加氢处理的其他反应平衡常数都比较大，因此反应主要受反应速率制约，提高温度有利于加快反应速率。

温度对加氢裂化过程的影响，主要体现为对裂化转化率的影响。在其他反应参数不变的情况下，提高温度可加快反应速率，也就意味着转化率的提高，这样随着转化率的增加导致低分子产品的增加而引起反应产品分布发生很大变化，这也导致产品质量的变化。

在实际应用中，应根据原料组成和性质及产品要求来选择适宜的反应温度。

（2）反应压力　在加氢过程中，反应压力起着十分关键的作用，加氢过程反应压力的影响是通过氢分压来体现的，系统中氢分压决定于反应总压、氢油比、循环氢纯度、原料油的汽化率以及转化深度等。为了方便和简化，一般都以反应器入口的循环氢纯度乘以总压来表示氢分压。

随着氢分压的提高，脱硫率、脱氮率、芳烃加氢饱和转化率也随之增加；对于 VGO 原料而言，在其他参数相对不变的条件下，氢分压对裂化转化深度产生正的影响；重质馏分油的加氢裂化，当转化率相同时，其产品的分布基本与压力无关；反应氢分压是影响产品质量的重要参数，特别是产品中的芳烃含量与反应氢分压有很大的关系；反应氢分压对催化剂失活速度也有很大影响，过低的压力将导致催化剂快速失活而不能长期运转。

总的来说，提高氢分压有利于加氢过程反应的进行，加快反应速率。但压力提高增加装置的设备投资费用和运行费用，同时对催化剂的机械强度要求也提高。目前工业上装置的操作压力一般在 7.0～20.0MPa 之间。

（3）反应空速　空速是指单位时间里通过单位催化剂的原料油的量，有两种表达形式，一为体积空速（LHSV），另一为质量空速（WHSV）。工业上多用体积空速。

空速的大小反映了反应器的处理能力和反应时间。空速越大，装置的处理能力越大，但原料与催化剂的接触时间则越短，相应的反应时间也就越短。因此，空速的大小最终影响原料的转化率和反应的深度。

一般重整料预加氢的空速为 $2.0～10.0h^{-1}$；煤油馏分加氢的空速为 $2.0～4.0h^{-1}$；柴油馏分加氢精制的空速为 $1.2～3.0h^{-1}$；蜡油馏分加氢处理空速为 $0.5～1.5h^{-1}$；蜡油加氢裂化空速为 $0.4～1.0h^{-1}$；渣油加氢的空速为 $0.1～0.4h^{-1}$。

五、催化加氢装置开工、停工操作技术

1. 开工准备工作

开工前的准备主要包括装置全面吹扫、水冲洗、单机试运、水联运、气密、烘炉、热氮油联运等过程。

（1）装置检查　装置检查的内容主要包括施工安装是否符合设计要求，是否有施工遗漏现象和缺陷，施工记录、图纸、资料是否齐全等。在对装置进行检查过程中，主要对工艺管线、仪表计算机系统和静态工艺设备大检查。检查的最终目的是确定是否具备向装置内引水、电、汽、风、燃料等条件，是否具备开始装置全面吹扫，冲洗及单机试运的条件。

（2）装置吹扫　装置检查结束，开始对装置进行开工前的准备工作。首先是对装置工艺管线和流程进行全面、彻底的吹扫贯通。吹扫的目的是为了清除残留在管道内的泥沙、焊渣、铁锈等脏物，防止卡坏阀门，堵塞管线设备和损坏机泵。通过吹扫工作，可以进一步检查管道工程质量，保证管线设备畅通，贯通流程，并促使操作人员进一步熟悉工艺流程，为开工做好准备。

在对装置进行吹扫时，应注意事项：

① 引吹扫介质时，压力不能超过设计压力；

② 净化风线、非净化风线、氮气线、循环水线、新鲜水线、蒸汽线等采用用本身介质进行吹扫；

③ 冷换设备及泵不参加吹扫，有副线的走副线，没有副线的要拆入口法兰；

④ 顺流程走向吹扫，先扫主线，再扫支线及相关连的管线，尽可能分段吹扫；

⑤ 蒸汽吹扫时必须坚持先排凝后引汽，引汽要缓慢，防止水击，蒸汽引入设备时，顶部要放空，底部要排凝，设备吹扫干净后，自上而下逐条吹扫各连接工艺管线；

⑥ 吹扫要反复进行，直至管线清净为止，吹扫干净后，应彻底排空，管线内不应存水。

（3）原料和分馏系统试压　在吹扫工作完成、确保系统干净的基础上，可以对装置的原料和分馏系统进行试压。试压的目的是检查并确认静设备及所有工艺管线的密封性能是否符合规范要求；发现工程质量检查中焊接质量、安装质量及使用材质等方面的漏项；进一步了解、熟悉并掌握各岗位主要管道的试压等级、试压标准、试压方法、试压要求、试压流程。

试压过程应注意事项如下。

① 试压前，应确认各焊口的 X 光片的焊接质量合格。

② 试压介质为 1.0MPa 蒸汽和氮气，其中原料油系统用氮气试压，分馏系统绝大部分的设备和管线可以用蒸汽试压。

③ 需氮气试压的系统在各吹扫蒸汽线上加盲板隔离，需用蒸汽试压的系统在各氮气吹扫线上加盲板隔离。

④ 设备和管道的试压不能串在一起进行。

⑤ 冷换设备一程试压，另一程必须打开放空。

⑥ 试压时，各设备上的安全阀应全部投用。

（4）原料油、低压系统水冲洗及水联运　水冲洗是用水冲洗管线及设备内残留的铁锈、焊渣、污垢、杂物，使管线、阀门、孔板、机泵等设备保持干净、畅通，为水联运创造条件。

水联运是以水代油进行岗位操作训练，同时对管线、机泵、设备、塔、容器、冷换设备、阀门及仪表进行负荷试运，考验其安装质量、运转性能是否符合规定和适合生产要求。

水冲洗过程的注意事项如下。

① 临氢系统，富气系统的管线、设备不参加水联运水冲洗，做好隔离工作。

② 水冲洗前应将采样点、仪表引线上的阀、液面计、连通阀等易堵塞的阀门关闭。待设备和管线冲洗干净后，再打开上述阀门进行冲洗。

③ 系统中的所有阀门在冲洗前应全部关闭，随用随开，防止跑串。在水冲洗时，先管线后设备，各容器、塔、冷换设备、机泵等设备入口法兰要拆开，并做好遮挡，以免杂物进入设备，在水质干净后方可上好法兰。

④ 对管线进行冲洗时，先冲洗主线，后冲洗支线，较长的管线要分段冲洗。

⑤ 在向塔、器内装水时，要打开底部排凝阀和顶部放空阀，防止塔和容器超压。待水清后再关闭排凝阀。然后从设备顶部开始，自上而下逐步冲洗相连的管线，在排空塔、器的水时，要打开顶部放空阀，防止塔器抽空。

原料油、分馏系统水冲洗结束后，在有条件及时间的情况下，可以开展水联运操作，以水代油进行操作训练，同时检查仪表、阀门的开关情况以及控制回路的动作等。

（5）烘炉　烘炉的目的是以缓慢升温的方法，脱尽炉体内耐火砖、衬里材料所含的自然水、结晶水，烧结增强材料强度和延长使用寿命。通过烘炉，考验炉体钢结构及"三门一板"（风门、油门、汽门及烟道挡板）、火嘴、阀门等安装是否灵活好用；考验系统仪表是否好用；考察燃料气（油）系统投用效果是否良好；熟悉和掌握装置所用加热炉，空气预燃系统的性能和操作要求。

烘炉操作分为暖炉和烘炉两个阶段。暖炉是指在炉子点火升温前先用蒸汽通入炉管，对炉管和炉膛进行低温烘烤。暖炉时间约需 1~2 天。

烘炉时，严格按照加热炉材质供应商提供的烘炉曲线或设计要求升温烘炉，通常加热炉升温烘炉阶段的升温速度控制在<15℃/h，并对进行火嘴的切换等操作，使炉膛各处受热情况均匀。

烘炉时，将蒸汽出炉温度控制在碳钢管不大于 350℃，不锈钢管不大于 480℃。

（6）反应系统干燥　反应系统经过水压试验和水冲洗后，虽然从各低点进行了排水处理，并用空气进行吹扫，但管线和设备中不可避免的会存有少量的水。因此，反应加热炉的烘炉和反应系统的干燥可以结合在一起进行。此时，烘炉用的介质采用干燥的氮气。氮气从原料油泵出口引入系统。干燥的工艺流程安排在装置的高压系统，从高分处切水。氮气引入系统后，通过原料油/生成油换热器—加热炉—反应器—生成油/原料油换热器—空冷—高分—循环氢压缩机—（原料油/生成油换热器）—加热炉而形成氮气循环。烘炉和反应系统干燥同时进行的过程中，系统压力控制在 2.5~5.0MPa，高分温度不大于 45℃，最终炉出口温度 250~320℃，结束干燥的标准为高分排水量小于 0.05kg/h。

（7）反应系统氮气置换及气密　加氢装置操作在高温高压临氢状态，微量氢气和油气的泄漏，将可能造成重大的安全事故。因此在装置接触氢气前，应先用氮气进行置换和气密。通过氮气介质的气密，检查设备和管线各焊口、法兰、阀门的泄漏情况；并使操作人员进一步熟悉装置的工艺流程、设备、管线、仪表控制系统及各设备管线的操作压力。操作步骤如下。

① 反应系统隔离。反应系统隔离注意事项：

●把反应系统用盲板与可能存在的氢气、烃类或可燃物的其他系统隔离；

●用阀或盲板将所有通大气的管线和低点导淋隔断；

●投用安全阀；

●防止高压串低压，对与高压系统相连的无法用盲板隔离的设备和管线应将放空阀打开；

●将所有不同压力的系统，按压力等级隔离。

② 氮气置换。为了减少氮气置换用量，加快系统内氧气含量的下降速度，在设有抽真空系统的装置，可以采用抽真空的方法进行氮气置换前的预置换工作。系统抽真空时需隔离循环氢压缩机，防止抽真空期间损坏密封。通常情况下，使用蒸汽抽真空。通过蒸汽喷射泵可以将高压回路抽真空至 100mmHg 甚至更低。一般要求停止抽真空后，30min 内的真空度下降不大于 500Pa，即为合格。抽真空试验结束后可用 0.6MPa 的氮气破坏真空，并保持微正压 0.04MPa。氮气的注入点可在新氢压缩机出口管线，高压原料油泵出口管线，循环氢压缩机出入口管线。

可在抽真空的同时，进行大部分反应系统的氮气置换。对于新氢机和循环氢压缩机，一般在它们的出入口引入氮气，通过机体上的放空线排空的方法进行机体内的置换工作，反复充压、排压多次后，可以将机体内的氧体积分数降低到 0.5% 以下，然后并入反应系统。

③ 低压气密及反应系统升温升压热紧。反应系统氮气置换结束后，可以开展不同压力等级的氮气气密工作。氮气气密查漏用肥皂水进行，观察是否有气泡产生。在烘炉工作与反应系统干燥同时进行的情况下，也可以在温度达到 250℃ 以上时对系统的法兰进行热紧工作。需要注意的是，许多高压加氢装置在设计时对设备的高温回火脆性有特殊要求，在这种情况下，需要对装置的压力和温度的递增严加控制，严格按照设备的特殊要求进行。

（8）分馏系统热油运　热油运是用油冲洗水联运时未涉及的管线及设备内残留的杂物，使管线、设备保持干净；利用煤油和柴油馏分渗透力强的特点，及时发现漏点，进行补漏；

考察温度控制、液位控制等仪表的运转情况；考察机泵、设备等在进油时的变化情况；通过热油运，分馏系统建立稳定的油循环，能在反应系统达到开工条件时迅速退油、缩短分馏系统的开工时间；模拟实际操作，为实际操作做好事前训练。

2. 新鲜催化剂开工

在完成上述开工准备工作及催化剂预硫化后，可对反应系统进油进行开工。

① 初活钝化。由于预硫化过程在高浓度的硫化氢气氛中进行，造成预硫化结束后催化剂的活性金属与过量的硫阴离子键接，当反应气相中硫化氢浓度下降时，这些过量键接的硫阴离子将脱附出来，形成硫阴离子空穴，构成催化剂的活性中心。因此刚经过预硫化的催化剂具有很高的活性。另一方面，预硫化结束时系统中仍存在大量的硫化氢，它们吸附在催化剂表面，并解离成 H^+ 和 HS^-，增加了催化剂的酸性功能。如果此时与劣质的原料，特别是二次加工馏分油如催化裂化柴油、焦化柴油等接触，由于催化剂的高加氢活性和酸性，将发生剧烈的加氢反应，甚至是烃类的加氢裂化反应，短时间内产生大量的反应热，极易引起反应器超温。同时催化剂表面的积炭速度非常快，使催化剂快速失活，并影响催化剂活性稳定期的正常活性水平。

为了避免催化剂初活性阶段发生超温和快速失活，通常需要用质量较好的直馏馏分油作为原料先行接触刚刚预硫化结束的催化剂，使催化剂在接触少量杂质的情况下缓慢结焦失活，直至催化剂的活性基本稳定下来。这一过程即所谓的催化剂初活稳定阶段。

② 切换原料。经过初活稳定后再切换为正常生产原料。切换正常生产原料一般是按比例分步进行切换，如 25%、50%、75% 及 100%。

③ 调节控制操作。换进 100% 原料后，对主要控制操作调节进行操作调节直至达到目标要求，生产出合格产品。

3. 装置重新开工

加氢装置的重新开工可以按照开工前催化剂是否进行了再生操作而分为两类。当催化剂经过了器内或者器外再生操作，此时的重新开工要完全按照新鲜催化剂的开工方法进行；而在催化剂没有再生情况下，其停工过程多种多样，因此重新开工的过程也应该根据停工中出现的特殊情况作相应的变化。

一般情况下，加氢处理装置的重新开工程序较为简单，主要操作阶段可以分为装置氢气置换和升压、氢气循环升温、引入原料油、调整操作等。重新开工过程需要注意以下三个问题。

第一，尽量缩短反应开始前升温过程的运转时间。因为此时系统里硫化氢浓度很低，或者几乎不含硫化氢。低硫化氢浓度、高温氢气循环的状态容易使得催化剂氢还原，影响催化剂活性。

第二，应该在比停工前操作时更低的温度下进油。停工操作时，有一个氢气吹扫过程，这个过程将会使得催化剂表面的一些可气提积炭被除去，更多的催化剂活性中心暴露于表面。同时，催化剂的活性组分金属硫化物上硫阴离子空穴数目暂时性增加，催化剂活性相对有所提高。因此，一旦在停工前操作温度下进油，极易引起剧烈反应而超温。对于馏分油加氢装置来说，通常在升温到 200℃ 时开始引入原料油。

第三，对于较为新鲜的催化剂应采取补硫措施。装置停工时，如果催化剂投入使用时间低于 20 天，在重新开工时系统内硫化氢浓度又低的情况下，最好以补充硫化的方式进行装置开工。补充硫化的操作条件应由催化剂供应商或专利商提出。

4. 停工

停工是装置操作的一个重要环节，合理的停工方案对装置的安全、催化剂的保护及为下次开工的顺利进行均有相当大的影响。加氢装置的停工可分为正常停工和非正常停工两种。

（1）正常停工　正常停工是指在下述情况时的停工操作：

- 催化剂再生前的停工；
- 装置检修或其他原因的计划性停工；
- 装置发生故障或事故，但有充分的处理时间的停工。

装置正常停工操作可分为降量降温、切换进料冲洗、氢气吹扫降温等过程。正常停工可分为催化剂不需再生的停工和催化剂需要再生的停工。

① 催化剂不需再生的停工。装置停工时，为了逐渐改变系统的热平衡状态，必要进行降量运转。但减少进料量时易出现反应加热炉出口温度升高、催化剂床层等迅速结焦的现象，所以应先降低催化剂床层温度后降低进料量。在此阶段应保持氢气继续循环、保持系统压力，逐渐调低冷氢流量至完全撤掉冷氢，可以在降温和降量过程中生产一部分合格产品，不合格产品改入污油线。

当反应器入口温度降到某一温度左右时，继续保持氢气循环的状态下切换为直馏煤油或柴油继续降温。当加氢装置的原料油是减压蜡油或渣油时，温度降低后，原料油可能会凝结在管道、容器和催化剂上，切换为煤油或直馏柴油可溶解重质原料油并带出装置。在原料油为二次加工馏分油的情况下，切换为直馏轻质馏分油也可以避免低温下原料油中的结焦前驱物大量沉积在催化剂表面，否则重新开工时容易致使催化剂结焦失活。另外，切换为煤油或直馏柴油后，要保证一定的恒温运转时间，保证装置内管道、容器和反应器清洗干净。当反应温度降到200℃时，可以停止进油。

装置停油后，保持氢气循环。维持一定的吹扫时间，并以尽可能大的氢气流量吹扫催化剂，吹净催化剂上的烃类残留物。继续降温到反应器入口温度为80～90℃后，加热炉可以熄火，停循环氢压缩机等，并以0.5MPa/min的降压速度将系统压力降低到0.3～0.5MPa。如果停工时间较长，为保护催化剂，需用氮气置换系统，并保持一定的氮气压力（0.5～1.5MPa）。再根据停工目的决定反应器的外部系统的停工和装置停工后的操作。

② 催化剂需再生的停工。当装置停工的目的之一将是对反应器内的催化剂进行器内或器外再生时，装置的停工操作可分为降量降温、切换进料冲洗、高温热氢气提、降温停工等过程。

降温降量、切换进料冲洗的过程可以与催化剂不需再生的停工操作相同，当冲洗过程结束后，将反应系统升温至360℃或更高，用循环氢气对催化剂床层进行热氢气提，热氢气提操作6～8h后，可以缓慢降温停工，然后用氮气或惰性气体置换吹扫系统，吹扫到系统中的可燃气体（HC＋H_2）体积含量低于0.6％后进入再生阶段。

（2）非正常停工　装置的非正常停工通常是由于装置内事故或系统工程事故引起，因此也可以称为事故停工，有时是紧急停工。造成装置非正常停工的原因有许多，因此不可能给出标准而又细致的停工程序，这里是提出原则性的处理方法。

一旦发生事故，首先对人员和设备采取紧急保护措施，并尽可能按接近正常停工的操作步骤停工。若发生设备事故或操作异常被迫停工时，注意降温过程对催化剂的保护。防止进水，尽量在氢气循环下降温。尽量避免催化剂在高温下长时间与氢气接触，以防止催化剂还原。

在非正常停工过程中，应始终注意以下几点：

- 避免催化剂处于高温状态；
- 床层泄压速度不能太快；
- 当氢分压特别低时，尽量吹尽催化剂上残留的烃类；
- 无论在何情况下，停工后保持床层中有一定压力（如0.5MPa）的氮气。

第七章
高辛烷值汽油组分生产

第一节 概　述

一、汽油标号要求与基础组分构成

95％左右的商品汽油用做汽车燃料。车用汽油以辛烷值划分标号，标号表示出汽油抗爆性的好坏，标号越高汽油的抗爆性越好。一般说来，压缩比大的汽油发动机应选用高标号汽油，即好车配好油。高压缩比汽油机燃用低辛烷值汽油，将会损坏汽车发动机。

汽油一般有几个固定的标号。国外汽车压缩比较高，欧洲、北美的汽油标号一般在95～97号，其他一些国家和地区一般在91号左右。国外汽油大体分为普通汽油（91号）、中质汽油（93号无铅）、优质汽油（97号无铅）、超级汽油（98号以上无铅，另外加入增氧剂等）四个品牌，有些国家只使用1～2个品牌。

我国汽油质量标准的变迁主要经历了两个阶段，一是标号升级，二是淘汰含铅汽油。1956～1964年我国主要汽油标号是56号、66号和70号（MON）；1965～1975年升级到70号、75号、80号和85号（MON）；1998年基本淘汰70号（MON）汽油，主要生产90号、93号、95号、97号和98号（RON）五种标号的汽油；2000年我国车用汽油实行全面无铅化。

随着小汽车大量进入家庭以及环境保护压力对提升汽油质量的进一步推动，近年来高标号汽油（RON≥93）的消费比例明显提高。2003～2006年间，我国93号以下汽油的消费年均下降8％，93号以上汽油的消费比例由2003年的29％上升到2006年的57％，年均增长9％。

目前，我国90号汽油消费比例仍占最大的比例，高标号汽油主要是93号和97号。

汽油的基础组分是以炼厂中各加工途径生产出的汽油组分调和而成，为兼顾汽油的产量和质量，汽油的构成是动态变化的。

美国汽油构成大致为催化裂化汽油占1/3，催化重整汽油占1/3，其他高辛烷值调合组分（烷基化油、异构化油、MTBE等）占1/3。西欧催化汽油27％，催化重整汽油47％，剩余部分主要是其他高辛烷值组分。参见第五章表5-1～表5-3。

我国原油一般偏重，轻质油品含量低，为增加汽油、柴油、乙烯裂解原料等轻质油品产量，原油二次加工路线已经形成了以催化裂化为主体，延迟焦化、加氢裂化和减粘裂化等工艺为辅助的加工体系，这使得我国汽油的构成比较单一，且以催化裂化汽油占主导地位。1998年我国汽油构成中催化裂化汽油占85％，重整汽油、烷基化油、MTBE等比例很低，2003年催化裂化汽油74.1％，重整汽油占14.6％，其他组分所占比例很小。

从标号来看，我国 90 号汽油几乎全部为催化裂化汽油，93 号汽油也主要由催化裂化汽油和重整汽油调和而成。97 号、98 号汽油以催化裂化汽油和重整汽油为基础，再调入 MT-BE、烷基化油等高辛烷值组分。

汽油组成的差别使得我国汽油质量与国外有明显差距。

二、提高汽油辛烷值的途径

目前提高汽油辛烷值的技术主要有催化重整技术、烷基化技术、异构化技术、叠合技术、醚化技术和添加汽油辛烷值改进剂（抗爆剂）等。

各种添加剂虽然能显著地提高汽油抗爆性的能力，但由于它们不是汽油的组分（烃类），往往在使用过程中会带来这样那样的问题，同时添加剂的价格往往很高。

催化重整汽油的重组分的辛烷值较高，轻组分的辛烷值较低，可以弥补催化裂化汽油重组分辛烷值低，轻组分辛烷值高的不足，但其芳烃含量及苯含量高。

烷基化油辛烷值高、敏感度好、蒸气压低、沸点范围宽，是不含芳烃、硫和烯烃的饱和烃，是理想的高辛烷值清洁汽油组分。

异构化是提高整体汽油辛烷值最便宜的方法之一，可使轻直馏石脑油的辛烷值提高 10%～22%。

MTBE 是开发和应用最早的醚类辛烷值改进剂。ETBE 不仅使汽油的辛烷值得以提高，而且汽油的经济性及安全性都比添加 MTBE 的汽油要好。

催化裂化和催化重整工艺前已述及，本章重点介绍其他的生产高辛烷值汽油组分的装置。

三、汽油抗爆剂

为了弥补汽油各方面质量的不足，需添加各种汽油添加剂。使用抗爆剂是提高汽油抗爆性最经济、最行之有效的方法之一。

汽油抗爆剂分为金属有灰类和有机无灰类两种。

金属有灰类抗爆剂主要包括烷基铅、铁基化合物、锰基化合物、稀土羧酸盐等，这类抗爆剂虽能有效提高汽油的抗爆性，但存在颗粒物的排放问题，欧美等发达国家已不再提倡使用。近一段时期以来，汽油抗爆剂的开发研究一直朝着有机无灰类方向发展。有机无灰类抗爆剂主要包括一些醚类、醇类、酯类等。

以上两类抗爆剂作用相同，抗爆机理各异，金属有机化合物类抗爆剂的抗爆机理与四乙基铅 [TEL，$Pb(C_2H_5)_4$] 相似：在燃烧条件下分解为金属氧化物颗粒，使正构烷烃氧化生成的过氧化物进一步反应为醛、酮或其他环氧化合物，将火焰前链的分支反应破坏，使反应链中断，阻止汽油过度燃烧，使汽缸的爆震减小。

苯胺及其衍生物、烯烃聚合物和含氧有机化合物（醇、酮、醚及酯）等有机化合物抗爆剂，按过氧化物减少机理抗爆：在燃烧进入速燃期以前与汽油中的不饱和烃发生反应，生成环氧化合物，使整个燃烧过程中生成的过氧化物浓度减少，避免多火焰中心生成，使向未燃区传播活性燃烧核心的作用减弱。

1. 金属有灰类抗爆剂

（1）烷基铅 1970 年以前，美国主要依靠添加四乙基铅提高汽油的辛烷值，由于四乙基铅毒性大，因此于 1970 年颁布清洁空气法，并于 1975 年采取了限铅和禁铅措施。1999年 12 月，我国国家技术监督局发布"车用无铅汽油"国家标准 GB1 7930—1999，2000 年 7 月 1 日，全国停止销售含铅汽油。

（2）锰基化合物　可作抗爆剂的锰基化合物有多种，以甲基环戊二烯三羰基锰（简称 MMT）性能最好，适于应用，使用 MMT 主要有以下效果。

① 提高无铅汽油辛烷值，与含氧调和组分具有良好的配伍性；

② 减少炼油厂及汽车的 NO_x、CO、CO_2 的排放，总体上减少碳氢化合物排放；

③ 可配合汽车废气排放控制系统，对催化转化器有改善作用，对氧气传感器没有危害；

④ 减少排气阀座缩陷，对进气阀具有保洁作用。

（3）铁基化合物　铁基化合物的代表物为二茂铁，分子式为 $(C_5H_5)_2Fe$，也叫二环戊二烯合铁，常温下为橙黄色粉末，有樟脑气味，能升华，熔点为 $173\sim174℃$，沸点为 $249℃$，不溶于水，易溶于有机溶剂中。二茂铁在汽油中加入质量浓度为 $0.01\sim0.03g/L$，同时加入质量浓度为 $0.05\sim0.10g/L$ 的乙酸叔丁酯，辛烷值可增加 $4.5\sim6.0$ 个单位。此外，目前也有报道，采用二茂铁、聚异丁烯基丁二酰亚胺、聚异丁烯钡盐等可组成一种具有抗爆功能、无毒、安全、稳定性好的无铅汽油抗爆添加剂。该添加剂用量小、成本低、使用方便。

2. 有机无灰类抗爆剂

（1）醚类　包括甲基叔丁基醚（MTBE）、甲基叔戊基醚（TAME）、乙基叔丁基醚（ETBE）、二异丙基醚（DIPE）等。

醚类是提高辛烷值最好的品种，它们具有高辛烷值、低蒸气压和高燃烧热等突出优点，同时具有优异的燃料相容性和发动机性能，因而其用量不断增长。其中 MTBE 性能最好，当添加质量分数为 $2\%\sim7\%$ 时将汽油研究法辛烷值提高 $2\sim3$ 个单位。MTBE 的物理性质与汽油烃类相差不大，与汽油的混溶性好，可以以任何比例与汽油混溶而不发生相分离。MTBE 还具有改善燃烧室清洁度和减少发动机磨损等特点。

虽然 MTBE 有很多优点，但近年来出现了争议。问题的根源是人们发现 MTBE 容易对地下水造成污染，由此可能带来的对人体健康的危害。美国加利福尼亚州已于 2003 年 1 月 1 日起禁止 MTBE 的使用。

（2）醇类　包括甲醇、乙醇、丙醇、异丙醇、丁醇、异丁醇、叔丁醇等，应用较广的是乙醇和甲醇。

车用乙醇汽油是指在不添加含氧化合物的液体烃类中加入一定量变性燃料乙醇和为改善使用性能的添加剂，用于点燃式内燃机汽车的燃料。变性燃料乙醇是以淀粉质、糖质为原料，经发酵、蒸馏制得乙醇，脱水后再添加变性剂变性的燃料乙醇。《变性燃料乙醇国家标准》规定燃料乙醇与变性剂的体积混合比应为 $100:2\sim100:5$（与美国标准规定相同），水分含量不大于 0.8%，标准中还规定了甲醇、实际胶质、无机氯、酸度、铜等的限量指标，目的是防止车用乙醇汽油在发动机燃烧过程中腐蚀金属部件及堵塞管路系统。

按照我国的国家标准，乙醇汽油是用 90%（上下幅度不超过 0.5%）的普通汽油与 10% 的变性燃料乙醇调和而成。

在汽油标号前加写字母"E"作为车用乙醇汽油的标号，它的标号有四种，即：E90 号、E93 号、E95 号、E97 号，E 后的数字代表辛烷值。目前推广使用的乙醇汽油标号为 E90 号和 E93 号，E95 号和 E97 号将逐步推广应用。

乙醇汽油作为一种新型清洁燃料，是目前世界上可再生能源的发展重点，符合我国能源替代战略和可再生能源发展方向，它可以有效改善油品的性能和质量，降低一氧化碳、碳氢化合物等主要污染物排放。

乙醇的饱和蒸气压、闪点、燃烧热值、水溶性等与汽油之间存在一定差异，将乙醇加入汽油中，比例不当会对发动机、油品存储及消防安全等产生某些负面影响。乙醇目前的主要生产原料为粮食，价格比汽油高，生产燃料乙醇时会排放大量废水，这些都是影响乙醇作为车用汽油调和组分的障碍。

甲醇作为汽油替代燃料在 20 世纪 80 年代已得到国际公认。通常按汽油中的甲醇含量将甲醇汽油分为低醇（M3～5）、中醇（M15～30）和高醇（M85～100）三类，其中 M 后的数字代表甲醇体积分数。

低醇（M3～5）汽油：当甲醇含量≤3%时，甲醇溶于汽油，欧洲规定可与一般汽油通用，甲醇可不标识；当甲醇含量>3%时，应标明甲醇含量。甲醇在汽油中的溶解性与温度、含水量及基础汽油的组成有关，为保证甲醇与汽油全部混溶，要适当添加助溶剂。使用低醇与中醇汽油时，发动机可以不做改动。

中醇（M15～30）汽油：由于甲醇含量高，必须添加助溶剂。

高醇（M85～100）汽油：必须对发动机进行改造，充分提高压缩比，以发挥甲醇的优点，降低甲醇消耗。高醇汽油与汽油不能通用。

甲醇燃料与汽油相比优点是：甲醇的辛烷值高，理论上可以提高汽油机的压缩比；甲醇的点火温度和自燃温度都比汽油高，燃烧过程比汽油更安全；甲醇燃料富含氧，这使甲醇完全燃烧时所需要的空气量较少，燃烧比汽油彻底，尾气中 HC、CO 及 NO_x 含量可显著降低。

缺点是：甲醇含有 50% 的氧，导致甲醇的燃烧热值较低；甲醇的汽化潜热大，冷起动较汽油困难；甲醇的饱和蒸气压和沸点都较低，易形成气阻；甲醇是极性有机溶剂，易使橡胶和塑料零部件发生溶胀，提前老化，对某些有色金属具有腐蚀作用；甲醇对人体有较强的毒害作用。

要克服甲醇燃料的缺点，需对汽车发动机的点火装置和其他零部件作适当改进，同时要对燃料供给系统做严格密封处理。

（3）酯类　包括碳酸二甲酯（DMC）、三甲基硅烷基乙酸叔丁酯、聚氧乙烯醚二羧酸酯等；其中碳酸二甲酯最受关注，被认为是最具发展前途的辛烷值改进剂。研究表明，加入DMC 后，对汽油的饱和蒸气压、冰点和水溶性影响不大。和 MTBE 相比，DMC 的含氧量高，汽油中达到同样氧含量时，DMC 的添加体积只有 MTBE 的 40% 左右。

碳酸酯类化合物制备比较容易，一般都是采用醇类与一氧化碳反应制得。例如碳酸二甲酯可用甲醇在催化剂甲氧基氯化酮以及促进剂三乙基苯甲基季胺盐酸盐存在下，与 CO 共同反应而制得。反应温度控制在 90℃，氮气分压维持为 0.69MPa，CO 分压为 3.4MPa，反应时间 5h。用过的催化剂可通入空气鼓泡给以再生。

四、高辛烷值汽油组分的生产原料

在炼油厂中，利用炼厂气或轻质石脑油通过叠合、烷基化、异构化、醚化工艺制得的叠合汽油、烷基化汽油、工业异辛烷、异戊烷、MTBE 等组分都是高辛烷值汽油组分，调入汽油中，不仅增加了汽油的产量，也可大大提高汽油的辛烷值。

炼厂气是指炼油厂各加工装置所有生产气体的总和，一般约占原油加工量的 5%～10%。炼油厂中产气较多的装置有：热裂化、焦化、减黏裂化、重整、催化裂化等加工过程。因各装置的加工任务不同，操作条件各异，故所产气体的组成和收率也不一样。但总的来说都是 C_1～C_4 的低分子烃类，并且含有相当数量的烯烃，特别是催化裂化所产富气，其中 C_3、C_4 烃占气体总量的 70% 以上，而且烯烃含量很高，一般都通过吸收、稳定系统与干气分离开来，称为液态烃，它是生产高辛烷值汽油组分及石油化工产品极为宝贵的原料。

轻质石脑油的主要来源是重整预分馏所得小于 C_6 的组分，一般为 60℃ 以前的轻汽油，约占重整原料的 5%～15%，还有重整油芳烃抽提的抽余油、焦化石脑油以及天然气凝析油等。

从技术和经济角度考虑，利用炼厂气中的液态烃生产高辛烷值汽油组分较为适宜。

第二节　炼厂气的精制与分馏

炼厂气在使用和加工前需根据加工过程的特点和要求，进行不同程度的脱硫和干燥，称为气体精制，之后还要根据进一步加工它们的工艺过程对气体原料纯度的要求，进行分离得到单体烃或各种气体烃馏分。

一、气体精制

加工含硫原料时，炼厂气中常含有 H_2S、CO_2 和有机硫化物。如以这样的含硫气体作为高辛烷值组分的生产原料，就会引起设备腐蚀、催化剂中毒、污染大气，并且还会影响产品质量等。因此，必须将这些含硫气体进行脱硫后才能使用。由于脱 H_2S 的同时也能脱去 CO_2，所以气体精制的主要目的即脱硫。

1. 无机小分子酸性气体的脱除

脱 H_2S、CO_2 等无机小分子酸性气体的途径有多种，我国炼厂气绝大多数采用醇胺溶液湿法脱硫的方法。

醇胺溶液由醇胺和水组成。所使用的醇胺有一乙醇胺（MEA）、二乙醇胺（DEA）、二异丙醇胺（DIPA）、甲基二乙醇胺（MDEA）等。醇胺类化合物中至少含有一个羟基和一个氨基。羟基的作用是降低化合物的蒸气压，并增加在水中的溶解度，而氨基则为水溶液提供必要的碱度，促进对酸性组分的吸收。醇胺可分为伯醇胺、仲醇胺和叔醇胺三类。H_2S 及 CO_2 在醇胺溶液中依靠与醇胺的反应从石油气体中脱除，以伯醇胺为例，其发生的主要反应如下。

$$RNH_2 + H_2S \rightleftharpoons RNH_3HS$$
$$RNH_2 + CO_2 + H_2O \rightleftharpoons RNH_3HCO_3$$

这类方法是以可逆的化学反应为基础，以碱性溶剂为吸收剂的脱硫方法，溶剂与原料气中的酸性组分（主要是 H_2S 和 CO_2）反应而生成某种化合物；吸收了酸气的富液在升高温度、降低压力的条件下，该化合物又能分解而放出酸气。

图 7-1 是醇胺法脱硫的工艺流程，包括吸收和解吸（即再生）两部分。

（1）吸收部分　含硫气体冷却至 40℃以下，并在气液分离器内分出水和杂质后，进入吸收塔的下部，与自塔上部引入的温度为 40℃左右的醇胺溶液（贫液）逆向接触，吸收气体中的 H_2S、CO_2 等。脱硫后的气体自塔顶引出，进入分离器，分出携带的醇胺液后出装置。

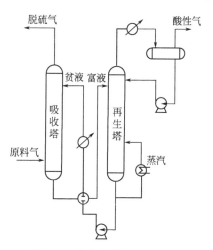

图 7-1　醇胺法脱硫工艺流程

（2）溶液解吸部分　吸收塔底出来的醇胺溶液（富液）经换热后进入解吸塔上部，在塔内与下部上升的蒸气（由塔底重沸器产生）直接接触，将溶液中吸收的气体大部分解吸出来，从塔顶排出。再生后的醇胺溶液从塔底引出，部分进入重沸器被水蒸气加热汽化后返回解吸塔，部分经换热、冷却后送到吸收塔上部循环使用。解吸塔顶出来的酸性气体经冷凝、冷却、分液后送往硫磺回收装置。

2. 硫醇的脱除

原料中硫含量不太高时，醇胺法能脱除气体中大部分的无机硫，但对有机硫化物脱出效果较差。

液化气中的硫化物主要是有机硫化物，且以硫醇为主，可用化学或吸附的方法予以除去，其中化学方法主要是催化氧化法脱硫醇，即把催化剂分散到碱液（氢氧化钠）中，将含硫醇的液化气与碱液接触，其中的硫醇与碱反应生成硫醇钠盐，然后将其分出并氧化为二硫化物。所用的催化剂为磺化酞菁钴或聚酞菁钴。

醇胺法粗脱后的液化气引入到车间液化气脱硫醇单元，通过与含有催化剂磺化钛菁钴的碱液在静态混合器（或抽提塔）中充分接触，液化气中的硫醇与 NaOH 在催化剂的作用下发生反应，变成硫醇钠溶于碱液中，从而达到了脱硫醇的目的，反应式如下。

$$RSH + NaOH \xrightarrow[\text{常温}]{\text{催化剂}} RSNa + H_2O$$

在再生系统中，向含有硫醇钠的催化剂碱液通入压缩空气，在催化剂的作用下，在氧化塔内发生氧化反应，生成二硫化物和碱，二硫化物不溶于碱液中，可定期排掉，从而使碱液得以再生并循环使用反应式如下。

$$4RSNa + O_2 + 2H_2O \longrightarrow 2RSSR + 4NaOH$$

图 7-2 是液化气脱硫醇的工艺流程图，包括抽提、氧化和分离三部分。

（1）抽提　经碱或乙醇胺洗涤脱除硫化氢后的液化气进入抽提塔下部，在塔内与带催化剂的碱液逆流接触，在小于 40℃ 和 1.37MPa 的条件下，硫醇被碱液抽提。脱去硫醇后的液化气与新鲜水在混合器混合，洗去残存的碱液并至沉降罐与水分离后出装置。所用碱液的浓度一般为 10%～15%，催化剂在碱液中的浓度为 100～200μg/g。

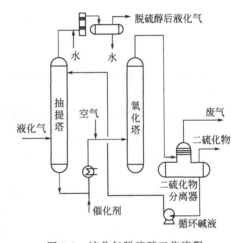

图 7-2　液化气脱硫醇工艺流程

（2）氧化　从抽提塔底出来的碱液，经加热器被蒸汽加热到 65℃ 左右，与一定比例的空气混合后，进入氧化塔的下部。此塔为一填料塔，在 0.6MPa 压力下操作，将硫醇钠盐氧化为二硫化物。

（3）分离　氧化后的气液混合物进入分离器的分离柱中部，气体通过上部的破沫网除去雾滴，由废气管去火炬。液体在分离器中分为两相，上层为二硫化物，用泵定期送出，下层的再生碱液用泵抽出送往抽提塔循环使用。

液化气催化氧化脱硫醇的效果一般在 95% 左右，好的能达 98% 以上。

二、气体分馏

1. 气体分馏的基本原理

炼厂液化气中的主要成分是 C_3、C_4 的烷烃和烯烃，即丙烷、丙烯、丁烷、丁烯等，这些烃的沸点很低，如丙烷的沸点是 $-42.07℃$，丁烷为 $-0.5℃$，异丁烯为 $-6.9℃$，在常温常压下均为气体，但在一定的压力下（2.0MPa 以上）可呈液态。由于它们的沸点不同，可利用精馏的方法将其进行分离。所以气体分馏是在几个精馏塔中进行的。由于各个气体烃之间的沸点差别很小，如丙烯的沸点为－47.7℃，比丙烷低4.6℃，所以要将它们单独分出，就必须采用塔板数很多（一般几十、甚至上百）、分馏精确度较高的精馏塔。

2. 气体分馏的工艺流程

气体分馏装置中的精馏塔一般为三个或四个，少数为五个，实际中可根据生产需要确定精馏塔的个数。一般地，如要将气体分离为 n 个单体烃或馏分，则需要精馏塔的个数为 $n-1$。现以五塔为例来说明气体分馏的工艺流程见图7-3。

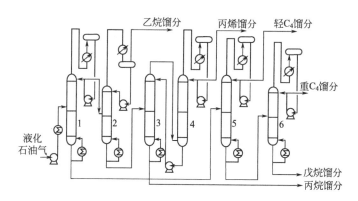

图 7-3　气体分馏装置工艺流程
1—脱丙烷塔；2—脱乙烷塔；3—脱丙烯塔（下段）；4—脱丙烯塔（上段）；
5—脱异丁烷塔；6—脱戊烷塔

① 经脱硫后的液化气用泵打入脱丙烷塔，在一定的压力下分离成乙烷-丙烷和丁烷-戊烷两个馏分。

② 自脱丙烷塔顶引出的乙烷-丙烷馏分经冷凝冷却后，部分作为脱丙烷塔顶的冷回流，其余进入脱乙烷塔，在一定的压力下进行分离，塔顶分出乙烷馏分，塔底为丙烷-丙烯馏分。

③ 将丙烷-丙烯馏分送入脱丙烯塔，在压力下进行分离，塔顶分出丙烯馏分，塔底为丙烷。

④ 从脱丙烷塔底出来的丁烷-戊烷馏分进入脱异丁烷塔进行分离，塔顶分出轻 C_4 馏分，其主要成分是异丁烷、异丁烯、1-丁烯等；塔底为脱异丁烷馏分。

⑤ 脱异丁烷馏分在脱戊烷塔中进行分离，塔顶为重 C_4 馏分，主要为2-丁烯和正丁烷；塔底为戊烷馏分。

以上流程中，每个精馏塔底都有重沸器供给热量，塔顶有冷回流，所以都是完整的精馏塔。分馏塔板一般均采用浮阀塔板。操作温度均不高，一般在55～110℃范围内；操作压力视塔不同而异，一般地，脱丙烷塔、脱乙烷塔和脱丙烯塔的压力为2.0～2.2MPa，脱丁烷塔和脱戊烷塔的压力0.5～0.7MPa。

液化气经气体分馏装置分出的产品有以下几种。

丙烯：纯度达99%以上，可以生产聚合级丙烯或作为叠合装置原料等；

丙烷：纯度96%，可做丙烷脱沥青的溶剂；

轻 C_4 馏分：纯度99.88%，可做烷基化、甲基叔丁基醚装置原料；

重 C_4 馏分：纯度99.91%，可做烷基化原料；

戊烷馏分：C_5 烷烃与烯烃的混合物，纯度95%，可做裂解原料或掺入车用汽油。

第三节 烷 基 化

一、概述

异丁烷与小分子烯烃生成的烷基化油为 $C_5 \sim C_9$ 的异构烷烃混合物，其中以富含各种三甲基戊烷的 C_8 为主要成分，是理想的高辛烷值清洁汽油组分。

烷基化油具有以下特点。

① 辛烷值高（其 RON 可达 96，MON 可达 94，在内燃机中燃烧后，排气烟雾少，不引起爆震，是清洁汽油理想的高辛烷值调和组分）。

② 不含烯烃、芳烃，硫含量也很低，将烷基化汽油调入汽油中通过稀释作用可以降低汽油中的烯烃、芳烃、硫等有害组分的含量。

③ 蒸气压较低。

④ 烷基化油几乎完全是由饱和的分支链烷烃所组成，因此还可以用烷基化油制成各种溶剂油使用。

正是由于烷基化汽油的各种优点，使得烷基化工艺蓬勃发展。

烷基化油生产的发展开始于第二次世界大战期间，用于生产航空汽油，但当时数量不大。

烷基化包括直接烷基化与间接烷基化（拟烷基化）两种反应形式及工艺技术。

直接烷基化是指异丁烷和丁烯在强酸催化剂的作用下发生烷基化反应生成烷基化油的过程。在传统液体酸烷基化工艺中，可以按所用催化剂分为硫酸烷基化和氢氟酸烷基化工艺。由于腐蚀和环保问题，寻求一种固体酸催化剂替代硫酸和氢氟酸生产烷基化油就成了炼油工业的热门课题。

二、异丁烷与小分子烯烃的烷基化反应

乙烯烷基化所用的催化剂是氯化铝的有机络合物，硫酸和氟氢酸对异构烷和乙烯的烷基化反应没有催化作用。

丙烯在使用无水氯化铝、硫酸和氟氢酸催化剂时与异丁烷反应，主要生成 2,3-二甲基戊烷，RON 为 91，使用这三种催化剂时的产物收率分别为 92%、50% 和 35%。

1-丁烯与异丁烷烷基化时，如使用硫酸和氟氢酸催化剂，则 1-丁烯首先异构化生成 2-丁烯，然后再与异丁烷发生烷基化反应。

在无水氧化铝、硫酸或氟氢酸的催化作用下，2-丁烯与异丁烷烷基化主要生成高辛烷值的 2,2,4-三甲基戊烷、2,3,4-三甲基戊烷和 2,3,3-三甲基戊烷（RON 100 ～ 106）。

$$CH_3-CH-CH-CH-CH_3 \qquad 或 \qquad CH_3-CH-C-CH_2-CH_3$$

2,3,4-三甲戊烷 　　　　　　　　　2,3,3-三甲戊烷

异丁烯和异丁烷烷基化反应生成辛烷值为 100 的 2,2,4-三甲戊烷,即俗称的异辛烷。

异丁烯　　　　　异丁烷　　　　　　　　　2,4,4-三甲戊烷

实际上,除上述一次反应产物外,在过于苛刻的反应条件下,一次反应产物和原料还可以发生裂化、叠合、异构化、歧化和自身烷基化等副反应,生成低沸点和高沸点的副产物以及酯类(酸渣)和酸油等。

三、烷基化原料及要求

1. 烷基化原料

以生产车用汽油、航空汽油为目的的烷基化工艺,使用两类原料,第一类原料是异构烷烃,由于烷基化反应遵循正碳离子机理,要求烷烃具有叔碳原子,所以只能在 $\geq C_4$ 的烷烃中寻找,因为 $\geq C_5$ 的烷烃已经是汽油组分,且它们的烷基化产物辛烷值提高不大,甚至还会下降,故烷基化原料的异构烷烃均选择异丁烷。

另一类原料是小分子烯烃,包括丙烯、丁烯和戊烯。丁烯是最好的烷基化原料,产品质量最好,酸耗也最低,丙烯和戊烯的酸耗几乎是丁烯的几倍。近年来由于通过丙烯二聚生产高辛烷值调和组分(叠合汽油)得到较快的发展,因此选择丙烯做烷基化原料的做法越来越少,至于戊烯其本身就可作为马达燃料组分,几乎没人把它作为烷基化原料,因此烷基化烯烃的原料最主要的是丁烯,它包括 4 种异构体:异丁烯、1-丁烯、顺-2-丁烯和反-2-丁烯。小分子烯烃更多的是以不同比例烯烃混合物的形成出现。

不同的丁烯异构体的烷基化反应结果也不尽相同。以氢氟酸为催化剂时,2-丁烯烷基化产品的辛烷值最高,异丁烯烷基化产品的辛烷值次之,1-丁烯烷基化产品的辛烷值最低。以硫酸为催化剂时,1-丁烯所得烷基化油的辛烷值还稍高于 2-丁烯和异丁烯烷基化产品的辛烷值。

2. 烷基化原料中的杂质

烷基化原料的质量不仅关系到烷基化装置的产品质量和收率,而且关系到装置的安全平稳操作。要确保烷基化原料的质量,就要建立一个包括一系列烷基化的上游装置在内的质量保证体系。

烷基化装置的原料主要来自催化裂化装置生产的液化气。在烷基化装置开工前,要确认催化裂化装置的操作处于平稳状态。如果催化裂化装置操作不正常,则烷基化原料的质量将无法保证,就应当停止烷基化原料进入装置,使装置处于循环状态。

烷基化原料中的杂质有以下几种。

(1)乙烯　如果催化裂化液化气中混入一定量的干气,而气体分馏装置也未能很好地除去 C_2 组分时,乙烯就可能进入烷基化装置。当乙烯进入烷基化反应器时,乙烯与硫酸反应生成呈弱酸性的硫酸氢乙酯,而不是发生乙烯与异丁烷的烷基化反应。硫酸氢乙酯溶解在酸相中,对硫酸起到稀释作用。乙烯杂质的影响还具有累积性,因此,即使原料中含有痕量的乙烯,也可能造成每天数百公斤的乙烯进入酸相,从而产生数吨甚至十余吨的废酸;如果突然有相当数量的乙烯进入到烷基化反应器中,可能导致烷基化反应不能发生,而主要发生叠

合反应。因此应当加强对上游装置的操作管理与分析检测。

（2）丁二烯　催化裂化产生的 C_4 馏分中通常含有 0.5％左右的丁二烯，如果催化裂化装置原料的掺渣油量比较大或者反应温度比较高，丁二烯的含量可能达到 1％。在烷基化反应过程中，丁二烯不与异丁烷发生烷基化反应，而是与硫酸反应生成酸溶性酯类或者生成重质酸溶性叠合物（ASO）。ASO 是一种相对分子量较高的黏稠重质油，造成烷基化油干点升高，辛烷值和收率下降，分离 ASO 时还要损失部分酸。

丁二烯的沸点和其他 C_4 组分的沸点十分接近，不能用蒸馏的方法除去。

C_4 中二烯烃能与硫酸反应生成酸溶性酯类或酸溶性叠合物，脱除二烯烃的最有效方法是选择加氢，使二烯烃转化为单烯烃。

（3）硫化物　硫化物是烷基化原料中的一种常见杂质，原料中硫化物含量越高，烷基化反应时生成的酸溶性油就越多，并且酸耗显著上升。除了增加酸耗以外，原料中的硫化物还能使烷基化油的颜色变黄，有臭味，甚至发生泡沫。

因此要开好液化气脱硫和脱硫醇装置，以保证液化气中的硫含量小于 $20mg/m^3$。当脱硫系统出现问题时，应将未能充分脱硫的液化气切出系统。如果不慎将这部分高含硫的液化气引入烷基化装置，烷基化装置就会生成大量酸溶性油。

（4）水　原料中带水能造成硫酸稀释是不言而喻的，而含水较多的硫酸容易造成设备腐蚀。液化气中的水呈饱和状态时大约在 $500mg/m^3$ 左右，更应当引起重视的是 C_4 馏分携带的超过饱和状态的游离水，上游装置操作不当可能使 C_4 馏分所携带游离水的量是溶解水的几倍，从分馏部分循环到反应部分的异丁烷也可能携带相当数量的水分。脱除游离水的方法是在烷基化原料进装置前先进入一个被称为凝聚脱水器的填料容器，使细小的水珠聚集后从凝聚脱水器下部分离出去。

原料中的含水量是氢氟酸烷基化装置的一个重要控制指标。氢氟酸在通常条件下以缔合状态存在，水是极性化合物，加入到氢氟酸中后，能促进氢氟酸的离解，从而提高氢氟酸的催化作用。氢氟酸中没有水就没有酸性，也就没有催化活性。随着酸中水含量增加，氢氟酸的催化作用逐渐加强；水含量达到一定值以后，HF 的催化作用将下降，当水含量达到 10％时，烯烃将与氢氟酸生成有机氟化物，即使有大量异丁烷存在，也不会发生烷基化反应。另外，当水含量超过 5％时，将加剧氢氟酸对设备的腐蚀，导致装置频繁停工检修。

一般认为氢氟酸中水含量的理想范围是 1％～3％。

（5）二甲醚、甲醇等含氧化合物　大部分炼油厂的烷基化原料来自甲基叔丁基醚（MTBE）装置，合成 MTBE 剩余的 C_4 馏分中通常含有的二甲醚、甲醇，它们也是烷基化过程中耗酸的主要杂质，并且会降低烷基化油的收率和辛烷值。

二甲醚与 C_4 组分的相对挥发度有一定的差异，甲醇可以与 C_4 馏分形成共沸物，因此可以采用普通蒸馏的方法脱除 C_4 馏分中的二甲醚、甲醇。水也能与 C_4 馏分形成共沸物，因此在蒸馏法脱二甲醚、甲醇的过程中，能同时脱除原料携带的少量水。

烷基化对原料杂质要求见表 7-1。

表 7-1　烷基化对原料杂质要求

项　目	氢氟酸法烷基化	硫酸法烷基化	项　目	氢氟酸法烷基化	硫酸法烷基化
水/(mg/kg)	500①	500①	甲醇/(mg/kg)	50	50
总硫/(mg/kg)	20	100	MTBE/(mg/kg)	50	—
二烯烃(m)/%	0.5	0.2	二甲醚/(mg/kg)	100	—
乙烯/(mg/kg)		10			

① 装置内有脱水工序。

四、烷基化催化剂

烷基化反应所用催化剂有很强的酸性，可以是硫酸、氢氟酸、盐酸以及各种广义酸，如 $AlCl_3$、$FeCl_3$ 等。**液体强酸对反应器腐蚀严重，反应废液会造成公害，20 世纪 70 年代开始，各国致力于开发固体超强酸，超强酸是比 100％硫酸还强的酸。**

1. 液体酸催化剂

（1）**硫酸催化剂** 硫酸烷基化反应是在液相中进行，但是烷烃在硫酸中的溶解度很低，正构烷烃几乎不溶于硫酸，异构烷烃的溶解度也不大，例如异丁烷在浓度 99.5％的硫酸中的溶解度（质量分数）为 0.1％，而当浓度降至 95.5％时则只有 0.04％。因此，为了保证硫酸中的烷烃浓度需要使用高浓度的硫酸。但是高浓度的硫酸，例如 99.3％以上，有很强的氧化作用，能使烯烃氧化，而且烯烃的溶解度比烷烃的大得多，提高硫酸浓度时烯烃在硫酸中的浓度增得更快。因此为了抑制烯烃的叠合反应、氧化反应等副反应，工业上采用的硫酸浓度为 86％～99％。当循环硫酸浓度（质量分数）低于 85％时，需要更换新酸。

为了增加硫酸与原料的接触面，在反应器内需使催化剂与反应物处于良好的乳化状态，并适当提高酸与烃的比例以利于提高烷基化产物的收率和质量。反应系统中催化剂量为 40％～60％（体积分数）。

1938 年，世界上第一套以浓硫酸为催化剂的烷基化反应装置在亨伯石油炼制公司的贝敦炼油厂建成投产。以美国 Stratco 公司专利技术为代表的制冷式硫酸法烷基化生产工艺，反应可以在较低的温度（8～12℃）下进行，此外，采用硫酸法烷基化生产工艺还可降低对原料纯度的要求，同时具有安全可靠、控制稳定等特点。以浓硫酸为催化剂的突出缺点是对设备腐蚀严重，而且可溶于硫酸的产物"红油"的生成会最终导致催化剂活性降低，大量失活的废酸具有恶臭，排放困难，提高了产品的生产成本，而且也会严重污染环境。

（2）**氢氟酸催化剂** 氢氟酸沸点低（19.4℃），对异丁烷的溶解度及溶解速度均比硫酸大，副反应少，因而目的产品的收率较高。

氢氟酸在烷基化过程中生成的氟化物易于分解使氢氟酸回收，因此在生产过程中消耗量明显较硫酸法低。氢氟酸法制烷基化油所得产品中三甲基戊烷/二甲基己烷比略高，即辛烷值提高幅度明显。

但是氢氟酸具有毒性，对人体有害。这种气体本身有一种特有的臭味，通常 2～3mg/m^3 就能感觉出来，操作中需要有适当的防护措施。

使用氢氟酸时应避免与身体接触，包括皮肤、眼睛及呼吸道等，预防皮肤接触时需佩戴氟化聚乙烯（PVDF）、天然橡胶等材质之手套为佳，不要使用布质及棉质手套，并于易飞溅场合应做到全身防护，可使用橡胶材质连身式防护衣、工作靴，眼部应使用护目镜或全面式面罩。若不慎遭到氢氟酸腐蚀，应尽快采用大量的清水冲洗患部至少 30min，直到身上看不到任何附着的固体或液体，并尽快送医，就医时应携带所接触的化学品，以提供医护人员及时进行正确诊疗。

氢氟酸分子小渗透力强，如不清洗彻底将产生蚀骨的永久性伤害，直至节肢。

氢氟酸烷基化反应过程中易生成副产物酸溶性油（ASO），ASO 是一种黏稠的含氟重油，能溶解在 HF 中，从而导致循环酸浓度下降、活性降低。为了保持良好的催化活性必须对循环酸定期进行再生，以脱除 ASO 并使循环酸浓度保持在适当的水平，这样不仅增大了生产成本，而且会对环造成严重污染。尽管美国 UOP 公司通过在 HF 中加助剂，生成蒸气压较低的液态聚氟化氢络合物，减少了 HF 分子因生成气溶胶而挥发的倾向，且可将 RON 提高 115 左右，但是仍然没有从根本上解决环境污染问题。因此，开发高活性、环境友好的酸催化剂是生产烷基化油的关键。

1942年，第一套以氢氟酸为催化剂的烷基化反应装置在菲利普斯石油公司的德克萨斯州博格炼油厂建成投产。工业上使用的氢氟酸催化剂浓度为86%～95%，浓度过高会使烷基化产物的品质下降。但是浓度过低时，除了会对设备产生严重腐蚀外，还会显著增加烯烃叠合和生成氟代烷的副反应。

2. 改进的液体酸催化剂

改进的液体酸固载化催化剂，是将液体强酸固载在一种合适的载体上，使之不流失挥发，对环境不造成危害和污染。石油大学（北京）以氯化铝和烷基胺合成的离子液体的催化性能达到或超过了氢氟酸与硫酸烷基化反应的相关指标。

3. 固体酸催化剂

烷基化工艺所面临的挑战是要同时满足环境保护的严格要求和清洁汽油的消费需求，为了解决这一问题，多年来，国内外一直在研究开发新一代固体酸烷基化催化剂及其工艺以代替目前的液体酸烷基化工艺技术。固体酸催化剂的研究集中在分子筛和固体超强酸方面，已有大量的研究论文和专利发表。应当指出的是，现在研究的分子筛和固体超强酸等固体酸烷基化催化剂都存在迅速失活、选择性不好的致命缺点，很难在工业上得以应用。

经过多年的研究，有几种新型的固体酸催化剂正在从实验室走向中型试验，并达到炼油厂工业装置的规模。

固体酸烷基化催化剂大体可分为四类：金属卤化物、分子筛、超强酸和杂多酸。

五、硫酸法烷基化

1. 工艺流程

硫酸法烷基化曾经在烷基化生产领域里占主导地位，近年来其加工能力已小于烷基化总加工能力的一半。硫酸法烷基化工艺流程简单，专用设备少，安全性好，特别是对1-丁烯原料（我国烷基化原料的主要烯烃成分）的适应性比氢氟酸法好，故仍有很大的生命力。如果烷基化装置附近有一个硫酸厂，则硫酸法烷基化还是比较优越的。

我国硫酸法烷基化装置所采用的反应器型式主要有两种。

（1）阶梯式反应器　这种反应器将反应区分隔成几个串联的区段，将新鲜原料分隔成几股分别引入每个反应段，而循环异丁烷则是串流式的，这样做的结果是，假设整个异丁烷对烯烃的外比是5：1，如反应段分为5段，则每段的烷烯比（内比）可能高达25：1。这种反应器靠反应物异丁烷蒸发制冷调节反应温度，蒸发后的异丁烷压缩冷却后返回反应器。该反应器的优点是每个反应段中烷烯比高，动力消耗小，不需要另外的制冷剂。缺点是各反应段之间相互影响，一个反应段操作不正常，整个反应器都受到影响。其工艺流程见图7-4。

原料与异丁烷致冷剂换冷和脱除游离水后，分几路平行进入阶梯式反应器的反应段，循环异丁烷与循环酸经混合器混合后进入反应器的第一个反应段。反应器由若干个反应段和一个沉降段组成，各反应段间用溢流挡板隔开，每一反应段均设有搅拌器。靠部分异丁烷在反应器中气化以除去反应热，保持反应器的低温。反应产物和硫酸最后进入沉降段进行分离，分出的硫酸用酸循环泵送入反应段重新使用。

气化的异丁烷分离出携带的液体后进入压缩机压缩。压缩后的气体经冷凝后流入冷却剂罐，然后再回到反应器。

从沉降段分离出的反应流出物，用泵升压，经碱洗、水洗脱除酸酯和中和带出的微量酸后送至产品分馏部分。

产品分馏部分由三个塔组成，反应产物先经脱异丁烷塔，从塔顶分出异丁烷，经冷凝冷

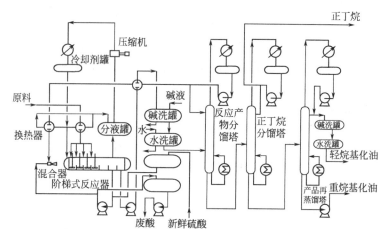

图 7-4　阶梯式反应硫酸法烷基化装置工艺流程

却后返回反应器循环使用。塔底物料进入脱正丁烷塔,从塔顶分出正丁烷,冷凝冷却后进出装置,正丁烷塔底物料再进入再蒸馏塔,从塔顶得轻烷基化油,塔底出重烷基化油。

(2)斯特拉科式反应器　引进的斯特拉科卧式反应器装置的工艺流程见图 7-5。

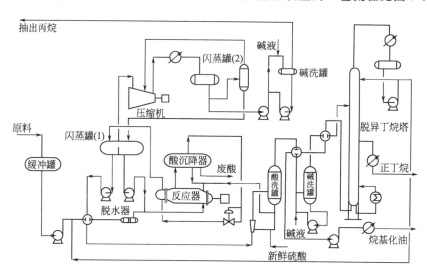

图 7-5　斯特拉科式硫酸法烷基化装置工艺流程

该反应器是一个卧式的压力容器,有一个内循环管,一个取走反应热的管束和一个混合螺旋桨搅拌器。

原料先进入原料缓冲罐,通过原料泵升压并与从脱异丁烷塔来的循环异丁烷汇合后进入冷却器与反应净流出物换冷,冷却后的原料进入凝聚脱水器脱除析出的游离水,然后与循环冷剂直接混合进入反应器的螺旋桨搅拌器的吸入端,由酸沉降罐来的循环硫酸也由此处进入反应器。在螺旋桨的驱动下,烃类物料迅速扩散并与酸形成乳化液。乳化液在反应器内不停地高速循环,进行烷基化反应。在螺旋桨的排出侧,一部分乳化液引入到酸沉降器进行酸烃分离。酸由于密度较大而沉入沉降器底部,然后返回到反应器螺旋桨的吸入侧。在这里,螺旋桨搅拌器的作用相当于反应器和酸沉降器间的乳化液泵。

从沉降器分出的反应流出物经压力控制阀减压后流经反应器内的取热管束,部分汽化以吸收反应热,保持反应器低温。

从反应器管程出来的气液混合物在闪蒸罐（1）内进行分离，分出的气体经压缩、冷凝冷却后，大部分凝液进入闪蒸罐（2），在适当的压力下闪蒸出富丙烷物料，返回压缩机二级入口。由闪蒸罐（2）出来的液体再进入闪蒸罐（1）闪蒸，得到的低温制冷剂，送至反应器循环使用。为防止丙烷在系统内积聚，抽出少量压缩机凝液，经碱洗后排出装置。

从闪蒸罐（1）出来的反应流出物中含有副反应生成的酸酯及少量夹带酸，需经过酸洗和碱洗，然后再进入分馏塔，从分馏塔顶分出异丁烷，经冷凝冷却后返回反应器循环使用。正丁烷从塔下部的侧线抽出，经冷凝冷却后送出装置，塔底的烷基化油经换热、冷却后作为目的产品送出装置。

2. 硫酸烷基化的主要影响因素

（1）原料组成和性质

① 异丁烷浓度。异丁烷在反应器烃相中的浓度是完成烷基化反应的动力。烃相中的丙烷和正丁烷不进行反应，可以起到稀释反应物及取热的作用，但假如烃相中的丙烷和正丁烷浓度高，则异丁烷的浓度就要下降，不利于烷基化反应，所以反应系统要及时排出多余的丙烷和正丁烷，避免积累。

随着反应器中异丁烷浓度的上升，烷基化油的辛烷值上升、终馏点下降。当异丁烷浓度达到 85% 时，烷基化油不经分馏已经和轻烷基化油相差无几。

因此应尽力保持反应物中异丁烷的浓度最大，提高异丁烷浓度的途径有 3 种：

● 提高分馏系统的分离度，使循环异丁烷的浓度提高，尽量将正丁烷及多余的丙烷排出装置；

● 降低原料和补充异丁烷中丙烷和正丁烷的浓度；

● 降低原料中烯烃的量，从而降低反应物中生成的烷基化油量，这样也可达到提高反应物中异丁烷浓度的目的。

提高反应物中异丁烷的浓度不仅可以提高产品烷基化油的辛烷值，还可以降低酸耗。

② 烷烯比。在烷基化反应时，异丁烷与烯烃之比（烷烯比）高，有利于生成理想的 C_8 烷基化油。进反应器前的烷烯比称为外比，反应器内部的烷烯比称为内比。内比表征反应时的烷烯比，外比是稳定操作条件下最重要的独立变量。从理论上讲，内比是表示烷基化反应瞬间的异丁烷和烯烃的比例。它包括了外比、进料分散、乳化循环等因素。如果外比大、烯烃进入反应器后分散程度高、循环乳化液中含有较多异故丁烷且循环速度较大，内比就可能达到很高的数值。但内比数据较难测定，故很少使用。一定条件下的烷烯比，不可过分强调其中一个而忽视另外一个。

在工业装置中，反应器进料中异丁烷与烯烃比（或称外比）范围为（5～15）:1，常用的为（7～9）:1。在有良好搅拌的情况下，反应器相界面上异丁烷与烯烃之比（或称内比）则可达（300～1000）:1。

③ 杂质。原料中各种杂质不但降低反应物浓度、而且会引起副反应及二次反应的发生，对浓硫酸的消耗也有影响，各种杂质对酸耗得影响见表7-2。

表7-2 烷基化原料中各种杂质引起的酸耗[①]

杂　质	酸耗/(kg 酸/kg)	杂　质	酸耗/(kg 酸/kg)
水	10.6	丁二烯	10.6
硫化氢，羰基硫(COS)	15～18	乙烯	47.6
甲硫醇	29	甲醇	31.3
乙硫醇	30.7		

① 以硫酸质量分数由 98.5% 变为 90% 为基准。

（2）酸浓度　酸浓度通常向反应器中加入的新鲜硫酸浓度为 98%～99.5%，由于被原料中所含的水和副反应生成的水所稀释，以及硫酸酯的生成，使酸在使用过程中浓度逐渐降低。烷基化油的质量与硫酸浓度有关，当乳化液中硫酸浓度为 95%～96% 时，烷基化油的辛烷值最高，酸的浓度降低，辛烷值降低。为了节约硫酸并保证烷基化油质量，排出废酸的浓度一般为 88%～90%。

（3）酸烃比　在相同的操作条件下，以酸为连续相进行烷基化反应，所得的烷基化油质量要比以烃为连续相进行烷基化反应的为好，且酸耗也低。是因为酸的导热性比烃大得多，能更有效地散去反应热。工业生产中，采用的酸烃体积比为 1:1～1.5:1，即反应器中酸的体积分数为 50%～60%。

（4）操作条件

① 反应温度。在硫酸烷基化过程中，烷基化油质量对反应温度比较敏感。反应温度过高会增加烯烃的叠合和酯化反应，导致烷基化油辛烷值降低、终沸点升高和酸耗增加。反应温度过低，则酸的黏度增加，影响形成良好的酸-烃乳化液，也会使烷基化油的辛烷值下降，同时增大反应的搅拌功率和冷耗。工业上采用的反应温度度一般为 8～12℃。

② 反应压力。压力在烷基化反应过程中的唯一作用就是保证烃类反应物处于液相。一般工业反应器的压力为 0.3～0.8MPa。

③ 反应时间。反应时间决定于相的混合强度和其他过程参数，对于硫酸法烷基化过程，反应时间为 20～30min。

④ 搅拌作用。异丁烷在浓硫酸中的溶解度很小（在 13.3℃ 时，浓度 99.5% 硫酸中为 0.1%，浓度 96.5% 硫酸中为 0.04%）。为了保证异丁烷迅速进入酸相和烷基化产物迅速进入烃相，两相间的接触表面积必须很大。为此硫酸法烷基化反应器必须用激烈的机械搅拌使它产生乳化藏液以提高传质速度。同时激烈的搅拌作用可将烯烃的点浓度降至最低，以防止因烯烃自身的聚合反应和与酸的酯化反应而降低产品质量。搅拌作用还有利于反应热量的扩散和传递，使反应器内温度均匀，产品质量稳定。

工业生产已经证明，在给定的系统中，产品质量随着单位进料输入的搅拌功率而变化，推荐的搅拌机动力输入为 0.74～1.19kW/(d·m³ 烷基化油)。

国内硫酸法烷基化的操作条件（以卧式反应器、流出物制冷工艺为例）如表 7-3 所示。

表 7-3　卧式反应器、流出物制冷硫酸法烷基化操作条件汇总

项　　目	指标	项　　目	指标
原料脱水器入口温度/℃	9	闪蒸罐(2)压力/MPa	0.2～0.18
反应器温度/℃	8～12	闪蒸罐(1)温度/℃	12～17
反应器压力/MPa	0.3～0.6	流出物酸洗罐温度/℃	29
反应器进料烷烯比	8～9	流出物碱洗罐温度/℃	49～65
反应流出物中异丁烷含量/%	62～70	酸洗罐循环量/烃进料量	(4～10)/100
排出废酸的质量分数/%	90	碱洗罐碱液循环量/烃进料量	(10～25)/100
闪蒸罐(1)压力/MPa	0.03	脱异丁烷塔顶压力/MPa	0.5
循环冷剂温度/℃	～1	脱异丁烷塔塔顶温度/℃	45
净流出物出闪蒸罐温度/℃	～10.6	正丁烷侧线抽出温度/℃	65～67
压缩机出口压力/MPa	0.5～0.7	脱异丁烷塔塔底温度/℃	158～166

六、氢氟酸法烷基化

1. 工艺流程

截至 2002 年，世界各地共有 115 套 HF 烷基化装置，其中美国有 60 套。HF 法烷基化工艺可分为 Phillips 公司开发的 HF 法烷基化装置和 UOP 公司开发的 HF 法烷基化装置。我国引进的 12 套 HF 烷基化装置全部采用外 Phillips 公司开发的 HF 法烷基化工艺。

Phillips HF 烷基化工艺过程如图 7-6 所示。主要由原料干燥脱水、HF 基化反应、分馏、品精制、HF 再生和"三废"处理等几部分组成。

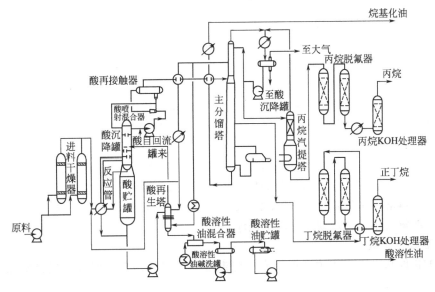

图 7-6　Phillips HF 烷基化工艺过程

(1) 干燥部分　原料先通过装有干燥剂的干燥罐进行脱水处理，以保证进入反应系统的原料中水含量小于 $20mg/m^3$。流程中设有 2 台干燥器，1 台干燥，1 台再生，切换操作，采用加热后的原料作为再生介质。

(2) 反应部分　干燥后的原料与来自主分馏塔的循环异丁烷在管道内混合后经高效喷嘴分散在反应管的酸相中，烷基化反应即在垂直上升的管道反应器内进行。反应管上端与酸沉降罐相连，反应物流依靠密度差在沉降罐中分离，酸积聚在罐底，利用位差进入酸冷却器除去反应热后，又进入反应管完成循环。酸沉降罐上部烃相（包括反应产品及未反应烃类）经过维持一定氢氟酸液面的三层筛板以除去有机氟化物后，与来自主分馏塔顶回流罐酸包的酸混合，再用主分馏塔进料泵送入酸喷射混合器与自酸再接触器抽入的大量氢氟酸相混合，然后进入酸再接触器。在酸再接触器内酸和烃充分接触，可使因副反应生成的有机氟化物重新分解为氢氟酸和烯烃，烯烃再与异丁烷反应生成烷基化油，故酸再接触器可视为一个辅助反应器。采用酸再接触器可使酸耗大为减少。

(3) 分馏部分　离开反应系统的物流中，实际含有以下组分：HF 酸（常压沸点 19.4℃）、C_3^O（常压沸点 -42.07℃）、iC_4^O（常压沸点 -11.27℃）、nC_4^O（常压沸点 -0.50℃）、烷基化油（常压沸点 40～200℃），组分中之所以尚存在氢氟酸是由于烃类如异丁烷在 50℃条件下可能溶解 1.5% 的氢氟酸，这些溶解的氢氟酸被携带进入了分馏系统。

所有这些组分都应该在分馏系统被分离开来，然后让氢氟酸回到反应部分，丙烷、正丁烷和烷基化油则是烷基化装置的产品，而异丁烷则要循环到反应系统和新鲜进料一起进行反应。

分馏系统包括主分馏塔、塔顶冷凝器、中间加热器和塔底重沸器。

反应物流自酸再接触器出来并经换热后进入主分馏塔。主分馏塔为一多侧线复杂分馏塔，塔顶馏出物为丙烷并带有少量氢氟酸，经冷凝冷却后进入回流罐。部分丙烷作为塔顶回流，部分丙烷进入丙烷汽提塔。酸与丙烷的共沸物自汽提塔顶出去，经冷凝冷却后返回主分馏塔顶回流罐。塔底丙烷送至丙烷脱氟器脱除有机氟化物，然后再经 KOH 处理脱除微量的氢氟酸后送出装置。

（4）产品精制部分　产品精制即脱氟过程。丙烷和正丁烷产品中含有微量有机氟化物，必须进行脱氟处理。将产品加热到过气化温度，经过装有活性氧化铝脱氟剂的设备脱除有机氟化物（首先有机氟化物分解为烃和 HF，再发生以下反应：

$$HF + Al_2O_3 \longrightarrow AlF_3 + H_2O)$$

产品冷却后再经过 KOH 处理进一步除掉 HF（$HF + KOH \longrightarrow KF + H_2O$），然后送出装置。由于分馏塔底温度较高，烷基化油中基本不含 HF 酸，不需要精制处理。

（5）HF 再生和"三废"处理部分　催化剂 HF 同其他催化剂一样，长期使用后酸度下降，活性降低，需根据具体情况定期对 HF 进行再生，除掉溶解在 HF 中的杂质，如酸溶性油和水等。

烷基化过程产生的废气主要是含 HF 的气体。将废气通入一定浓度的 NaOH 溶液中，进行中和处理。经过中和处理的不含 HF 的气体送入火炬系统。中和过程生成的废液与氯化钙反应，生成难溶于水的氟化钙（$2NaF + CaCl_2 \longrightarrow 2NaCl + CaF_2 \downarrow$）废渣，$CaF_2$ 为无毒惰性物质，溶解度小，可定期清除填坑掩埋。

2. 主要操作参数

影响 HF 烷基化反应的主要因素有反应温度、烷烯比、反应时间、氢氟酸浓度、酸烃比、混合效应等。

（1）反应温度　氢氟酸烷基化的反应温度通常为 $15 \sim 50℃$，高于硫酸烷基化的反应温度，一般用装置所在地的循环冷却水的温度作为反应温度。随着反应温度的升高，反应速率加快，但大于 C_8 的聚合物和重组分增多，产品的干点提高，辛烷值下降。反应温度降低，烷基化油辛烷值增高，说明低温下烷基化反应朝有利于生成高辛烷值组分的方向发展，同时减少了副反应的发生，使重烷基化油和酸溶性油的生成反应受到抑制，烷基化油的干点降低。如果反应温度过低，如低于 $15℃$，则易于生成有机氟化物，这也是不利的。反应温度一般控制在 $30℃$ 左右。

（2）烷烯比　一般来说，随着烷烯比的增加，烯烃本身相互碰撞的机会减少，烯烃与烷基化中间产物的碰撞机会也减少，因此发生聚合反应和过烷基化的机会减少，C_8 烷基化反应几乎成了惟一的反应，副产物减少，烷基化油的收率提高，产物多数是三甲基戊烷，所得产品的辛烷值上升，但异丁烷的消耗和能耗也相应地增加。反之，则烷基化油组成不均匀，C_8 以外的轻重组分都比较多。工业上烷烯比一般控制在（$12 \sim 15$）：1。

（3）反应时间　氢氟酸法烷基化由于相间传质速率快，反应时间一般只需几十秒钟。在工业生产装置中，反应物料在反应管内的停留时间按 20s 考虑。

（4）氢氟酸浓度　在连续运转中，氢氟酸相会积累有机氟化物和水。酸中含水过低，则活性太低；含水过高，则会加剧设备腐蚀，因此水量要严格控制。工业生产一般控制酸中含水量为 $1.5\% \sim 2\%$，最大到 3%，不能小于 1%。循环酸的合适浓度为 90% 左右。

（5）酸烃比　为了维持酸为连续相，保证酸烃充分接触和控制反应温升，保持较高的酸烃比是有必要的。但过高对产品质量的改善不明显，反而增加了设备尺寸和能耗，生产装置实际采用的酸烃体积比约为 $4 \sim 5$。

（6）混合效应　烃类在酸相中的分散程度是影响烷基化油质量的重要因素，在氢氟酸烷基化中，烃的分散不采用机械搅拌形式，而是通过高效喷嘴使烃类高度分散于酸中。工业装置提供的数据表明，高效喷嘴的压降应不低于 0.1MPa，生产装置实际采用的压降为

0.21～0.28MPa。

国内氢氟酸法烷基化装置的操作条件见表 7-4。

表 7-4　氢氟酸法烷基化操作条件汇总

项　目	指标	项　目	指标
反应温度/℃	30～39	主分馏塔塔顶温度/℃	54～56
反应压力/MPa	0.5～0.6	循环异丁烷抽出层温度/℃	96～99
原料中烷烯比	1.1～1.2	主分馏塔回流温度/℃	40～42
反应进料烷烯比	14～15	丙烷汽提塔塔顶压力/MPa	2.1～2.2
主分馏塔进料温度/℃	70～74	丙烷汽提塔塔顶温度/℃	55～57
主分馏塔塔底压力/MPa	2.05	循环酸纯度/%	90～92
主分馏塔塔底温度/℃	215～230	循环异丁烷纯度/%	＞85

七、固体酸直接烷基化技术

固体酸烷基化技术的工业化进程一直很缓慢，其关键是难于经济有效地解决固体酸催化剂的失活和再生难题。近年来，在催化剂和反应工程方面有新的进展，有的研究已完成中试或工业示范。

Alkylene 工艺是美国 UOP 公司经过 10 年左右的时间研究开发出来的，该反应工艺的流程示意见图 7-7。

该工艺的核心部分是由液相流化床和移动再生器组成。工作原理与 FCC 气相流化床和再生器类似。反应物料经预处理后和催化剂一起进入液相流化床的底部，在提升管反应器中向上移动的过程中发生烷基化反应。从提升管出来的反应物和未反应的异丁烷去分馏塔，分出丙烷、丁烷和烷基化油。异丁烷循环到反应系统中，以增加反应的烷烯比。

催化剂的一部分从提升管出来后

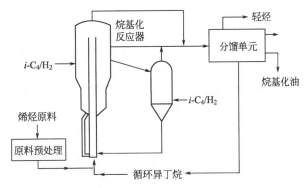

图 7-7　UOP 公司 Alkylene 工艺流程示意

沉降，在沉降过程中与氢气饱和的异丁烷接触进行低温轻度再生，然后从沉降器下部的管线返回提升管反应器的进口。另一部分催化剂进入再生器，在较高的温度下与氢气饱和的异丁烷接触进行重度再生，再生后的催化剂返回提升管反应器的进口。

Alkylene 工艺使用的催化剂是 Pt-KCl-AlCl$_3$/Al$_2$O$_3$。它是一种真正的固体酸催化剂，但它无法在烷基化反应条件下保持长寿命，催化剂通过异丁烷洗涤和加氢方法再生。

Alkylene 工艺的产品质量与 HF 烷基化的产品质量相当，技术经济可以和现有的液体酸工艺竞争，已经达到工业应用水平。

我国石油化工领域于 1997 年开始系统地进行异构烷烃与烯烃烷基化催化材料和催化反应工程方面的研究工作，着重于开发新的固体酸催化材料和研究固体超强酸材料的结构和物理化学性质，以及从催化反应工程的方法着手解决固体酸催化剂在烷基化反应过程中极易失活的问题。

石油化工科学研究院（RIPP）经过多年的努力开发了异丁烷-丁烯超临界烷基化工艺，该工艺采用负载型的杂多酸催化剂、固定床反应器。采用超临界反应工程成功解决了固体酸催化剂在反应中容易失活的难题。在实验室 1400h 以上的催化剂寿命试验中，反应活性保持 100%，烷基化油的辛烷值与硫酸法相当。目前正在上海高桥石化进行中型试验。

八、间接烷基化技术

间接烷基化技术是指将异丁烯叠合（齐聚）成异辛烯、异辛烯然后加氢为异辛烷的过程。这样获得的异辛烷组成和性质均与异丁烷-丁烯烷基化产物相似，但具有更高的辛烷值和更低的雷得蒸气压，且叠合和加氢反应均可采用成熟的固体催化剂，生产过程环境友好，因此近年来间接烷基化技术获得了迅速发展。

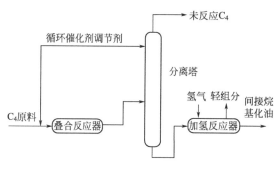

图 7-8　间接烷基化工艺流程

间接烷基化工艺过程包括叠合和加氢两部分，其典型工艺过程如图 7-8 所示。原料和循环的催化剂调节剂进入叠合反应器进行叠合反应，叠合产物进入分离塔进行分离，塔顶为未反应 C₄，催化剂调节剂以侧线方式采出并循环回叠合反应器入口，塔底物进入加氢反应器进行加氢，得到以异辛烷为主的间接烷基化产物。

叠合催化剂可选择树脂催化剂或固体磷酸催化剂。与直接烷基化技术相比，间接烷基化技术具有以下特点。

① 原料范围宽。直接烷基化主要利用馏分中的正丁烷和正丁烯为原料，而间接烷基化主要利用异丁烯和部分正丁烯。主要是烯烃，异丁烷相对较少，因此可用于直接烷基化的原料有限。而间接烷基化除可利用烯烃外，还可利用蒸汽裂解、气田异丁烷脱氢产物以及副产叔丁醇脱水产物，原料来源更为广泛。

② 直接烷基化采用催化剂，具有强烈的毒性，且具有很强的腐蚀性并产生难于处理的酸泥，固体酸烷基化仍处于开发过程中，其经济性还有待于进一步验证。而间接烷基化过程采用的固体酸叠合催化剂已经成熟，叠合和加氢过程均环境友好。

③ 投资少。尽管间接烷基化过程包括二聚、加氢两步，但其投资仍比酸法直接烷基化低。这是因为 HF 或 H_2SO_4 法直接烷基化需要价格昂贵的特殊反应器设备，并且废酸的后处理复杂。特别是间接烷基化装置可由装置适当改造而成，投资更少。

④ 产品质量高。尽管不同公司所开发的间接烷基化技术的产品性质有差异，但其 RON、MON 均高于直接烷基化产品。

间接烷基化的最大缺点是需要耗氢，因此生产烷基化油的原料成本一般较高。

第四节　轻质烷烃异构化工艺

一、概述

在炼油工业中所使用的轻质烷烃异构化过程是在一定的反应条件和有催化剂存在下，将正构烷烃转变为异构烷烃。

轻烃馏分中主要含有正戊烷和正己烷，其辛烷值比相应的异构体低很多，由表 7-5 可以看出，C₅ 异构化后辛烷值可提高 30～40 个单位，C₆ 异构化后辛烷值可提高 50～70 个单位。

表 7-5　一些轻烃的沸点和辛烷值

化合物	RON	MON	沸点/℃	化合物	RON	MON	沸点/℃
异戊烷	93.5	895	27.9	3-甲基戊烷	74.5	74.0	63.3
正戊烷	61.7	61.3	36.1	正己烷	30.0	25.0	68.7
环戊烷	101.3	85.0	49.3	甲基环戊烷	95.0	80.0	71.8
2,2-二甲基丁烷	93.0	93.5	49.7	环己烷	83.0	77.2	80.7
2r-二甲基丁烷	104.0	94.3	58.0	苯	>100	>100	80.1
2-甲基戊烷	73.4	72.9	60.3				

通过对直馏汽油或重整抽余油等轻石脑油进行异构化，可以使这些低辛烷值组分的 RON（未加四乙基铅的研究法辛烷值）约提高 20 个单位，异构化油的辛烷值可达到 92，使其成为优质的汽油调和组分。

轻质烷烃异构化的主要目的是生产高辛烷值汽油调和组分—异构烷烃；生产用于合成甲基叔丁基醚 MTBE 和甲基叔丁戊醚 TAME 及人工合成橡胶的原料—异构烯烃。戊烷或己烷馏分异构化可作为高辛烷值汽油组分，正丁烷也可用异构化得到异丁烷，然后作为烷基化过程的原料制造异辛烷，正丁烯也可以异构化得到异丁烯，然后作为醚化过程的原料。

C_5/C_6 烷烃异构化汽油具有以下特点：

① C_5/C_6 正构烷烃转化成相应的异构烷烃时，辛烷值会有明显提高；

② 异构化汽油的产率高；

③ 异构化汽油的辛烷值敏感度小，RON 和 MON 通常仅相差 1.5 个单位；

④ 依靠异构烷烃而非芳烃来提高汽油的辛烷值，对环境保护有重要意义；

⑤ 重整只能改善 80～180℃ 重汽油馏分的质量，而异构化油能调节汽油的前端辛烷值，两者合用能使汽油的馏程和辛烷值有合理的分布，从而改善发动机的启动性能。

在国外，C_5/C_6 异构化工艺得到了广泛的应用。表 7-6 中列出了 1990 年～2010 年世界各地区异构装置的生产能力。

表 7-6　1990～2010 年异构化装置的加工能力　　　　　　单位：1000 桶/d

地　区	1990	1995	1998	2000	2010
北美	504	604	664	700	800
西欧	169	437	501	550	580
环太平洋和南亚	24	67	92	210	700
东欧		31	57	100	200
拉丁美洲	23	41	116	120	125
中东地区	3	49	66	150	200
非洲	15	15	30	50	80
合计	738	1252	1526	1800	2695

我国 C_5/C_6 工业化异构装置尚少，因而汽油构成中几乎无异构化汽油，但随着我国汽车工业的发展以及对环保的日益重视，对汽油质量提出了更高的要求。尽早将 C_5/C_6 烷烃异构化技术应用于工业生产，将对改变我国现有汽油组成结构，提高汽油质量具有特殊重要的意义。

南京炼油厂、华东理工大学、中国石化北京设计院共同开发了 C_5/C_6 烷烃异构化工艺，于 1993 年 5～12 月，在南京炼油厂千吨中试装置试验成功。这是我国在异构化工艺研究方面取得的重大进步。

我国第一套异构化工业试验装置于 2001 年在湛江东兴石油有限公司建成开工，规模为 180kt/a，采用北京石油化工科学研究院开发的异构化技术。原料 RON 为 75.5，一次通过 RON 达 81.2。

金陵分公司、中国石化工程建设公司及华东理工大学合作开发了 100kt/a 异构化装置工艺包，并于 2002 年在金陵分公司建成了 100kt/a 异构化工业试验装置，装置运转良好，一次通过异构化油的 RON 提高 6～10 个单位，达到了国内外同类装置的先进水平。

二、异构化催化剂

烷烃异构化过程所使用的催化剂有酸性的弗瑞迪-克腊夫茨型催化剂（简称弗氏催化剂）和双功能型催化剂两大类型。

弗氏催化剂主要由氯化铝、溴化铝等卤化铝和助催化剂氯化氢等卤化氢组成。这类催化剂单独使用时活性低，除需同时使用氯化氢等作为助催化剂外，还需要微量的烯烃、氧等作为反应引发剂。这种混合催化剂的活性非常高，在低于 120℃ 的反应温度下就能得到接近平衡的转化率，但容易引起反应物和生成物的副反应，如裂化和聚合等反应，生成裂化轻组分和高沸点的聚合产物。这类催化剂对异构化的选择性差，特别是在原料相对分子质量增大时，这些副反应变得更显著。例如，对丁烷并不引起裂化反应，对戊烷、己烷则裂化反应较明显，而对庚烷则引起显著的裂化反应，使庚烷的异构化实际成为不可能。弗氏催化剂目前已很少使用。

双功能催化剂是将镍、铂、钯等有加氢活性的金属担载在氧化铝、氧化硅-氧化铝、氧化铝-氧化硼或泡沸石等有固体酸性的担体上，形成酸性中心和具有加氢活性的金属中心。

双功能型催化剂的烷烃异构化反应由所载的金属组分的加氢脱氢活性和担体的固体酸性协同作用，进行以下反应。

$$\text{正构烷} \underset{\text{金属}}{\rightleftharpoons} \text{正构烯} \underset{\text{酸性中心}}{\rightleftharpoons} \text{异构烯} \underset{\text{金属}}{\rightleftharpoons} \text{异构烷}$$

正构烷首先靠近具有加氢脱氢活性的金属组分脱氢变为正构烯；生成的正构烯移向担体的固体酸性中心，按照正碳离子机理异构化变为异构烯；异构烯返回加氢脱氢活性中心加氢变为异构烷。

目前，国外普遍使用的 C_5/C_6 烷烃异构化催化剂都是贵金属催化剂，按操作温度的不同可分为中温型（反应温度在 210～280℃）和低温型（反应温度在 150℃ 以下）两种。异构化反应是放热反应，温度越高对反应越不利，故早期的高温催化剂（反应温度 400℃）已基本被淘汰。

中温型贵金属催化剂以 UPO 公司的 I-7 催化剂和 Shell 公司的 HS-10 催化剂为代表，是将贵金属（Pt 或 Pd）负载于沸石上制得的双功能催化剂，反应温度为 210～280℃，所用沸石主要为丝光沸石，但由于使用 Ω 沸石可使反应温度降低 20℃，所以这类催化剂的发展趋势是用 Ω 沸石代替丝光沸石作为异构化催化剂的载体。

目前金属活性组分大多选用具有高活性的 Pt 或 Pd，但由于造价昂贵并以补氯的方式降低反应活性温度、提高催化剂活性，但随之而来的是对原料硫、水等含量的严格控制和对反应过程中催化剂的补氯，对环境也有污染。镍作为非贵金属，活性仅次于贵金属的活性组分，经大量研究者证明是很有潜力的。关键在于助活性组分的选择，已报道的助催化剂有钼、铜和锌等。

低温型贵金属催化剂以 UOP 公司的 I-8、英国 BP 公司的催化剂和 Engelhard 公司的 RD-291 为代表，是贵金属卤化物无定形催化剂，催化剂的酸性主要由卤素（F 或 Cl）提供。

与双功能沸石催化剂相比，这类催化剂较活泼，可使异构化反应在低温下进行，反应温度115～150℃，与中温催化剂相比，低温型催化剂在一次通过的操作条件下，产品辛烷值可提高5个单位左右。因此，国外异构化工艺发展大都围绕低温异构化催化剂进行。

低温型催化剂的主要缺点是对原料中水和含硫化合物特别敏感，为了维持催化剂的活性又必须向原料中注入卤化物，这将造成设备腐蚀。另外由于环保要求日益严格，不希望使用卤化物，故今后发展方向将是开发对环境无害的高活性催化剂。

三、C_5/C_6异构化工艺

国外C_5/C_6烷烃异构化工艺主要有UOP公司工艺、IFP工艺，Shell工艺、BP工艺等，其中最具代表性的技术是UOP工艺和IFP工艺，国内开发的代表性技术为金陵石化公司的全异构化工艺。

本节仅介绍UOP公司的异构化工艺。

Penex是UOP公司开发的使用最广泛的异构化工艺，见图7-9。目前已有188套装置采用了该技术，采用的I-8或I-80催化剂是一种无定形双功能氯化铝催化剂，在已经工业化生产的异构化催化剂中活性最高，操作温度为90～200℃，属低温型，由于低温平衡有利于高辛烷值烷烃的产出，因此采用该催化剂的Penex工艺，在氢气一次通过的工艺中，生产的异构化油的辛烷值也最高，达到（82～84）C_5^+RON，但是这种催化剂对进料中的水或硫等杂质比较敏感，也不能再生，而且为了维持催化

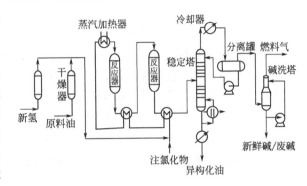

图7-9　Penex低温异构化工艺流程

剂的活性需要加入卤化物，对设备造成一定的腐蚀。

原料（直馏C_5/C_6馏分或重整拔头油）和氢气分别经过干燥混合后，再经换热和蒸汽加热进入反应器。为了获得加工过程的最佳性能，一般情况下采用两个反应器串联，第一反应器在较高温度（173℃）下操作以提高反应速率；第二反应器在较低温度（135℃）下操作以更合理地利用高辛烷值异构体的平衡分布。反应器流出物进入稳定塔，塔底得到稳定的异构化产品，从塔顶除去氢气和反应中因裂解而生成的低分子轻烃，经油气分离后，液体作为塔顶回流液，气体经碱洗除去HCl后送入燃料气管网。

此工艺由于反应温度低，可以用蒸汽加热，不需要加热炉；由于氢油比低，氢气可以一次通过，不需要进行循环，省去了高压油气分离器和循环氢气压缩机，简化了流程，降低了设备投资和操作费用。

第五节　小分子烯烃叠合制汽油工艺

两个或两个以上的烯烃分子在一定的温度和压力下，结合成较大的烯烃分子的过程称为叠合过程。叠合也有热叠合和催化叠合之分。催化叠合的产品收率高、副产物少，因而早已取代了热叠合方法。

通常生产中，常以催化裂化、热裂化、焦化以及减粘裂化等装置的副产物液态烃中的烯烃为原料，采用叠合的方法生产高辛烷值汽油的调和组分—叠合汽油。

在叠合过程中，如果原料未经分离，不仅有各类烯烃本身叠合生成的二聚物、三聚物，而且会有各类烯烃之间相互叠合生成的共聚物。因此，所得到的叠合产物是一个宽馏分，是各类烯烃的混合物。这种叠合称为非选择性叠合过程。

如果将原料进行分离，分别使丙烯或丁烯单独进行叠合，这类叠合称为选择性叠合过程。近年来发展起来的烯烃双聚技术即属于这种叠合过程。

催化叠合与烷基化相比，用同量烯烃制得的汽油调和组分尚不足后者的一半，而且叠合油中 90% 以上为烯烃，虽然其研究法辛烷值与烷基化油相近，但马达法辛烷值较低，仅 80～83。其不利之处还在于，叠合油必须经过选择性加氢精制才能达到与烷基化油相同的安定性。

由于近年来对无铅汽油中烯烃和芳烃的限制，叠合过程作为一种生产异构烷烃类高辛烷值组分的方法又受到了极大的关注。

目前工业上应用最广泛的叠合催化剂是载在硅藻土载体上的磷酸催化剂。烯烃双聚反应所用的催化剂为齐格勒型催化剂。

一、叠合过程的化学反应

以未经分离的液态烃为原料进行叠合时，反应和产物都比较复杂。烯烃在酸式催化剂上的反应可以用正碳离子机理来解释，下面以异丁烯的叠合为例说明。

首先催化剂提供质子使异丁烯形成正碳离子。

$$H_3C-\overset{\overset{\displaystyle CH_3}{|}}{C}=CH_2 \ + \ H^+ \ \longrightarrow \ H_2C-\overset{\overset{\displaystyle CH_3}{|}}{\underset{+}{C}}-CH_3$$

生成的正碳离子很容易与另一个异丁烯分子结合生成大的正碳离子。

$$H_3C-\overset{\overset{\displaystyle CH_3}{|}}{\underset{+}{C}}-CH_3 \ + \ H_3C-\overset{\overset{\displaystyle CH_3}{|}}{C}=CH_2 \ \longrightarrow \ CH_3-\overset{\overset{\displaystyle CH_3}{|}}{C}-CH_2-\overset{\overset{\displaystyle CH_3}{|}}{\underset{+}{C}}-CH_3$$

大正碳离子很不稳定，它会放出质子变为异丁烯。

$$H_3C-\overset{\overset{\displaystyle CH_3}{|}}{\underset{\underset{\displaystyle CH_3}{|}}{C}}-CH_2-\overset{\overset{\displaystyle CH_3}{|}}{\underset{+}{C}}-CH_3$$

生成：

$$HC_3-\overset{\overset{\displaystyle CH_3}{|}}{\underset{\underset{\displaystyle CH_3}{|}}{C}}-CH_2-\overset{\overset{\displaystyle CH_3}{|}}{C}=CH_2 + H^+$$

$$H_3C-\overset{\overset{\displaystyle CH_3}{|}}{C}-CH=\overset{\overset{\displaystyle CH_3}{|}}{C}-CH_2 + H^+$$

这是两个异丁烯分子的聚合反应，生成的二聚物还能继续叠合，成为多聚物。

如果原料烯烃不止一种时，那么不同的烯烃还能叠合生成共聚物。异丁烯和正丁烯也可以聚合，在异丁烯和正丁烯的混合物中，质子优先附在异丁烯上使之形成正碳离子。

除此之外，叠合反应进行时还有副反应发生。在这些副反应中，烯烃加氢去氢叠合反应是较重要的一个，它使一部分的烯烃分子脱氢，而使另一部分烯烃分子被加氢。在叠合过程中，高分子叠合物解叠和低分子烯烃的叠合也是同时进行的。因此，在烯烃叠合时，叠合产物中除了生成原料烯烃的二聚物外，还同时产生一些饱和烃的烃类、高度不饱和的低分子烃类。加氢去氢叠合这种副反应是不希望有的，因为它们会生成高分子的不饱和的物质而沉积在催化剂上，引起催化剂活性降低。在烯烃叠合时，还可以看到烯烃变为环烷烃和环烷烃脱氢后变为芳香烃的反应。这些副反应的速率都随着温度的升高而增大。

烯烃叠合是放热过程，例如异丁烯双聚反应，生成 1kg 双异丁烯放出的热量为 1422kJ，为了不使反应器内温度升高，必须设法移走反应放出的热量。在生产叠合汽油时，希望主要得到二聚物或三聚物，因此采用较低的反应温度，工业上一般采用 170～220℃。

催化叠合中异丁烯最易反应，其次是正丁烯和丙烯，乙烯最不易反应。混合气体叠合时，各组分在反应中的转化程度大致为：异丁烯为 100%；正丁烯为 90%～100%；丙烯为 70%～100%；乙烯为 20%～30%。

由于各种烃类的反应能力不同，因而工业生产中对于不同原料采用不同的操作条件。通常对于丙烯叠合采用 230℃左右；对于丁烯则采用 200℃左右；而对于裂化稳定塔顶气体的叠合，在 185℃和 3.5MPa 的条件下已进行得相当剧烈了。

二、叠合催化剂

目前应用最广泛的烯烃叠合催化剂为磷酸催化剂，它有以下几种：载在硅藻土上的磷酸，载在活性炭上的磷酸，浸泡过磷酸的石英砂，载在硅胶上的磷酸和焦磷酸铜；而目前应用最广泛的所谓"固体磷酸催化剂"是用磷酸与硅藻土混合，然后在不超过 300～400℃下焙烧制得。催化剂外观是灰白色的，一般制成 3～10mm 的圆柱体。

磷酸酐 P_2O_5，在与不同比例的水结合时能形成一系列的磷酸，那就是正磷酸（H_3PO_4）焦磷酸（$H_4P_2O_7$）及偏磷酸（HPO_3），磷酸的组成可以用酸中 P_2O_5 的含量或 H_3PO_4 的浓度来表示，此时焦磷酸和偏磷酸可以看作是含 H_3PO_4 100% 以上的酸。

这 3 种化学状态在一定条件下可以相互转化。正磷酸在 150～160℃温度下稳定，温度升高则逐渐失水而变为焦磷酸，到 240～260℃时大量失水将主要以偏磷酸形态存在，再继续升温至 290℃，则几乎全部转变为偏碳酸。表 7-7 列出了三种磷酸的特性。

表 7-7　三种磷酸的特性

酸	化学式	P_2O_5 与 H_2O 的组成	P_2O_5 含量/%	H_3PO_4 浓度/%	d_4^{20}	熔点/℃	沸点/℃
正磷酸	H_3PO_4	$P_2O_5 \cdot 3H_2O$	72.4	100	1.87	42.35	255.3
焦磷酸	$H_4P_2O_7$	$P_2O_5 \cdot 2H_2O$	79.7	110	1.90	61	427
偏磷酸	HPO_3	$P_2O_5 \cdot H_2O$	88.8	124	2.2～2.5	—	732
磷酸酐	P_2O_5	P_2O_5	100.0	—	—	347 升华	—

烯烃叠合的反应速率与磷酸浓度有关，在烯烃的叠合反应中，主要是正磷酸和焦磷酸有催化活性，而偏磷酸不具有催化活性，而且容易挥发损失。因此，为了保证催化剂的活性，在反应过程中应使催化剂表面的浓度保持在 108%～110%，即处于正磷酸和焦磷酸的状态。

为了防止磷酸催化剂失水，除适当控制反应温度外，还应维持原料气中的水蒸气分压不低于正磷酸和焦磷酸的饱和水蒸气压，使催化剂处在有水蒸气存在的状况下工作。一般来说，当反应温度高于 230℃时，在原料气中应注入 2%～10% 的水或水蒸气，当反应温度低于 150℃时原料气则不含水。注水的目的是为了使催化剂不致因失水而丧失活性。但注水量过多会造成催化剂粉碎成为糊状或结块。

对催化剂要求具有足够的机械强度，若强度太低在生产过程中易于粉碎。

原料气中所含各种杂质除影响产品质量外，也会降低催化剂的寿命。如 H_2S 可以和烯烃作用生成硫醇，含硫化合物会促使叠合汽油中胶质的生成和催化剂活性下降；少量的碱性物质如 $NaOH$、NH_3 和碱性氮化物会使得催化剂活性迅速下降；二烯烃和快烃的存在也会生成胶状沉积物缩短催化剂的使用寿命，因此需经预处理除去上述有害物质，例如水洗、酸洗或注酸等。

三、叠合工艺流程

非选择性叠合生产叠合汽油的装置，其工艺流程见图7-10。

所用的叠合原料是经过乙醇胺脱硫、碱洗和水洗后的液态烃。为了防止原料带入乙醇胺等碱性物质和防止催化剂因受热失水而降低活性，在原料气体中有时要注入适当的酸和蒸馏水。

经过上述处理的原料气体经压缩机升压至反应所需要的压力，与叠合产物换热，并经加热升温到反应温度，进入反应器。

反应器如同一个立式管壳式换热器。反应器中间有许多管子，管子内装有催化剂，管子之间的壳程有软化水和蒸汽循环。原料气体由反应器顶部进入管程，在催化剂作用下进行叠合反应，反应所放出的热量由在壳程内循环的软化水带走，转变为水蒸气。可以用控制壳程的水蒸气压力来控制反应温度。如用筒式反应器时，可分段打入冷的原料气体来控制反应温度。

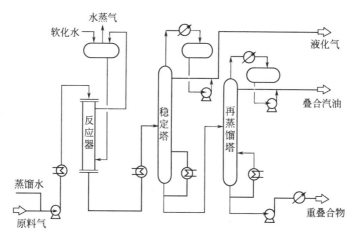

图 7-10　催化叠合过程原理流程

反应产物（包括未反应的原料）从反应器底部出来，经过过滤器除去带出来的催化剂粉末，与叠合原料换热后进入稳定塔。从塔顶出来的轻质组分经冷凝冷却后，一部分作塔顶回流，另一部分送出装置作为石油化工生产的原料或燃料。稳定后的叠合产物从塔底排出，进入再蒸馏塔，从塔底分出所含有的少量重叠合产物，塔顶馏分经冷凝冷却后，一部分作为塔顶回流，另一部分作为合格的叠合汽油送出装置。

一般叠合装置有6～8个反应器，可以分组并联或串联操作。当某个或某组反应器需要停止进料和更换催化剂时，另一些反应器仍然继续操作。

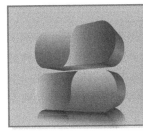

第八章
燃料油精制与调和

　　原油经过常减压蒸馏、焦化、催化裂化等加工过程得到的汽油、喷气燃料、煤油和柴油馏分一般还不能直接作为商品，其中所含烯烃、硫、氮、氧等化合物、可溶性金属盐以及乳化水等杂质致使油品有臭味、色泽深、腐蚀机械设备、不易保存等。特别是生成可溶性或不可溶性沉渣后，将严重影响油品的质量，大大降低了成品油的经济价值。

　　例如，由含硫原油加工得到的汽油需要经过精制处理，除去硫或硫化物，使汽油的辛烷值、安定性、抗腐蚀性等指标得到改善。当用含硫较多的原料生产喷气发动机燃料时，也需要用精制方法，去除硫、硫化物机酸和不饱和烃等。

　　焦化汽油含有大量烯烃特别是二烯烃，使汽油的安定性变坏，在贮存期间易生成胶质，因而需经过精制除去这些不安定的组分。直馏汽油的辛烷值往往比较低，为了提高其辛烷值，就应和辛烷值高的汽油，如催化裂化汽油、烷基化汽油等掺和，或加入适当的高辛烷值组分或抗爆剂。

　　直馏柴油因含环烷酸而导致酸度不合格，需进行精制。从石蜡基原油得到的直馏柴油因含蜡使其凝点偏高需进行脱蜡。焦化等热加工柴油因含胶质和含硫化物等非烃化合物使得安定性和抗腐蚀性较差，也需经过精制。柴油中芳香烃含量很高时燃烧性能差，也要采用精制的办法降低其芳香烃含量。例如，用二氧化硫或糠醛作为溶剂，降低柴油的芳香烃含量，不仅改善了燃烧性能，而且还大大降低硫含量。

　　同样，液化石油气（液态烃）也需除去硫化物，改善气味和消除腐蚀性等。

　　将各种加工过程所得的半成品加工成为商品，一般需要经过：精制、调和和加入添加剂过程。

第一节　精　　制

　　将半成品中的某些杂质或不理想的成分除掉，以改善油品质量的加工过程称为精制。

　　目前，精制方法可分为加氢精制与非加氢精制两类。

　　加氢精制是在催化剂存在下，于 300～425℃，1.5MPa 压力下加氢，由于有高压氢气和催化剂的存在，不但各种石蜡基及环烷基硫化物的脱硫反应容易进行，而且芳香基硫化物也同样能进行反应。此外原料中的烯烃和二烯烃等不饱和烃可以得到饱和，含氧、氮等非烃化合物中的氮和氧亦能变成氨、水而从油中脱除，与此同时，烃基却仍旧保留在油品中，因而产品质量得到很大的改善，精制产品产率也高，可用于各种油品。但加氢精制主要存在固定投资多，生产成本高、操作难度大等问题。相关内容见催化加氢一章。非加氢精制往往是中小型炼厂的理想选择，采用的方法一般有：化学精制（主要有酸碱精制和氧化法脱硫醇）、溶剂精制、吸附精制（如分子筛脱蜡）等。

一、酸碱精制

1. 酸碱精制的相关概念

（1）酸精制　是用浓硫酸处理油品，在精制条件下浓硫酸对油品起着化学试剂、溶剂和催化剂的作用。浓硫酸可以与油品中某些烃类和非烃类化合物进行化学反应，而且对各种烃类和非烃类化合物均有不同的溶解能力。浓硫酸或者以催化剂的形式参与化学反应。在一般的硫酸精制条件下，硫酸对正构烷烃、环烷烃等主要组分基本上不起化学作用，但与异构烷烃，芳香烃，尤其是烯烃则有不同程度的化学作用，对各种烃类有微量溶解。

硫酸与异构烷烃和芳香烃可进行一定程度的磺化反应，反应生成物溶于酸渣而被除去。

硫酸与烯烃在不同条件下，进行叠合和酯化反应。

①叠合反应。叠合反应在较高的酸浓度及温度下，通过生成酸性酯而生成的两分子或多分子叠合物大部分溶于油中，使油品终沸点升高，叠合物需用再蒸馏法除去。二烯烃的叠合反应能剧烈地进行，反应产物胶质溶于酸渣中。

非烃类可较多地溶解于硫酸中，并显著地与硫酸起化学反应。

环烷酸及酚类可部分地溶解于浓硫酸中，也能与硫酸起磺化反应，磺化产物溶解于酸中，因而基本上能被酸除去。

硫酸对各类硫化物的作用分别是：硫酸对大多数硫化物（硫醇、硫醚、二硫化物、噻吩）可借化学反应及物理溶解作用而将其除去，但硫化氢在硫酸的作用下氧化成硫，不溶于酸，仍旧溶解于油中未除去。四氢化噻吩与硫酸无作用，且不溶于酸，因此，当油品中含有大量的硫化氢时须采取预碱洗过程或加氢精制。

碱性氮化物如吡啶等可以全部地被硫酸除去。

胶质与硫酸的作用是一部分溶于硫酸中，一部分磺化后溶于酸中，一部分缩合成沥青质，沥青质与硫酸反应亦溶于酸中。总之，胶质能溶于酸渣而被除去。

各类杂质与硫酸的反应速率大致顺序是碱性氮化物（如胺类、酰胺类及氨基酸等）＞沥青质胶质＞烯烃＞芳香烃＞环烷酸。

总之，硫酸洗涤可以很好地除去胶质、碱性氮化物和大部分环烷酸、硫化物等非烃类化合物，以及烯烃和二烯烃。同时也除去一部分异构烷和芳香烃等良好的组分。

② 酯化反应。当温度低于30℃、硫酸用量多时，生成酸性酯。

$$R-CH=CH_2 + H_2SO_4 \longrightarrow R-CH \begin{smallmatrix} CH_3 \\ OSO_3H \end{smallmatrix}$$

酸性酯大部分溶于酸渣而被除去。

当温度高于30℃、硫酸用量少时，生成中性酯。

$$2R-CH=CH_2 + H_2SO_4 \longrightarrow$$

中性酯大部分溶于油中而影响油品质量，应采用再蒸馏方法脱除。

（2）碱精制　酸精制后的油呈酸性，再用烧碱水（质量分数10％～30％的氢氧化钠水溶液）处理，可除去含氧化合物（如环烷酸、酚类等）和某些含硫化合物（如硫化氢、低分子硫醇等），并可中和酸洗之后的残余酸性产物（如磺酸、硫酸酯等）。就可得到酸度小，安定性好的油品。酸精制与碱精制常联合应用，故称酸碱精制。

硫化氢与碱液的反应如下。

$$H_2S + 2NaOH \longrightarrow Na_2S + 2H_2O(碱用量大时)$$
$$H_2S + NaOH \longrightarrow NaSH + H_2O(碱用量小时)$$
$$H_2S + Na_2S \longrightarrow 2NaSH$$

Na_2S 及 $NaSH$ 均溶于水中，因此，可以用碱洗除去油品中的 H_2S。

但是用碱洗的办法，并不能将环烷酸、酚及低分子硫醇等完全从油品中清洗除去。是因为环烷酸、酚及低分子硫醇等与碱液的反应是一个可逆反应，生成的盐类在很大程度上发生水解反应。生成盐的相对分子质量越大，其水解程度也加大，而它们本身在油品中的溶解度则相对地增加，在水中的溶解度相对地下降。环烷酸、硫醇与碱液的反应如下。

$$RCOOH + NaOH \longrightarrow RCOONa + H_2O$$
$$RSH + NaOH \longrightarrow RSNa + H_2O$$

这些盐类的水解程度随碱液浓度加大及温度降低而下降，所以当采用较低的操作温度和较高的碱液浓度时就能较彻底地除去环烷酸、酚类及硫醇等非烃化合物。

在硫酸精制之前的碱洗称之为预碱洗，主要是除去硫化氢。在硫酸精制之后的碱洗，其目的是除去酸洗后油品中残余的酸渣。这两类反应可以采用稀碱液及常温作为碱洗条件就能进行得相当完全，在实际生产中降低了操作费用。

2. 酸碱精制过程的工艺流程

酸碱精制的工艺流程一般有预碱洗、酸洗、水洗、碱洗、水洗等顺序步骤。某一步骤是否必需依需精制油品的种类、杂质的含量和精制后产品的质量要求而定。例如当原料中含有很多的硫化氢时才进行预碱洗；酸洗后的水洗是为了除去一部分酸洗后未沉降完全的酸渣，减少后面碱洗时的用碱量；对直馏汽油和催化裂化汽油及柴油则通常只采用碱洗。

图 8-1 为酸碱精制-电沉降分离过程的原理流程。

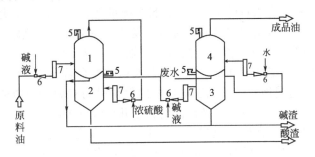

图 8-1 酸碱精制-电沉降分离过程的原理流程
1—预碱洗；2—酸洗；3—碱洗；4—水洗；5—高压电；6—文氏管；7—混合柱

原料（需精制的油品）经原料泵首先与碱液在文氏管和混合柱中进行混合、反应，混合物进入电分离器，电分离器通入两万伏左右的高压交流电或直流电，碱渣在高压电场下进行凝聚、分离。一般电场梯度为 $1.6\sim3.0\text{kV/cm}$。经碱洗后的油品自顶部流出，与硫酸在第二套文氏管和混合柱中进行混合反应，然后进入酸洗电分离器，酸洗后油品自顶部排出，与碱液在第三套文氏管和混合柱中进行混合、反应，然后进入碱洗电分离器，碱渣自电分离器底部排出，碱洗后油品自顶部排出，在第四套文氏管和混合柱中与水混合，然后进入水洗沉降罐，除去碱和钠盐的水溶液，顶部流出精制油品，废水自水洗沉降罐底排出。碱渣和酸渣均从电分离器的底部排出。

酸碱精制过程具有设备投资少、技术简单和容易建设等特点。但酸碱精制需要消耗大量的酸碱、产生的酸碱废渣不易处理和严重污染环境，且精制损失大、产品收率低等，所以酸碱精制正在被其他精制方法，特别是加氢精制所代替。

3. 酸碱精制操作条件的选择

酸碱精制特别是硫酸精制，一方面能除去轻质油品中的有害物质，另一方面也会和油品中的有用组分反应造成精制损失，甚至反而影响油品的某些性质。因此，必须正确合理地选择精制条件，才能既保证产品的质量，又提高产品的收率。

硫酸精制的损失包括叠合损失和酸渣损失。叠合损失的数量为精制产品与再蒸馏后得到的和原料终沸点相同的产品数量之差。酸渣损失的数量为酸渣量与消耗的硫酸用量之差。

在精制过程中，精制温度过低、硫酸浓度过低、酸用量不足以及接触时间过短等，都会使油品精制深度不够，精制油品的质量得不到保证。反之，若精制条件过于苛刻，如提高精制温度、增大硫酸浓度和用量、增加酸与油品进电分离器前的接触时间等，都会使叠合等副反应增加，引起产品收率下降，而且过多的芳香烃和异构烷溶于硫酸，进入酸渣而损失，会使汽油辛烷值降低。因而，保证产品的质量，提高产品产率的关键是正确合理地选择精制条件。

影响精制的因素有：精制温度、硫酸浓度与用量、碱的浓度与用量、接触时间和电场梯度等。

（1）精制温度　采用较低的精制温度，有利于脱除硫化物；采用较高的精制温度，有利于除去芳香烃、不饱和烃以及胶质，但是叠合损失较大，导致产品收率降低。因而硫酸精制通常在 20～35℃ 的常温下进行。

（2）硫酸浓度　硫酸浓度增大，会引起酸渣损失和叠合损失增大。在精制含硫量较大的油品时，为保证产品含硫量合格，必须在低温下使用浓硫酸（98%），并尽量缩短接触时间。这样的条件不仅提高了脱硫的效率，同时由于降低温度后，硫酸与烃类的作用减缓。使硫酸溶解更多的硫化物，更有利于脱硫的进行。一般为 93%～98%。

（3）硫酸用量　一般为原料的 1%。当原料含硫量高时，可适当增大硫酸用量。

（4）接触时间　油品与酸渣接触时间过短，反应不完全，达不到精制的目的，同时也降低了硫酸的利用率。接触时间过长，会使副反应增多，增大叠合损失，引起精制油收率降低，也会使油品颜色和安定性变坏。一般在油品与硫酸混合后到进入电场前的接触时间为几秒到几分钟（反应）。适当地延长油品在电场中的停留时间有利于酸渣的沉降分离，从而保证产品的精制效果，油品在电场内停留时间约为十几分钟（沉降）。

（5）碱的浓度和用量　在碱洗过程中，一般采用质量分数为 10%～30% 的碱液（为了增加液体体积、提高混合程度和减少钠离子带出）。碱用量一般为原料重量的 0.02%～0.2%。

（6）电场梯度　高压电场沉降分离常与酸碱洗涤相结合。洗涤后的酸和碱在油品中分散成适当直径的微粒，在 15000～25000V 高电压（直流或交流）电场的作用下破乳，导电微粒在油品中的运动加速，强化油品中的硫化合物、氮化合物及不饱和烃等与酸碱的反应，同时使反应产物颗粒间相互碰撞，加速石油馏分中的分散相（水、酸、碱等）微粒由于偶极聚结和电泳作用而聚结，并在重力作用下从分散介质中分离出来。

可见电场的作用是促进反应和加速微粒聚集和沉降分离。电场梯度过低，起不到均匀及快速分离的作用；但过高则不利于酸渣的沉聚，一般为 1600～3000V/cm。

二、脱硫醇

轻质油品如汽油、煤油、柴油等，由于含有硫醇和其他含硫、含氧、含氮化合物，致使油品质量变差。

硫醇主要存在于汽油馏分中，有时在煤油馏分中也能发现。从含硫原油得到的煤油、催化裂化汽油都含有硫醇。

1. 油品中硫醇的危害性

① 硫醇是发出臭味的主要物质，产生令人恶心的臭味（空气中硫醇浓度达 2.2×10^{-12} g/m^3 时，人的嗅觉就能感觉到）。

② 影响油品的安定性。因为硫醇是一种氧化引发剂，它使油品中的不安定组分氧化、叠合生成胶状物质。

③ 硫醇具有弱酸性，反应活性较强，对炼油设备有腐蚀作用，并能使元素硫的腐蚀性显著增加。

④ 硫醇影响油品对添加剂，如抗爆剂、抗氧化剂、金属钝化剂等的感受性。

⑤ 燃烧后生成 SO_x 导致酸雨。

⑥ 燃料含硫醇增加了汽车尾气中 HC、CO、NO_x 的排放量，这是因为燃烧生成物使汽车尾气转化器中的催化剂中毒，影响催化转化器的性能发挥等。

因此，在石油加工过程中往往要脱除油品中的硫醇。由于硫醇有恶臭，因此在炼油工业中也常把脱硫醇过程称为脱臭过程。轻质油品的脱臭主要有两个途径：一是除去油品中的硫醇；二是将油品中的硫醇转变为危害较小的二硫化物，以达到脱臭效果。

硫醇的酸性随着相对分子质量的增大而减弱，而且与氢氧化钠溶液生成的盐容易水解，因此仅用碱洗方法只能除去大部分低分子硫醇，而对相对分子质量较大的硫醇，例如煤油馏分中的硫醇，则难以通过碱洗来脱除。

现代炼厂中常用的脱硫醇方法是催化氧化脱硫醇法。

2. 催化氧化脱硫醇法

该法是利用一种催化剂使油品中的硫醇在强碱液（氢氧化钠溶液）及空气存在的条件下氧化成二硫化物，其化学反应式为

$$2RSH + \frac{1}{2}O_2 \xrightarrow[\text{碱液}]{\text{催化剂}} RSSR + H_2O$$

最常用的催化剂是磺化酞菁钴或聚酞菁钴等金属酞菁化合物。采用这种催化剂的催化氧化脱硫醇法亦称梅洛克斯法（Merox Process）。图 8-2 是磺化酞菁钴的化学式。

催化氧化脱硫醇法的工艺流程：包括抽提和氧化脱臭两个部分。根据原料油的沸点范围和所含有的硫醇的相对分子质量不同，可以单独使用一部分或将两部分结合起来。例如，精制液化石油气可只用抽提部分；精制汽油馏分可用两部分结合的流程；而精制煤油则只用氧化脱臭部分。当只采用氧化脱臭部分时，油品中的硫醇只是转化成二硫化物，并不从油品中除去，因此，精制后油品的含硫量并没有减少。

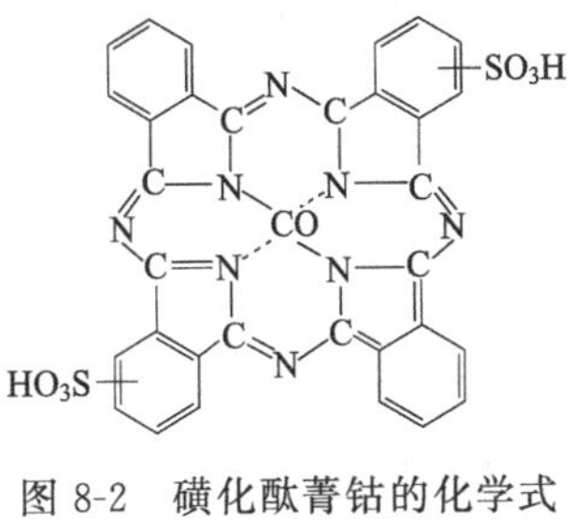

图 8-2　磺化酞菁钴的化学式

原料油中含有的硫化氢、酚类和环烷酸等会降低脱硫醇的效果、缩短催化剂的寿命，所以在脱硫醇之前需用含量为 5%～10% 的氢氧化钠溶液进行预碱洗，以除去这些酸性杂质。

催化氧化脱硫醇法的工艺流程如图 8-3 所示。

经过预碱洗的原料油先进入抽提部分的硫醇抽提塔内，与含有催化剂的碱液逆流接触，低分子硫醇的大部分和较高相对分子质量硫醇的小部分被碱液抽提出而进入水相由塔底排出。含硫醇的碱液（含催化剂）经加热至 40℃ 左右进入氧化塔，同时混以空气，在氧化塔中，硫醇被氧化成二硫化物，然后进入二硫化物分离罐。在分离罐，二硫化物因不溶于水，

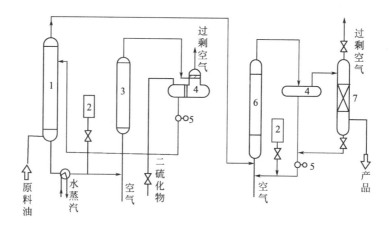

图 8-3　催化氧化脱硫醇工艺流程

1—硫醇抽提塔；2—催化剂罐；3—氧化塔；4—分离罐；5—碱液泵；6—转化塔；7—砂滤塔

蓄积在上层而分出，同时，过剩的空气亦分出。由分离罐下部出来的是催化剂-碱液，送回抽提塔循环使用。由抽提塔顶出来的是脱去部分硫醇的油品，再与催化剂-碱液及空气混合后进入氧化脱臭部分的转化塔。在转化塔，油品中的硫醇氧化成二硫化物而脱臭。脱臭后的油（二硫化物不溶于碱液，仍留在油中）与碱液及空气分离后，在砂滤塔内除去残留的碱液即为精制的产品。由分离罐分出的催化剂-碱液循环到转化塔重复使用。

所用碱液含量为 4%～25% 的氢氧化钠溶液，催化剂在碱液中的浓度一般为 10～125μg/g。磺化酞菁钴的平均相对分子质量为 730，含钴 8.1%，含硫 8.8%，其使用寿命约 8000～14000m³（原料）/kg（催化剂）。

上述流程中，除抽提部分的氧化塔（实质上是催化剂再生塔）在 40℃ 操作外，其他各部分都在常温下操作，压力是 0.4～0.7MPa。因此，此法中的油品和碱液都是处于液相。故此法亦称为液-液法催化氧化脱硫醇。

此法的工艺和操作简单，投资和操作费用低，而脱硫醇的效果好，对液化石油气，硫醇脱除率可达 100%，对汽油也可达 80% 以上。

除了液-液法外，氧化脱臭还有固定床法和液-固法。

固定床法是先把催化剂（如磺化酞菁钴）载于载体上，以氢氧化钠溶液润湿后，将原料通过此床层并通入空气。在脱臭过程中，定期向床层注入碱液。固定床法多用于煤油脱臭，其优点是不需碱液循环。

液-固法是改进的液-液法，在液-液法的反应器中填充活性炭。它兼有液-液法和固定床法的优点。

1978 年以来，美国 UOP 公司在脱臭过程中使用了活化剂以提高脱臭率和延长催化剂寿命。使用的活化剂主要有羟基季铵盐、羟烷基季铵盐、烷基季铵盐及烷基季胺碱等。石油大学苏贻勋等于 1982 年研制成多种活化剂。采用液-固-活化剂法脱臭不仅不需要催化剂-碱液循环，而且大大降低催化剂和碱的消耗量。表 8-1 是液-固-活化剂法与常规方法的比较。由表可见，采用活化剂对煤油脱臭的效果更为显著。

上述各法都还存在有共同的弱点，即脱臭过程中总要消耗碱并有一定量的废碱液排出，苏贻勋等于 1984 年研究出无碱液脱臭法，该法的特点是使用一种碱性活化剂和助溶剂（醇类）。催化剂、活化剂和助溶剂形成的溶液可以与汽油或煤油完全互溶而成一均相体系，该体系通入空气即可使硫醇氧化而脱臭。

表 8-1　几种脱臭方法的消耗比较

方　法		催化剂/(g/m³)	NaOH 含量/(g/m³)	活化剂/(g/m³ 油)
催化裂化汽油脱臭，脱后 $S_{RSH}<10\mu g/g$	液-液法	0.1223	122.3	0
	液-固法	0.0205	61.7	0
	液-固-活化剂法	0.0132	39.7	0.0023
航煤脱臭，脱 RSH 率 >85%	液-固法	0.0595	178.6	0
	液-固-活化剂法	0.0149	44.6	0.0026

该法的优点是完全不用碱液，也无废液排出；料油与催化剂体系处于均相，对于常规方法中难以氧化的非水溶性硫醇的氧化，大大提高了脱臭效率；活化剂用量极微，虽留存于油中，但对油品质量没有影响。

CN-LZ369 离子液深度脱硫剂技术是最近几年新兴的一种高科技项目，该技术在台湾、东北、西北地区已经取得了很好的工业应用效果。离子液体（ionic liquid）是一种由有机阳离子和无机的阴离子相互结合而成，在室温或低温下呈液态的盐类化合物。

离子液体具有如下特点是绿色、无味、几乎无蒸气压；有高的热稳定性和化学稳定性，呈液态的温度范围大（在常温下是液体）；无可燃性，无着火点，黏度低；离子导电率高；分解电压高达 3~5kV；具有很强的 Brönsted Lewis 和 Franklin 酸性以及超酸性质，且酸碱性可以调节；能溶解大多数无机物、金属配合物、有机硫化物和高分子材料等；但不溶于石油烃。这些特点是其他许多分子溶剂不可比拟的独特性能，并集多重功能于一身。与一般有机溶剂不同，离子液很难挥发，所以在实验室或工业上使用无毒性且无污染。此外，在实际应用过程中发现，可以很好容易地从离子液中萃取产物并回收催化剂，能多次循环使用这些离子液，从而实现了零排放，被人们称为"绿色添加剂"。离子脱硫技术是在常压和常温的温和条件下反应的，不需要氢源耐压反应器，也不需要特殊的精制方法，并具有脱氮功能。副产物为有机硫化物，可作为潜在的工业原料，能达到 $50.0\mu g/g$ 以下的超深度脱硫，系环保型工艺过程。同时等离子脱硫是一项投资少、操作费用低的脱硫技术越来越多受到人们的青睐。

该添加剂为绿色透明的液体，离子液脱硫剂通过静态混合器与油充分混合，将混合后的油送到沉淀罐里自色沉降即可，沉淀物（添加剂）可重复使用 20~30 次，失效的添加剂可回收再生。添加量为 1%~2%。将添加剂与油充分混合 30min，自然沉淀分离沉淀物即可。用于汽油中脱硫的使用温度为 40℃为宜，用于柴油中的脱硫使用温度 60~90℃为宜。

三、脱蜡

油中含蜡（主要组分是正构烷烃），在低温下形成蜡的结晶，影响流动性能，并易于堵塞管道，影响油品的使用。脱蜡主要用于精制航空煤油、柴油等。

国内外脱蜡工艺方法有：冷榨脱蜡、混合溶剂脱蜡、分子筛脱蜡、尿素脱蜡、细菌脱蜡、催化临氢降凝及喷雾脱蜡等方法。

对轻馏分油，如喷气燃料、轻柴油、变压器油等一般采用分子筛脱蜡和尿素脱蜡。其中对凝固点要求不太低的可采用冷榨脱蜡；对润滑油多采用溶剂脱蜡，有的轻质润滑油可采用离心脱蜡。

1. 冷榨脱蜡

低温下使原料油中的蜡形成结晶，以压榨方法将油榨出而与蜡分离的过程。此过程在冷却器和压榨机中进行。适用于柴油、轻质润滑油（如变压器油、机械油等）。较重的润滑油，由于黏度大，蜡的结晶细小，油蜡不易彻底分开。压榨机在冷却室中人工操作，劳动条件较差，而且油的收率低，现已很少采用。

2. 分子筛脱蜡

利用分子筛的选择吸附特性从汽油、喷气燃料以及柴油等馏分中脱除正构烷烃的过程。因此，它既是炼厂石油产品精制的重要手段，又是液体石蜡（见石油蜡）的重要生产方法。分子筛脱蜡装置早期用于提高汽油的辛烷值，以后发展到用于降低喷气燃料的冰点和制取液体石油蜡，以及生产低凝点柴油。中国在 20 世纪 60 年代建成了分子筛脱蜡装置，现有装置主要用于生产液体石油蜡（作为洗涤剂的原料）。

在汽油、煤油和柴油等馏分所含的烃类中，正构烷烃的辛烷值最低而冰点（或凝点）最高，其分子直径（4.9A）比异构烷烃、环烷烃及芳烃等组分的小。因此，采用 5A 分子筛（微孔孔径为 5.2A），可选择性地从混合烃类中吸附正构烷烃，从而达到分离的目的。

分子筛脱蜡是气固吸附和脱附的过程。工业过程中的吸附和脱附的操作在两台或多台吸附器中进行。采用不同的脱附剂，其操作条件不同，以用水蒸气为脱附剂的工业过程为例，加热至 190~240℃ 的原料经汽化后进入吸附罐吸附其中的正构烷烃。吸附后，用 365~375℃ 的过热水蒸气吹入解吸，脱除正构烷烃。1t 原料耗蒸汽量约 4t。工作一段时间后，分子筛表面结焦，活性下降，需用空气烧焦再生。采用水蒸气作脱附剂的好处是操作方便，但污水处理麻烦。除水蒸气外，还可用氢、轻质烷烃、氨等作为脱附剂。它们的好处是避免了废水污染问题。

近年来，已开发了吸附和脱附都在液相进行的新技术，采用液氨进行液相脱附，较水蒸气脱附节省能量。

3. 尿素脱蜡

利用尿素能与油料中的正构烷烃生成配合物的机制生产低凝油品的脱蜡方法。分干法和湿法。干法是在加有活化剂情况下直接使用固体尿素。湿法是使用尿素溶液。常用的溶剂有二氯乙烷、乙醇、异丙醇等。配合物经加热分解，回收尿素可重复使用。通过尿素脱蜡可生产凝固点低于 −45℃ 的航空煤油、坦克用柴油、喷气润滑油、液压油、冷冻机油及变压器油等。

第二节　燃料添加剂

石油的组成主要是烃类，非烃类化合物（主要含硫、氮、氧等元素的化合物）含量较少。由于石油系天然矿物，故由其加工成产品的质量往往不可能完全满足各种使用性能的要求；若要提高石油产品的质量以满足各方面使用的需要时，必须加入一些具有各种效能的有机化合物至少是能均匀分散的化合物，这些可以改善石油产品各种性能、提高油品质量的化合物，就称为石油产品添加剂。

石油经过炼制可以生产出汽油、煤油、柴油、润滑油、燃料油，以及沥青、石蜡等主要产品。这些石油产品大都需加入添加剂以改善其使用性能，例如对低辛烷值的汽油，常常利用添加入少量抗爆添加剂的办法来提高它的辛烷值。又如为了改善润滑油的低温流动性，可以向其中加降凝剂等。

目前我国生产的添加剂品种一般都能满足主要石油产品的要求，但是生产数量及质量还有待进一步提高。当石油产品加入添加剂而提高了质量的同时，也可以降低其用量，这相当于提高了石油产品的产量。

一、石油添加剂的分类

1. 石油添加剂的分类

这类产品的类别名称用汉语拼音字母"T"表示。

石油添加剂按应用场合分成燃料添加剂、润滑油添加剂、复合添加剂和其他添加剂四部分。对一剂多用的添加剂，按其主要作用或使用场合来划分，但这不影响在其他场合的应用。

燃料添加剂部分按作用分为抗爆剂、金属纯化剂、防冰剂、抗氧防胶剂、抗静电剂、抗腐剂、抗烧蚀剂、流动改进剂、防腐蚀剂、消烟剂、十六烷值改进剂、清净分散剂、热安定性，染色剂等。

石油添加剂按相同作用分为一个组，同一组内根据其组成或特性的不同分成若干品种。

2. 所用符号的说明

石油添加剂的名称用符号表示。

石油添加剂的品种由 3 个或 4 个阿拉伯数字所组成的符号表示，其第一个阿拉伯数字（当品种由 3 个阿拉伯数字所组成时）或前二个阿拉伯数字（当品种由 4 个阿拉伯数字所组成时），总是表示该品种所属的组别（组别符号不单独使用）。

石油添加剂分成四部分，为了减少石油添加剂符号中阿拉伯数字，所以省略了上述四部分的符号。

石油添加剂名称一般形式如下所示：

例如，T—1101

T——石油添加剂

1101——品种，表示抗爆剂中的四乙基铅，其前面两个阿拉伯数字"11"，表示燃料添加剂部分中抗爆剂的组别号。

二、燃料油添加剂

随着工农业和国防建设的发展，对燃料油质量的要求越来越高。单靠选择优质原料和改进燃料油加工精制工艺往往不能满足各方面的使用要求。为了提高油品的各种使用性能，需要在燃料油中加入各种燃料油添加剂。添加剂的加入量一般是相当少的。它们的总加入量只占燃料油的百分之几甚至只有百万分之几。每种添加剂对某些燃料都有适当加入量范围，超量加入不但不能明显地提高添加效果，有时反而产生相反作用。同一种燃料可以加入一种或数种有良好配伍性的添加剂。

燃料油添加剂种类很多，主要有以下几种。

汽油抗爆剂、表面燃烧防止剂、抗氧防胶剂、金属钝化剂、清净分散剂、抗腐剂（抗氯抗腐剂）、汽油互溶增标剂、抗静电剂、脱水剂、降凝剂、防冰剂、十六烷值改进剂、抗磨防锈剂、抗烧蚀剂、其他添加剂（如染色剂、脱色剂、脱硫剂、除臭剂、动力提高剂、乳化剂、保色稳定剂、带电防止剂、抗微生物添加剂及某种燃料中加有的油性剂、抗泡沫剂）等。

下面主要介绍几种常用的添加剂。

1. 汽油抗爆剂

汽油的抗爆性能是重要的使用指标之一，其说明汽油能否保证具有相当压缩比的发动机无爆震地正常工作，对提高发动机功率，降低汽油的消耗量等问题都有直接关系。车用汽油的抗爆性用辛烷值来表示。辛烷值越高则抗爆性越好。汽油抗爆剂是提高航空汽油和车用汽油抗爆震性能——辛烷值的添加剂。

最常用的抗爆剂是四乙基铅、甲基环戊二烯基三羰基锰（简称 MMT）液和甲基叔丁基醚，（简称 MTBE）等。

四乙基铅是一种无色油状液体，有苹果香味，有剧毒。相对密度 1.6624，熔点 −135℃，沸点约 200℃。加温到沸点时即发生激烈分解。纯四乙基铅虽然抗爆性很高。但因剧毒，目前已不使用。

MMT 液是品质优良的抗爆剂之一，淡黄色透明液体，锰含量（20℃）≥98g/kg，密度（20℃）1.36～1.39g/cm³，凝点≤−25℃，闭口闪点≥30℃，易溶于汽油。

其抗爆作用和机理与四乙基铅相似。可以提高汽油辛烷值。以金属重量计，它的抗爆性能与四乙基铅大体相当甚至更好些，没有毒性，但其成本高且易使发动机火花塞寿命急剧缩短，尚未得到广泛的应用。

MMT 使用方法。

① 提高汽油辛烷值在汽油中加入万分之一 MMT，锰含量不超过 18mg/L，可提高汽油辛烷值 2～3 个单位。

② 提高汽车动力性、降低油耗经交通部汽车运输行业能源利用监测中心发动机架试验表明：加有 MMT 的 90 号无铅汽油与不含 MMT 的 90 号无铅汽油相比，发动机动力性能提高而油耗降低。

③ 与 MTBE 及乙醇等含氧组分良好的配合性 MMT 与 MTBE、乙醇在辛烷值改进上具有较好的加合性，这为生产高标号汽油提供了方便。即可满足较高的辛烷值，又可避免因过量使用 MTBE 造成汽车动力性能下降过多，且可满足"氧含量不大于 2.7%"的国家标准。

④ 减少汽车尾气中污染物排放加有 MMT 的 90 号无铅汽油与不加剂的 90 号无铅汽油相比发动机尾气中 CO 下降 17.7%，HC 下降 18.2%。

⑤ 增加油品调和的灵活性可通过合理地使用 MMT、MTBE、重整汽油、催化汽油及直馏汽油来调出各种规格的汽油产品。

甲基叔丁基醚，英文缩写为 MTBE（methyl tert-butyl ether），溶点 −109℃，沸点 55.2℃，是一种无色、透明、高辛烷值（研究法辛烷值 115）的液体，具有醚样气味，是生产无铅、高辛烷值、含氧汽油的理想调和组分，作为汽油添加剂已经在全世界范围内普遍使用。它不仅能有效提高汽油辛烷值，而且还能改善汽车性能，降低排气中 CO 含量，同时降低汽油生产成本。甲基叔丁基醚化学含氧量（18.2%）较甲醇低得多，利于暖车和节约燃料，蒸发潜热低，对冷启动有利，常用于无铅汽油和低铅油的调和。添加含量约 0.1%～0.13% 或添加剂 6～10g。

2. 表面燃烧防止剂

用于防止汽油机内含铅的沉淀物在高温下引起的表面燃烧。常用磷酸三甲酚酯、三甲基磷酸酯、硼类化合物等。添加含量约 0.2%～0.5%。

3. 抗氧剂

抗氧剂又称防胶剂。燃料油在贮存和运输过程中与空气接触常常发生氧化生胶变质现象。这主要是油品中烯烃等不安定物质氧化、聚合生成胶质和酸性物造成的。由此引起设备腐蚀、发动机油路堵塞、燃料室积炭增加，机械磨损加剧，功率损失。燃料油经适当的精制后加入少量抗氧防胶添加剂，能延缓油中胶质生成，以保证油品长期贮存和使用。

燃料油的抗氧剂一般有三种：酚型、胺型和酚胺型。常用的抗氧剂酚类如 2,6-二叔丁基-4-甲基苯酚，2,4-二甲基-6-叔丁基苯酚和 2,6-二叔丁基苯酚和 β-萘酚；胺类如 N,N'-二异丙基对苯二胺和 N,N'-二仲丁基对苯二胺。另外苯基-对-氨基酚和木焦油馏分也可作为抗氧防胶剂。

抗氧防胶剂的作用原理是：抗氧防胶剂分子与传播链反应的游离基反应将其钝化，从而使氧化链反应停止。抗氧剂在抑制油品氧化反应的同时被逐步消耗掉，所以抗氧剂仅能延迟燃料氧化，而不能杜绝氧化。

添加剂的作用效果随油品贮存时间的增加而下降，在新炼成的油品中添加抗氧剂效果好于经过存放已氧化的油品中的效果。因此在油品加工以后就应立即加入抗氧剂，否则要获得安定性好的油品必须加入更多的抗氧剂。

胺型有毒，易与空气中氧作用而失效。酚胺型难溶于油。酚型易溶于油，不易溶于水，不易被氧化，故广泛使用。

添加剂用量与油品性质无关，它决定于添加剂抗氧化性能的强弱。一般车用汽油加入抗氧剂的量在 $0.005\%\sim0.02\%$ 之间。加入抗氧剂后汽油的氧化诱导期可延长一倍以上。抗氧剂与金属钝化剂复合使用效果更佳。

4. 金属钝化剂

汽油、喷气燃料等在制造、贮存和输送过程中，由于和金属容器、管线和机器接触而混入微量的金属，如铜、铁、锌、铅等。这些金属，特别是铜具有促进油品氧化和生成胶质的催化作用，金属铜或铜离子与氧化生成的过氧化物反应生成二价铜离子和氢离子，它们参与氧化的链反应，如二价铜离子可降低添加剂的效能；铜离子与硫醇或苯酚反应，变为油溶性化合物，促进胶状物质析出；铜离子促进硫醇和过氧化物的反应，生成二硫化物和复杂的氧化物等。即使在油中已加有抗氧剂，金属的催化作用仍能进行。因此，在有金属存在时，必须成倍地增加抗氧防胶剂的加入量。为了减少抗氧防胶剂的加入量可以在燃料油中加入金属钝化剂（金属减活剂）。金属钝化剂本身不起抗氧作用，但它与抗氧剂复合使用，可以提高抗氧效果，金属钝化剂在燃料中的含量比抗氧剂要小得多，大约为 $0.0003\%\sim0.001\%$。另外在加铅（锰）汽油中添加金属钝化剂还可增进铅（锰）化合物的稳定性，防止油品辛烷值下降。在汽油中加入金属钝化剂约 $0.0005\%\sim0.001\%$。

可以作为金属钝化剂的化合物种类很多，其中大部分为胺的羰基缩合物。我国目前常用的是 N,N'-二水杨叉-1,2-丙二胺。

金属钝化剂的作用原理是和金属离子形成螯合物，使金属处于没有促进氧化作用的钝化状态。生成的螯合物溶于油中，并且在很宽的温度范围内是安定的。

5. 清净分散剂

清净分散剂能使油的氧化产物以及燃料不完全燃烧的产物等得到稳定的分散；中和油中因氧化而生成的有机酸；阻止不溶性固体颗粒的生长。常用的是丁二酸亚胺、酸性磷酸酯的铵盐、含硼的化合物等。添加含量约 $0.02\%\sim0.1\%$。

6. 抗腐剂

抗腐剂在金属表面上形成薄的保护膜，防止金属表面腐蚀生锈。常用的是磷酸烷基酯、磷酸胺基酯、羧酸酯的混合物等。添加含量约 $0.05\%\sim1.0\%$。

7. 汽油互溶增标剂

用于提高汽油辛烷值和抗爆指数，能将石脑油、直馏汽油、废塑料和废轮胎炼制的轻油提高为 90 号、93 号、97 号汽油等。

8. 抗静电剂

油料在输送、过滤、混合、喷雾、装卸、给车辆加油以及加工过程中都会因摩擦而产生静电。油中静电逐渐积累到一定数值时，往往会引起放电，产生火花，酿成火灾。甚至在静止状态时，由于水或硫酸等与油不混溶的液体、泥浆、锅垢锈片等固体沉降以及空气和二氧化碳等气体上升都会产生静电。抗静电剂的作用是在油中加进微量金属离子，使原来基本上不导电的油品导电度增至 $50\mu\mu\Omega/\mathrm{m}$ 以上，迅速导走油中的静电电荷。从而保证油品的安全使用。

抗静电剂具备如下性质：低温下在油中的溶解性好，燃烧后灰分少，并不产生有害气体；对皮肤无刺激和毒性；安定性好，长期防止静电的效果不变；可以与其他添加剂配合。

抗静电剂多为表面活性物质，实际应用的有：油酸的盐类（铬、钙）、丁二醇和辛醇（2-乙基己醇），一烷基和二烷基水杨酸的铬盐混合物（烷基含有 14～18 个碳原子）、四异戊基苦味酸胺、磺化脂肪酸的钙盐等。

我国目前常用的抗静电剂由三个组分复合组成，即烷基水杨酸铬、丁二酸双异辛酯磺酸钙及含氮的甲基丙烯酸酯共聚物。添加含量约 $0.1\mu\mathrm{g}/1000\mathrm{mL}$。

9. 脱水剂

脱水剂又称破乳剂，主要用于原油、柴油脱水、脱盐、降凝、防蜡等。脱水剂具有油溶性和清水性，与矿物油有良好的互溶性。要求脱水速度快，油损耗低，生产成本低，油品产量高等特点。

一般脱水剂的使用方法如下。

① 将脱水剂按一定的添加量加入所需脱水的油品中充分混合均匀静置（一般为 3～5h）后排水。

② 对黏稠较高的油需加温（一般为 40～50℃），静置时间加长（一般为 7～8h）效果最佳。

③ 因油质及含水量不同，使用前应先做小试，以确定最佳添加量。一般为 0.5%～2%。

10. 降凝剂

降凝剂又称低温流动改进剂，主要用于柴油生产中降低柴油组分的低温黏度和凝点，改善低温流动性，但不能降低其浊点。对柴油来说，只需向油中添加微量的流动改进剂便能够有效地降低柴油冷滤点。它是增产柴油、节能、提高生产灵活性和经济效益的简便而又有效的办法。

低温流动改进剂的作用机理是：加低温流动改进剂的柴油，在浊点附近，低温流动改进剂成为成核剂与石蜡共同析出，或者吸附在蜡结晶表面上，从而破坏蜡的结晶行为和取向性，减弱蜡晶的继续发育，使蜡结晶由不加低温流动改进剂的 $200\mu\mathrm{m}$ 细化为 $50\mu\mathrm{m}$ 左右，并且能阻止蜡晶间黏接成三维网状结构。这样使柴油能保持良好的低温流动性能。该机理与润滑油降凝剂基本相同，因此，柴油流动性改进剂可采用润滑油降凝剂。

低温流动改进剂主要有乙烯-醋酸乙烯酯共聚物、乙烯-烷基丙烯酸酯共聚物、氯乙烯聚合物、聚丙烯酸高碳醇酯类等。

我国生产和使用的柴油流动性改进剂主要是乙烯-醋酸乙烯酯共聚物，其相对分子质量一般为 1500～2000，其中醋酸乙烯酯含量为 35%～45%，在柴油中的加入量一般为 0.01%～0.1%。使用效果不仅取决于添加剂本身的结构，也取决于柴油的馏分组成和烃类组成。乙烯-醋酸乙烯酯共聚物是目前使用最广、效果最好的柴油低温流动改进剂。

使用表明，对于此类添加剂，芳烃含量高的柴油感受性好。即环烷基油比中间基油的感受性好，石蜡基的差。催化裂化柴油芳烃质量含量高约为 29%，正构烃质量含量最低约为 12%，所以感受性最好。

11. 防冰剂

燃料中存在的少量水分能引起金属表面腐蚀生锈，影响发动机的正常运转。对于点燃式发动机，在低温高湿时，由于轻质汽油组分汽化吸热导致燃料中的水分和吸入空气中的水分凝聚成水滴，随温度降低而结冰。冰晶粒堵塞气化器的空气管路，破坏燃料的正常输送，造成发动机停止工作。对于喷气式发动机，当飞机在万米以上高空飞行时，周围温度可降至 $-60℃$ 以下，燃料系统温度也降到 $-30℃$。此时燃料中溶解的水析出结冰，造成滤网结冰堵塞，不能保证连续供油。为了防止燃料中的水在使用时结冰可以在燃料中加入防冰剂。

防冰剂分成以下两类。

① 表面活性剂，它吸附在金属表面上，防止冰结晶生长，防止生成的冰晶体黏附在金属上面，如胺类和酰胺类。

② 添加剂与燃料中的水混合，并生成低结晶点溶液，如醇类、醚类或水溶性酚胺等。

常用的防冰剂有乙二醇、乙二醇单甲醚（或与甘油的混合物）、乙二醇单乙醚、二丙二醇醚和二甲基甲酰胺等。添加含量约 $0.15\%\sim0.3\%$。

12. 十六烷值改进剂

随着柴油机的广泛应用，柴油需求量日益增多，需大量利用二次加工柴油，尤其是催化裂化柴油。而催化裂化柴油的十六烷值普遍偏低，即使与直馏柴油调和也不能达到规定的十六烷值指标。除采用加氢、溶剂抽提等方法精制外，添加十六烷值改进剂是一种简便易行且经济的途径。

十六烷值改进剂的品种与应用：可以作为十六烷值改进剂的化合物种类很多，例如，脂肪族烃（如乙炔、甲基乙炔、二乙烯基乙炔、丁二烯等），含氧的有机化合物（酸、醛、酮、醚和酯以及糠醛、丙酮、二甲乙醚、乙酸乙酯、硝酸甘油和甲醇等），金属化合物（如硝酸钡、油酸铜、二氧化锰、氯酸钾和五氧化二钒等），硝酸烷基酯、亚硝酸烷基酯和硝基化合物（如硝酸戊酯、硝酸正己酯和 2,2-二硝基丙烷等），芳香族硝基化合物（如硝基苯和硝基萘等），肟和亚硝基化合物（如甲醛肟和亚硝基甲基氨基甲酸乙酯等），氧化生成物（如臭氧），过氧化物（丙酮过氧化物），多硫化物（二乙基四硫化物等）以及其他的化合物。然而在这些类型化合物中，只有很少几种化合物得到实际应用，这是由于除了要求能够提高燃料的十六烷值外，添加剂还应满足其他的要求，如易溶于燃料而不溶于水、无毒，在贮存时安定，价钱便宜等。已经得到实际应用的有硝酸异辛酯、硝酸戊酯和 2,2-二硝基丙烷，但并不广泛。

十六烷值改进剂的作用机理：十六烷值改进剂加入柴油后，在发动机的压缩燃烧冲程中添加剂热分解的生成物促进了燃料的氧化，缩短了着火落后阶段，减轻了柴油机的爆震。添加剂的加入显著地降低了氧化反应开始的温度，扩大了燃烧前阶段的反应范围和降低了燃烧温度。

例如，硝酸烷基酯在燃烧前首先分解，生成的 RO· 和 NO_2·，NO_2· 夺取燃料分子的氢生成 R· 和 HNO_2，亚硝酸和氧反应生成 NO_2·，NO_2· 继续反应。反应生成的 R· 和 RO· 很容易继续反应。

$$RONO_2 \longrightarrow RO· + NO_2·$$
$$RH + NO_2· \longrightarrow R· + HNO_2$$
$$HNO_2 + O_2 \longrightarrow HO_2· + NO_2·$$

十六烷值改进剂提高柴油十六烷值的幅度取决于添加剂及燃料的组成。燃料中芳烃含量越高，其十六烷值也就越低，对添加剂的感受性也就越差；且添加剂在低加入量时的效果比高加入量好，故对芳烃含量较高的催化裂化柴油来说，仅靠添加剂来提高十六烷值是不经济的。表 8-2 几种硝酸酯十六烷值改进剂的添加效果。

表 8-2　几种硝酸酯十六烷值改进剂的添加效果

硝酸酯名称	柴油原十六烷值	加 0.3％后的十六烷值	十六烷值增值
硝酸正丙酯	34.0	40.0	6.0
硝酸异丙酯	34.0	41.0	7.0
硝酸正丁酯	34.0	40.0	6.0
硝酸异丁酯	29.0	35.5	6.5
硝酸异戊酯	34.0	40.0	6.0
硝酸异辛酯	29.0	36.8	7.8

十六烷值改进剂对燃料的闪点和残炭有不同的影响。在使用时应注意它对发动机的适应性及对发动机的其他性能的影响，例如使用添加剂后，出现黏着活塞环的倾向；发动机功率有非常小的降低；燃料消耗量稍微增加或没有变化；降低了汽缸的最高压力和压力升高速度，缩短了着火落后期；黑烟稍微减少等。

13. 抗磨防锈剂

燃料在深度精制时，也脱除了天然的微量极性物质，导致燃料的抗磨性能变坏；燃料在储运和使用过程中，因环境温度的变化，其中的溶解水会析出成游离水，引起金属生锈腐蚀，因此发展了抗磨防锈添加剂。

如喷气燃料本身要对燃料油泵起润滑作用，所以往往需要加入抗磨防锈剂。此类添加剂是含有极性基团的化合物，它可吸附在摩擦部件的表面，避免金属之间的干摩擦，从而改善燃料的润滑性能。同时它又可保护金属表面不致生锈、腐蚀。

燃料的抗磨防锈剂主要由二聚亚油酸（质量分数为 70％～75％）、酸性磷酸酯（质量分数为 6.2％～7.5％）及酚型抗氧剂（质量分数为 0.70％～0.75％）三者组成。

14. 染色剂

染色剂主要是油溶性偶氮染料和蒽醌染料，如对二甲氨基偶氮苯或对二乙氨基偶氮苯（黄色），偶氮苯-4-偶氮-2-萘酚或偶氮甲苯-4-偶氮-2-萘酚（红色）等。汽油染色的主要目的是注意防毒（含有四乙基铅抗爆剂），同时也根据不同的染色区分不同的汽油标号，以便于使用（常用红、黄色）。煤油染色主要为美化商品，同时也减弱光化学作用（常用蓝色蒽醌）。

各种燃料添加剂使用类别和添加量见表 8-3。

表 8-3　各种燃料添加剂使用类别和添加量

项　目	车用汽油	航空汽油	柴油	喷气燃料	添加量
汽油抗爆剂	√	√	×	×	微量
表面燃烧防止剂	√	×	×	×	极微量
抗氧防胶剂	√	√	√	√	极微量
金属钝化剂	√	√	√	√	极微量
清净分散剂	√	×	×	×	极微量
抗腐剂	√	√	√	√	极微量
抗静电剂	×	√	×	√	超微量
防冰剂	×	√	×	√	极微量
十六烷值改进剂	×	×	√	×	极微量
流动性能改进剂	×	×	√	×	极微量
抗烧蚀剂	×	×	×	√	极微量
油性剂	×	×	×	√	极微量
染色剂	√	√	×	×	超微量

第三节　燃料油调和

石油经过加工和精制过程之后，生产出各种不同的组分和石油产品。其大部分不能直接作为商品出厂，还需要进行调和。燃料油品调和的目的是将生产装置所得到的产品，结合国家建设对商品品种的需要和质量的要求，调整油品某些理化性质、满足各种机具的使用要求，将两种或两种以上油品添加剂（或不加添加剂）调和在一起，以达到某一石油产品的质量指标，供给用户。

油品调和通常可分为两类：一是油品组分的调和，是将一种或几种组分油按比例调和成基础油或成品油（得到所需质量标准的油品，保证供应）；二是基础油与适量的添加剂的调和（为了改善某种油品的个别性质，如抗氧化安定性或抗腐蚀性等，用调和的方法加入相应的添加剂）。

油品调和是炼油厂生产石油产品的最后一道工序。从目前发展的情况看，油品调和的地位越来越显得重要。

液体石油燃料调和主要包括车用汽油调和、柴油调和、喷气燃料调和、船舶用燃料调和、锅炉用燃料调和、车用乙醇汽油调和等（本节重点介绍汽油、柴油的调和）。

不同使用目的的石油产品具有不同的规格标准，每一种石油产品的规格标准都包括了许多性质要求。调和油品的性质与各组分的性质有关。调和油品的性质如果等于各组分的性质按比例的加合值，则称这种调和为线性调和，反之则称非线性调和。石油的组成十分复杂，其性质大都不符合加合性规律，因而油品的调和多属于非线性调和。

例如，由几个组分调和而成的汽油，燃烧时各组分的中间产物可能会相互作用，有的中间产物作为活化剂使燃烧反应加速，有的作为抑制剂使燃烧反应变慢。原来的燃烧反应历程被改变，从而使表现出来的燃烧性能发生变化。因此，调和汽油的辛烷值与各组分单独存在时的实测辛烷值没有简单的线性加合关系。这就导致辛烷值有实测辛烷值和调和辛烷值之分。这种辛烷值的调和效应一般与汽油的敏感性（RON-MON）有关，如烷烃、环烷烃的敏感性小，调和后燃烧时相互影响也较小，可以看成是线性调和；而烯烃、芳香烃敏感性大，调和后燃烧时相互影响较大，则是非线性调和。调和汽油的组分变化及各组分比例变化后组分的调和辛烷值也会发生变化。

油品的黏度、凝点等性质，调和时也远远偏离线性加合关系，有的甚至出现一些奇特的结果。如按1∶1调和大庆原油的170～360℃直馏馏分（凝点−3℃）与催化裂化的相同馏分（凝点−6℃），调和油的凝点竟为−14℃。

一、燃料油调和比例的计算方法及调和油品性质的确定

1. 有可加性的质量的调和

计算酸度、酸值、残炭、灰分、馏程、硫含量、胶质、相对密度等为可加性质量指标，在计算此类性质的调和比时，可按下式计算。

$$G_A = (X - X_B) \div (X_A - X_B) \times 100\% \tag{8-1}$$

式中　G_A——混合油中 A 种油的含量,%；

　　　X——混合油的有关规格指标数值；

　　　X_A——A 种油的有关规格指标数值；

　　　X_B——B 种油的有关规格指标数值；

而　　　　　　　　　　　　　　　$G_B = 100 - G_A$

式中 G_B——混合油中 B 种油的含量，%。

（1）酸度

【例 8-1】 某一汽油的酸度测得为 4.2mgKOH/100mL，不符合汽油规格指标的要求，又另一汽油的酸度测得为 2.6mgKOH/100mL，比规格要求指标为低，将此两种汽油按一定比例混合，调和后的混合油的酸度按 GB 484—75 应为 3mgKOH/100mL，求此两种汽油在混合油中的比例。

解 根据式(8-1) 得
$$G_A = (3 - 2.6) \div (4.2 - 2.6) \times 100\%$$
$$= 25\%$$
$$G_B = 100\% - 25\%$$
$$= 75\%$$

混合油中一种汽油占 25%，另一种汽油占 75%。

（2）汽油辛烷值 车用汽油辛烷值的调和采用往辛烷值低于规定的汽油中加入适当数量的高辛烷值组分（如重整汽油、催化裂化汽油、新型加氢裂化和烷基化油等）或高辛烷值汽油，就可将辛烷值低的汽油的抗爆性提高到使用汽油的要求。

辛烷值在调和无固定的通用公式计算。下面介绍几种常用的计算方法。

① 按可加性原则近似计算混合油辛烷值。

【例 8-2】 有一批车用汽油辛烷值从 90 降低到 86，现在用辛烷值为 95 的优质汽油来调整，使其辛烷值恢复到 90，可按式(8-1) 大致计算出优质汽油的加入量。

所需优质汽油% =（调和后汽油的辛烷值－降质汽油的辛烷值）÷（优质汽油的辛烷值－降质汽油的辛烷值）×100%

将上述数字代入则所需优质汽油% =（90－86）÷（95－86）×100% = 44.4%

即用 44.4%（重）的优质汽油和 55.6% 的降质汽油调和后，其辛烷值就可达到 90 的要求了。

按可加性原则计算得的混合油辛烷值，与实际所得的辛烷值有误差，高辛烷值组分在调和汽油中的比例愈大，误差愈大。

汽油组分的辛烷值与生产装置所用原料、催化剂、加工方案、工艺条件诸因素有关，因此，为了调和的准确性，必须对各加工装置的汽油辛烷值进行定期或不定期的测定，特别是当装置改变生产方案时应随时测定。

几种汽油组分调和时，也可按下式线性加合关系计算所得调和汽油的辛烷值：
$$\text{BON} = A + 100(C - A)/a$$
式中 BON——调和辛烷值；
　　　A——基础组分的辛烷值；
　　　C——混合油的辛烷值；
　　　a——调入组分的调入量（体积分数），%。

同一组分与不同的基础组分调和时，可表现出不同的调和效应。组分的调和辛烷值小于其单独存在时的实测辛烷值（即净辛烷值）时为负调和效应，反之则为正调和效应。

如某催化裂化汽油调入直馏汽油中，其研究法调和辛烷值小于净辛烷值，而马达法则大于净辛烷值；调入烷基化汽油中，研究法的辛烷值基本相同，马达法调和辛烷值则小于净辛烷值。调入重整轻馏分中两者均高于净辛烷值，调入重整全馏分汽油或重整重馏分汽油中，则低于净辛烷值。

② 调和因数法。混合油辛烷值也可按下式计算。

$$N = [V_a(cN_a) + V_b(N_b)]/100 \qquad (8-2)$$

式中　N——混合汽油的辛烷值（RON 或 MON）；

　　N_a, N_b——基础组分的辛烷值，且 $N_a > N_b$；

　　V_a, V_b——基础组分体积百分数；

　　c——调和因数。

汽油调和方案及对应调和因数 c 见表 8-4 和图 8-4。高辛烷值组分调和因数见表 8-5。

表 8-4　基础油与混合油调和方案

基础油	混合油	曲线号	基础油	混合油	曲线号
催化裂化汽油	烷基化油	1	叠合汽油	叠合汽油	7
直馏汽油	烷基化油	2	热裂化汽油	热裂化汽油	8
铂重整汽油	叠合汽油	3	热裂化汽油	催化、叠合汽油	9
铂重整汽油	热裂化汽油	4	直馏汽油	催化裂化汽油	10
催化、热裂化汽油	叠合汽油	5	直馏汽油	热裂化汽油	11
直馏汽油	重整汽油	6			

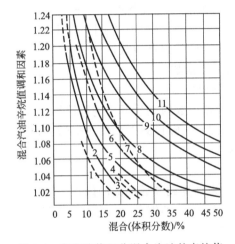

图 8-4　高辛烷值组分混合汽油的辛烷值

表 8-5　高辛烷值组分油的调和因数

组分油	高辛烷值组分/%	调和因数 c	组分油	高辛烷值组分/%	调和因数 c
催化裂化汽油	45	1.07	焦化汽油	50	1.08
	30	1.12		40	1.10
	15	1.23		20	1.21
热裂化或叠合汽油	40	1.02	非芳烃	20	1.02
	20	1.10		10	1.10
	10	1.18		5	1.18

【例 8-3】　计算 70% 的 RON 为 56 的直馏汽油和 30% 的 RON 为 78 的热裂化汽油的混合辛烷值。

解　由图 8-4 查出热裂化汽油的调和因数 c 值为 1.05，代入式 (8-2) 得

$$N = (30 \times 1.05 \times 78 + 70 \times 56) \div 100 = 63.8$$

既混合辛烷值 RON 为 63.8。

（3）汽油的馏程　在汽油贮运过程中，常遇见馏程温度升高的现象，特别是裂化汽油中含气体烃较多，10% 点馏出温度常在贮存半年左右就不合格了。为了使汽油的馏程合格，也

可以采取调和的方法。

【例 8-4】 有一批车用汽油 A，其 10％馏出温度为 80℃，已超过规格指标 70℃，现用一批 10％点馏出温度为 65℃的汽油 B 来调和，经测定汽油 A 在 70℃的馏出量为 7％，而汽油 B 在 70℃的馏出量为 26％，求出调和时汽油 B 的数量。

解 将题中数值代入则

$$加入汽油 B 需用量％ ＝（10－7）÷（26－7）×100％＝16％$$

即调和时汽油 A：汽油 B＝84：16

实际调和时汽油 B 用量应大于 16％，使调和汽油 10％点馏出温度低于 70℃。

若调整汽油 50％、90％等馏出温度时，可按例 8-4 的方法调整，但不适于对初馏点和终馏点调整。

2. 不可加性的质量的调和

计算闪点、凝点、黏度等为不可加性的质量指标，在调和时无固定的通用公式进行计算。下面介绍闪点和凝点的调和计算。

（1）闪点的调和计算

① 调和指数测定法。混合油的闪点按下式进行估算：

$$I_混 ＝ I_1 V_1 + I_2 V_2 + \cdots + I_n V_n \tag{8-3}$$

式中　　　$I_混$——n 个油品混合后的闪点指数；

　I_1、$I_2 \cdots I_n$——各组分的闪点指数；

　V_1、$V_2 \cdots V_n$——各组分的体积分率。

闪点指数可通过油品的闪点指数的关系下式进行计算：

$$\lg I ＝ -6.1188 + 4345.2 ÷ (T+383) \tag{8-4}$$

式中　I——油品的闪点指数；

　　T——油品的闪点，℉。

利用式（8-3）和式（8-4）来计算调和后油品的闪点。

【例 8-5】 现有闪点为 60℃的 A 油馏分 50m^3，需要调入多少闪点为 80℃的 B 油馏分，才能使混合后的闪点达到 68℃。

解 设调入闪点为 80℃的 B 馏分为 $X \text{m}^3$，则

将相关数据代入式（8-4）得

$$I_{80}＝45.123, I_{68}＝92.64, I_{60}＝154.67$$

再把数据代入式（8-3）得

$$92.64＝154.67×50÷(50+X)+45.123X÷(50+X)$$

解得 $X＝60.3 \text{m}^3$

同样该法也可计算调和油的闪点，在生产中使用误差不超过 2℃。

【例 8-6】 已知油品各组分的闪点及体积比见表 8-6，求混合后的闪点。

表 8-6　组分调和指数

组　分	体　积　比	闪点/℉	调和指数
1	0.10	90	1168.6
2	0.30	100	754.2
3	0.60	130	224.6

解 将表中数据代入式（8-4）得

$$I_1＝1168.6, I_2＝754.2, I_3＝224.6$$

由式(8-3)得

$$I_{混} = I_1V_1 + I_2V_2 + I_3V_3$$
$$= 1168.6 \times 0.1 + 754.2 \times 0.30 + 224.6 \times 0.6 = 477.88$$

将 $I_{混}$ 代入式(8-4)得

混合后的闪点 $T = 110.9℃$

② 线图查定法。根据蒸气压导出的理论相关闪点公式作成线图，如图 8-5 所示。

图 8-5 最适于轻质油闪点的查定。例如查定闪点 24.4℃的油 30%（摩尔分数）和闪点 48.9℃的油 70%（摩尔分数）的混合油的闪点时，由图 8-5 左侧 0 线的 24.4℃点和图 8-5 右侧 100%线的 48.9℃点连结成直线，则此线与 30%（摩尔分数）线相交点处沿闪点温度线平行引向左侧竖线，则与之相交点的 28.9℃，即推定为该混合油的闪点。

开口杯法闪点或闭口杯法闪点均可使用，但每一查定必须用相同方法的两个闪点。

③ 柴油闪点的调和。

● 当两组分的馏程接近时，其闪点可用下式重量法公式近似计算。

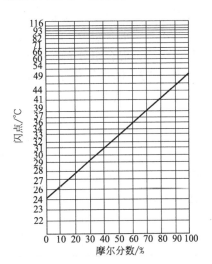

图 8-5 油品混合闪点图

$$t_{混} = At_a + Bt_b - f(t_a - t_b)/100 \qquad (8\text{-}5)$$

式中　$t_{混}$——调和油的闪点，℃；

　　A、B——混合油中 a、b 两组分的体积分数；

　　t_a、t_b——混合油中 a、b 两组分油的闪点，且 $t_a > t_b$，℃；

　　f——系数，可由表 8-7 查得。

● 多组分的调和可由下式计算求出。

$$0.929^t = 0.929^{t_1}V_1 + 0.929^{t_2} \cdot V_2 + \cdots 0.929^{t_n} \cdot V_n \qquad (8\text{-}6)$$

式中　　　　t——调和油的闪点，℃；

　　t_1、$t_2 \cdots t_n$——组分油 1、2$\cdots$n 的闪点，℃；

　　V_1、$V_2 \cdots V_n$——组分油 1、2$\cdots$n 的体积分数。

上述公式适用于闪点在 30~150℃范围，计算结果与实测值绝对误差不超过 2℃。也可以用图 8-5 进行查得。

表 8-7　柴油闪点调和系数表

A	B	f	A	B	f	A	B	f
5	95	3.3	40	60	21.7	75	25	30.0
10	90	6.5	45	55	23.9	80	20	29.2
15	85	9.2	50	50	25.9	85	15	26.0
20	80	11.9	55	45	27.6	90	10	21.0
25	75	14.5	60	40	29.2	95	5	12.0
30	70	17.0	65	35	30.0			
35	65	19.4	70	30	30.3			

(2) 汽油雷德蒸气压

① 相对分子质量法。调和汽油的蒸气压可用下式计算：

$$M_t(RVP)_t = \sum_{i=1}^{n} M_i(RVP)_i \tag{8-7}$$

式中 M_t——混合产品的总摩尔数，mol；

$(RVP)_t$——要求产品规格蒸气压，kg/m^2；

M_i——混合组分 i 的摩尔数，mol；

$(RVP)_i$——混合组分 i 的蒸气压，kg/m^2。

【例 8-7】 试计算由下表组分组成的汽油，需要加入多少正丁烷（$M_W = 58$，$RVP = 3.65kg/m^2$）才能调和成蒸气压 $0.7kg/m^2$ 的汽油。调和蒸气压的基础汽油组成及数量见表 8-8。

表 8-8 调和蒸气压的基础汽油组成

基 础 组 分	流量/(kg/h)	平均相对分子质量	流量/(kmol/h)	RVP/(kg/m²)
直馏汽油	39320	86	457.2	0.777
催化裂化汽油	87520	108	810.4	0.308
催化重整汽油	69900	115	607.8	0.196
烷基化汽油	30690	104	295	0.322
总和	227430		2170.4	

解 将表中数据代入式(8-7) 得

$(2170.4 + M) \times 0.7 = 457.2 \times 0.777 + 810.4 \times 0.308 + 607.8 \times 0.196 + 295 \times 0.322 + M \times 3.65 M \approx 237.4 kmol/h$，

需正丁烷 $237.4 \times 58 = 13769.2 kg/h$。

② 雪夫隆法。上述方法中各组分的平均相对分子质量由馏分的密度、沸点和特性因数推算出来，很麻烦。目前广为采用的是雪夫隆研究公司提出的一个简便的经验方法。该法把雷特蒸汽压 RVP 换算为蒸气压调和指数（VPBI），然后按加合规律进行计算。

$$(VPBI)_t = \sum_{i=1}^{n} V_i(VPBI)_i \tag{8-8}$$

$$(VPBI)_t = (RVP)_t^{1.25} \tag{8-9}$$

$$(VPBI)_i = (RVP)_i^{1.25} \tag{8-10}$$

式中 V_i——i 组分的体积分数。

【例 8-8】 已知调和汽油组分的雷特蒸汽压 RVP 和体积分率数据见表 8-9，试计算调和油的蒸气压。

表 8-9 雷特蒸汽压 RVP 和体积分率数据

组 分	直馏汽油	催化裂化汽油	催化重整汽油	烷基化汽油	正丁烷
RVP/(1bf/in²)	9.1	4.8	6.2	8.9	52
体积分数	0.157	0.397	0.285	0.129	0.032

注：$1bf/in^2 = 6894.76Pa$，下同。

解 将表中数据代入式(8-8)、式(8-9)、式(8-10) 得

$RVP^{1.25} = 9.1^{1.25} \times 0.157 + 4.8^{1.25} \times 0.397 + 6.2^{1.25} \times 0.285 + 8.9^{1.25} \times$

$\qquad 0.129 + 52^{1.25} \times 0.032$

$\qquad = 14.54$

调和油的蒸气压 $RVP = 8.51 lbf/in^2$

③ 相互作用法。由 DuPont 公司开发（可查阅相关资料）。

（3）凝点调和计算 一般柴油（不包括某些专用柴油）都用数种柴油组分调和而成。由于我国原油大多属石蜡基原油，柴油的十六烷值较高，燃烧性能较好，但含蜡多时，凝点高，因此，柴油调和过程中常把凝点作为主要指标。

轻柴油的凝点可以采用引入凝点换算因子的方法计算或用计算图进行近似的测算。

① 凝点换算因子法计算。调和柴油的凝点估算可采用引入凝点换算因子的方法。

当凝点 SP≤11℃时，

$$SP = 9.4656T^3 - 57.0821T^2 + 129.075T - 99.2741 \tag{8-11}$$

当凝点 SP＞11℃时，

$$SP = 0.0105T^3 - 0.864T^2 + 13.811T - 16.2033 \tag{8-12}$$

式中，T 为凝点换算因子，由表 8-10 查得。

此法先用加合性关系（质量的）算出调和油的凝点，查出与之对应的换算因子，再代入式(8-11) 或式(8-12) 进行计算。

如由凝点 SP 求凝点换算因子 T 则需解方程，也可以从表 8-10 中查得。这样在柴油调和时，虽然冷凝点与重量之间不具线性关系，但凝点换算因子 T 与重量之间具有线性关系。

表 8-10 柴油凝点与换算因子对应表

凝点/℃	0	0.5	1.0	1.5	2.0	2.5	3.0	3.5	4.0	4.5
−50	0.4891	0.4927	0.4959	0.4989	0.5017	0.5046	0.5077	0.5112	0.5152	0.5200
−45	0.5272	0.5350	0.5432	0.5516	0.5600	0.5668	0.5734	0.5800	0.5865	0.5932
−40	0.6000	0.6077	0.6156	0.6239	0.6323	0.6411	0.6500	0.6597	0.6695	0.6793
−35	0.6889	0.6982	0.7062	0.7137	0.7208	0.7277	0.7340	0.7414	0.7486	0.7559
−30	0.7632	0.7707	0.7784	0.7868	0.7954	0.8041	0.8128	0.8215	0.8300	0.8369
−25	0.8437	0.8508	0.8584	0.8665	0.8768	0.8886	0.9011	0.9140	0.9270	0.9400
−20	0.9512	0.9623	0.9733	0.9848	0.9955	1.0074	1.0200	1.0326	1.0452	1.0577
−15	1.0700	1.0803	1.0905	1.1008	1.1115	1.1228	1.1358	1.1507	1.1665	1.1828
−10	1.1995	1.2166	1.2324	1.2481	1.2643	1.2811	1.2989	1.3185	1.3404	1.3633
−5	1.3868	1.4109	1.4351	1.4586	1.4818	1.5050	1.5282	1.5514	1.5744	1.5962
0.0	1.6184	1.6412	1.6649	1.6897	1.7176	1.7481	1.7795	1.8115	1.8440	1.8759
5.0	1.9051	1.9345	1.9643	1.9950	2.0269	2.0614	2.0982	2.1365	2.1763	2.2177
10.0	2.2600	2.3044	2.3499	2.3963	2.4434	2.4912	2.5381	2.5838	2.6304	2.6784
15.0	2.7281	2.7800	2.8382	2.8988	2.9612	3.0252	3.0904	3.1555	3.2198	3.2850
20.0	3.3510	3.4180	3.4862	3.5564	3.6279	3.7006	3.7745	3.8494	3.9248	3.9993
25.0	4.0753	4.1531	4.2333	4.3160	4.4014	4.4899	4.5827	4.6803	4.7833	4.8923
30.0	5.0079									

实际应用中发现，此法尚有一定的误差。使用时应根据原油性质、加工方法、调和比例等实际情况对换算因子作适当的修正。

② 用计算图进行近似的测算。根据各调和组分的凝点和恩氏蒸馏 50%馏出温度查图，得到各组分的调和指数；将各组分的调和百分数（质量）与各组分的调和指数相乘并相加，即得到混合油的调和指数；将各组分的调和百分数（质量）与各组分的 50%馏出温度相乘并相加，即得到混合油的 50%馏出温度；根据以上得到的混合油的调和指数和 50%馏出温度查图，即可得到混合物的凝点。

【例 8-9】 已知组分油：直馏轻柴油 25%，凝点 5℃，50%馏出温度 280℃；热裂化轻柴油 40%，凝点 −10℃，50%馏出温度 270℃；催化轻柴油 35%，凝点 −15℃，50%馏出温度 290℃；求调和油的凝点。

解 直馏轻柴油组分油质量分数%　　　　25

直馏轻柴油组分凝点/℃　　　　　　　　5

直馏轻柴油组分 50%馏出温度/℃　　　　280

直馏轻柴油组分调和指数　　　　　　39（查图得）

直馏轻柴油组分百分比与调和指数之积　9.75（25%×39＝9.75）

直馏轻柴油组分百分比与 50%馏出温度之积/℃　70（25%×280＝70）

按上述计算步骤计算结果表 8-11。

表 8-11　计算结果列表

组分油	质量分数/%	凝点/℃	50%馏出温度/℃	调和指数	质量分数与调和指数之积	质量分数与50%馏出温度之积/℃
直馏轻柴油	25	5	280	39	9.75	70
热裂化轻柴油	40	−10	270	13	5.2	108.5
催化轻柴油	35	−15	290	7	2.45	101.5
调和油	100		280	17.4	17.4	280

调和油的调和指数为 17.4，调和油 50%馏出温度 280℃，查资料图得到凝点 −3℃，即为调和油的凝点。

（4）苯胺点　苯胺点的调和指数由表 8-12 查出，由 $I_m = \sum_i V_i I_i$ 计算出调和后的调和指数，再由表 8-12 查出其苯胺点。

表 8-12　苯胺点调和指数

苯胺点/℉	0	1	2	3	4	5	6	7	8	9
−20		1.00	2.46	4.17	6.06	8.10	10.3	12.6	14.9	17.4
−10	20.0	22.6	25.3	28.1	30.9	33.8	36.8	39.8	42.8	46.0
0	49.1	52.4	55.6	58.9	62.3	65.7	69.1	72.6	76.1	79.6
10	83.2	86.8	90.5	94.2	97.9	102	105	109	113	117
20	121	125	129	133	137	141	145	149	153	157
30	162	166	170	174	179	183	187	192	196	200
40	205	209	214	218	223	227	232	237	241	246
50	250	255	260	264	269	274	279	283	288	293
60	298	303	308	312	317	322	327	332	337	342
70	347	352	357	362	367	372	377	382	388	393
80	398	403	408	414	419	424	429	435	440	445
90	451	456	461	467	472	477	483	488	494	499
100	505	510	516	521	527	532	538	543	549	554
110	560	566	571	577	582	588	594	599	605	611
120	617	622	628	634	640	645	651	657	663	669
130	674	680	686	692	698	704	710	716	722	727
140	733	739	745	751	757	763	769	775	781	788

苯胺点/℉	0	1	2	3	4	5	6	7	8	9
150	794	800	806	812	818	824	830	836	842	849
160	855	861	867	873	880	886	892	898	904	911
170	917	923	930	936	942	948	955	961	967	974
180	980	986	993	999	1006	1012	1019	1025	1031	1038
190	1044	1050	1057	1064	1070	1077	1083	1090	1096	1103
200	1110	1116	1122	1129	1136	1142	1149	1156	1162	1169
210	1176	1182	1189	1196	1202	1209	1216	1222	1229	1236
220	1242	1249	1256	1262	1269	1276	1283	1290	1330	1337
230	1310	1317	1324	1331	1337	1344	1351	1358	1365	1372
240	1379	1386	1392	1400	1406	1413	1420	1427	1434	1441

混合苯胺点/℉	0	1	2	3	4	5	6	7	8	9
0	−736	−730	−723	−716	−709	−703	−696	−689	−682	−675
10	−668	−660	−653	−646	−639	−631	−623	−616	−608	−600
20	−593	−585	−577	−569	−561	−552	−544	−536	−528	−519
30	−511	−503	−494	−488	−477	−468	−460	−451	−442	−433
40	−425	−416	−407	−398	−389	−380	−371	−361	−352	−343
50	−334	−324	−315	−306	−296	−287	−277	−267	−258	−248
60	−239	−229	−219	−210	−200	−190	−180	−170	−160	−150
70	−140	−130	−120	−110	−100	−89.6	−79.4	−69.2	−58.9	−48.6
80	−38.3	−27.9	−17.5	−7.06	3.39	13.9	24.4	35.0	45.5	56.1
90	66.8	77.4	88.1	98.8	110	120	131	142	153	164
100	175	186	197	208	219	230	241	252	263	274
110	285	297	308	319	330	342	353	364	376	387
120	399	410	422	433	445	456	458	479	491	503
130	514	526	538	550	561	573	585	597	609	620
140	632	644	656	668	680	692	704	716	728	741

【例 8-10】 已知组分 A 的体积分数为 0.8、苯胺点为 70℉，组成 B 的体积分数为 0.2、苯胺点为 40℉（混合的），求调和后的苯胺点。

解 先查得苯胺点为 70℉时的调和指数为 347，苯胺点为 40℉（混合的）的调和指数为 −425。

所以 $I_m = 0.8 \times 347 + 0.2 \times (-425) = 193$

查得苯胺点为 37℉（或 102℉）混合的。

（5）十六烷值 十六烷值代表柴油在柴油发动机中着火性能的一个约定量值。是在规定条件下的标准发动机试验中，通过和标准燃料进行比较来测定，采用和被测定燃料具有相同着火延迟期标准燃料中十六烷值的体积分数来表示，柴油调和十六烷值计算可以先计算柴油调和的苯胺点，再用式（8-11）计算。

$$CN = 16.419 - 1.1332(0.01 \times AP) + 12.9676(0.01 \times AP)^2 - 0.2050(0.01 \times AP)^3 + 1.1723(0.01 \times AP)^4 \tag{8-13}$$

式中　CN——十六烷值；

　　　AP——苯胺点。

另外，由于柴油的十六烷值可由其烷烃、环烷烃、芳香烃的百分数 P、N、A 按下式计算。

$$十六烷值 \ CN = 0.85P + 0.1N - 0.2A \tag{8-14}$$

所以调和柴油的十六烷值也可用线性加合关系估算。

石油产品都能够互溶，因此不同油品之间可以按任何比例进行调和，调和油的性质与组成它的组分油的性质相类似，调和油的性质数值大小与各组分油的比例有关。

（6）油品黏度调和计算　黏度是柴油、润滑油、燃料油等石油产品的最主要性能之一。下式是国际通用的油品调和黏度计算模型。

$$\log\mu_t = \sum_{i=1}^{n} \varphi_i \log\mu_i \tag{8-15}$$

式中　μ_t——调和油在与组分油相同温度下的黏度；

　　　μ_i——i 组分油同温度下黏度；

　　　φ_i——i 组分的体积分数。

若以质量分数代替上式的体积分数，也能得到满意的结果，据称调和油黏度计算值与实测值误差仅在 $\pm 0.1 mm^2/s$ 范围之内。

调和油的黏度也可用黏度图求得。

国内外还有采用黏度系数法或黏度因数法计算调和油的混合黏度的。基本公式是

$$C_t = \sum \varphi_i C_i \tag{8-16}$$

式中，C_t，C_i 分别为调和油和组分油的黏度系数或黏度因数。黏度系数或黏度因数与黏度的关系由专门的图表或公式提供。

二、调和过程步骤

调和过程主要包括以下几个步骤：

① 根据科研部门经过研制提出的调和方案进行基础油的选择配制；

② 选择合适的组分并确定调和比例（小调或计算）；

③ 确定方案范围内添加剂的加入量及加入方法；

④ 选择好合适的调和系统及调和方式；

⑤ 进行准确计算；

⑥ 确定调和工艺即温度、调匀方式和应注意事项，特别是添加剂的添加要求；

⑦ 调和中各种问题的处理。

三、油品调和的方法

目前在生产中所采用的调和方法有两种：一种是油罐调和（压缩风调和、泵循环调和和机械搅拌调和），另一种是管道调和。

油罐调和时有的采用压缩风调和，有的采用泵循环调和，有的采用机械搅拌调和。

1. 油罐调和

（1）压缩风调和　压缩空气调和流程见图 8-6。

压缩空气调和油品是一种简单易行的方法，多用于数量大而质量要求一般的石油产品。如轻柴油、重柴油和普通机械油。风压为 0.4~0.5MPa，搅拌时风压为 0.2~0.3MPa，压缩空气是从罐底的升降管或罐顶进入罐内，也可与进油线相接，由罐壁底圈接入和接进油管

时，要装止回阀，防止油品串入空气管内。

压缩空气接入罐内后，可设调和管，调和管有十字形和环形两种。调和管上开有 φ3mm 小孔。

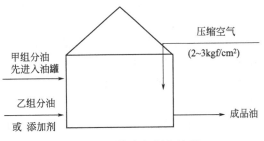

图 8-6　压缩空气调和流程

调和管的安装要注意不要同加热器相碰，一般距罐底 700mm 左右。

气管线接入罐内后，也有不设调和管的，直接通风调和。

压缩空气调和法挥发损失大，易造成环境污染，易使油品氧化变质，不适用于低闪点或易氧化的组分油。也不适用于易产生泡沫或含有干粉添加剂的油品。当今大多数炼厂已不采用。

（2）泵循环调和　质量要求严格的不宜采用压缩空气调和的燃料油，如车用汽油、航空汽油、航空煤油、柴油等，可以采用泵循环调和。

泵循环调和法是先将组分油和添加剂加入罐中，用泵抽出部分油品再循环回罐内。进罐时通过装在罐内的喷嘴高速喷出，促使油品混合。此法适合于混合量大、混合比例变化范围大和中、低黏度油品的调和。此法效率高、设备简单、操作方便。泵调和流程如图 8-7 和图 8-8 所示。

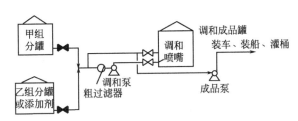

图 8-7　组分罐泵调和流程

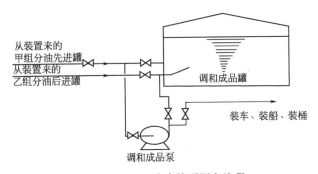

图 8-8　装置组分直接泵调和流程

（3）机械搅拌调和法　机械搅拌调和法是通过搅拌器的转动，带动罐内油品运动，使其混合均匀。此法适合于小批量油品的调和，如润滑油成品油的调和。搅拌器可安装在罐的侧壁，也可从罐顶中央伸入。后者特别适合于量小但质量和配比要求又十分严格的特种油品的调和，如调制特种润滑油、配制稀释添加剂的基础液等。

用固定型侧向伸入式搅拌器或可变角度型侧向伸入搅拌器。具有能耗小，产生静电小，工艺简单的优点。

2. 管道调和法

管道调和是将各种组分油或添加剂按规定比例，同时连续地送入混合器，用流量计发出流量讯号，经过一套自动控制仪表，操作泵出口处的气动控制阀来调节流量和比例，混合均匀的产品不必通过调和油罐而直接出厂。

管道调和有很多优点，如有自动质量分析仪表配合可以连续操作，可进成品罐或直接装槽车或装船。运转周期长，处理量大，操作人员少。但需一整套自动控制设备（自动操作调和系统主要由微处理机、在线黏度和凝点分析仪、混合器及泵等常规设备和仪表组成），投资较大，维修复杂。

此法适合于量大、调和比例变化范围大的各种轻质、重质油品的调和。

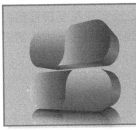

第九章 清洁燃料及清洁生产技术

第一节　清　洁　燃　料

　　21 世纪世界各国都先后进入使用超清洁、超低排放车用汽油、柴油时期。发达国家在 20 世纪后期已经开始使用清洁汽油及低硫柴油。世界燃料委员会 2000 年颁布了《世界燃料规范（World Wide Fuel Charter）》，对汽/柴油的分类、质量指标和适用范围做了严格规定。1999 年我国国家环保总局公布了《车用汽油有害物质控制标准》，促使石化工业提高汽油质量，提供清洁燃料。21 世纪的超清洁/超低排放车用汽油、柴油的主要质量指标是进一步降低硫、烯烃和芳烃含量，把汽车尾气中的有害物质降低到最低程度。

　　目前清洁燃料能源生产的主要途径有：

　　① 采用清洁燃油，利用重整清洁化技术、催化裂化汽油清洁化技术、异构化汽油技术、烷基化汽油技术、吸附脱硫技术、生物脱硫技术等实现燃油清洁化；

　　② 采用天然气、液化石油气、含氧化合物、氢气等作为汽车替代燃料；

　　③ 燃料电池的应用。

第二节　生物汽油生产技术

一、生物汽油

　　生物汽油主要是指生物乙醇汽油。其中的乙醇不同于一般的商品乙醇，它是以玉米、小麦、薯类、高粱、甘蔗、甜菜等为原料，经过发酵、蒸馏制得乙醇，脱水后再添加变性剂，成为变性的燃料乙醇，是一种可再生能源。车用乙醇汽油是把变性的燃料乙醇和组分汽油按一定比例混配形成的一种新型汽车燃料。生物乙醇燃料和普通汽油按一定比例调配而成。当乙醇调配比在 25% 以内时，燃料可保持其原有动力性，燃料消耗水平与普通汽油基本持平。按照我国应用乙醇汽油的现行标准，燃料乙醇和汽油调配比例为 1:9，这样就可以直接替代 10% 的车用无铅汽油。

　　生物乙醇汽油作为新型生物燃料，对比普通无铅汽油，乙醇分子中只含有碳、氢、氧三种元素，不含硫、氮化合物和芳烃，成分单一；乙醇的辛烷值比汽油高，并且着火燃烧浓度极限范围比汽油宽。如果在汽油中加入 10% 的燃料乙醇，可使氧含量增加 3.5%，辛烷值提高 3%，可减少一氧化碳排放 25%～30%，减少二氧化碳排放约 10%，因此在汽油中添加一定比例的乙醇后，不仅能部分替代汽油，还可以改善汽油的燃烧和使用性能，降低有害物质的排放。同时，乙醇汽油和普通汽油可以混用，其推广使用能充分利用生物质能源，缓解石油资源短缺,减少对原油的依赖,消化陈粮积压,减少环境污染,具有很好的社会、经济和环境效益。

我国自 2001 年起便开始车用乙醇汽油的推广试点,并逐渐有计划地实现在全国范围内推广使用车用乙醇汽油的目标。目前,我国已成为世界上继巴西、美国之后的第三大生物燃料乙醇生产国。预计,2010 年我国乙醇汽油将占全国汽油销售量的 50% 以上。

二、生物乙醇的生产

乙醇的生产方法有化学合成法和生物发酵法两类。目前国际上乙醇生产以发酵法为主,其产量占整个乙醇市场的 90%。

1. 化学合成法

化学合成法有乙烯直接水合法、硫酸吸附法等。以乙烯直接水合法的工艺最合理、最先进、成本也最低廉,国外大部分生产厂家都是采用此法。它是使乙烯和水蒸气在磷酸催化剂的存在下,在高温高压环境中直接反应生成乙醇。随着石油工业的迅速发展,石油烃裂解能力不断提高,装置生产的产品乙烯气体为合成乙醇提供了原料。

2. 生物发酵法

生物发酵法生产乙醇是以农产品和农林废弃物为原料,通过水解作用将其转化为糖,再经发酵作用将糖转化为乙醇。由于原料不同,发酵法乙醇生产分为如下几类。

(1)淀粉质原料发酵法制乙醇 在国内,该法生产的乙醇约为全国乙醇总产量的 75%。主要原料有山芋、木薯、玉米、马铃薯、大麦、大米、高粱等,以山芋最多。

(2)糖蜜原料发酵制乙醇 利用糖厂的废蜜作原料,东北多为甜菜糖蜜,南方多为甘蔗糖蜜。

(3)野生植物发酵制乙醇 凡是含有一定量淀粉的野生植物,都可以作为生产乙醇的原料,例如金刚刺、橡仁、颜根等。许多乙醇厂利用野生植物酿酒,每年可为国家节约大量粮食。

(4)纤维素原料制乙醇 纤维素用酸水解以后,可变成糖。东北林区的南岔木材水解厂即利用木屑水解制乙醇。此法需使用强酸,因此设备必须采用抗腐蚀材料。

(5)亚硫酸废液制乙醇 造纸厂的亚硫酸盐废液中含有糖分,中和后可用于发酵获得乙醇,因此有些大型造纸厂设有乙醇车间。

在淀粉原料生产乙醇的传统工艺中,蒸煮工段所消耗的蒸汽量占整个生产过程总能耗的 30%~40%,为了节能和降低成本,无蒸煮发酵(生料发酵)酒精技术成了国内外研究的热点。生料发酵是指原料不用蒸煮、糊化直接将生料淀粉进行糖化和发酵,生成酒精。其生产路线如下。

水、糖化酶、酵母等

原料 → 粉碎 → 调浆 → 糖化、发酵 → 蒸馏 → 成品

3. 生物发酵法乙醇生产原理

以淀粉质原料发酵为例。淀粉质原料制乙醇的原理,就是利用霉菌和酵母菌这两种微生物在新陈代谢过程中产生的酶,把淀粉转化成糖,再转化成乙醇,同时放出二氧化碳。反应方程式如下。

$$淀粉(米) \xrightarrow{曲,酒饼} nC_6H_{12}O_6(糖化)$$

$$C_6H_{12}O_6 \xrightarrow[(无氧时)]{酵母菌} 2C_2H_5OH + 2CO_2\uparrow(发酵)$$

在实际生产中，因为酵母的繁殖和新陈代谢需要消耗一部分糖分，加上二氧化碳逸出时会带走一些乙醇等原因，致使乙醇的得率略低于理论值。100kg纯淀粉生产96％浓度的乙醇，理论值是60.54kg。

我国最初以消化陈化粮为目标生产生物乙醇，该法达到了变废为宝的目的。目前我国采用的主要生产原料有玉米、木薯、糖蜜和秸秆等，其中以玉米为原料生产的乙醇占总量的40％以上。原料的主要成分是淀粉、纤维素、半纤维素和木质素。2003年中国形成了变性燃料乙醇和车用乙醇汽油两项国家标准，如今已决定不再批准以粮食为原料的燃料乙醇项目，转而鼓励使用木薯、甘蔗、秸秆等非粮食类原料生产燃料乙醇，燃料乙醇发展真正开始走向"非粮化"，促进农业生产的良性循环。

国内部分生物乙醇生产厂家生产情况见表9-1。

表9-1　国内部分生物乙醇生产厂家

单　　　　　位	产　　量	原　　料
中粮集团黑龙江中粮酒精有限公司	25万吨/年	玉米
中粮集团广西中粮酒精有限公司	40万吨/年	木薯
中粮集团河北衡水中粮酒精有限公司	30万吨/年	红薯
河南天冠企业集团有限公司	3000吨/年	秸秆、粮食

第三节　生物柴油生产技术

一、生物柴油

生物柴油是指由长链脂肪酸单烷基酯组成的燃料。生物柴油取自植物油或动物油，可以用大豆和油菜籽等油料作物、油棕和黄连木等油料林木果实、微藻等油料水生植物以及动物油脂、废餐饮油等为原料制成，相对于可耗尽的石油基柴油而言，它是一种可再生的生物资源。由于生物柴油与石油基柴油能任意比例互溶，从而可以实现混合使用，当然也可以直接用于柴油发动机。

与普通石油基柴油燃料相比，生物柴油使用具有明显的环境优势。

① 氧含量较高，有助于油的充分燃烧，其柴油尾气排放的有毒气体、一氧化碳和二氧化碳含量仅为10％。颗粒物排放降低48％，未完全燃烧的烃类化合物排放降低67％，CO排放降低47％。而且不含对环境造成污染的芳香化合物，尾气中多种有害物质的排放明显减少，对于改善环境、保护人类的健康有重要意义。

② 无需对原有的柴油机结构进行改造，降低了生产和使用成本。

③ 构成生物柴油的长链脂肪酸酯有良好的润滑性，改善了石油柴油的润滑缺陷。

④ 闪点较高，挥发度低，不易发生爆炸、泄漏等事故，生物柴油在生产、运输、使用等方面都具有良好的安全性能。

⑤ 生物降解性好。生物柴油具备上述可再生、清洁和安全三大优势，属于环境友好型绿色燃料，可作为车用柴油的替代品，生物柴油的研发和使用具有深远的经济效益与社会效益。

二、生物柴油的发展

由于石油资源供应的日趋紧张和人类环境意识的不断提高，生物柴油作为新型能源越来越受到重视，各国纷纷开展生物柴油的研究和生产。

1983 年美国人 GrahamQuick 首先将亚麻油和棉籽油酸甲酯用于柴油机。生物柴油的商业应用始于 20 世纪 90 年代初，并被国家能源署列为清洁燃料进行推广应用，现行的混合比例为生物柴油 20％、石化柴油 80％。美国通过修正空气洁净法，降低柴油废气排放，限制性使用石化柴油燃料。还通过能源政策法规对相关部门规定必须有一定比例的车辆使用替代燃油。同时，为了保证生物柴油的质量，美国制定了生物柴油的标准。美国计划于 2012 年生物柴油消费量增加到 1.22 亿加仑。

生物柴油 1988 年在德国开发成功，用菜籽油生产生物柴油，并在 1989 年正式投放市场，经过实用证明，使用含 30％生物柴油和 70％石化柴油的燃料柴油，机器各种性能发挥良好，动力不减，大幅度降低了有害气体的排放，1991 年德国立法推广应用生物柴油。

我国"十五发展纲要"明确提出发展各种石油替代品，鼓励和推进生物柴油的研究和使用。海南正和生物能源公司于 2001 年在河北建成了我国第一个生物柴油生产装置，以餐饮废油、榨油废渣和林木油果为原料，年产生物柴油 1 万吨。产品质量优于国家轻柴油质量标准，并达到美国生物柴油标准，生产过程清洁、安全，它标志着我国生物柴油产业的诞生。

目前在生物柴油工业化生方面，海南正和生物能源公司、四川古杉油脂化工公司和福建卓新能源发展公司先后建立了年产万吨规模的生产厂，主要是以回收废油、野生油料、植物油下脚料、地沟油和废猪油等为生物柴油的生产原料。据估算，目前中国生物柴油的生产能力尚不超过 5 万吨，与每年 7000 万吨的柴油消耗量相比是很小的。我国有丰富的植物油脂和动物油脂资源，生物柴油的发展空间很大，因此利用国内自有资源，研究开发可改善环境状况的生物柴油，应该是中国替代燃料的一个发展方向。

三、生物柴油的生产

1. 生产原理

生物柴油的主要生产方法包括掺和法、热裂解法、微乳法、酯交换法。

掺和法是将植物油与矿物柴油按不同的比例直接混合后作为发动机燃料。热裂解是在加热或加热并在使用催化剂的作用下，一种物质转化变成另一种物质的过程。它是在空气气流中或在氮气流中，由热能引起化学键断裂而产生小分子的过程。微乳法是植物油与甲醇、乙醇和正丁醇等溶剂形成微乳液可解决其高黏度问题。

酯交换法是用另一种醇置换甘油酯中的醇，该法是目前运用较为广泛的生产方法，其原理是油脂在酸、碱或脂肪酶的催化作用下与醇发生反应，从而生成长链脂肪酸单烷基酯。与甲醇反应的方程式如下。

$$
\begin{array}{c}
\text{H} \\
| \\
\text{H—C—OOR} \\
| \\
\text{H—C—OOR}' \\
| \\
\text{H—C—OOR}'' \\
| \\
\text{H}
\end{array}
+ 3CH_3OH \xrightarrow{\text{催化剂}}
\begin{array}{c}
\text{H} \\
| \\
\text{H—C—OH} \\
| \\
\text{H—C—OH} \\
| \\
\text{H—C—OH} \\
| \\
\text{H}
\end{array}
+
\begin{array}{c}
ROOCH_3 \\
R'OOCH_3 \\
R''OOCH_3
\end{array}
$$

2. 生产工艺

一般酯交换生产工艺为传统的两步法：即由反应和提纯两部分组成。反应部分需要控制的工艺条件分别为原料中的水分和游离脂肪酸含量、催化剂及其用量、反应时间、醇与植物油的摩尔比等。间歇式生产工艺如图 9-1 所示。

近年来国内生物柴油研发情况见表 9-2。

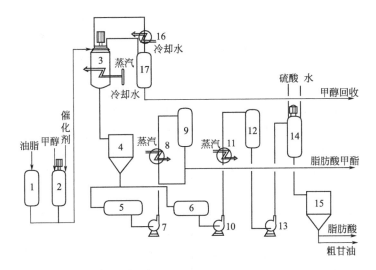

图 9-1　间歇式生物柴油生产工艺流程

1—油脂储槽；2—甲醇储槽；3—酯交换反应器；4,15—沉降器；5—甲酯收集器；
6—甘油收集器；7,10,13—泵；8,9—甲醇蒸发器；11,12—甲醇闪蒸器；
14—肥皂分离器；16—甲醇冷凝器；17—冷凝甲醇收集器

表 9-2　近年来国内生物柴油研发情况

技术路线	规　　模	原　　料	地区或单位
酶法生物柴油	500t/a	废油	北京亦庄
化学法生物柴油	5000t/a	地沟废油	上海
热解液化生物柴油	中试生产 1000kg/h	木屑、秸秆等	中国科技大学
化学酯化生物柴油	中试生产 500t/h	林木种子等	中国林科院
化学酯化生物柴油	2000t/a	油菜籽	中国农科院油料所

第四节　清洁生产技术

一、清洁生产及其发展

工业的发展为人类创造极大的物质财富的同时也造成了大气和水污染、酸雨蔓延、臭氧层破坏、生物物种减少、土地荒漠化、全球变暖等问题，困扰了人类的生存和发展。因此，人类开始总结工业发展过程中的经验教训，并逐步采取各种措施减降工业污染。工业界首先采用"稀释排放"的办法减少环境污染物的浓度，而长期的污染物排放必定超过自然界的容量和自净能力。随着环境意识的提高，不得不转向"治理污染"。人们将已经产生的污染物在直接或间接排到环境之前，进行处理以减轻环境危害，这种治理方式属于"先污染后治理"，即"末端治理"，它在一定时期内或在局部地区起到一定的作用，但未从根本上解决工业污染问题。

联合国环境规划署在总结分析了各国开展的污染预防活动以后，首次提出清洁生产概念，并于 1990 年 10 月正式提出清洁生产计划，希望摆脱传统的末端控制。1992 年 6 月，联合国环境与发展大会将清洁生产纳入了《二十一世纪议程》。1996 年联合国环境规划署把清洁生产定义如下，清洁生产意味着对生产过程、产品和服务持续运用整体预防的环境战略以期增加生态效率并减降人类和环境的风险。对于产品，清洁生产意味着减少和减低产品从原材料使用到最终处置的全生命周期的不利影响。对于生产过程，清洁生产意味着节约原材料和能源，取消使用有毒原材料，在生产过程排放废物之前减降废物的数量和毒性。对服务要求将环境因素纳入设计和所提供的服务中。

　　清洁生产是以一种积极、主动的态度对产品的全部生产过程和消费过程的每一环节，进行统筹考虑和控制，使所有环节都不产生或尽量少产生危害环境的物质，可提高企业的生产效率和经济效益，从而做到节约资源和保护环境。全球的研究和实践充分证明了清洁生产是有效利用资源、减少工业污染、保护环境的根本措施，是可持续发展的一项基本途径，是21世纪工业生产发展的主要方向。

　　我国对清洁生产也进行了大量有益的探索和实践，20世纪70年代初提出了"预防为主，防治结合"、"综合治理，化害为利"的环境保护方针。20世纪80年代开始推行少废和无废的清洁生产过程。1998年我国在《国际清洁生产宣言》签字，自此我国真正融入到国际清洁生产大环境中来。2002年通过了《中华人民共和国清洁生产促进法》，该法于2003年开始实施。其中对清洁生产的定义为：清洁生产，是指不断采取改进设计、使用清洁能源和原料、采用先进的工艺技术与设备、改善管理、综合利用等措施，从源头削减污染，提高资源利用效率，减少或者避免生产、服务和产品使用过程中污染物的产生和排放，以减轻或者消除对人类健康和环境的危害。

　　我国国家环境保护总局于2003年4月18日发布了石油炼制业清洁生产标准（HJ/T 125—2003）见附录1～4。

二、炼油厂清洁生产案例

　　原油年加工能力超过700万吨的某炼油厂从2000年7月起正式开展清洁生产工作。按照清洁生产审核程序，分阶段进行策划与组织、预评估、评估、备选方案的产生与筛选、方案可行性分析、方案实施和持续清洁生产。

　　清洁生产的示范装置是一套生产能力为28万吨/年的常减压蒸馏装置。该装置属燃料-润滑油型装置。基本工艺为初馏塔开设初馏一线，作为常压塔的三十七层回流，常压塔设五个侧线，三个中段回流和一个顶循环回流、一个冷回流。减压塔设六个侧线，两个中段回流和一个冷回流。减压抽真空系统采用二级抽真空，其中一级采用蒸汽喷射器，二级采用引进的机械真空泵抽真空。装置共有设备268台，其中加热炉4台，分馏塔7座，容器43只，换热器89台，冷却器16台，空气预热器1台，机泵84台，空冷器24台，空冷占冷却负荷的85%以上。工艺流程图见图9-2。

　　生产过程中排放的污染物主要有废水、废气及废渣，结合装置概况、工艺流程、排污现状进行现状分析，进行预评估。确定本次清洁生产活动的重点为减少含油污水排放量和降低能耗，提出本次清洁生产审核的总目标见表9-3。

1. 过程分析

　　对常减压蒸馏装置实测输入和输出物流，分析废物产生原因。

表9-3　清洁生产审核的总目标

目　　标	降低含油污水排放量/%	降低蒸汽耗量/(t/t 原油)	降低装置能耗/(kg 标油/t 原油)	提高装置质量合格率/%
近期目标	降低10	降至0.009	达到12.1	达到99.3
远期目标	降低20	降低至0.008	达到12以下	达到99.5以上

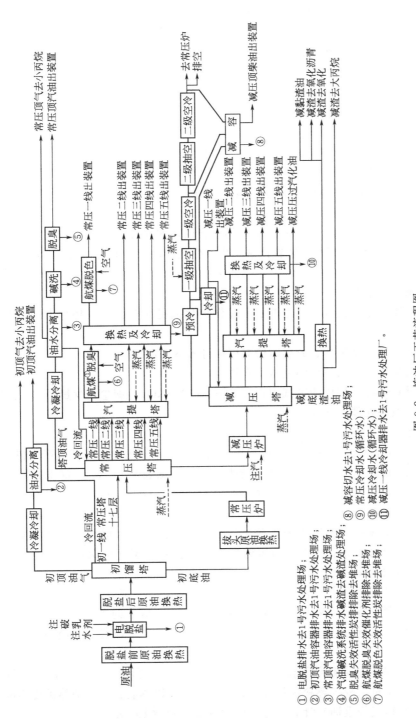

图 9-2　炼油厂工艺流程图

① 电脱盐排水去1号污水处理场；
② 初顶汽油容器排水去1号污水处理场；
③ 常顶汽油容器排水去1号污水处理场；
④ 汽油碱洗系统排水去碱渣去堆场；
⑤ 脱臭失效活性炭排除去堆场；
⑥ 航煤脱臭失效催化剂排除去堆场；
⑦ 航煤脱色失效活性炭排除去堆场；
⑧ 减容切水去1号污水处理场；
⑨ 常压冷却水(循环水)；
⑩ 减压冷却水(循环水)；
⑪ 减压一线冷却器排水去1号污水处理厂。

ⓐ 航空煤油。

（1）物料

① 进料。由于原油中含盐含硫量增加。为防止装置设备的腐蚀及后道工序对原料的要求，必须常年启用电脱盐系统，造成能耗、物耗和排出污染物的上升。

② 瓦斯。由于本装置采用催化瓦斯，故当催化装置发生生产波动时，会产生瓦斯带油、瓦斯带水等不良情况，造成瓦斯罐中产生污染物。

③ 蒸汽。蒸汽是本装置主要消耗之一。由于一些设备效率低及工艺方面原因，使蒸汽耗量较大。特别是冬季防冻防凝，由于塔、炉等高大设备其蒸汽末端放空处于塔顶，末端放空的蒸汽量大时操作工不便及时调节，并且放空蒸汽冷凝后下淋，对设备腐蚀也产生一定影响。

（2）工艺方面 由于装置改造过程中存在着新、旧工艺流程和设备衔接上的不足，因此尚有一定的潜力可挖，需在今后的工艺完善中解决。

（3）原材料及产品方面 由于原料品质的原因，常顶汽油等轻质油品及减渣等重质油对设备管线腐蚀严重，造成冷却器易泄漏，污染循环水。

（4）产生的"三废"汇总

① 生产污水分含油污水、非含油污水两类。含油污水主要是电脱盐排污水、初馏、常压顶汽油容器切水、机泵冷却水、装置清洗工作产生的冲洗水。非含油污水为减一线冷却器排水。

② 生活污水去雨水井。

③ 航空煤油脱臭系统失效的活性炭、13X 铜催化剂更换时会造成场地上的散乱，同时也可能堵塞下水道。

④ 原油及各侧线油品采样、放样时造成废油进入下水道。

⑤ 机泵密封泄漏造成的污染油进入下水道。

⑥ 加热炉燃料燃烧后排放的废气中含有 SO_2、CO、NO_x、烟尘及少量烃类污染物。

⑦ 碱渣送至碱渣处理厂处理。

2. 方案筛选

在物料衡算、分析废物产生原因的过程中，清洁生产审核工作小组征集产生包括评估阶段产生的 11 项无/低费方案在内的 21 项清洁生产方案，见表 9-4。对中/高费方案运用权重综合计分排序法从 6 个方面进行筛选排序。经分析研究，对得分排序在前几位的方案 12、13、18、14 进行工程分析。

（1）方案 12 原来机泵冷却水采用净化江水，造成含油污水增加，现改为循环水，大量减少含油污水的排出，既节约含油污水处理费用又很有利于环境保护。预计节水量可达 $20\sim25t/h$，减少废水处理费 2.847×10^5 元。

（2）方案 13 以蒸汽代替江水作为机泵的冷却介质，不仅解决了江水中含油的杂质经常堵塞机泵冷却水管的情况，又大量减少含油污水的排出，既节约含油污水处理费用又有利于环境保护。预计节水量可达 $4t/h$，加上降低了的含油污水处理费用，经济效益 1.072×10^5 元/a。

（3）方案 18 适应瓦斯热值下降的现状，在技改小、不影响生产的基础上，可充分平衡全厂瓦斯产量与用量，减少燃料油消耗，减少污染，若以本装置一台加热炉更换两只新型低热值火嘴（以瓦斯代烧重油）计算，每年可增效益 1.45×10^5 元。

（4）方案 14 将初常顶空冷改用表面蒸发空冷后，可使生产能力增大，实现利润的增加。预计最大可增加 3.2×10^6 元/a。

11 个无/低费方案和 4 个中/高费清洁生产方案实施前后效果对比情况见表 9-5。

表 9-4　清洁生产审计方案汇总

方案类型	方案名称	序号	方案内容	方案分类	说明
无费低费方案	加强管理	1	制定经济责任制,对环保合格率及能耗、收率考核到人		可立即组织实施
		2	进一步优化分馏塔的取热比例,有利于装置热回收率的提高	A	
		3	调整软化水罐和喷淋水罐液面控制参数,避免跑水	A	
		4	降低装置静密封点泄漏率	A	
		5	回收各种采、放样油品	A	
		6	装置场地冲洗水加强管理,不用时立即关闭	A	
		7	碱水泵轴承下安置接受盘,防止碱水泵泄漏碱水污染环境	A	
		8	减压一线空冷用盲板隔开,以减少泄漏点	A	
		9	定期检查空冷喷淋水受水槽回水情况,防止软化水散失造成浪费和污染环境	A	
		10	瓦斯罐切油切水去小丙烷地下罐,杜绝污染和安全隐患	A	
		11	容器液面计量加强管理,制止滴漏	A	
中高费方案	技术改造	12	机泵冷却水采用循环水	B	需进一步做可行性分析
		13	机泵采用低压蒸汽作为冷却介质,节水降耗	B	
	设备更换	14	初常压顶空冷改用表面蒸发空冷	B	
		15	部分机泵改大,以提高原油处理量	C	目前难以实施
	废物回收	16	多余的自发低压蒸汽合理利用,输出至小丙烷装置	B	需进一步做可行性分析
	技术开发	17	电脱盐系统筛选合适的破乳剂	B	
		18	加热炉系统开发新型低热值火嘴	B	
		19	常减压系统采用计算机优化控制,提高质量稳定性和生产控制能力	B	

表 9-5　清洁生产方案实施前后效果对照表

项　　目	方案实施前	方案实施后	降低/%	原定指标
含油污水/(t/h)	82.9	53.36	35.6	20%
蒸汽耗量/(t/t)	0.01	0.0060	40	0.008(t/t)
装置能耗/(kg 标油/t 原油)	12.38	12.04	2.7	12.0(kg 标油/t 原油)
质量合格率/%	99.36	99.47	—	99.5%

　　由统计结果可以看出,实施清洁生产在削减污染物的同时,提高资源利用率、节约能源,一定程度上减少废物的排放,保护环境,而且能获得可观的经济效益和环境效益。

　　清洁生产是一个不间断的持续过程,以环境与经济协调发展为目标,以节能、降耗、减污为宗旨,以良好的企业管理、优化合理的工艺、有效的物料平衡及原材料、废物的综合利用为根本。该装置将联合环保科、厂办、技术科组织开展下一轮持续清洁生产活动。

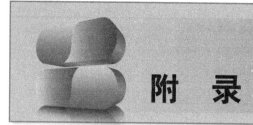

附　录

附表1　石油炼制业清洁生产标准（HJ/T 125—2003）

指　　标	一　级	二　级	三　级
一、生产工艺与装备要求	年加工原油能力大于250万吨/a； 排水系统划分正确，未受污染的雨水和工业废水全部进入假定净化水系统； 特殊水质的高浓度污水（如：含硫污水、含碱污水等)有独立的排水系统和预处理设施； 轻油(原油、汽油、柴油、石脑油)储存使用浮顶罐； 设有硫回收设施； 废碱渣回收粗酚或环烷酸； 废催化剂全部得到有效处置		
二、资源能源利用指标			
1. 综合能耗/(kg 标油/t 原油)	≤80	≤85	≤95
2. 取水量/(t 水/t 原油)	≤1.0	≤1.5	≤2.0
3. 净化水回用率/%	≥65	≥60	≥50
三、污染物产生指标			
1. 石油类/(kg/t 原油)	≤0.025	≤0.2	≤0.45
2. 硫化物/(kg/t 原油)	≤0.005	≤0.02	≤0.045
3. 挥发酚/(kg/t 原油)	≤0.01	≤0.04	≤0.09
4. COD/(kg/t 原油)	≤0.2	≤0.5	≤0.9
5. 加工吨原油工业废水产生量/(t 水/t 原油)	≤0.5	≤1.0	≤1.5
四、产品指标			
1. 汽油	产量的50%达到《世界燃油规范》Ⅱ类标准		符合 GB 17930—1999 产品技术规范
2. 轻柴油	产量的30%达到《世界燃油规范》Ⅱ类标准		符合 GB 252—2000 产品技术规范
五、环境管理要求			
1. 环境法律法规标准	符合国家和地方有关环境法律、法规,总量控制和排污许可证管理要求；污染物排放达到国家和地方排放标准；污水综合排放标准(GB 8978—1996)、工业炉窑大气污染物排放标准(GB 9078—1996)、大气污染物综合排放标准(GB 16297—1996)		
2. 组织机构	设专门环境管理机构和专职管理人员		
3. 环境审核	按照石油化工企业清洁生产审核指南的要求进行审核；按照 ISO 14001（或相应的 HSE)建立并运行环境管理体系,环境管理手册、程序文件及作业文件齐备		按照石油化工企业清洁生产审核指南的要求进行审核；环境管理制度健全,原始记录及统计数据齐全有效

指　标	一　级	二　级	三　级
4. 废物处理	用符合国家规定的废物处置方法处置废物； 严格执行国家或地方规定的废物转移制度； 对危险废物要建立危险废物管理制度，并进行无害化处理		
5. 生产过程环境管理	①每个生产装置要有操作规程，对重点岗位要有作业指导书；易造成污染的设备和废物产生部位要有警示牌；对生产装置进行分级考核 ②建立环境管理制度其中包括： ●开停工及停工检修时的环境管理程序； ●新、改、扩建项目环境管理及验收程序； ●储运系统油污染控制制度； ●环境监测管理制度； ●污染事故的应急程序； ●环境管理记录和台账	①每个生产装置要有操作规程，对重点岗位要有作业指导书；对生产装置进行分级考核 ②建立环境管理制度其中包括： ●开停工及停工检修时的环境管理程序； ●新、改、扩建项目环境管理及验收程序； ●环境监测管理制度； ●污染事故的应急程序	
6. 相关方环境管理	原材料供应方的环境管理； 协作方、服务方的环境管理程序		原材料供应方的环境管理程序

附表 2　常减压装置清洁生产标准 （HJ/T 125—2003）

指　标	一　级	二　级	三　级
一、生产工艺与装备要求	采用"三顶"瓦斯气回收技术；加热炉采用节能技术；采用 DCS 仪表控制系统；现场设密闭采样设施		
二、资源能源利用指标			
1. 综合能耗/(kg 标油/t 原料)	燃料油型≤10 润滑油型≤11	燃料油型≤12 润滑油型≤12.5	燃料油型≤13 润滑油型≤14.5
2. 新鲜水用量/(t 水/t 油)	≤0.05	≤0.1	≤0.15
3. 原料加工损失率/%	≤0.1	≤0.2	≤0.3
三、污染物产生指标			
1. 含油污水　单排量/(kg/t 原料)	≤20	≤40	≤60
1. 含油污水　石油类含量/(mg/L)	≤50	≤100	≤150
2. 含硫污水　单排量/(kg/t 原料)	≤27	≤35	≤44
2. 含硫污水　石油类含量/(mg/L)	≤80	≤140	≤200
3. 加热炉烟气中的 SO_2 含量/(mg/m³)	≤100	≤300	≤550

附表 3　催化裂化装置清洁生产标准 （HJ/T 125—2003）

指　标	一　级			二　级			三　级		
一、生产工艺与装备要求	采用提升管催化裂化工艺；设烟气能量回收设备；采用 DCS 仪表控制系统；现场设密闭采样设施								
二、资源能源利用指标	掺渣量比率			掺渣量比率			掺渣量比率		
	<35%	35%～70%	>70%	<35%	35%～70%	>70%	<35%	35%～70%	>70%
1. 综合能耗/(kg 标油/t 原料)≤	62	65	73	65	73	80	68	80	95
2. 催化剂单耗/(kg/t 原料)≤	0.40	0.60	0.80	0.50	0.70	1.0	0.60	0.90	1.4
3. 原料加工损失率/%≤	0.40	0.50	0.60	0.50	0.65	0.75	0.60	0.75	0.85

指　　标		一　级			二　级			三　级		
三、污染物产生指标										
1. 含油污水	单排量/(kg/t 原料) ≤	120	120	120	160	160	200	200	200	250
	石油类含量/(mg/L) ≤	100	130	150	140	170	200	200	220	250
2. 含硫污水	单排量/(kg/t 原料) ≤	100	100	100	120	120	150	150	150	200
	石油类含量/(mg/L) ≤	80	100	120	150	200	280	200	280	350
3. 催化再生烟气中的 SO_2 含量 /(mg/m³)　　　　≤		550	550	550	800	1000	1200	1200	1400	1600
4. 催化再生烟气中粉尘含量 /(mg/m³)　　　　≤		100	100	100	150	170	180	160	180	190

附表 4　焦化装置清洁生产标准（HJ/T 125—2003）

指　　标		一　级	二　级	三　级
一、生产工艺与装备要求		焦炭塔采用密闭式冷焦、除焦工艺；冷焦水密闭循环处理工艺；采用 DCS 仪表控制系统；设密闭采样设施；设雨水系统；处理部分污水处理厂废渣		
二、资源能源利用指标				
1. 综合能耗/(kg 标油/t 原料)		≤25.0 含吸收稳定≤30.0	≤28.0 含吸收稳定≤32.0	≤31.0 含吸收稳定≤35.0
2. 新鲜水用量/(t 水/t 油)		≤0.12	≤0.2	≤0.3
3. 原料加工损失率/%		≤0.5	≤0.8	≤1.2
三、污染物产生指标				
1. 含油污水	单排量/(kg/t 原料)	≤130	≤150	≤180
	石油类含量/(mg/L)	≤200	≤300	≤500
2. 含硫污水	单排量/(kg/t 原料)	≤50	≤100	≤180
	石油类含量/(mg/L)	≤400	≤800	≤1100
3. 加热炉烟气中的 SO_2 含量/(mg/m³)		≤500	≤600	≤750

附表 5　车用汽油（Ⅱ）技术要求和实验方法（GB 17930—2006）

项　　目		质量指标			实　验　方　法
		90	93	97	
抗爆性：　研究法辛烷值(RON)	不小于	90	93	97	GB/T 5487
抗爆指数(RON＋MON)/2	不小于	85	88	报告	GB/T 503、GB/T 5487
铅含量[①]/(g/L)	不大于	0.005			
流程：　10%蒸发温度/℃	不高于	70			
50%蒸发温度/℃	不高于	120			
90%蒸发温度/℃	不高于	190			GB/T 6536
终馏点/℃	不高于	205			
残留量(体积分数)/%	不大于	2			
蒸气压/kPa　11月1日至4月30日	不大于	88			GB/T 8017
5月1日至10月31日	不大于	74			

项 目		质 量 指 标			实 验 方 法
		90	93	97	
实际胶质/(mg/mL)	不大于	5			GB/T 8019
诱导期/min	不大于	480			GB/T 8018
硫含量[2](质量分数)/%	不大于	0.05			GB/T 380、GB/T 11140、GB/T 17040、SH/T 0253、SH/T 0689、SH/T 0742、
硫醇(需满足下列条件之一):					
博士实验		通过			SH/T 0174
硫醇硫含量(质量分数)/%	不大于	0.001			GB/T 1792
铜片腐蚀(50℃,3h)/级	不大于	1			GB/T 5096
水溶性酸或碱		无			GB/T 259
机械杂质及水分		无			目测[3]
苯含量[4](体积分数)/%	不大于	2.5			SH/T 0693、SH/T 0713
芳烃含量[5](体积分数)/%	不大于	40			GB/T 11132、SH/T 0741
烯烃含量[5](体积分数)/%	不大于	35			GB/T 11132、SH/T 0741
氧含量(质量分数)/%	不大于	2.7			SH/T 0663
甲醇含量[1](质量分数)/%	不大于	0.3			SH/T 0663
锰含量[6]/(g/L)	不大于	0.018			SH/T 0711
铁含量[1]/(g/L)	不大于	0.01			SH/T 0712

① 车用汽油中不得人为加入甲醇及含铅或铁的添加剂。

② 在有异议时按 GB/T 380 方法测定结果为准。

③ 将试样注入 100mL 玻璃量筒中观察,应当透明,没有悬浮或沉降的机械杂质和水分。在有异议时以 GB/T 511 和 GB/T 260 方法测定结果为准。

④ 在有异议时按 SH/T 0713 方法测定结果为准。

⑤ 对于 97 号车用汽油,在芳烃和烯烃总含量控制不变的前提下,可允许芳烃的最大值为 42%(体积分数),在含量测定有异议时以 GB/T 11132 方法测定结果为准。

⑥ 锰含量是指汽油中以甲基环戊二烯基三羰基锰形式存在的总锰含量,不得加入其他类型含锰添加剂。

附表6 车用乙醇汽油调和组分油(Ⅱ)技术要求和实验方法(GB 22030—2008)

项 目		质 量 指 标			实 验 方 法
		90	93	97	
抗爆性:					
研究法辛烷值(RON)	不小于	88.0	91.0	95.5	GB/T 5487
抗爆指数(RON+MON)/2	不小于	83.5	86.5	报告	GB/T 503、GB/T 5487
铅含量[1]/(g/L)	不大于	0.005			
流程:					
10%蒸发温度/℃	不高于	70			
50%蒸发温度/℃	不高于	120			
90%蒸发温度/℃	不高于	190			GB/T 6536
终馏点/℃	不高于	205			
残留量(体积分数)/%	不大于	2			
蒸气压/kPa					
11月1日至4月30日	不大于	81			GB/T 8017
5月1日至10月31日	不大于	67			

项　　目		质量指标			实 验 方 法
		90	93	97	
实际胶质/(mg/mL)	不大于	5			GB/T 8019
诱导期/min	不大于	540			GB/T 8018
硫含量②/%(质量分数)	不大于	0.05			GB/T 380、GB/T 11140、GB/T 17040 SH/T 0253、SH/T 0689、SH/T 0742
硫醇(需满足下列条件之一)： 博士实验 硫醇硫含量(质量分数)/%	不大于	通过 0.001			SH/T 0174 GB/T 1792
铜片腐蚀(50℃,3h)/级	不大于	1			GB/T 5096
水溶性酸或碱		无			GB/T 259
机械杂质及水分③		无			目测③
有机含氧化合物④(体积分数)/%		0.5			SH/T 0663、SH/T 0720
苯含量⑤(体积分数)/%	不大于	2.5			SH/T 0693、SH/T 0713
芳烃含量⑥(体积分数)/%	不大于	44			GB/T 11132、SH/T 0741
烯烃含量⑥(体积分数)/%	不大于	38			GB/T 11132、SH/T 0741
锰含量⑦/(g/L)	不大于	0.018			SH/T 0711
铁含量①/(g/L)	不大于	0.01			SH/T 0712

① 不得人为加入含铅含铁的添加剂。

② 在有异议时按 GB/T 380 方法测定结果为准。

③ 将试样注入 100mL 玻璃量筒中观察，应当透明，没有悬浮或沉降的机械杂质和水分。在有异议时以 GB/T 511 和 GB/T 260 方法测定结果为准。

④ 不得人为加入，在有异议时按 SH/T 0663 方法测定结果为准。

⑤ 在有异议时按 SH/T 0693 方法测定结果为准。

⑥ 在有异议时按 SH/T 11132 方法测定结果为准，对于 97 号车用乙醇汽油调和组分油，在芳烃和烯烃总含量控制不变的前提下，可允许芳烃的最大值为 46%(体积分数)。

⑦ 锰含量是指乙醇汽油调和组分油中以甲基环戊二烯三羰基锰形式存在的总锰含量，不得加入其他类型含锰添加剂。

附表 7　车用汽油（Ⅲ）技术要求和实验方法（GB 17930—2006）

项　　目		质量指标			实 验 方 法
		90	93	97	
抗爆性： 研究法辛烷值(RON) 抗爆指数(RON+MON)/2	不小于 不小于	90 85	93 88	97 报告	GB/T 5487 GB/T 503、GB/T 5487
铅含量①/(g/L)	不大于	0.005			
流程： 10%蒸发温度/℃ 50%蒸发温度/℃ 90%蒸发温度/℃ 终馏点/℃ 残留量(体积分数)/%	不高于 不高于 不高于 不高于 不大于	70 120 190 205 2			GB/T 6536
蒸气压/kPa 11月1日至4月30日 5月1日至10月31日	不大于 不大于	88 72			GB/T 8017

项　　目		质 量 指 标			实 验 方 法
		90	93	97	
实际胶质/(mg/mL)	不大于	5			GB/T 8019
诱导期/min	不大于	480			GB/T 8018
硫含量②(质量分数)/%	不大于	0.015			GB/T 380、GB/T 11140 SH/T 0253、SH/T 0689、SH/T 0742、
硫醇(需满足下列条件之一)： 　博士实验 　硫醇硫含量(质量分数)/%	不大于	通过 0.001			SH/T 0174 GB/T 1792
铜片腐蚀(50℃,3h)/级	不大于	1			GB/T 5096
水溶性酸或碱		无			GB/T 259
机械杂质及水分		无			目测③
苯含量④(体积分数)/%	不大于	1.0			SH/T 0693、SH/T 0713
芳烃含量⑤(体积分数)/%	不大于	40			GB/T 11132、SH/T 0741
烯烃含量⑤(体积分数)/%	不大于	30			GB/T 11132、SH/T 0741
氧含量(质量分数)/%	不大于	2.7			SH/T 0663
甲醇含量①(质量分数)/%	不大于	0.3			SH/T 0663
锰含量⑥/(g/L)	不大于	0.016			SH/T 0711
铁含量①/(g/L)	不大于	0.01			SH/T 0712

　① 车用汽油中不得人为加入甲醇及含铅或铁的添加剂。

　② 在有异议时按 GB/T 380 方法测定结果为准。

　③ 将试样注入 100mL 玻璃量筒中观察，应当透明，没有悬浮或沉降的机械杂质和水分。在有异议时以 GB/T 511 和 GB/T 260 方法测定结果为准。

　④ 在有异议时按 SH/T 0713 方法测定结果为准。

　⑤ 对于 97 号车用汽油，在芳烃和烯烃总含量控制不变的前提下，可允许芳烃的最大值为 42%(体积分数)，在含量测定有异议时以 GB/T 11132 方法测定结果为准。

　⑥ 锰含量是指汽油中以甲基环戊二烯三羰基锰形式存在的总锰含量，不得加入其他类型含锰添加剂。

附表 8　车用乙醇汽油调和组分油（Ⅲ）技术要求和实验方法（GB 22030—2008）

项　　目		质 量 指 标			实 验 方 法
		90	93	97	
抗爆性： 　研究法辛烷值(RON) 　抗爆指数(RON+MON)/2	不小于 不小于	88.0 83.5	91.0 86.5	95.5 报告	GB/T 5487 GB/T 503、GB/T 5487
铅含量①/(g/L)	不大于	0.005			
流程： 　10%蒸发温度/℃ 　50%蒸发温度/℃ 　90%蒸发温度/℃ 　终馏点/℃ 　残留量/%(体积分数)	不高于 不高于 不高于 不高于 不大于	70 120 190 205 2			GB/T 6536
蒸气压/kPa 　11月1日至4月30日 　5月1日至10月31日	不大于 不大于	81 65			GB/T 8017

项　　目		质量指标			实　验　方　法
		90	93	97	
实际胶质/(mg/mL)	不大于	5			GB/T 8019
诱导期/min	不大于	540			GB/T 8018
硫含量②(质量分数)/%	不大于	0.016			GB/T 380、GB/T 11140、GB/T 17040 SH/T 0253、SH/T 0689、SH/T 0742、
硫醇(需满足下列条件之一)： 博士实验 硫醇硫含量(质量分数)/%	不大于	通过 0.001			SH/T 0174 GB/T 1792
铜片腐蚀(50℃,3h)/级	不大于	1			GB/T 5096
水溶性酸或碱		无			GB/T 259
机械杂质及水分③		无			目测③
有机含氧化合物④(体积分数)/%		0.5			SH/T 0663、SH/T 0720
苯含量⑤(体积分数)/%	不大于	1.0			SH/T 0693、SH/T 0713
芳烃含量⑥(体积分数)/%	不大于	44			GB/T 11132、SH/T 0741
烯烃含量⑥(体积分数)/%	不大于	33			GB/T 11132、SH/T 0741
锰含量⑦/(g/L)	不大于	0.016			SH/T 0711
铁含量①/(g/L)	不大于	0.01			SH/T 0712

① 不得人为加入。

② 在有异议时按 SH/T 0689 方法测定结果为准。

③ 将试样注入 100mL 玻璃量筒中观察，应当透明，没有悬浮或沉降的机械杂质和水分。在有异议时以 GB/T 511 和 GB/T 260 方法测定结果为准。

④ 不得人为加入，在有异议时按 SH/T 0663 方法测定结果为准。

⑤ 在有异议时按 SH/T 0693 方法测定结果为准。

⑥ 在有异议时按 SH/T 11132 方法测定结果为准，对于 97 号车用乙醇汽油调和组分油，在芳烃和烯烃总含量控制不变的前提下，可允许芳烃的最大值为 46%(体积分数)。

⑦ 锰含量是指乙醇汽油调和组分油中以甲基环戊二烯三羰基锰形式存在的总锰含量，不得加入其他类型含锰添加剂。

附表 9　车用乙醇汽油技术要求和实验方法（GB 18351—2004）

项　　目		质量指标			实　验　方　法
		90	93	97	
抗爆性： 研究法辛烷值(RON) 抗爆指数(RON+MON)/2	不小于 不小于	90 85	93 88	97 报告	GB/T 5487 GB/T 503、GB/T 5487
铅含量①/(g/L)	不大于	0.005			
流程： 10%蒸发温度/℃ 50%蒸发温度/℃ 90%蒸发温度/℃ 终馏点/℃ 残留量(体积分数)/%	不高于 不高于 不高于 不高于 不大于	70 120 190 205 2			GB/T 6536
蒸气压/kPa 11月1日至4月30日 5月1日至10月31日	不大于 不大于	88 74			GB/T 8017

项　　目		质量指标			实 验 方 法
		90	93	97	
实际胶质/(mg/mL)	不大于	5			GB/T 8019
诱导期[②]/min	不大于	480			GB/T 8018
硫含量[③](质量分数)/%	不大于	0.05			GB/T 380、GB/T 11140、SH/T 0253
硫醇(需满足下列条件之一)：					
博士实验		通过			SH/T 0174
硫醇硫含量(质量分数)/%	不大于	0.001			GB/T 1792
铜片腐蚀(50℃,3h)/级	不大于	1			GB/T 5096
水溶性酸或碱		无			GB/T 259
机械杂质		无			目测[④]
水分(质量分数)/%	不大于	0.20			SH/T 0246
乙醇含量(体积分数)/%		10.0±2.0			SH/T 0663
其他有机含氧化合物[⑤](体积分数)/%	不大于	0.5			SH/T 0663
苯含量[⑥](体积分数)/%	不大于	2.5			SH/T 0693、SH/T 0713
芳烃含量[⑦](体积分数)/%	不大于	40			GB/T 11132、SH/T 0741
烯烃含量[⑦](体积分数)/%	不大于	35			GB/T 11132、SH/T 0741
锰含量[⑧]/(g/L)	不大于	0.018			SH/T 0711
铁含量[⑨]/(g/L)	不大于	0.010			SH/T 0712

① 本标准规定了铅含量最大限值，但不允许故意加铅。

② 诱导期允许用 GB/T 256 方法测定，仲裁试验以 GB/T 8018 方法测定结果为准。

③ 硫含量允许用 GB/T 11140、GB/T 17040、SH/T 0253、SH/T 0689、SH/T 0742 方法测定，仲裁试验以 GB/T 380 方法测定结果为准。

④ 将试样注入 100mL 玻璃量筒中观察，应当透明，没有悬浮和沉降的机械杂质及分层。在有异议时，以 GB/T 511 方法测定结果为准。

⑤ 不得人为加入。

⑥ 苯含量允许用 SH/T 0713 测定，仲裁试验以 SH/T 0693 方法测定结果为准。

⑦ 芳烃含量和烯烃含量允许用 SH/T 0741 测定，仲裁试验以 GB/T 11132 方法测定结果为准。对于 97 号车用乙醇汽油，在烯烃、芳烃总含量控制不变的前提下，允许芳烃含量的最大值为 42%（体积分数）。

⑧ 锰含量是指车用乙醇汽油中以甲基环戊二烯三羰基锰形式存在的总锰含量，不得加入其他类型的含锰添加剂。含锰车用乙醇汽油在储存、运输和取样时应避光。

⑨ 铁不得人为加入。

附表 10　车用柴油技术要求和实验方法（GB 19147—2003）

项　　目		10 号	5 号	0 号	—10 号	—20 号	—35 号	—50 号	实验方法
凝点/℃	不高于	10	5	0	—10	—20	—35	—50	GB/T 510
冷滤点/℃	不高于	12	8	4	—5	—14	—29	—44	GB/T 0248
运动黏度(20℃)/(mm²/s)		3.0～8.0				2.5～8.0	1.8～7.0		GB/T 265
闪点(闭口)/℃	不低于	55				50	45		GB/T 261
着火性(需满足下列要求之一)：									GB/T 386
十六烷值	不小于	49				46	45		GB/T 11139
十六烷值指数	不小于	46				46	43		SH/T 0694
密度(20℃)/(kg/m³)		820～860					800～840		GB/T 1884 GB/T 1885
流程：									
50% 回收温度/℃	不高于	300							GB/T 6536
90% 回收温度/℃	不高于	355							
95% 回收温度/℃	不高于	365							

项　目		10号	5号	0号	−10号	−20号	−35号	−50号	实验方法
氧化安定性 总不溶物①/(mg/100mL)	不大于				2.5				SH/T 0175
硫②(质量分数)/%	不大于				0.05				GB/T 380
10%蒸余物残炭③(质量分数)/%	不大于				0.3				GB/T 268
灰分(质量分数)/%	不大于				0.01				GB/T 508
铜片腐蚀(50℃,3h)/级	不大于				1				GB/T 5096
水分④(体积分数)/%	不大于				痕迹				GB/T 260
机械杂质④					无				GB/T 511
润滑性 磨痕直径⑤(60℃)	不大于				460				ISO 12156-1

① 为出厂保证项目，每月应检测一次。在原油性质变化、加工工艺条件改变、调和比例变化及检修开工后等情况下应及时检验。对特殊要求用户，按双方合同要求进行检验。

② 可用 GB/T 11131、GB/T 11140、GB/T 12700、GB/T 17040 和 SH/T 0689 方法测定。结果有争议时，以 GB/T 380 方法仲裁。

③ 可用 GB/T 17144 方法测定。结果有争议时，以 GB/T 268 方法为准。若柴油中含有硝酸酯型十六烷值改进剂及其他性能添加剂时，10%蒸余物残炭的测定，必须用不加硝酸酯和其他性能添加剂的基础燃料进行。柴油中是否含有硝酸酯型十六烷值改进剂的检验方法见附录A。

④ 可用目测法，即将试样注入100mL玻璃量筒中，在室温（20℃±5℃）下观察，应当透明，没有悬浮和沉降的水分及机械杂质。结果有争议时，按 GB/T 260 或 GB/T 511 测定。

⑤ 为出厂保证项目，对特殊要求用户，按双方合同要求进行检验。

附表11　柴油机燃料调和用生物柴油（DB100）技术要求和实验方法（GB 20282—2007）

项　目		质量指标		实验方法
		S500	S50	
硫含量①(质量分数)/%	不大于	0.05	0.005	SH/T 0689
密度②(20℃)/(kg/m³)		820~900		GB/T 2540
运动黏度(40℃)/(mm²/s)		1.9~6.0		GB/T 265
闪点(闭口)/℃	不低于	130		GB/T 261
冷滤点/℃		报告		GB/T 0248
10%蒸余物残炭③(质量分数)/%	不大于	0.3		GB/T 17144
硫酸盐灰分(质量分数)/%	不大于	0.020		GB/T 2433
水含量(质量分数)/%	不大于	0.05		SH/T 0246
机械杂质④		无		GB/T 511
铜片腐蚀(50℃,3h)/级	不大于	1		GB/T 5096
十六烷值	不小于	49		GB/T 386
氧化安定性⑤(110℃)/h	不小于	6.0		EN 14112
酸值⑥/(mgKOH/g)	不大于	0.8		GB/T 264
游离甘油含量(质量分数)/%	不大于	0.020		ASTMD 6584
总甘油含量(质量分数)/%	不大于	0.240		ASTMD 6584
90%回收温度/℃		360		GB/T 6536

① 可用 GB/T 380、GB/T 11131、GB/T 11140、GB/T 12700 和 GB/T 17040 方法测定，结果有争议时。以 SH/T 0689 方法为准。

② 也可用 GB/T 5526、GB/T 1884、GB/T 1885 方法测定，以 GB/T 2540 仲裁。

③ 可用 GB/T 268 方法测定，结果有争议时，以 GB/T 17144 仲裁。

④ 可用目测法，即将试样注入100mL玻璃量筒中，在室温（20℃±5℃）下观察，应当透明，没有悬浮和沉降的机械杂质，结果有争议时，按 GB/T 511 测定。

⑤ 可加抗氧剂。

⑥ 可用 GB/T 5530 方法测定，结果有争议时，以 GB/T 2644 仲裁。

项　　目		1 号 GB 438—77	2 号 GB 1788—77	3 号 GB 6537—2006
外观		—	—	室温下清澈透明,目视无不溶解水及固体物质
颜色		—	—	+25
密度(20℃)/(kg/m³)	不小于	775	775	775~830
流动性	冰点/℃　　　　　　　　　不高于	—	—	−47
	结晶点/℃	−60	−50	
	黏度/(mm²/s)			
	20℃　　　　　　　　　　不小于	1.25	1.25	1.25
	−20℃　　　　　　　　　不大于	8.0	8.0	8.0
挥发性	流程/℃			
	初馏点	150	150	报告(回收温度)
	10%馏出温度　　　　　　不高于	165	165	205(回收温度)
	20%馏出温度			报告(回收温度)
	50%馏出温度　　　　　　不高于	195	195	231(回收温度)
	90%馏出温度	230	230	报告(回收温度)
	98%馏出温度	250	250	
	终馏点　　　　　　　　　不高于	—	—	300(回收温度)
	残留量(体积分数)/%　　　不大于	2.0/	2.0/	1.5
	损失量(体积分数)/%　　　不大于	(残留+损失)	(残留+损失)	1.5
	闪点(闭口)/℃　　　　　　不低于	28	28	38
组成	酸度/mg KOH/100mL　　　不大于	1.0	1.0	—
	总酸值/mg KOH/g　　　　不大于	—	—	0.015
	芳烃含量(体积分数)/%　　不大于	20	20	20.0
	烯烃含量(体积分数)/%　　不大于	—	—	5.0
	总硫含量(质量分数)/%　　不大于	0.2	0.2	0.2
	硫醇性硫(质量分数)/%　　不大于	0.005	0.002	0.002
	或博士试验	—	—	通过
	直馏组分(体积分数)/%	—	—	报告
	加氢精制组分(体积分数)/%	—	—	报告
	加氢裂化组分(体积分数)/%	—	—	报告
燃烧性	净热值/(MJ/kg)　　　　　不小于	42.9	42.9	42.8
	烟点/mm　　　　　　　　不小于	25.0	25.0	25.0
	或萘系烃含量(体积分数)/%　不大于	3.0	3.0	3.0
	或辉光值　　　　　　　　不小于	45	45	45
腐蚀性	铜片腐蚀(100℃,2h)/级　　不大于	1	1	1
	银片腐蚀(50℃,4h)/级　　不大于	1	1	1
安定性	实际胶质/(mg/100mL)　　不大于	5.0	5.0	7
	热安定性(260℃,2.5h)			
	压力降/kPa　　　　　　　不大于	—	—	3.3
	管壁评/级　　　　　　　　小于	—	—	3,且无孔雀蓝色或异常沉淀物
洁净性	水反应			
	界面情况/级　　　　　　不大于	1b	1b	1b
	分离程度/级　　　　　　不大于	实测	实测	2
	固体颗粒污染物含量/(mg/L)　不大于	—	—	1.0
导电性	电导率(20℃)/(pS/m)	—	—	50~450
水分离指数				
	未加抗静电剂　　　　　　不小于	—	—	85
	加入抗静电剂　　　　　　不小于	—	—	70
润滑性	磨痕直径 WSD/mm　　　　不大于			0.65

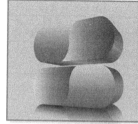

参考文献

[1] 林世雄. 石油炼制工程. 第2版. (上、下册). 北京：石油工业出版社，1988.

[2] 林世雄. 石油炼制工程. 第3版. 北京：石油工业出版社，2000.

[3] 李淑培. 石油加工工艺学. 北京：中国石化出版社，2007.

[4] 陈长生. 石油加工生产技术. 北京：高等教育出版社，2007.

[5] 程丽华. 石油炼制工艺学. 北京：中国石化出版社，2005.

[6] 侯祥麟. 中国煤油技术. 第2版. 北京：中国石化出版社，2001.

[7] 石油化学工业部. 塔的工艺计算. 北京：石油化学工业出版社，1977.

[8] 石油工业部北京设计院. 常减压蒸馏工艺设计. 石油工业出版社，1982.

[9] 孙玉良，闵祥禄. 常减压蒸馏装置安全运行与管理. 北京：中国石化出版社，2006.

[10] 张锡鹏. 炼油工艺学. 北京：石油工业出版社，1990.

[11] 黄乙武. 液体燃料的性质和应用. 北京：烃加工出版社，1985.

[12] 赵杰民等. 炼油工艺基础. 北京：石油工业出版社，1981.

[13] 北京石油设计院. 石油化工工艺计算图表. 北京：烃加工出版社，1985.

[14] 张建芳，山红. 炼油工艺基础知识. 北京：中国石化出版社，2000.

[15] 陆士庆. 炼油工艺学. 北京：中国石化出版社，1993.

[16] 王宝仁. 油品分析. 北京：高等教育出版社，2007.

[17] 李淑培. 石油加工工艺学（中册）. 中国石化出版社，1998.

[18] 李庆萍等. 催化裂化装置培训教程. 北京：化学工业出版社，2006.

[19] 陆庆云. 流化催化裂化. 烃加工出版社，1989.

[20] 梁朝林，沈本贤. 延迟焦化. 北京：中国石化出版社，2007.

[21] 林世雄. 石油炼制过程. 北京：石油工业出版社，2000.

[22] 徐承恩. 催化重整与工程. 北京：中国石化出版社，2006.

[23] 李成栋. 催化重整装置操作指南. 北京：中国石化出版社，2001.

[24] 方向晨. 加氢裂化. 北京：中国石化出版社，2008.

[25] 方向晨. 加氢精制. 北京：中国石化出版社，2008.

[26] 韩崇仁. 加氢裂化工艺与工程. 北京：中国石化出版社，2001.

[27] 李大东. 加氢处理工艺与工程. 北京：中国石化出版社，2004.

[28] 刘俊华，曹祖宾，赵德智，李丹东，杨华. 汽油抗爆剂的研究进展. 辽宁石油化工大学学报. 2004年9月.

[29] 谷涛，于海明，田松柏. 汽油高辛烷值添加组分的应用与发展. 石化技术与应用. 2005年1月.

[30] 张继辉，刘锐，周升侠. 醇类燃料与汽油的性能比较. 炼油与化工. 2005年第1期.

[31] 刘成军，李胜山. 国外清洁汽油生产工艺. 石油与天然气化工. 2001年第6期.

[32] 高步良. 高辛烷值汽油组分生产技术. 北京：中国石化出版社，2006.

[33] 毕建国. 烷基化油生产技术的进展. 化工进展. 2007年第7期.

[34] 耿英杰. 烷基化生产工艺与技术. 北京：中国石化出版社，1993.

[35] 马伯文. 清洁燃料生产技术. 北京：中国石化出版社，2001.

[36] 罗艳托，丁少恒；龚满英我国高标号汽油消费现状及需求预测《国际石油经济》2008年08期.

[37] 张建忠. 提高催化裂化汽油辛烷值的途径. 石油规划设计，2006年1月.

[38] 孙伟民. 化工清洁生产技术概论. 北京：化学工业出版社，2006.

[39] 刘铁男. 燃料乙醇与中国. 北京：经济科学出版社，2004.

[40]　范巴陵. 实用酒精工艺基础. 杭州：浙江科学技术出版社，1982.
[41]　张瑞芹. 生物质衍生的燃料和化学物质. 郑州：郑州大学出版社，2004.
[42]　王佐明，孙永儒. 黑龙江交通科技. 2007 年 3 期.
[43]　李登伟，张烈辉等. 天然气工业. 2006 年 5 月.
[44]　侯祥麟等. 中国炼油技术. 北京：中国石化出版社，1991.
[45]　梁文杰. 石油化学. 东营：石油大学出版社，1995.
[46]　欧风. 石油产品应用技术. 北京：石油工业出版社，1983.
[47]　刘淑蕃. 石油非烃化学. 东营：石油大学出版社，1988.
[48]　蔡智等. 油品调和技术. 北京：中国石化出版社，2006.